高等学校"十二五"规划教材

无机与分析化学教程
第3版

俞　斌　姚　成　吴文源　主　编

化学工业出版社

·北京·

本书内容包括误差和实验数据处理、原子结构、化学键与分子结构、晶体结构，化学平衡和化学反应速率、酸碱平衡、配位平衡、氧化还原平衡、沉淀平衡四大平衡理论及其在分析中的应用，元素周期表 s 区、p 区、d 区、ds 区和 f 区的元素等基础理论，并对化学分析中常用的几种分离方法进行了简单介绍。每章后的扩展知识可以拓宽学生视野，与本书配套出版的《无机与分析化学习题详解》可以帮助学生更好地学习本课程。

本书可作为高等院校化工、材料、环境、生物工程、食品、轻化工程等专业的教材，也可供农、林、医、地质、冶金、安全工程等相关专业的师生使用。

图书在版编目（CIP）数据

无机与分析化学教程/俞斌，姚成，吴文源主编. —3 版.
北京：化学工业出版社，2014.6（2023.2重印）
高等学校"十二五"规划教材
ISBN 978-7-122-20324-3

Ⅰ.①无⋯　Ⅱ.①俞⋯②姚⋯③吴⋯　Ⅲ.①无机化学-
高等学校-教材②分析化学-高等学校-教材　Ⅳ.①O6

中国版本图书馆 CIP 数据核字（2014）第 070384 号

责任编辑：宋林青　　　　　　　　　　文字编辑：刘砚哲
责任校对：宋　玮　李　爽　　　　　　装帧设计：史利平

出版发行：化学工业出版社（北京市东城区青年湖南街 13 号　邮政编码 100011）
印　　装：三河市延风印装有限公司
787mm×1092mm　1/16　印张 26　彩插 1　字数 691 千字　　2023 年 2 月北京第 3 版第 11 次印刷

购书咨询：010-64518888　　　　　　　售后服务：010-64518899
网　　址：http://www.cip.com.cn
凡购买本书，如有缺损质量问题，本社销售中心负责调换。

定　　价：45.00 元

序

　　无机化学和分析化学是化工、生化、材料、环境、安全、医药、冶金等专业的重要化学基础课，随着大学教育与改革的深入，对上述两门课程内容和结构的调整是必然的。

　　本书的编者在长期从事这两门课程教学的过程中，针对现有教材存在的弊端，进行了较深入的研究，结合教学经验及已毕业工作的学生的反馈意见，对上述课程进行了改革，并将之合并成一门课。它可以大大减少相同或相近内容的重复讲述，在内容限于无机与分析化学的基本要求之中时，做到了不减内容也不挤占其他化学课程的空间。将无机化学的一些理论、周期律、元素及化合物的性质与分析化学中的应用有机地结合在一起，使学生很快实现由了解物质的化学性质向定量概念的飞跃。

　　编者注意加强学生计算能力的培养，并对如何进行较快且准确的计算，研究了一些方法并列举了相当多的例题。从全书来看，没有看到无机化学和分析化学两门课程间的明显界限，基本实现了浑然一体。

　　编者引用了大量较新的资料，介绍了当前一些重要学科，如生命、材料、信息、环境、能源与化学间的密切关系，提高学生学习化学的兴趣，增强他们作为化学化工类工作者的历史责任感。

　　本书除了必不可少的化学用语和有关概念的定义语句外，大多数地方的用语通俗易懂，文字流畅，读起来容易理解。

　　总之，感谢编者为学生编写了一本较好的教材，为有关的工作人员提供了一本较好的参考书。我相信，每一个读过本书的人，一定会有较好的收获和感觉。

欧阳平凯

2002 年 3 月

前　言

《无机与分析化学教程》第二版出版六年来得到了众多读者的关心和支持，我们深表谢意。

随着教学改革的不断推进，在"无机与分析化学"的教学实践中，我们深深体会到，教材应跟上时代前进的步伐，"无机与分析化学"在整个化学教学中是重要的一环，应扮好自己的角色，既要和其他化学课程建立联系又不挤占其他化学课程的领域，同时要将无机化学与分析化学有机地关联，而不是简单加和。

本版与第二版相比在内容上做了以下调整。

1. 加强了无机与分析化学和数学、物理、有机化学等学科的关联，使学生思维、眼界开阔，从中寻找到科学的基本思路而不仅仅是接受知识。

2. 在各章的内容、例题和习题中，尽量结合实际过程，锻炼学生将理论学习与实践结合的能力，还增加了一些当前或未来的热点领域。

3. 在化学中能定量的问题尽量从数学方面进行阐述，这比较符合大学一年级学生的思维方式，有利于学生对问题的理解。

4. 简单地介绍和应用了一些计算方法，提高学生的计算能力，这也将有利于后续其他学科的学习和实践中的计算。

5. 在第二版的基础上，对扩展知识进行了更新或增容，引导学生不仅要学好基础知识，也要放眼未来。

本书可作为化工、材料、环境、生物化工、生命科学、制药、食品、轻化、安全工程、农、林、医、地质、冶金等化学相关专业的教材和参考书。

本书第三版由俞斌教授负责整本书的思路设计、重要创新点的理论论证、写作指导并负责全书的统稿、修改工作。具体编写分工为：俞斌（第1、8章），刘宝春（第2、5章、附录），吴文源（第3、11、14章），钱惠芬（第4、10、12、13章），高旭升（第6、7章），姚成（第9、15章）。

限于编者水平，书中疏漏之处在所难免，敬请读者不吝赐教。

编者

2014 年 4 月于南京工业大学

第一版前言

随着历史的前进步伐，知识量越来越大。如何在有限的课时内将基本的理论和知识传授给学生显得越来越重要，因此高等学校的教学内容、教学体系的改革就显得十分重要。无机化学和分析化学是化学、化工、应用化学、材料、环境、生物化工、生命科学、食品、轻化工程、安全工程等有关专业的必修课。南京工业大学在这两门课程的改革工作上做了较为深入的研究。经调查研究发现，不少有关的教科书内容极度地膨胀，无机化学中讲了许多本该在物理化学中教授的内容，但又不系统，例如引入熵、焓、吉布斯函数等。学生普遍反映这些知识既不深，也不透；教师反映在学习物理化学时学生似懂非懂，但又兴趣不大，有似曾相识的感觉。分析化学则向仪器分析扩张，教学课时越来越多，学生不堪重负。本书在编写时注意到了这些弊端，并努力加以克服。

1. 以"无机化学课程教学基本要求"和"分析化学课程教学基本要求"为依据，编写时力求抓住重要的基本理论和知识，将无机化学和分析化学的内容有机地糅合在一起，对相关内容删繁就简，突出重点，加强基础。

2. 将原无机化学和分析化学内容相同的地方相统一，并从统一的角度作更为精炼的论述。将与有机化学、物理化学等课程相重叠的内容全部删去，保证重点。也给物理化学的教学建立一个很好的起点。

3. 在介绍一些基本化学理论时，着重强调了化学学科的实验性的本质，对某些化学理论的局限性也作了较为客观的介绍。

4. 针对工科的特点，本书更注重理论与实践的结合，比较注重化学知识的应用，有利于提高学生分析问题和解决问题的能力。

5. 本书注重学生计算能力的培养，介绍了一些常用的计算方法，将之用于化学计算中。

6. 本书用了较大的篇幅介绍了一些化合物的性质，除了有规律性的以外，不少都是特殊性质，这是化学学科的特点之一，只了解一般性是不行的，必须了解特殊性，要有一定的知识量和记忆性的内容。

7. 增加了当今热门学科与化学学科之间相关的内容，为学生将化学知识应用于其他领域打开了一扇窗口。特别是在材料、环境、生命、信息、能源等各领域中，化学的作用是不能被替代的，为学生将来在学科交叉领域进行创新打下基础。

8. 本书只介绍化学分析，节约出的学时可单独开设仪器分析课程，以适应科学技术的发展。

根据专业不同，教学内容可适当进行调整。本书也可作为农、林、医、牧等院校各有关专业的教材或参考书。

本书由俞斌任主编，并负责全书的统稿工作，黄仕华任副主编。参加编写工作的有南京工业大学的吴文源（第 3、11 章），汪效祖（第 8、16、17、18、19、20 章），俞斌（第 1、5、6、7、12、13、15 章），钱惠芬（第 4、10 章），黄仕华（第 2、9、14 章）。

限于编者的水平，书中不足之处在所难免，请读者不吝赐教。

编 者

2002. 2

第二版前言

《无机与分析化学教程》第一版出版六年来得到广大读者的厚爱。我们在教学实践中也在不断地进行推敲，从中更深切地了解了学生在学习过程中的真实感受，力图从读者的角度体会书中的内容、论述是否更符合教学体系、时代的步伐。

与其他同类或相近的教材相比，本书在选材、论述方法等方面有许多特色和创新之处，这也是本书受到许多学校关注的主要原因。

1. 在数据处理中明确提出了"数"和"数据"的概念及它们不同的性质，使学生从中学的"纯的概念性计算"进入真正意义上的"实践计算"，加速学生从中学学习向大学（尤其是理工科）学习的过渡，具有一定新鲜感、深度感。

2. 对薛定谔方程的解函数性质（此时大一学生尚未学过微分方程），通过极坐标和球坐标的转换作出了形象的定性解释，并顺理成章地引入量子数的概念，学生很容易接受。

3. 对 5 条 d 轨道电子云的形状，纠正了"d_{z^2} 与其他 4 条轨道形状不相同"的错误概念，建立了立体投影的概念。

4. 化学平衡中简单地介绍和应用了"迭代法"解一元方程的方法，使学生可解任何化学平衡计算问题，而不是只能解为数不多的化学平衡问题，也可将此延伸至其他学科和后面的 pH 计算。另外还介绍了超定方程解法和逼近法。

5. 归纳总结了滴定分析的"四大问题"，紧紧抓住"滴定突跃"这一中心现象对各种滴定分析方法进行了论述与讨论，将四大滴定法紧密地结合起来，使学生考虑问题从单一走向综合，锻炼学生系统地分析和解决问题的能力。

6. 首次系统提出滴定分析中计算的"四大原则"和计算中的"状态"概念，使计算变得与路径无关，计算过程简明、方便、准确。

7. 总结了指示剂选择及终点颜色判断的三个原则，与过去的书中的描述相比显得简明扼要。

8. 抓住副反应系数 α 这一主要因素对"配位滴定"中的所有问题进行论述，使内容关联，中心突出，有数学式为依据，符合大一学生的特点，这也与其他教材不同。

9. 氧化还原反应方程式的平衡中摒弃了其他方式，只采用了"电子得失"这一氧化还原反应本质的电极电对半反应方式。提出五条原则，顺利地解决了氧化还原反应介质条件的选择问题。

10. 每章的最后都有一段超过教学大纲要求的扩展知识介绍，引导学生不仅要学好基础知识，也要有放眼未来的见识。

本书可作为化工、材料、环境、生物化工、生命科学、制药、食品、轻工、安全工程、农、林、医、地质、冶金等近化学专业的教材和参考书。

本书第二版由俞斌、姚成、吴文源任主编，负责思路设计、重要创新点的理论论证、写作指导并负责全书的统稿工作。参加编写工作的人员有：刘宝春（第 2、5 章，附录），吴文源（第 3、11、14 章），俞斌（第 1、8 章），姚成（第 9、15 章），高旭升（第 6、7 章），钱惠芬（第 4、10、12、13 章）。

限于编者水平，书中疏漏之处在所难免，敬请读者不吝赐教。

编　者

2007. 2

目 录

第1章 绪论与数据处理

化学是自然科学中一门重要的学科。

随着人类社会的进步，化学及由它发展而来的化学工业已成为人类文明至关重要、不可缺少、无法替代的一门学科。可以这么说，没有化学，就没有人类的现代文明。在现代社会中，人们的"衣食住行"都离不开化学。化肥、农药的开发和使用使粮食产量大幅增加，解决了全球近70亿人口的吃饭问题；合成纤维的生产和染料的使用使人们穿得暖，穿得绚丽多彩；各种建筑材料的产生使得人们从狭小的地面向空间、地下发展，使住所宽敞、装饰美观、居住舒适，提高了生活质量；炼油技术和橡胶工业的进步推动了航空和交通事业的迅猛发展，才可能实现"天涯若比邻"，人与人之间的距离才缩短了。化学学科及化学工业将会是一门永不落山的古老而又充满活力的学科与工业。

在发达国家，化学工业的产值一直名列前茅。在中国，化学工业也是举足轻重，在很多地区它还是龙头老大。我们相信，通过化学工作者的辛勤而富有创造性的劳动，一定会创造出更加辉煌的业绩，推动全球经济的发展，使人类的生活更加美好。

由于发生在微观世界的化学运动的复杂性，化学学科理论还不能像数学、物理学科那样严谨、系统和富有普遍性。一个理论、一个学说都会有其使用范围、应用前提的限制，有人说化学学科的"牛顿时代还没有到来"就是对这种情形的概括性描述。

化学学科的上述特点决定了化学是一门实践性非常强的学科，一切结论都以实验结果为基础。一切理论和假说都必须以实验结果为出发点。理论部分学习得再好，但若不能通过实验将其实现，顶多算个空中楼阁，没有什么实际意义。因此，在学习化学的过程中，除了对书本知识要加深理解外，还必须认真对待实验，掌握好实验的操作技能技巧、仔细观察实验现象、如实记录实验数据等。

1.1 无机化学与分析化学的任务

1.1.1 无机化学的任务

无机化学研究的对象是各种元素和非碳氢结构的化合物。它涉及的主要内容如下。

(1) 原子的结构

主要是研究原子核外电子的排布情况，尤其是价层电子的分布情况以及它们与元素、化合物的性质关系、规律。力图在微观世界的规律与宏观世界的性质之间建立相关联系。

(2) 分子结构及晶体结构

研究化学键形成的各种理论学说、化学键与化合物的各种理化性质的关系；分子间作用力的种类和形成的各种机制；分子间作用力与晶体结构的关系。

(3) 化学平衡

从宏观上探讨化学反应进行的限度、化学平衡与各种条件的关系，得出一些有用的普遍规律，可指导以后的分析化学、有机化学、物理化学、结构化学、生物化学、材料化学以及与化工过程有关的课程的学习。这部分还要涉及达到平衡的速率问题。

(4) 无机化合物的性质、制备方法和应用

既要了解无机化合物的特殊性质，更要注重制备方法和应用的普遍性、共同点，两者不可偏废。

1.1.2 分析化学的任务

分析化学的任务是确定物质（包括无机物、有机物和生物物质）的组成、结构、含量。化工行业及其他相关行业都离不开它，如化肥、制碱、制酸、精细化工、石油与石油化工、冶金、建材、生物与生物化工、医药卫生、食品、各种材料、环保业等。许多与化学、化工不甚相关的领域也要用到它，如机械、电子、能源、航天、交通、海洋、公安司法、商检海关、体育等。

分析化学从方法上可分为两大类。

(1) 化学分析法

利用被分析物质的化学性质、它们与其他试剂间的化学反应确定化合物的组成、结构、含量的方法叫化学分析法。利用化学分析法分析的试样溶液浓度应大于 $0.01\text{mol}\cdot\text{L}^{-1}$，被测试样溶液的体积应大于 10mL，固体质量应大于 0.1g。由于用到的试样的浓度、质量或体积比较大，在这个范围内的分析又称为常量分析。化学分析的结果相对误差很小（小于 0.2%），但绝对误差较大。适用于对样品主含量及含量较高的杂质的分析。具体方法有重量法和容量法两种。

① 重量法

将被测物和加入的试剂定量形成沉淀，将沉淀过滤、洗涤、灼烧或干燥后，用万分之一的分析天平（或电子天平）称量沉淀（质量应大于 0.1g），通过计算确定被测物的量。这种分析方法称为"重量分析法"，简称重量法。

重量法是一种无标分析法，即所用的各种试剂只需保证一定的纯度而无须有准确的浓度。它是其他分析方法的标准，用它可对其他分析方法的效果进行评判。

② 容量法（滴定法）

将已知准确浓度的试剂溶液（又称标准溶液）逐滴加入到一定体积的被测物溶液中进行某种化学反应，根据反应刚好完全时消耗的试剂溶液的体积，计算出被测物的含量。

根据化学反应的类型可分为酸碱滴定法、配位滴定法（以前的一些教科书称为络合滴定法）、沉淀滴定法和氧化还原滴定法四种。

(2) 仪器分析法

利用被测物质及其与其他试剂所形成的化合物的各种物理特性（主要有光学特性、电学特性、热特性、磁特性、吸附和溶解等分配特性等）进行定性和定量分析，这些物理特性参数的获得需通过仪器实现，所以这类分析法称为仪器分析法。

利用仪器分析法分析的试样浓度很小，可小于 $10^{-6}\text{g}\cdot\text{mL}^{-1}$ 即百万分之一（俗记作 ppm）、$10^{-9}\text{g}\cdot\text{mL}^{-1}$（俗记作 ppb）甚至 $10^{-12}\text{g}\cdot\text{mL}^{-1}$（俗记作 ppt）。现在仪器分析法已可测量浓度为 $10^{-18}\text{g}\cdot\text{mL}^{-1}$ 的试样。

当测定物质的浓度 $c=10^{-2}\sim10^{-6}\text{g}\cdot\text{g}^{-1}$（或 $\text{g}\cdot\text{mL}^{-1}$）时，这种分析叫痕量分析。当测定物质的浓度 $c<10^{-6}\text{g}\cdot\text{g}^{-1}$（或 $\text{g}\cdot\text{mL}^{-1}$）时，这种分析叫超痕量分析。痕量分析是相对于常量分析而言的，用强度（浓度）来分类。

当使用的试样的质量在 $0.1\sim10\text{mg}$ 或使用的试样的体积在 $0.01\sim1\text{mL}$ 范围内时，这种分析技术叫微量分析。当使用的试样质量<0.1mg 或使用的试样体积<0.01mL 时，这种分析技术叫超微量分析。

所以，有的仪器分析法既是痕量分析，又是微量分析，但有的仪器分析法仅是微量分析或仅是痕量分析。

仪器分析法分析结果的相对误差较大，会达到 5%；但绝对误差很小，会小到 1ng

（10^{-9}g）。适合于对含量或浓度极小的环境、生物腺体和排泄物中痕量物质、稀有物质的样品或含量极低的杂质分析。有些仪器分析方法还可以不破坏试样，做到无损分析。这对于非常珍贵的样品更有意义。

本教材只涉及化学分析法。

1.2 实验数据与误差

1.2.1 数与数据的区别

自然科学中常涉及到数和数据的运算。在实际工作中遇到的所谓的"数"从准确性上可分为两类：一类称为"数"，另一类称为"数据"。

（1）数

数是一个纯数学概念，是理论上的或定义范畴内的概念。例如，1g 等于 1000mg，1L 等于 1000mL，1ng 等于 10^{-9}g 等，换算系数 1000 或 10^{-9} 等是由定义规定的；边长为 1 的正方形的对角线是 $\sqrt{2}$，是由纯数学定理获得的；H_2SO_4 中有 2 个 H，也属于定义范畴，因为它不可能不是正整数。以上这些数值都是准确无误的。凡这种准确无误的被定义或由纯数学推导得到的数值可称为"数"，它不需要每次都通过各种测量手段来获得。

（2）数据

通过某种手段测试而获得的数值称作"数据"。数据必然由数词和量词组成，它是具体的。测试手段可以是几何的、物理的、化学的、生物的等。例如，物质的质量可通过天平等称量仪器获得；溶液的体积可通过量筒、移液管、滴定管、容量瓶等体积测量器具获得；长度可用直尺、游标卡尺、千分尺或光学方法获得等。

数据也可以是由若干个有量纲的原始数据经过数学处理后得到的无量纲的间接数据，如定义 $pH=-lg[H^+]$，吸光度 $A=-lg(I/I_0)$ 等。

由于数据必须通过测量得到（包括间接的），因此用不同手段测得的数据是有差别的。例如，一个两面平行的钢块，在温度恒定的条件下，用直尺测量为 5.32cm，用游标卡尺测量为 5.33cm，用千分尺测量为 5.328cm，而用光学方法测量为 5.32796cm。

不同的人用同样的方法进行测试，甚至同一个人用同一种方法测试若干次，所得到的测试结果也不完全一样。可以这么说，数据没有完全准确无误的。数与数据的区别见表 1-1。

表 1-1 数与数据的区别

数	数 据
理论上的	现实工作中具体存在的
无量纲	有量纲，不存在无量纲的直接数据
准确无误，存在无理数	一定有误差，不存在准确无误的数据和无理数
无需每次有获取手段	需用一定手段获得，但不能通过一次测试获得准确值

1.2.2 实验数据误差的来源

从数据的性质和获得的过程来看，由实验获得的数据不一定就是客观存在的真值。第 i 次测定值 x_i 与客观存在的真值 x_T 之间的差值 x_i-x_T 称为误差。$x_i-x_T>0$ 叫正误差；$x_i-x_T<0$ 叫负误差。

由于任何测量得到的数据都存在误差，客观存在的真值 x_T 是不可知的。所以，误差 x_i-x_T 也不能准确获知，但可对其最大范围进行估计。

根据误差的性质可将其分为两大类。

（1）可测误差

若造成测试误差的原因是可以找到的，一旦找到原因，可采取一定的措施解决，由此原因造成的误差便可消除。这种误差称作可测误差。

可测误差从造成误差的原因上又可分为系统误差和过失误差两种。

① 系统误差

在一定条件下，某些因素按一定规律起作用而引起的误差称作系统误差。由系统误差引起的数据在结构上具有单向性和重现性。

所谓单向性是指数据的误差总是正值或总是负值，或者误差范围总是超过要求。重现性是指系统误差会在每次测试中出现，不能通过重复测试减小。

造成系统误差的具体原因和克服方法有如下几种。

a. 获取数据的方法不合适、不完善　例如，用重量法测定某物质时，沉淀溶解度大，损失大，使得测得的数据比真值小得较多。可改用其他测定方法。

b. 获取数据的客观条件不符合要求　例如，各种定量容器不准确，可对容器进行校正。

c. 测量仪器的精度低　可购置档次高的测量仪器，分析化学中称量基准物质必须用万分之一的天平而不能用台式天平。

d. 化学实验中所用的各种化学纯的化学试剂和一般蒸馏水的纯度不能满足要求　可购买纯度更高的分析纯或基准纯的试剂，或进一步提纯化学试剂和蒸馏水。

e. 实验室的环境条件达不到要求　例如振动大不利用仪器稳定、粉尘大不利于称量的准确。可改善实验室的环境条件，使其达到测试要求。

② 过失误差

由于实验操作不规范、不熟练或由几乎不可能重复的操作错误造成的误差叫作过失误差。由过失误差测试的数据一般表现为杂乱无章，没有规律可循。但若找到了获取数据过程中的错误并加以改正，这类误差是可克服的。

a. 操作者的生理缺陷会造成误差　例如，有的人辨色能力较差，颜色已明显变化，但操作者还未察觉，可换人做实验或改换测试方法。

b. 操作失误造成误差　初学者操作不规范、不熟练会造成实验数据误差较大；粗心马虎，将现象观察错误、加错试剂或记录错误等都会使实验结果误差增大且无规律性。克服的办法是加强实验操作规范化训练，加强责任心教育，做到操作规范、熟练，实验现象与数据即时正式记录，加强校核。

（2）随机误差

获得一次数据（统计学上称为一个事件）的过程中不仅和上述因素有关，而且还会和一些无法预料的因素有关。如气温与大气中含尘量的微小变化、人的精神状态等。这些因素的改变是无法复制的，也是无法获知的，因而获得的实验结果也不会是唯一的。在这类无法控制的因素变化情况下的实验称为随机实验。随机实验的结果称作随机事件。

随机获得的数据与真值间的误差叫随机误差。由于造成随机误差的因素是无法预料和控制的，所以所有的测试数据都存在随机误差。随机误差在一次测试中是无法校正和克服的，属于不可测误差。

1.2.3　随机误差的减免

虽然随机误差在一次测试中是无法校正和克服的，但通过统计学的研究，随机误差的出现还是有其统计规律的（其理论及证明在数理统计课中会详细介绍）。根据这个统计规律，可以找到减免随机误差和估算（注意：不是准确计算！）随机误差范围的方法。

（1）平均值与真值的关系

对同一对象、用同一方法测试了 n 次，并获得 n 个数据，其平均值

$$\bar{x} = \frac{1}{n}\sum x_i \qquad\qquad\qquad (1\text{-}1)$$

当 $n \to \infty$ 时，平均值就是真值 x_T：

$$x_T = \lim_{n\to\infty}\frac{1}{n}\sum x_i \qquad\qquad\qquad (1\text{-}2)$$

（2）绝对误差与相对误差

测定值与真值之间的差值 $x_i - x_T$ 称为绝对误差，简称误差。记作 $\Delta x_i = x_i - x_T$。
绝对误差与真值之比 $\Delta x_i / x_T$ 称为相对误差。绝对误差和相对误差均可正也可负。

（3）随机误差的极限

当 $n \to \infty$ 时，绝对误差之和或相对误差之和的极限 $\lim\sum\Delta x_i = 0$ 或 $\lim\sum(\Delta x_i/x_T) = 0$。
这个结果表明：同一实验测试进行无穷多次时，大小相同的正负误差出现的次数（频率）相
等。因为随机误差之和的极限值为 0，即同一实验测试无穷多次时，随机误差可完全消除。

（4）误差出现的频率

小误差（即 $|\Delta x_i|$ 小）出现的频率高；大误
差（即 $|\Delta x_i|$ 大）出现的频率低。

符合上述四条规律的数据分布在统计学上叫正
态分布。随机误差符合上述规律，所以，随机误差
分布是正态分布。随机误差的正态分布曲线如图1-1
所示。

图 1-1 中的曲线又叫概率密度函数曲线。曲线
下方的曲边形的面积即积分值称作概率。面积即积
分值越大表明这个区间的数据出现的概率越大。

由上可知，要想使随机误差减小，就必须多次
重复同一实验，这个过程叫平行实验。从平行实验
中获得的同一种数据越多，其平均值的随机误差越

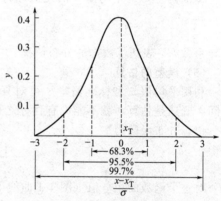

图 1-1　随机误差的正态分布曲线

小。若没有系统误差，其平均值就越靠近真值。这就是要做平行实验的原因。

1.2.4　偏差的计算和误差的估计

因为不可能做无穷次实验，所以绝对误差 Δx_i 和真值 x_T 均不可知。但可用有限次实验
数据进行统计学计算，对 $|\Delta x_i|$ 的最大值进行估计。

（1）偏差与平均偏差

每次实验数据与多次实验数据平均值之差称为偏差，即 $d = x_i - \bar{x}$。平均偏差为

$$\bar{d} = \frac{1}{n}\sum|x_i - \bar{x}| \qquad\qquad\qquad (1\text{-}3)$$

偏差与误差的区别在于，由于 $\bar{x}$ 可准确计算，所以偏差也可准确计算；而真值 x_T 是未
知的，只能估算，所以误差也只能估算。

（2）标准偏差与均方差

标准偏差 S 定义为

$$S = \sqrt{\frac{\sum(x_i - \bar{x})^2}{n-1}} \qquad\qquad\qquad (1\text{-}4)$$

当 $n \to \infty$ 时

$$\sigma = \lim_{n\to\infty}\sqrt{\frac{\sum(x_i - \bar{x})^2}{n}} \qquad\qquad\qquad (1\text{-}5)$$

σ 是正态分布函数理论方差，称为标准方差，又称为均方差。σ 无实际意义，因为从有
限个数据无法得到 σ。σ 形容了图 1-1 的正态分布曲线的宽窄。σ 越小，曲线越窄，数据越密

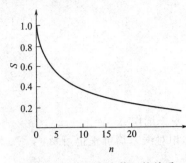

图 1-2　S 与测定次数 n 的关系

集于真值周围；σ 越大，曲线越宽，数据越分散。

同理，标准偏差 S 表达了有限个数据的分布情况。S 越小，数据越密集于平均值周围；S 越大，数据越分散，越不理想。

(3) 标准偏差 S 与实验次数 n 的关系

由于

$$\sigma = \lim_{n \to \infty} S$$

因此，当 n 为有限次时，$\sigma \leqslant S$；n 越大，S 越趋近于极限值 σ。图 1-2 清楚地显示出了这种趋势。从图 1-2 可以看出，$n > 10$ 时，S 变化已很小，趋于稳定。因此，再增加实验次数已无法缩小用 S 估算 σ 的误差范围，已无意义。所以，一般同一种数据测 3～6 次较好，否则随机误差较大。

(4) 变异系数

标准偏差 S 与平均值 $\bar{x}$ 的比值称为变异系数 CV，即

$$CV = \frac{S}{\bar{x}} \tag{1-6}$$

变异系数 CV 表达了数据的分布情况。

(5) 误差的估算

利用平均值 $\bar{x}$ 和标准偏差 S 可对真值所处的范围进行估算，这种估算的范围称作置信区间。既然是估算，就不能说有百分之百的把握。这种估算的把握性称为可信度或置信度。

正态分布函数为

$$\frac{1}{\sigma \sqrt{2\pi}} \exp\left[-\frac{(\Delta x)^2}{2\sigma^2}\right] \tag{1-7}$$

对这个函数的积分值（图 1-1 曲线下方的面积）称为概率，即可信度。积分上、下限为置信区间。

$$\int_{-\infty}^{+\infty} \frac{1}{\sigma \sqrt{2\pi}} \exp\left[-\frac{(\Delta x)^2}{2\sigma^2}\right] = 1 \tag{1-8}$$

$$\int_{-3\sigma}^{+3\sigma} \frac{1}{\sigma \sqrt{2\pi}} \exp\left[-\frac{(\Delta x)^2}{2\sigma^2}\right] = 0.997 \tag{1-9}$$

$$\int_{-2\sigma}^{+2\sigma} \frac{1}{\sigma \sqrt{2\pi}} \exp\left[-\frac{(\Delta x)^2}{2\sigma^2}\right] = 0.955 \tag{1-10}$$

$$\int_{-\sigma}^{+\sigma} \frac{1}{\sigma \sqrt{2\pi}} \exp\left[-\frac{(\Delta x)^2}{2\sigma^2}\right] = 0.683 \tag{1-11}$$

若做有限次实验，可用 S 代替 σ，用偏差 $x_i - \bar{x}$ 代替误差 Δx_i。从式(1-8)～式(1-11)可知，置信区间即估算误差越大，置信度也越大，估算留有的余地越大，真值所处的范围估计越宽，数据则良莠不分。置信度太小，置信区间即估算误差很小，或实验数据的测量误差不能满足要求，而且准确程度也会受到质疑，事实上，有的实验并不需要如此精确。为兼顾置信区间和置信度，置信度一般取 0.9～0.95 为宜。

(6) 小样本推断和 t 函数估算

实验次数很少时（$n < 10$），用正态分布估算真值 x_T 的前提是标准方差 σ 必须已知。实际上 σ 并非已知，而是用标准偏差 S 近似标准方差 σ。数学家 W. S. Gosset 证明这是一种小样本推断，用平均值 $\bar{x}$ 代替真值 x_T 时，并不服从正态分布，而服从与正态分布极为相似的 t 分布，见图 1-3。W. S. Gosset 发表论文时以 "Student" 署名，所以 t 分布又称为学生式分布。t 分布的特点是用它对真值进行估计时与总体标准方差无关。真值 x_T 与平均值 $\bar{x}$、标

准偏差 S、t 函数值的关系为

$$x_{\mathrm{T}} = \bar{x} \pm \frac{tS}{\sqrt{n}} \qquad (1\text{-}12)$$

式中，t 值可从表 1-2 查得，S 可由式（1-4）算出，n 为测定次数。t 值与置信度、测定次数 n 有关。从表 1-2 可以看出，在相同的置信度下，n 越大时，t 值越小，平均值 $\bar{x}$ 越靠近真值 x_{T}，真值估算的误差范围 $\pm tS/\sqrt{n}$ 变化越小。$n=21$ 与 $n=\infty$ 时的 t 已相差无几，所以测定次数太多已无统计意义。

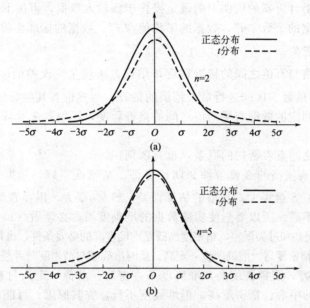

图 1-3 正态分布与 t 分布曲线

表 1-2 不同测定次数与不同置信度的 t 值

测定次数 n	置 信 度					测定次数 n	置 信 度				
	50%	90%	95%	99%	99.5%		50%	90%	95%	99%	99.5%
2	1.000	6.314	12.706	66.657	127.32	8	0.711	1.895	2.365	3.500	4.029
3	0.816	2.920	4.303	9.925	14.089	9	0.706	1.860	2.306	3.355	3.832
4	0.765	2.353	3.182	5.841	7.453	10	0.703	1.833	2.263	3.250	3.690
5	0.741	2.132	2.776	4.604	5.598	11	0.700	1.812	2.228	3.169	3.581
6	0.727	2.015	2.571	4.032	4.773	21	0.687	1.725	2.086	2.845	3.153
7	0.718	1.943	2.447	3.707	4.317	∞	0.674	1.645	1.960	2.576	2.807

【例 1-1】 测定某物质的含量，一共测了 6 次，数据（%）分别为：23.34、23.41、23.48、23.32、23.51、23.47。要求置信度为 95%，则估计值与真值间的最大误差是多少？

解 首先求平均值 $\bar{x}$：

$$\bar{x} = \frac{23.34\% + 23.41\% + 23.48\% + 23.32\% + 23.51\% + 23.47\%}{6} = 23.42\%$$

再计算标准偏差 S：

$$S = \sqrt{\frac{(-0.08\%)^2 + (-0.01\%)^2 + (0.06\%)^2 + (-0.10\%)^2 + (0.09\%)^2 + (0.05\%)^2}{6-1}}$$

$$= 0.08\%$$

查表 1-2 得 $t = 2.571$，代入式(1-12) 得

$$\frac{tS}{\sqrt{n}} = 2.571 \times \frac{0.07836\%}{\sqrt{6}} = 0.0822\%$$

以上计算表明，用 23.42% 估计真值，最大误差不会超过 0.0822%。一般误差只保留 1 位有效数字(有效数字的概念见 1.3.2)，则用 23.42% 估计真值，最大误差不会超过 0.08%，即真值 $x_T = 23.42\% \pm 0.08\%$。

平均值 $\bar{x}$ 和标准偏差 S 也可用计算器计算：将计算器调整到统计功能（Statistics 或简化 STAT）后，按各类计算器的说明书的规定操作步骤输入数据，再按下不同的键，在显示屏就可显示输入的数据的个数"n"，数据的平均值"$\bar{x}$"，数据的标准偏差"S"。

1.2.5 准确度与精密度

准确度是指平均值与真值之间的接近程度，用误差来度量。误差的准确数值无法知道，只能用 $\pm tS/\sqrt{n}$ 即一定的置信区间进行最大范围的估算。当然也有其他的估算方法。

精密度是指每次测定的数据与平均值之间的接近程度，用偏差来度量。偏差的准确值可以计算出来。

精密度与准确度之间有着密切的联系，也有区别。

① 精密度高是准确度高的必要条件和前提保证。精密度不好，数据分散，每个 $x_i - \bar{x}$ 必定较大，则标准偏差 S 会很大，真值的估算误差 $\pm tS/\sqrt{n}$ 很大，因而置信区间宽度 $2tS/\sqrt{n}$ 也很大，准确度一定不高。所以要想使实验数据的准确度高，必须做好每一次实验。

② 若不存在系统误差和过失误差，精密度高既是准确度高的必要条件，也是充分条件。即不存在系统误差的前提下，精密度高，准确度也一定高。此时准确度与精密度两者是完全一致的。

③ 若存在系统误差，则精密度高，准确度不一定高。就像一个人打靶，每枪都密集在一个地方，但不是靶的中心，精密度高，但准确度不行。究其原因，可能是枪未校准好或打靶者有不好的习惯等，即存在系统误差。这些因素一旦得到改正，就可提高准确度即射击成绩。因此，若实验数据的精密度高，准确度不高，一定存在系统误差；实验数据的精密度不高，一定存在过失误差。

1.3 数据的取舍及运算规则

在实际工作中，同一实验重复 n 次，可得到 n 个数据。在进行平均值 $\bar{x}$ 和标准偏差 S 计算前，应确认这些数据的可靠性。虽然大多数数据应密集在平均值 $\bar{x}$ 附近，但远离平均值 $\bar{x}$ 的数据也有可能出现。如置信度取 0.90，远离平均值的数据出现的可能性只有 0.1，属于小概率事件。小概率事件理论上是不应该发生的，这种数据也是不可信的，在计算前应舍去。

检验数据是否应舍去的方法在统计学中有多种，其中 Q 检验法是较严格又简便的方法。

1.3.1 Q 检验法取舍可疑数据

若数据精密度高，则应密集在平均值周围。所以，离平均值最远的数据有可能是过失误差造成的，也有可能是随机原因造成的。若超出了置信区间，就应该舍去；若没有超出置信区间，就应该保留。这种可能舍去也可能被保留的远离平均值的数据称作可疑数据。当然离平均值最远的数据最可疑。这些可疑数据需检验后再确定取舍。

Q 检验法的检验步骤如下。

① 将数据从小到大顺序排列，使 $x_1 < x_2 < \cdots < x_{n-1} < x_n$。

② 求出极差，即用最大值减去最小值，$x_n - x_1$。

③ 可疑数据一定在数列的两端（如 x_1 或 x_n），因为它们离平均值 $\bar{x}$ 较远。

④ 计算 x_2-x_1 和 x_n-x_{n-1} 并比较它们的大小。差值越大就越远离平均值 $\bar{x}$，即越可疑。若它不被舍去，其他数就更不会被舍去。

⑤ 计算 $q_1=\dfrac{x_2-x_1}{x_n-x_1}$ 或 $q_n=\dfrac{x_n-x_{n-1}}{x_n-x_1}$，得出较大者。

⑥ 查表 1-3 中的 Q 值，得到在一定置信度下的标准 Q 值。比较 Q 与 q 的大小：$q>Q$，表明该数据 x_n 或 x_1 离平均值过远，超出置信区间，舍去；$q\leqslant Q$，x_n 或 x_1 应保留。检验结束。

表 1-3 舍取可疑数据的 Q 值表

测定次数	$Q_{0.90}$	$Q_{0.95}$	$Q_{0.99}$	测定次数	$Q_{0.90}$	$Q_{0.95}$	$Q_{0.99}$
3	0.94	0.98	0.99	7	0.51	0.59	0.68
4	0.76	0.85	0.93	8	0.47	0.54	0.63
5	0.64	0.73	0.82	9	0.44	0.51	0.60
6	0.56	0.64	0.74	10	0.41	0.48	0.57

⑦ 若需舍去数据 x_n 或 x_1，则舍去 1 个数据后又成为新的数列，应按上述步骤继续检验，但数据的个数 n 变为 $n-1$。注意：这会影响 Q 值（需重新查取）。检验结束后保留数据不得少于 3 个，否则，实验必须重做。这种情况一般较少出现。

【例 1-2】 用 Q 检验法检验数据 55.32、55.54、55.53、55.87、55.44、55.40、55.47、55.51、55.51、55.50 中是否有可舍去的数据？设置信度为 90%。

解 从小到大排列数据为

55.32、55.40、55.44、55.47、55.50、55.51、55.51、55.53、55.54、55.87

计算极差得
$$x_n-x_1=55.87-55.32=0.55$$
$$x_2-x_1=55.40-55.32=0.08$$
$$x_n-x_{n-1}=55.87-55.54=0.33$$

可见
$$x_n-x_{n-1}>x_2-x_1$$

所以 x_n 最可疑，应予检验。

$$q_n=\frac{x_n-x_{n-1}}{x_n-x_1}=\frac{0.33}{0.55}=0.60$$

由 $n=10$，置信度为 90%，查表 1-3 得 $Q_{0.90}=0.41$。因为 $q_n>Q_{0.90}$，所以 $x_n=55.87$ 应舍去。

继续检验
$$x_{n-1}-x_1=55.54-55.32=0.22$$
$$x_{n-1}-x_{n-2}=55.54-55.53=0.01$$
$$x_2-x_1>x_{n-1}-x_{n-2}$$

此时 x_1 最可疑，应予检验。

$$q_1=\frac{x_2-x_1}{x_{n-1}-x_1}=\frac{0.08}{0.22}=0.36$$

由 $n=9$，置信度为 90%，查表 1-3 得 $Q_{0.90}=0.44$。因为 $q_1<Q_{0.90}$，所以 $x_1=55.32$ 应保留。检验结束。

计算平均值时，数据只有 9 个，即 55.32、55.40、55.44、55.47、55.50、55.51、55.51、55.53、55.54。

由例 1-2 可知，在取得实验数据后，首先用 Q 检验法检验有无需要舍去的数据；检验后，方可对保留的数据进行平均值、标准偏差、变异系数、置信区间等计算。

1.3.2 数据表达与运算规则

数据有误差，但不便进行文字说明。应在表达数据时将其绝对误差也表达出来。这些有误差的数据在运算过程中会将误差传递下去，结果也有误差。误差无论如何传递，都不会因计算而减少，即计算结果的绝对误差或相对误差不会小于误差最大的加数或乘数的误差。因此数据表达与运算都应遵守统一的规则。

（1）数据的表达

数据由实验测试获得，而各种测试方法都有一定的系统误差。表达出来的数据的最后一个数字都是估读的，允许其有 ±1 的误差。这个误差叫绝对误差，它是由测试方法所决定的。若使它变小，必须变更测试方法或使用精度更高的仪器。

例如：2.3567g 表示质量为 2.3567g ± 0.0001g；23.20mL 表示体积为 23.20mL ± 0.01mL。特别要注意，23.20 最右边的"0"不能随便省略不写，若表达为 23.2mL，则表示体积为 23.2mL±0.1mL，绝对误差扩大了 10 倍。小数点后也不能随便加"0"，否则，每加一个"0"，绝对误差缩小 1/10，对测试仪器的要求便提高了 10 倍。在数据记录中 $3.60 \neq 3.6 \neq 3.600$。

数据表达有两种方法，一种方法是用小数表达。如：4.325、120.5 等。

另一种表达法称为科学记数法，即将数据写成 $x.yyyz \times 10^n$ 的形式。式中，x 为非零的个位整数，n 必须为整数。从 x 开始数到 z 的数字个数称为有效数字位数。如 3628 一定要表达为 3.628×10^3，否则，他人会将 3628 当作准确的数而不是数据对待。对于 pH 而言，因为 $pH = -lg[H^+]$，是对数值。因此小数点前的整数是首数，是 10^n 中的 n，不是有效数字。小数点后的数是对数的尾数，尾数中数的个数才是有效数字。

（2）数据运算过程中的误差传递

$F(x, y)$ 为自变量 x、y 的函数，则 $F(x, y)$ 的微小变化即全微分：

$$\Delta F(x,y) = \frac{\partial F}{\partial x}\Delta x + \frac{\partial F}{\partial y}\Delta y \tag{1-13}$$

式中，$\frac{\partial F}{\partial x}$、$\frac{\partial F}{\partial y}$ 分别是 $F(x, y)$ 对 x 或 y 的偏导数。求 $\frac{\partial F}{\partial x}$ 时，将其他变量 y 等当作常数，仅对 x 求导。同理，求 $\frac{\partial F}{\partial y}$ 时，将其他变量 x 等当作常数，仅对 y 求导。在数据运算过程中，x、y 是各数据，$F(x, y)$ 是运算结果。Δx、Δy 是各数据的绝对误差，$\Delta F(x, y)$ 便是运算结果的绝对误差。

（3）加法规则

$$F = x + y \tag{1-14}$$

根据式(1-13)，有

$$\Delta F = \frac{\partial F}{\partial x}\Delta x + \frac{\partial F}{\partial y}\Delta y = \Delta x + \Delta y \tag{1-15}$$

即数据"和"的绝对误差为各个数据的绝对误差之和。即加法中，误差是以绝对误差传递的。"和"的绝对误差一定不小于数据中绝对误差最大的那个数据的绝对误差。一般而言，"和"的绝对误差就近似地用该数据的绝对误差表达。运算过程是：

① 各数据均写成小数形式。"和"的小数点后保留位数与各数据中小数点后位数最短的数据保持一致。例如：

$$35.26 + 21.761 + 2.0004 = 59.02$$

因为 35.26 的绝对误差是 0.01，21.761 的绝对误差是 0.001，2.0004 的绝对误差 0.0001。"和"的绝对误差不会小于绝对误差最大者 0.01，所以"和"在小数点后只保留两位数字。59.02 的绝对误差是 0.01。59.02 的最后一位"2"已是不准确的了，在其后的数字就没有任何实际意义了。

② 将绝对值最大的数据按"科学记数法"表达，其余各数据按"科学记数法"的原则

表达。但要求"10^n"中的"n"与绝对值最大的数据中的"n"保持一致，小数部分不作要求。小数部分的运算按①的规则进行。例如：

$$135.1+0.002+24.11=1.351\times10^2+0.00002\times10^2+0.2411\times10^2=1.592\times10^2$$

(4) 乘法规则

$$F=xy \tag{1-16}$$

根据偏导数求导规则

$$\frac{\partial F}{\partial x}=y \qquad \frac{\partial F}{\partial y}=x$$

根据式(1-13)

$$\Delta F=\frac{\partial F}{\partial x}\Delta x+\frac{\partial F}{\partial y}\Delta y=y\Delta x+x\Delta y \tag{1-17}$$

用式(1-17)除以式(1-16)

$$\frac{\Delta F}{F}=\frac{y\Delta x}{xy}+\frac{x\Delta y}{xy}=\frac{\Delta x}{x}+\frac{\Delta y}{y} \tag{1-18}$$

式(1-18)表明，即数据"积"的相对误差为各个数据的相对误差之和。即乘法中，误差是以相对误差传递的。"积"的相对误差一定不小于数据中相对误差最大的那个数据的相对误差。一般而言，"积"的相对误差就近似地用该数据的相对误差表示。

数据的相对误差是由"有效数字的位数"决定的，与其大小无关。有效数字位数越短的数据，相对误差越大。所以，进行乘法运算时，"积"的保留位数与各数据中有效数字位数最少的保持一致。例如：

$$\frac{3.51\times2.314\times21.20}{378.5}$$

因为 3.51 的相对误差为 $0.01/3.51=0.3\%$；2.314 的相对误差为 $0.001/2.314=0.04\%$；21.20 的相对误差为 $0.01/21.20=0.05\%$；378.5 的相对误差为 $0.1/378.5=0.03\%$。其中 3.51 的相对误差最大，"积"的相对误差不应比它小。所以"积"的有效数字位数不应大于 3.51 的 3 位有效数字。所以：

$$\frac{3.51\times2.314\times21.20}{378.5}=0.4549\cdots=0.455$$

如果结果写成 0.4549，则"积"的相对误差为 $0.0001/0.4549=0.02\%$，比原始数据 3.51 的相对误差小。这是不可能的，因为误差在计算过程中不会减小。

(5) 计算结果的修约

计算结果可按（3）、（4）的规则先多保留一位，最后将末位数采取"四舍六入五成双"的原则修约。"五成双"的意思是：当末位数是"5"时，若它的前一位是"奇数"，进一位后成偶数即成"双"，则进位。否则舍去。例如：4.1235 可近似为 4.124，让最后一个数字成"偶数"。而 4.1245 也近似为 4.124，因为最后一个数字已是"偶数"，"5"就不必进位。如果近似为 4.125，则最后一个数字没有"成双"。

修约只能进行一次，即对应保留的末位数的后一位进行修约，而不允许从末位数的后两位进行连续修约。例如：

$$0.6832\times3.71=2.534671$$

按乘法规则，计算结果应保留 3 位有效数字，应从第 4 位有效数字"4"修约。按"四舍六入五成双"的原则修约为 2.53。但不允许从第 5 位有效数字"6"修约为 2.535，再连续修约成 2.54。

(6) 混合运算规则

先乘除，后加减。每一步均按上述规则处理后再进行下一步运算。

(7) 注意事项

数据的有效数字的首位数字$\geqslant8$，可多算一位有效数字。如，8.26 可当作四位有效数字处理。

一般而言，涉及化学平衡的有关计算，只保留两位有效数字。

对于物质含量的测定，含量大于 10% 的一般保留四位有效数字。含量为 $1\%\sim10\%$ 的一般保留三位有效数字。含量小于 1% 的一般保留两至三位有效数字。

表示误差或偏差大多数保留一位有效数字，不超过两位。

【扩展知识】

1. 显著性检验

在实际工作中，常遇到如下情况：对标准试样和纯物质进行测定，但平均值与标准值不完全一致；采用两种不同的分析方法，得到的平均值也不一样；不同的人用同一种分析方法进行测定，所得结果也有所差异。引起这种不同结果的原因是系统误差还是偶然误差呢？解决这一问题必须运用"假设"和"检验"方法。即假设"系统误差"（或偶然误差）造成了测定结果间的差异，则测定结果间应存在（或不存在）"显著性差异"。这种检验方法统称为显著性检验。

显著性检验方法一般可采用 t 检验法和 F 检验法。

（1）t 检验法

① 平均值与标准值比较法

检验原因：用新的测定方法所得到的平均值与标准值不一致。

由 $x=\bar{x}\pm t\dfrac{S}{\sqrt{n}}$，得 $\qquad\qquad t=|\bar{x}-x|\dfrac{\sqrt{n}}{S}$

首先按上式计算出 t 值。若计算出的 t 值大于表 1-2 中所列的对应 $t_{表}$ 值，则认为存在显著性差异，即存在系统误差或过失误差。显著性水平为

$$\alpha=1-P$$

式中，P 为置信度。

【例1】 已知某物质标准样的含量为 32.78%，而用某种新的测试方法测得的结果为 32.74%、32.79%、32.71%、32.84%、32.88%、32.91%。则该新的测试方法是否适用于该物质的测定（即有无系统误差）？置信度 P 为 95%。

解 已知 $n=6$，$\alpha=1-0.95=0.05$。计算得

$$\bar{x}=32.81\% \qquad S=0.079\%$$

$$t=|32.81\%-32.78\%|\times\dfrac{\sqrt{6}}{0.079\%}=0.93$$

查表 1-2 得 $t_{表}=2.57>t(0.93)$，所以不存在显著性差异，即新的测试方法适用于该物质的测定。

② 两组平均值比较法

检验原因：不同的人用同一方法测定结果的两组平均值不一致，或同一个人用不同方法测定结果的两组平均值不一致。

设两组分析数据分别为

$$n_1 \qquad S_1 \qquad \bar{x}_1$$
$$n_2 \qquad S_2 \qquad \bar{x}_2$$

则总的标准偏差为

$$S=\sqrt{\dfrac{\sum(x_{1i}-\bar{x}_1)^2+\sum(x_{2i}-\bar{x}_2)^2}{(n_1-1)+(n_2-1)}}=\sqrt{\dfrac{S_1^2(n_1-1)+S_2^2(n_2-1)}{(n_1-1)+(n_2-1)}}$$

总 t 值为 $\qquad\qquad t=|\bar{x}_1-\bar{x}_2|\dfrac{\sqrt{\dfrac{n_1n_2}{n_1+n_2}}}{S}$

查表 1-2，此时 n 取 n_1+n_2-1。若 $t>t_{表}$，则两组数据平均值间存在显著性差异，即存在非随机性误差；若 $t<t_{表}$，则两组数据平均值间没有显著性差异，即误差是随机误差，两种测定方法或两组人员的测定结果是等效的。

（2）F 检验法

F 检验法是通过比较两组数据的标准偏差的平方 S^2，以确定它们的平均值间是否有显著性差异的方法（因为平均值的精密度由标准偏差来体现）。统计量 F 定义为

$$F = \frac{S_{大}^2}{S_{小}^2}$$

将计算的 F 值与查表 1-4 所得的 $F_{表}$ 相比，若 $F > F_{表}$，则两组数据平均值间存在显著性差异；否则两组数据平均值间没有显著性差异。

表 1-4　显著性水平 α 为 5% 时的 F 值（单边）

$f_{小}/f_{大}$	2	3	4	5	6	7	8	9	10	∞
2	19.00	19.16	19.25	19.30	19.33	19.36	19.37	19.38	19.39	19.50
3	9.55	9.28	9.12	9.01	8.94	8.88	8.84	8.81	8.78	8.53
4	6.94	6.59	6.39	6.26	6.16	6.09	6.04	6.00	5.96	5.63
5	5.79	5.41	5.19	5.05	4.95	4.88	4.82	4.78	4.74	4.36
6	5.14	4.76	4.53	4.39	4.28	4.21	4.15	4.10	4.06	3.67
7	4.74	4.35	4.12	3.97	3.87	3.79	3.73	3.68	3.63	3.23
8	4.46	4.07	3.84	3.69	3.58	3.50	3.44	3.39	3.34	3.29
9	4.26	3.86	3.63	3.48	3.37	3.29	3.23	3.18	3.13	2.71
10	4.10	3.71	3.48	3.33	3.22	3.14	3.07	3.02	2.97	2.54
∞	3.00	2.60	2.37	2.21	2.10	2.01	1.94	1.88	1.83	1.00

注：1. f 是两组数据的自由度，即 $f = n-1$，n 为数据的个数。

2. 此表中的 F 值是单边值，其含义是：对于一组数据而言，置信度 $P = 1-\alpha$。判断两组数据的精密度是否有显著性差异时，置信度 $P = 1-2\alpha$。

【例 2】　用两种不同的方法测定合金中铌的质量分数，所得结果如下：

第一种方法　　1.26%　　1.25%　　1.22%

第二种方法　　1.35%　　1.31%　　1.33%　　1.34%

试问两种方法之间是否有显著性差异（置信度 $P = 90\%$）？

解　　　　　　　　$n_1 = 3$　　$\bar{x}_1 = 1.24\%$　　$S_1 = 0.021\%$

$n_2 = 4$　　$\bar{x}_2 = 1.33\%$　　$S_2 = 0.017\%$

$$F = \frac{(0.021\%)^2}{(0.017\%)^2} = 1.53$$

因为 $P = 1-2\alpha = 0.90$，$\alpha = 5\%$，查表 1-4 得 $f_{大} = 3-1 = 2$，$f_{小} = 4-1 = 3$ 时，$F_{表} = 9.55$。$F < F_{表}$，表明这两种测定方法的标准偏差之间没有显著性差异，故可以求得数据合并后的偏差：

$$S = \sqrt{\frac{S_1^2(n_1-1) + S_2^2(n_2-1)}{(n_1-1) + (n_2-1)}} = 0.019$$

总 t 值为

$$t = |\bar{x}_1 - \bar{x}_2| \frac{\sqrt{\dfrac{n_1 n_2}{n_1 + n_2}}}{S} = 6.21$$

由 $P = 90\%$，$n = 3+4-1 = 6$，查表 1-2 得 $t_{表} = 2.02$。$t > t_{表}$，结合以上讨论，可以得出以下结论：两种测定方法没有过失误差，精密度没有显著性差异；但两者之间一定存在显著性的系统误差，必须找出原因，加以校正。

2. 异常值取舍

异常值取舍除了可采用 Q 检验法外，还有较简单的 $4\bar{d}$ 法和效果较好的格鲁布斯（Grubbs）法。

（1）四倍平均偏差法（$4\bar{d}$ 法）

根据正态分布规律，标准方差超过 3σ 的个别测定值出现的概率小于 0.3%，属于小概率事件，可认为不会发生。

对于少量实验数据，只能用标准偏差 S 代替标准方差 σ，用平均偏差 $\bar{d}$ 代替误差 δ，$3\sigma \approx 4\delta \approx 4\bar{d}$。因为

引用的统计量之间都是近似关系，更重要的是少量实验数据并不服从正态分布而服从与其相似的 t 分布，所以用 $4\bar{d}$ 法进行判断时，有时会产生误判。这种误判大多数是将不该舍去的数据舍去了。但 $4\bar{d}$ 法不用查表，理论依据和方法都非常简单，所以受到欢迎并一直被人们所采用。当其他方法与其矛盾时，应以其他方法为准。

用 $4\bar{d}$ 法进行判断时，先求出异常值以外各数据的平均值

$$\bar{x}=\frac{1}{n-1}\sum x_i$$

和平均偏差

$$\bar{d}=\frac{1}{n-1}\sum|x_i-\bar{x}|$$

若异常数据的偏差 $|x_i-\bar{x}|>4\bar{d}$，则该数据 x_i 应该舍去；否则保留。

【例3】 测定某药物中钴的含量（$\mu g\cdot g^{-1}$）所得结果为 1.25、1.27、1.31、1.40，问 1.40 这个数据是否应保留？

解

$$\bar{x}=\frac{1.25+1.27+1.31}{3}=1.28$$

$$\bar{d}=\frac{|1.25-1.28|+|1.27-1.28|+|1.31-1.28|}{3}=0.023$$

$$|1.40-1.28|=0.12>4\times0.023$$

所以，1.40 这个数据不应该保留。

（2）格鲁布斯（Grubbs）法

有一组数据，从小到大排列为

$$x_1,x_2,\cdots,x_{n-1},x_n$$

其中异常值一定在数列的两端。

用格鲁布斯法判断时，先求出该组数据的平均值及标准偏差，再根据统计量 T 进行判断。T 定义为

$$T=\frac{|x_i-\bar{x}|}{S}$$

将计算的 T 值与表 1-5 中相应的 $T_表$ 值比较，若 $T>T_表$，则 x_i 舍去；否则，x_i 保留。

表 1-5 T 值表

n	显 著 性 水 平 α			n	显 著 性 水 平 α		
	0.05	0.025	0.01	10	2.18	2.29	2.41
3	1.15	1.15	1.15	11	2.23	2.36	2.48
4	1.46	1.48	1.49	12	2.29	2.41	2.55
5	1.67	1.71	1.75	13	2.33	2.46	2.61
6	1.82	1.89	1.94	14	2.37	2.51	2.63
7	1.94	2.02	2.10	15	2.41	2.55	2.71
8	2.03	2.13	2.22	20	2.56	2.71	2.88
9	2.11	2.21	2.32				

格鲁布斯法的最大优点是：在判断过程中，引入了正态分布的两个最重要的样本参数即平均值 $\bar{x}$ 和标准偏差 S，所以该方法的准确性较好。缺点是计算麻烦，但熟练地运用计算器，也会比较轻松。

对于例3，用格鲁布斯法检验，过程如下。

$$\bar{x}=\frac{1.25+1.27+1.31+1.40}{4}=1.31$$

$$S=0.066$$

$$T=\frac{1.40-1.31}{0.066}=1.36$$

$\alpha=1-P=0.05$，查表 1-5 得 $T_表=1.46$，$T<T_表$，所以 1.40 这个数据应保留。与 $4\bar{d}$ 法的结论不一致，一般采纳格鲁布斯法的结论，因为该法可靠性较高。

习　题

1-1 甲、乙两人同时分析矿物中的硫含量，每次取样 4.7g，分析结果报告如下：

甲　0.047%，0.048%　　乙　0.04698%，0.04701%

哪一份报告是合理的？为什么？

1-2 有一试样，经测定，结果为 2.487%、2.492%、2.489%、2.491%、2.491%、2.490%，求分析结果的标准偏差、变异系数。最终报告的结果是多少？（无需舍去数据）

1-3 在水处理工作中，常要分析水垢中的 CaO，其百分含量测试数据如下：

$w(CaO)/\%$　52.01　51.98　52.12　51.96　52.00　51.97

根据 Q 检验法，是否有可疑数据要舍去？再求平均值、标准偏差、变异系数和对应的置信区间。置信度取 90%。

1-4 下列数据包括几位有效数字？

(1) 0.0280　(2) 1.8502　(3) 2.4×10^{-5}　(4) pH=12.85　(5) 1.80×10^5　(6) 0.00001000

1-5 根据有效数字的运算规则，给出下列各式的结果：

(1)　$3.450 \times 3.562 + 9.6 \times 10^{-2} - 0.0371 \times 0.00845$

(2)　$\dfrac{24.32 \times 85.67 \times 53.15}{28.70}$

(3)　$\left(\dfrac{0.2865 \times 6.000 \times 10^3}{167.0} - 32.15 \times 0.1078 \right) \times 94.01 \times 3.210$

(4)　$\sqrt{\dfrac{1.61 \times 10^{-3} \times 5.2 \times 10^{-9}}{3.80 \times 10^{-5}}}$

1-6 已知浓硫酸的密度为 $1.84 \text{g} \cdot \text{mL}^{-1}$，其中 H_2SO_4 的质量分数为 98.1%，求硫酸的物质的量浓度。

1-7 已知某水溶液的 $[H^+] = 2.8 \times 10^{-4} \text{mol} \cdot \text{L}^{-1}$，该溶液 pH 的正确表达值是多大？

1-8 已知某水溶液的 pH=10.50，该溶液的 H^+ 的浓度是多少（$\text{mol} \cdot \text{L}^{-1}$）？

第2章 原子结构

物质在不同条件下表现出来的各种性质，不论是物理性质还是化学性质，都与其原子内部结构有关。为了掌握物质性质及其变化规律，人们早就开始探索物质的结构。长期的研究表明，构成物质的原子是由带正电荷的原子核和带负电荷并在核外高速运动的电子所组成的。在化学反应中，原子核并没有发生变化，只是核外电子的运动状态发生变化。电子属于微观粒子，微观粒子的运动规律与经典的宏观运动规律不完全一致。因此，用宏观运动的牛顿定律就无法描述许多微观粒子的运动现象，而只能用量子力学理论来描述。

2.1 原子中的电子

2.1.1 氢原子光谱和玻尔理论

(1) 氢原子光谱

近代原子结构理论的建立是从研究氢原子光谱开始的。

由不同频率光线所组成的白光，通过三棱镜后发生折射，形成红、橙、黄、绿、青、蓝、紫的连续分布色带，这种色带称为连续光谱。

任何元素的气态原子加热或在高压电场中，只能发射某些颜色或频率的光。如果将玻璃管中的空气抽掉，充入少量氢气，并将玻璃管封闭，在玻璃管的两端通以高压电流，玻璃管内的氢气将会发光。将发出的光通过三棱镜，在可见光区（波长在 400～700nm 的光能被肉眼看到，称为可见光）得到红、蓝绿、蓝、紫四条特征明显的谱线，称为氢原子光谱，通常用 H_α、H_β、H_γ、H_δ 表示，它们的波长 λ 分别是 656.3nm、486.1nm、434.1nm 和 410.2nm，见图 2-1。这种光谱是不连续的，称为不连续光谱。因为这种光谱是线状的，所以又称为线状光谱。

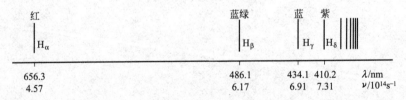

图 2-1 氢原子光谱

不少科学家对氢原子光谱进行了研究。其中，瑞典科学家里德堡（J. R. Rydberg）于 1913 年提出能概括氢原子光谱中谱线之间普遍联系的经验公式，即里德堡方程：

$$\frac{1}{\lambda} = R_H \left(\frac{1}{n_1^2} - \frac{1}{n_2^2} \right) \tag{2-1}$$

式中，n_1、n_2 为正整数，且 $n_2 > n_1$；λ 为波长；R_H 为里德堡常数（$1.0967758 \times 10^7 \text{m}^{-1}$）。

对于氢原子光谱为线状光谱的实验事实，经典物理学无法合理解释。氢原子光谱的规律性引起了人们的关注，推动了原子结构理论的发展。

(2) 玻尔理论

1913 年，丹麦物理学家玻尔（N. Bohr）在普朗克（M. Planck）的量子理论和爱因斯坦

（A. Einstein）的光子学说的基础上，提出了有关原子结构的一些全新的概念。

① 定态轨道

氢原子中的电子只能在确定半径和能量的特定轨道中运动，不随时间而改变，这种定义下的轨道称为定态轨道。

② 轨道能级

电子在不同轨道中运动时，电子所具有的能量不同，相应的轨道称为能级。在正常状态下，电子在低能级轨道中运动时，电子的状态称为基态；若接受外界能量的作用而跃迁到高能级轨道中运动时，电子的状态称为激发态；当电子完全摆脱原子核势能场的束缚而电离时，电子所处的能级达到零。因为电子受原子核的吸引产生的势能均为负值，所以零为最大值。离原子核越近的轨道，势能越负，但绝对值越大。离原子核越近的轨道上的电子摆脱原子核势能场的束缚而电离，外界需付出的能量越大。

③ 轨道能量量子化

当电子由一个定态轨道跃迁到另一个定态轨道时，由于两个定态轨道的能级不同，就会吸收或放出一定的能量。若这种能量以光的形式表现，光的能量 $h\nu$ 等于这两个定态轨道的能量差：

$$h\nu = E_2 - E_1 \tag{2-2}$$

该能量差值 $E_2 - E_1$ 不可能是无穷小，即电子轨道的能级 E_1、E_2、…是不连续的，这个特征称为轨道能量量子化。

玻尔理论将氢原子核当作一个点电荷，电子在离原子核不同距离即半径 r 轨道上所受的力即表现为电子和原子核间的库仑力，势能 E 和圆周运动状况可从物理学得知。因此，根据玻尔理论，计算出了轨道半径 r、轨道能量 E、电子的电量 e 及电子的质量 m 间的关系的数学表达式：

$$r = \frac{\varepsilon_0 h^2}{\pi m e^2} n^2 \qquad n = 1, 2, 3, \cdots \tag{2-3}$$

$$E = -\frac{m e^4}{8 \varepsilon_0^2 h^2} \times \frac{1}{n^2} \qquad n = 1, 2, 3, \cdots \tag{2-4}$$

式中，m 为电子的质量；e 为电子的电荷；ε_0 为真空介电常数（$\varepsilon_0 = 8.854187817 \times 10^{-12} \text{F/m}$）；$h$ 为普朗克常数（$h = 6.626 \times 10^{-34} \text{J} \cdot \text{s}$）；$n$ 为轨道能级或定态能级数。

由于 n 必须是正整数，所以电子轨道半径和能量是不连续的。

不难计算，当电子在第一层轨道即能量最低的轨道（$n = 1$）时半径（a_0）为 $5.29 \times 10^{-11} \text{m}$。这一半径通常称为玻尔半径。

由玻尔理论可以很好地解释氢原子光谱。当电子由低能级轨道 n_1 跃迁到高能级轨道 n_2 时，原子吸收能量；从 n_2 跃迁到 n_1 则放出能量。若能量以辐射光显现，则其频率与 n 的关系为

$$h\nu = E_2 - E_1 = \frac{m e^4}{8 \varepsilon_0^2 h^2} \left(\frac{1}{n_1^2} - \frac{1}{n_2^2} \right) \tag{2-5}$$

$$\nu = \frac{m e^4}{8 \varepsilon_0^2 h^3} \left(\frac{1}{n_1^2} - \frac{1}{n_2^2} \right) \tag{2-6}$$

$$\frac{1}{\lambda} = \frac{m e^4}{8 \varepsilon_0^2 c h^3} \left(\frac{1}{n_1^2} - \frac{1}{n_2^2} \right) \tag{2-7}$$

式（2-7）是由玻尔理论导出的，而式（2-1）是从氢原子光谱实验数据经验拟合的。但两者完全相吻合。对比两式可知，里德堡常数应等于：

$$R_H = \frac{me^4}{8\varepsilon_0^2 ch^3} \tag{2-8}$$

把各基本物理量代入，可得到：

$$R_H = 1.09731 \times 10^7 \, \text{m}^{-1} \tag{2-9}$$

该值与里德堡常数的实验值（$1.0967758 \times 10^7 \, \text{m}^{-1}$）吻合程度很高，因而显示了玻尔理论的成功。

显然可见，n_1 与 n_2 可以有许多种组合，对应的氢原子光谱也可以有许多种。

后来，科学家们发现了一系列符合玻尔理论导出式(2-7)的氢光谱系，人们用他们的名字命名这些氢光谱系。

不同的 n_2、n_1 形成的不同系列的氢原子光谱有：

拉曼系	$n_1 = 1$，$n_2 = 2$、3、4、…
巴尔末系	$n_1 = 2$，$n_2 = 3$、4、5、…
帕邢系	$n_1 = 3$，$n_2 = 4$、5、6、…
布拉克特系	$n_1 = 4$，$n_2 = 5$、6、7、…
普丰特系	$n_1 = 5$，$n_2 = 6$、7、8、…

将拉曼系、巴尔末系、帕邢系、布拉克特系、普丰特系绘于图 2-2。由该图可知，拉曼系各谱线是从 $n = 2$、3、4、…能级跃迁到 $n = 1$ 的能级所产生的；巴尔末系各谱线是从 $n = 3$、4、5、…能级跃迁到 $n = 2$ 能级所产生的；帕邢系各谱线是 $n = 4$、5、6、…能级跃到 $n = 3$ 能级所产生的；布拉克特系各谱线是从 $n = 5$、6、7、…能级跃迁到 $n = 4$ 能级所产生的；普丰特系各谱线是从 $n = 6$、7、8、…能级跃迁到 $n = 5$ 能级所产生的。不难看出，这里的 n 与式（2-7）的 n 是完全一致的。

玻尔理论成功地解释了单电子体系的氢原子和核外只有一个电子的 He^+、Li^{2+}、Be^{3+} 等类氢原子的光谱。但不能解释这些能级轨道的来历，它是一种根据实验结论构建的经验性理论。玻尔理论也不能解释多电子体系的光谱，因而需要探索新的理论。

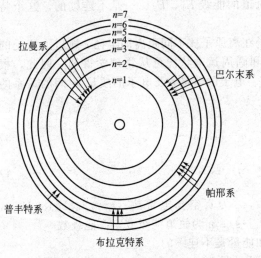

图 2-2　玻尔氢原子模型

2.1.2　微观粒子的运动特征

(1) 微观粒子的波粒二象性

通过光在传播过程中的干涉、衍射等现象，人们认识了光的波动性；而通过光和物质相互作用时的光电效应现象，人们认识了光的微粒性。这就是所谓的光的波粒二象性。表征光的粒子性的动量 P 与表征光的波动性的波长 λ 之间的关系是：

$$\lambda = \frac{h}{P} \tag{2-10}$$

式中，h 为普朗克常数。

1924 年，法国物理学家德布罗意（L. de Broglie）在光的波粒二象性的启发下，大胆地提出包括电子在内的一切微观粒子和光一样也都具有波粒二象性的假设。设质量为 m、运动

速度为 v 的微粒，一方面可用动量 P 对其作微粒性的描述，另一方面又可用波长 λ 作波动性的描述。λ 和 P 之间存在着和式(2-10)类似的关系式：

$$\lambda = \frac{h}{P} = \frac{h}{mv} \tag{2-11}$$

描述粒子性的动量 P 和描述波动性的 λ 之间通过普朗克常数定量地相联系，这就表征了包括电子在内的一切微观粒子的波粒二象性。

在德布罗意发表了他的理论以后仅 2 年，电子的波动性就被实验所证实：1927 年，戴维逊（C. J. Davisson）和革末（L. H. Germer）用一束高速的电子流通过细小的狭缝射到感光屏时，发现电子流如同光的衍射一样，在屏上也看到了明暗交替的环纹（见图 2-3）。这种现象称为电子衍射，说明电子具有波动性。波粒二象性在微观世界中具有普遍意义。

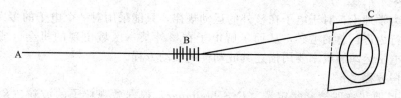

图 2-3　电子衍射实验示意图

A—电子发生器；B—晶体粉末；C—照相底片

（2）测不准原理

1927 年，德国物理学家海森堡（W. K. Heisenberg）提出了测不准原理。该原理指出，不可能同时准确测定微观粒子的位置和动量。用数学形式表达则是：

$$\Delta x \Delta P \geqslant \frac{h}{4\pi} \tag{2-12}$$

式中，Δx、ΔP 分别表示任一微观粒子在空间某一方向的位置测不准量、动量测不准量；h 为普朗克常数。由该式不难看出，Δx 越小，即位置准确程度越大，ΔP 就越大，即动量的准确程度就越小。

一般来说，因为测不准原理的数学表达式(2-12)中的 h 是一个非常小的数，对于宏观物体的运动可将它视为零，运动物体的波动性不明显，因而经典力学中的物体既有确定的位置，又有确定的动量（或速度）。微观粒子的体积、质量都很小，P 也很小。位置 x、动量 P 很微小的变化对微观粒子的运动而言都是相当大的，h 虽很小，但已不可忽略，运动粒子便显示出了波动性的本质，所以测不准原理发生了作用。

例如，质量为 10g 的宏观物体子弹，若它的位置测不准量为 1×10^{-4} m，则它的速度测不准量为：

$$\Delta v \geqslant \frac{h}{4\pi m \Delta x} = \frac{6.6 \times 10^{-34}}{4 \times 3.14 \times 10 \times 10^{-3} \times 10^{-4}} = 5.3 \times 10^{-29} \ (\text{m} \cdot \text{s}^{-1})$$

如此小的速度测不准量对速度约为 800m·s^{-1} 的子弹而言，已无关紧要了。这表明，对于宏观物体测不准原理实际上已不起作用，人们可以在极微小的误差范围内准确测定它们的位置和动量（或速度）。

又如，质量为 9.1×10^{-31} kg 的电子的运动，对于数量级为 10^{-10} m 大小的原子，合理的位置测不准量为 10^{-11} m，则速度测不准量为：

$$\Delta v \geqslant \frac{h}{4\pi m \Delta x} = \frac{6.6 \times 10^{-34}}{4 \times 3.14 \times 9.1 \times 10^{-31} \times 10^{-11}} = 5.6 \times 10^{6} \ (\text{m} \cdot \text{s}^{-1})$$

很显然，速度的测不准量已经相当大，即使对于速度为 3.0×10^{8} m·s^{-1} 的光而言，测不准量已达约 2%，显然已超出了合理的测量误差范围，不能忽略。这表明，人们在一个合理的准确度测定电子的位置时，却很难测准电子的速度了。反之亦可得到类似的 Δx 的结论。

测不准原理表明：核外电子在核外的位置是不可能准确的，因此核外电子也就不可能在玻尔理论所指的定态轨道上运动。核外电子的运动规律，只能用统计的方法，指出它在核外某处出现的概率的大小。

对于测不准原理，不能错误地认为微观粒子的运动规律"不可知"。实际上，测不准原理反映了微观粒子具有波动性，只是表明它不服从由宏观物体运动规律所总结出来的经典力学。这不等于没有规律可循，相反，它说明微观粒子的运动遵循着更深刻的一种规律——量子力学规律。

2.1.3 波函数

根据量子力学理论，对于电子在核外的运动规律，只能采用对一个电子的多次行为或许多电子的一次行为进行总的考察，从而了解电子在核外某一区域出现的机会（或概率）多少。描述核外电子运动的概率要用描述其波动性的波动方程。

(1) 薛定谔方程

1926 年，奥地利物理学家薛定谔（E. Schödinger）根据微观粒子的波粒二象性的理论和测不准原理，首先建立了微观粒子的波动方程，称为薛定谔方程，它是一个二阶偏微分方程：

$$\frac{\partial^2 \Psi}{\partial x^2}+\frac{\partial^2 \Psi}{\partial y^2}+\frac{\partial^2 \Psi}{\partial z^2}+\frac{8\pi^2 m}{h^2}(E-V)\Psi=0 \tag{2-13}$$

式中，Ψ 是波函数；x、y、z 是三维空间坐标；E 是体系的总能量；V 是体系的势能；m 是微观粒子的质量；h 是普朗克常数。薛定谔方程将电子在核外运动的位置（由 x、y、z 决定）与能量 E 联系起来，即薛定谔方程将微观粒子的粒子性（m，E）与波动性 $\Psi(x, y, z)$ 统一起来了，从而能更全面地反映微观粒子的运动状态。

为了方便求解薛定谔方程，将用直角坐标表示的 $\Psi(x, y, z)$ 转换成用球坐标表示的 $\Psi(r, \theta, \varphi)$。在图 2-4 中，设原子核在坐标原点 O，P 为空间一点位置，r 为 P 到原点 O 的距离（即电子离原子核的距离），θ 为 z 轴与 OP 之间的夹角，φ 为 OP 在 xOy 平面上的投影 OP' 和 x 轴间的夹角；根据数学的有关原理，直角坐标与球坐标的变换关系为：

$$x=r\sin\theta\cos\varphi$$
$$y=r\sin\theta\sin\varphi$$
$$z=r\cos\theta$$

球坐标的波函数 $\Psi(r, \theta, \varphi)$ 可以分解成两部分：

$$\Psi(r,\theta,\varphi)=R(r)Y(\theta,\varphi) \tag{2-14}$$

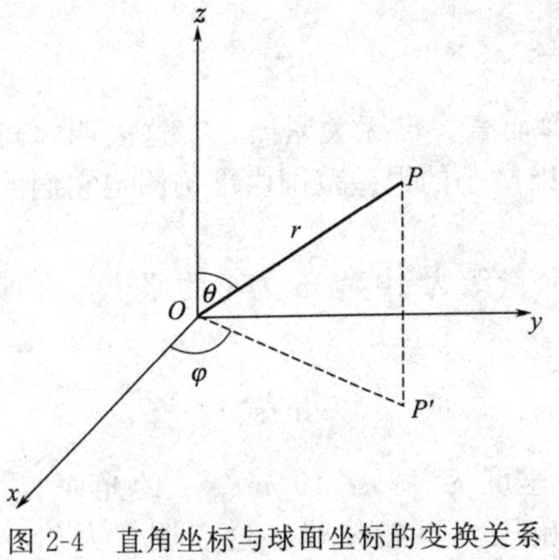

式中，$R(r)$ 部分仅是径向量 r 的函数，与角度 θ、φ 无关，故称之为波函数的径向函数；$Y(\theta, \varphi)$ 仅和角度 θ、φ 有关，而和 r 无关，故称之为波函数的角函数。

微分方程的解与代数方程的解是不一样的。代数方程的解是求未知量等于多少；解微分方程则是从已知函数的 n 阶导数的关系，去求函数与各自变量的关系，即求原函数。如薛定谔方程已反映出了函数 Ψ 对自变量 x、y、z 或 r、θ、φ 的二阶导数的关系（相当于加速度关系），要求出原函数 Ψ（相当于求路程 S 的关系式），所以微分方程的解仍是一个或

图 2-4　直角坐标与球面坐标的变换关系

一系列函数关系式。即求出 Ψ 就是求出了核外电子运动的代数表达式。

这里需要提及的是：本书列出的薛定谔方程，到目前为止，对一些多电子的原子，还无法精确求解。无机化学的目的不在于求出该方程的精确解，而是通过对薛定谔方程解的定性描述，研究核外电子在原子中的运动状况，从中将其与各元素的性质相关联，寻找一般的规律。从这个意义上讲，薛定谔方程在研究原子结构中具有普遍意义。

波函数 Ψ 由三个自变量 x、y、z 或 r、θ、φ 决定。将 r、θ、φ 更换成 n、l、m 丝毫不影响波函数 Ψ 的性质，但对于解释核外电子的运动却更清晰、明确。不同的是 x、y、z 或 r、θ、φ 都是连续量，而 n、l、m 却不是连续量，而是量子化的量，即必须是整数。n、l、m 值确定时，波函数 Ψ 也就确定了，在量子力学中作为波函数 Ψ 同义词的原子轨道（即原子中电子的轨道，与第 3 章分子中电子的轨道需加以区分）也就确定了，n、l、m 称为"原子轨道"的量子数。

n 是主量子数，取值范围是从 1 到任何一个正整数，其中每一个 n 值代表一个电子轨道层，又称作"原子轨道"。为了区别各个数值对应的量子数的关系，人们经常用一组光谱学符号（大写英文字母）表达不同值的 n：

n	1	2	3	4	5	6	7
符号	K	L	M	N	O	P	Q

主量子数主要描述了原子轨道与原子核间的距离 r。对于氢原子和类氢原子，原子轨道的能量主要由 n 决定。一般讲，n 值越大，原子轨道与原子核间的距离 r 越大，原子轨道能级越高，在此轨道上运行的电子的能量（势能）越高。但该结论对于 n 远大于 1 的多电子原子体系不具有普遍性。但一般讲，n 值即电子离原子核的距离，是决定轨道能级的最重要因素。

l 称为副量子数或角量子数。从核外电子的实际分布状况看，人们规定 l 的取值范围为从 $0 \sim (n-1)$ 的所有正整数，共可取 n 个值。其中每一个 l 值代表一个原子轨道亚层。同一 n 值、不同 l 值的两个亚层轨道离原子核的距离之差远小于两个不同 n 值的两层原子轨道离原子核的距离之差。因此两个亚层原子轨道的能级差也较小。l 叫角量子数，就是说它还描写了原子轨道在空间的角分布情况，即决定着轨道的形状。而在多电子原子中又和 n 一起共同决定了原子轨道的能级。可用小写英文字母表达 l 值不同的轨道：

l	0	1	2	3	4
符号	s	p	d	f	g

m 称为磁量子数，它表达了原子轨道的伸展方向，实际上它反映了波函数 $\Psi(r, \theta, \varphi)$ 在空间定义域的个数。根据波函数 $\Psi(r, \theta, \varphi)$ 的实际情况，规定 m 的取值范围为从 $-l$ 到 $+l$ 的整数，共 $2l+1$ 个取值，各对应于不同的伸展方向。但无论 m 取何值，原子轨道的能级都是相等的，各数字仅是人为规定的一个符号而已。这是磁量子数 m 与主量子数 n、副量子数 l 的本质区别。从 m 的取值范围的规定可知 $|m| \leqslant l$。

定义一个原子轨道的性质及能级只需要 n、l、m 三个量子数。但要描述一个电子在轨道上所具有的能量还要增加第四个量子数即自旋量子数 m_s。因为电子除了围绕原子核公转外，它还要围绕自己的轴自转。自转的方向只能有顺时针和逆时针两种，表征电子自旋方向的自旋量子数 m_s 也只有二个：$+1/2$ 和 $-1/2$。它和磁量子数 m 一样，仅是人为规定的一个符号而已，没有大小与优劣之分，与数学上的 $+1/2$ 和 $-1/2$ 概念完全不同。m_s 是一个不依赖于其他三个量子数的独立变量，它只描述电子的自旋情况而不描述原子轨道的能级。

综上所述，要完整表示一个电子在核外的运动状态，必须同时指明四个量子数 n、l、m 和 m_s。根据四个量子数数值间的关系可以算出各电子层中电子可能有的运动状态及各电子层可容纳电子的最大容量。见表 2-1。

表 2-1 电子层中电子最大容量表

电子层	K	L		M			N			
n	1	2		3			4			
电子亚层	s	s	p	s	p	d	s	p	d	f
l	0	0	1	0	1	2	0	1	2	3
m	0	0	-1 0 $+1$	0	-1 0 $+1$	-2 -1 0 $+1$ $+2$	0	-1 0 $+1$	-2 -1 0 $+1$ $+2$	-3 -2 -1 0 $+1$ $+2$ $+3$
轨道数	1	1	3	1	3	5	1	3	5	7
电子数	2	2	6	2	6	10	2	6	10	14
每层最大容量 $2n^2$	2	8		18			32			

由表 2-1 可归纳出如下结论：

① 任何一个电子层所包含的电子亚层数目，等于该电子层层数即主量子数 n；例如：$n=1$，只有一个亚层，即 s 层；$n=2$，第二层原子轨道有两个亚层，即 s 层和 p 层。

② 因为磁量子数 $|m| \leqslant l$。电子亚层 s、p、d、f 所包含的原子轨道的伸展方向即原子轨道的数目分别为 1、3、5、7，所能容纳的最大电子数分别为 2、6、10、14，即为相应原子轨道数的两倍。

③ 各电子层的轨道总数等于电子层数的平方即 n^2，各电子层可能容纳的最大电子数目等于两倍的电子层数的平方，即 $2n^2$。

(2) 波函数图像

和其他函数一样，波函数 Ψ 也有其自己的图像。即 Ψ 随 r、θ、φ 变化的图形。由于波函数 Ψ 是一个三元函数，很难在平面上用适当的图形将 Ψ 随 r、θ、φ 变化的情况表示清楚。因为 $\Psi(r, \theta, \varphi) = R(r)Y(\theta, \varphi)$，因此，为了研究的方便，可把波函数 $\Psi(r, \theta, \varphi)$ 分解成角函数 $Y(\theta, \varphi)$ 的角度部分图像和径向函数 $R(r)$ 的径向部分图像，使问题讨论趋于简化，但仍能满足讨论原子不同化学行为时的需要。

① 角度分布图

用波函数的角函数 $Y(\theta, \varphi)$ 对 θ、φ 作三维图并将其投影到平面或曲面上，不同的角量子数 l 和磁量子数 m 的 $Y(\theta, \varphi)$ 投影图见图 2-5。该图反映了 r 一定时，波函数 Ψ 随 θ、φ 变化的情况。

$l=0$ 的 s 轨道是一个以原子核为球心的球面，球半径的大小由主量数 n 决定。因此 s 轨道是没有方向性的全对称。

$l=1$ 的 p 轨道，因 m 可取 -1、0、$+1$ 三个值，p 轨道有三条，而且这三条 p 轨道的能级是完全相等的，因此，它们在空间的位置也是完全平等的。它们图形的对称轴分别是 x、y、z 坐标轴。

将 $l=1$ 代入 $Y(\theta, \varphi)$，得 p_z 轨道波函数的角函数：

$$Y(\theta, \varphi) = \sqrt{\frac{3}{4\pi}} \cos\theta$$

很明显，这是以 π 为周期的周期函数，在 x-y 平面的上、下方形成完全对称的球，投影到 x-z 平面上，如图 2-5 所示，投影图是典型的双叶线。当然 p_x、p_y 的形状和在 x-y、y-z

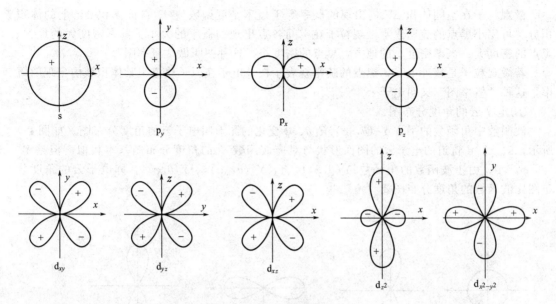

图 2-5　原子的原子轨道角度分布投影图

平面上的投影图均和 p_z 类似。因而说 p 轨道的形状是哑铃形，还是比较形象的。与 s 轨道相比，p 轨道很明显具有方向性，其在轴向上比其他方向上都长。

对于 $l=2$ 的 d 轨道，因 m 可取 -2、-1、0、$+1$、$+2$ 五个值，d 轨道有五条。这五条 d 轨道的能级是完全相等的，因此，它们在空间的形状和相对位置也是完全平等的。五条 d 轨道在 x-z、x-y、y-z 三个平面上，不能形象地反映 d 轨道的形象。必须将五条 d 轨道投影到五个面上。其中的四条 d 轨道 d_{xy}、d_{yz}、d_{xz} 以及 $d_{x^2-y^2}$ 分别投影到 x-z、x-y、y-z 三个平面和曲面 x^2-y^2 上，它们的形状和尺寸都不会发生改变。第五条 d_{z^2} 轨道投影在 z^2 筒状曲面上，投影形状和尺寸在轴向上不变化，但在轴向的垂直方向上形状不变但尺寸会发生改变，因而投影图的四叶线便显示出一长一短。d 轨道的立体形状是投影各自围绕自己的轴旋转而成。如 d_{z^2} 上垂直方向的双叶线围绕 z 轴旋转，水平方向的双叶线围绕 x 轴旋转，而不是整个投影围绕一根对称轴如 d_{z^2} 上的 z 轴旋转。d 轨道也明显的方向性。其在轴向上比其他方向上都长（在第 7 章还会讲到 d 轨道形状和方向对化学键的影响）。

七条 f 轨道的图像投影更为复杂，在此不做讨论。

原子轨道的数目、形状、伸展方向和正负号，对正确理解化学键的形成及种类是很重要的。

② 径向分布图

用 1s 轨道波函数的径向函数 $R(r)$ 对 r 作图就得波函数的径向分布图，如图 2-6 所示。该图反映了在给定的角度方向上，函数 $R(r)$ 随自变量 r 的变化情况。可见 $R(r)$ 是一个递减函数。

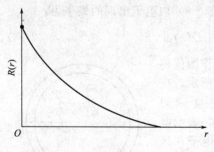

图 2-6　1s 波函数的 $R(r)$-r 图

（3）电子云的图像

微观粒子所具有波的物理意义和经典的波（如电磁波）是不同的。电磁波可以具体理解为电磁场的振动在空间的传播，电磁波函数直接描述电磁波振动强度的大小；而微观粒子的波函数没有这样的直接意义。微观粒子波函数 Ψ 强度的平方 $|\Psi|^2$ 是微观粒子在某空间域 ΔV 中出现的概率密度函数。

微观粒子在空间体积 ΔV 内出现的概率等于概率密度函数 $|\Psi|^2$ 在该体积 ΔV 上的体积积分。可用小黑点的疏密表示微观粒子在空间各点出现的概率的大小。概率密度大的地方，黑点的密度大；概率密度小的地方，黑点的密度小。这种图叫做"概率图"。

若微观粒子是核外电子，黑点的疏密就表示核外电子在原子轨道中某体积域内出现的概率，这种"概率图"又叫电子云。

① 电子云的角度分布图

波函数中角函数的平方 $Y^2(\theta,\varphi)$ 随 θ、φ 变化的图形叫电子云的角度分布图。如图 2-7 所示，s、p、d 轨道的电子云的图像形状与对应波函数 Ψ 的角度分布图基本相似。但是 $Y^2(\theta,\varphi) \geqslant 0$，由于波函数的角函数 $|Y(\theta,\varphi)| \leqslant 1$，$Y^2(\theta,\varphi) \leqslant |Y(\theta,\varphi)|$，即电子云的角度分布图比波函数的角度分布图要"瘦"些。

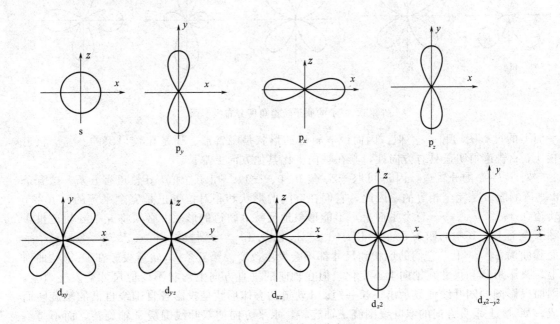

图 2-7 电子云的角度分布图

② 电子云的径向分布图

一个与核的距离为 r、厚度 dr 的微分薄层球壳（见图 2-8）内电子出现的概率为：

$$\int |\Psi|^2 \mathrm{d}v = \int |\Psi|^2 \times 4\pi r^2 \mathrm{d}r = \int D(r) \mathrm{d}r \qquad (2\text{-}15)$$

式中，被积函数 $D(r) = |\Psi|^2 \times 4\pi r^2$。用 $D(r)$ 对 r 作图就得到电子云的径向分布概率密度曲线图（见图 2-9）。由图所示，在 $D(r)\text{-}r$ 的曲线中，有 $(n-l)$ 个极大值峰，且在 $r(0, \infty)$ 之间有 $(n-l-1)$ 个 $D(r)=0$ 的峰谷（节点）。所谓极大值峰，表示电子在该处单位球壳内出现的概率最大；所谓节点，表示电子在该处单位球壳内出现的概率为零。例如，3p 轨道（$n=3$，$l=1$），在它的 $D(r)\text{-}r$ 曲线上有 2 个极大值峰和 1 个节点。

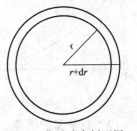

图 2-8 薄层球壳剖面图

对于 1s 轨道，$D(r)\text{-}r$ 曲线在 $r=52.9\text{pm}$（$1\text{pm}=10^{-12}\text{ m}$）处有极大值。这表明在半径为 52.9pm 附近的一薄层球壳内电子出现的概率最大。$r=52.9\text{pm}$ 正是玻尔半径。从这一点可以说，玻尔轨道是氢原子核外电子出现的概率最大处的粗略近似。

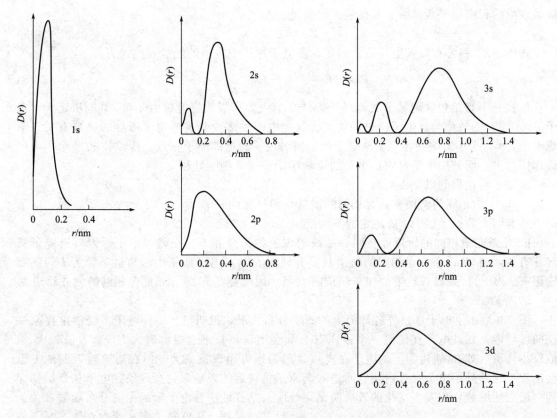

图 2-9　各轨道的电子云的径向分布图

2.2　核外电子的排布和元素周期系

2.2.1　多电子原子能级

除氢原子外，其他元素的原子核外都不是一个电子，这些原子统称为多电子原子。对多电子原子来说，原子轨道的能量与主量子数 n、副量子数 l 有关。

（1）屏蔽效应和钻穿效应

① 屏蔽效应

对于氢原子及类氢原子，核外仅有的一个电子受到核对它的库仑引力作用，其轨道能量可表达为：

$$E = -R\frac{Z^2}{n^2} \tag{2-16}$$

式中，R 为里德堡常数；Z 为原子核内的质子即电荷数；n 为主量子数。

该式表明，单电子体系中的能级仅决定于主量子数 n。n 相同的轨道其能级相同；n 不同，轨道的能级也不同；n 越大，轨道的能级越高。

在核电荷为 Z 的多电子原子体系中，任何一个电子 i 都同时受到核的吸引作用和其余核外电子的排斥作用。当然，核对电子 i 的吸引作用总是大于其他电子对电子 i 的排斥作用，否则，电子不可能被束缚在原子之中。当电子 i 处在外层时，它受到的其他内层电子的排斥作用，这种排斥作用部分抵消了原子核对电子 i 的吸引作用。即相当于原子核电荷从 Z 减少到 Z^*。这种其他内层电子对电子 i 的排斥作用部分抵消了核电荷的效应，称为屏蔽效应。

屏蔽效应的程度用屏蔽常数 σ 来衡量，它满足关系式：

$$Z^* = Z - \sigma \tag{2-17}$$

式中，Z^* 称为有效核电荷数。因此，多电子原子中轨道的能量表达式为：

$$E = -R\frac{Z^{*2}}{n^2} = -R\frac{(Z-\sigma)^2}{n^2} \tag{2-18}$$

该式并不直接包含副量子数 l，但因 σ 与 l 有关，所以轨道能量由 n 和 l 共同决定。对电子 i 来说，σ 的数值与该电子所处的轨道、其他电子的多少和这些电子所处的轨道有关。不难看出，σ 的大小影响到各原子轨道能量。因为内层轨道离原子核近，所以，n、l 越小，屏蔽作用越大。而外层电子对内层电子的屏蔽作用和效果则刚好相反。

从以上讨论得到以下一些结论。

a. n、l 均相同的轨道将具有相同的能量，即处在同一能级上。从 $n=2$ 开始，同一电子层内将有两个或两个以上 l 值决定的不同能级。

b. 几条能量相同的轨道处在同一能级的现象称为简并态。在氢原子中，因轨道能量只与 n 有关，所以 n^2 条能量相同的轨道是简并轨道。在多电子原子中，角量子数为 l 的能级轨道有（$2l+1$）条简并轨道。如 p 轨道的 $l=1$，因此有 $2l+1=3$ 条能级相同的简并轨道。

② 钻穿效应

图 2-9 给出了电子在核外各球面上的概率分布情况，很明显，核外电子不会固定在某一径向区域内。核外电子在任何一个径向点上都会出现，只不过概率有大有小。n 值较大、l 值较小轨道（如 3s 轨道）上的电子在离核较远的地方出现概率大，但在离核较近的地方也会出现。这种外层电子穿过内层空间进入离原子核较近的现象叫钻穿现象。电子从外层钻穿到内层会使屏蔽作用发生变化的效应叫钻穿效应。钻穿效应与电子云的径向分布函数有关。

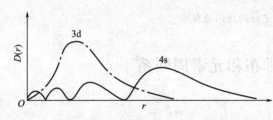

图 2-10　3d 和 4s 轨道的径向分布图

从图 2-9 可知，当 n 越大 l 越小时，曲线的峰越多，而小峰离核越近，即钻穿得越深。所以，当 n 相同时，s 比 p、p 比 d 轨道都更靠近核，钻穿得越深，能级就越低。这种钻穿效应甚至可导致 ns 轨道能级小于 $(n-1)d$ 轨道能级。

例如，图 2-10 中的 4s 轨道主峰比 3d 的离核远得多，但由于 4s 曲线有 $n-l=4$ 个峰，小峰已钻到离核较近的地方，钻穿效应大，这部分电子回避了原内层电子对它的屏蔽，因而能量很小。而 3d 轨道只有一个峰，钻穿效应很小，因而 4s 轨道的加权平均能量 $E_{4s} < E_{3d}$。这种某些 n 较大的电子轨道的能量反而低于 n 较小的电子轨道能量的现象，称为能级交错。能级交错是由钻穿效应引起的。

(2) 能级图

① 鲍林的轨道近似能级图

鲍林（L. Pauling）根据光谱实验和理论计算，提出多电子原子的电子轨道近似能级图，如图 2-11 所示。该图中的圆圈代表轨道，七个方框代表七个能级组。同一能级组内，能级间的能量间隔较小；能级组之间的能量间隔较大。七个能级组与周期表中的七个周期相对应，即第一能级组（1s）与第一周期相对应，……，第七能级组（7s5f6d7p）与第七周期相对应。每当电子开始填充一个新的能级组时，周期表就开始排列一个新的周期。

鲍林轨道近似能级图是核外电子填入各能级轨道时的顺序。由该图可知，n 不同而 l 相同的能级及其能量随 n 的增大而升高。例如

$$E_{1s} < E_{2s} < E_{3s} < E_{4s} < \cdots$$
$$E_{2p} < E_{3p} < E_{4p} < \cdots$$

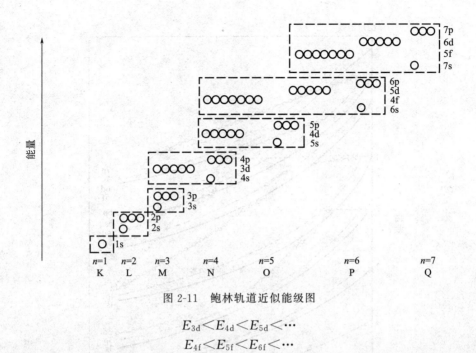

图 2-11　鲍林轨道近似能级图

$$E_{3d}<E_{4d}<E_{5d}<\cdots$$
$$E_{4f}<E_{5f}<E_{6f}<\cdots$$

以上顺序说明，n 越大，已填入内层轨道上的电子数就越多，屏蔽效应就越大，钻穿效应也应越大，但钻穿的深度不会影响到 l 相同而主量子数 n 小 l 的轨道能量。由波函数的径向分布图可知，l 相同，n 越大的电子离核的平均距离就越远，轨道能量就越高。

n 相同而 l 不同的轨道能级随 l 的增大而升高。例如：

$$E_{ns}<E_{np}<E_{nd}<E_{nf}$$

这是因为：n 相同、l 不同的电子轨道离核的平均距离从大到小是 f＞d＞p＞s，距离越远，轨道能量就越高。其次，钻穿效应从大到小是 s＞p＞d＞f，则 s 能量更小，f 能量更高。

n 和 l 都不相同时，有时出现能级交错。例如：

$$E_{4s}<E_{3d}$$
$$E_{5s}<E_{4d}$$
$$E_{6s}<E_{4f}<E_{5d}$$
$$E_{7s}<E_{5f}<E_{6d}$$

② 科顿的电子轨道能级图

鲍林的电子轨道近似能级图假定对所有元素都是适用的。测定结果表明，能级高低的顺序并不是一成不变的，而和原子序数有密切关系。例如，4s 和 3d 轨道的能量高低的关系是：在原子序数 $Z=1\sim14$ 时，$E_{3d}<E_{4s}$；$Z=15\sim20$ 时，$E_{3d}>E_{4s}$；而当 $Z>21$ 时，$E_{3d}<E_{4s}$。对原子序数 Z 较大的元素，电子层太多，屏蔽效应、钻穿效应相互交错，更为复杂，不像原子序数 Z 较小的元素影响因素较简单，规律性也较好。为了反映电子轨道能级的能量随原子序数变化而变化的情况，科顿（F. A. Cotton）提出了电子轨道的能量与原子序数的关系（见图 2-12）。

2.2.2　核外电子的排布

(1) 核外电子排布的三原则

原子中核外电子排布与波函数的四个量子数有关，并基本上遵循电子排布的三原则，即能量最低原理、泡利不相容原理和洪特规则。

① 能量最低原理

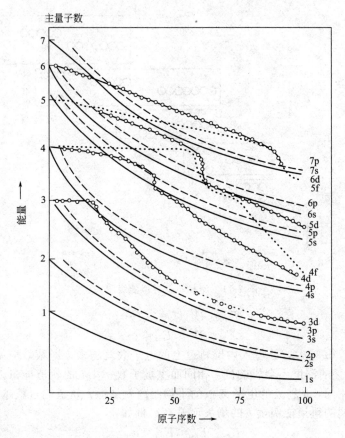

图 2-12　科顿的轨道能级图

多电子原子处于基态时，原子中核外电子从能级最低的 1s 电子轨道上开始排列，然后，按电子轨道能级从低到高依次排布。这样可使原子的总能量最低，该原子才能稳定存在。若跳跃式排布在高能级轨道上，则此原子总能量升高，原子处于激发态。激发态是一种亚稳态，亚稳态是不能长时间地稳定存在的。

一个体系无论是一个原子、一个分子还是多个化学组分的混合体系，所具有的总能量越低，则该体系越能稳定存在，这就是能量最低原理。

② 泡利不相容原理

任何一个原子中不可能有四个量子数完全相同的 2 个电子同时存在。根据这个原理，每条轨道上最多只能容纳自旋方向相反的 2 个电子。因为 s、p、d、f 各亚层中的原子轨道数分别为 1 条、3 条、5 条、7 条，所以 s、p、d、f 各亚层最多只能容纳 2 个、6 个、10 个、14 个电子。每个电子层有 n^2 条轨道，所以每个电子层最多只能容纳 $2n^2$ 个电子。

泡利不相容原理只解决了各电子层及电子亚层可容纳的电子数目。

从能量角度来看，泡利不相容原理只是能量最低原理的一个体现。若在同一条轨道上有自旋方向相同的 2 个电子，电子自旋产生的磁场方向也相同，会产生磁排斥，原子总能量升高，原子不能稳定存在。

若在同一条轨道上有自旋方向相反的 2 个电子，电子自旋产生的磁场方向也相反，产生磁吸引，会降低 2 个电子间的排斥势能，原子能稳定存在。

3 个或 3 个以上电子在同一轨道上，电排斥、磁排斥都大大增加，使原子总能量大大增加，这种原子是不可能稳定存在的。

③ 洪特规则

电子在能量相同的简并轨道上排布时，总是先以自旋方向相同的方式分占不同的简并轨道，使原子的能量最低。否则，2个电子在1条简并轨道排列而让其他简并轨道空置，在同一轨道上的2个电子将产生电排斥力，势能增高，原子的总能量增高。不符合能量最低原理，原子不能稳定存在。洪特规则只是能量最低原理的一个应用。作为洪特规则的特例，全充满、半充满和全空状态的原子的能量最低、最稳定。

（2）核外电子的排布

根据以上规则，可讨论各种元素原子的核外电子排布。

第1号元素氢（H）有1个电子，填入能量最低的能级轨道的1s轨道上，记作 $1s^1$。

第一个阿拉伯数字是主量子数 n，第二个小写字母是副量子数 l 的符号，右上角角标数字表示排列在此轨道上的电子数。这种表示方法称为电子结构式，也称为电子构型。

第2号元素氦（He）有2个电子，填入第一能级的1s轨道上，且自旋方向相反，记作 $1s^2$。这样K层已填满，完成了第一周期。

第3号元素锂（Li）到第10号元素氖（Ne），电子依次填入第一和第二能级轨道，完成第二周期。值得提及的是，第7号元素氮（N）其电子结构式为 $1s^2 2s^2 2p^3$。其中2p轨道上的3个电子分别占有3条轨道，呈现半充满，且自旋方向相同。用电子轨道式表示为：

也可用电子结构式表示：$1s^2 2s^2 2p_x^1 p_y^1 p_z^1$。

从第11号元素钠（Na）到第18号元素氩（Ar），电子依次填入第一、二、三能级轨道轨道，完成第三周期。

除氦以外的稀有气体，其最外层的电子结构都是 $ns^2 np^6$，稀有气体都是每一周期最末一种元素。因此，当电子填入到最外层达 $ns^2 np^6$ 时，就完成一个周期。

在写原子序数比较大的原子的电子结构式时，由于内层电子是全充满的，可用上一周期最后一个惰性气体的元素符号加方括号即"原子实"代替，只写最外层和次外层的价层电子的结构式。

由于能级交错，$E_{4s} < E_{3d}$，第19号元素钾（K）的最后1个电子，不是填入3d轨道而是填入4s轨道，所以K的电子结构式可写成：

$$1s^2 2s^2 2p^6 3s^2 3p^6 4s^1$$

第三周期最后一个惰性气体元素是Ar，所以K的电子结构式也可简写成：

$$[Ar]4s^1$$

第20号元素钙（Ca）的最后两个电子也填入4s轨道。

从第21号元素钪（Sc）到第30号元素锌（Zn）共十种元素，电子依次填入3d轨道。比较特殊的是第24号元素铬（Cr）的电子结构式是 $[Ar]3d^5 4s^1$，而不是 $[Ar]3d^4 4s^2$。因为d轨道半充满时总能量更低，原子更稳定。

第29号元素铜（Cu）的电子结构式是 $[Ar]3d^{10}4s^1$ 而不是 $[Ar]3d^9 4s^2$。因为根据洪特规则，全充满和半充满的结构是比较稳定的。

从第31号元素镓（Ga）到第36号元素氪（Kr）电子依次填入4p，完成第四周期。

第37号元素铷（Rb）到第54号元素氙（Xe）共18个元素，构成第五周期，其电子的排布情况和第四周期相似。不过，本周期的许多元素的外层电子结构出现了例外情况。例如，第46号元素钯（Pd）的外层电子结构式为 $4d^{10}5s^0$ 而不是 $4d^8 5s^2$。

第55号元素铯（Cs）到第86号元素氡（Rn），电子最后依次填入第六能级组6s4f5d6p，构成第六周期。

其中第 57 号元素镧以后的十四种元素，随着原子序数的增加，电子依次填入 4f 上。由于填入在外数第三层上的电子对化学性质没有多大的影响，所以镧以后的十四种元素的性质非常相似。这十四种元素和镧共 15 种元素统称为镧系元素。在这个周期中，第 78 号元素铂（Pt）等的电子结构式也有例外。

第 87 号元素钫（Fr）开始，电子依次填入第七能级组 7s5f6d7p 上，本周期出现了与镧系元素相似的锕系元素，它是由第 89 号元素锕（Ac）以后的十四种元素所组成，不过这些元素的电子不是填入 4f 轨道而是 5f 轨道上。

表 2-2　部分元素原子的电子结构式

Z	元　素	电子结构式	Z	元　素	电子结构式
1	H	$1s^1$	53	I	$[Kr]4d^{10}5s^25p^5$
2	He	$1s^2$	54	Xe	$[Kr]4d^{10}5s^25p^6$
3	Li	$[He]2s^1$	55	Cs	$[Xe]6s^1$
4	Be	$[He]2s^2$	56	Ba	$[Xe]6s^2$
5	B	$[He]2s^22p^1$	57	La	$[Xe]5d^16s^2$
6	C	$[He]2s^22p^2$	58	Ce	$[Xe]4f^15d^16s^2$
7	N	$[He]2s^22p^3$	59	Pr	$[Xe]4f^36s^2$
8	O	$[He]2s^22p^4$	60	Nd	$[Xe]4f^46s^2$
9	F	$[He]2s^22p^5$	61	Pm	$[Xe]4f^56s^2$
10	Ne	$[He]2s^22p^6$	62	Sm	$[Xe]4f^66s^2$
11	Na	$[Ne]3s^1$	63	Eu	$[Xe]4f^76s^2$
12	Mg	$[Ne]3s^2$	64	Gd	$[Xe]4f^75d^16s^2$
13	Al	$[Ne]3s^23p^1$	65	Tb	$[Xe]4f^96s^2$
14	Si	$[Ne]3s^23p^2$	66	Dy	$[Xe]4f^{10}6s^2$
15	P	$[Ne]3s^23p^3$	67	Ho	$[Xe]4f^{11}6s^2$
16	S	$[Ne]3s^23p^4$	68	Er	$[Xe]4f^{12}6s^2$
17	Cl	$[Ne]3s^23p^5$	69	Tm	$[Xe]4f^{13}6s^2$
18	Ar	$[Ne]3s^23p^6$	70	Yb	$[Xe]4f^{14}6s^2$
19	K	$[Ar]4s^1$	71	Lu	$[Xe]4f^{14}5d^16s^2$
20	Ca	$[Ar]4s^2$	72	Hf	$[Xe]4f^{14}5d^26s^2$
21	Sc	$[Ar]3d^14s^2$	73	Ta	$[Xe]4f^{14}5d^36s^2$
22	Ti	$[Ar]3d^24s^2$	74	W	$[Xe]4f^{14}5d^46s^2$
23	V	$[Ar]3d^34s^2$	75	Re	$[Xe]4f^{14}5d^56s^2$
24	Cr	$[Ar]3d^54s^1$	76	Os	$[Xe]4f^{14}5d^66s^2$
25	Mn	$[Ar]3d^54s^2$	77	Ir	$[Xe]4f^{14}5d^76s^2$
26	Fe	$[Ar]3d^64s^2$	78	Pt	$[Xe]4f^{14}5d^96s^1$
27	Co	$[Ar]3d^74s^2$	79	Au	$[Xe]4f^{14}5d^{10}6s^1$
28	Ni	$[Ar]3d^84s^2$	80	Hg	$[Xe]4f^{14}5d^{10}6s^2$
29	Cu	$[Ar]3d^{10}4s^1$	81	Tl	$[Xe]4f^{14}5d^{10}6s^26p^1$
30	Zn	$[Ar]3d^{10}4s^2$	82	Pb	$[Xe]4f^{14}5d^{10}6s^26p^2$
31	Ga	$[Ar]3d^{10}4s^24p^1$	83	Bi	$[Xe]4f^{14}5d^{10}6s^26p^3$
32	Ge	$[Ar]3d^{10}4s^24p^2$	84	Po	$[Xe]4f^{14}5d^{10}6s^26p^4$
33	As	$[Ar]3d^{10}4s^24p^3$	85	At	$[Xe]4f^{14}5d^{10}6s^26p^5$
34	Se	$[Ar]3d^{10}4s^24p^4$	86	Rn	$[Xe]4f^{14}5d^{10}6s^26p^6$
35	Br	$[Ar]3d^{10}4s^24p^5$	87	Fr	$[Rn]7s^1$
36	Kr	$[Ar]3d^{10}4s^24p^6$	88	Ra	$[Rn]7s^2$
37	Rb	$[Kr]5s^1$	89	Ac	$[Rn]6d^17s^2$
38	Sr	$[Kr]5s^2$	90	Th	$[Rn]6d^27s^2$
39	Y	$[Kr]4d^15s^2$	91	Pa	$[Rn]5f^26d^17s^2$
40	Zr	$[Kr]4d^25s^2$	92	U	$[Rn]5f^36d^17s^2$
41	Nb	$[Kr]4d^45s^1$	93	Np	$[Rn]5f^46d^17s^2$
42	Mo	$[Kr]4d^55s^1$	94	Pu	$[Rn]5f^67s^2$
43	Tc	$[Kr]4d^55s^2$	95	Am	$[Rn]5f^77s^2$
44	Ru	$[Kr]4d^75s^1$	96	Cm	$[Rn]5f^76d^17s^2$
45	Rh	$[Kr]4d^85s^1$	97	Bk	$[Rn]5f^97s^2$
46	Pd	$[Kr]4d^{10}$	98	Cf	$[Rn]5f^{10}7s^2$
47	Ag	$[Kr]4d^{10}5s^1$	99	Es	$[Rn]5f^{11}7s^2$
48	Cd	$[Kr]4d^{10}5s^2$	100	Fm	$[Rn]5f^{12}7s^2$
49	In	$[Kr]4d^{10}5s^25p^1$	101	Md	$[Rn]5f^{13}7s^2$
50	Sn	$[Kr]4d^{10}5s^25p^2$	102	No	$[Rn]5f^{14}7s^2$
51	Sb	$[Kr]4d^{10}5s^25p^3$	103	Lr	$[Rn]5f^{14}6d^17s^2$
52	Te	$[Kr]4d^{10}5s^25p^4$			

第七周期至今还是不完全周期。

表 2-2 列出了由实验得到的周期表中部分元素原子的电子结构式。

对绝大多数元素的原子来说，按电子排布规则得出的电子排布式与光谱实验的结论是一致的。然而也有一些元素如 $_{58}Ce$ 的电子排布式是：$[Xe]4f^15d^16s^2$。用上述规则就不能给以完满解释，这种情况在第六、七周期元素中较多，这说明电子排布规则还有待发展完善，使它更符合实际。

2.2.3 原子的电子结构与元素周期表

(1) 周期

周期表有多种形式，现在常用的是长式周期表，如图 2-13 所示。长式周期表共有七行，从上到下分别为第一、二、三、四、五、六、七周期。由于能级交错，周期有长短之分。第一、二、三周期称为短周期，第四、五、六周期称为长周期，第七周期称为不完全周期。每一周期的最后一个元素是惰性气体元素，相应各轨道上都充满电子，是一种最稳定的结构。

$$周期数=主量子数\ n=电子层数（Pd 除外）$$

周期与其能级组相对应，如图 2-11 所示。即各周期元素的数目与相应能级组中轨道所能容纳的电子总数相等。因此，能级组的形成是划分周期的根本依据。

周期	IA		ⅢB	ⅣB	VB	ⅥB	ⅦB		ⅧB		IB	ⅡB	ⅢA	ⅣA	VA	ⅥA	ⅦA	ⅧA
1	1 H	ⅡA																2 He
2	3 Li	4 Be											5 B	6 C	7 N	8 O	9 F	10 Ne
3	11 Na	12 Mg											13 Al	14 Si	15 P	16 S	17 Cl	18 Ar
4	19 K	20 Ca	21 Sc	22 Ti	23 V	24 Cr	25 Mn	26 Fe	27 Co	28 Ni	29 Cu	30 Zn	31 Ga	32 Ge	33 As	34 Se	35 Br	36 Kr
5	37 Rb	38 Sr	39 Y	40 Zr	41 Nb	42 Mo	43 Tc	44 Ru	45 Rh	46 Pd	47 Ag	48 Cd	49 In	50 Sn	51 Sb	52 Te	53 I	54 Xe
6	55 Cs	56 Ba	57~71 La~Lu	72 Hf	73 Ta	74 W	75 Re	76 Os	77 Ir	78 Pt	79 Au	80 Hg	81 Tl	82 Pb	83 Bi	84 Po	85 At	86 Rn
7	87 Fr	88 Ra	89~103 Ac~Lr	104 Rf	105 Db	106 Sg	107 Bh	108 Hs	109 Mt									

镧 系	57 La	58 Ce	59 Pr	60 Nd	61 Pm	62 Sm	63 Eu	64 Gd	65 Tb	66 Dy	67 Ho	68 Er	69 Tm	70 Yb	71 Lu
锕 系	89 Ac	90 Th	91 Pa	92 U	93 Np	94 Pu	95 Am	96 Cm	97 Bk	98 Cf	99 Es	100 Fm	101 Md	102 No	103 Lr

图 2-13　元素周期表

在长周期中，第四周期从第 21 号元素钪（Sc）到第 30 号元素锌（Zn）十种元素，称为第一系列过渡元素。第五周期从第 39 号元素钇（Y）到第 48 号元素镉（Cd）十种元素，称为第二系列过渡元素。第六周期第 57 号元素镧（La）与从第 72 号元素铪（Hf）到第 80 号元素汞（Hg）十种元素，都属于最后电子逐次填入 $(n-1)d$（3d 或 4d 或 5d）轨道的元素，称为第三系列过渡元素。第六周期从第 57 号元素镧（La）到第 71 号元素镥（Lu）十五种元素在周期表中占据一格，称为"镧系元素"；第七周期从第 89 号元素锕（Ac）到第 103 号元素铹（Lr）十五种元素在周期表中也只占据一格，称为锕系元素。除钍外，镧系元素、锕系元素原子的最后一个电子逐次填入 $(n-2)f$（4f 或 5f）轨道，镧系元素、锕系元素又称为内过渡元素。分成两个单行，列在周期表的最下方。

原子的价层电子是可参与化学反应的电子。对于主族元素，价层电子即为最外层的 s 电子和 p 电子；对于副族元素是最外层的 ns 电子和次外层的 $(n-1)d$ 电子；对于镧系和锕系元素还需考虑外数第三层的 f 电子。由于在化学反应中一般只涉及原子的价层电子，因此，价层电子对物质的性质有较明显的影响。仅写出价层电子在轨道上排布情况的表示式称为价层电子构型，如 Na 的价层电子构型为 $3s^1$，清楚地体现出钠元素原子只有一个价层电子的情况。

（2）族

长式周期表共分 18 列。元素周期表中的各长列元素称为主族，即最后一个电子一定填入 s 或 p 轨道；用 A 表示。计有 I A、II A、III A、IV A、V A、VI A、VII A、VIII A（也可称为 0 族）；元素周期表中的各短列元素称为副族，即最后一个电子一定填入 d 或 f 轨道。用 B 字符表示。计有 I B、II B、III B、IV B、V B、VI B、VII B、VIII B。

主族元素（除 He 外）、III B～VII B 的族数等于价层电子数；其他副族（I B、II B、VIII B）存在例外的情况。

（3）区

根据元素原子价层电子构型，可把元素周期表分成五个区，如图 2-14 所示。

① s 区元素

最后一个电子填充在 s 轨道上的元素称为 s 区元素。包括 I A、II A 元素。价层电子构型为 $ns^{1\sim2}$。

② p 区元素

最后一个电子填充在 p 轨道上的元素称为 p 区元素，包括 III A～VIII A 元素。价层电子构型为 $ns^2np^{1\sim6}$（VIII A 中的 He 为 $1s^2$）。

③ d 区元素

最后一个电子填充在 d 轨道上的元素称为 d 区元素，包括 III B～VIII B 元素。其价层电子构型为 $(n-1)d^{1\sim8}ns^{1\sim2}$（VIII B 中的 Pd 为 $4d^{10}5s^0$、Pt 为 $5d^96s^1$）。

④ ds 区元素

最后一个电子填充在 d 轨道上并使 d 轨道上的电子全充满的元素为 ds 区元素，包括 I B、II B 元素。其价层电子构型为 $(n-1)d^{10}ns^{1\sim2}$。与 d 区元素的区别在于它们的 $(n-1)d$ 轨道是全充满的。与 s 区元素的区别在于 s 区元素的次外层是 p 轨道，而它们的次外层是 d 轨道并且全充满。

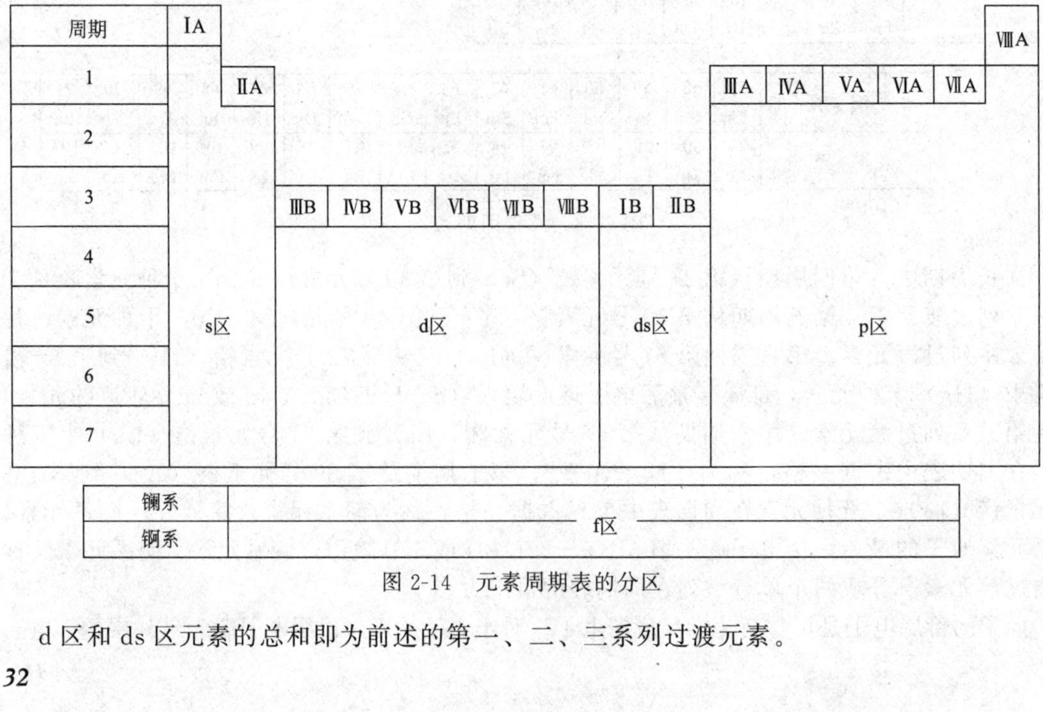

周期	I A														VIII A
1	II A										III A	IV A	V A	VI A	VII A
2															
3			III B	IV B	V B	VI B	VII B	VIII B	I B	II B					
4	s区				d区				ds区				p区		
5															
6															
7															

镧系	
锕系	f 区

图 2-14　元素周期表的分区

d 区和 ds 区元素的总和即为前述的第一、二、三系列过渡元素。

⑤ f 区元素

最后一个电子填充在 f 轨道上的元素为 f 区元素，包括镧系元素和锕系元素，其价层电子构型为 $(n-2)f^{0\sim14}ns^2$ （例外的情况比较多）。

f 区元素即为前述的内过渡元素。

2.3　元素基本性质与原子结构的关系

元素原子的基本性质如原子半径、电离能、电子亲和能与电负性等均呈现周期性的变化规律，这种变化规律揭示了原子性质和原子结构的内在联系。

2.3.1　原子半径

（1）原子半径的类型

因电子在原子核外各处都有出现的可能性，仅概率大小不同而已。所以对单个原子而言，并不存在明确的界面，不能进行单个原子半径的直接测量。

所谓的原子半径是根据该原子在分子中与相邻原子的核间距测得的。根据原子在分子中的存在形式的不同，一般可把原子半径分为共价半径、金属半径和范德华半径。

① 共价半径

同种元素形成双原子分子时，相邻两原子的核间距的一半，叫做该原子的共价半径。例如 Cl_2 分子，测得两原子的核间距为 198pm（10^{-12}m），则氯原子的共价半径为 99pm。

② 金属半径

金属晶体中相邻两原子的核间距的一半，称为金属半径。

例如在铁晶体中，测得两个铁原子的核间距为 248pm，则铁原子的金属半径为 124pm。

③ 范德华半径

两原子间只靠分子间作用力即范德华力（见第 3 章）。相互接近时，它们核间距的一半称为范德华半径。

例如稀有气体均为单原子分子，形成分子晶体时，分子间以范德华力结合，同种稀有气体的原子核间距的一半即为范德华半径。

（2）元素原子半径分布规律

各元素原子半径如图 2-15 所示。

对于同一周期的主族元素，从左到右原子半径逐渐减小。这主要是因为随着原子序数的增加，核电荷增加。但电子层数不变，新增加的电子依次排布于同一最外电子层上，而同层电子屏蔽效应很小，核对外层电子吸引力增强，所以原子半径随原子序数的增加即核电荷增加而从左到右逐渐减小。

同一主族中，从上到下，随周期数的增加，核外电子层数逐渐增多，这一主导作用使原子半径逐渐增大。前四周期，每增加一个周期，同族元素核电荷只增加 8 个。而从第四周期开始，每增加一个周期，核电荷增加 18 个或 32 个，核对外层电子吸引力大大增强，原子半径的增速大大降低，使它们及其化合物的理化性质更加相近。

对于同一周期的副族元素，虽然从左到右原子序数增加，核电荷增加，对核外电子吸引力增强。但由于新增加的电子排布在次外层 $(n-1)d$ 轨道上，电子层数没有增加。而且这些次外层电子对最外层电子屏蔽效应较大，抵消了一部分核电荷增加而导致的吸引力的增加。所以，同一周期的副族元素从左到右的原子半径缩小减缓。

第 57 号元素 La 在元素周期表中只占据一格，但却包含了 15 个元素 La～Lu。镧系元素的新增电子均填入更内层 4f 轨道，它们对外层电子的屏蔽效应更大，使有效核电荷数的增加速度非常缓慢，增加速度几近于 0。所以，镧系元素原子半径非常接近。从镧到镥，核电

周期	IA	IIA	IIIB	IVB	VB	VIB	VIIB		VIIIB		IB	IIB	IIIA	IVA	VA	VIA	VIIA	VIIIA
1	H 0.037																	He
2	Li 0.152	Be 0.111											B 0.080	C 0.077	N 0.074	O 0.074	F 0.071	Ne
3	Na 0.186	Mg 0.160											Al 0.143	Si 0.118	P 0.110	S 0.103	Cl 0.099	Ar
4	K 0.227	Ca 0.197	Sc 0.161	Ti 0.145	V 0.131	Cr 0.125	Mn 0.137	Fe 0.124	Co 0.125	Ni 0.125	Cu 0.128	Zn 0.133	Ga 0.122	Ge 0.123	As 0.125	Se 0.116	Br 0.114	Kr
5	Rb 0.248	Sr 0.215	Y 0.178	Zr 0.159	Nb 0.143	Mo 0.136	Tc 0.135	Ru 0.133	Rh 0.135	Pd 0.138	Ag 0.145	Cd 0.149	In 0.163	Sn 0.141	Sb 0.145	Te 0.143	I 0.133	Xe
6	Cs 0.267	Ba 0.217	La 0.187	Hf 0.156	Ta 0.143	W 0.137	Re 0.137	Os 0.134	Ir 0.136	Pt 0.139	Au 0.144	Hg 0.150	Tl 0.170	Pb 0.175	Bi 0.155	Po 0.118	At	Rn

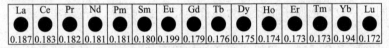

La	Ce	Pr	Nd	Pm	Sm	Eu	Gd	Tb	Dy	Ho	Er	Tm	Yb	Lu
0.187	0.183	0.182	0.181	0.181	0.180	0.199	0.179	0.176	0.175	0.174	0.173	0.173	0.194	0.172

图 2-15　元素的原子半径（nm）

荷数由 57 增加到 71 共 15 个元素，原子半径仅从 0.187nm 缩小到 0.172nm。这就导致镧系元素后元素的原子半径收缩得比镧系元素前元素更缓慢。这种由于镧系元素造成的原子序数增加而原子半径缩小程度减缓的现象叫作镧系收缩。

镧系元素后的副族元素与其同副族第五周期元素相比，核电荷增加 32 个，核对外层电子吸引力增强幅度比四、五周期间吸引力增强幅度更大。虽然电子层增加了一层，但核吸引力的大幅增强使镧系元素后的第六周期元素的原子半径比第五周期同副族元素的原子半径增加更小。例如，第五周期的 Mo 的原子半径是 0.136nm，而同族的、第六周期的 W 的原子半径是 0.137nm，仅增加 0.001nm。第五周期的 Nb 的原子半径是 0.143nm，而同族的、第六周期的 Ta 的原子半径也是 0.143nm，完全相同。甚至还有第六周期副族元素比同一副族第五周期元素原子半径还要小的情况。例如，第五周期的 Zr 的原子半径是 0.159nm，而同族的、第六周期的 Hf 的原子半径是 0.156nm，反而减小 0.003nm，这也可归结为镧系收缩的影响。镧系收缩的结果是使第五、六周期的同副族元素、镧系元素及其化合物的理化性质非常相近，分离非常困难。

第七周期在 ⅢB 出现了锕系元素，类似镧系收缩的现象更为严重。分离锕系元素及其后的元素则更为艰难。

2.3.2　电离能

使基态的气态原子失去一个电子形成 +1 价气态离子所需要的能量叫第一电离能，用 I_1 表示。从 +1 价气态离子再失去一个电子形成 +2 价的气态离子所需要的能量叫第二电离能，用 I_2 表示，依此类推。电离能的单位为 $kJ \cdot mol^{-1}$。

对于每个元素，其逐级电离能依次增大。因为原子失去电子后，核电荷控制的核外电子减少，核电荷对每个核外电子的吸引力增加。若再失去电子，则必须给予更大的外力，即所需的能量越来越高。原子电离能的大小主要取决于原子核电荷、原子半径和原子的核外电子层结构。通常所讲的电离能是第一电离能。图 2-16 列出某些元素的第一电离能数据。

由图 2-16 可以看出以下几点。

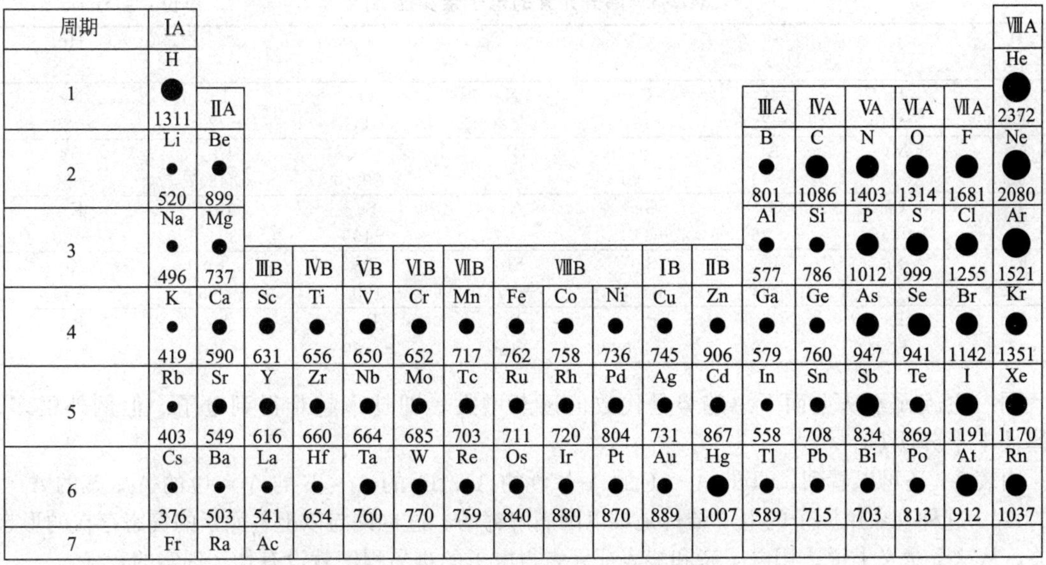

周期	IA	IIA	IIIB	IVB	VB	VIB	VIIB	VIIIB			IB	IIB	IIIA	IVA	VA	VIA	VIIA	VIIIA
1	H 1311																	He 2372
2	Li 520	Be 899											B 801	C 1086	N 1403	O 1314	F 1681	Ne 2080
3	Na 496	Mg 737											Al 577	Si 786	P 1012	S 999	Cl 1255	Ar 1521
4	K 419	Ca 590	Sc 631	Ti 656	V 650	Cr 652	Mn 717	Fe 762	Co 758	Ni 736	Cu 745	Zn 906	Ga 579	Ge 760	As 947	Se 941	Br 1142	Kr 1351
5	Rb 403	Sr 549	Y 616	Zr 660	Nb 664	Mo 685	Tc 703	Ru 711	Rh 720	Pd 804	Ag 731	Cd 867	In 558	Sn 708	Sb 834	Te 869	I 1191	Xe 1170
6	Cs 376	Ba 503	La 541	Hf 654	Ta 760	W 770	Re 759	Os 840	Ir 880	Pt 870	Au 889	Hg 1007	Tl 589	Pb 715	Bi 703	Po 813	At 912	Rn 1037
7	Fr	Ra	Ac															

图 2-16　元素的第一电离能（kJ·mol^{-1}）

① 同一周期主族元素，从左到右电离能逐渐增加。其中ⅠA 的 I_1 最小，ⅧA 的 I_1 最大。这是因为，从ⅠA 到ⅧA，核电荷数增加导致原子半径减小，核对外层电子的吸引力逐渐增强，使电离能递增。

② 同一周期的副族元素从左到右，电离能变化的总趋势也是逐渐增加，但增速不大，有一些反常现象，不十分有规律。这是因为最后一个电子填入 d 层，对原子半径的变化影响较小，而且填入的规律性没有主族元素那么严格。

③ 同一主族元素，从上到下，电离能变化的总趋势是逐渐减小。这是因为电子层数增多、原子半径增大，核对外层电子的吸引力减弱，使电离能递减。

④ 同一副族元素，从上到下，电离能变化的总趋势也是逐渐减小。但受镧系收缩的影响，第五、六周期的同族元素原子半径相差很小而核电荷却增加很多，核对外层电子吸引力增强，电离能反而普遍增加。和原子半径的变化有相似的反常现象。例如，第五周期 Mo 的 $I_1 = 685\,kJ\cdot mol^{-1}$，同族、第六周期 W 的 $I_1 = 770\,kJ\cdot mol^{-1}$，增加了 85 $kJ\cdot mol^{-1}$；第五周期 Nb 的 $I_1 = 685\,kJ\cdot mol^{-1}$，同族、第六周期 Ta 的 $I_1 = 760\,kJ\cdot mol^{-1}$，增加了 96 $kJ\cdot mol^{-1}$。

电离能在同一周期的变化中出现了一些特殊现象。如第二周期中的 N（$2s^2 2p^3$）元素电离能比同周期的前后两个元素 C 和 O 的电离能都要大，其他周期中的 P（$3s^2 3p^3$）、As（$4s^2 4p^3$）、Zn（$3d^{10} 4s^2$）、Cd（$4d^{10} 5s^2$）、Hg（$5d^{10} 6s^2$）等元素也有类似情况。这是因为这些元素的原子具有半充满、全充满电子层稳定结构，系统的能量较低，因而电离能较大。

值得提及的是，电离能的大小只是衡量气态原子失去电子变为气体正离子的难易程度。而不是金属盐在溶液中失去电子形成正离子的倾向。

2.3.3 电子亲和能

一个基态的气态原子得到一个电子形成 -1 价的气态离子时所放出的能量叫作第一电子亲和能，用 A_1 表示，其单位是 $kJ\cdot mol^{-1}$，A_1 通常也称为电子亲和能。它可用来衡量气态原子获得一个电子的难易程度。A_1 的代数值越小，放出的能量越大，表示该元素越容易获得电子，它的非金属性越强。表 2-3 列出部分元素原子的电子亲和能数据。

由表 2-3 可以看出，同一周期主族元素，从左到右元素电子亲和能总趋势是代数值逐渐减小，即元素越来越容易得到电子。

表 2-3　部分元素的电子亲和能 A_1 　　　　　　　　　　　单位：$kJ \cdot mol^{-1}$

H −72.9							He +21
Li −59.8	Be +240	B −23	C −122	N 0±20	O −141	F −322	Ne +29
Na −52.9	Mg +230	Al −44	Si −120	P −74	S −200.4	Cl −348.7	Ar +35
K −48.4	Ca +156	Ga −36	Ge −116	As −77	Se −195	Br −324.5	Kr +39
Rb −46.9	Sr	In −34	Sn −121	Sb −101	Te −190.1	I −295	Xe +40
Cs −45.5	Ba +52	Tl −50	Pb −100	Bi −100	Po −180	At −270	Rn +40

同一主族元素从上而下总趋势是代数值逐渐增大，即越来越难得到电子。但例外很多，规律性不十分明显。

由表 2-3 还可以看到，Cl 的 A_1 < F 的 A_1 < O 的 A_1；Br 的 A_1 < F 的 A_1 < O 的 A_1；S 的 A_1 < O 的 A_1。这种现象用原子的电子结构是难以圆满解释的。这也许与以上各元素的气态存在的形态有关。从这个意义上说，用电子亲和能表征元素得电子的难易程度就没有什么现实的意义。

值得指出的是电子亲和能只能表征单个气态原子（或离子）得失电子的难易。在化学反应中通常不能只考虑单个气态原子得失电子的难易，还应考虑其他有关的问题。

2.3.4　电负性

元素的电离能和电子亲和能各从某一个方面反映了孤立的气态原子失或得电子的能力。当原子形成化学键时，原子吸引电子的能力的相对大小如何度量呢？1932 年，鲍林首先在化学领域引入了电负性的概念，用电负性来衡量分子中原子吸引电子的能力。电负性大的表示原子吸引电子的能力强，反之，电负性小表示原子吸引电子的能力弱。

电负性目前还无法直接测定，只能用间接的方法来标度。鲍林指定氟的电负性为 4.0，然后通过计算得到其他元素原子的电负性值，详见图 2-17。

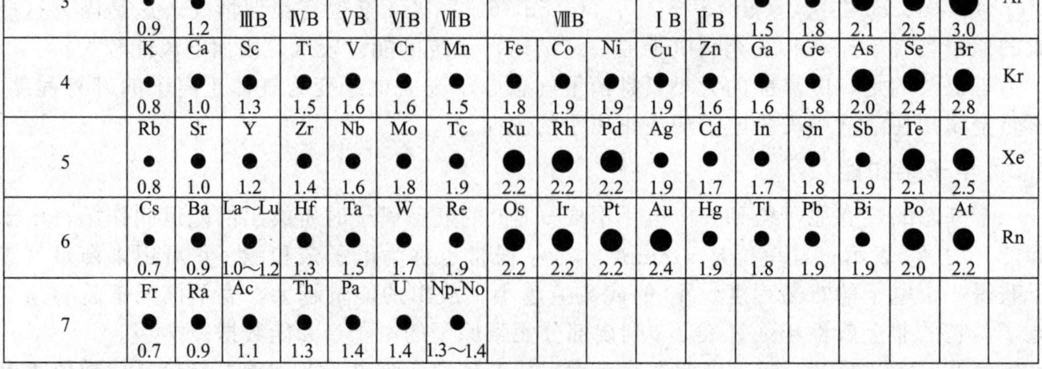

图 2-17　元素的电负性

由图 2-17 可知，同一周期的主族元素电负性从左到右逐渐增大，同一主族元素的电负性从上到下逐渐减小（ⅢA、ⅣA 除外）。副族元素的电负性变化规律不明显。

根据元素电负性值的大小，可以衡量元素的金属性和非金属性的强弱。一般讲，金属元素的电负性小于 2.0，而非金属元素大于 2.0。但不能把电负性为 2.0 作为金属性和非金属性的绝对界限。

元素的原子半径、电离能、电子亲和能和电负性是原子的基本性质，它是电子层结构在这些性质上的体现。反映这些性质周期性变化规律的数据，一般是通过实验或由实验建立的数学模型计算得到的。这些数据带有明显的实验性特征。当然，随着科学技术的发展和实验手段的现代化，这些数据的准确度也必将得到进一步的提高。

【扩展知识】

原子的起源和演化

现代宇宙学理论认为现今的宇宙起源于一次"大爆炸"。构成现今宇宙的所有物质在爆炸前聚集在一个温度极高、密度极大的原始核中。由于某种未明原因，原始核发生了大爆炸，宇宙物质均匀地分布到整个宇宙空间，一开始宇宙中只有中子，其半衰期为（678±30）s。中子发生衰变的同时得到一个质子 p、一个电子 e 和一个反中微子 v_e：

$$n \longrightarrow p + e + v_e \quad （半衰期 \ t_{1/2} = 11.3min, T = 500 \times 10^6 K \ 左右）$$

在经历了 10 个中子半衰期即约 2h 后，宇宙中的绝大部分物质变为氢原子，其中也合成了相当数量的氦原子。其后，氢原子和氦原子凝集成星团，其他原子的产生也从此开始：氢燃烧产生氦，氦燃烧得到 ^{12}C，^{12}C 又导致 ^{16}O、^{20}Ne、^{24}Mg 等原子的"诞生"。再经过碳"燃烧"继续生成别的新元素……

有三个观察到的事实支持宇宙"大爆炸"理论。它们分别是整个宇宙的元素丰度、宇宙的背景辐射以及恒星光谱的红移现象。1925～1928 年人们就利用光谱技术得出了宇宙的元素丰度。"大爆炸"理论满意地解释了元素丰度分布位于 H、He、C、N、O 和 Fe 等处峰值的存在。1965 年探测到，整个星际空间的温度不是 0K 而是 2.7K，相当于一个各向同性的黑体热辐射（称为宇宙的背景辐射），"大爆炸"理论认为此为"大爆炸"的残余。观测发现，发自星体的光的波长均长于地球上同一种元素的光谱数据，称为"红移"。"大爆炸"理论用星体因"大爆炸"后的膨胀而背离地球运动来解释红移。

到目前为止，只有"大爆炸"理论能够解释观察到的这三个事实。但现在还不能断言"大爆炸"理论是宇宙起源终极理论。可以相信，随着新事实的发现，如黑洞、反物质等，在 21 世纪十分有可能产生新的宇宙学。当然极有可能只是对"大爆炸"理论的修正。不过，即使"大爆炸"理论被否定，有关从氢燃烧开始的元素诞生理论似乎还不会受到根本的影响。

习　题

2-1 氢光谱中四条可见光谱线的波长分别为 656.3nm、486.1nm、434.1nm 和 410.2nm（1nm＝10^{-9} m）。根据 $v = c/\lambda$，计算四条谱线的频率各是多少？

2-2 区别下列概念：

(1) 线状光谱和连续光谱

(2) 基态和激发态

(3) 电子的微粒性和波动性

(4) 概率和概率密度

(5) 波函数和原子轨道

(6) 轨道能级的简并、分裂和交错

(7) 波函数的角度分布曲线和径向分布曲线

(8) 原子共价半径、金属半径和范德华半径

(9) 电负性和电子亲和能

2-3 下列描述电子运动状态的各组量子数哪些是合理的？哪些是不合理的？为什么？

	n	l	m
(1)	3	2	−3
(2)	2	0	+1
(3)	4	1	0

(4)	1	0	0
(5)	3	3	3
(6)	3	2	-2

2-4 用合理的量子数表示：

(1) $4s^1$ 电子　　(2) $3p_x$ 轨道　　(3) $4d$ 能级

2-5 分别写出下列元素的电子排布式，并指出它们在周期表中的位置（周期、族、区）。

$$_{10}Ne \quad _{17}Cl \quad _{24}Cr \quad _{71}Lu \quad _{80}Hg$$

2-6 写出符合下列电子结构的元素，并指出它们在元素周期表中的位置。

(1) $3d$ 轨道全充满，$4s$ 上有 2 个电子的元素

(2) 外层具有 2 个 s 电子和 1 个 p 电子的元素

2-7 写出第 24 号元素铬的价层电子（$3d^5 4s^1$）的四种量子数。

2-8 当主量子数 $n=3$ 时，可能允许的 l 值有多少？指出可能的轨道类型并绘出其图形。

2-9 已知某原子的电子结构式是 $1s^2 2s^2 2p^6 3s^2 3p^6 3d^{10} 4s^2 4p^2$。则

(1) 该元素的原子序数是多少？

(2) 该元素属第几周期、第几族？是主族元素还是过渡元素？

2-10 已知某元素在氪之前，当该元素的原子失去一个电子后，在其角量子数为 2 的轨道内恰好达到全充满，试判断元素的名称，并指明它属于哪一周期、族、区。

2-11 根据原子核外电子的排布规律，试判断 115 号元素的电子结构，并指出它可能与哪种元素的性质相似。

2-12 试画出 s、p、d 原子轨道角度分布的二维平面图。

2-13 长式周期表中是如何分区的？各区元素的电子层结构特征是什么？

2-14 填表：

原子序数	价层电子构型	周期	族	区	金属性
15					
20					
27					
48					
58					

2-15 填表：

价层电子结构式	原子序数	周期	族	区	金属性
$3s^2 3p^2$					
$4s^2 4p^3$					
$3d^7 4s^2$					
$4f^1 5d^1 6s^2$					
$4f^{10} 6s^2$					

2-16 什么叫屏蔽效应？什么叫钻穿效应？如何解释多电子原子中的能级交错（如 $E_{5s} < E_{4d}$）现象？

2-17 试解释为什么 $I_1(N) > I_1(O)$。

2-18 试比较 F、Al、B 三元素的下列诸方面：

(1) 金属性　　(2) 电离能（I_1）　　(3) 电负性　　(4) 原子半径

第3章 化学键与分子结构

分子是化学反应中最基本的单元，分子由原子构成。

原子是化学研究中涉及的最小单元，从化学的角度来看，大千世界里性质不同的所有化学物质都是由原子构成的。在第2章里，我们已经学习了有关原子的组成与结构的一些基本知识，重点在于阐明原子核外电子的排布和运行规律。但是物质并不是原子的简单堆积。在自然界中，除了氦气、氖气等稀有气体以单原子分子形式存在以外，绝大多数物质的存在形式，是形形色色的多原子分子。所以，原子进行重新排列组合后，以稳定形式存在的分子就是物质。使原子能结合在一起形成分子则是通过化学键的形式来实现的。

化学键是一种存在于分子内的强烈的作用力。正是这种强烈的作用力，使得分子中的各个原子能够克服彼此核外电子及彼此原子核之间随距离接近而急剧增加的排斥力，把原子紧密地维系在一起，获得分子这样一个稳定的存在状态。

按照这些分子内的强烈作用力形成的机理不同，可把化学键分为金属键、离子键和共价键。

在这三种化学键中，以共价键的形成机理最为复杂，表现出的形式也最为多样。世界上绝大多数物质中的化学键都有共价键，甚至全部是共价键。特别是数目庞大的有机物质、生物物质、高分子物质等。

3.1 化学键的分类

原子依靠化学键这种强烈的作用力可形成双原子分子、多原子分子或者大分子。所谓大分子，是指一个分子中原子的数目可以是任意多的分子，如金属钠和石英（SiO_2）。稀有气体是例外，因为其满电荷的闭壳构型，使得其原子能够单独稳定存在，称为单原子分子。

3.1.1 金属键及能带理论

元素周期表中大约有4/5的元素是金属元素，常温常压下它们的单质一般以金属晶体的形式存在，其中金属原子是通过金属键联系在一起的，属于大分子物质。例如：单质铜的符号Cu，它只是化学组成式，而不是分子式。Cu仅仅表示其化学组成，其分子式应该写为Cu_n，因为1个铜分子是由n个铜原子组成的。

化学组成式只表示构成分子的各种元素原子的整数比，而分子式则表示构成分子的各种元素原子的真实数量。

（1）金属键

在金属晶体中，所有的金属原子像紧密堆积的球体一样，有规律地聚积在一起。由于金属元素的电负性较小，原子核对核外电子的吸引力较弱，因此价层电子容易脱落下来，以自由电子的形式分布在整个晶体中。也就是说金属元素的价电子不再属于某一个具体的原子所有，而是属于整个金属晶体。一个形象的说法就是，在金属晶体中，金属原子整齐地排列在一起，并浸泡在自由电子的"海洋"中，如图3-1所示。

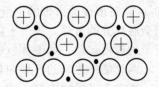

○原子　⊕离子　•电子

图3-1　金属键形成的示意图

这些自由电子与每一个金属原子或金属正离子之间的静电作用力，就是维系整个晶体稳定存在的所谓金属键。可见金属键并不是具体存在的一根根可数的、能单独表示的化学键。而是金属晶体内部自由电子与所有金属原子和离子作用力的总和。

由于金属晶体中原子的紧密堆积存在着大量的自由电子，使得金属单质具有一系列特殊的性质。如紧密堆积导致金属晶体具有较高的密度；有很好的延展性；存在大量的自由电子导致金属晶体导热性优良；很强的静电作用力导致金属晶体一般具有较高的熔沸点和硬度。比如金属受外力时，内部某一层原子与另一层的原子会发生位置的相对滑动，但由于自由电子的存在，晶体内部的金属键仍然能够保持，整体不容易断裂。再比如金属处于外加电场的影响下，自由电子会定向移动而形成电流，这使得金属的导电性能普遍优良。

一般说来，价电子多的金属元素单质的电导率、硬度和熔沸点都比较高，因为它们能提供的自由电子数比较多，使得金属键的强度提高。根据这一规律，在元素周期表中处于中间位置的金属元素，即ⅥB、ⅦB的元素，应该具有这样的性质，比如硬度最高的金属 Cr，熔点最高的金属 W，都是属于ⅥB族的。

一些合金也属于金属晶体。比如，在 Fe 中掺加少量的 V、Cr、Mn、Ni、Co，相当于紧密堆积的 Fe 原子中有少量 Fe 原子被其他原子所取代。这样整个物质不但依旧具有金属晶体的特征，而且通过控制外加元素的种类和数量，其硬度、耐磨性、熔沸点等各种物理性能会有很大的改变。人类对合金的认识和使用可以追溯到文明的早期，古代的青铜就是铜和锡的合金，青铜的熔点比纯铜低得多，更易于铸造，而硬度却比纯铜要高。

（2）能带理论

量子力学从物质结构与物质性质的关联性方面更好地揭示了金属中自由电子运动时能量的变化情况，提出了导电性的能带理论。

该理论认为，在一个大分子中各原子的核外电子不再是属于某一个具体原子核所有，而是属于整个晶体的大分子所有。描绘这些电子的能级就不再用单个原子的原子轨道，而要用大分子的分子轨道。

以 Li 原子为例，其核外电子构型是 $1s^2 2s^1$，所以 n 个 Li 原子形成金属晶体后，形成一个 Li_n 的大分子。原来各原子能量相同的 n 条 1s 轨道叠加在一起，形成了 n 条能级差别非常小的分子轨道。在金属晶体里，原子的数目 n 趋向于无穷大，可以把这些轨道看成是能量连续的一条能带。由于原来每个 Li 原子的 1s 轨道上都有 2 个电子，形成的分子能带上的电子是充满的，这样一条充满电子的能带叫做满带。

Li 原子的 n 条 2s 轨道组合与 1s 轨道组合相同，也形成了能带，但是由于 2s 上只有一个电子，所以新形成的能带上的电子是不充满的。由于不充满能带上电子的能量是连续的，所以电子很容易离开原来的能量位置进入能量略有微小差别的能带中其他无电子处，电子可以在非满带中自由运动，如图 3-2(a) 所示。这种电子非全满、电子能在其中自由运动的能带称为导带。

而像 Mg 这样的金属，因为 Mg 的核外电子构型是 $1s^2 2s^2 2p^6 3s^2$，形成金属晶体后，所有的能带都是满带，似乎没有电子自由运动的可能。但是由于 Mg 原子 3p 轨道形成的空带和 3s 轨道形成的满带的主量子数 n 相等，仅是角量子数 l 不相等，能级相差很小，它们之间会有部分的重叠，满带上能量较低的电子很容易就跃迁到空带上能量较高的位置，形成了电子的自由运动，如图 3-2(b) 所示。两个能级相近的能带的重叠也能组成一个导带。

两个能带之间的区域叫做禁带。因为电子不可能具有与之对应的能量级。对于导体而言，或者有半满的能带，或者满带与空带有重叠，都可形成导带，使得电子可以自由地运动，很容易导电。因此，无论物质是否是金属，只要组成物质的各原子的电子轨道重叠形成导带，它就可以导热导电。导带越宽，导热导电性则越高。

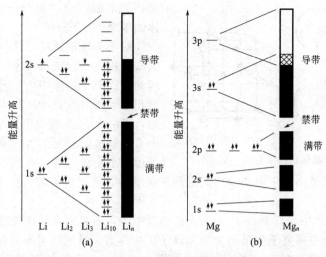

图 3-2 金属的能带形成示意图

对于绝缘体而言，不存在导带，而满带上的电子跃迁到能量高的空带上，要跨越其中能级相差很大的禁带，所需要的能量在正常情况下是无法获得的，所以绝缘体不能导电。除非外加很大的电压，电子才可能跨越其中很宽的禁带，跃迁到能量高的空带上而导电，这称为绝缘体的击穿。在导体和绝缘体之间，还有一类物质叫半导体，如 Si 和 Ge 的晶体，它们在满带和空带之间有禁带，但宽度较窄，在光照或者较小电场的作用下，满带上的电子就能够跨越禁带，进入上面的空带，从而使得晶体具有一定的导电性，但显然远远不如导体的导电性强，因此称为半导体。

能带理论也很好地解释了金属晶体具有的金属光泽、导电、导热等一系列独特性能。比如金属具有独特的光泽，是因为金属中导带的电子能级是连续的，能级间能量差很小，可以吸收外界各种波长的光，发生跃迁，然后又回到较低的能级，把能量转化成光又发射出去，是优良的辐射能反射体。

3.1.2 离子键

当两种元素之间电负性相差较大时，两种元素的原子相遇时，电负性较小的原子会失去价电子，形成带正电荷的阳离子；电负性较大的原子会得到相应的电子，形成带负电荷的阴离子。阳离子和阴离子靠静电引力而结合在一起，这种靠静电引力而结合在一起的化学键称为离子键，形成的化合物叫离子化合物，形成的化合物晶体叫离子晶体。这种靠静电引力而形成的离子键与金属键相似，也不具体存在一根根可数的、能单独表示的化学键，而是离子晶体内部阳离子和阴离子作用力的总称，所以不存在单个的离子化合物分子。离子化合物也是大分子化合物。例如：NaCl 只是分子组成式，$(NaCl)_n$ 才是真正的分子式。平时书写时，已将 $(NaCl)_n$ 简化为 NaCl。离子化合物只能以晶体形式存在，所以，离子化合物与离子晶体从某种意义上讲是一回事。

典型的离子化合物就是 NaCl，Na 元素属于 ⅠA 族，Cl 属于 ⅦA 族。前者价层电子构型是 $3s^1$，是电负性很小的金属元素（电负性 $\chi_{Na}=0.9$）；后者价层电子构型 $3s^2 3p^5$，是电负性很大的非金属元素（电负性 $\chi_{Cl}=3.0$）。Na 原子最外层的 s 电子就比较容易失去并给了 Cl 原子，这样就形成了 Na^+ 和 Cl^-，最外层都达到了稀有气体满电荷构型的稳定结构。这些正负离子通过静电吸引力结合在一起，有规律地排列堆积起来形成离子晶体。

如图 3-3 所示，在 NaCl 离子晶体中，可以清楚地看到这是一个由许多 Na^+ 和 Cl^- 紧密

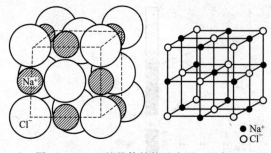

图 3-3　NaCl 的晶体结构示意图（局部）

堆积起来的一个"大分子"，而并不存在具体的单个 NaCl 分子。

对于金属单质的晶体，原子只需简单地紧密堆积在一起就可以了，没有排列的次序问题。而离子晶体中由于异电荷相吸，同电荷相斥，所以 Na$^+$ 和 Cl$^-$ 排列是相当有规律的，即一个 Na$^+$ 被周围六个 Cl$^-$ 包围，而一个 Cl$^-$ 也被周围六个 Na$^+$ 包围，这样正负离子形成了交错排列，有利于使吸引力发挥到最大，而排斥力减到最小。正负离子之间强烈的吸引力，也就是所谓的离子键，使得整个晶体保持了稳定的结构。

在 NaCl 离子晶体中，任意一个 Na$^+$ 受到的吸引力，不光来自周围紧邻的六个 Cl$^-$，还来自外围四面八方所有阴离子的吸引力和阳离子的排斥力。虽然随着距离的增大，这种作用力会急剧下降，但还是存在的，这是由静电作用力的本质决定的。所以不能说一个 Na$^+$ 周围存在着多少根离子键，键的方向又是如何。因此离子键不具有饱和性和方向性。对于前面提到的金属键，也存在这样的情况。

形成正负离子的两种元素之间必须具有较大的电负性差值，才能使得价电子从电负性较小的元素完全转移转给电负性较高的元素。一般来说，这个差值（Δχ）要大于 1.7。如果这个值不够大，也就是说电子不能完全转移，会造成电子对为双方共用的现象。但是，电子对共用和电子完全转移之间没有一道绝对的界限，从离子键的电子完全转移到电子对共用，应该是一个逐渐过渡的过程。即使在电负性最小的元素 Cs（χ＝0.7）和电负性最大的元素 F（χ＝4.0）之间形成的最典型离子型化合物 CsF 中，也不能说 Cs 上的价电子完全转移到 F 上了，实际上也存在微弱的电子对共用倾向。

从元素周期表不难看出，电负性较大的元素位于周期表的右上角。如 ⅥA 族和 ⅦA 族的 F、O、Cl 等；而电负性较小的元素位于周期表的左下角。如 ⅠA 族和 ⅡA 族的 Cs、Rb、K、Na、Ba 等，它们之间形成的化合物往往是比较典型的离子型化合物，如 NaCl、BaO 等。

还有一类离子型化合物稍为复杂一些，它们的正负电荷单位可能是一些由多个原子组成的基团，如 NH$_4$Cl 中的 NH$_4^+$ 和 Na$_2$SO$_4$ 中的 SO$_4^{2-}$ 等。这时，我们可以把 NH$_4^+$ 和 SO$_4^{2-}$ 当成简单的正负离子来看，物质总体具有离子型化合物的特征，虽然这些离子基团自身往往是通过其他化学键的结合才得以形成的。

由于离子键的本质是静电作用力，所以可以建立一个离子晶体的模型，近似地将正负离子作为带电荷的球体来处理，而认为它们之间是紧密堆积，彼此接触的。这样根据库仑定律，正负电荷之间静电引力 f 与两电荷中心所带电量乘积成正比，而与两电荷中心距离的平方成反比。即

$$f \propto \frac{q_{(+)}q_{(-)}}{r^2} \tag{3-1}$$

式中，$q_{(+)}$、$q_{(-)}$ 分别为正离子与负离子所带电量；而 r 就是正负电荷中心的距离，由于认为正负离子紧密接触，所以 r 就等于正负离子的半径和。此式可用来表征离子键的强度。

可以想象，当正负离子之间吸引力增大，也就是离子键的强度增加，会造成离子晶体的结构更加稳定，更难被破坏，宏观上会影响晶体一系列理化性质的变化，如硬度增强，熔沸点增高等。

同为 AB 型的离子晶体 NaCl 和 BaO，根据上面对库仑定律的讨论，离子所带电荷为两个基本单位的 BaO，其离子键强度要大于离子电荷为一个基本单位的 NaCl。

当然正负离子的间距 r 也起一定的影响作用。一般讲，r 的变化不会像离子所带电荷变化得那么大。所以，在一般情况下，首先考虑的是正负离子所带电荷的数目，它是决定离子键强弱的最主要因素。如果不同晶体中正负离子所带电荷是一样的，比如 NaF、NaCl、NaBr 和 NaI 这一系列化合物，才考虑电荷之间距离 r 的影响。由于同族元素 F、Cl、Br、I 随着周期数的增加，原子半径相应增加，其离子半径也具有同样的规律，所以它们的正负离子的半径和是依次增加的，而它们的离子晶体的熔沸点是依次降低的。

3.1.3 共价键

当不同元素的原子之间电负性差值不大，或者是同种元素原子间，价电子就不能在原子之间完全转移，而往往会形成电子对共用的情况。这种依靠电子对共用而形成分子的化学键称为共价键。

两种元素之间形成离子键还是共价键，可以用元素间电负性的差值 $\Delta \chi$ 来判断。一般以 $\Delta \chi = 1.7$ 作为分界线，$\Delta \chi > 1.7$ 的两种元素间倾向于形成离子键。如 NaCl，$\chi_{Na} = 0.9$，$\chi_{Cl} = 3.0$，$\Delta \chi = 2.1$，形成的是离子键；而 $\Delta \chi < 1.7$ 的元素间倾向于形成共价键，如 HCl 分子中，$\chi_H = 2.1$，$\chi_{Cl} = 3.0$，$\Delta \chi = 0.9$，形成的是共价键；而金刚石仅由碳组成，对于同种元素，$\Delta \chi = 0$，形成的化学键更是典型的共价键。

共价键的形成依靠的是共用电子对。比如 Cl_2 分子中，Cl 原子的价电子构型为 $3s^2 3p^5$，每个 Cl 原子在 p 轨道上都有一个未成对的电子，各自拿出不成对的电子来与对方共用，这一对电子就称为共用电子，也就形成了一根共价键。可以用下式来表示 Cl_2 的形成：

$$:\ddot{C}l\cdot + \cdot\ddot{C}l: == :\ddot{C}l:\ddot{C}l:(Cl—Cl)$$

一条横线代表一对共用电子对，亦即表示一根共价键。

有时候原子之间还会出现双键和叁键，即共用 2 对或 3 对电子。如 $H_2C = CH_2$（乙烯）和 $HC \equiv CH$（乙炔）中，两道横线和三道横线分别表示两个 C 原子之间存在两对共用电子和三对共用电子。

共价键、金属键、离子键三种化学键中，共价键形成机理最复杂、变化类型最多、应用最广，也是最重要的一种化学键。尤其是在有机化合物、生物体中，几乎所有的原子都是靠共价键连接在一起的，而有机化合物在已知化学物质中所占的比重非常大。

（1）共价键的饱和性和方向性

共价键与离子键、金属键一个显著的不同点在于，共价键不是分子内静电作用力的总称，而是具体存在的一对对共用电子对即一根根确定的化学键。

① 共价键的饱和性

共价键是靠共同电子对形成的。每个原子的价层电子数是有限的，因而原子可形成的共用电子对的数量也是有限的。任何原子能形成共同电子对或共价键的数目≤价层电子数。这就是共价键的饱和性。如前所述，在离子晶体或金属晶体中，一个离子或原子所受静电作用力是来自周围远近无数个离子或电子，数目是没有限度的，所以离子键和金属键不具有饱和性。

② 共价键的方向性

由于共价键具体存在着一对对共用电子，即是一根根具体存在的化学键。因此存在一个在空间上作用力如何取向的问题。若两原子不是同一种元素，则电负性存在差异，共用电子对一定更靠近电负性较大的原子。使电负性较大的原子带一定数量的负电荷，另一个原子则带有数量相等的正电荷。两个原子之间的作用力是沿着共价键的轴方向的。一般规定，作用力方向是从带正电荷的原子指向带负电荷的原子。这就是共价键的方向性。如前所述，在离子晶体和金属晶体中，每个离子、原子受到来自周围四面八方的离子、电子的静电作用力，各个方向都是作用力的方向，都是方向就是没有方向。离子键和金属键的作用力方向是不确定的，所以没有方向性。

（2）共价键的键参数

由于共价键是一根根具体存在的化学键，所以可以用一些参数来定量地表征共价键，统称为共价键参数。主要的共价键参数有键能、键长和键角。共价键的极性也可以看成是一种键参数。键参数也是金属键和离子键所没有的。

① 键能

键能是共价键稳固程度的表征，单位是 $kJ \cdot mol^{-1}$。它表示将 1mol 共价键拆散所需要的能量。共价键的键能越大，拆散该键需要的能量越大，显示该键结合得越牢固，分子越稳定。一些常见共价键的键能见表 3-1。

表 3-1　一些共价键的键能　　　　　　　　　单位：$kJ \cdot mol^{-1}$

共价键		I	Br	Cl	F	O	N	C	H
单键	H	298	366	431	567	463	391	413	435
	C	234	293	351	—	351	293	347	
	N			200	—	222	159		
	O			—	212	143			
	F	—		253	158				
	Cl	208	218	242	—				
	Br	175	193						
	I	151							
双键		C=C	C=O	O=O	C=S	N=N			
		598	803	498	477	418			
叁键		N≡N	C≡C	C≡O					
		946	820	1076					

如 H—H 键的键能是 $435kJ \cdot mol^{-1}$，即表示将 1mol 的 H_2 分子全部拆散为自由的 H 原子所需要的能量为 435kJ。

对于多原子分子中的键能，情况稍微复杂一些。如 NH_3 中有三个 N—H 键，将它们依次拆散时，所需要的能量是依次减少的，而一般列出的 N—H 键键能 $391kJ \cdot mol^{-1}$，其实是这三个键能的平均值。

对于相同原子之间形成的共价键，显然叁键的键能要大于双键，双键的键能又要大于单键。如：

$$E_{C≡C} = 820kJ \cdot mol^{-1}$$
$$E_{C=C} = 598kJ \cdot mol^{-1}$$
$$E_{C-C} = 347kJ \cdot mol^{-1}$$

然而它们之间的关系并不是简单的整数比，叁键的键能并不是单键的三倍，要比三倍小许多；而双键的键能也小于单键键能的两倍。若按照上述的数据简单推算，双键中的第二根键的键能为 $251kJ \cdot mol^{-1}$，而叁键中第三根键的键能为 $222kJ \cdot mol^{-1}$。这表明将叁键变为双键或将双键变成单键要比拆散单键容易得多。

② 键长

共价键的键长是指形成共价键的两个相邻原子的原子核之间的平均距离。因为原子核时刻在振动中，所以原子核之间的距离并不是定值，所以只能求原子核之间的平均距离。一般说来，键长越短，表明原子之间结合得越紧密，键能也会越大，共价键也越牢固，此共价化合物或官能团（基团）越稳定。

③ 键角

在多原子分子中，一个原子如果形成两根或者两根以上的共价键，这些共价键之间在空间存在着一定的夹角，这种夹角称为键角。此时把形成多根共价键的原子称为中心原子。比如甲烷 CH_4 分子中，中心原子是 C，它与 H 形成了四根 C—H 键。这四根 C—H 键应该是完全等同的。所以，每两根 C—H 键之间都有同样大小的键角 $109°28'$。所以在空间以 C 原子为中心，四根 C—H 键均匀地伸向四个不同的方向。用线段连接四个 H 原子，可以得到一个正四面体，C 原子正处在正四面体的中心。所以甲烷的空间构型是正四面体。

可以看出，多原子分子存在原子在空间如何排布即空间构型的问题，键角和键长是决定空间构型的重要因素，其中键角起的作用更是首要的。常见分子的空间构型见表 3-2，有直线形，如 CO_2；折线形，如 H_2O；三角锥，如 NH_3；正四面体，如 CH_4。这些分子中的键角和键长数据见表 3-2。

表 3-2　一些分子中的键角和键长

分子	键长/pm	键角	空间构型	分子	键长/pm	键角	空间构型
CO_2	116	$180°$	直线形	NH_3	101	$107°18'$	三角锥
H_2O	96	$104°45'$	折线形	CH_4	109	$109°28'$	正四面体

双原子分子如 Cl_2、HCl，则不存在键角的问题，因为在这些分子中，只有一根共价键。

④ 共价键的极性

如果形成共价键的两个原子的电负性不同，对电子吸引能力存在差异，会造成共用电子对的偏移，从而造成共价键的极性。

比如 HCl 分子中，Cl 原子电负性要大于 H 原子，所以共用电子对偏向于 Cl 原子，使 Cl 原子上带一定的负电荷，H 原子上带一定的正电荷，这就是共价键的极性。凡是两个不同的元素原子之间形成共价键，这种共价键一定是极性的。而 Cl_2 分子中，两个 Cl 原子电负性相同，共用电子对不会向任何一个 Cl 原子偏移，其共价键是非极性的。

共价键极性的大小可用偶极矩表征：

$$\mu = qd \tag{3-2}$$

式中，q 为电子对偏移造成的共价键两端原子所带的电荷量，C；d 为共价键的键长，m。

⑤ 分子的极性

分子极性的大小也用偶极矩 μ 表征。偶极矩越大，分子极性越强，反之亦然。物质分子偶极矩的计算公式与共价键偶极矩计算公式相同，但 q 是分子中正电荷中心或负电荷中心所带的电荷量；d 为正电荷中心和负电荷中心的距离。偶极矩 μ 的单位为 C·m(库仑·米)。

偶极矩 μ 是个矢量，它不仅有大小，而且有方向。可用箭头表示矢量方向，和共价键的方向规定一样，偶极矩 μ 从正电荷中心指向负电荷中心，如图 3-4 所示。

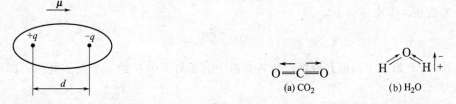

<table>
<tr><td>图 3-4　偶极矩的表示方法</td><td>图 3-5　非极性分子和极性分子的电偶极矩示意图</td></tr>
</table>

如果一个分子中存在多个共价键，则整个分子有无极性，除了要看各共价键是否有极性外，还要看共价键在空间的分布，即分子的空间构型。

分子中没有极性键，整个分子一定没有极性，如 O_2、N_2、Cl_2、金刚石等。

分子中存在极性键，整个分子不一定有极性，如 CO_2，C 是中心原子，是分子的负电荷中心，C是正电荷中心。C、O间由两根双键相连，每根C＝O双键都是极性的，如图3-5所示。由于CO_2的空间构型是直线形，两根极性相等的双键在空间正好分布在同一条直线上，两个共价键的偶极矩的方向相反。两个大小相等、方向相反的向量之和$\mu=0$。即正电荷中心或负电荷中心完全重叠，即$d=0$。使得CO_2分子不具有极性。

图3-5中显示，H_2O是折线形的分子，虽然两根H—O键的极性相同，但不在一条直线上，不能相互抵消。H_2O分子的偶极矩等于两个H—O键偶极矩的向量之和，可按平行四边形对角线规则，合成分子的总极性，所以水分子是有极性的。由图还可知，两根极性键间的夹角越小，形成的合成总极性越大。

虽然CO_2和H_2O都是AX_2型分子，由于空间构型不同，使得分子一个有极性，一个没有极性。

表3-3是一些常见分子的极性大小。

表3-3　一些分子的偶极矩 μ　　　　　单位：10^{-30} C·m

分子	μ	分子	μ	分子	μ
H_2	0	CO	0.33	HF	6.40
N_2	0	NO	0.53	H_2O	6.23
CO_2	0	HI	1.27	H_2S	3.67
BCl_3	0	HBr	2.63	NH_3	4.33
CCl_4	0	HCl	3.61	SO_2	5.33

分子有无极性对物质物理性质有重大影响。如物质的熔沸点、物质之间的相互溶解性等，所以分子的微观结构决定着物质的宏观性质。

（3）价层电子对互斥理论

价层电子对互斥理论简称 VSEPR（valence shell electron pair repulsion）理论。可用于预测和解释 AX_n 型多原子分子空间构型。该方法并不涉及共价键成键的具体机理，是一种经验性的法则，但和实际情况符合得比较好。

价层电子对互斥理论的基本内容如下。

① 在多原子 AX_n 型分子中，A 为中心原子，其他 n 个外围 X 原子通过 n 根共价键与中心原子相连。

② 中心原子 A 原子态时的价层电子数与 X 提供的共用电子数之和被 2 除，称为中心原子 A 的价层电子对数，记作 VP。形成 AX_n 后，A 与 X 共同电子对形成共价键的电子称为成键电子对数，记作 BP。A 中没有参与成键的电子数被 2 除，称作孤电子对数，记作 LP。如有双键或者叁键存在，可按两根或三根单键处理。

例如，XeF_4，中心原子是 Xe。它是 ⅧA 元素，是第八主族，A 原子原有价层电子有 8 个，X 提供 4 个电子。

$$VP=\frac{8+4}{2}=6$$

Xe 与 F 形成了四根共价键，即共有四个电子与 4 个 F 的 4 个电子共用，即成键的电子对数是 4。

$$BP=4$$

没有参与成键的电子，即孤电子对数：

$$LP=VP-BP=\frac{8+4}{2}-4=2 \tag{3-3}$$

也可用 　　　　$$LP=\frac{中心原子原有价层电子数-成键电子数}{2}=\frac{8-4}{2}=2 \tag{3-4}$$

③ 价层电子对之间存在着静电排斥力，为了使分子稳定存在，就必须使整个分子体系的势能最小。则价层电子对之间的夹角就要最大化，在空间尽可能地彼此远离并均匀排布。

若一个分子只有两对相同的电子对，它们一定要相互排斥到夹角为 180°为止，形成直线形排布；而一个分子只有三对相同的电子对，则形成平面正三角形排布，夹角均为 120°；若一个分子有四对相同的电子对，则形成正四面体排布，夹角均为 109°28′。价层电子对数与排布形式的关系见表 3-4。

表 3-4 中心原子价层电子对的空间分布形式

价层电子对数	2	3	4	5	6
电子对在空间的排布					
	直线形	正三角形	正四面体	三角双锥	正八面体

④ 成键电子对实际上就是共价键的共用电子对，成键电子对的排布方向也就是共价键的伸展方向，它决定了分子的空间构型；而孤电子对由于不参与成键，所以在最后的分子构造中不显形，但它对分子的空间构型的影响却是不可忽略的。

⑤ 孤电子对由于只被中心原子所拥有，而成键共用电子对为两原子共有，所以孤电子对的电子云密度比成键共用电子对的电子云密度大。所以，孤电子对之间的排斥力（夹角）＞孤电子对与成键共用电子之间的排斥力（夹角）＞成键共用电子对之间的排斥力（键角）。

例如 CO_2 分子中，C 原子价层上有四个价电子，与两个 O 原子形成了两个双键后，没有孤电子对，本着彼此远离排布的原则，两根双键以 C 原子为中心，在空间伸展为相反的两个方向，造成了 CO_2 的直线形构型，而使 CO_2 呈非极性分子。

例如 H_2O 分子，中心原子 O 原价层电子有六个，加上外围两个 H 原子提供的两个电子，一共有八个价层电子，VP＝(6＋2)/2＝4，形成四对电子对。四对电子对在三维空间只能采取四面体的排布方式。这四对电子中有两对是成键电子，另外两对是孤电子对。以正四面体的 109°28′为基准，孤电子对相互排斥力最大，因此两对孤电子对间的夹角＞109°28′。使得两根 O—H 键之间的夹角＜109°28′。实际测量为 104°45′。最后显示出的 H_2O 的空间构型是折线形，也叫作"V"字形。

根据上面的原理，可以判断 AX_n 型分子的空间构形，其一般步骤如下。

a. 按式(3-4) 计算孤电子对数 LP。

b. 被判分子写成 AX_nE_m 的形式。E_m 表示孤电子对数，X_n 为成键电子数。此式表明：在 AX_nE_m 分子中，原子 A 与 X 形成 n 根共价键，共用 n 对电子，有 m 对孤电子对。

c. 根据前述理论要点，若孤电子对数 LP＝0，成键电子对之间彼此相互排斥，在空间形成分散均匀的取向。孤电子对虽然不显形，但与成键电子对之间也相互排斥。相互排斥的总效应决定了分子的空间构型。

d. 特别注意这些电子对之间的排斥力是有差别的，孤电子对的排斥力＞孤电子对与成键共用电子对之间的排斥力＞成键电子对之间的排斥力；叁键的排斥力＞双键的排斥力＞单键的排斥力。所以优先要考虑孤电子对或者叁键、双键的位置。它们的位置一定在受排斥力比较小的位置上。然后再考虑成单键的电子对的位置。

表 3-5 中表示了不同 n 和 m 时，AX_nE_m 型分子的空间构型。

表 3-5　AX$_n$E$_m$ 型分子的空间构型

价层电子对数目 $n+m$	价层电子对空间分布	成键电子对数目 n	孤对电子对数目 m	分子类型	分子空间构型	实　例
2	直线形	2	0	AX$_2$	直线形	HgCl$_2$、CO$_2$
3	平面三角形	3	0	AX$_3$	平面三角形	BF$_3$、SO$_3$
		2	1	AX$_2$E	折线形	PbCl$_2$、SO$_2$
4	四面体	4	0	AX$_4$	正四面体	CH$_4$、SO$_4^{2-}$
		3	1	AX$_3$E	三角锥	NH$_3$、SO$_3^{2-}$
		2	2	AX$_2$E$_2$	折线形	H$_2$O、ClO$_2^-$
5	三角双锥	5	0	AX$_5$	三角双锥	PCl$_5$、SbF$_5$
		4	1	AX$_4$E	不规则四面体	SF$_4$、TeCl$_4$
		3	2	AX$_3$E$_2$	T 形	ClF$_3$、BrF$_3$
		2	3	AX$_2$E$_3$	直线形	XeF$_2$、I$_3^-$
6	八面体	6	0	AX$_6$	正八面体	SF$_6$、[FeF$_6$]$^{3-}$
		5	1	AX$_5$E	四方锥	IF$_5$、[SbF$_5$]$^{2-}$
		4	2	AX$_4$E$_2$	平面四方形	XeF$_4$、ICl$_4^-$

【例 3-1】　判断 NH$_4^+$ 的空间构型。

解　由于离子带一个正电荷，可认为这个正电荷带在中心原子上，相当于中心原子 N 原来有五个价电子，现在要减去一个，变成四个，此时由于和四个 H 原子形成四根共价键，成键电子对数 BP＝4，孤电子对对数 LP＝(4－4)/2＝0。

所以 NH$_4^+$，n＝4，LP＝0，属于 AX$_4$ 型分子，空间构形是正四面体形，如图 3-6(a) 所示。

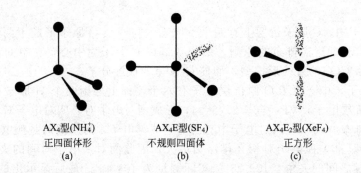

AX$_4$型(NH$_4^+$)　　AX$_4$E型(SF$_4$)　　AX$_4$E$_2$型(XeF$_4$)
正四面体形　　　不规则四面体　　　正方形
(a)　　　　　　　(b)　　　　　　　(c)

图 3-6　几种分子的空间构型（直线代表成键电子对，阴影代表孤电子对）

【例 3-2】　判断 SF$_4$ 分子的空间构形。

解　中心原子 S，价电子是六个。与四个 F 原子形成四根共价键，BP＝4；孤电子对对数 LP＝(6－4)/2＝1，因此是属于 AB$_4$E 型分子。

所以在 S 原子外围，存在五对共用电子对，其中四对成键电子对，一对孤电子对。五对电子在空间彼此相互排斥，形成的是三角双锥结构，一共有五个顶点，但实际上只有两种不同的位置，一种是处于平面上的三个方向，另外一种是垂直于该平面分别向上和向下的两个方向，前者称为平伏位，后者称为轴向位。

由于孤电子对引起的排斥力较大，所以应该优先安排在占据空间较大、受斥力较小的位置上。轴向位与平伏位之间的夹角是 90°，而平伏位与平伏位之间的夹角是 120°，所以平伏位受到的排斥力应该较小，将一对孤电子对安排在平伏位，剩下的四个成键电子安排在余下的位置，形成共价键。最后可以看出 SF$_4$ 实际的空间构型是不规则的四面体，如图 3-6(b) 所示。

【例 3-3】 判断 XeF_4 的空间构型。

解 中心原子 Xe 是稀有气体，价电子数为 8。与四个 F 原子形成四根共价键，因此 BP＝4，余下电子形成孤电子对，LP＝(8－4)/2＝2。

所以分子属于 AX_4E_2 型，一共有六对电子对，按照相互排斥力最小的原则，在空间排列成八面体。在八面体中，六个顶点的位置是等同的，所以其中一对孤电子对可以任意占据一个位置，另外一对孤电子对再占据剩下排斥力较小的位置，应该处于第一对孤电子对的反向位，排在一条直线的两端，但不显形。四对成键电子对再占据余下的位置，形成四根共价键。所以四个 F 原子占据了平面四方形的四个顶点，XeF_4 最后形成了正方形的空间构型，如图 3-6(c) 所示。

事实上，在 Xe 的有关化合物还没有合成出来以前，VSEPR 理论就准确地预言出了它们的空间构型，这也是 VSEPR 理论的成功之处。

当然 VSEPR 理论也有一些不足之处，比如一般只适用于主族元素作为中心原子时的分子构型判断。对于副族元素，由于次外层 d 轨道上电子往往是不满的，对价层电子的排布影响是该理论所没有考虑到的。作为一种经验性的理论，也没有深入探讨中心原子的电子轨道在形成分子时候的具体变化。

3.2 共价键的成键理论

共用电子对成键概念和价层电子对互斥理论能够合理解释一些多原子分子的空间构型、分子极性、键角等实验现象，但没有从理论高度揭示共价键的本质。

在化学学科中，对于同一种事物或者现象，可以从不同的角度来进行思考和解释。人们对大量的实验现象进行归纳、总结，设立各种不同的假说，进而发展出不同的理论。

若新的理论或假说能够成立，必须满足三个条件。

① 新的理论或假说能够合理解释旧的理论或假说能够解释的所有实验现象，无一例外。

② 新的理论或假说能够合理解释旧的理论或假说所不能够解释的新出现的实验现象，也无一例外。

因为出现了旧的理论或假说不能合理解释的新实验现象，才能否定旧的理论或假说，需要有新理论或假说能够合理解释这些现象。

③ 新的理论或假说能够预言一些当时尚未出现的现象。

比较著名的例子有：根据万有引力定律预测了海王星、冥王星的存在，这个预言都被后来的天文学观测证实。本书第 2 章所讲的里德伯方程和后来玻尔理论计算结果的高度吻合，玻尔理论计算出的玻尔半径与波函数径向分布函数 $R(r)$ 对 1s 轨道的计算结果相一致等，均是化学学科中的例子。

因为建立理论或假说的人对事物的观察角度不一样，所以，建立的理论或假说也各不相同。甚至差别很大，很少有重合的部分。但这些都不妨碍对化学学科本质的了解。因为化学学科要涉及许多微观世界的问题，而微观世界和人类所处的宏观世界是截然不同的。人类对微观世界的认识，往往是凭借在宏观世界中的常识和模式去探索的。所以对同一事物从不同的角度去认知，会得到不同的解释方法，但是只要它们能够合理地解释事物的客观现象，满足理论或假说能够成立的三个条件，它们都是成功的理论，这是在化学的学习过程中应当有的基本认识。

3.2.1 价键理论

(1) 价键理论要点

当两个原子相互接近形成分子时，由于彼此核外电子之间，还有原子核之间存在静电排斥力，造成体系势能急剧上升。与此同时，两个原子的原子轨道发生了重叠，使得两原子核之间的电子云密度大大增加，这个高密度的电子云对两个原子核的吸引力也大大增加，使得两个原子能够相互靠近并形成稳定的分子，这个过程如图 3-7 左边（价键理论）部分所示。这种维系分子稳定存在的作用力，就是共价键。所以共价键也可以看成是静电性作用力，但显然要比金属键和离子键的作用机理复杂得多。

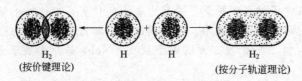

H₂   H   H   H₂
（按价键理论）   （按分子轨道理论）

图 3-7　价键理论和分子轨道理论解释 H_2 分子的形成

根据上述分析，人们建立了价键理论。价键理论认为，在形成分子过程中，两个原子的价电子轨道相互重叠是共价键形成的本质。价键理论的基本要点如下。

① 当两个原子各自的价层电子轨道中存在一个未成对电子，且自旋方向相反时，两个原子的价电子层轨道可以发生重叠。

② 两原子的价层轨道发生有效重叠时，才能形成共价键。所谓有效重叠是指两个价层轨道波函数的符号相同的轨道重叠。

从图 2-5 可以看出，s 轨道的波函数只有一个符号"＋"号，因此，两个 s 轨道只要发生重叠则一定是有效重叠。

p 和 d 轨道都有"＋"、"－"两个符号，它们发生重叠时就不完全是有效重叠。

需特别指出的是：波函数的符号与电荷性质没有任何关系，轨道上的电子总是带负电荷。

③ 最大化的重叠可使分子势能更低，分子更稳定。轨道重叠时存在方向性问题，要沿着轨道的伸展方向重叠才能实现最大化重叠。s 轨道是球形对称的，两个 s 轨道的重叠从任何方向实现结果都是一样的；但 p 轨道和 d 轨道在空间都有自己的伸展方向，从各个不同方向重叠，结果不一样。

（2）共价键的类型

① s-s 键

两个原子的未成对电子都处在 s 轨道时，发生有效重叠形成共价键，这种共价键称作 s-s 键。如两个 H 原子相互靠近时，其 s 电子轨道发生重叠成 s-s 键，形成 H_2。H 的价电子构型为 $1s^1$，如果两个 $1s$ 电子的自旋方向刚好相反，可以共存在重叠的原子轨道中，所以两个 s 轨道重叠部分，相当于两个原子轨道的波函数 ψ 相加。所以重叠部分的概率密度分布函数 $|\psi|^2$ 的值也相应增加，即在两个 s 轨道重叠部分，电子出现的概率增加（不是代数上的相加，而是遵循概率加法规则：$P\{A+B\}=P\{A\}+P\{B\}-P\{AB\}$）。也可以说，两个 H 原子的原子轨道发生重叠后，重叠部分电子云的密度增加了。

如果两个 H 原子 s 轨道上的未成对电子自旋方向是相同的，则不能同时存在于同一个原子轨道中，也就是说两个 s 电子云不能重叠，不能形成共价键。

若价层轨道沿着轨道轴向发生重叠，这种重叠被形象地称为"头碰头"的重叠。沿着轨道轴向发生有效重叠而形成的共价键，称为 σ 键。

s 轨道是没有方向性的，任何一个方向都是它的轴向。因此，由两个 s 轨道重叠一定是"头碰头"的。形成的 s-s 共价键一定是 σ 键。两个 s 轨道形成的 σ 键称为 s-s σ 键。

② s-p 键

当一个原子的 s 轨道与另一个原子的 p 轨道相互重叠时，就存在重叠的方向问题。若要形成共价键则要求一个原子的 s 轨道与另一个原子的 p 轨道的波函数符号同号，发生有效重叠。

如图 3-8 所示，第一种情况 [图 3-8(a)]，s 轨道与 p 轨道的波函数符号同为正号，重叠是有效重叠。因为 s 轨道没有方向性，s-p 重叠可沿着 p 轨道轴向进行。可以形成 σ 共价键，即 s-p σ 键。

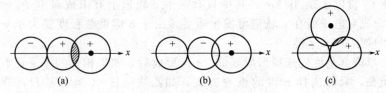

图 3-8   s-p 的成键方向

第二种情况 [图 3-8(b)]，s 轨道与 p 轨道也是沿 p 轨道的轴方向重叠，但是 s 轨道与 p 轨道的波函数符号相反，重叠是无效重叠，不能形成共价键。

第三种情况 [图 3-8(c)]，s 轨道与 p 轨道的重叠方向与 p 轨道的轴方向相垂直，波函数同号处电子云的密度上升，异号处电子云的密度下降，显然不能满足重叠最大化要求和能量最低原理，也不能形成稳定的共价键。

电子的波动性在此就体现出来了。原子在形成分子时，首先要看原子轨道能否有效重叠。原子轨道的重叠，相当于两个轨道波函数相加，即 $\psi_1 + \psi_2$，所以重叠处电子云的概率密度函数为 $|\psi_1 + \psi_2|^2$。显然只有当 ψ_1 和 ψ_2 符号相同时，$|\psi_1 + \psi_2|^2 = |\psi_1|^2 + 2\psi_1\psi_2 + |\psi_2|^2 > |\psi_1|^2 + |\psi_2|^2$。这说明重叠部分电子出现的概率比两个轨道的电子云简单叠加时还要更高，发生了有效重叠。

③ p-p 键

p 轨道是有方向性的，沿着自己轴线的方向伸展。p-p 成键可能有两种情况，一种是两个 p 轨道沿着自己的轴线伸展方向相互靠近，然后同号部分重叠，属于"头碰头"的 σ 键，所成的键称为 p_x-p_x σ 键，如图 3-9(a) 所示。

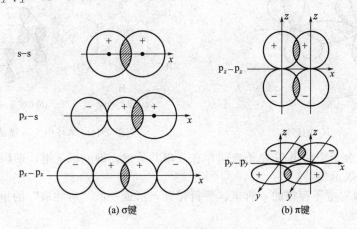

(a) σ键   (b) π键

图 3-9   各种类型的共价键形成示意图

另外一种情况是两个 p 轨道的轴线相互平行地靠拢，造成 p 轨道的正号部分与另外一个 p 轨道的正号部分，p 轨道的负号部分与另外一个 p 轨道的负号部分重叠，也会使得两原子之间电子云密度增加。成键的方向和 p 轨道的轴线方向有一定角度，大多数为 90°。这样的成键方式，可形象地比喻为"肩并肩"，形成的共价键称为 π 键。此时 p 轨道所在轴线，可以是 y 轴，也可以是 z 轴，所以成的键叫做 p_y-p_y π 键或 p_z-p_z π 键，如图 3-9(b) 所示。

对于大多数原子，原子轨道重叠时，优先选择的是"头碰头"的重叠，形成 σ 键。因为沿着轴向重叠电子云重叠密度最大，势能最低，重叠部分的强度最大，使得形成的共价键更加稳定。而"肩并肩"的 π 键，重叠部分小，电子云重叠密度稍小，势能稍高，重叠部分的强度相对稍弱，使得形成的共价 π 键的强度不如 σ 键，即 π 键没有 σ 键牢固。

例如：由于 Cl 价电子是 $3s^2 3p^5$，其中只有一个 p 轨道上有未成对电子。所以成键时，两个 Cl 原子的未成对电子所在 p 轨道可发生重叠，由于 σ 键重叠程度要大于 π 键，所以最后两个 p 轨道形成了 p_x-p_x σ 键。

一般来说，单键都是优先选择形成 σ 键。σ 键形成后，如果相邻的原子还有未成对电子存在的轨道要重叠，只能选择 π 键的重叠方式。如乙炔（H—C ≡ C—H）分子中，两根C—H 单键都是 σ 键，而 C ≡ C 中的叁键中一根是 σ 键，余下的两根都是 π 键。而共价键遭到破坏时，总是强度较小的 π 键先断裂。如乙炔容易发生加氢反应，生成乙烯或进一步生成乙烷：

$$HC \equiv CH + H_2 \longrightarrow H_2C = CH_2 \tag{3-5}$$
$$H_2C = CH_2 + H_2 \longrightarrow CH_3 - CH_3 \tag{3-6}$$

乙烷中的 C—C σ 单键再断裂，发生裂解反应就比较困难了。从前面的表 3-3 也可以看出，C ≡ C 叁键的键能为 $820kJ \cdot mol^{-1}$，要小于 C—C 单键键能 $347kJ \cdot mol^{-1}$ 的三倍，证明了三根键不是三根 σ 单键的简单叠加，其中还存在强度较小的 π 键。显然 π 键键能＜σ 键键能。

两个 N 原子沿着 x 轴线相互接近时，p_x 与 p_x 轨道发生"头碰头"的重叠，形成 p_x-p_x σ 键。与此同时，y 轴线和 z 轴线即两个原子的 p_y 与 p_z 轨道沿着 p_y 与 p_z 轨道轴的垂直方向彼此靠近，形成 p_y 与 p_y，p_z 与 p_z 轨道间的"肩并肩"重叠，形成两根相互垂直的 π 键，即 p_y-p_y、p_z-p_z π 键。如图 3-10 所示。

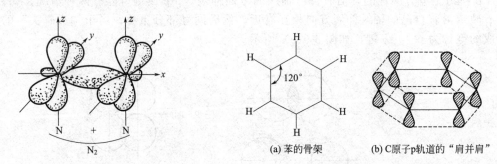

图 3-10　N_2 的形成

(a) 苯的骨架　　(b) C原子p轨道的"肩并肩"

图 3-11　苯环中大 π 键的形成

所以，在 N_2 分子中两个 N 原子之间存在三根共价键，即一根 σ 键，两根 π 键，可以用表达式 N ≡ N 来表示叁键。

当有多个未成对电子存在的 p 轨道，平行排列，形成一群"肩并肩"的重叠，这样形成的 π 键叫做大 Ⅱ 键。

大 Ⅱ 键最典型的化合物例子就是苯。苯的分子式是 C_6H_6，六个 C 原子形成一个闭合环。每个 C 原子形成三根 σ 键，分别连接一个 H 原子和相邻的两个 C 原子，如图 3-11(a)所示。每个 C 原子上还剩下一个价电子处于垂直于分子平面的 p 轨道上，这样六个 C 原子的六个相互平行的 p 轨道，发生了"肩并肩"的重叠，形成了大 Ⅱ 键。如图 3-11(b)所示。

另外一种比较特殊的共价键，称为配位键。将在第 7 章再论述。

(3) 杂化轨道理论

随着科学技术的发展，化学学科领域出现了越来越多新的实验现象。共价键的价键理论对有些新现象不能给出合理的解释。

例如，ⅡA 的 Be 的电子构型为 $1s^2 2s^2$，价层电子全都成对，按共价键的价键理论，它不应该形成共价键化合物，但 $BeCl_2$ 却确实存在；ⅢA 的 B 的电子构型为 $1s^2 2s^2 2p^1$，价层电子只有 1 个不成对，按共价键的价键理论，它只能形成只有一根共价键的化合物"BCl"，但化学家在实验中获得的 B 的氯化物却是 BCl_3；更重要的是有机化学与生物化学中涉及最多的元素 C 及其化合物，共价键的价键理论也不能给出合理的解释。C 的电子构型是 $2s^2 2p_x^1 2p_y^1$，存在两个未成对电子。按照价键理论，只能形成两根共价键。实际上，C 在绝大多数化合物中都形成了四根共价键，最简单的例子就是 CH_4。而且甲烷分子的四根 C—H 键是等同的，表明此时 C 的四个价电子处于能量相同的状态，这也是价键理论不能解释的地方。

在解释分子的空间构型方面，价键理论也存在一些问题。比如 NH_3 分子是三角锥形分子。从价键理论的角度来分析，N 原子的价电子构型是 $2s^2 2p_x^1 2p_y^1 2p_z^1$，三个 p 轨道上各有一个未成对电子，因此可以与三个 H 原子形成三根共价键，这些键之间的夹角应该是 p_x、p_y、p_z 轨道原来在三维直角坐标系中 x 轴、y 轴和 z 轴之间相互的夹角，应该是 $90°$，实验测得的键角是 $107°18'$，两者之间绝不是测试误差。

这充分暴露了价键理论的局限性，就必须对它进行一些补充、修正、发展、变更或废弃。

3.2.2 杂化轨道理论

为了能合理解释化学界出现的价键理论无法解释的新现象，化学家提出了"杂化轨道"的假说。又称"杂化轨道理论"。它是对价键理论最重要的补充、修正和发展。

杂化轨道理论一些观点比价键理论更有灵活性，更提倡"具体问题具体分析"，但又未完全背离价键理论的成键基本规则。

(1) 杂化轨道理论的基本要点

① 在形成 AX_n 型分子时，中心原子 A 的价层电子无论成对与否都有可能形成共价键。这是对价键理论最重要的修正。从此出发，不难解释 $BeCl_2$、BCl_3 的存在。

② 在形成共价键时，中心原子 A 的原有价层电子轨道会重新组合成新的电子轨道。新组合的电子轨道称作杂化轨道。轨道重新组合的过程叫做杂化。这是杂化轨道理论对价键理论最重要的补充和发展。

③ 能量比较接近的电子轨道之间才有可能杂化。ns、np 主量子数 n 相同，属于同一主层，仅 l 不同即亚层有异，能量比较接近，可形成杂化；$(n-1)d$、ns、np 有了 d 电子，$l=2$，$n \geqslant 4$，因此 ns、np 的钻穿效应使其能量大大下降，甚至有可能小于内层的 d 电子。这三种轨道能量也比较接近，也可形成杂化。当 $n \geqslant 4$ 时，ns、np、nd 也有可能杂化。

本章只讨论 s 轨道与 p 轨道参与的杂化过程。d 轨道参与的杂化过程将在第 7 章配位化学中再论述。

(2) 轨道杂化规则及诸物理量的关系

① 杂化前后的价层电子轨道数是守恒的。即有几个轨道参与杂化，就形成几个新的杂化轨道，不能多也不能少。

② 杂化前各轨道的能量虽相近并不完全相等，但杂化后形成的新轨道是简并的，即各条杂化轨道能量完全相等。

每条杂化轨道的能量等于杂化前各轨道的能量的加权平均值。比如一个 $s(E_s)$ 轨道和两个 $p(E_p)$ 轨道进行杂化。杂化轨道的能量 $E_{sp^2} = (2E_p + E_s)/3$。它比杂化前 s 轨道的能量

E_s 高，比杂化前 p 轨道的能量 E_p 低。

③ 杂化前后，参与杂化的轨道总能量守恒。比如一个 s 轨道和两个 p 轨道进行杂化，杂化前总能量为 $2E_p+E_s$。三条 sp^2 杂化轨道杂化后的总能量 $E_{杂化后}=3\times(2E_p+E_s)/3=2E_p+E_s$；即总能量是守恒的。

④ 杂化前后轨道上的价层电子数也守恒。也就是参与杂化的各轨道上的价层电子数等于杂化后杂化轨道上的电子数。这些价层电子重新排布在新形成的杂化轨道中。排布的时候依旧遵循电子排布的三原则（即能量最低原理、泡利不相容原理和洪特规则）。

⑤ 杂化后的轨道除了在能量上是等同的，在所占空间位置上也是均匀分布的。即杂化后的新轨道也按照相互排斥的原理，保持彼此斥力最小的排布方式。

⑥ 杂化后，轨道上如果存在未成对电子，则按照价键理论的一般原则，与其他原子有未成对电子占据的轨道发生重叠，形成共价键。

(3) s-p 杂化轨道分类

根据参与杂化的 s 轨道和 p 轨道数量的不同，可把 s 轨道与 p 轨道杂化的情况分成如下几种。

① sp 杂化

1 个 s 轨道和 1 个同主层即主量子 n 相等的 p 轨道参与的杂化，如图 3-12 所示。代表性的物质是 ⅡA 元素的共价化合物。如 $BeCl_2$，作为中心原子的 Be，价层电子构型为 $2s^2$。可以看到 2s 轨道全满，是不符合价键理论成键条件的。

如果将 2s 上的一个电子跃迁到能量稍高的 2p 轨道上，这便是激发态。这在化学实验中

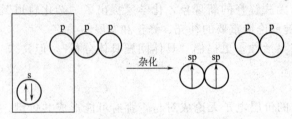

图 3-12 sp 杂化过程示意图

是不难实现的。如此，就有了两个未成对电子，可形成两根共价键，生成 $BeCl_2$。但此时两根 Be—Cl 共价键是不等同的，一根键能量高、一根键能量低，因此 $BeCl_2$ 应为极性分子。但实验数据表明：$BeCl_2$ 为非极性分子，两根 Be—Cl 共价键的键角是 180°，与上述解释很不吻合。

杂化轨道理论认为，Be 原子的一条 s 轨道和一条没有电子的 p 轨道进行杂化，根据轨道守恒规则，杂化后必须有两条新轨道，取名 sp 杂化轨道。这两个新轨道，能量上是简并的，$E_{杂化}=(E_p+E_s)/2$。在空间排布上是均匀的，即形成以 Be 原子为中心的直线形构型。杂化后轨道上应该还是两个电子，按照洪特规则，应该每个 sp 杂化轨道上各有一个电子。这样，Be 就可以按价键理论的规则分别与两个 Cl 原子形成两根 σ 共价键，而这两根 σ 共价键是完全等同的，在空间形成了直线形的分子结构。

在实际分子形成的过程中，电子在轨道间的转移和电子轨道的杂化是很难说清楚谁先谁后，可把它视为是同时完成的一个过程，总体上也可称为电子轨道的杂化。

sp 轨道是 1 个 s 轨道和 1 个 p 轨道组合而成的，可以这样理解，就好像将 1 个 s 轨道先和 1 个 p 轨道打散以后合在一起，然后再均分为二，形成两个新的 sp 杂化轨道。这个新的 sp 杂化轨道的波函数 ψ 是 1 个 s 轨道波函数 ψ_1 与 1 个 p 轨道波函数 ψ_2 的均分。每个 sp 杂化轨道都相当于原来的半个 s 轨道和半个 p 轨道组合形成的。所以 sp 轨道中既有 s 轨道的成分，也有 p 轨道的成分。总体的形状是半个 s 轨道（半球状）和半个 p 轨道（半哑铃状）组合形成的纺锤形，纺锤的一半原子轨道符号为正，另一半符号为负，但是这两部分大小是不一样的，因为 p 轨道的特性是有正有负，且正负部分所占比重相等，而 s 轨道全部是正号。所以 sp 杂化轨道，显然正号部分比重要大于负号，所以这样一个纺锤是不对称的双球，如图 3-13(a) 所示。

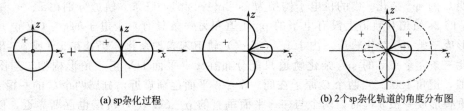

(a) sp杂化过程

(b) 2个sp杂化轨道的角度分布图

图 3-13　sp 杂化轨道的形成与分布示意图

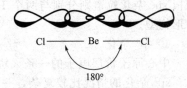

图 3-14　$BeCl_2$ 分子的形成示意图

因为形成的 sp 轨道是两个，它们在排布的时候，由于正号部分的球体体积大，所以朝向外面；而负号部分的球体体积小，被掩盖在了里面，如图 3-13（b）所示。这样两个轨道分别指向了 x 轴相反的两个方向，实际成键的时候，是露在外面的电子轨道的正号部分和 Cl 原子 p_x 轨道的正号部分迎头相撞，形成了两根 sp-p_x σ 共价键。这样，两根共价键在空间夹角是 $180°$，形成了 $BeCl_2$ 分子的直线形构型，如图 3-14 所示。

所有的杂化轨道基本上都是这样一头小一头大的纺锤形。在分布时，大的那头朝向原子核外面，与外围原子的电子轨道成键，这样重叠的部分会比较大，造成电子轨道在杂化后的成键能力都有所增强。

另一个 sp 杂化的典型例子是 C 的叁键化合物，如炔类、腈类。以乙炔 $HC\equiv CH$ 为例来说明 C 的 sp 杂化。C 的价电子构型为 $2s^2 2p_x^1 2p_y^1 2p_z^0$，三条 p 轨道分别在 x、y、z 坐标轴上。C 的 2s 轨道与轨道上没有电子的 p_z 轨道杂化，形成两条 sp 杂化轨道。由于 p_x、p_y 轨道未参加杂化，仍处在 x、y 坐标轴上。因此两条完全平等的 sp 杂化轨道只能分布在 x-y 平面两侧，并在一条直线上。当两个 C 原子逐渐靠近形成 sp 杂化轨道重叠形成一根 σ 键时，两个 x-y 平面也靠近，使得两个 C 的 p_x、p_y 轨道也沿 x-y 平面的方向重叠，形成两根 π 键，C 与 C 之间形成了叁键。另一根 sp 杂化轨道则分别与 H 形成 σ 键。所以，$HC\equiv CH$ 和 $BeCl_2$ 一样，是直线形构型。

② sp^2 杂化

中心原子价层的一条 s 轨道和两条 p 轨道参与的杂化。

代表性的物质是ⅢA 元素 B 的共价化合物，如 BF_3。中心原子 B 价电子构型为 $2s^2 2p^1$。杂化后形成了三个 sp^2 杂化轨道，每个轨道上刚好排一个电子，如图 3-15 所示。

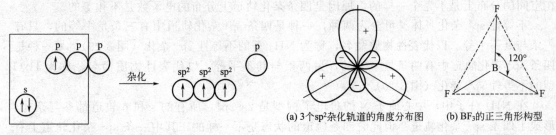

(a) 3个sp^2杂化轨道的角度分布图　(b) BF_3的正三角形构型

图 3-15　sp^2 杂化过程示意图　　　图 3-16　sp^2 杂化轨道与 BF_3 的空间构型

这三个轨道在能量上简并，$E_{杂化}=(2E_p+E_s)/3$。在空间上形成均匀分布的结构，即如图 3-16（a）所示的正三角形。每个轨道都有一个未成对电子，可以与三个 F 原子形成三条 sp^2-p_x σ 共价键，最后形成的 BF_3 分子是正三角形空间构型，键角为 $120°$。如图 3-16（b）所示。

另一个 sp^2 杂化的典型例子是 C 的双键化合物，如烯类、羰基类。以乙烯 $H_2C\!=\!CH_2$ 为例来说明 C 的 sp^2 杂化。C 的价电子构型为 $2s^2 2p_x^1 2p_y^1 2p_z^0$，三条 p 轨道分别在 x、y、z 坐标轴上。C 的 2s 轨道与轨道上没有电子的 p_z 轨道和另一条只有一个电子的 p_y（或 p_x）轨道杂化，形成三条 sp^2 杂化轨道。由于 p_x（或 p_y）轨道未参加杂化，仍处在 x（或 y）坐标轴上。因此三条完全平等的 sp^2 杂化轨道只能分布在 y-z 平面上呈正三角形构型，与图 3-16（b）相似，键角 120°。当两个 C 原子在同一个 y-z 平面逐渐靠近，分属两个 C 的一根 sp^2 杂化轨道重叠形成一根 σ 键时，两个与 y-z 平面垂直的 p_x（或 p_y）轨道也逐渐靠近，使得两个 p_x 轨道也沿着平行于 x-y 平面的方向重叠，形成一根 π 键，C 与 C 之间形成了双键。另两根 sp^2 杂化轨道则分别与两个 H 形成两根 σ 键。所以，$HC \!=\! CH$ 和 BCl_3 一样，是正三角形构型。

③ sp^3 杂化

中心原子价层电子的一条 s 轨道和三条 p 轨道参与的杂化。

sp^3 杂化的情况比较复杂，一般可分为等性 sp^3 杂化和不等性 sp^3 杂化两类。

a. 等性 sp^3 杂化 杂化后的 4 条 sp^3 杂化轨道是完全平等的，如图 3-17 所示。所谓完全平等是指它们在空间的分布上是完全一样的。这就要求每个轨道必须而且只能有一个不成对的电子。代表性的物质是ⅣA元素 C、Si 的共价化合物，如 CH_4、烷烃、SiF_4、金刚石、SiC 等。

例如 CH_4，C 的价层电子构型为 $2s^2 2p^2$。sp^3 杂化后形成 4 个 sp^3 杂化轨道，每个轨道上都有一个未成对电子。四根 sp^3 杂化轨道在空间排布按照斥力最小的原则，是正四面体形，如图 3-18(a) 所示。每个轨道上有一个未成对电子，可以与四个 H 原子形成四根键角均为 $109°28'$ 的 sp^3-s σ 共价键。最后 CH_4 分子的空间构型就是正四面体形，如图 3-18(b) 所示。

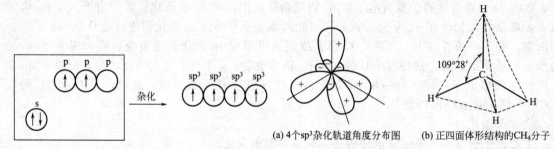

<table>
<tr><td>图 3-17　等性 sp^3 杂化过程示意图</td><td>(a) 4个sp^3杂化轨道角度分布图　(b) 正四面体形结构的CH_4分子
图 3-18　sp^3 杂化轨道和 CH_4 分子的空间构型</td></tr>
</table>

b. 不等性 sp^3 杂化 杂化后的 4 条 sp^3 杂化轨道是不完全平等的。所谓不平等是指它们在空间的分布上是不完全一样的。原因是四条杂化轨道上分布的电子数是不相等的。

不等性 sp^3 杂化具体又可分为两种，一种是四条 sp^3 杂化轨道中有三条是平等的，只有一条与其不平等。以代表性物质命名，称为 NH_3 型的不等性 sp^3 杂化（图 3-19）；另一种是四条 sp^3 杂化轨道中有两条是平等的，另两条与其不平等，以代表性物质命名，称为 H_2O 型的不等性 sp^3 杂化（图 3-20）。

在 NH_3 分子中，中心原子 N 的价电子构型是 $2s^2 2p^3$，所有的 s 和 p 轨道都参与杂化，形成了四条 sp^3 杂化轨道。但此时四条轨道的状态是不一样的，其中一条 sp^3 杂化轨道上有两个电子，是孤电子对。其他三条 sp^3 杂化轨道则只有一个电子，是半满的。有孤电子对的 sp^3 杂化轨道的排斥力最大，导致其他三条 sp^3 杂化轨道的键角$<109°28'$，为 $107°18'$。四条 sp^3 杂化轨道在空间的分布是不完全一样的。

这四条 sp^3 杂化轨道在空间依旧是采取四面体构型，如图 3-21(a) 所示，但由于只有三个半满轨道，最后只能和三个 H 原子形成三根 sp^3-sσ 共价键。

由上述内容可见，价层电子轨道杂化以后的成键规则、分子空间构型的形成等均按前述

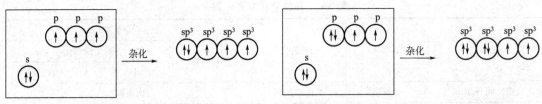

图 3-19　NH₃ 分子不等性 sp³ 杂化过程示意图　　　图 3-20　H₂O 分子不等性 sp³ 杂化过程示意图

的价键理论、价电子对互斥理论执行。所以，杂化轨道理论只是价键理论、价电子对互斥理论的一个补充、发展，而不是新的理论体系。

H_2O 分子中，中心原子为 O，价层电子构型是 $2s^2 2p^4$，也是所有的 s 轨道和 p 轨道都参与杂化，形成了四条 sp³ 杂化轨道，其中两条是全满轨道，两条是半满轨道，所以也属于不等性的 sp³ 杂化。

与 NH₃ 不同的是，此时中心原子 O 外层全满轨道多了一条，半满轨道少了一条，所以最后只能与两个 H 形成两根 sp³-s σ 共价键成键，比 NH₃ 又少了一根。O 原子价层的原子轨道在空间排布依旧是四面体构型，如图 3-18(a) 所示。但由于存在两对不显形的孤电子对，造成最后 H₂O 分子的实际构型是折线形，如图 3-21(b) 所示。而且由于两对孤电子对排斥力更大，使得 H—O 键之间的夹角比 NH₃ 分子中 N—H 键的夹角更小，为 104°45′。

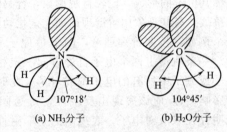

(a) NH₃分子　　　　(b) H₂O分子

图 3-21　不等性 sp³ 杂化的分子构型
（阴影代表孤电子对）

杂化轨道理论涉及了原子轨道在形成分子时候发生变化组合的问题，但原子轨道为何会杂化呢？这可能是基于以下两种情况。

一是为了形成更多的未成对电子，使得共价键数增加，如此，和其他原子的共用电子对数也增加。一般而言，共用电子对越多，其化合物越稳定。

另一种是使得分子的空间构型更加稳定，如 NH₃ 在杂化后的键角 107°18′，要比不杂化成键的 90°要大一些，有利于排斥力的减少。实际上，杂化轨道理论也还是半经验性的理论，比如具体的键角是多少，应以测试数据为依据，杂化轨道理论只能做定性的说明。

从上面的几个例子可得到中心原子杂化的一些规律：ⅡA 元素价层电子数为 2，采取 sp 杂化，如 Be；ⅢA 元素价层电子数为 3，采取 sp² 杂化，如 B；ⅣA 元素价电子数为 4，采取等性 sp³ 杂化，如 C；ⅤA 元素价电子数为 5，只能采取不等性 sp³ 杂化，如 N；ⅥA 元素价电子数为 6，也采取不等性 sp³ 杂化，如 O。可见中心原子杂化的一个依据是其价层电子数。元素周期表上主族元素的族数与其价层电子数相等。所以同为氧族的元素，在形成共价键的时候，往往和 H₂O 一样也采取不等性 sp³ 杂化，最后的构型是折线形，如 H₂S；C 和 Si 同在ⅣA 族，所以 SiH₄ 的构型也和 CH₄ 一样是正四面体。

中心原子杂化的各种方式如表 3-6 所示。

从表 3-6 中还可以看出，具有对称结构的杂化类型（sp 杂化，sp² 杂化，等性 sp³ 杂化）以及外围形成 σ 键的元素完全相同的分子最后是没有极性的。而具有不对称结构的杂化（不等性 sp³ 杂化），形成的分子最后是有极性的。

其他一些带双键和配位键的分子或离子，中心原子也多采取杂化形式，如 $[Ag(NH_3)_2]^+$、CO_2 采取的是 sp 杂化，构型是直线形；NO_3^-、SO_3 采取 sp² 杂化，构型是正三角形；SO_4^{2-}、$[Ni(CO)_4]$ 采取的是等性 sp³ 杂化，空间构型是正四面体。它们形成的具体机理要更复杂一些。

表 3-6　各种杂化方式一览

杂化方式	sp 杂化	sp² 杂化	sp³ 杂化		
			等性杂化	不等性杂化	
				NH₃ 型	H₂O 型
杂化轨道空间分布	直线形	平面三角形	四面体		
中心原子所在族	ⅡA(ⅡB)	ⅢA	ⅣA	ⅤA	ⅥA
分子构型	直线形	正三角形	正四面体	三角锥形	折线形
实例	$BeCl_2$、$HgCl_2$	BF_3、BCl_3	CH_4、SiH_4	NH_3、PCl_3	H_2O、H_2S
分子有无极性	无	无	无	有	有

3.2.3　分子轨道理论（MO）

价键理论（包括杂化轨道理论）建立在经典化学键理论基础上，用电子对共用成键的概念解释共价键的形成，比较直观形象，容易理解。但新的实验现象的出现在不断地向价键理论提出挑战。有些现象用价键理论加上杂化轨道理论都无法合理解释。而且，这类问题越来越多。

例如：按照价键理论，两个 O 原子靠双键、共用两对电子形成 O_2。O_2 中所有电子都成对。一条轨道上两个电子自旋方向一定相反。由电子自旋产生的总磁场强度应等于 0，一个原子或分子中所有的电子都成对了，此时分子和原子表现为反磁性，在磁场中运动方向不会受影响。O_2 应该表现出反磁性，可是固态或者液态的 O_2 在磁场中的运动方向发生偏转，说明存在未成对电子，表现出的是顺磁性，这是价键理论所不能解释的。

实验中发现 H_2^+ 可以稳定存在。但是整个 H_2^+ 离子中，只存在一个电子，根本不可能有共用电子对，按价键理论，也不能形成共价键，那么两个 H 原子靠什么联系在一起呢？

很显然，价键理论无能为力，必须建立新的形成化学键的理论。

分子轨道理论则应运而生。

分子轨道理论在解释分子能否稳定存在及有无磁性等问题方面，是非常成功的。但对分析空间构型却不很直观。所以，分子轨道理论也有许多不尽如人意的地方，还有待日后人们不断地补充、完善。

由于分子轨道理论涉及量子力学中较深的内容，理论性很强，超出本课程的要求。所以，本书仅讨论最简单的分子的形成，即形如 AB 这样的双原子分子。并限定 A、B 均为 H 到 Ne 等十种元素。由于形成分子的原子数目最少，只有两个，原子的电子轨道组合比较简单，变化较少，容易掌握。

（1）分子轨道理论的要点

和价键理论重点考察原子、一切从原子出发不同，分子轨道理论着眼于整个分子。既然单个原子存在自己的电子轨道，那么原子在形成分子以后，原有的电子轨道应该重新组合，形成属于整个分子而与原来的原子无关的电子轨道。这种属于整个分子的新的轨道称为分子电子轨道，简称分子轨道。所谓原有的电子轨道的重新组合就是原子核外电子轨道波函数的线性组合，这些线性组合就是整个分子的波函数。分子的波函数的解就是分子轨道。

原子上的电子不再是单独属于每个原子所有，而是属于整个分子，所以，电子在遵循电子排布三原则的前提下，在新形成的分子轨道上重新排布。如果电子重排后使得分子的能量比原来自由原子的能量有所降低，则说明分子的形成有利于体系的能量降低，分子可以稳定存在。否则，分子不能稳定存在。

与轨道杂化的规则相似，原子轨道线性组合也应遵循轨道数守恒、能量守恒、电子数守恒。

例如，H 原子的电子构型是 $1s^1$，两个 H 原子有两个 1s 轨道。

轨道数守恒：在形成的 H_2 分子时，这两个 1s 轨道进行线性组合。两个 1s 轨道线性组合后的分子轨道数与组合前各原子的电子轨道数之和相等；两个 H 原子的两个 1s 轨道线性性组合成两个分子轨道，分别表示为 σ_{1s} 和 σ_{1s}^*。其中 σ_{1s} 比原来 H 自由原子的 1s 轨道的能量低，叫做成键轨道；而 σ_{1s}^* 轨道比原来 H 自由原子的 1s 轨道的能量高，叫做反键轨道。

能量守恒：即线性组合后的分子轨道 σ_{1s} 和 σ_{1s}^* 的能量之和应等于组合前各原子的电子轨道能量之和。若组合原子的电子轨道能量为 0，则：

$$E(\sigma_{1s}) + E(\sigma_{1s}^*) = 0 \tag{3-7}$$
$$E(\sigma_{1s}) = -E(\sigma_{1s}^*)$$

即成键轨道能量降低了多少，对应的反键轨道的能量就升高多少。

电子数守恒：两个 H 原子有两个核外电子，H_2 分子中的电子应该还是两个。

然后再按照电子排布三原则，电子重新在分子轨道上排布。

因此，这两个电子就只能排布在能量低的 σ_{1s} 轨道上。可以看出这样的排布方式比原来 H 自由原子的 1s 轨道上能量下降了 $2E(\sigma_{1s}^*)$，如图 3-22 所示。H_2 能够稳定存在。

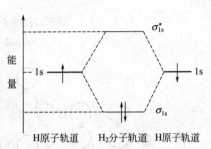

图 3-22　H 原子在形成 H_2 分子时各轨道能级示意图

形成的 H_2 分子中，电子云的图像如图 3-7 右边部分所示。可见在分子轨道理论中，这两个电子是属于整个 H_2 分子。相当于一个大的轨道把两个 H 原子核都包了进去，这和价键理论认为 H_2 分子的形成是 H 原子的电子轨道的重叠有所不同。

（2）原子轨道线性组合的方式

一般说来，原子的电子轨道线性组合的原则是：能量相同或者相近的轨道才可以线性组合。组合前后遵循轨道数守恒、能量守恒、电子数守恒三规则。

原子的电子轨道在形成分子轨道的时候，依照组合方式的不同分成下列几类。

① s-s 组合

同核的双原子分子 X_2，每个原子的 ns 轨道能量相等，可以进行线性组合，如 1s-1s、2s-2s。两个 ns 轨道线性组合后，其组合前原子的电子轨道和组合后分子轨道如图 3-23 所示。成键轨道和反键轨道总是成对出现的。s 轨道无方向性，如前所述，s 轨道和 s 轨道的组合一定是头碰头的，只能形成 σ 键。所以沿用价键理论的叫法，称其为 σ 键轨道。

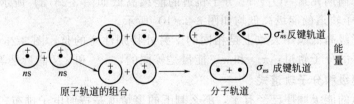

图 3-23　s-s 组合形成的分子轨道示意图

② p-p 组合

当同核双原子分子 X_2 的 np 轨道进行线性组合时，情况要复杂些。因为每个原子的 p 轨道都是三个简并的轨道：p_x、p_y 和 p_z。在组合时，p_x 和 p_x 的组合相当于价键理论中的头碰头，形成了 σ_{np_x} 成键轨道和 $\sigma_{np_x}^*$ 反键轨道，如图 3-24(a) 所示。而 p_y 和 p_y、p_z 与 p_z 的组合相当于价键理论中的肩并肩，形成的是 π 键分子轨道。即 π_{np_y} 成键轨道和 $\pi_{np_z}^*$ 反键轨

59

道、π_{np_z} 成键轨道和 $\pi_{np_z}^*$ 反键轨道，如图 3-24（b）所示。其中 π_{np_y} 和 π_{np_z} 是能量等同的简并成键轨道，$\pi_{np_y}^*$ 和 $\pi_{np_z}^*$ 是能量等同的简并反键轨道。

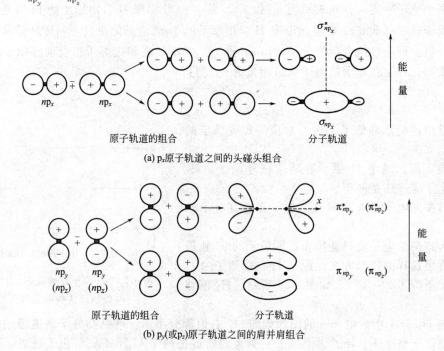

(a) p_x 原子轨道之间的头碰头组合

(b) p_y（或p_z）原子轨道之间的肩并肩组合

图 3-24　p-p 组合形成的分子轨道示意图

（3）分子轨道中各能级的高低顺序

　　总之，当两个原子的电子轨道进行线性组合时，形成了整个分子的分子轨道。这些分子轨道显然和原来的原子的原子轨道一样，存在着能级的高低，而能级的高低就决定了电子的排布次序。显然，由于 1s 的能级要低于 2s，所以 s-s 组合后形成的 σ_{1s} 的能级要低于 σ_{2s}；同理，2s 的能级要低于 2p，所以形成的分子轨道 σ_{2s} 要低于 σ_{2p_x} 或者 π_{2p_y}、π_{2p_z}。

　　但是其他能级的高低关系就不那么直观了。而且如同原子轨道有能级交错现象一样，同一个分子轨道在不同原子核形成的分子中，也会处于不同的能级位置。所以一般分子轨道的能级高低主要依靠光谱实验来确定。

　　对于第一、二周期元素，O_2、F_2 分子轨道的能级高低如图 3-25（a）所示，其他元素形成的 X_2 分子的分子轨道的能级高低均如图 3-25（b）所示。

　　其实这两种能级高低顺序大致上是相同的。另外特别注意的是，图 3-25 中清楚地表示出存在着两组简并的分子轨道：π_{np_y} 和 π_{np_z} 能量是等同的，$\pi_{np_y}^*$ 和 $\pi_{np_z}^*$ 能量是等同的。

（4）分子的键级和分子轨道式

　　既然分子轨道的能级顺序已经有了，那么剩下的事情就是按照电子排布三原则，将分子上所有的电子排布进去。这一步骤和第 2 章中将原子中的电子排布进原子轨道没有什么差别。分子中的电子数目就是两个原子电子数目的总和，也就是说原子在形成分子时，电子数显然要守恒。如 N_2 分子中，由两个 N 原子构成，每个 N 原子上有 7 个电子，所以 N_2 分子上有 14 个电子。将 14 个电子排布进 N_2 的分子轨道，先从能级最低的 σ_{1s} 开始填充，按照图 3-25（b）逐步向上排布电子。

　　这样形成的 N_2 分子的能量显然小于原来的两个 N 原子的能量之和。因为处于成键轨道上的电子要多于处在反键轨道上的电子，对于体系的稳定是有贡献的。可以用一个具体的指

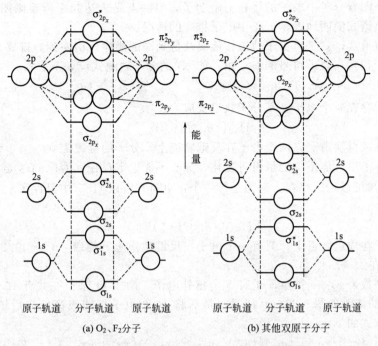

(a) O_2、F_2分子   (b) 其他双原子分子

图 3-25   1～10 号元素形成 X_2 分子的轨道能级

标定量地来表示分子的稳定性，即所谓键级：

$$键级 = \frac{n - n^*}{2} \tag{3-8}$$

式中，n 为处于成键轨道上的电子总数；n^* 为处于反键轨道上的电子总数，$(n - n^*)$ 也称为净成键电子数。

因为电子在成键轨道上的能量降低和电子在反键轨道上的能量升高是正好相互抵消的，所以最后实际起贡献的是所谓净成键电子数。当净成键电子数 > 0 时，即键级 > 0 时，分子的总能量比原来的原子能量之和有所降低，因而此分子应能够稳定存在。净成键电子数 $= 0$ 时，即键级 $= 0$ 时，分子的总能量与原来的原子能量之和相等，因此分子不能稳定存在。键级越高，总能量降低越多，分子就越稳定。

键级等于净成键电子数除以 2，其就相当于价键理论中的一对共用电子，也就是一根共价键。键级越高，分子中形成的共价键数目越多，分子就越稳定。

例如：N_2 分子中有 14 个电子，处于成键轨道的电子 10 个，而处于反键轨道的电子 4 个。所以 N_2 分子的键级为：

$$键级 = \frac{10 - 4}{2} = 3$$

这个结果和价键理论认为 N_2 分子中存在叁键是一致的。

也可以这样看，N_2 分子内层 σ_{1s}、σ_{1s}^*、σ_{2s}、σ_{2s}^* 轨道上电子已经填满，成键电子对体系能量的贡献刚好被反键电子对体系能量的升高所完全抵消。所以也可以认为原子的内层轨道是否形成分子轨道对体系没有影响，称它们为非键轨道。这些轨道上的电子都可以不数，只要数位于最外层的价层电子就可以了。这时处在 N_2 分子最外层的价层电子为 2p 电子，两个 N 共有 6 个电子都处于成键轨道上（π_{np_y}、π_{np_z} 和 σ_{2s}），所以最后键级 $= 6/2 = 3$。得到同样的结果。

从 N_2 能级高低示意图看出，所有的电子都成对排布，没有未成对电子，所以 N_2 分子是反磁性的。

从能级示意图看分子中电子的排布清晰明了，但缺点是表达起来需要画图，比较繁琐，也可以用分子轨道式简明地表示分子中电子排布的情况。

所谓分子轨道式，就是将分子轨道按能级从低到高的顺序，由左到右排成一行，并把每个轨道上的电子数写在轨道符号的右上角。如 N_2 的分子轨道式应如下表示：

$$N_2\left[(\sigma_{1s})^2(\sigma_{1s}^*)^2(\sigma_{2s})^2(\sigma_{2s}^*)^2(\pi_{2p_y})^2(\pi_{2p_z})^2(\sigma_{2p_x})^2\right]$$

He_2 分子中存在 4 个电子，其分子轨道式应为：

$$He_2\left[(\sigma_{1s})^2(\sigma_{1s}^*)^2\right]$$

两个电子在成键轨道上，两个电子在反键轨道上，分子的键级为 0。

说明形成分子后，体系的能量没有变化，分子不能稳定存在，因此 He_2 是不存在的。

但是 He_2^+ 却可以稳定存在，因为是带一个正电荷，所以 He_2^+ 中只存在 3 个电子。分子轨道式为：

$$He_2^+\left[(\sigma_{1s})^2(\sigma_{1s}^*)^1\right]$$

有两个电子在成键轨道上，只有一个电子在反键轨道上，键级 $= (2-1)/2 = 1/2$。所以 He_2^+ 能稳定存在。

O 的原子序数是 8，一个 O 原子有 8 个核外电子，两个 O 原子一共有 16 个核外电子。O_2 分子中轨道的能级如图 3-25(a) 所示。最后将 16 个电子按能级高低先后填入轨道，O_2 分子的分子轨道式如下：

$$O_2\left[(\sigma_{1s})^2(\sigma_{1s}^*)^2(\sigma_{2s})^2(\sigma_{2s}^*)^2(\sigma_{2p_x})^2(\pi_{2p_y})^2(\pi_{2p_z})^2(\pi_{2p_y}^*)^1(\pi_{2p_z}^*)^1\right]$$

分子的键级是 2，能稳定存在。

填写的时候特别要注意到 $\pi_{2p_y}^*$ 轨道和 $\pi_{2p_z}^*$ 轨道是简并轨道，所以最后两个电子应按照洪特规则，在每个轨道上分别排布一个电子。从分子轨道式就可以看出，O_2 分子中存在两个未成对电子，所以整个分子应表现出顺磁性，符合事实。在前面说过，这是价键理论无法解释的，却是分子轨道理论的成功之处。

3.3 分子间作用力

化学键是分子内原子之间的强烈作用力。在分子和分子之间，还普遍存在着另外一种相对弱得多的作用力，称之为分子间作用力。分子间作用力虽然较弱，却维系着分子晶体结构，保持稳定。将分子晶体从固态融化成液态，再进一步汽化所需要克服的就是这种力量。

即使在液体和气体分子之间，这种力量也还是存在的。

若气体分子之间没有任何作用力，这种气体称为理想气体。若溶液中溶质分子之间没有作用力，这种溶液称为理想溶液。

1873 年荷兰物理学家范德华发现实际气体总是偏离理想气体的状态方程 $pV = nRT$，因此认为气体分子之间实际存在着一定的作用力，因而后来分子间作用力也被称为范德华力。

除了范德华力外，还有一种非常特殊的作用力，叫做氢键，氢键往往也被归入分子间作用力的范畴，但它有时候也发生在分子内部。分子间作用力的大小，决定了分子型物质的熔沸点、相互之间的溶解性等一系列宏观物理性质。

3.3.1 范德华力

范德华力的实质也是电性作用力，即分子和分子之间存在的静电引力。若分子内正负电荷中心不重合，便产生偶极矩。偶极矩的存在，造成异号电荷的相互吸引。

(1) 偶极矩分类

根据偶极矩产生的原因不同，偶极矩可分为固有偶极矩、诱导偶极矩和瞬间偶极矩。

① 固有偶极矩

如 3.2.1 中所述，极性分子中有偶极矩。这种偶极矩称作固有偶极矩，如 H_2O、HCl、CH_3CH_2OH、$CH_3CH_2OCH_2CH_3$、NH_3 等极性分中都存在固有偶极矩。

② 诱导偶极矩

当极性分子 A 靠近分子 B 时，分子 A 的正（负）电荷中心会诱导分子 B 的负（正）电荷中心靠近自己，而使 B 的正（负）电荷中心远离自己，使得分子 B 正负电荷中心间距离 d 增加，使分子 B 产生一个附加偶极矩。

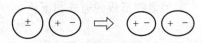

图 3-26 诱导偶极矩的产生

如图 3-26 所示。这个附加偶极矩是在极性分子 A 的正负电荷中心诱导下产生的，故称这种偶极矩为诱导偶极矩。若分子 B 是非极性分子，在分子 A 的诱导下，分子 B 有了偶极矩。

③ 瞬间偶极矩

分子中的电子时刻在运动，它也会造成分子中的正、负电荷中心间的距离产生瞬间的变化，即该分子的偶极矩产生瞬间的变化。这种瞬间变化产生的附加偶极矩称为瞬间偶极矩。

即使是非极性分子，如 CO_2、CH_4、O_2、苯，在某一瞬间，它们也会有极性。运动、变化是永恒的；静止、稳定是相对的。

(2) 分子间作用力分类

根据形成分子间作用力的原因，可把分子间作用力分为如下三类。

图 3-27 取向力使得极性分子相互吸引 (A→B→C)

① 取向力

由固有偶极矩造成的分子间作用力称为取向力，取向力只能发生在存在固有偶极矩的极性分子和极性分子之间。

当许多个 HCl 分子在一起的时候，静电作用力即取向力会使得它们排列得相对有规则，如图 3-27 所示。即一个 HCl 的负电荷中心要和另外一个 HCl 的正电荷中心相靠近，使得整个 HCl 分子的系统中存在一种凝聚力。这种凝聚力可使 HCl 在较低而不是特别低的温度下形成液态或者固态的结构。当然由于这种力的强度不能和分子内的化学键相提并论。所以温度一旦上升，分子无规则的热运动速度变大，就很容易挣脱这样的分子间作用力，而汽化成自由分子。在以气体形式存在的时候，虽然取向力的特点是随着电荷中心之间的距离拉长而急剧减小，但也没有完全消失。

② 色散力

由瞬间偶极矩造成的分子间作用力称为色散力，可以发生在一切分子之间。

H_2 分子是非极性分子，但是 H_2 也可能以液态或者固态形式存在，说明 H_2 分子之间还是存在范德华力的，这种力显然不是取向力。

一般来说色散力的大小和两个因素有关。

一是分子中原子数目的多少，原子的数目越多，电子运动时候造成的正、负电荷中心的数目也越多，正负电荷中心越难重合，结果是色散力增强。

二是原子的大小，元素的原子序数越大，也就是原子核所带正电越多，核外的电子数也越多，而且电子云的范围也越广，这样电子运动更自由，造成瞬间偶极矩更大，色散力也会越大。

③ 诱导力

由诱导偶极矩造成的分子间作用力称为诱导力。可发生在极性分子和其他分子之间。

一般而言，分子间作用力以色散力最为重要，因为它存在于任何分子之间。

3.3.2 氢键

氢键是一种非常特殊的作用力，一般存在于分子之间，有时候也存在于分子之内。所以很难将它归类。考虑到它特殊的性质以及它对整个自然界和生命体系带来的巨大影响，将它单独列出来讨论。

氢键的强度与范德华力处在同一个数量级（$10^1\,kJ\cdot mol^{-1}$），但又具有一些化学键的性质，如饱和性和方向性；也有自己的键能、键长、键角等参数。

典型氢键形成的通式如下：

$$X—H\cdots Y \tag{3-9}$$

X 和 Y 代表电负性极大的元素，只能是 O、F、N 原子。当然 X 和 Y 也可以属于同一种元素，H 代表通过共价键连接在 X 原子上的 H 原子。

由于 X 是电负性极大的 O、F、N，X—H 共价键的一对共用电子是非常强烈地偏向于 X 原子，使得 H 原子几乎要成为裸露的质子 H^+，形成了一个比较强的正电荷中心，即 H 上所带有的正电荷数≈1。另外一个电负性极大的原子 Y，由于吸电子的能力强，一定是形成了比较强的负电荷中心，这样两个带相反电荷的中心相互吸引，就形成了氢键，即式子中的虚线所示部分。

这样一种力有点类似于范德华力中的取向力，所以强度上要远小于一般的化学键，但同时 Y（O，F，N）上还有孤电子对存在，在和 H 原子靠近的过程中，会进入 H 原子核外的空轨道。这种情况又有点类似 NH_4^+ 形成过程中 NH_3 分子中 N 上的孤电子对进入 H^+ 核外空轨道所形成的化学键。

氢键是可以用虚线来表示的一个具体的键，是有方向性的。一个 H 原子在形成一根氢键后，一般就不能再形成更多的氢键，具有饱和性。

氢键还有自己的键能、键角和键长。HF 分子之间能形成如图 3-28 所示的氢键，虚线部分示意的氢键长度为 163pm，也有认为氢键的键长是整个 F···H—F 的长度，即 255pm，其强度为 28.0kJ·mol^{-1}，氢键与相邻 H—F 键之间的夹角为 140°。

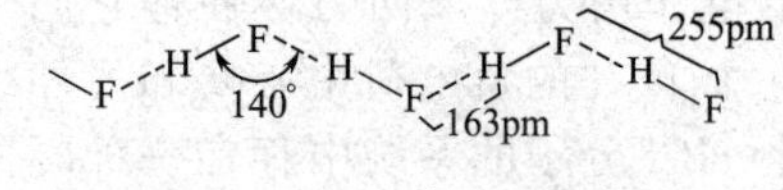

图 3-28 HF 分子间的氢键

氢键一旦形成，对整个物质的物理性质影响甚大。可以看出，通过氢键相连，HF 中存在着形如 $(HF)_n$ 的类似大分子结构，造成 HF 熔、沸点要比没有氢键的 HCl 要高得多，黏度也比较大。

氢键常出现在 NH_3、H_2O 和 HF 这几种物质中。比如 NH_3 溶于水后，会形成一系列的氢键，H_2O 分子本身会有氢键 O—H···O—H；H_2O 分子和 NH_3 分子之间也存在氢键 N—H···O、N···H—O 等，这种氢键是双向的。

氢键的形成造成的一个明显后果是增加了 NH_3 分子和 H_2O 之间的亲和力，使得 NH_3 比一般的气体更易溶于水。常温下，1 体积水大约能溶解 700 体积的氨气，而只能溶解大约 2.6 体积的硫化氢。因为 S 的电负性太小，不能与水形成氢键。

围绕着一个水分子实际上能形成四根氢键，O 上连接的两个 H 原子能够和其他水分子中的 O 形成两根氢键。同时，通过杂化轨道理论知道，O 采取的是不等性的 sp^3 杂化，是一个四面体的构型，除了连接了两个 H 以外，还剩下两对孤电子对，这两对孤电子对可以和另外两个水分子中的 H 形成两根氢键。所以在一个 H_2O 分子的以 O 为中心的四面体上，连接了四个 H 原子，其中两根是 H—O 共价键，两根是 H···O 氢键，如图 3-29 所示。

随着温度的下降，水分子的流动性越来越差，这样的四面体结构也就越来越能够建立起来，而且不断扩展下去。到 0℃时，所有的液态水凝固成冰，形成了一个巨大的缔合结构，如图 3-30 所示。在这样的结构中，为了保持每个 O 原子周围成四面体结

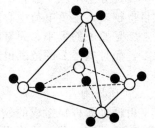

● 氢原子　○ 氧原子

图 3-29 一个水分子
形成的四根氢键

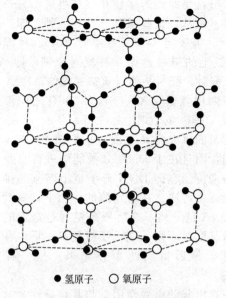

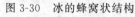
● 氢原子　○ 氧原子

图 3-30　冰的蜂窝状结构

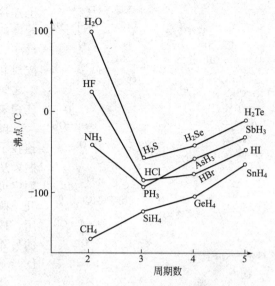

图 3-31　氢化物的沸点

构，必定使得分子排列高度有序，整个固态冰中充满了这样的蜂窝状空洞，使得比液态水无规律的排布还要疏松一些。由此造成水在结冰时候，密度反而会下降，浮在了水面上。

在结构类似的同系物中，随着相对分子质量的下降，物质的熔沸点也是下降的。比如同是氧族（ⅥA）的元素形成的氢化物，相对分子质量 $H_2Te > H_2Se > H_2S > H_2O$。而熔沸点 $H_2Te > H_2Se > H_2S$ 也是事实，如果按这样的规律发展下去，H_2O 的熔沸点应比 H_2S 更低。但常温下 H_2S 已经是气体，实际上 H_2O 的熔沸点大于 H_2S。这也是由于 H_2O 中存在氢键，和 HF 类似，H_2O 有类似 $(H_2O)_n$ 的大分子结构，相当于相对分子质量很大，所以沸点达到了众所周知的 100℃。如图 3-31 所示。

在有机物分子之间，也大量地存在着氢键。比如有机物中只要含有—OH、—NH₂ 等官能团，就有形成氢键的条件。而各种各样的醇、羧酸、氨基酸、胺等，都含有这样的官能团。乙醇（CH_3CH_2OH）能和水无限混溶，正是它们之间形成了相互的双向氢键。

实际上只要符合 X—H⋯Y（X，Y＝O，F，N）这样的通式，就可以形成氢键，而 X 和 Y 原子也可以是在同一个分子中。一般把氢键归入分子间作用力，但也要注意分子内也可能存在氢键。

如在邻硝基苯酚中，由于羟基（—OH）上的 H 和硝基（—NO₂）上的 O 位置接近，可以形成如图 3-32(a) 虚线所示的分子内氢键，而氢键具有饱和性，一旦形成后，邻硝基苯酚分子间就不能再形成氢键了。

邻硝基苯酚的同分异构体对硝基苯酚 [图 3-32(b)]，由于位置的关系分子内不能形成氢键。因为分子内氢键一般都形成含五个原子或六个原子的环状，保持键与键之间的张力最小。所以对硝基苯酚只能在分子之间形成氢键。这两种分子量相同、结构也大致相同的物质，由于一个形成了分子内氢键，另一个形成了分子间氢键，造成后者的熔沸点要比前者高。

图 3-32　邻硝基苯酚（a）和对硝基苯酚（b）

氢键的多样性及特殊性使人们对其兴趣越来越大。特别是在生命科学和纳米材料领域，由于氢键在实现分子自组装方面的可能作用而令人关注。比如生物体内起遗传作用的脱氧核糖核酸（DNA）具有双螺旋结构，而这一结构正是通过氢键才得以实现的。DNA 的螺旋结

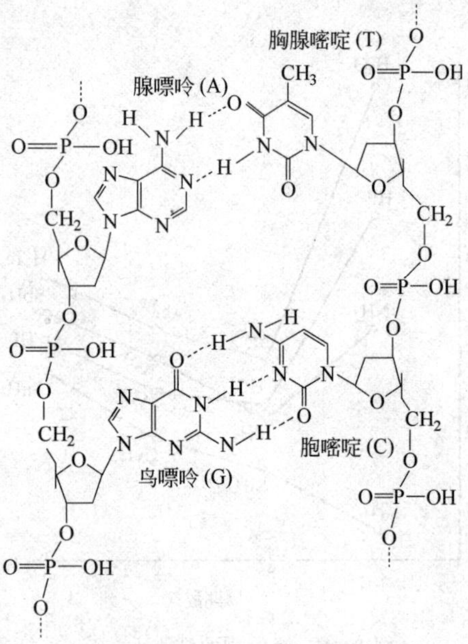

图 3-33 DNA 双链间的氢键

构由两条平行且呈螺旋的多核苷酸链组成，每条链上连接着许多碱基，这些碱基一共有四种，即：胸腺嘧啶（T）、胞嘧啶（C）、腺嘌呤（A）、鸟嘌呤（G）。不同链上的碱基遵循互补配对原则，即 AT 配对和 GC 配对，配对是通过氢键完成的，即 A 和 T 之间形成两根氢键（A═T），G 和 C 之间形成三根氢键（G≡C），如图 3-33 所示。

碱基配对的重大意义不但在于把两条 DNA 链连在了一起，而且在于 DNA 分子能够进行自我复制，从而将遗传信息即 DNA 分子链上碱基的排列顺序可靠地逐代传递。在一定酶的作用下，氢键断开，两条 DNA 链分离，然后每条链通过氢键的作用，按照碱基配对原则，进行模板复制，形成各自的另外一半。最后得到两个和原来一模一样的 DNA 分子。

氢键在这里起的重要作用是与其自身性质分不开的，首先它实现了分子的结合，而且这样的结合是有秩序的（饱和性、方向性）；其次这样的结合强度并不大，在需要的时候可以被破坏，试想如果 DNA 双链间依靠一般的共价键进行连接，那么 DNA 分子的高度稳定性会使得自我复制变得很困难；最后，DNA 链在分离后又可以按照碱基配对的原则进行自我复制，氢键在其中又起了自组装的作用。

【扩展知识】

超分子化学

传统的化学可以说是分子化学，针对的化学反应是建立在化学键特别是共价键的断裂和重新生成的基础上，而分子之间的弱作用力往往容易被忽视。然而随着科学技术认知水平的不断提高，人们认识到分子之间弱的作用力，在物质作用的更高层次上不可忽略，尤其是在生命科学领域。众多无生命分子的组合作用却产生了高级的生命现象。从 1944 年薛定谔《生命是什么》一书出版以后，科学家（不仅仅是化学家）就开始思考这一问题。超分子（supramolecule）这一概念是由法国科学家莱恩正式提出的，1987 年他和美国科学家佩德森、克拉姆作为超分子化学的奠基人共同被授予诺贝尔化学奖，后两人分别发现了冠醚化合物和提出了主客体化学的概念。由此可见，超分子化学的出现在化学发展史上是比较新的概念，也是目前发展迅速的学科，不但在化学的各个领域都有深入的涉及，更扩展到生命科学、物理学和材料科学等其他学科，因而是一门高度交叉的前沿学科。

莱恩认为，如果分子化学研究的是单个个体，那么超分子化学研究的就是分子的"社会学"，一个社会中个体与个体之间相互协调又相互制约的复杂关系，使得社会整体大于个体简单的加和。分子和分子之间形形色色的分子间作用力，已经不局限于传统的范德华力和氢键，而是包括了非典型的氢键（比如 C—H…O 作用）、π-π 堆积、疏水-亲水效应，进而拓展到将构型匹配和配位作用都包含在这个范畴里。因此分子之间尤其是复杂的有机分子之间的选择性作用，是分子无序运动向有序组织的关键过渡，也是超分子化学的研究范畴。一般认为超分子的定义和超分子化学的研究范围如下。

① 超分子是由确定的有限组分（涉及一个受体和多个底物）在分子识别原则上经过分子间缔合形成的分立低聚物种。

② 超分子有序体是指数目不定的大量组分自发缔合产生某个特定的相而形成的多分子实体。可以分为两类：一是薄膜、囊泡、胶束等处于介观的组织，其组成和结合形式是不断在变化中的；二是由分子组成的晶体，组成确定而且具有整齐的排列方式。

分子除了参与一般的化学反应以外，通过超分子作用衍生出来的特别性质还包括如下方面。

（1）分子识别（molecular recognition）

不同分子之间由于特殊专一的作用，既满足相互结合的空间构型匹配，也满足分子之间各种次级价键作用力的匹配，体现出锁和钥匙的一一对应关系，从而达到匹配的分子之间能够相互识别的作用。例如钠离子和钾离子的化学性质极为相近，非常难分离，但是它们的半径有差别，而不同分子量的冠醚中有不同尺寸的孔穴，恰好能够容纳不同半径的碱金属离子，从而达到分子识别的目的。这一发现对于生物体内如何实现对钠离子和钾离子的选择性吸收有重大启发作用，通过长期的努力，美国科学家罗德里克终于发现了细胞膜中的钾离子通道，并因此于 2003 年获得诺贝尔化学奖。

（2）超分子自组装（supramolecular self-assembly）

超分子自组装是指一种或者多种分子依靠分子间相互作用，自发地结合起来，形成分立或伸展的超分子。一般认为生物体内在温和条件下高效的生化反应，就是借助超分子自组装这一中间过渡态而得以实现的。在充分了解分子间次价键作用力的基础上，能够通过计算模拟的手段，设计和制造自组装构件元件，开拓分子自组装途径，从而大大推进了传统化学的合成前沿。

超分子化学这一概念的出现，不仅为传统的化学学科提供了新的研究方向，而且提供了一种新的观念和方法，并广泛深入到生命科学、材料科学、信息科学等热门领域，具有广阔的应用前景。下面是目前的几个热门研究方向。

（1）晶体工程

根据分子堆积的空间结构和相互之间的作用力，分子晶体中的分子要服从最多次价键的形成、最大的空间利用和最高的对称性原则，就要涉及超分子化学中构型匹配和分子间作用力匹配的原则。因此通过超分子化学的原理、方法，就可以制备奇特新颖、花样繁多并且具有目的性导向的人工晶体，实现"设计"在前、"施工"在后的工程作业流程。

（2）分离

根据分子尺寸和官能团的不同，就可以通过超分子作用对一般难以分离的化学物质进行专一、高效而且不破坏的分离。前面冠醚对于碱金属离子的分离就是一个例子，再举杯芳烃分离 C_{60} 分子的一个例子。p-叔丁基杯芳烃因为形似广口杯子而得名，"杯口"和"内壁"分别为疏水叔丁基和具有大 π 键的苯基，其大小和作用力正适合球形的 C_{60} 分子，但不适合 C_{70} 和其他合成中的副产物。将杯芳烃和含有 C_{60} 产物的甲苯溶液作用，C_{60} 装入杯中并且不溶于甲苯而沉淀，分离后再与氯仿混合，而氯仿分子会顶替出 C_{60} 进入杯中，C_{60} 不溶于氯仿而沉淀，最后得以分离。这一方法比色谱分离法高效而且价廉。

（3）分子开关

随着计算机信息储存单元的不断微型化，未来的极限可能就是在分子水平上，因此提出了分子开关或分子机器这些新概念。例如蒽的一种冠醚衍生物自身不是荧光分子，但当冠醚部分和钠离子结合后，能够接受特定波长的光照而发射荧光。因此这两种状态相当于开（1）和关（0），能够以分子状态储存信息。

（4）制备 LB 膜

LB 膜是在分子水平上制备的有序超分子薄膜，根据两亲（亲水和亲油）分子在溶液表面的定向排列，进行二维的分子组装，形成各种分子水平的器件。例如两亲分子在水面上排列，其中亲水集团朝下，亲油基团朝上，再用表面具有亲水基团的平面基片从水面下缓慢提出，这样在基片表面就会形成一层单层的有序膜，其中亲水基团附着在基片表面而亲油基团朝外，反复浸入液面和提出液面，将得到具有一定层数的超分子薄膜。

习 题

3-1 分子晶体、原子晶体、离子晶体和金属晶体，是由单质组成的还是由化合物组成的？举例说明。

3-2 试区分以下概念：

（1）孤电子对、未成对电子　　（2）全满轨道、半满轨道

（3）分子式、化学式　　　　　（4）原子轨道、分子轨道

3-3 下列物质中各自存在哪些种类的化学键？哪些物质中还存在分子间作用力？

$$BN、KCl、CO_2、NaOH、Fe、C_6H_6（苯）$$

3-4 写出下列各分子中的共价键哪些是 σ 键，哪些是 π 键：

HClO（实际原子连接顺序是 HOCl）、CO_2、C_2H_2（乙炔）、CH_3COOH（乙酸）

3-5 运用价层电子对互斥理论的知识，填写下列表格：

分子式	VP 数目	BP 数目	LP 数目	属于何种 AX_nE_m 型分子	空间构型
BBr_3					
$SiCl_4$					
I_3^-					
IF_5					
XeF_2					

3-6 已知 NH_4^+、CS_2、C_2H_4（乙烯）分子中，键角分别为 109°28′、180°和 120°，试判断各中心原子的杂化方式。

3-7 用杂化轨道理论判断下列分子的空间构型（要求写出具体杂化过程，即杂化前后电子在轨道上的排布情况）。

$$PCl_3、HgCl_2、BCl_3、H_2S$$

3-8 运用分子轨道理论的知识填写下表（假定 CN 分子中 C 和 N 各原子轨道能级近似相等）：

分子式	分子轨道式	键级	分子能否存在	分子有无磁性
H_2^+				
B_2				
Be_2				
O_2^-				
CN				

3-9 判断下列化学物质中，化学键的极性强弱顺序：

$$O_2、H_2S、H_2O、H_2Se、Na_2S$$

3-10 判断下列分子哪些是极性分子，哪些是非极性分子：

Ne、Br_2、HF、NO、CS_2、$CHCl_3$、NF_3、C_2H_4（乙烯）、C_2H_5OH（乙醇）、$C_2H_5OC_2H_5$（乙醚）、C_6H_6（苯）

3-11 判断下列各组不同分子间存在哪些作用力（色散力、取向力、诱导力、氢键）：

(1) C_6H_6（苯）和 CCl_4　　　　　　　　(2) CH_3OH（甲醇）和 H_2O

(3) He 和 H_2O　　　　　　　　　　　　(4) H_2S 和 NH_3

3-12 判断下列各组不同分子间哪些能够形成氢键：

(1) H_2O 和 H_2S　　　　　　　　　　　(2) CH_4 和 NH_3

(3) $C_2H_5OC_2H_5$（乙醚）和 H_2O　　　(4) C_2H_5OH（甲醇）和 HF

3-13 判断下列各组物质熔沸点的高低顺序：

(1) He、Ne、Ar、Kr、Xe

(2) CH_3CH_2OH 和 CH_3OCH_3

(3) CCl_4、CH_4、CF_4、CI_4

(4) NaCl、MgO、NaBr、BaO

(5) CO_2 和 SiO_2

第4章 晶体结构

前面两章我们分别讨论了原子结构、分子结构，初步了解了化学键的形成。但在生产实践和科学实验过程中，我们遇到的往往不是单个的原子或分子，而是由原子、离子或分子组成的集合体——物质。尤其是在材料学中，物质的组成完全一样，只是物质内部的质点（原子、离子或分子）排列的情况不一样或尺寸不一样，它们的性质和用途的差异性非常大。因此，有必要进一步讨论物质内部的质点（原子、离子或分子）排列的情况。

由于物质在不同温度和压力下，质点间能量大小不同及质点排列的有序或者无序，物质通常以气态、液态和固态三种形态存在。固态物质一般分为晶体和非晶体两种。

4.1　晶体的特征和分类

4.1.1　晶体的概念

物质在固态时，按照质点排列的有序程度可以分为晶体和非晶体两种。自然界中固态物质很多是晶体，如食盐、石英（SiO_2）、方解石（$CaCO_3$）等都属于晶体。

晶体的外部形状是规整的，通过肉眼或显微镜就可以看到。

应用 X 射线可以研究晶体的内部结构。研究结果表明：组成晶体的质点（原子、离子或分子）以确定位置在空间做有规则的重复排列，这些确定的位置称为结点。如图 4-1 中的小黑点所示。由这些结点沿着一定的方向有次序地连接而形成一定的几何形状，这个几何形状称为晶体的空间格子，简称为晶格。如图 4-1 所示。

晶格中能表征晶体结构的最小单位称为单元晶胞，简称晶胞，如图 4-1 中的平行六面体。晶胞在三维空间无限地重复，就产生宏观的晶体。

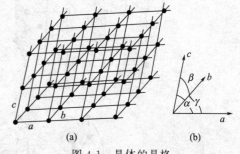

(a)　　　　(b)

图 4-1　晶体的晶格

晶胞的大小和形状由平行六面体的六个几何参数来决定。这六个参数为：六面体的三条边长 a、b、c 及晶轴 a、b、c 相互之间的三个夹角 α、β、γ。这六个参数总称为晶胞参数。

尽管自然界中晶体有成千上万种，但它们晶胞的形状根据晶胞参数的不同，可以归结为七大类，即七个晶系。它们分别是：立方晶系、四方晶系、正交晶系、三角晶系、六角晶系、单斜晶系和三斜晶系。七个晶系及其晶胞参数列于表 4-1 中。

若保持晶胞的边 a、b、c 及夹角 α、β、γ 不改变，可以得到十四种晶格，见图 4-2，这是由法国的布拉维首先论证的，所以有时也称为十四布拉维点阵。

4.1.2　晶体的特性

晶胞的大小、形状和质点的种类（原子，离子或分子）以及它们之间的作用力（库仑力、范德华力等）决定了晶体通常具有以下特征。

（1）晶体的外观

晶体的外观有一定的、整齐的、有规则的几何特征。如食盐晶体具有立方体外形，石英晶体是六角柱体，如图 4-3 所示。

表 4-1　七个晶系

晶系	晶轴	轴间夹角	实例
立方	$a=b=c$	$\alpha=\beta=\gamma=90°$	ZnS、CaF_2、$NaCl$
四方	$a=b\neq c$	$\alpha=\beta=\gamma=90°$	SnO_2、MgF_2、$NiSO_4$
正交	$a\neq b\neq c$	$\alpha=\beta=\gamma=90°$	$BaCO_3$、K_2SO_4
三角	$a=b=c$	$\alpha=\beta=\gamma\neq90°$	Al_2O_3、As、$CaCO_3$
六角	$a=b\neq c$	$\alpha=\beta=90°$；$\gamma=120°$	AgI、Mg、CuS
单斜	$a\neq b\neq c$	$\alpha=\gamma=90°$；$\beta\neq90°$	$KClO_3$、$Na_2B_4O_7$
三斜	$a\neq b\neq c$	$\alpha\neq\beta\neq\gamma\neq90°$	$CuSO_4\cdot5H_2O$、$K_2Cr_2O_7$

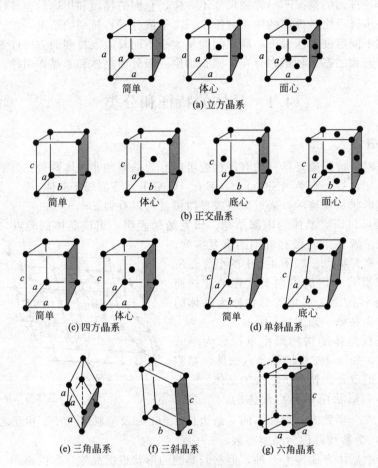

图 4-2　十四种布拉维点阵

非晶体则由于内部质点排列不规则，所以没有一定的结晶外形。如在生活中用到的石蜡、玻璃、沥青、松香等，因此，非晶体也称为无定形体。

（2）晶体的一般物理性质

晶体有固定的熔点。在一定压力下，加热晶体，当达到某一温度时，晶体开始熔融。在晶体没有全部熔融以前，即使继续加热晶体，体系的温度也不会上升。晶体开始熔融的温度称为晶体物质的熔点。待晶体全部熔化后，体系的温度才又继续上升。

例如，常压下冰的熔点为 0℃。这是因为，晶体开始熔化后，继续加热的能量用于克服

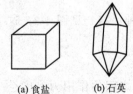

(a) 食盐　　(b) 石英
图 4-3　食盐和石英
晶体的外形

70

晶体冰的晶格能，使晶格上的质点（原子，离子或分子）脱离原来固定的位置，变成自由运动的质点（原子，离子或分子），固体变为液体。

非晶体则不同，加热时，温度升到某一程度后开始逐渐软化，流动性增加，最后变成液体。从开始软化到完全变为液体的过程中，温度不断上升。整个过程只有一段软化的温度范围，没有固定的熔点。这是因为，非晶体的排列不规则，没有定量的晶格能。如松香在50～70℃软化，70℃以上基本全部变成液体。

(3) 各向异性

晶格中，质点间在各个方向上的距离可能不同，因此，晶体在各个方向上的某些物理性质如光学、力学、导热导电性等，也可能不同。晶体的这一特征，称作各向异性。例如，石墨垂直方向上的电导率是平行方向上电导率的万分之一；云母可以按层撕开而不容易折断等。

非晶体中质点排布是随机的，在各个方向上均是等同的。因此，非晶体一定不存在各向异性。各向异性是晶体与非晶体最重要的性质差异。

(4) 晶体与非晶体的互变

晶体和非晶体之间没有绝对的界限。同一种物质在不同条件下既可以形成晶体，也可以形成非晶体。

自然界中的二氧化硅有晶态的石英、水晶，也有非晶态的燧石。

非晶态的玻璃若经加热、冷却反复处理，也可使其结构有序化，变为晶体，其性质也会相应改变。有些典型的非晶体，如橡胶、明胶之类，适当地改变固化条件，也可以使它们成为晶体。

有些晶体物质在温度突然下降到液体的熔点以下时，物质的质点来不及进行有序排列而被凝固，形成非晶体。传统的金属熔融体经过急冷处理，则可得到非晶态金属或金属玻璃。例如，将熔融的铜熔体泼到一个面积大、被液氮冷却的金属平面上时，就形成了非晶体铜。非晶体金属具有许多常规晶体金属材料所不具备的特性。如有较高的强度、很好的韧性、优异的耐蚀性和磁性等。

有许多物质外观虽然具有非晶体的特征，但事实上都是由极微小的晶体聚集而形成的晶体。例如，呈粉末状的无定形碳，用X射线衍射法已经证明它具有与石墨相似的晶体结构。

(5) 晶体的分类

晶体可以分为单晶体和多晶体两种。

单晶体：由一个晶核在各个方向均匀生长起来的晶体。

单晶体内部的粒子按照某种规律整齐排列。如单晶硅、冰糖就属于单晶。单晶体在自然界是比较少见的，但可由人工在特定条件下培养长成。

多晶体：一个晶体中若有多个晶核，这种晶体就是多晶体。

每个晶核可生长成一个单晶体，所以，多晶体是由很多单晶颗粒拼凑而成的混合体系。尽管每颗小单晶的结构相同，具各向异性，但由于单晶之间排列随机、杂乱，使各向异性抵消，从而使整个晶体不能表现出各向异性。如多数金属、合金便属于多晶体。严格地讲，只有单晶体才有各向异性。

(6) 液晶

有些分子结构特殊的物质在从固态转变为液态的过程中，先要经历一个中间状态。该状态的外观是流动的浑浊液体，但又具有晶体所特有的各向异性。这种能在某个温度范围内兼有液体和晶体两者特性的物质称为液晶。

液晶多为长棒状的有机分子，如油酸铵水溶液、胆固醇乙酸酯等。液晶在生产和科学研究中都获得了广泛应用。

4.1.3 结晶与晶体结构分析

(1) 结晶与重结晶

在化学合成的化学过程结束后，将产物的晶体从合成的体系中分离出来的过程称作结晶。一般讲，这种晶体的纯度不高，不能满足晶体结构分析的要求。

将合成得到的粗晶体溶解成水溶液或有机溶液，用各种实验技术将溶剂挥发，使溶液饱和，晶体溶质沉析。过滤、洗涤、干燥晶体沉析物。这个过程称作重结晶。重结晶的晶体纯度肯定会提高。例如，将工业品 $CuSO_4$ 经过重结晶后，可大大减少 $CuSO_4$ 中杂质 Fe^{3+} 的含量。

在重结晶的过程中，若加热温度过高、升温速率过快、真空挥发的真空度过高等，会使溶剂挥发得过快，得到的晶体体积一般很小，呈粉末状。不能满足晶体结构分析的要求。

为了获得能满足晶体结构分析要求的单晶，化学家们发明了许多重结晶的技术。考察重结晶技术的优劣，一般应遵循下列四项原则。

① 提高晶体的完整性，严格控制晶体中的杂质含量和晶体缺陷；

② 提高晶体的得率，降低损失，用于工业生产时，可降低成本；

③ 若用于工业生产，应便于晶体加工的规范化和器件化；

④ 晶体生长条件应有较高的重复性，用于工业生产时，生长条件应便于自动控制。

根据溶剂挥发的方式和条件的不同，比较有效和常用的结晶方法有溶液结晶法、界面扩散法、蒸气扩散法、凝胶扩散法、升华法、水热法和溶剂热法等。

关于结晶的微观过程、结晶的机理和结晶条件的选择将在第 9 章再讨论。

(2) 晶体结构分析

由上述结晶和重结晶过程得到的晶体应进行结构分析。用于结构分析的晶体纯度必须很高。纯度高包括两层意思：一是组成成分即杂质含量低，如 $CuSO_4$ 中杂质 Fe^{3+}；二是晶格单一。

判断晶体纯度的最简单、最重要的方法是测定其熔点。如前所述，若晶体在熔融时不会分解，完美的晶体都应有固定的熔点。测定晶体熔点的方法有两种：熔点仪法或差热分析法。由于测定时人为的观察误差，测出的熔点值是一个温度区间，此温度区间称作熔程。一段讲，纯度高的晶体的熔程 $<2\sim3℃$。超过这个熔程的晶体都是不纯的。用这种固体进行晶体结构分析，所得的结果都是不可靠的。

目前，常用 XRD 类衍射仪测定单晶的结构。这类衍射仪主要包括传统的四圆衍射仪（four-circle diffractometer）和面探衍射仪（area-detector diffractometer）两大类。对衍射仪测得单晶体的晶体结构数据用已商业化的晶体结构的解析软件进行解析，便可得到被测晶体的一系列的晶体参数，如晶轴 a、b、c 及三个夹角 α、β、γ 六个参数；晶体中质点的空间坐标等。

随着晶体结构衍射仪的不断进步、相应的测试、计算机硬件和晶体结构解析软件的升级，使得晶体结构解析适用的范围越来越广，精度也越来越高。可使一些以前不能进行单晶结构解析的样品也能够进行结构测定。

例如，在以液氮作冷却剂、使晶体温度降到约 100K 的超冷条件下测定衍射数据，一方面可以减少无序并增强衍射强度；另一方面，可以测定常温下易分解、易风化等不稳定样品的晶体结构。

装有面探测器的衍射仪原本只能测定大分子的蛋白质晶体结构。随着技术的不断发展和提高，近年来逐步普及的一类 X 射线面探衍射仪（charge coupled device detector，简称 CCD 探测器）也可用于小分子晶体结构的测定，而且收集数据速度很快。目前，晶体结构分析已经成为一种常用的结构测试手段和分析方法。

4.1.4　晶体的分类

按照晶格结点上质点的种类及质点间作用力不同，晶体可分为四种基本类型：离子晶体、分子晶体、原子晶体和金属晶体。

四种类型晶体中晶格结点上质点的示意图见图 4-4。

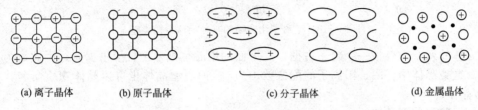

(a) 离子晶体　　(b) 原子晶体　　　　(c) 分子晶体　　　　(d) 金属晶体

图 4-4　不同晶体中晶格结点上质点

4.2　离子晶体

当两种元素之间电负性相差较大时，由于电子得失形成带正电荷的阳离子和带负电荷的阴离子。阳离子和阴离子靠静电引力结合在一起，这种化学键称为离子键。由离子键化合物形成的晶体叫离子晶体。

这类晶体中晶格上的质点为阳离子或阴离子，其排列情况如图 4-4(a) 所示。

4.2.1　离子晶体的特征

氯化钠晶体是一种典型的离子晶体。如图 4-5 所示。由于离子的电荷分布是球形对称的，因此，只要空间条件允许，它可以从不同的方向同时吸引若干个带相反电荷的离子。在氯化钠晶体中，Na^+ 和 Cl^- 按一定的规则在空间间隔排列着，每个 Na^+ 周围均匀排列六个 Cl^-；每个 Cl^- 周围也均匀排列着六个 Na^+。在晶体中，某一粒子最近距离周围排列的粒子数目，称为该粒子的配位数。在氯化钠晶体内，Na^+ 和 Cl^- 的配位数都为 6，在整个氯化钠晶体中 Na^+ 和 Cl^- 数目之比仍为 1:1。而在 CsCl 晶体中，阴、阳离子的配位数均为 8。

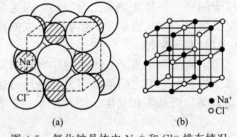

图 4-5　氯化钠晶体中 Na^+ 和 Cl^- 排布情况

4.2.2　离子晶体的结构类型

由于各种阴、阳离子不同，其配位数也不同，离子晶体内的空间排布也不同，所以离子晶体的结构类型也是多种多样的。只含有一种阳离子和一种阴离子，且两者电荷数相同的离子晶体称为 AB 型离子晶体。它有三种典型的结构类型：（六面体）体心型、（六面体）面心型和正四面体型，如图 4-6 所示。

(1) 体心型晶体

如图 4-6(a) 所示，CsCl 晶体的晶胞为正立方体，其中 Cs^+ 处于由 8 个 Cl^- 质点形成的正方体的中心即体心，同样，Cl^- 也处于由 8 个 Cs^+ 形成的正方体的体心。整个 CsCl 晶体结构中 Cs^+ 和 Cl^- 均可看成简单立方晶格相互穿插而成。体心型晶体也可以晶体物质命名，称为 CsCl 型晶体。

(2) 面心型晶体

如图 4-6(b) 所示，面心型晶体的晶胞形状也是正立方体。NaCl 是典型的面心型结构晶

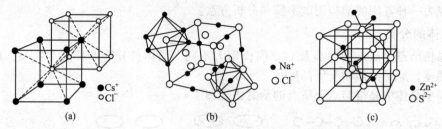

图 4-6　AB 型离子化合物的三种晶体结构类型

体。立方体的八个角各被一个粒子占据，六个面的中心也被一个粒子占据着，因此称为面心型晶体。这类晶体中，阴、阳离子的配位数均为 6。面心型晶体也可以晶体物质命名，称为 NaCl 型晶体。

（3）正四面体型晶体

如图 4-6(c) 所示，它的晶胞形状可以是立方晶系，也可以是六角晶系。在正四面体型晶体 ZnS 中，Zn^{2+} 处于正四面体的中心，正四面体的四个顶点上分布着 4 个 S^{2-}。阴、阳离子的配位数均为 4。正四面体晶体也可以晶体物质命名，称为 ZnS 型晶体。

常见的离子化合物的晶体结构类型如下。

体心型（CsCl 型）：CsCl，CsBr，CsI，TlCl，TlBr，NH_4Cl 等。

面心型（NaCl 型）：锂、钠、钾和铷的卤化物，AgF，镁、钙、锶、钡的氧化物、硫化物、硒化物等。

正四面体型（ZnS 型）：ZnSe，BeO，BeS，BeSe，BeTe，MgTe 等。

4.2.3　离子半径

离子晶体的结构类型，与离子所带电荷多少、离子半径和离子极化等因素有关，与阴、阳离子的离子半径比关系尤为密切，因为阴、阳离子半径比值（r_+/r_-）的大小决定了它们的配位数大小，从而决定了由它们形成的离子晶体的结构类型。

（1）离子半径

当阴离子和阳离子以离子键结合而形成离子晶体时，阳离子和阴离子之间保持着最短的距离。这表示它们之间的吸引力和排斥力达到平衡，这时两个原子核之间的平均距离即核间距 d 就可以近似看作是阴、阳离子半径之和，即：

$$d = r_+ + r_- \qquad\qquad (4\text{-}1)$$

其中 r_+、r_- 称为离子半径，其大小可以近似地反映离子的相对大小。核间距 d 可通过 X 射线分析实验来确定，如果知道其中一个离子半径，也就可以求出另一个离子半径。

离子半径的计算是一件复杂的工作。1926 年哥希密德（Goldschmidt）由晶体的结构数据推出了 F^- 和 O^{2-} 的半径分别为 133pm 和 132pm，并以此为标准，然后再计算其他离子的半径。

目前已有多种推算离子半径的方法。常用的是由鲍林推导出来的一套离子半径数据。现将离子半径数据列于表 4-2 中。

离子半径的相对大小有以下规律。

① 同种元素离子的半径随离子电荷代数值增大而减小，如 $r_{Fe^{3+}} < r_{Fe^{2+}}$，$r_{Sn^{4+}} < r_{Sn^{2+}}$。

② 同主族元素电荷数相同的离子半径随周期数的增大而增大，如 $r_{Li^+} < r_{Na^+} < r_{K^+} < r_{Rb^+} < r_{Cs^+}$。

③ 对外层电子数相等的离子，离子的半径随离子核电荷代数值增大而减小。如 $r_{Al^{3+}} < r_{Mg^{2+}} < r_{Na^+} < r_{F^-} < r_{O^{2-}}$。

表 4-2　常见离子半径　　　　　　　　　　　　　　　　　　　　单位：pm

H⁻	Li⁺	Be²⁺											B³⁺	C⁴⁺	N³⁺		
208	60	31											20	15	11		
C⁴⁻	N³⁻	O²⁻	F⁻	Na⁺	Mg²⁺								Al³⁺	Si⁴⁺	P⁵⁺	S⁶⁺	Cl⁷⁺
260	171	140	136	95	65								50	41	34	29	26
Si⁴⁻	P³⁻	S²⁻	Cl⁻	K⁺	Ca²⁺	Sc³⁺	Ti⁴⁺	V⁵⁺	Cr⁶⁺	Mn⁷⁺	Cu⁺	Zn²⁺	Ga³⁺	Ge⁴⁺	As⁵⁺	Se⁶⁺	Br⁷⁺
271	212	184	181	133	99	81	68	59	52	46	96	74	62	53	47	42	39
Ge⁴⁻	As³⁻	Se²⁻	Br⁻	Rb⁺	Sr²⁺	Y³⁺	Zr⁴⁺	Nb⁵⁺	Mo⁶⁺	Tc⁷⁺	Ag⁺	Cd²⁺	In³⁺	Sn⁴⁺	Sb⁵⁺	Te⁶⁺	I⁷⁺
272	222	198	195	148	113	93	80	70	62	[97.9]	126	97	81	71	62	56	50
Sn⁴⁻	Sb³⁻	Te²⁻	I⁻	Cs⁺	Ba²⁺	La³⁺	Hf⁴⁺	Ta⁵⁺	W⁶⁺	Re⁷⁺	Au⁺	Hg²⁺	Tl³⁺	Pb⁴⁺	Bi⁵⁺	Po⁶⁺	At⁷⁺
294	245	221	216	169	135	115	[78]	[68]	[62]	[56]	137	110	95	84	74	[67]	[62]

离子半径的大小是决定离子间作用力强弱的主要因素，从而也影响离子化合物的性质。

（2）离子半径比定则

形成离子晶体时，只有当阴、阳离子紧靠在一起，晶体才能稳定存在。离子能否完全紧靠与阴、阳离子半径比值（r_+/r_-）有关。以 AB 型离子晶体为例，说明离子的半径比与配位数、晶体构型之间的关系。

阴、阳离子配位数均为 6 的离子晶体的某层剖面如图 4-7 所示。假设 $r_-=1$，则 $ac=4r_-=4$；$ab=bc=2r_-+2r_+=2+2r_+$，由于 $\triangle abc$ 为直角三角形，所以不难求出 $r_+=0.414$，此时 $r_+/r_-=0.414$。

由此可见，当 $r_+/r_-=0.414$ 时，阴、阳离子直接接触，阴离子间也两两接触。但是当 $r_+/r_-<0.414$ 或大于＞0.414，就会出现如图 4-8 所示的情况。

正离子　负离子

| (a) | (b) | (c) | (a) $r_+/r_-<0.414$ | (b) $r_+/r_->0.414$ |

图 4-7　配位数为 6 的晶体中阴、阳离子半径比　　　　　图 4-8　半径比与配位数的关系

当 $r_+/r_-<0.414$ 时，会出现图 4-8(a) 的情况。此时阴、阳离子不接触，而阴离子间互相接触，静电排斥力大，而吸引力小，整个晶体体系势能升高，这样的晶体构型不能稳定存在。阴、阳离子有可能脱离，使阴、阳离子的配位数减少为 4。

当 $r_+/r_->0.414$ 时，会出现图 4-8(b) 的情况。此时阴、阳离子互相接触，而阴离子间不接触，排斥力小，晶体较稳定。

为使晶体更加稳定，最优的条件是阴、阳离子都接触，且配位数尽可能高。因此配位数为 6 的条件是：$r_+/r_-\geqslant0.414$。

但是当 $r_+/r_->0.732$ 时，阳离子相对较大，有较大的表面积，有可能吸引更多的阴离子，因而可能使配位数增加到 8。表 4-3 列出了 AB 型晶体的离子半径比和配位数及晶体结构的关系。

表 4-3　AB 型晶体的离子半径比和配位数及晶体结构的关系

半径比 r_+/r_-	配位数	晶 体 结 构	实　　例
0.225～0.414	4	正四面体型	ZnSe、ZnO、BeS、CuCl 等
0.414～0.732	6	面心型	KCl、LiF、NaBr、NaI、CaS 等
0.732～1	8	体心型	CsBr、CsI、TlCl、NH₄Cl 等

离子晶体的构型还与外界条件有关。CsCl 型晶体在常温下是体心型，但在高温下，它可以转变为面心型，这种现象称为同质异构现象。所以在运用离子半径比定则时，应该了解这是一条经验规则，它只能帮助我们判断和预测离子晶体的构型，而晶体究竟是何种构型，还应由实验来确定。

离子半径比定则仅适用于离子型晶体，而不适用于共价化合物。如果阴、阳离子间有强烈的极化作用（见 4.2.5），晶体的构型就会偏离表 4-3 中的一般规则。离子极化对化合物的构型和性质有很大的影响。

4.2.4 离子的电子构型

元素的阴离子都具有同周期的惰性气体元素的电子构型；阳离子的电子构型随着元素在周期表的不同位置呈现出电子构型的多样性。除了有 8 电子构型的阳离子外，还有其他的电子构型。综合起来大致可以分为四种类型。

(1) 惰性气体构型（2 电子和 8 电子构型）

周期表中 ⅠA 族、ⅡA 族元素的阳离子具有上周期的惰性气体元素的电子构型。如 Li^+、Be^{2+} 的电子构型与第一周期惰性气体元素 He 相同，最外层只有 2 个电子，称为 2 电子构型，Na^+、Mg^{2+}、Al^{3+}、Ca^{2+}、Sc^{3+}、Ti^{4+} 等电子构型分别与 Ne、Ar 相同，为 8 电子构型。长周期的 ⅢA 族和 ⅢB 族、ⅣB 族元素如 Al、Sc、Ti 的价层电子全部失去，形成最高价的阳离子 Al^{3+}、Sc^{3+}、Ti^{4+}，其电子构型也与 Ne、Ar 相同，为 8 电子构型。

(2) 拟惰性气体构型（18 电子构型）

ⅠB 族、ⅡB 族、长周期的 ⅢA 族、ⅥA 族元素失去最外层的 ns、np 电子后形成的阳离子的电子构型为 $(n-1)s^2(n-1)p^6(n-1)d^{10}$ 的阳离子。最外层电子轨道上的电子数为 18。而且轨道上的电子是全满的，从轨道上电子全满这一点看，和惰性气体电子轨道上全满相似，所以称拟惰性气体构型。是 18 电子构型。如 Cu^+、Zn^{2+}、Ag^+、Ga^{3+}、Ge^{4+} 等。

(3) 含惰性电子对的构型（18+2 电子构型）

长周期的 ⅢA 族、ⅣA 族、ⅤA 族元素的最外层 np 电子丢失后，形成的离子 M^+ 或 M^{2+} 的电子构型为 $(n-1)s^2(n-1)p^6(n-1)d^{10}ns^2$，最外层与次外层轨道上的电子也是全满的，电子全部成对，所以称含惰性电子对的构型，最外层与次外层轨道上的电子总数为 (18+2)。如 Ga^+、In^+、Tl^+、Sn^{2+}、Pb^{2+}、Ge^{2+} 等。

(4) 不规则构型（9~17 电子构型）

多数第一、二、三系列过渡元素，在全部失去最外层 ns 电子和失去部分次外层 $(n-1)d$ 层价层电子后形成的阳离子，其电子构型为 $(n-1)s^2(n-1)p^6(n-1)d^{1~9}$，最外层的电子数为 9~17，称为不规则构型，如 Cu^{2+}、Ti^+、Cr^{3+}、Mn^{2+}、Fe^{2+}、Fe^{3+}、Ni^{2+} 等。

实验结果说明，除了具有惰性气体构型的离子可以稳定存在外，其他电子构型的阳离子也有一定程度的稳定性。

离子的电子构型也是影响离子极化的主要因素，从而会对离子晶体的性质产生重要影响。

4.2.5 离子极化

离子和分子一样，在其内部也有正、负电荷中心。与分子不同的是各中心所带的电荷量不相等，离子总体带有的电荷量为两中心所带的电荷量之差。分子各中心所带的电荷量相等，分子总体显示电中性。从这个意义上说，离子之间也有诱导作用。

(1) 离子的极化作用和变形

离子置于电场中时，离子的原子核就会受到正电场的排斥和负电场的吸引，离子中的电子则会受到正电场的吸引和负电场的排斥。结果使电子云变形而产生诱导偶极。

当离子 A 靠近另一个离子 B 时，离子 A 对离子 B 产生诱导作用，使离子 B 的电子云形状发生变化，这种过程称为离子极化。当然，离子极化作用是相互的，即离子 A 对离子 B 有极化作同，同时离子 B 对离子 A 也有极化作用。

离子 A 对离子 B 的极化作用，使离子 B 的电子云形状发生变化。如果离子 A 是阳离子，A 的极化作用可使 B 的负电荷中心向 A 靠近，正电荷中心远离 A。两电荷中心间距拉长就改变了离子 B 原有的准球状而成为准椭球状。这种由离子极化作用产生的离子形状改变的结果称作离子变形。

离子极化是一个过程，离子变形是一个结果。

一般地，阳离子因失去电子，核电荷数＞核外电子数，离子半径较小，原子核对电子云的吸引更牢固，不易变形。但它对周围的阴离子会产生强烈的诱导作用而使之极化；阴离子因得到电子，核电荷数＜核外电子数，半径较大，原子核对电子云的吸引较弱，容易被其他阳离子极化而变形，极化作用却较小。所以在讨论离子间相互作用时，一般只考虑阳离子的极化作用和阴离子的变形性。

（2）影响离子极化作用和变形性的因素

影响极化作用和变形性强弱的因素主要有离子的电子构型、离子电荷数、离子半径。

① 电子构型

离子外层电子构型与极化作用强弱的关系为：8 电子＜9～17 电子＜2 电子、18 电子、(18+2) 电子。这是影响离子极化作用的首要因素。

具有 2 电子构型的只有 Li^+、Be^{2+} 两种离子，这两种离子的离子半径极小，所以极化作用非常强。

阳离子也有被极化的可能，也有可能变形。当阴离子被极化后，电子云更靠近阳离子，增加了它对阳离子正电荷中心的吸引。如此在一定程度上增强了阴离子对阳离子的极化作用，极化的结果使阳离子产生微小变形。阳离子的微小变形，又使其正电荷中心更靠近阴离子的负电荷中心，增强了该阳离子对阴离子的极化作用，这种加强的极化作用称为附加极化。每个离子的总极化作用应该是它原来的极化作用和附加极化作用之和。具有 9～17、18、18+2 电子构型的阳离子的外层电子数很多，核电荷对它们的控制力有所减弱，在阴离子对阳离子极化时，其变形也较大，则附加极化作用更大。这种附加极化决定了阳离子极化作用强弱的顺序。一般讲，离子最外层的电子数越多，电子层数越多，附加极化作用就越大。

② 离子电荷数

同元素的阳离子的电荷数越高，它所产生的电场强度越强，其诱导作用即极化作用越强。Fe^{3+} 比 Fe^{2+} 的极化作用要强得多。

同元素的阴离子的电荷数越高，表明原子核对核外电子的控制力越弱，在相同的极化作用下，它更容易变形。O^{2-} 变形性＞O^- 变形性。

对于一些由多原子组成的无机阴离子，如 SO_4^{2-}，是组成结构紧密、对称性强的原子团，一般变形性都不大。在这一类无机阴离子中，变形性随阴离子中心原子氧化数的升高而变小，如 ClO_4^-＜NO_3^-＜OH^-；SO_4^{2-}＜CO_3^{2-}。

③ 离子半径

同电子构型的阳离子半径越小，极化作用越强。

阴离子的变形性主要取决于离子的半径。一般情况下，同一周期的阴离子，所带电荷越多，半径越大，变形性越大；例如 O^{2-} 变形性＞F^- 变形性。同一族的阴离子，电子层数越多，半径越大，变形性越大，如 I^-＞Br^-＞Cl^-＞F^-；S^{2-}＞O^{2-}。

总而言之，最外层和包含 d 电子次外层的电子数越多、半径越小、电荷越多的阳离子极化作用越强；离子半径越大、离子电荷越多的阴离子变形性越大。

（3）离子极化对晶体构型的影响

离子化合物的晶体构型不能简单地从离子半径比来考虑，还要考虑离子极化的影响。如果阴、阳离子间完全没有极化作用或极化作用可忽略不计，那么它们之间所形成的化学键纯属离子键，这种化合物是典型的离子化合物，其晶体为典型的离子晶体。

阴、阳离子之间总是不同程度地存在着离子极化作用，也会使离子产生变形。当极化作用强的阳离子与变形性大的阴离子相接触时，阳离子的强极化作用使阴离子的电子云强烈地向阳离子方向偏移。由于存在附加极化，阳离子的电子云也会发生一些变形。

阴、阳离子的变形使得原来独立存在的阴、阳离子外层电子云发生不同程度地重叠，使两离子间有了共价键的成分。结果导致晶体阴、阳离子核间距缩短，键的离子性减弱，共价性增强。离子间相互极化作用越强，电子云重叠程度越大，键的共价性就越强。从而使晶体的化学键型有可能从离子键向共价键过渡，如图 4-9 所示。

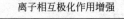

离子相互极化作用增强

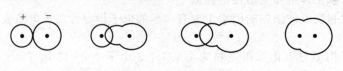

从离子键向共价键过渡

图 4-9　离子的极化

离子间的极化作用和离子的变形使离子晶体向非离子晶体转化，导致这类物质的理化性质发生许多变化。

CuI 和 CuCl 中的 Cu^+ 对 I^- 和 Cl^- 的极化作用是相同的，但由于 I^- 的核外电子层数多于 Cl^-，I^- 的离子半径大于 Cl^-，变性也更大。CuI 共价成分比 CuCl 多，极性比 CuCl 弱，CuI 在极性溶剂水中的溶解度小于 CuCl。

$FeCl_2$ 和 $FeCl_3$ 中的阴离子变形性相同，Fe^{3+} 和 Fe^{2+} 外层电子都属于 9～17 电子不规则构型，但是 Fe^{3+} 的所带的电荷比 Fe^{2+} 多。Fe^{3+} 的极化作用比 Fe^{2+} 强，使得 Cl^- 变形更大，使得 $FeCl_3$ 的共价成分比 $FeCl_2$ 多，分子极性减弱，作用力减小，$FeCl_3$ 的熔点比 $FeCl_2$ 低。

阳离子较强的极化作用和阴离子的较大变形使得离子的核间距变小，中心离子周围的空间被压缩，导致晶体从高配位数向低配位数过渡，如表 4-4 所示。

表 4-4　卤化银的晶体构型

晶　　体	AgF	AgCl	AgBr	AgI
晶型	NaCl 型	NaCl 型	NaCl 型	ZnS 型
配位数	6∶6	6∶6	6∶6	4∶4

在无机化学中，离子极化理论在阐述无机化合物性质方面有一定的实用价值，是离子键理论的重要补充和发展。

4.2.6　离子晶体的晶格能

离子晶体的晶格能（有时也称点阵能）的定义：在标准状态下，拆开单位物质的量的离子晶体使其变为气态离子所需要的能量。用 U 表示。对于 AB 型离子化合物，即为如下反应的内能变化值 ΔU：

$$AB(晶体) \longrightarrow A^+(g) + B^-(g)$$

玻恩（M. Born）和郎德（Lande A.）根据静电吸引理论，导出计算离子化合物摩尔晶格能的理论计算公式：

$$\Delta U = \frac{A N_{\mathrm{A}} z_+ z_- e^2}{R_0}\left(1 - \frac{1}{n}\right) \tag{4-2}$$

式中，z_+、z_- 分别是正、负离子的电荷数；N_{A} 为阿伏加德罗常数；R_0 是正、负离子间的平均距离；e 是电子电荷；A 是马德隆（Madelung）常数；n 是玻恩指数。上述两个常数可从手册查得。

晶格能也可以根据热力学循环求得，但是它不能通过实验直接测量到。

离子晶体晶格能的大小取决于阴、阳离子的电荷、晶体的结构及离子间距离等因素。对于晶体构型相同的离子化合物，离子电荷数越多，核间距越短，晶格能就越大；反之，晶格能则越小。

晶格能的数据可用来说明许多典型离子型晶体物质的物理、化学性质的变化规律。晶格能越大，晶体的熔、沸点越高，硬度也越大，该晶体也就越稳定。它们之间的关系列于表 4-5 中。

表 4-5　物理性质与晶格能

晶　体	NaI	NaBr	NaCl	NaF	SrO	CaO	MgO
离子电荷	1	1	1	1	2	2	2
核间距/pm	318	294	279	231	257	240	210
晶格能/kJ·mol^{-1}	704	747	785	923	3223	3401	3791
熔点/℃	661	747	801	993	2430	2614	2852
硬度（金刚石=10）	—	—	2.5	2~2.5	3.5	4.5	5.5

4.2.7　离子晶体化合物的物理性质

由前所述，离子晶体是由阴、阳离子按一定的几何形状排列而成的，这些阴、阳离子占据在晶体的晶格上，由于它们之间以较强的离子键相互作用，晶格能较大，需较高的能量才能破坏它们所组成的晶格，所以离子晶体一般具有较高的熔点、较大的硬度、延展性差、较脆等特点。

当离子晶体溶于水中时，由于阴、阳离子与水分子相结合，分别生成相应的水合离子进入水中，因而削弱了原来阴、阳离子之间的作用力；当离子晶体处于熔融状态时，阴、阳离子之间的作用力也要比晶体状态时小得多。所以离子晶体不论在水溶液或熔融状态时都能导电。

4.3　金属晶体

4.3.1　金属晶体的特征和内部结构

（1）金属晶体的特征

在金属晶体中，晶格上排列的是金属原子或离子。电子在整个晶体中自由活动，所以称它们为自由电子。它们不停地离开原子使金属原子变成离子或与离子结合使金属离子变成原子。自由电子在晶格间的穿梭往来像胶黏剂一样，将金属原子或离子胶粘在一起形成金属晶体。因此，金属晶体中不存在单独的金属原子。

绝大多数金属元素的单质和合金都属于金属晶体。

（2）金属晶体的内部结构

金属键没有方向性和饱和性。因此，金属晶格中的金属原子或离子可最紧密地堆积，使每个原子或离子的配位数最大化，这种堆积形式简称为金属密堆积。由配位数最大化的金属密堆积形成的金属晶体是最稳定的金属构型。

金属密堆积常见的有三种基本构型：配位数为 8 的体心立方密堆积；配位数为 12 的六角紧密堆积；配位数为 12 的面心立方密堆积。三种典型密堆积的晶格如图 4-10 所示。

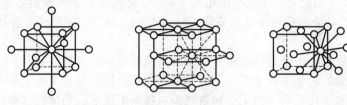

(a) 体心立方密堆积　　　(b) 六角紧密堆积　　　(c) 面心立方密堆积

图 4-10　三种类型密堆积的晶格

上述三种金属紧密堆积方式及其实例列于表 4-6 中。

表 4-6　金属的三种密堆积

名　　称	晶格类型	配位数	空间利用率	典型实例
体心立方密堆积	体心立方	8	68.02%	Ba、ⅠB族、ⅤB族、ⅥB族
六角紧密堆积	六角	12	74.05%	ⅢB族、ⅣB族镧系元素
面心立方密堆积	面心立方	12	74.05%	Al、Pb、Pt、碱土金属

4.3.2　金属晶体的物理性质

一般说来，固态金属单质都属于金属晶体，它们共有的物理性质为：外表具有金属光泽，熔、沸点高，硬度较大，有良好的导电性、导热性和延展性等。金属键理论可以较好地解释金属的许多物理性质。

（1）熔点、沸点和硬度

金属键强度较大，可与离子键或共价键相当，故大部分金属单质的熔、沸点较高，硬度较大，见图 4-11～图 4-13。从图 4-11 看出，在ⅥB族附近的金属单质熔点较高；熔点最高的金属是钨，熔点为 3410℃。由第ⅥB族两侧向左和向右，单质的熔点趋于降低。

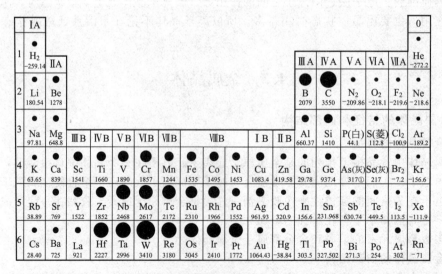

图 4-11　单质的熔点

80

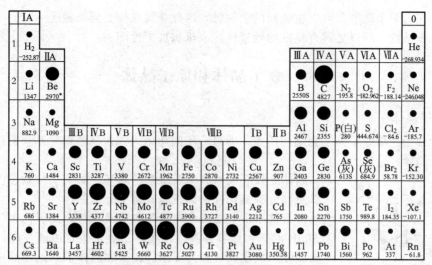

图 4-12　单质的沸点

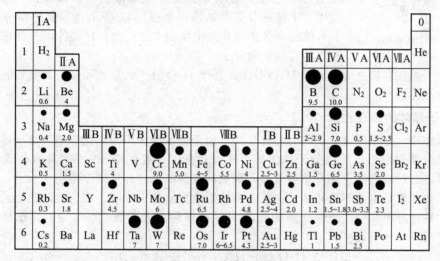

图 4-13　单质的硬度

金属单质的沸点变化情况大致与熔点变化是类似的，钨也是沸点最高的金属。

但是由于金属元素的原子结构以及晶体结构的影响，使各金属单质的性质有所差异，如某些金属的熔点、硬度相差很大。例如：

金属	熔点	硬度
钾	63.25℃	0.5
钨	3410℃	7

（2）导电性、导热性和延展性

自由电子的存在使金属具有良好的导电性、导热性和延展性。

当金属晶体处于外加电场之中时，金属中的自由电子沿着外加电场定向流动而产生金属的导电性能。

金属中运动的自由电子不断地与金属原子或离子发生碰撞而交换能量，使金属晶体有良好的导热性。金属晶体良好的导热性能使金属某部分因受热而增加的能量随着热运动而扩散，很快使金属整体的温度趋于均匀。

由于在金属中自由电子属于整个金属整体，而不是属于某一个原子，当一个地方的金属键被破坏，在另一个地方又可以生成新的金属键，因此金属晶体受到机械压力时并不会破坏金属的密堆积结构，所以金属有良好的延展性能及机械加工性能。

4.4 分子晶体和原子晶体

4.4.1 分子晶体

以共价分子或单原子分子为结构质点，通过分子间作用力（包括氢键）结合而构成的晶体叫做分子晶体。

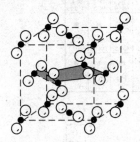

图 4-14 干冰的晶体结构

固体的稀有气体、单质卤素、氧气、氮气、白磷、卤素、干冰以及部分有机化合物如萘等就属于分子晶体。

常温常压下，二氧化碳以气态形式存在，二氧化碳气体在低于 300K 时，加压容易液化。液态二氧化碳自由蒸发时，部分冷凝成固体二氧化碳，称为干冰。在干冰晶体中，处在晶格上的质点是 CO_2 分子。各个 CO_2 分子依靠范德华力联系在一起，形成晶体。干冰的分子晶体结构如图 4-14 所示。二氧化碳分子占据立方体的八个顶角和六个面的中心位置。在晶体中，存在着单个独立的二氧化碳分子。

在冰中，处在晶格上的质点是 H_2O 分子。各个 H_2O 分子依靠范德华力和氢键联系在一起，形成冰晶体。

4.4.2 分子晶体的物理性质

分子晶体中，分子间以分子间力相互作用。由于分子间作用力比化学键为金属键、离子键、共价键时要弱得多，所以分子晶体熔、沸点较低，一般低于 400℃；具有较大的挥发性，甚至可不经过液态而直接升华为气体，例如碘和萘晶体。并且硬度很小。

分子晶体通常是电的不良导体，在固态和熔融状态时都不导电，因为在晶格上的微粒一般都是电中性的分子。一些极性很强的分子 HCl 晶体的水溶液如盐酸可导电，那是由于发生电离，是另外一种机理。

$$HCl + H_2O \Longrightarrow H_3O^+ (aq) + Cl^- (aq) \tag{4-3}$$

4.4.3 原子晶体

方英石（二氧化硅）这种化合物尽管与干冰（二氧化碳）都属于ⅣA 元素的氧化物，但物理性质前者与后者有显著的差异。

干冰在 -78.5℃时即升华，而二氧化硅的熔点却高达 1610℃。

这是因为方英石（二氧化硅）这种晶体中晶格上的质点是原子，各质点上原子之间是以共价键而不是以分子间作用力连接在一起的。这种晶格上的质点以共价键相连接而形成的晶体称作原子晶体。

在原子晶体中，不存在独立的简单分子，整个晶体就是一个大分子。方英石就是一个 SiO_2 大分子。要使方英石熔融，就必须破坏若干条共价键。共价键键能远远大于分子间作用力，所以，二氧化硅的熔点高达 1610℃。

共价键具有方向性和饱和性，所以原子晶体一般配位数不高。例如金刚石属于原子晶体，晶胞如图 4-15 所示，排列在晶格上的质点为碳原子，每一个碳原子在成键时以等性 sp^3 杂化形成四条 sp^3 杂化轨道，与邻近另外四个碳原子以四条共价键构成正四面体。所以金刚石晶体中碳原子的配位数为 4。无数的碳原子相互连接构成晶型的骨架结构，如图 4-16 所示。所以，金刚石没有确定的相对分子质量。

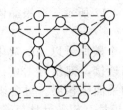

图 4-15　金刚石的晶胞

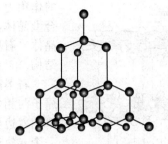

图 4-16　金刚石的晶体结构

周期表中ⅣA族的碳、灰锡等单质的晶体都是原子晶体，它们的某些化合物，如碳化硅、石英等也属于原子晶体。碳化硅（SiC）的晶体结构与金刚石相似，只不过碳化硅晶体晶格上的质点是由碳原子和硅原子相间排列而成的。

4.4.4　原子晶体的物理性质

由于原子晶体中的质点之间由共价键相连，所以原子晶体的构型和性质与共价键的性质密切相关。

原子晶体中原子配位数一般比离子晶体少，熔点、沸点和硬度都比离子晶体高，熔点一般大于1274K，膨胀系数小，延展性差。在大多数常见的溶剂中不溶解，同时原子晶体物质即使在熔融状态时也不导电。因此，原子晶体在工业上多被用作耐磨、耐溶和耐火材料。金刚石和金刚砂都是重要的磨料；二氧化硅是应用极广的耐火材料；碳化硅、立方氮化硼、氮化硅等也是性能良好的高温耐火材料；石英和它的变体，如水晶、玛瑙等是工业上的贵重材料。

上面介绍了晶体的四种基本类型，它们的晶体内部结构及其特性的关系列于表4-7中。

表 4-7　四种类型晶体内部结构及其特性

晶体类型	晶体内结点上的微粒	粒子间的作用力	晶体的特性	实例
离子晶体	阴、阳离子	静电引力（离子键）	熔、沸点高，略硬而脆，熔融状态及水溶液能导电，大多溶于极性溶剂中	活泼金属的氧化物和盐类
原子晶体	原子	共价键	熔、沸点很高，硬度大，导电性差，在大多数溶剂中不溶	金刚石，晶体硅，单质硼，碳化硅，氮化硼，石英
分子晶体	分子	分子间作用力，氢键	熔、沸点低，硬度小，能溶于极性溶剂或非极性溶剂中，极性分子溶于水能导电	稀有气体，多数非金属单质，非金属之间的化合物，有机化合物
金属晶体	金属原子，金属阳离子	金属键	具有金属光泽硬度不一，较好的导电性、导热性和延展性	金属或一些合金

4.5　氢键型晶体

氢键型晶体是指氢原子和一个电负性较大而原子半径较小的原子（O、F、N等）相结合而构成的一类晶体，如冰、草酸、硼酸等。由于氢键具有饱和性和方向性，而且能量比化学键小得多，因此氢键型晶体通常有配位数低、密度小、熔点低的特点。

4.6　混合型晶体

除以上四种类型的晶体之外，还有一些晶体，它们的晶体内部可能同时存在若干种不同

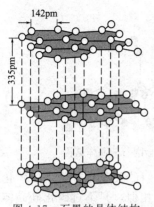
图 4-17　石墨的晶体结构

的作用力，并具有若干种晶体的结构和性质，这类晶体叫做混合型晶体，亦称为过渡型晶体。混合型晶体的典型例子为石墨晶体，石墨属于六角晶系，如图 4-17 所示，石墨晶体具有层状结构。

石墨晶体中的平面层的每一个碳原子以 sp^2 杂化，每个碳原子与相邻三个碳原子以 σ 键相连接，键角为 120°，形成无数个正六边形蜂巢状的相互平行的平面结构层。每个碳原子还有一个 p 轨道和 p 电子，这些 p 轨道都互相平行且与碳原子的 sp^2 杂化轨道所在的平面相垂直，因此生成了大 π 键。这些大 π 键中的电子沿层面方向的活动力很强，类似于金属中的自由电子，所以石墨沿层面方向的电导率较大。

由结构分析测得，石墨晶体中同一层的相邻 C—C 键长为 142pm，以共价键结合，极难破坏，所以熔点很高，化学性质较为稳定。晶体中层与层之间距离为 335pm，相对较远，所以层与层之间作用力较弱，与分子间作用力相近，正因如此，当石墨晶体受到与石墨层相平行的力作用时，各层容易滑动，故可用作铅笔芯和工业上的固体润滑剂。总之，石墨晶体内既有共价键，又有层与层之间的分子间作用力，所以石墨是一类典型的混合型晶体，它具有特殊的物理性质，如具有金属光泽，在层平面方向具有良好的导电性、导热性；层与层之间易滑动，是优良的固体润滑剂等。

白色的六角氮化硼（BN）具有与石墨相同的结构，它的性质也与石墨相似，所以有"白色石墨"之称。同时六角氮化硼质地柔软，熔点高达 3300～3400℃，是比石墨更耐高温的固体润滑剂。

此外，过渡金属的二硫化物的晶体也具有层状结构，这类化合物的通式为：MX_2，其中 M 为 ⅣB～ⅦB 族过渡元素，X 为 S、Se、Te。在这类化合物的晶体中，一层过渡金属原子 M 夹在两层 X 原子之间形成夹心层状结构，夹心层的层平面上 M 与 X 之间有很强的共价键，各层 MX_2 之间则是较弱的分子间作用力。这些层状化合物具有典型的各向异性的电学和力学性质，如容易沿层面解离、具有良好的润滑性、很高的化学稳定性和热稳定性，是优良的固体润滑材料，被广泛应用于高温、低温、辐射和真空条件下的润滑。

另外，天然硅酸盐云母、黑磷等也都属于层状混合型晶体。除层状结构外，混合型晶体还有链状结构的晶体，如工业上重要的耐火材料纤维状石棉即属于链状混合型晶体，链中硅与氧之间形成的是共价键，而硅氧链则与相隔较远的金属阳离子以离子键结合，结合力不如链内共价键强，故容易被撕成纤维。

4.7　固体碳的存在形式

由上述可见，晶体的结构决定了物质的物理性能。例如碳的两种固体存在形态，即金刚石和石墨，尽管都是由碳元素组成，却有着迥然不同的物理性能。前者是无色立方晶体，它属于原子晶体，是目前自然界中已知硬度最大、熔点最高的物质，不导电。其价格昂贵，计量单位常以克拉计（1 克拉＝200mg）。后者属于六角晶系，是层状结构的混合型晶体，灰黑色，不透明，具有金属光泽，沿层面方向有良好的导电性和导热性。

近年来，人们又发现了固体碳的第三种存在形式：碳原子簇富勒烯。1985 年，Kroto 等科学家在研究中意外发现，还有另外一种不同于石墨和金刚石的新的固体碳存在。经过分析，终于得到了性质十分稳定的 C_{60} 的质谱图。之后，他们又致力于对其结构的研究，提出了 C_{60} 分子是一个空心笼形结构的假设，并很快被新的实验所证实，他们也因此被授予了

1986 年诺贝尔化学奖。

现在已知道，C_{60} 分子是由 60 个碳原子所构成的 32 面体，如图4-18所示，它由 12 个正五边形和 20 个正六边形组成，结构非常稳定，由于它的结构酷似足球，因此又被称为足球烯。在整个分子中，每个碳原子以 sp^2 杂化轨道与相邻的 3 个碳原子相连，球的内外表面都由 π 电子所覆盖，显示出芳香性。它有极好的抗辐射、抗腐蚀性，而且容易接受和释放电子。它的

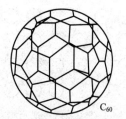

图 4-18　C_{60} 的结构示意图

笼形结构又可以形成许多金属包合物，具有许多特殊的物理和化学性质，如在 C_{60} 笼中掺入少量碱金属钾，形成的 K_3C_{60} 是很好的低温超导体；又如将锂注入 C_{60} 笼中则可用于制造高能锂电池等。

C_{60} 的发现具有十分重要的意义。一个全新的对称球形分子，改变了人们的传统观念，同时为以后的研究提供了新的思路。除 C_{60} 外，具有这种封闭笼状结构的还可能有 C_{26}、C_{32}、C_{52}、C_{90}、C_{94}、…、C_{240}、C_{540} 等，这些统称为富勒烯（Fullerenes）。自 1990 年制备出克量级的 C_{60} 以来，富勒烯以其独特的结构和性质，已经广泛地影响到物理学、化学、材料学、电子学、生物学及医学等领域。如 1991 年，日本电气筑波研究所的饭岛澄男（Sumio Iijima）首次发现了被拉长的 C_{60}——碳纳米管，在纳米材料中最具有代表性。1997 年，单壁碳纳米管的研究成果与克隆羊和火星探路者一起被列为当年十大科学成就之一。从被发现至今，碳纳米管的研究和制备一直是国际纳米技术和新材料领域的研究热点，碳纳米管具有从高硬度到高韧性、从全吸光到全透光、从绝热到良导体、从绝缘体、半导体到高导体和高临界温度的超导体等相对立的两种性质。正是碳纳米管材料具有这些奇特的特性，决定了它在微电子和光电子领域具有广阔的应用前景。

总之，对富勒烯的深入研究，不仅可以丰富和促进近代科学理论的发展，同时也显示出重要的研究价值和巨大的潜在应用前景。

像金刚石、石墨、富勒烯这类由相同元素原子结合而成的不同类型晶体称为同素异形体或同质异晶体。

4.8　实际晶体

4.8.1　实际晶体

晶体内每一个粒子的排列完全符合某种规律的晶体称为理想晶体。然而在现实生活中要形成或制取这种完美无缺的晶体几乎是不可能的。在实际情况中，由于晶体生成条件，如物质的纯度、溶液的浓度和结晶温度等难以控制到理想的程度，所以实际上得到的晶体，不论在外形上，或是在内部结构上都会有缺陷，致使实际晶体偏离了理想晶体。实际得到的晶体往往属于多晶，外形规则的单晶需要丰富的经验和较高的操作技能才能得到。

4.8.2　实际晶体的缺陷

在实际晶体中存在着各种缺陷。按照几何尺寸的大小，晶体中的缺陷通常可区分为点缺陷、线缺陷、面缺陷和体缺陷。其中点缺陷是化学家十分关心的问题。点缺陷是晶体中晶格上的局部错乱，影响范围只有邻近的几个粒子。导致点缺陷的因素主要有两方面：粒子的热运动和杂质粒子的存在。因此，晶体内部结构上的点缺陷类型大致分为以下三类。

（1）空穴缺陷

在晶体中，构成晶体的微粒在其平衡位置上做热振动，当温度升高时，微粒获得足够能

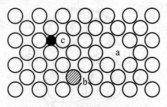

图 4-19　晶体点缺陷示意图
a—空穴；b—置换；c—填隙

量使振幅增大，脱离原来的位置而逃逸出去，使晶体内出现空穴，如图 4-19 中所示的 a 处。

（2）置换缺陷

在晶体内组成晶体的某些微粒被外来少量别的粒子所取代，这样就使具有规整的晶格出现无序的排列，如图 4-19 中 b 所示。

（3）填隙缺陷

从晶体中脱落的粒子或外来的粒子可能进入晶格的空隙，形成间隙粒子，这类缺陷在实际晶体中较普遍存在，如图 4-19 中 c 所示。

4.8.3　晶体缺陷的影响

晶体中的缺陷会对晶体的物理、化学性质产生影响，例如由于缺陷使晶格畸变，一般会引起机械强度的降低，但同时却在晶体的光学、电学、磁学、声学和热学等方面出现了新的功能特性。这使得某些晶体缺陷在材料科学、多相反应动力学等领域中具有重要的理论意义和实用价值。如固态化学反应只有通过缺陷运动（扩散）才能发生和进行。目前，人们已经利用晶体缺陷制造出许多性质优异的功能材料和结构材料，例如离子晶体在电场的作用下，离子会通过缺陷的空位而移动，从而提高了离子晶体的电导率；金属晶体中由于缺陷引起晶格畸变而使电导率增大，导电性增强；晶体的某些缺陷还会增加半导体的电导率，如纯锗中加入微量镓或砷可以强化锗的半导体性能；晶体表面的缺陷位置往往正是多相催化反应催化剂的活性中心。

4.8.4　非整比化合物

自从 1803 年道尔顿提出原子学说并建立定比定律和定组成定律后，人们普遍认为化合物中各元素原子个数之比均为简单整数比，如化合物 A_mB_n 中 m 和 n 应为两个正整数。然而由于晶体缺陷的存在，致使实际晶体中 $A:B \neq m:n$，表示其化学组成的化学式为 $A_mB_{n(1+\delta)}$，δ 是一个很小的正数或负数，这类偏离整数比的化合物就称为非整比化合物或非计量化合物，例如 $Zn_{1+\delta}O$、$Fe_{1-\delta}O$、$TiO_{2\pm\delta}$ 等。近代研究表明，非整比化合物比整比化合物的存在更为普遍。利用非整比化合物具有的物理性质，也可以制造出许多具有特殊性能的材料。

【扩展知识】

人工晶体

人工晶体是近代晶体学的一个重要分支，也是材料科学的一个重要组成部分及其发展前沿，它属于新型材料。人工晶体的应用涉及电子学、光学、光电子学、声学、磁学以及医学等许多重要学科领域。如今，人工晶体的发展已经进入到体（块状）、面（薄膜晶体）、线（纤维晶体）和点（纳米晶）"全方位"的发展阶段，也是一门多学科交叉的科学。

人类很早就利用自然界形成的天然矿物晶体作为工具或制作饰物，但由于形成条件有限，大而完整的单晶矿物相当稀少，如钻石、红宝石、蓝宝石、绿宝石已经成为名贵的装饰品和稀奇的收藏品。然而，随着生产和科学技术的飞速发展，天然矿物单晶无论在品种、数量和质量上都不能满足日益增长的需求，于是促进了人工晶体的迅猛发展。

19 世纪中叶到 20 世纪初，地质学家通过对天然晶体形成条件的研究，为人工晶体的合成积累了大量的资料，为水热法合成水晶打下了良好的基础。20 世纪初，维尔纳叶（Verneuil）发明了焰熔法来生长红宝石，并很快投入了工业生产，同时也为人工合成单晶代替天然单晶并实现产业化开创了先例。1955 年，高压合成金刚石获得了成功。20 世纪 50 年代，最突出的进展是成功地将熔体提拉法和区熔法用来制备并提纯锗和硅单晶，为半导体单晶的研究应用以及微电子学的发展开辟了广阔前景。1960年，在红宝石晶体上首次实现了光的受激发射，就是激光。激光的出现和应用推动了人工晶体的发展。

人工晶体可以按照不同的方法进行分类，按化学分类可分为无机晶体和有机晶体（包括有机-无机复合晶体）等；按形态态分类可分为体块晶体、薄膜晶体、超薄层晶体和纤维晶体等；按生长方法分类可分为水溶性晶体和高温晶体等。由于人工晶体主要作为一类重要的功能材料应用，因此通常按照人工晶体的功能（物理性质）不同可以将其分为半导体晶体、激光晶体、非线性光学晶体、光折变晶体、电光晶体、磁光晶体、声光晶体、闪烁晶体等。有些晶体具有多种功能和应用，可以有不同的归类。关于人工晶体结构、组分和性能关系的研究在功能晶体材料中占有极其重要的地位，也是不断改进和提高各类功能晶体性能和探索新功能晶体材料的基础。

晶体生长技术在合成晶体中有极其重要的地位。晶体生长涉及多方面技术，从高真空到超低温，从低温到等离子体高温，从精密检测生长参数到自动监控生长过程，从高纯原料到超净环境等。晶体生长技术几乎动用了现代实验技术的一切重要手段。由于晶体可以从气相、液相和固相中生长，不同的晶体又有不同的生长方法和生长条件，加上不同的应用对人工晶体的要求也不相同，这样就造成了合成晶体生长方法、技术的多样性以及生长条件、设备的复杂性。这些生长技术互相渗透，不断改进和发展。

晶体生长主要方法有气相生长、溶液生长、熔体生长和固相生长等。气相生长包括物理气相沉积、化学气相沉积和气-液-固生长法；溶液生长则有低温溶液生长和助熔剂生长；熔体生长包括籽晶提拉法、坩埚下降法、泡生法、焰熔法和壳熔法。固相法主要有多形体相法、应变退火法和烧结法。目前晶体生长主要以液相生长（包括溶液生长和熔体生长）应用最广，以气相生长发展最快。

人工晶体是一类重要的功能材料，它能实现光、电、磁、热、力等不同能量形式的交互作用和转换，在现代科学技术中应用广泛，如加工业中的金刚石，精密仪表和钟表工业中用作轴承的红宝石，超声和压电技术中的压电水晶等。20世纪初，从晶体管到集成电路的飞速发展，从根本上改变了电子工业的面貌，半导体材料成为电子材料的主体，其中最重要的是作为集成电路衬底材料的单晶硅。计算机的广泛应用使单晶硅工业成为IT产业的支柱，以硅为材料的器件产值约占半导体器件总产值的95％。同样，移动电话的兴起带动了射频（RF）半导体的发展，射频半导体主要指用于制作高频电子器件（模拟数字转换器、振荡器、低噪声放大器、发射器、接收器等）的化合物半导体；发光二极管（LED）和激光二极管（LD）具有体积小、耗电少、寿命长及可靠性高等特点，广泛用于全色显示、高密度信息储存、交通信号灯和刹车灯、家电、仪器、仪表指示等。市场容量巨大。非线性光学晶体是重要的光学材料，利用激光与晶体的非线性相互作用，扩展激光的有限光谱范围，是非线性光学晶体最重要和成熟的应用。在光纤通信系统中用得最多、作为光调制器和光波导的非线性光学材料是铌酸锂（$LiNbO_3$）晶体。预计人工晶体在未来的光子材料中仍将起重要作用。

21世纪人工晶体将主要在生物技术、信息技术、纳米科技和环境科学领域发挥更大的作用。其发展动向主要有：

① 薄膜晶体的制备向材料和器件一体化方向发展，薄膜晶体是人工晶体的重要发展方向，已经出现了各种功能薄膜，如磁性薄膜、超导薄膜、铁电薄膜、液晶、薄膜晶体管和金刚石薄膜等；

② 人工周期微结构与光子晶体的发展，光子晶体是一种介电常数周期性变化排列的材料，也就是具有折射率调制结构的材料，以此可以在更小尺度（微米，亚微米）上来控制光传播，传递信号无损失；

③ 微米晶和纳米晶的发展，微米晶和纳米晶也被称为超微细粉体，都是多晶，它们作为分散相可与其他材料组成各种复合材料，也可形成聚合体（聚晶），可进行多种组装，其独特性能和应用备受关注；

④ 智能晶体的发展，智能晶体一般是指对环境可感知并做出响应的材料，这种材料具有传感和执行功能，要求材料具有生物所赋予的高级功能，如预知与预告能力、自动修复能力、认识与鉴别能力、刺激响应与环境应变能力等，因而是最高级的功能材料。

习　　题

4-1 什么是晶体与非晶体？它们有何区别？

4-2 试说明金属具有良好的导电性、导热性和延展性的原因。

4-3 什么叫离子的极化？离子的极化（或变形性）与离子的电荷、离子半径和离子的电子构型有何关系？

4-4 金刚石、石墨和富勒烯都是由碳元素组成，它们的物理性质有什么不同？为什么？

4-5 晶体的类型主要有哪些？晶格结点上粒子间相互作用力有什么不同？各类型晶体所表现出的物理性质如何？

4-6 实际晶体内部结构上点缺陷有哪几种？晶体缺陷对晶体性质有何影响？

4-7 用离子极化学说解释：

(1) 在卤化银中，只有氟化银易溶于水，其余都难溶于水，而且溶解度从氟化银到碘化银依次减小；

(2) 氯化钠的熔点要高于氯化银。

4-8 下列说法是否正确？为什么？

(1) 溶于水能导电的晶体一定是离子晶体；

(2) 共价化合物呈固态时，均为分子晶体，且熔、沸点都较低；

(3) 稀有气体是由原子组成的，属于原子晶体；

(4) 碳有三种同素异形体：金刚石、石墨和富勒烯。

4-9 解释下列现象：

(1) SiO_2 的熔点远高于 SO_2；石墨软而能导电，而金刚石坚硬且不导电；

(2) NaF 的熔点高于 NaCl；

(3) 萘（$C_{10}H_8$ 的晶体）容易挥发；

(4) 晶体锗中掺入少量镓或砷会使导电性明显增加。

4-10 氯化钠、金刚石、干冰以及金属等都是固体，它们的溶解性、熔点、沸点、硬度、导电性等物理性质是否相同？为什么？

4-11 试推测下列物质分别属于哪一类晶体：TiC，MgO，BCl_3，Al，B，$N_2(s)$。

4-12 试比较（按从高到低的顺序排列）。

(1) 熔点：MgO，KCl，KBr。

(2) 导电性：Cl_2，K，BN。

(3) 硬度：$AlCl_3$，TiC，NaF。

4-13 C、H、O、Si 四种元素中，哪些可形成二元化合物？分别写出化学式（各举一例）并判断其晶体类型及其熔点高低。

4-14 根据所学知识，填写下列表格。

物质	晶体内结点上的微粒	粒子间的作用力	晶体的类型	预测熔点(高或低)
O_2				
Mg				
干冰				
SiC				

第5章 化 学 平 衡

对于一个化学反应，人们不仅关心该反应在一定条件下能否进行；而且同样关心该反应进行到何种限度为止，以及完成整个反应需要多少时间。理论化学工作者还会关心化学反应的历程如何。如果能正确地回答上述问题，在化工生产及化学研究中就可以人为地对化学过程进行控制，使其朝着预计的、有利的方向进行。其中反应进行到何种限度为止，便是一个化学平衡的问题。

5.1 化 学 平 衡

5.1.1 化学平衡的概念

在一个反应体系中，外界条件（包括温度、压力、光照等）恒定时，组成这个反应体系的各种物质的浓度宏观上恒定不变的状态叫做化学平衡。化学平衡仅是一种状态。外界条件一旦变化，旧平衡状态就会改变成另一新的平衡状态。

例如反应
$$CO(g) + H_2O(g) \rightleftharpoons CO_2(g) + H_2(g) \tag{5-1}$$

当上式中的 CO、H_2O、CO_2、H_2 的浓度（气体反应一般用各气体的分压）恒定不变时，该化学反应已达到化学平衡。

在一定温度下，碳酸钙在一密闭容器内发生分解反应：
$$CaCO_3(s) \rightleftharpoons CaO(s) + CO_2 \uparrow (g) \tag{5-2}$$

当 CO_2 的分压不发生变化时，此状态为化学平衡状态。

组成化学反应体系的各种物质都处于同一相（气相、水相、有机液相）中的化学平衡叫均相平衡，该反应为均相反应。式(5-1) 就是一种均相反应和均相平衡，因为 CO、H_2O、CO_2、H_2 都是气相。

组成化学反应体系的各种物质处于不同的相中的化学平衡叫做非均相平衡；该反应为非均相反应。式(5-2) 就是一种非均相反应和非均相平衡，因为 $CaCO_3$、CaO 为固相，而 CO_2 为气相。

又如：
$$2Cu^{2+}(aq) + 4I^-(aq) \rightleftharpoons 2CuI(s) + I_2(aq) \tag{5-3}$$

这也是一种非均相反应和非均相平衡，因为 Cu^{2+}、I^-、I_2 都溶在水相中，而 CuI 沉淀却是固相。

化学平衡具有一切平衡状态的共性和特征。

(1) 宏观静止性

化学反应平衡时，从宏观上看体系中各种物质的浓度（或分压）恒定不变了，似乎化学反应达到平衡后，反应就静止了。宏观静止性是进行化学平衡计算的依据。

(2) 唯一性

化学平衡可被认为是一个多元函数 $F(T, P, c_1, c_2, \cdots)$，只要自变量一定，函数值 F 即状态就唯一存在。因此，化学平衡作为状态函数是一个单值函数。

化学平衡状态与实现这一状态的路径无关。即只要条件相同，无论从反应物开始反应，还是从产物开始反应，最后均会达到同一平衡状态。所以，化学平衡与起始状态无关。

(3) 微观动态性

外界条件发生改变，例如温度、压力、外加物质等改变时，均可破坏现有的平衡，各物质的浓度均会发生改变，最后达到新条件下的新平衡。即状态函数的自变量 T、P、c 发生了变化，函数值（平衡状态）也会变化。

从微观上看，化学平衡时在某一瞬间，一定量的反应物还在生成产物，与此同时，相同量的产物也同时变为反应物。因此化学平衡是一种动态平衡。

以式(5-1)为例，化学平衡时，在某一时刻，d（微分量）mol CO 和 d mol H_2O 反应生成 CO_2 和 H_2，同时 d mol CO_2 和 d mol H_2 以同样的速率反应变成 CO 和 H_2O。所以，也可以说，一个化学反应的正反应速率与逆反应速率相等时，化学反应达到了平衡。

微观动态性是从理论上研究化学反应过程的重要依据。

5.1.2 化学平衡常数

对于化学反应

$$mA+nB \rightleftharpoons xC+yD \tag{5-4}$$

如果已经达到平衡状态，那么 A、B、C、D 四种物质的浓度就不再随时间发生变化，A、B、C、D 四种物质平衡时的浓度即平衡浓度可用分析方法测定。实验表明：生成物平衡浓度的幂积与反应物平衡浓度的幂积之比为一常数：

$$K_c = \frac{[C]^x[D]^y}{[A]^m[B]^n} \tag{5-5}$$

式中，用方括号括起来的各物质表示为该物质的平衡浓度；K 称为化学反应式(5-4)的平衡常数。

使用式(5-5)时，需特别注意下列问题。

① 浓度是达到平衡时的浓度。反应式中的 A、B、C、D 必须与它们在溶液中的存在形式完全一致。如果 A、B、C、D 是气体，则浓度可用各个气体的分压 p_A、p_B、p_C、p_D 表示。即：

$$K_p = \frac{p_C^x p_D^y}{p_A^m p_B^n} \tag{5-6}$$

一般讲，浓度单位用 $mol \cdot L^{-1}$，分压单位用标准压力，工业上也有用 MPa 的（后述）。

② 化学上规定 m、n、x、y 必须为整数，且不能有公约数，即必须互质。并且 m、n、x、y 全处在平衡常数关系式中的指数位置。

③ 如果反应物和生成物的所有分子全部仅参与上述化学反应(5-4)，式(5-5)、式(5-6)都是准确的，K 应是一个常数。这种情况只有在理想溶液或理想气体中才能存在。通常所遇到的反应体系大多数都不是理想体系。在非理想体系中，溶液中的溶质或气相中的气体必须用掉一部分力去克服非理想体系中其他粒子的作用，每个反应物或生成物粒子的反应活性从 1 降低到 γ，对溶液 γ 称为活度系数，对气体 γ 称为逸度系数，显然 $\gamma \leqslant 1$。

对此现象，也可换个角度说，即反应物或生成物粒子的反应活性没有降低，只是其浓度由原来 [A]、[B] …降为 $\gamma[A]$、$\gamma[B]$ …。令 $\alpha = \gamma[A]$，则 α 称为有效浓度，又叫活度。气体分压由原来 p_A 降为 γp_A，令 $f = \gamma p_A$，则 f 称为有效分压，又叫逸度。用活度或逸度进行表示，式(5-5)、式(5-6)是完全正确的。关于活度和活度系数、逸度和逸度系数的问题将在物理化学这门课中详细讨论。

实验中的溶液往往是稀溶液，气体也是常温和常压下的气体，它们均接近理想状态，可当作理想溶液和理想气体处理，即 $\gamma \approx 1$，$[A] \approx \alpha$，$p_A \approx f$。为了使计算简单易行，本书一律将浓度当作活度 α、分压当作逸度 f 进行计算。

④ 如果 A、B、C、D 中的某些存在于与反应体系不同的相中，它们的浓度定义为 1。即在化学平衡常数表达式中不出现（或对 K 没有影响）。例如，水相反应时，产物是固体沉淀、不溶于水的有机物、不溶于水的挥发性气体。其浓度全当作 1 来处理。在溶液反应中，反应物或产物是溶液的溶剂时，其浓度也当作 1 来处理。它们在平衡常数的表达式中不出现或不考虑。例如：

$$Cu(s) + 2H^+(aq) + H_2O_2(aq) \Longrightarrow Cu^{2+}(aq) + 2H_2O(l) \tag{5-7}$$

$$K_c = \frac{[Cu^{2+}]}{[H^+]^2[H_2O_2]} \tag{5-8}$$

因为 Cu 是固体、H_2O 是溶剂，它们不在平衡常数 K 的表达式中出现。而 H_2O_2 不是溶剂，它是一种可溶性的液态溶质，和 H_2O 是两种物质。

$$CaCO_3(s) \Longrightarrow CaO(s) + CO_2(g) \tag{5-9}$$

$$K_p = p_{CO_2} \tag{5-10}$$

因为 $CaCO_3$、CaO 都是固体，它们不在平衡常数 K 的表达式中出现。所以 K 的表达式只有 1 个因子。

⑤ 在化工生产中或实际工作中，对 m、n、x、y 可以没有整数和互质的要求。但平衡常数 K 的表达式中 m、n、x、y 必须与化学反应式中对应的系数相一致。用平衡常数 K 反算各物质浓度或分压时，也应使 K 与化学反应式保持一致。否则将会导致计算及问题处理的错误。

例如：

$$2SO_2(g) + O_2(g) \Longrightarrow 2SO_3(g) \tag{5-11}$$

$$K_{p1} = \frac{p_{SO_3}^2}{p_{SO_2}^2 p_{O_2}} \tag{5-12}$$

也可以写成：

$$SO_2(g) + \frac{1}{2}O_2(g) \Longrightarrow SO_3(g) \tag{5-13}$$

$$K_{p2} = \frac{p_{SO_3}}{p_{SO_2} p_{O_2}^{1/2}} \tag{5-14}$$

当然，一般情况下，$K_{p1} \neq K_{p2}$。

本书在对平衡常数 K 表达或进行有关计算时，要求 m、n、x、y 必须为整数而且互质。因为本书正文及附录中引用的平衡常数都是按这个规定求得的，否则会引起混乱。

⑥ 从式(5-5)和式(5-6)可知，当 $x + y \neq m + n$ 时，K 便是一个有量纲的物理量而不是一个常数。为了使计算方便和表达简单，平衡常数 K 最好没有量纲。如果表达式中均用相对量即相对浓度、相对分压，则此平衡常数称作标准平衡常数，记作 $K^\ominus$。相对浓度又称标准浓度，定义为 $[A]/c^\ominus$，$c^\ominus = 1\,mol \cdot L^{-1}$。标准浓度的实质是将浓度的单位 $mol \cdot L^{-1}$ 约去，计算时只用其物质的量浓度数值；分压采用相对分压，又称标准分压，定义为 $p_A/p^\ominus$，$p^\ominus = 101325\,Pa = 0.101325\,MPa = 101.3\,kPa$，为计算方便，$p^\ominus$ 经常视情况选为 $0.100\,MPa$，$0.101\,MPa$，$100\,kPa$、$101\,kPa$ 等。标准分压实际上是以标准大气压为单位的。

为了书写简单，本书不做特别说明，所有与化学平衡有关的各种形式的平衡常数均为标准平衡常数，用 K 表示，而不再用 $K^\ominus$ 表示。本书及其他各种教科书中的附录、各手册、文献中所引用的各种平衡常数 K 均是标准平衡常数。因此不必在书写上费周折。

如果某反应可以由几个反应式相加（或相减）得到，则该反应的平衡常数等于几个反应平衡常数之积（或商），这种关系称为多重平衡规则。利用多重平衡规则，可以由几个已知反应的平衡常数求得其他反应的平衡常数。

例如：

$$NO_2(g) \rightleftharpoons NO(g) + \frac{1}{2}O_2(g) \tag{5-15}$$

$$SO_2(g) + \frac{1}{2}O_2(g) \rightleftharpoons SO_3(g) \tag{5-16}$$

将式(5-15) 和式(5-16) 相加得到：

$$SO_2(g) + NO_2(g) \rightleftharpoons NO(g) + SO_3(g) \tag{5-17}$$

若上述三反应的平衡常数分别为 K_1、K_2、K，则有：

$$K_1 K_2 = \frac{\left(\frac{p_{NO}}{p^{\ominus}}\right)\left(\frac{p_{O_2}}{p^{\ominus}}\right)^{\frac{1}{2}}}{\left(\frac{p_{NO_2}}{p^{\ominus}}\right)} \times \frac{\left(\frac{p_{SO_3}}{p^{\ominus}}\right)}{\left(\frac{p_{SO_2}}{p^{\ominus}}\right)\left(\frac{p_{O_2}}{p^{\ominus}}\right)^{\frac{1}{2}}} = \frac{\left(\frac{p_{NO}}{p^{\ominus}}\right)\left(\frac{p_{SO_3}}{p^{\ominus}}\right)}{\left(\frac{p_{NO_2}}{p^{\ominus}}\right)\left(\frac{p_{SO_2}}{p^{\ominus}}\right)} = K \tag{5-18}$$

由上式可知，总反应的平衡常数等于各步反应的平衡常数之积，即 $K_{总} = \Pi K_i$。多重平衡规则在平衡系统有关计算中经常用到。

5.1.3 平衡常数计算示例

由式(5-5) 和式(5-6) 可知，只要测得 A、B、C、D 平衡时的浓度或分压，可求得 K；若已知 K 和三种物质的浓度或分压，可求得第四种物质的浓度或分压。

【例 5-1】 SO_2 可以被 O_2 氧化成 SO_3，平衡时，测得反应体系的总压力为 0.101MPa，且 SO_2、O_2、SO_3 的物质的量比为 6.70：1.00：8.10，计算此条件下下列反应的平衡常数 K。

$$2SO_2(g) + O_2(g) \rightleftharpoons 2SO_3(g)$$

解 先求各气体的相对分压

$$\frac{p(SO_2)}{p^{\ominus}} = \frac{0.101 \times 6.70}{(6.70 + 1.00 + 8.10) \times 0.101} = 0.424$$

$$\frac{p(SO_3)}{p^{\ominus}} = \frac{0.101 \times 8.10}{(6.70 + 1.00 + 8.10) \times 0.101} = 0.513$$

$$\frac{p(O_2)}{p^{\ominus}} = \frac{0.101 \times 1.00}{(6.70 + 1.00 + 8.10) \times 0.101} = 0.0633$$

则平衡常数为

$$K = \frac{0.513^2}{0.424^2 \times 0.0633} = 23.1$$

【例 5-2】 合成氨反应：$3H_2 + N_2 \rightleftharpoons 2NH_3$；现将 4.0mol H_2 和 1.0mol N_2 在恒温 350℃、恒压 30.0MPa 下反应。平衡后，从系统中抽取 100.0mL 气体，并将气体通过硫酸溶液后干燥，气体的体积还有 96.9mL。求：在该条件下合成氨的平衡常数 K 和 N_2 转化为 NH_3 的摩尔转化率。取标准压力 $p^{\ominus} = 0.1$MPa

解 $$N_2 + 3H_2 \rightleftharpoons 2NH_3$$

设平衡时生成 $2x$mol NH_3，则平衡时 N_2 为 $(1.0-x)$mol，H_2 为 $(4.0-3x)$ mol。

NH_3 通过浓硫酸溶液，有 $2NH_3 + H_2SO_4 \longrightarrow (NH_4)_2SO_4$

则 NH_3 在体系中的体积比例为 $\frac{100.0 - 96.9}{100.0} = 3.1\%$

气体的体积比等于摩尔比，所以 $\frac{2x}{2x + 1.0 - x + 4.0 - 3x} = 3.1\%$

解得 $$x = 0.075mol$$

N$_2$ 为 $\qquad$ $1.0-x=1.0-0.075=0.925\text{mol}$

H$_2$ 为 $\qquad$ $4.0-3x=4.0-3\times0.075=3.775\text{mol}$

则 $\qquad$ $\dfrac{p_{\text{NH}_3}}{p^\ominus}=\dfrac{3.1\%\times30.0}{0.1}=9.3$

$$\dfrac{p_{\text{H}_2}}{p^\ominus}=\dfrac{3.775\times30.0}{(2\times0.075+0.925+3.775)\times0.1}=233.5$$

$$\dfrac{p_{\text{N}_2}}{p^\ominus}=\dfrac{0.925\times30.0}{(2\times0.075+0.925+3.775)\times0.1}=57.2$$

$$K=\dfrac{9.3^2}{233.5^3\times57.2}=1.2\times10^{-7}$$

N$_2$ 转化为 NH$_3$ 的摩尔转化率 $\qquad r=\dfrac{2x}{1.0}=\dfrac{0.075\times2}{1.0}=15\%$

5.2 溶 度 积

5.2.1 溶度积的概念

组成晶体的离子称作构晶离子。

在水溶液中，若干种离子反应时，有时会产生沉淀。如：

$$\text{Ag}^++\text{Cl}^-\Longleftrightarrow\text{AgCl}\downarrow \qquad\qquad (5\text{-}19)$$

$$\text{Ca}^{2+}+2\text{F}^-\Longleftrightarrow\text{CaF}_2\downarrow \qquad\qquad (5\text{-}20)$$

式(5-19) 中的 AgCl 和式(5-20) 的 CaF$_2$ 由于受到水分子的作用也会发生从右向左的溶解反应。

$$\text{AgCl}\Longleftrightarrow\text{Ag}^++\text{Cl}^- \qquad\qquad (5\text{-}21)$$

$$\text{CaF}_2\Longleftrightarrow\text{Ca}^{2+}+2\text{F}^- \qquad\qquad (5\text{-}22)$$

即晶体物质或难溶电解质溶于水后，全部离解成其构晶离子。体系中若有 AgCl、CaF$_2$ 固体存在，就表明 AgCl、CaF$_2$ 溶液的浓度已达饱和，AgCl、CaF$_2$ 不能再继续溶解。

按照化学平衡常数的定义，式(5-21)、式(5-22) 的化学平衡常数分别为：

$$K=[\text{Ag}^+][\text{Cl}^-]$$

和 $\qquad\qquad K=[\text{Ca}^{2+}][\text{F}^-]^2$

这种化学平衡常数称为溶度积常数，简称溶度积，记作 $K_{\text{sp}}(\text{AgCl})$ 或 $K_{\text{sp}}(\text{CaF}_2)$。括号内标注的是沉淀物的化学式。它是电解质固体溶解在水中并全部电离反应的化学平衡常数。

即 $\qquad\qquad K_{\text{sp}}(\text{AgCl})=[\text{Ag}^+][\text{Cl}^-]$

$$K_{\text{sp}}(\text{CaF}_2)=[\text{Ca}^{2+}][\text{F}^-]^2$$

溶度积 K_{sp} 的物理意义是：当难溶电解质在水中溶解与电离反应达平衡时，若仍有难溶电解质固态物共存，则难溶电解质构晶离子浓度幂积与溶度积相等。

当加入到溶剂中的电解质构晶离子的浓度幂积（简称浓度积）大于电解质的溶度积时，就会有沉淀产生。沉淀使溶解在溶液中各构晶离子浓度减小，一直到构晶离子浓度幂积与溶度积相等为止；若在水中加入难溶电解质，难溶电解质便会溶解并全部电离成构晶离子，一直到构晶离子浓度幂积与溶度积相等为止；当加入到溶剂中的电解质构晶离子的浓度积小于电解质的溶度积时，不会有沉淀产生。此种情况下，构晶离子的浓度积与溶度积之间没有等价关系。

溶度积常数是各种难溶电解质溶解性能的一种表征。组成比相同的难溶电解质，溶度积越大，电解质溶解度越大，反之亦然。

本书及不少化学书刊的附录中都刊有常见的难溶电解质的溶度积。

从附录 2 中查得：$K_{sp}(AgBr)=4.1\times10^{-13}$、$K_{sp}(AgCl)=1.8\times10^{-10}$、$K_{sp}(AgI)=8.3\times10^{-17}$、$K_{sp}(AgSCN)=1.8\times10^{-12}$。它们都属于组成比为 1:1 的难溶电解质，所以，溶解度 $AgCl>AgSCN>AgBr>AgI$。

5.2.2 溶度积和溶解度间的关系

溶解度可表示为单位体积饱和溶液中物质的质量（如 $g\cdot L^{-1}$ 等），也可表示为单位体积饱和溶液中的物质的量（如 $mol\cdot L^{-1}$）。它与溶度积一样，均可表示物质溶解能力的大小。因此，它们两者之间存在必然的联系。

若知道溶度积，可求得溶解度；相反，若已知溶解度，也可求得该难溶电解质的溶度积。

【例 5-3】 25℃时 AgCl 和 Ag_2CrO_4 的溶度积分别 1.8×10^{-10} 和 1.1×10^{-12}，求该温度下 AgCl 和 Ag_2CO_4 的溶解度（$mol\cdot L^{-1}$），并比较两者溶解度的大小。

解 设 AgCl 的溶解度为 $x\,mol\cdot L^{-1}$

$$AgCl \Longrightarrow Ag^+ + Cl^-$$

则 $$[Ag^+]=x\,mol\cdot L^{-1}, \quad [Cl^-]=x\,mol\cdot L^{-1}$$

$$K_{sp}(AgCl)=[Ag^+][Cl^-]=1.8\times10^{-10}$$

$$x^2=1.8\times10^{-10}$$

求得 AgCl 的溶解度： $x=1.3\times10^{-5}\,mol\cdot L^{-1}$

设 Ag_2CrO_4 的溶解度为 $y\,mol\cdot L^{-1}$

$$Ag_2CrO_4 \Longrightarrow 2Ag^+ + CrO_4^{2-}$$

则 $$[Ag^+]=2y\,mol\cdot L^{-1} \qquad [CrO_4^{2-}]=y\,mol\cdot L^{-1}$$

$$K_{sp}(Ag_2CrO_4)=[Ag^+]^2[CrO_4^{2-}]=1.1\times10^{-12}$$

$$(2y)^2y=1.1\times10^{-12}$$

求得 Ag_2CrO_4 的溶解度： $y=6.5\times10^{-5}\,mol\cdot L^{-1}$

显然 $y>x$，即 Ag_2CrO_4 的溶解度大于 AgCl 的溶解度。此例表明：对于组成比不同的难溶电解质，不能简单地用溶度积判断其溶解度的大小。

【例 5-4】 25℃时，CaF_2 的溶解度是 $0.0159g\cdot L^{-1}$，求该温度下 CaF_2 的溶度积 K_{sp}（CaF_2）。

解 查附录 5 知 CaF_2 的摩尔质量为 $78.08g\cdot mol^{-1}$

CaF_2 饱和溶液的浓度为：

$$0.0159g\cdot L^{-1}/78.08g\cdot mol^{-1}=2.04\times10^{-4}\,mol\cdot L^{-1}$$

$$CaF_2 \Longrightarrow Ca^{2+} + 2F^-$$

$$[Ca^{2+}]=2.04\times10^{-4}\,mol\cdot L^{-1} \qquad [F^-]=2\times2.04\times10^{-4}\,mol\cdot L^{-1}$$

$$K_{sp}(CaF_2)=[Ca^{2+}][F^-]^2=2.04\times10^{-4}\times(2\times2.04\times10^{-4})^2=3.4\times10^{-11}$$

关于固体电解质在溶剂中是否会完全溶解或电解质溶液有无沉淀产生还有两点特别要注意。

① 有时加入的构晶离子的浓度积已大于溶度积，但溶剂中仍无沉淀产生，实际上这是一种不稳定的过饱和中间状态。溶液处于过饱和状态时，只要外界稍稍变化，沉淀会立即产生，例如用玻璃棒摩擦器皿壁、加热后冷却、加入晶种等。离子的浓度积大于溶度积只表明：达到平衡时，一定有沉淀产生。平衡何时到达、如何到达，溶度积是无法回答的。

② 肉眼看不到沉淀不等于没有产生沉淀，因为有的沉淀颗粒细小或沉淀物过少，不易观察得到。但仪器（例如光度仪、浊度计）却能观察到沉淀带来的某些物理量的改变，或用

其他化学方法可以证实沉淀确实已经产生。

5.3 化学平衡的移动

5.3.1 化学平衡移动的概念

化学平衡是一种暂时的、相对的和有条件的平衡。从微观上看，这种平衡仍处在动态中。如果外部条件发生变化，这种平衡就可能被破坏，从一个平衡变为另一个在新条件下建立的新的平衡。

在新建立的平衡状态下，反应体系中各物质的浓度与原平衡状态下各物质的浓度不完全相同。这种由于条件变化，从一个平衡状态转变为另一个平衡状态的过程，称为化学平衡的移动。

若知道了化学平衡移动的内在规律，便可人为地控制反应条件，使化学平衡向着有利于我们既定的目标的方向移动，提高转化率和产量。

对于气相反应，影响化学平衡移动的因素主要有反应物或生成物的浓度、压力、温度。

对于液相反应（包括沉淀反应）影响的因素主要有浓度、温度、pH（即酸碱度）、同离子效应或竞争反应等。

5.3.2 浓度对化学平衡的影响

对于一个均相化学反应

$$mA + nB \Longrightarrow xC + yD \tag{5-23}$$

浓度商

$$Q = \frac{\left(\dfrac{c_C}{c^\ominus}\right)^x \left(\dfrac{c_D}{c^\ominus}\right)^y}{\left(\dfrac{c_A}{c^\ominus}\right)^m \left(\dfrac{c_B}{c^\ominus}\right)^n} \tag{5-24}$$

如果 A、B、C、D 为气体，则用压力商

$$Q = \frac{\left(\dfrac{p_C}{p^\ominus}\right)^x \left(\dfrac{p_D}{p^\ominus}\right)^y}{\left(\dfrac{p_A}{p^\ominus}\right)^m \left(\dfrac{p_B}{p^\ominus}\right)^n} \tag{5-25}$$

式中，$\dfrac{c_A}{c^\ominus}$、$\dfrac{c_B}{c^\ominus}$、$\dfrac{c_C}{c^\ominus}$、$\dfrac{c_D}{c^\ominus}$ 分别是新的化学平衡尚未达到时 A、B、C、D 任意时刻的相对浓度。$\dfrac{p_A}{p^\ominus}$、$\dfrac{p_B}{p^\ominus}$、$\dfrac{p_C}{p^\ominus}$、$\dfrac{p_D}{p^\ominus}$ 分别是新的化学平衡尚未达到时 A、B、C、D 任意时刻的相对分压。则化学平衡移动的准则是：

$Q < K$，化学平衡向右移动，又称为正向移动。

$Q > K$，化学平衡向左移动，又称为逆（反）向移动。

$Q = K$，已处于平衡状态，化学平衡不移动。

从式(5-24)、式(5-25) 看，若想使化学平衡正向移动，必须减小 Q 值。即可以加大分母的值，即增加反应物 A 或 B 的相对浓度或相对分压；也可以减小分子的值，即减小产物 C 或 D 的相对浓度或相对分压；二者兼而有之则更好。

当然，平衡常数 K 增大也有利于化学平衡正向移动。

【例 5-5】 已知化学反应 $2SO_2(g) + O_2(g) \Longrightarrow 2SO_3(g)$ 的平衡常数为 23.1，总压力保持为 101325Pa，将 3.00mol 的 SO_2 与 2.00mol 的 O_2 反应，达到平衡后，生成多少摩尔 SO_3？若 SO_2 由 3.00mol 增加为 4.00mol，又生成多少摩尔 SO_3？

解　设生成 SO_3 x mol，由方程式知平衡时 SO_2 物质的量为 $3.00-x$，O_2 物质的量为 $2.00-0.5x$。则平衡时的总物质的量为 $\sum n = n(SO_2) + n(SO_3) + n(O_2)$，各组分的分压为 $p_i = p_{总压} \times \dfrac{n_i}{\sum n}$。所以

SO_3 的相对分压

$$\frac{p(SO_3)}{p^{\ominus}} = \frac{101325}{p^{\ominus}} \times \frac{x}{(3.00-x)+x+(2.00-0.5x)} = \frac{x}{5.00-0.5x}$$

SO_2 的相对分压

$$\frac{p(SO_2)}{p^{\ominus}} = \frac{101325}{p^{\ominus}} \times \frac{3.00-x}{5.00-0.5x} = \frac{3.00-x}{5.00-0.5x}$$

O_2 的相对分压

$$\frac{p(O_2)}{p^{\ominus}} = \frac{101325}{p^{\ominus}} \times \frac{2.00-0.5x}{5.00-0.5x} = \frac{2.00-0.5x}{5.00-0.5x}$$

故

$$K = \frac{\left(\dfrac{x}{5.00-0.5x}\right)^2}{\left(\dfrac{3.00-x}{5.00-0.5x}\right)^2 \times \dfrac{2.00-0.5x}{5.00-0.5x}} = 23.1$$

整理后得　　　　　　　　$11.05x^3 - 110.5x^2 + 381.15x - 415.8 = 0$

解上述高次方程，可将最高次项移至左边，其他各项移至右边，并使最高次项的系数为 1，则

$$x^3 = 10.0x^2 - 34.49x + 37.63$$

将方程两边同时开最高次方，得

$$x = \sqrt[3]{10.0x^2 - 34.49x + 37.63}$$

根据题意，生成的 SO_3 不可能高于加入 SO_2 的物质的量，即 $0 \leqslant x \leqslant 3$。可假设 $x=1.5$，则左式$=1.5$，将 $x=1.5$ 代入右式计算出右式的值。比较计算值与原假设值，若两者差的绝对值小于指定的一个小正数 ε（例如本题可定为 0.001），则可认为计算出的值就是方程的解，若超过 ε，则将计算出的值当作 x 的新假设值重复上述过程，直到前后两者差的绝对值小于 ε 为止。此法叫迭代法，它是利用计算机解各种一元方程的一种重要的常用方法，本题的迭代计算过程及计算结果见表 5-1。

表 5-1　SO_3 浓度计算过程的迭代值

计 算 值	2.03	2.066	2.086	2.095	2.1001	2.103	2.104
两者之差绝对值	0.53	0.036	0.02	0.011	0.0051	0.0029	0.001

$|2.104-2.103| \leqslant 0.001$，达到了要求，则 $x=2.104\,\text{mol}$，即生成了 $2.10\,\text{mol}$ 的 SO_3。

若 SO_2 增加为 $4.00\,\text{mol}$，则 SO_2 的物质的量为 $4.00-x$，O_2 的物质的量为 $2.00-0.5x$，于是有

$$23.1 = \frac{\left(\dfrac{x}{6.00-0.5x}\right)^2}{\left(\dfrac{4.00-x}{6.00-0.5x}\right)^2 \times \dfrac{2.00-0.5x}{6.00-0.5x}}$$

用迭代法可解得　　　　　　　　$x = 2.60$

在利用迭代法解一元方程时，要注意以下两个问题：

① 迭代形式的选择

方程式的右式叫迭代形式，对一个一元方程而言它有多种选择，选择得不好，迭代过程不收敛，即不能求出精度较高的解。选择得好不好，可从迭代结果看出来。若 $|x_n - x_{n-1}| <$

$|x_{n-1}-x_{n-2}|$，迭代一般都会成功。上例中，$x_1=1.5$，$x_2=2.03$，$x_3=2.066$，$x_4=2.095$，…，$|x_2-x_1|=|2.03-1.5|>|x_3-x_2|=|2.066-2.03|>|x_4-x_3|=|2.095-2.066|>$…，若情况不是如此，改换迭代形式。若$|x_n-x_{n-2}|<|x_{n-1}-x_{n-3}|$，迭代一般也会成功。

② 初值（即第一次假设的解）的选择

一般应根据实际假设，不能随便。否则，解倒可能是数学上的解，但与实际需要解决的问题相差甚远，或者迭代计算的次数会很多，耗时很长。上例中，生成的SO_3不可能小于0，也不可能大于3.00mol，选1.5mol是较合适的。当然，对有经验的人，从大量观察判断选$x_1=2$，计算过程会更短。上例第二步因有第一步的结果，SO_2增加，SO_3产量只会增加，不会减少，可选$x_1>2.1mol$作为初值。选初值时，慎选0和1，有对数时，1的对数值为0，很可能造成分母为0而无法继续迭代。

5.3.3 勒·夏特列原理

上例通过复杂的计算说明了反应物浓度的变化对化学平衡移动的影响。工业生产中有时只需要进行定性判断，那就不必进行复杂的计算了。可根据勒·夏特列（有的翻译成吕·查德里）原理进行判断。

勒·夏特列原理：一个平衡体系（包括化学平衡），假如改变影响平衡体系的条件，则平衡就向着减弱这种条件变化的方向移动。

从前面所述内容可以看到，增加反应物浓度，则平衡向减小反应物浓度的方向移动，则产物浓度必定增加。

减小生成物的浓度，则平衡向增加生成物浓度的方向移动。

加大压力，平衡就向气体物质的量减小的方向移动，以降低体系的压力（因为$\sum n$变小）。因为体系压力$p=nRT/V$，n减小，其他条件不变，体系的压力p减小。

对反应体系进行加热，平衡向降低体系热量的方向移动，即向着吸热方向移动。

对反应体系进行冷却，平衡向升高体系热量的方向移动，即向着放热方向移动。

勒·夏特列原理是自然界的一个普遍规律。

用勒·夏特列原理判断化学平衡的移动与判断化学平衡移动的准则是完全一致的。

例如，平衡时$Q=\dfrac{\left(\dfrac{c_C}{c^\ominus}\right)^x\left(\dfrac{c_D}{c^\ominus}\right)^y}{\left(\dfrac{c_A}{c^\ominus}\right)^m\left(\dfrac{c_B}{c^\ominus}\right)^n}=K$。若浓度商$Q<K$，此时并不是平衡状态。要使$Q=K$，则必须$c_C$、$c_D$增大或$c_A$、$c_B$减小；或者$c_C$、$c_D$增大的同时$c_A$、$c_B$减小。这三种情况都表明，化学平衡正向移动。

若浓度商$Q>K$，则必要求分子减小或分母增大，即c_C、c_D减小或c_A、c_B增大；或者c_C、c_D减小的同时c_A、c_B增大。这三种情况都表明，化学平衡反向移动。

5.3.4 压力对化学平衡的影响

一般来讲，对于没有气体参加的化学平衡，即无论反应物或生成物均不是气体的化学平衡，压力的影响很小。因为一般认为液体和固体都是不可压缩的，影响可以忽略不计。

对于有气体参加的化学平衡，无论其为反应物或产物或者两者均为气体，并且反应前后气体物质的量的变化值不为零时，压力的变化将会影响平衡的移动。对于下列反应：

$$mA(g)+nB(g)\Longleftrightarrow xC(g)+yD(g)$$

反应前后气体物质的量的变化量$\Delta n=(x+y)-(m+n)$。

若$\Delta n>0$：当增加体系压力时，根据勒·夏特列原理，平衡应向减小压力p的方向移动。因为$p=nRT/V$，n越大，压力p越大，反之亦然。所以平衡应向着物质的量减小的方向移动，即逆向移动。当减小体系压力时，平衡应向增加压力p的方向移动。所以平衡应向着物质的量增加的方向移动，即正向移动。

若 $\Delta n < 0$：加大压力，平衡应向减小压力 p 的方向移动。所以平衡应向着物质的量减小的方向移动，即正向移动。当减小体系压力时，平衡应向增加压力 p 的方向移动。所以平衡应向着物质的量增加的方向移动，即逆向移动。

$\Delta n = 0$：根据勒·夏特列原理，仅改变体系的压力，对化学平衡的移动不会产生任何影响。

通过计算可证明根据勒·夏特列原理做出的上述判断是完全正确的。

证明： 由上述反应式可得化学平衡常数：

$$K = \frac{\left(\dfrac{p_C}{p^\ominus}\right)^x \left(\dfrac{p_D}{p^\ominus}\right)^y}{\left(\dfrac{p_A}{p^\ominus}\right)^m \left(\dfrac{p_B}{p^\ominus}\right)^n}$$

若将体系的气体一起压缩 s 倍，$pV = nRT$，$\dfrac{p_2}{p_1} = \dfrac{V_1}{V_2}$ 即体系的总压力变为原来压力的 s 倍，各气体组分的分压也变为原来的 s 倍，则：

$$Q = \frac{\left(\dfrac{sp_C}{p^\ominus}\right)^x \left(\dfrac{sp_D}{p^\ominus}\right)^y}{\left(\dfrac{sp_A}{p^\ominus}\right)^m \left(\dfrac{sp_B}{p^\ominus}\right)^n} = \frac{\left(\dfrac{p_C}{p^\ominus}\right)^x \left(\dfrac{p_D}{p^\ominus}\right)^y}{\left(\dfrac{p_A}{p^\ominus}\right)^m \left(\dfrac{p_B}{p^\ominus}\right)^n} s^{(x+y)-(m+n)} = K s^{\Delta n}$$

若 $\Delta n = 0$，$s^{\Delta n} = 1$，则 $Q = K s^{\Delta n} = K$；改变压力对平衡的移动没有影响。

$s > 1$，即增加压力：

若 $\Delta n > 0$，$s^{\Delta n} > 1$，则 $Q = K s^{\Delta n} > K$；反应逆向移动。

若 $\Delta n < 0$，$s^{\Delta n} < 1$，则 $Q = K s^{\Delta n} < K$；反应正向移动。

$s < 1$，即减小压力：

若 $\Delta n > 0$，$s^{\Delta n} < 1$，则 $Q = K s^{\Delta n} < K$；反应正向移动。

若 $\Delta n < 0$，$s^{\Delta n} > 1$，则 $Q = K s^{\Delta n} > K$；反应逆向移动。

5.3.5 惰性气体引入对平衡移动的影响

在气相反应中引入惰性气体是化工生产中经常采用的一种工艺手段。在不同的条件下，惰性气体的引入对平衡移动的影响也不同。

(1) 在恒温、恒压下引入惰性气体

恒温、恒压下引入惰性气体，这是化工生产尤其是大型化工生产经常遇到的情况或为了某种需要而经常采用的技术措施。在这种情况下，体系总压力不变；但是，惰性气体的引入，使得体系中气体的总物质的量增加了，参加反应的各气体的摩尔比降低了。由道尔顿分压定律知，每一种气体的分压等于总压力与该气体的摩尔分数乘积。即：

未加惰性气体前，i 气体的分压 $\qquad p_i = \dfrac{p n_i}{\sum n_i}$

加入惰性气体后，i 气体的分压 $\qquad p_i^* = \dfrac{p n_i}{\sum n_i + \sum n_j}$

式中，p 为体系总压力；n_i 为参加反应的各气体的物质量；n_j 为加入的惰性气体的物质量。显然：

$$p_i^* < p_i$$

这种情况相当于减小了压力，即 $s < 1$。所以，$\Delta n > 0$ 反应正向移动；$\Delta n < 0$ 反应逆向移动；$\Delta n = 0$，加入惰性气体不会使化学平衡移动。

(2) 在恒温、恒容下加入惰性气体

恒温、恒容下加入惰性气体是小型化工生产中和实验室中经常采用的措施。

如上所述，惰性气体的引入，使得体系中气体的总物质的量增加了，参加反应的各气体的摩尔比降低了。其分压 p_i^* 降低。但由于 V（恒容）未变，总物质的量增加，体系总压力增加，其分压 p_i^* 增加。两个因素对各气体分压的影响相反，就不能定性下结论，必须进行量的分析才能得出总影响效果。

设未加惰性气体前，i 气体的分压：

$$p_i = \frac{pn_i}{\sum n_i} = \frac{(\sum n_i RT) n_i}{V \sum n_i} = \frac{n_i RT}{V}$$

式中，p 为未加惰性气体前体系的总压力；n_i 为参加反应的各气体的物质量。

加入了 $\sum n_j$ 摩尔的惰性气体后，体系的总压力：

$$p^* = \frac{(\sum n_i + \sum n_j) RT}{V}$$

i 气体的分压：

$$p_i^* = \frac{p^* n_i}{\sum n_i + \sum n_j} = \frac{(\sum n_i + \sum n_j) RT n_i}{V(\sum n_i + \sum n_j)} = \frac{n_i RT}{V} = p_i$$

因此，加入惰性气体前后 i 气体的分压完全一致。因此，在这种情况下，引入惰性气体对平衡的移动不产生影响。

【例 5-6】 N_2O_4 气体分解反应 $N_2O_4(g) \Longrightarrow 2NO_2(g)$ 的平衡常数 $K = 0.315$。

① 在 101325Pa 压力下，体系中的 N_2O_4 与 NO_2 的物质的量之比为 4 : 1，判断平衡移动的方向。

② 在上述条件下达平衡后，改变体系总压力为 303975Pa，判断平衡移动方向。

③ 在①条件下平衡后的体系中加入惰性气体 5.0mol，并使其体积不变，判断平衡移动的方向。

④ 在①条件下体系平衡后，测得体系中 N_2O_4 为 4.0mol，此时 NO_2 为多少 mol？平衡后若维持压力不变，再向体系中加入 2.0mol 惰性气体，判断平衡移动的方向。

解 ① N_2O_4 的分压为 $\qquad p(N_2O_4) = \dfrac{4}{4+1} \times 101325 = 0.8 p^{\ominus}$

NO_2 的分压为 $\qquad p(NO_2) = \dfrac{1}{4+1} \times 101325 = 0.2 p^{\ominus}$

$$Q = \frac{\left[\dfrac{p(NO_2)}{p^{\ominus}}\right]^2}{\dfrac{p(N_2O_4)}{p^{\ominus}}} = \frac{0.04}{0.8} = 0.05 < 0.315 \qquad \text{平衡向右移动}$$

② 设平衡时 N_2O_4 的物质的量为 n_1，NO_2 的物质的量为 n_2。则

N_2O_4 的分压为 $\qquad p(N_2O_4) = 303975 \times \dfrac{n_1}{n_1 + n_2}$

NO_2 的分压为 $\qquad p(NO_2) = 303975 \times \dfrac{n_2}{n_1 + n_2}$

故 $\qquad Q = \dfrac{\left(\dfrac{303975 \times \dfrac{n_2}{n_1 + n_2}}{p^{\ominus}}\right)^2}{\dfrac{303975 \times \dfrac{n_1}{n_1 + n_2}}{p^{\ominus}}} = \dfrac{\left(3 \times \dfrac{n_2}{n_1 + n_2}\right)^2}{3 \times \dfrac{n_1}{n_1 + n_2}} = 3 \times \dfrac{\left(\dfrac{n_2}{n_1 + n_2}\right)^2}{\dfrac{n_1}{n_1 + n_2}}$

$$K = \frac{\left(\dfrac{101325 \times \dfrac{n_2}{n_1 + n_2}}{p^{\ominus}}\right)^2}{\dfrac{101325 \times \dfrac{n_1}{n_1 + n_2}}{p^{\ominus}}} = \frac{\left(\dfrac{n_2}{n_1 + n_2}\right)^2}{\dfrac{n_1}{n_1 + n_2}}$$

因为 $Q=3K_p$，$Q>K_p$，所以平衡向左移动。

也可直接利用规则判断：$\Delta n=2-1>0$，加大压力，平衡向左移动。

③ 假设与②相同，并设原来的压力为 p_0，因为体积不变，则

$$p_0V=(n_1+n_2)RT$$
$$pV=(n_1+n_2+5)RT$$

故现总压力为

$$p=\frac{p_0(n_1+n_2+5)}{n_1+n_2}$$

N_2O_4 的分压为

$$p(N_2O_4)=p\frac{n_1}{n_1+n_2+5}=p_0\frac{n_1+n_2+5}{n_1+n_2}\times\frac{n_1}{n_1+n_2+5}=p_0\frac{n_1}{n_1+n_2}$$

同理 NO_2 的分压为

$$p(NO_2)=p_0\frac{n_2}{n_1+n_2}$$

$$Q=\frac{\left(\frac{p_0}{p^\ominus}\times\frac{n_2}{n_1+n_2}\right)^2}{\frac{p_0}{p^\ominus}\times\frac{n_1}{n_1+n_2}}=K_p$$

故平衡不移动。

④ 设 NO_2 的物质的量为 $x\,mol$。则

$$K_p=\frac{\left(\frac{101325}{p^\ominus}\times\frac{x}{4+x}\right)^2}{\frac{101325}{p^\ominus}\times\frac{4}{4+x}}$$

$$0.315=\left(\frac{x}{4+x}\right)^2\times\frac{4+x}{4}=\frac{x^2}{4(4+x)}$$

解得

$$x=2.96$$

加入 $2\,mol$ 惰性气体后，此体系中 N_2O_4 的分压为

$$p(N_2O_4)=101325\times\frac{4}{4+2.96+2}=0.446p^\ominus$$

NO_2 的分压为

$$p(NO_2)=101325\times\frac{2.96}{4+2.96+2}=0.330p^\ominus$$

$$Q=\frac{\left[\frac{p(NO_2)}{p^\ominus}\right]^2}{\frac{p(N_2O_4)}{p^\ominus}}=\frac{0.330^2}{0.446}=0.244<K_p\quad\text{平衡向右移动}$$

也可根据勒·夏特列原理进行定性判断。加入惰性气体后，各气体分压降低，平衡应向压力增大方向移动。本反应是一个物质的量增加的反应，即 $\Delta n>0$，压力减小时，应正向移动。

5.3.6 温度对化学平衡的影响

平衡常数是温度的函数，温度发生变化，平衡常数也发生变化，从而使化学平衡发生移动。

加热（体系温度不一定上升）时，平衡向吸热反应方向移动；冷却（体系温度不一定下降）时，平衡向放热反应方向移动。这是因为：

对于放热反应　　　　　$mA+nB\rightleftharpoons xC+yD+Q$

热量 Q 也是一个产物，只不过不是物质性的。根据勒·夏特列原理，冷却即是从体系中取走热量，平衡应向着热量增加的方向移动，即正向移动；加热即给体系增加热量，平衡应向着热量减小的方向移动，即反向移动。

5.3.7 相变与存在形式对化学平衡的影响

(1) 产物相变对化学平衡的影响

如果产物与原反应体系不是同一相时，这种反应也可以算作一种非均相反应。例如，反应在溶液中进行，有固体产物或气体产物；气态反应有液体产物等。

一般来说，产物为固体时，此时溶液一定是饱和溶液，使浓度积 Q 的计算值变小，可使 $Q < K$。根据勒·夏特列原理，平衡应向着增加该产物的方向移动即正方向移动。

若产物为气体，因为气态物质在水中有一定溶解性，会保持饱和溶液状态下的浓度。进行加热，将其挥发，则溶液中该产物浓度变小，则平衡也向正方向移动。

若产物能被有机相萃取，产物进入有机相，与气态产物的原理相似，无机相（水溶液）中的产物浓度降低。则平衡也正向移动。

(2) 产物存在形式对化学平衡的影响

若产物的存在形式发生改变，表明产物浓度变小，化学平衡应向着增加该产物的方向移动，即正方向移动。例如：

$$MnO_4^- + 5Fe^{2+} + 8H^+ \Longrightarrow Mn^{2+} + 5Fe^{3+} + 4H_2O$$

如果加入磷酸，Fe^{3+} 与磷酸生成一种配合物，Fe^{3+} 的浓度变小，所以平衡向正方向移动。

5.4 化学反应速率

5.4.1 化学反应速率的概念及表达式

平衡常数只反映了某一化学反应可以进行到的最高程度，即极限程度。生产上可用平衡常数计算理论上的最高产率。平衡常数还反映了平衡时反应物及产物的浓度间的数学关系。但是，平衡常数没有回答也不可能回答达到这种平衡要花多少时间，即达到平衡的速率问题。

事实上，各种化学反应的反应速率极不相同，有的反应能在瞬间达到平衡。例如，火药爆炸，HCl 与 NaOH 间的中和反应。但有的反应经过几十年也难达到平衡，例如，在常温下 H_2 和 O_2 几十年也不会变成 1 滴水，N_2 和 H_2 也不会变成 NH_3。

化学反应速率指在一定条件下，反应物转变为生成物的速率。一般用单位时间（s 或 min 或 h）内反应物浓度的减小或生成物浓度的增加来表示，而且习惯用正值。其单位一般为 $mol \cdot L^{-1} \cdot s^{-1}$、$mol \cdot L^{-1} \cdot min^{-1}$ 或 $mol \cdot L^{-1} \cdot h^{-1}$。

对于一般的化学反应通式

$$mA + nB \Longrightarrow xC + yD$$

平均速率为

$$\bar{v}_A = -\frac{\Delta c_A}{\Delta t} \qquad \bar{v}_B = -\frac{\Delta c_B}{\Delta t} \qquad \bar{v}_C = \frac{\Delta c_C}{\Delta t} \qquad \bar{v}_D = \frac{\Delta c_D}{\Delta t}$$

为使 A 和 B 的平均速率为正值，前面两式加上负号表示反应物浓度减小。$\Delta t \to 0$ 时，$\lim\limits_{\Delta t \to 0} \bar{v} = \lim\limits_{\Delta t \to 0} \left(-\frac{\Delta c_A}{\Delta t}\right)$ 就是 A 的反应速率的瞬时值，其余与此式相似。

$$\lim_{\Delta t \to 0} \left(-\frac{\Delta c_A}{\Delta t}\right) = -\frac{dc_A}{dt}$$

可见，反应速率是时间的函数，在实际工作中，瞬时反应速率是很难获得的。只有找到了反应速率与 t 的函数关系，才可通过求导求得瞬时速率。反应速率与 t 的函数关系主要靠实验数据模拟或模拟加理论推断获得。

【例 5-7】 在测定下列反应的速率时，所涉及数据如下：

$$2S_2O_3^{2-} + I_3^- \rightleftharpoons S_4O_6^{2-} + 3I^-$$

0s 时的浓度/mol·L^{-1}　0.077　　0.077　　　0　　　　0
90s 时的浓度/mol·L^{-1}　0.074　　0.0755　0.0015　0.0045

计算反应开始后 90s 内的平均速率。

解　$\overline{v}(S_2O_3^{2-}) = -\dfrac{0.074-0.077}{90} = 3.3\times10^{-5} \ (\text{mol·L}^{-1}\cdot\text{s}^{-1})$

$\overline{v}(I_3^-) = -\dfrac{0.0755-0.077}{90} = 1.67\times10^{-5} \ (\text{mol·L}^{-1}\cdot\text{s}^{-1})$

$\overline{v}(S_4O_6^{2-}) = \dfrac{0.0015-0}{90} = 1.67\times10^{-5} \ (\text{mol·L}^{-1}\cdot\text{s}^{-1})$

$\overline{v}(I^-) = \dfrac{0.0045-0}{90} = 5.0\times10^{-5} \ (\text{mol·L}^{-1}\cdot\text{s}^{-1})$

上例表明，用不同物质的浓度变化来表示反应速率时，其数值不相等，但它却是对同一个反应的反应速率的表达。因此表示反应速率时，一定要标明是哪种物质浓度的变化。如果所得值全部除以化学反应方程式中各物质前的系数，则会得到一个相同的反应速率值。例如 $\overline{v}(S_2O_3^{2-})/2 = 3.3\times10^{-5}/2 = 1.65 \ \text{mol·L}^{-1}\cdot\text{s}^{-1}$；$\overline{v}(I^-)/3 = 5.0\times10^{-5}/3 = 1.67 \ \text{mol·L}^{-1}\cdot\text{s}^{-1}$。这一反应速率称为单位物质的反应速率。也就是说，无论参加化学反应各物质的计量关系如何，各物质的单位物质反应速率是相等的。

瞬时速率可以用作图法近似地求得。具体过程如下：以某个反应物或生成物的浓度值 c 为纵坐标，时间 t 为横坐标，可测得若干对 t、c 的值，在坐标系中就有若干个点。将这些点用平滑的曲线连接。对应于某个时间 t，在曲线上便有一点，过此点作曲线的切线，切线斜率的绝对值便为 t 时刻的瞬时反应速率。

【例 5-8】 N_2O_5 的分解反应为 $2N_2O_5 \rightleftharpoons 4NO_2 + O_2$，测得数据见表 5-2。

表 5-2　N_2O_5 在反应过程中的浓度

t/min	0	10	20	30	40	50	60	70	80	90	100
$c(N_2O_5)/(10^{-2}\text{mol·L}^{-1})$	1.24	0.92	0.68	0.50	0.37	0.28	0.20	0.15	0.11	0.08	0.06

求反应开始后 30min 内的平均速率和 50min 时的瞬时速率。

解　反应开始后 30min 内的平均速率为

$$\overline{v}(N_2O_5) = \frac{-(0.50-1.24)\times10^{-2}}{30} = 2.47\times10^{-4} \ (\text{mol·L}^{-1}\cdot\text{min}^{-1})$$

将表 5-2 中的各数据在坐标系中描点，作图，如图 5-1 所示。过 (50, 0.28) 点作切线，得直线 AB，交横轴于点 B，交纵轴于点 A，从图中可以看出 A 点坐标为 (0, 0.71)，B 点坐标为 (79, 0)，故

$$\text{斜率} = \frac{0.71}{79}\times10^{-2} = 8.99\times10^{-5}(\text{mol·L}^{-1}\cdot\text{min}^{-1})$$

则 50s 时的瞬时反应速率为　　$v_{50}(N_2O_5) = 8.99\times10^{-5} \ (\text{mol·L}^{-1}\cdot\text{min}^{-1})$

5.4.2　浓度对化学反应速率的影响

化学反应速率的大小，首先取决于参加反应各物质的性质。有些反应非常快，如大多数离子反应、酸碱中和反应等。但有些反应非常慢，如大多数有机反应、合成氨、氢气和氧气

合成水等。

外部条件的改变也会对反应速率产生很大的影响。主要的因素有反应物的浓度、反应温度、催化剂的使用等。

人们通过大量实验发现，对于大多数化学反应而言，反应物浓度增大，反应速率也会增大。图 5-1 也反映了这一现象：当反应开始阶段，N_2O_5 浓度很大，c-t 曲线很陡峭，其切线斜率绝对值很大，即反应速率很大；随着 N_2O_5 浓度逐渐变小，c-t 曲线变得比较平缓，切线斜率绝对值也逐渐变小，即反应速率也逐渐变小。

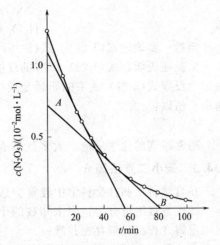

图 5-1　N_2O_5 分解反应的 c-t 曲线

从微观世界看，分子的热运动会产生分子间的相互碰撞。如果两种或两种以上的分子碰撞后使各分子原有化学键断裂，产生新的化合物即发生了化学反应，这种碰撞称为有效碰撞。发生一次有效碰撞，就发生了一次化学反应。单位时间内产生的有效碰撞次数越多，化学反应次数越多，化学反应速率越大。因为各分子的能量是不相同的，有些碰撞显得无关紧要。可以肯定，有效碰撞只是分子相互碰撞的一部分。有效碰撞次数在各种碰撞总次数中的比值称为有效碰撞率。

反应物浓度的增加必然导致反应物分子间的碰撞次数增加。在其他反应条件不变的情况下，虽然碰撞了的分子发生了化学反应的概率变化并不大，但发生化学反应的分子的总数仍会增加，有效碰撞次数增加，反应速率也会增加。随着反应的推进，反应物浓度下降，反应物分子间的碰撞次数也会下降，反应速率也会逐步降低，表 5-2、图 5-1 已清晰地表明了这一点。

对于化学反应：

$$mA + nB \longrightarrow xC + yD$$

其反应速率的数学表达式是：

$$v = kc_A^{\alpha} c_B^{\beta} \tag{5-26}$$

式(5-26) 称为速率方程。它表明反应速率与各反应物浓度的关系，即反应速率与各反应物浓度的幂积成正比，这称作质量作用定律。比例常数 k 称之为反应速率常数。溶剂、不溶物或固态物质在速率方程中通常不表示出来，因为它们的浓度与化学平衡中的规定一样，当作 1 处理。气相反应则用各反应物的分压表示。反应速率常数 k 可以根据在已知浓度时测得的反应速率求得。它的大小与反应物的浓度无关。

α 称作 A 的反应级数，β 称作 B 的反应级数，$(\alpha + \beta)$ 称作该反应的总级数。

如果化学反应是一步完成的，这种反应称为基元反应。对于基元反应，$\alpha = m$，$\beta = n$。

许多化学反应并不是一步完成的，而是通过几步反应才完成。一般的化学反应方程式仅是宏观表达式，而没有反映该化学反应的历程。

例如：下列反应

$$2NO + 2H_2 \rightleftharpoons N_2 + 2H_2O \tag{5-27}$$

若式(5-27) 是一个基元反应，H_2 的反应级数为 2，即反应速率 v 应与氢气浓度的平方成正比。若固定 NO 的浓度，不断改变 H_2 的浓度，测定反应速率，发现反应速率与 H_2 的浓度的关系是一条直线，可见 v-c_{H_2} 成正比，而不是与 $c_{H_2}^2$ 成正比。即对 H_2 而言，是一级反应。这表明式(5-27) 的反应不是一步完成的。有人据此实验，推测式(5-27) 的反应是经过两个基元反应而完成的。

$$2NO + H_2 \rightleftharpoons N_2 + H_2O_2 \tag{5-28}$$

$$H_2O_2 + H_2 \rightleftharpoons 2H_2O \tag{5-29}$$

当然，要确定式(5-28)、式(5-29)的真实性，还需要其他的实验数据。

实验还表明，式(5-28)反应的反应速率很慢，而式(5-29)反应的反应速率很快。因此决定总反应式(5-27)速率的瓶颈是式(5-28)的反应。它的反应速率近似地等于整个反应的速率。所以：

$$v = kc_{NO}^2 c_{H_2}$$

通常碰到的化学反应，大多数都不是基元反应。反应级数必须通过实验来确定。

5.4.3 最小二乘法简介

在自然科学和社会科学中经常会遇到解线性方程组的问题。

线性方程组可分为：当未知数的个数 n 等于不等价的线性方程个数 m 时，此线性方程组叫定解方程组，解存在并唯一。

未知数的个数 n 大于不等价的线性方程个数 m 时，此线性方程组叫不定方程组，解存在但有无穷多个。

未知数的个数 n 小于不等价的线性方程个数 m 时，此线性方程组叫超定方程组，又叫作矛盾方程组，一般讲，解不存在，只能求近似解，大多数时候均采用最小二乘法求近似解。用最小二乘法求得的近似解称作最小二乘解。若未知数的个数 $n=2$，这种方法又称作线性回归法。

在实际工作中，由实验获得的数据全部存在偶然误差。若对有 n 个未知数的体系只建立 n 个方程，解肯定唯一。但是，若众多数据中只要有一个大误差数据，方程组的解的误差将会非常大。如第1章所述，若要减免偶然误差，必须做多次平行实验，一般要求平行实验次数即线性方程的个数 $m \geqslant [n+(4\sim6)]$。对于二元方程组而言，一般选 $m \geqslant 5$。

对于关系式 $y = ax + b$

式中，x、y 为实验数据，a、b 为未知数。有一个 x_i 便有一个 y_i 对应。

若上式成立且 a、b 已知，对应每一个 x_i 通过上式应可计算出对应的计算值 y_i^*。

$$y_i^* = ax_i + b$$

由于存在偶然误差，一般讲，$y_i - y_i^* \neq 0$。当然 $\sum |y_i - y_i^*|$ 即 $\sum (y_i - y_i^*)^2$ 越小越好。

令

$$F(a,b) = \sum (y_i - y_i^*)^2 = \sum [y_i - (ax_i + b)]^2$$

显然可见，$F(a,b)$ 是一个关于 a、b 的函数，且肯定存在最小值。所以，$F(a,b)$ 对自变量 a、b 的偏导数值必为零。

$$\frac{\partial F}{\partial a} = -2x_i \sum [y_i - (ax_i + b)] = 0$$

$$\frac{\partial F}{\partial b} = -2 \sum [y_i - (ax_i + b)] = 0$$

上述方程组是一个关于 a、b 的二元一次定解方程组，有唯一解。

$$a = \frac{m \sum x_i y_i - \sum x_i \sum y_i}{m \sum x_i^2 - (\sum x_i)^2}$$

$$b = \frac{\sum x_i^2 \sum y_i - \sum x_i \sum x_i y_i}{m \sum x_i^2 - (\sum x_i)^2} \tag{5-30}$$

式中，m 为实验次数即方程的个数，x_i 为自变量实验数据，y_i 为对应自变量 x_i 函数 y_i 的实验数据。

上述方法就是求超定方程组近似解的最小二乘法。

最小二乘法或线性回归方法已有固定的计算程序，而不需要再进行繁琐的计算。

不少型号的计算器上都有线性回归的功能。具体操作过程如下：

① 按计算器说明中的规定，依次按动各个键，将计算器调整到线性回归功能状态。

② 将实验数据成对即一个自变量 x_i 和对应的一个函数值 y_i，按计算器说明书说明依次按动各个键，逐对输入计算器。

③ 数据输入完全后，按计算器说明书说明依次按动各个键和显示斜率的键，显示屏上显示的数值便为斜率 a（有的计算器将斜率符号定义为 b）的值；按说明书的规定，在显示屏显示截距 b（或 a）。

④ 最后，按计算器说明书说明依次按动各个键和显示 r 的键，显示屏上显示的数值便为相关系数 r。若 y 与 x 的关系从理论上已证明是线性关系，若 $|r| > 0.9$，表明实验数据可信；否则，实验数据不好，应重做实验。

若事先不清楚 y 与 x 的关系是否线性，若 $|r| > 0.9$，表明"y 与 x 是线性关系"的假设是基本可信的。否则，说明"y 与 x 之间不存在线性关系"或"实验数据不好"。

5.4.4 反应速率的有关计算

反应速率方程和反应速率常数一般由实验获取。

(1) 作图法求反应速率方程

对于化学反应：
$$mA + nB \Longleftrightarrow xC + yD$$

如 5.4.1 中例 5-8 所述，用作图法可分别求出关于 A 和 B 在各时刻 t_i 的反应速率 v_i。

对于 A：
$$v_i = k_A c_{Ai}^\alpha$$

方程两边取常用对数
$$\lg v_i = \alpha \lg c_{Ai} + \lg k_A$$

以 $\lg v$ 为纵坐标轴、$\lg c_A$ 为横坐标轴，将每一组数据（$\lg c_{Ai}$，$\lg v_i$）在坐标系上描点，然后画一条直线，使图上各点均匀地分布在直线的两边。这条直线的斜率：
$$a = \alpha \quad （A 的反应级数）$$

直线在 $\lg v$ 纵轴上的截距
$$b = \lg k_A \qquad k_A = 10^b$$

按上述步骤可求出关于 B 的反应级数 β 和反应速率常数 k_B。

上述方程的总反应速率方程
$$v = k_A k_B c_A^\alpha c_B^\beta = k c_A^\alpha c_B^\beta$$
$$k = k_A k_B$$

5.1.2 中式(5-18)表明，总反应平衡常数等于各步反应平衡常数之积。与此相似，总反应速率常数等于各反应物速率常数之积。即
$$k = \prod k_i$$

(2) 最小二乘法求反应速率方程

与 5.4.3 的最小二乘法类比，$\lg v$ 就是函数 y。将 $\lg c_{Ai}$ 与对应的 $\lg v_i$ 成对输入计算器，可求得直线斜率 a 和截距 b，且 $a = \alpha$，$b = \lg k_A$。同理求出关于 B 的反应级数 β 和反应速率常数 k_B。最后求总的反应级数和反应速率常数。

(3) 积分法求反应速率方程

① 一级反应的计算　若一个化学反应是一级反应，则有
$$v = kc$$
$$v = \frac{-dc}{dt} = kc$$
$$\frac{-dc}{c} = k\,dt \tag{5-31}$$

在 $[t_1, t_2]$ 和对应的 $[c_1, c_2]$ 上，两边定积分：

$$\ln \frac{c_1}{c_2} = k(t_2 - t_1) = k\Delta t \qquad (5-32)$$

上式表明：对于一级化学反应，反应物的浓度变化相同的比例所消耗的时间相同，与其浓度的大小无关。

很重要的一个例子是每一种放射性物质都有固定半衰期即放射性强度降低一半所消耗的时间。放射性衰减是典型的一级反应。

【例 5-9】 对于化学反应： $mA + nB \Longleftrightarrow xC + yD$

若对 A 是一级反应，A 从 $[A]_1 = 2.80 \text{mol} \cdot L^{-1}$ 降为 $[A]_2 = 1.68 \text{mol} \cdot L^{-1}$，用了 25.0min。求 A 从 $[A]_2 = 1.70 \text{mol} \cdot L^{-1}$ 降为 $[A]_3 = 1.02 \text{mol} \cdot L^{-1}$，还要用多少分钟？

解 根据式(5-32) $\quad \ln(2.80/1.68) = \ln 1.67 = k_A \times 25.0$

$$\ln(1.70/1.02) = \ln 1.67 = k_A \times \Delta t$$

两式相除 $\quad\quad\quad\quad\quad\quad 1.00 = 25.0/\Delta t$

$$\Delta t = 25.0 \text{min}$$

② 非一级反应的反应速率常数 k 的计算

若一个化学反应的级数是 α，并知 $\alpha \neq 1$：

$$v = kc^\alpha$$

$$v = -\frac{dc}{dt} = kc^\alpha$$

$$-\frac{dc}{c^\alpha} = kdt$$

在 $[t_1, t_2]$ 和对应的 $[c_1, c_2]$ 上，两边定积分：

$$\frac{[c_1^{1-\alpha} - c_2^{1-\alpha}]}{1-\alpha} = k(t_2 - t_1) \qquad (5-33)$$

【例 5-10】 某温度下，$2H_2O_2 \Longleftrightarrow 2H_2O + O_2$ 是基元反应，5.0mol/L 的 H_2O_2 溶液经过 4.5h，其浓度降为 4.8mol/L，当 H_2O_2 浓度降为 0.50mol/L，至少还要经过多少小时？

解 因为是基元反应，对 H_2O_2 是二级反应，按式(5-33)，$\alpha = 2$。将各值代入：

$$-\left(\frac{1}{5.0} - \frac{1}{4.8}\right) = 4.5k$$

$$-\left(\frac{1}{4.8} - \frac{1}{0.5}\right) = k\Delta t$$

两式相除： $\quad\quad 4.65 \times 10^{-3} = \frac{4.5}{\Delta t}$

$$\Delta t = 9.68 \times 10^2 \text{ (h)}$$

若考虑测量数据存在偶然误差，可测试若干组 (c_i, c_j) 与 (t_i, t_j) 数据。

若 $\alpha = 1$：令 $y_i = \ln(c_i/c_j)$，$x_i = t_j - t_i$。用 y_i 对 x_i 进行线性回归，直线的斜率 $a = k$。

若 $\alpha \neq 1$：令 $y_i = [c_i^{1-\alpha} - c_j^{1-\alpha}]/(1-\alpha)$，$x_i = t_j - t_i$。用 y_i 对 x_i 进行线性回归，直线的斜率 $a = k$。

反应级数 α 未知时，可通过解非线性方程组的方法解出 α 和 k（方法见本章扩展知识）。

5.4.5 温度与反应速率常数的关系——阿仑尼乌斯方程式

温度升高，反应物分子的内能增加，运动会加快；温度升高，具有较高能量的反应物分子数增加，能量高的分子碰撞才可能发生化学反应，因此有效碰撞率也增加。二者使得有效碰撞次数大幅增加，反应速率大幅增加。如果反应物起始浓度保持不变，反应速率增加就是由速率常数 k 的增加而引起的。可见反应速率常数 k 是温度的函数。一般讲温度越高，反应速率常数越大。对同一个化学反应，在反应物浓度不变的前提下，温度每增加 10°C，反应速率增加约 $2\sim3$ 倍，即反应速率常数 k 增加约 $2\sim3$ 倍。

阿仑尼乌斯根据蔗糖水解速率与温度关系的实验数据，提出了它们之间的经验关系式：

$$k = A\exp\left(-\frac{E_\text{a}}{RT}\right) \tag{5-34}$$

对式(5-34)两边取自然对数：

$$\ln k = -\frac{E_\text{a}}{RT} + \ln A \tag{5-35}$$

式(5-34)、式(5-35)都称作阿仑尼乌斯方程。

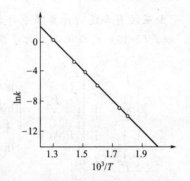

图 5-2　$\ln k$-$1/T$ 关系

式中，k 是反应速率常数；T 是绝对温度；R 是热力学常数为 $8.314\text{J}\cdot\text{K}^{-1}\cdot\text{mol}^{-1}$；$A$ 是指前因子；E_a 是化学反应的活化能，$\text{J}\cdot\text{mol}^{-1}$。$A$、$E_\text{a}$ 对同一个化学反应可以看作常数。

一个化学反应，在温度 T_i 下，用 5.4.3 与 5.4.4 中介绍的方法可求得对应的 k_i 值，对 k_i 取自然对数，也就有了不同的 $\ln k_i$ 值，以 $\ln k$ 为纵坐标，$1/T$ 为横坐标，并将 $(1/T_i,\ \ln k_i)$ 各点描在坐标图上，由式(5-35)知道，这些点会分布在某条直线的两边。画出这条直线，使各点均匀地分布在其两边。直线情况如图 5-2 所示，此直线斜率：

$$a = -\frac{E_\text{a}}{R}$$

则活化能
$$E_\text{a} = -aR$$

直线在纵轴上的截距：

$$b = \ln A$$

如 5.4.3 中所讲，平行实验要做 $5\sim7$ 个点，即要选择 $5\sim7$ 个温度做实验。

当然，也可以通过解超定方程组的方法求得 E_a 和 $\ln A$。

$\ln k_i$ 就是最小二乘法中的 y_i，$1/T_i$ 就是 x_i。按最小二乘法的步骤可求出 $\ln k_i$-$1/T_i$ 直线的斜率 a 和截距 b。

$$E_\text{a} = -aR \qquad b = \ln A$$

【例 5-11】 反应 $\text{H}_2 + \text{I}_2 \Longleftrightarrow 2\text{HI}$ 在不同温度下的速率常数如表 5-3 所示。

表 5-3　$\text{H}_2 + \text{I}_2 \Longleftrightarrow 2\text{HI}$ 的速率常数

温度 T/K	556	575	629	666	700	781
速率常数 $k/(\text{L}\cdot\text{mol}^{-1}\cdot\text{s}^{-1})$	4.45×10^{-5}	1.32×10^{-4}	2.52×10^{-3}	1.41×10^{-2}	6.43×10^{-1}	1.32
$1/T$	1.80×10^{-3}	1.74×10^{-3}	1.59×10^{-3}	1.50×10^{-3}	1.43×10^{-3}	1.28×10^{-3}
$\ln k$	-10.02	-8.93	-5.983	-4.262	-2.744	0.293

求该反应的活化能。

解　① 作图法

如果将表5-3的数据在平面坐标图中描点，则直线的斜率为

$$a = -16.21/(0.81\times10^{-3}) = -20012$$

$$a = -\frac{E_\text{a}}{R} = -20012 \qquad E_\text{a} = 20012\times8.31 = 166\ (\text{kJ}\cdot\text{mol}^{-1})$$

② 最小二乘法

$\ln k_i$ 就是最小二乘法中的 y_i，$1/T_i$ 就是 x_i。按最小二乘法的步骤可用计算器求出 $\ln k_i$-$1/T_i$ 直线的斜率

$$a = -19860$$

$$-\frac{E_a}{R} = -19860 \qquad E_a = 19860 \times 8.31 = 165 (\text{kJ} \cdot \text{mol}^{-1})$$

这个结果与作图法的结果是一致的，在作图的误差范围之内。

如果没有合适的计算器或计算机计算程序，也按 5.4.3 中式 (5-30) 计算斜率 a 和截距 b。但式 (5-30) 太难记清。为了便于记忆，可将数据写成矩阵形式：

$$
\begin{pmatrix}
\frac{1}{T_1} & 1 \\
\frac{1}{T_2} & 1 \\
\vdots & \vdots \\
\frac{1}{T_6} & 1
\end{pmatrix}
\begin{pmatrix}
-\dfrac{E_a}{R} \\
\ln A
\end{pmatrix}
=
\begin{pmatrix}
\ln k_1 \\
\ln k_2 \\
\vdots \\
\ln k_6
\end{pmatrix}
\quad 即：
\begin{pmatrix}
1.80 \times 10^{-3} & 1 \\
1.74 \times 10^{-3} & 1 \\
1.59 \times 10^{-3} & 1 \\
1.50 \times 10^{-3} & 1 \\
1.43 \times 10^{-3} & 1 \\
1.28 \times 10^{-3} & 1
\end{pmatrix}
\begin{pmatrix}
-\dfrac{E_a}{R} \\
\ln A
\end{pmatrix}
=
\begin{pmatrix}
-10.02 \\
-8.933 \\
-5.983 \\
-4.262 \\
-2.744 \\
0.293
\end{pmatrix}
$$

方程式左边为两个矩阵相乘，最左边是一个两列矩阵，第一列从上到下依次为 $1/T_1$、$1/T_2$、$\cdots$，第二列全部是 1，这个矩阵又称超定方程组的系数矩阵，记作 P。这两个矩阵顺序不可交换。第二个矩阵为未知数列向量，记作 X，从上到下依次为（$-E_a/R$）和指前因子自然对数 $\ln A$。方程式右边为函数值的列向量。从上到下依次为 $\ln k_1$、$\ln k_2$、$\cdots$，记作 B。这是最小二乘法的矩阵表达式。

上式矩阵式可简写成：

$$PX = B$$

对上式的两边均从左方乘以 P 矩阵的转置矩阵 P^T：

$$P^T P X = P^T B$$

上式是一个二元一次方程组，可解出未知数（$-E_a/R$）和 $\ln A$。这个方面的理论、运算规则等知识将在线性代数这门课中详细介绍。

5.4.6　催化剂对反应速率的影响

化学反应速率除了受浓度与温度影响以外，催化剂的影响是最大的，也是至关重要的。从某种意义上讲，它比浓度和温度显得更重要。没有催化剂，许多化学产品的工业化、商业化将是不可能的。

化学平衡常数表达了反应能否进行和能进行到什么程度，这是化学反应的前提。没有这个前提，反应速率根本无从谈起。

催化剂可解决化学反应从理论的可能性走向现实性的问题，它不影响理论产率问题。

催化剂加快反应速率的机理有多种假设，也都有实验数据支持。催化机理极其复杂，人们对它的认识还远远不够。最有可能的催化机理是，催化剂的加入可能改变了化学反应的途径，即改变了基元反应，降低了活化能，使速率加快。

反应物之间发生化学反应生成新的物质，首先要破坏反应物原先的结构，使原先的化学键断裂，才有可能产生新的化学键，生成新物质。

断裂旧的化学键一定要吸收一定的能量。当外界给予体系一定能量时，一部分反应物分

子可能获得了此能量，若从外界获得能量的分子能相互产生有效碰撞，使旧的化学键断裂，产生化学反应，生成新物质，这种分子叫活化分子。

能产生化学反应的活化分子所具有的最低能量 E_{ac} 与反应物原分子的平均能量 E_1 之差称为活化能 E_a，如图 5-3 所示。

$$E_a = E_{ac} - E_1$$

一般化学反应的活化能约为 $40 \sim 400 \text{kJ·mol}^{-1}$。

从阿仑尼乌斯方程式（5-34）可以看出，活化能 E_a 越小，反应速率常数越大。反之亦然。

活化能 E_a 越小，要求活化分子具有的最低量 E_{ac}

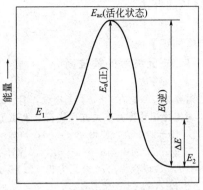

图 5-3　反应前后能量示意图

越低，达到这个要求的分子越多，有效碰撞率得到提高，有效碰撞次数增加，化学反应速率增加。因此，对于许多化学反应，一开始总需加热，主要目的是增加活化分子数量。对于强放热反应有可能产生安全事故的反应，应避免加热。

当活化分子从活化状态变为新物质后若维持高能态，这种物质很不稳定。若新物质能稳定存在，体系必须放出能量，使新物质处于较低能态 E_2 状态。

若 E_2 比反应物原分子的平均能量 E_1 还要小，即

$$\Delta E = E_1 - E_2 > 0$$

体系放出能量，该化学反应为放热反应。

若 E_2 比反应物原分子的平均能量 E_1 大，即

$$\Delta E = E_1 - E_2 < 0$$

体系从外界吸收能量，该化学反应为吸热反应。如图 5-3 所示。

5.4.7　化学反应速率与化学平衡原理的应用

化学反应速率与化学平衡原理是关于化学反应的基本规律，可以用来解决生产实际中的许多问题。在实际工作中，应反复实践，充分分析，以求得最佳效果。

对一个吸热反应而言，提高温度既有利于平衡向正方向移动，又有利于提高反应速率，加热或提高反应温度是一个一举两得的措施。

对一个物质的量减小，即 $\Delta n < 0$ 的气相反应，加大压力有利于平衡向正方向移动，同时由于加大压力，相当于提高了反应物的浓度，也有利于反应速率的提高。在这种情况下两者的影响也是一致的。

但常常会碰到有的因素对化学平衡与化学反应速率的影响是相反的情况。例如，对一个放热反应而言，升高温度，化学平衡将向反方向移动，生成物的浓度将减小。但升高温度可使反应速率加快，使得单位时间内的产物总产量增加。对于这样一种矛盾的情况，要对具体问题做具体分析。考察的目标主要有：单位时间内的产物总产量（单位时间内总产量＝转化率×反应速率）、产品的总成本、工艺条件要求的设备投入、工艺技术的难度等。总之要看总的效果，不能片面强调一个方面。

因此，实际工作中，要照顾平衡和速率两个方面。值得指出的是，除了温度、压力之外，一个最好的办法是使用催化剂来加快反应速率。总的来说，最后的衡量标准是有利于产物成本的降低和产量的增加。

一般来讲，实际生产中主要矛盾在反应速率方面，因此化工生产中，包括气相生产，多采用高温、高压的方法。当平衡成为主要矛盾或高温、高压导致安全问题时，也会采用降温

和降压的办法。

【扩展知识】

1 一元方程的解法简介

（1）二分法

若函数 $f(x)$ 在 $[a,b]$ 上连续，且 $f(a)>0$、$f(b)<0$，则一元方程 $f(x)=0$ 在 (a,b) 上一定有实根。对于化学计算的有关方程均符合上述条件。

① 任选两个值，使得 $f(a)>0$，$f(b)<0$。

② 取 a、b 的中点 $d=(a+b)/2$，计算 $f(d)$，若 $f(d)=0$ 或 $|d-a|\leqslant\varepsilon$ 或 $|d-b|$（人为给定的非常小允许误差），d 即 $(a+b)/2$ 就是方程 $f(x)=0$ 的解。解方程结束。

③ 若 $f(d)<0$，舍去 b 点，令 $b=(a+b)/2$，重新选取 a、$(a+b)/2$ 的中点 $d=[a+(a+b)/2]/2$，重复②的过程。

④ 若 $f(d)>0$，舍去 a 点，令 $a=(a+b)/2$，重新选取 b、$(a+b)/2$ 的中点 $d=[(a+b)/2+b]/2$，重复②的过程。

在上述 n 次过程后，$|b_n-a_n|=|b-a|/2^n$，只要增加 n，总能使得 $|d-a|\leqslant\varepsilon$ 或 $|d-b|\leqslant\varepsilon$。

（2）牛顿切线法

化学计算有关的一元方程 $f(x)=0$ 总有实根，无须数学证明。这是化学原理决定的。

令函数 $y=f(x)$，它在 x-y 坐标系中是一条曲线。这条曲线与 x 轴的交点为 $(x_i,0)$，x_i 即 $y=f(x)=0$ 的根。

① 任选一个 x_0，称作初值。代入函数 $y=f(x)$，计算出 $y_0=f(x_0)$。

② 过 (x_0,y_0) 点作 $y=f(x)$ 曲线的切线，其斜率为该点的导数值 $f'(x_0)$。用点斜式求出该切线方程为：

$$(y-y_0)=f'(x_0)(x-x_0)$$

③ 切线与 x 轴的交点 x_1，则：$(0-y_0)=f'(x_0)(x_1-x_0)$

$$x_1=x_0-\frac{f'(x_0)}{f(x_0)}$$

④ 若 $|(x_1-x_0)/x_0|\leqslant\varepsilon$（定义与（1）相同），则 x_1 为方程 $f(x)=0$ 的根。解方程结束。

⑤ 若 $|(x_1-x_0)/x_0|>\varepsilon$，则令 $x_0=x_1$，重复②～④的过程。

（3）迭代法

迭代法的运算步骤在 5.3.2 的例 5-5 中已介绍过。但有几点注意事项需特别强调。

① 迭代运算的收敛与发散

迭代运算就是求出了一系列的方程近似解，其构成一个数列 x_0、x_1、$\cdots$、x_n。此数列的极限即当 $n\rightarrow\infty$ 时，$\lim x_n=x_T$（方程准确解），则称此迭代法是收敛的，收敛的极限便是方程准确解 x_T。

若数列 x_0、x_1、$\cdots$、x_n 的极限不存在或收敛的极限不是方程准确解 x_T，则称此迭代法是发散的。

② 迭代法原理

如在 5.3.2 中所述，$f(x)=0$ 总可以写成 $x=\varphi(x)$，$\varphi(x)$ 称为迭代函数。$x=\varphi(x)$，可等价地写成二元方程组的形式：

$$y=x \tag{a}$$
$$y=\varphi(x) \tag{b}$$

$y=x$ 在 x-y 坐标系中是一条直线，$y=\varphi(x)$ 则是一条曲线。上列方程组的解就是 $y=\varphi(x)$ 这条曲线与 $y=x$ 这条直线的交点。

设一个初值 x_0，将其代入方程式(b)，计算出 $y_0=\varphi(x_0)$。若 (x_0,y_0) 在直线 $y=x$ 上，则：

$$y_0=\varphi(x_0)=x_0$$

$x=x_0$ 就是方程组的解，也就是 $f(x)=0$ 的解。

或

$$|y_0-x_0|<\varepsilon$$

$x=x_0$ 就是方程组的近似解，也就是 $f(x)=0$ 的近似解。

不满足上两个条件，表明 y_0 离交点的距离超过误差要求。从式(a)可得到：

令：新的
$$y_0 = x_1$$
$$x_0 = x_1$$

重复上面的迭代计算，直到

$$y_0 = \varphi(x_0) = x_0$$

$x = x_0$ 就是方程组的解，也就是 $f(x) = 0$ 的解。

或
$$|y_0 - x_0| < \varepsilon$$

为止。

③ 迭代函数的选择

一元方程 $f(x) = 0$ 总可以写成 $x = \varphi(x)$，$\varphi(x)$ 称为迭代函数，但迭代函数不是唯一的。它有多种形式。

如：
$$x^3 + bx^2 + cx + d = 0$$

可以写成 $x^3 = -(bx^2 + cx + d)$ $\quad x = [-(bx^2 + cx + d)]^{1/3}$ $\quad \varphi(x) = [-(bx^2 + cx + d)]^{1/3}$

也可写成 $x^2 = -(x^3 + cx + d)/b$ $\quad x = [-(x^3 + cx + d)/b]^{1/2}$ $\quad \varphi(x) = [-(x^3 + cx + d)/b]^{1/2}$

还可写成 $x^2(x+b) = -(cx+d)$ $\quad x = [-(cx+d)/(x+b)]^{1/2}$ $\quad \varphi(x) = [-(cx+d)/(x+b)]^{1/2}$

等许多种迭代函数。迭代函数 $\varphi(x)$ 不一样，$y = \varphi(x)$ 曲线在交点附近的走向就不一样，就有可能使得迭代过程发散。迭代过程收敛的充分必要条件是：在方程解附近的一个小区域内，

$$|\varphi'(x)| < 0$$

$|\varphi'(x)|$ 越小，迭代速度越快，即迭代运算的次数越少。

④ 判断收敛性的经验方法

对于方程近似解数列 x_0、x_1、$\cdots$、x_n，若

$$|x_i - x_{i-1}| < |x_{i-1} - x_{i-2}| \quad \text{或} \quad |x_i - x_{i-1}| < |x_{i-2} - x_{i-3}|$$

迭代过程收敛，否则迭代过程发散。

遇到发散的情况，请变更迭代函数，总有一个迭代函数会使迭代过程收敛。

⑤ 初值选择

初值选择应根据化学过程和其他实际情况而定，对方程的解应有初步的估计范围。初值不要选 1 或 0，防止函数中分母为 0 或对数中的真数为 0。

对于一元高次方程，最高次数 n 在 $3 \sim 5$ 时，牛顿切线法效能最高即运算次数最少；n 在 $6 \sim 84$ 时，二分法效能最高；$n > 84$ 时，迭代法效能最高。

2 多元非线性方程组的近似解法

对一个多元非线性方程组可写成下列通式

$$f_1(x_1, x_2, \cdots, x_n) = 0$$
$$f_2(x_1, x_2, \cdots, x_n) = 0$$
$$\vdots$$
$$f_m(x_1, x_2, \cdots, x_n) = 0 \quad (m \geqslant n)$$

可以对各个函数 f_1、f_2、$\cdots$、f_n 进行泰勒级数展开：

$$f_1(x_1 + \Delta x_1, x_2 + \Delta x_2, \cdots, x_n + \Delta x_n) \approx f_1(x_1, x_2, \cdots, x_n) + \frac{\partial f_1}{\partial x_1}\Delta x_1 + \frac{\partial f_1}{\partial x_2}\Delta x_2 + \cdots +$$

$$\frac{\partial f_1}{\partial x_n}\Delta x_n + \frac{\partial f_1^2}{\partial x_1^2}\Delta x_1^2 + \frac{\partial f_1^2}{\partial x_2^2}\Delta x_2^2 + \cdots + \frac{\partial f_1^2}{\partial x_n^2}\Delta x_n^2 + \cdots$$

$$f_2(x_1 + \Delta x_1, x_2 + \Delta x_2, \cdots, x_n + \Delta x_n) \approx f_2(x_1, x_2, \cdots, x_n) + \frac{\partial f_2}{\partial x_1}\Delta x_1 + \frac{\partial f_1}{\partial x_2}\Delta x_2 + \cdots +$$

$$\frac{\partial f_2}{\partial x_n}\Delta x_n + \frac{\partial f_2^2}{\partial x_1^2}\Delta x_1^2 + \frac{\partial f_2^2}{\partial x_2^2}\Delta x_2^2 + \cdots + \frac{\partial f_2^2}{\partial x_n^2}\Delta x_n^2 + \cdots$$

$$\vdots$$

$$f_m(x_1 + \Delta x_1, x_2 + \Delta x_2, \cdots, x_n + \Delta x_n) \approx f_m(x_1, x_2, \cdots, x_n) + \frac{\partial f_m}{\partial x_1}\Delta x_1 + \frac{\partial f_m}{\partial x_2}\Delta x_2 + \cdots +$$

$$\frac{\partial f_m}{\partial x_n}\Delta x_n + \frac{\partial f_m^2}{\partial x_1^2}\Delta x_1^2 + \frac{\partial f_m^2}{\partial x_2^2}\Delta x_2^2 + \cdots + \frac{\partial f_m^2}{\partial x_n^2}\Delta x_n^2 + \cdots$$

若 Δx_1，Δx_2，$\cdots$，Δx_n 很小，二阶导数和其他高阶导数项均可忽略，因此：

$$f_1(x_1+\Delta x_1, x_2+\Delta x_2, \cdots, x_n+\Delta x_n) \approx f_1(x_1, x_2, \cdots, x_n) + \frac{\partial f_1}{\partial x_1}\Delta x_1 + \frac{\partial f_1}{\partial x_2}\Delta x_2 + \cdots + \frac{\partial f_1}{\partial x_n}\Delta x_n$$

$$f_2(x_1+\Delta x_1, x_2+\Delta x_2, \cdots, x_n+\Delta x_n) \approx f_2(x_1, x_2, \cdots, x_n) + \frac{\partial f_2}{\partial x_1}\Delta x_1 + \frac{\partial f_2}{\partial x_2}\Delta x_2 + \cdots + \frac{\partial f_2}{\partial x_n}\Delta x_n$$

$$\vdots$$

$$f_m(x_1+\Delta x_1, x_2+\Delta x_2, \cdots, x_n+\Delta x_n) \approx f_m(x_1, x_2, \cdots, x_n) + \frac{\partial f_m}{\partial x_1}\Delta x_1 + \frac{\partial f_m}{\partial x_2}\Delta x_2 + \cdots + \frac{\partial f_m}{\partial x_n}\Delta x_n$$

若 $(x_1+\Delta x_1,\ x_2+\Delta x_2,\ \cdots,\ x_n+\Delta x_n)$ 是方程组的根，则

$$f_1(x_1+\Delta x_1, x_2+\Delta x_2, \cdots, x_n+\Delta x_n)=0$$
$$f_2(x_1+\Delta x_1, x_2+\Delta x_2, \cdots, x_n+\Delta x_n)=0$$
$$\vdots$$
$$f_m(x_1+\Delta x_1, x_2+\Delta x_2, \cdots, x_n+\Delta x_n)=0$$

则

$$\frac{\partial f_1}{\partial x_1}\Delta x_1 + \frac{\partial f_1}{\partial x_2}\Delta x_2 + \cdots + \frac{\partial f_1}{\partial x_n}\Delta x_n = -f_1(x_1, x_2, \cdots, x_n)$$

$$\frac{\partial f_2}{\partial x_1}\Delta x_1 + \frac{\partial f_2}{\partial x_2}\Delta x_2 + \cdots + \frac{\partial f_2}{\partial x_n}\Delta x_n = -f_2(x_1, x_2, \cdots, x_n)$$

$$\vdots$$

$$\frac{\partial f_m}{\partial x_1}\Delta x_1 + \frac{\partial f_m}{\partial x_2}\Delta x_2 + \cdots + \frac{\partial f_m}{\partial x_n}\Delta x_n = -f_m(x_1, x_2, \cdots, x_n)$$

选一组初值 $[x_1^{(0)}, x_2^{(0)}, \cdots, x_n^{(0)}]$ 代入上式，计算出各偏导数 $\frac{\partial f_1}{\partial x_1}[x_1^{(0)}]$、$\frac{\partial f_2}{\partial x_2}[x_2^{(0)}]$、$\cdots$、$\frac{\partial f_m}{\partial x_n}[x_n^{(0)}]$ 的数值和 $-f_1[x_1^{(0)}, x_2^{(0)}, \cdots, x_n^{(0)}]$、$-f_2[x_1^{(0)}, x_2^{(0)}, \cdots, x_n^{(0)}]$、$\cdots$、$-f_m[x_1^{(0)}, x_2^{(0)}, \cdots, x_n^{(0)}]$ 的数值。上式便成为关于 Δx_1，Δx_2，$\cdots$，Δx_n 的线性方程组。

若 $m=n$，则用克莱姆法则或消元法求出方程组的解 $\Delta x_1^{(1)}$，$\Delta x_2^{(1)}$，$\cdots$，$\Delta x_n^{(1)}$。

若 $m>n$，则用最小二乘法求出方程组的近似解 $\Delta x_1^{(1)}$，$\Delta x_2^{(1)}$，$\cdots$，$\Delta x_n^{(1)}$。

若

$$|\Delta x_i^{(1)}/x_i^{(0)}|<\varepsilon \qquad (i=1,2,\cdots,n)$$

则 $x_1^{(0)}$，$x_2^{(0)}$，$\cdots$，$x_n^{(0)}$ 便是方程组的解。

否则，令

$$x_i^{(1)}=x_i^{(0)}+\Delta x_i^{(1)}$$

令

$$x_i^{(0)}=x_i^{(1)}$$

重复上面的计算，直到 $|\Delta x_i^{(1)}/x_i^{(0)}|<\varepsilon$ 为止。

习 题

5-1 化学平衡是对一种状态的描述，它与从什么途径达到平衡没有关系，而只是外界各影响因素的函数。你如何理解上述问题？

5-2 写出下列反应的平衡常数表达式（$K^{\ominus}$）：

(1) $N_2(g)+3H_2(g) \Longleftrightarrow 2NH_3(g)$

(2) $2MnO_4^- + 5C_2O_4^{2-} + 16H^+ \Longleftrightarrow 2Mn^{2+} + 8H_2O + 10CO_2(g)$

(3) $2Cu^{2+} + 4I^- \Longleftrightarrow 2CuI\downarrow + I_2(aq)$

(4) $C(s)+H_2O(g) \Longleftrightarrow CO(g)+H_2(g)$

(5) $2ZnO(s)+CS_2(g) \Longleftrightarrow 2ZnS+CO_2(g)$

(6) $N_2(g)+O_2(g) \Longleftrightarrow 2NO(g)$

(7) $Fe_3O_4(s)+4H_2(g) \Longleftrightarrow 3Fe(s)+4H_2O(g)$

5-3 已知下列反应在1300K时的平衡常数：

$$H_2(g)+\frac{1}{2}S_2(g) \Longleftrightarrow H_2S(g) \qquad K_1=0.80$$

$$3H_2(g)+SO_2(g) \Longleftrightarrow H_2S(g)+2H_2O(g) \qquad K_2=1.8\times10^4$$

求反应 $4H_2(g)+2SO_2(g) \Longleftrightarrow S_2(g)+4H_2O(g)$ 在1300K时的平衡常数 $K^{\ominus}$。

5-4 已知在高温下存在反应 $2HgO(s) \rightleftharpoons 2Hg(g) + O_2(g)$，在 450℃ 时，所生成的汞蒸气与氧气的总压力为 109.99kPa；420℃ 时，总压力为 51.60kPa。

(1) 计算 450℃ 和 420℃ 时的平衡常数 $K^{\ominus}$。

(2) 在 450℃ 时，氧气的分压 $p(O_2)$ 和汞蒸气的分压 $p(Hg)$ 各为多少千帕（kPa）？

(3) 上述分解反应是吸热反应还是放热反应？

(4) 若有 15.0g 氧化汞放在 1.0L 的容器中，温度升至 420℃，还有多少氧化汞没有分解？

5-5 下列吸热反应已达平衡：

$$2Cl_2(g) + 2H_2O(g) \rightleftharpoons 4HCl(g) + O_2(g)$$

试问在温度不变的情况下：

(1) 增加容器体积，H_2O 的含量如何变化？

(2) 减小容器体积，Cl_2 的含量如何变化？

(3) 加入氮气后，容器体积不变，HCl 的含量如何变化？

(4) 降低温度，平衡常数 K 如何变化？

5-6 下列反应已达平衡，要使其向右移动，并保持 K 不变，可采取哪些措施？

(1) $CaCO_3(s) \rightleftharpoons CaO(s) + CO_2(g) - Q$

(2) $CaC_2O_4(s) \rightleftharpoons CaCO_3(s) + CO(g) - Q$

(3) $CO_2(g) + C(s) \rightleftharpoons 2CO(g) - Q$

(4) $2SO_2(g) + O_2(g) \rightleftharpoons 2SO_3(g) + Q$

(5) $N_2(g) + 3H_2(g) \rightleftharpoons 2NH_3(g) + Q$

(6) $NH_4^+ + OH^- \rightleftharpoons NH_3(g) + H_2O$

(7) $MnO_4^- + 5Fe^{2+} + 8H^+ \rightleftharpoons Mn^{2+} + 5Fe^{3+} + 4H_2O$

(8) $3C_2O_4^{2-} + Cr_2O_7^{2-} + 14H^+ \rightleftharpoons 2Cr^{3+} + 6CO_2(g) + 7H_2O$

(9) $+ 3Br_2 \rightleftharpoons$ $(s) + 3H^+ + 3Br^-$

5-7 密闭容器中的 CO 和 H_2O 在某温度下存在下列反应：

$$CO(g) + H_2O(g) \rightleftharpoons CO_2(g) + H_2(g)$$

平衡时，$c(CO) = 0.1mol \cdot L^{-1}$，$c(H_2O) = 0.2mol \cdot L^{-1}$，$c(CO_2) = 0.2mol \cdot L^{-1}$，$c(H_2) = 0.2mol \cdot L^{-1}$，问此温度下反应的平衡常数 K 为多少？反应开始前 CO 和 H_2O 的浓度各为多少？

5-8 已知在 947℃ 时，下列化学平衡的 K 值。

(1) $Fe(s) + CO_2(g) \rightleftharpoons FeO(s) + CO(g)$ $K_1 = 1.47$

(2) $FeO(s) + H_2(g) \rightleftharpoons Fe(s) + H_2O(g)$ $K_2 = 0.420$

求反应 $CO_2(g) + H_2(g) \rightleftharpoons CO(g) + H_2O(g)$ 的平衡常数 K_3 为多少？

5-9 550℃ 时在 1L 密闭容器中进行反应 $SO_2 + \frac{1}{2}O_2 \rightleftharpoons SO_3$，其平衡常数 $K_c = 7.89$。若反应前 SO_2 为 1.20mol，O_2 为 0.700mol，达平衡时，SO_2、O_2、SO_3 的物质的量各为多少摩尔？SO_2 的转化率又为多少？

5-10 在某温度下，3mol 乙醇与 3mol 醋酸反应，反应式为 $C_2H_5OH + CH_3COOH \rightleftharpoons CH_3COOC_2H_5 + H_2O$，平衡时，它们的转化率为 0.667，求平衡常数 K。

5-11 用 Na_2CO_3 将溶液中的 Ca^{2+} 沉淀为 $CaCO_3$ 后，溶液中 $[CO_3^{2-}] = 0.010mol \cdot L^{-1}$，问此时 Ca^{2+} 的浓度为多少 $mol \cdot L^{-1}$？

5-12 将 $0.2mol \cdot L^{-1}$ 的 NaOH 溶液和 $0.2mol \cdot L^{-1}$ 的 $MgCl_2$ 溶液等体积混合，有无 $Mg(OH)_2$ 沉淀生成？

5-13 将 $0.100mol \cdot L^{-1}$ 的氨水和 $0.0200mol \cdot L^{-1}$ 的 $MgCl_2$ 溶液等体积混合，有无 $Mg(OH)_2$ 沉淀生成？

5-14 求 AgCl 饱和溶液中 Ag^+ 的浓度。

5-15 推导下列反应的平衡常数表达式，并计算平衡常数 K：

$$CaSO_4(s) + CO_3^{2-}(aq) \Longrightarrow CaCO_3(s) + SO_4^{2-}(aq)$$

5-16 用什么方法可使 Na_2S 溶液中的 S^{2-} 浓度提高？

5-17 已知下列反应为基元反应，写出质量作用定律表达式，并指出反应级数：

(1) $SO_2Cl_2 \longrightarrow SO_2 + Cl_2$

(2) $CH_3CH_2Cl \longrightarrow C_2H_4 + HCl$

(3) $2NO_2 \longrightarrow 2NO + O_2$

(4) $NO_2 + CO \longrightarrow NO + CO_2$

(5) $2NH_3 + CO_2 \longrightarrow NH_2COONH_4$

(6) $4FeS + 7O_2 \longrightarrow 2Fe_2O_3 + 4SO_2$

5-18 已知 H_2 和 Cl_2 生成 HCl 的反应速率与 $c(H_2)$ 和 $[c(Cl_2)]^{1/2}$ 均成正比，写出反应速率方程。

5-19 设某反应在室温（25℃）下升高 10℃，反应速率增加一倍。问该反应的活化能为何值？若反应速率增加两倍，活化能又为何值？

5-20 化学反应 $NO_2 + CO \longrightarrow NO + CO_2$（慢）由下列两个基元反应组成：

$$2NO_2 \longrightarrow NO_3 + NO \quad （慢）$$
$$NO_3 + CO \longrightarrow NO_2 + CO_2 \quad （快）$$

总反应速率与 NO_2 浓度有什么关系？

5-21 对于反应 $A(g) + B(g) \longrightarrow C(g)$，若 A 的浓度为原来的 2 倍，则反应速率也为原来的 2 倍；若 B 的浓度为原来的 2 倍，则反应速率为原来的 4 倍。写出反应速率方程。

5-22 反应 $HI(g) + CH_3I(g) \longrightarrow CH_4(g) + I_2(g)$ 在 650K 时的速率常数为 2.0×10^{-5}，在 670K 时的速率常数为 7.0×10^{-5}，在 690K 时的速率常数为 2.3×10^{-4}，在 710K 时的速率常数为 6.9×10^{-4}，求反应活化能 E_a，并估算 680K 时的速率常数。

5-23 对于可逆反应 $C(s) + H_2O(g) \Longrightarrow CO(g) + H_2(g) - Q$，判断下列说法正确与否？

(1) 达到平衡时，各反应物与生成物浓度相等。

(2) 反应物与生成物的总物质的量没有发生变化。

(3) 升高温度，$v_{正}$ 增大，$v_{反}$ 减小，所以平衡向右移动。

(4) 反应物与生成物的物质的量没有变化，因此增加压力对平衡没有影响。

(5) 加入催化剂使 $v_{正}$ 增大，所以平衡向右移动。

第6章 酸碱平衡及酸碱滴定法

酸和碱是日常生活中经常遇到的物质之一。另外，化学工业、农业、冶金、材料、生物、食品、轻工、环境等工业也都离不开酸、碱。科学研究的实验室里也会涉及酸、碱。因此，研究酸、碱是非常必要的。

6.1 酸碱理论与酸碱平衡

6.1.1 酸碱理论的发展概述

对于酸、碱的认识，人类经历了一个由浅入深、由特殊到普遍、从宏观观察到微观理论、机理研究的过程。

最初人类观察了酸碱的表观现象，认为酸具有酸味，能使蓝色石蕊变红；碱具有涩味、滑腻感，能使红色石蕊变蓝。这种认识使人类初步地分清了酸碱两种物质的特征性质，到现在为止，它对酸碱的应用、酸碱滴定分析等仍具有重要意义。但缺陷是：这些简单的表观现象的归纳并没有揭示酸和碱的本质。随着科学技术的发展，客观上对酸碱的本质认识有越来越高的要求。为了适应科学技术的发展，人类先后提出了几种酸碱理论。

(1) 阿仑尼乌斯电离理论（简称电离理论）

阿仑尼乌斯指出，在水溶液中电离产生的阳离子都是 H^+ 的电解质叫酸；在水溶液中电离产生的阴离子都是 OH^- 的电解质叫碱。

电离理论从物质的化学组成上揭示了酸碱的本质，且把酸碱与其在水溶液中的电离过程联系在一起。对水溶液的研究做出了积极的贡献。电离理论对 HCl、NaOH、HAc 等纯酸碱物质的性质能做出很好的理论解释。但对于 HCO_3^- 酸碱性的解释就显得无力和牵强。HCO_3^- 电离产生的阳离子全部是 H^+，若说它是酸，可其水溶液却是碱性的（pH＞7）；若说它是碱，它又可与碱 NaOH 反应生成 Na_2CO_3。醋酸 HAc 在水溶液中是弱酸，但在有机胺的溶液中却显示强酸性。对这些现象，阿仑尼乌斯电离理论很难自圆其说。

(2) 布朗斯特德质子理论（简称质子理论）

对于阿仑尼乌斯电离理论不能解释的化学现象，必须有新的酸碱理论的建立才能解决问题。新型的酸碱质子理论应运而生。

酸碱质子理论指出：在一个化学反应过程中，凡能给出质子 H^+ 的物质都是酸，凡能接受质子 H^+ 的物质都是碱。它把酸、碱的定义放在了一个动态过程中，酸碱性不仅和物质的化学组成与性质有关，而且和过程有关，即与环境有关。因此，物质的酸碱性具有相对性。

另外，质子理论还排除了盐的概念。对于无机物和相当数量的有机物的酸碱反应，酸碱质子理论都非常适用，因此本书采用的就是酸碱质子理论。

质子理论只限于质子的供出和接受，所以化合物中没有活泼 H 就谈不上酸碱性。这对于许多不含活泼 H 的有机化合物的酸碱性就不能给出合理地解释。这是质子理论的局限性。

(3) 路易斯酸碱理论

路易斯酸碱理论是建立在大量有机反应实验现象上的：在一个化学反应过程中，凡是可以接受孤电子对的物质称为酸，凡是可以给出孤电子对的物质是碱。这对于反应过程中没有 H^+ 参与的现象可做出满意的解释，尤其是对有机物。但由于路易斯理论对酸碱的解释是广义的，酸碱只是借用的一个名称而已，它的理论解释和应用将会在有机化学这门课中再详细论述。

6.1.2 酸碱的共轭关系

根据酸碱质子理论，酸和碱不是孤立的，而是对立统一的关系。酸给出质子后生成碱，碱得到质子后就变成酸。

$$酸 \rightleftharpoons 质子 + 碱 \tag{6-1}$$

$$HAc \rightleftharpoons H^+ + Ac^- \tag{6-2}$$

$$NH_4^+ \rightleftharpoons H^+ + NH_3 \tag{6-3}$$

$$HCO_3^- \rightleftharpoons H^+ + CO_3^{2-} \tag{6-4}$$

$$R_3N^+H \rightleftharpoons H^+ + R_3N \tag{6-5}$$

因此酸碱是可以相互转化的。凡因为得或失一个质子 H^+ 而相互转化的一对物质被称为共轭酸碱对，简称共轭酸碱。

根据酸碱质子理论，酸碱反应的实质是酸碱之间的质子传递过程。

例如：

$$\underset{酸_1}{HAc} + \underset{碱_2}{NH_3} \rightleftharpoons \underset{酸_2}{NH_4^+} + \underset{碱_1}{Ac^-} \tag{6-6}$$

酸碱质子理论不仅扩大了酸和碱的范围，还把电离作用、中和作用、水解作用等都包括在酸碱反应的范围之内，这些反应都可以看作是质子传递的过程。既然存在着 H^+ 的传递，对于 H^+ 就应有给体和受体。单独的酸碱是无法显现其酸碱性的。如：

$$HAc + H_2O \rightleftharpoons Ac^- + H_3O^+ \tag{6-7}$$

可见在 HAc 的离解过程中，HAc 给出 H^+，是给体，显现为酸；H_2O 接受质子 H^+，是受体，显现为碱。

在 NH_3 的离解过程中：

$$NH_3 + H_2O \rightleftharpoons NH_4^+ + OH^- \tag{6-8}$$

H_2O 给出 H^+，显现为酸；NH_3 接受质子 H^+，显现为碱。水既能接受 H^+ 显现碱性，又能提供 H^+ 显现酸性，所以水是一种两性物质。水分子与水分子也可进行质子的自传递：

$$H_2O + H_2O \rightleftharpoons H_3O^+ + OH^- \tag{6-9}$$

上式可简写为：

$$H_2O \rightleftharpoons H^+ + OH^- \tag{6-10}$$

实验测定得知，在 298K 时，纯水中 $[H^+] = 10^{-7} mol \cdot L^{-1}$：

$$[H^+] = [OH^-] = 10^{-7} mol \cdot L^{-1}$$

根据化学平衡原理，式(6-10) 的化学平衡常数：

$$K_w = [H^+][OH^-] = 1.0 \times 10^{-14} \tag{6-11}$$

K_w 称为水的自递离子积，简称水的离子积。

式(6-11) 表明，水溶液中 $[H^+]$ 和 $[OH^-]$ 之积为一常数。

6.1.3 酸碱平衡常数

对于一元酸 HA 在水溶液中存在着如下平衡：

$$HA \rightleftharpoons H^+ + A^- \tag{6-12}$$

平衡常数：

$$K_a = \frac{[H^+][A^-]}{[HA]} \tag{6-13}$$

式(6-13) 中各组分的浓度均指平衡时的浓度。一般以 K_a 表示酸的离解平衡常数。

HCl、H_2SO_4 等强酸的离解平衡常数可被认为是无穷大,即全部离解成为 H^+ 和酸根。K_a 越大,表示该物质的酸性越强。

各种化学书刊的最后,都有各种酸、碱的离解常数附表。

碱的离解常数用 K_b 表示。

按照酸碱质子理论,可以导出酸的 K_a 与共轭碱 K_b 的关系。某弱酸 HA 的共轭碱为 A^-,因此:

$$HA + H_2O \rightleftharpoons H_3O^+ + A^- \tag{6-14}$$

简写成
$$HA \rightleftharpoons H^+ + A^- \tag{6-15}$$

$$A^- + H_2O \rightleftharpoons HA + OH^- \tag{6-16}$$

式(6-15)是酸的离解平衡,式(6-16)是 HA 的共轭碱 A^- 的离解平衡。将式(6-15)和式(6-16)相加,得:

$$HA + H_2O + A^- + H_2O \rightleftharpoons H_3O^+ + A^- + HA + OH^- \tag{6-17}$$

即
$$H_2O + H_2O \rightleftharpoons H_3O^+ + OH^- \tag{6-18}$$

总反应的平衡常数:
$$K_w = K_a K_b = 1.0 \times 10^{-14} \tag{6-19}$$

式(6-19)表明,在水溶液中,弱酸(碱)的离解常数与它对应的共轭碱(酸)的离解常数之积等于水离子积常数 K_w。

定义:
$$pK_a = -\lg K_a \tag{6-20}$$

所以
$$pK_a + pK_b = pK_w \tag{6-21}$$

对于多元酸 H_nA,其失去第一个 H^+:

$$H_nA \rightleftharpoons H^+ + H_{n-1}A^- \tag{6-22}$$

平衡常数表示为 K_{a1}。其中右下标中的阿拉伯数字 "1" 表示酸失去第 1 个质子。

$$H_{n-1}A^- \rightleftharpoons H^+ + H_{n-2}A^{2-} \tag{6-23}$$

平衡常数应表示为 K_{a2}。以此类推。

对于碱 A^{n-},它得到第一个 H^+:

$$A^{n-} + H_2O \rightleftharpoons HA^{(n-1)-} + OH^- \tag{6-24}$$

平衡常数表示为 K_{b1}。其中右下标中的阿拉伯数字 "1" 表示碱得到第 1 个质子。

$$HA^{(n-1)-} + H_2O \rightleftharpoons H_2A^{(n-2)-} + OH^- \tag{6-25}$$

平衡常数应表示为 K_{b2}。以此类推。

对于某些两性物质例如 $NaHCO_3$ 溶液存在下列平衡。

作为酸:
$$HCO_3^- \rightleftharpoons H^+ + CO_3^{2-} \tag{6-26}$$

上式中,HCO_3^- 失去一个 H^+ 的过程,是 H_2CO_3 失去第二个 H^+ 的过程,为平衡常数 K_{a2}。

作为碱:
$$HCO_3^- + H_2O \rightleftharpoons H_2CO_3 + OH^- \tag{6-27}$$

上式中,HCO_3^- 得到一个 H^+ 的过程,是 CO_3^{2-} 得到第二个 H^+ 的过程,为平衡常数 K_{b2}。

因为 HCO_3^- 与 CO_3^{2-} 为共轭酸碱对,所以

$$K_{a2} K_{b1} = 10^{-14} \tag{6-28}$$

又因为 HCO_3^- 与 H_2CO_3 也为共轭酸碱对,所以

$$K_{a1} K_{b2} = 10^{-14} \tag{6-29}$$

查表得:
$$K_{a1} = 4.2 \times 10^{-7}, \quad \text{所以} \quad K_{b2} = 2.4 \times 10^{-8}$$

$$K_{a2} = 5.6 \times 10^{-11}, \qquad \text{所以} \qquad K_{b1} = 1.8 \times 10^{-4}$$

从 K_{a2}、K_{b2} 看，$K_{b2} > K_{a2}$。表明 HCO_3^- 作为碱得到 H^+ 的能力强于作为酸给出 H^+ 的能力，所以，总效果是 HCO_3^- 得到 H^+，$NaHCO_3$ 的水溶液呈碱性。

6.2　酸碱平衡的移动

酸碱平衡的移动及控制在化学研究和化工生产中都具有十分重要的意义。对于各种弱酸及其共轭碱，或者弱碱及其共轭酸，它们在水溶液中的存在形式及相关浓度会因 pH 的不同而有差异。这种差异是实际工作中所需要的，可以通过这种差异达到分离等目的。

酸碱平衡移动的影响因素主要有 pH（酸度）、稀释度、温度、盐效应、同离子效应等。

6.2.1　酸度对酸碱平衡移动的影响

对于一元弱酸而言，存在以下酸碱平衡：

$$HA \Longrightarrow H^+ + A^- \tag{6-30}$$

当 K_a 一定，HA 的原始浓度一定时，$[A^-]$ 和 $[H^+]$ 也是一定的。酸度即 $[H^+]$ 增加时，从化学平衡移动规律看，平衡向左移动，导致 $[HA]$ 增大、$[A^-]$ 浓度减小。若酸度减小即 pH 上升，则平衡向右移动，导致 $[A^-]$ 增加、$[HA]$ 减小。

这种 pH 值即酸度对弱酸（碱）离解平衡的影响叫作酸效应。

假如 A^- 和某种金属离子 M^{n+} 可以形成 MA_n 沉淀，其溶度积为 K_{sp}。在含有 M^{n+} 的 HA 溶液中，若加入的 $[HA]$、$[M^{n+}]$ 为某值时，不生成 MA_n 沉淀。

若向溶液中加入碱，使溶液的 pH 上升，化学平衡向右移动，$[A^-]$ 增大。可能使得沉淀物 MA_n 的构晶离子的浓度积 $[M^{n+}][A^-]^n$ 大于其溶度积 $K_{sp}(MA_n)$ 而发生沉淀。

A^- 和溶液中的金属离子 M^{n+}、N^{n+} 可能产生 MA_n 和 NA_n 沉淀，且 $K_{sp}(MA_n) < K_{sp}(NA_n)$。可以通过调节溶液 pH 的办法，使浓度 $[A^-]$ 调节到一个适当的值，使 $[M][A^-]^n > K_{sp}(MA_n)$、$[N][A^-]^n < K_{sp}(NA_n)$ 而令 M^{n+} 沉淀，N^{n+} 不沉淀，达到将 M^{n+} 和 N^{n+} 分离的目的。

6.2.2　浓度对酸碱平衡移动的影响

对于式(6-30)，K_a 是常数，若 HA 原始浓度为 c，离解后 $[H^+] = x$，则

$$K_a = \frac{x^2}{c - x} \tag{6-31}$$

设 $x = \alpha c$，则

$$K_a = \frac{c^2 \alpha^2}{c(1 - \alpha)} = \frac{c\alpha^2}{1 - \alpha} \tag{6-32}$$

K_a 是常数，因此 α 是 c 的函数。即 α 为电离物质的量占弱酸总物质的量的百分比，α 称作电离度。

从式(6-32)可知：弱电解质的浓度 c 越小，即式(6-32)中的分子越小，则要求分母越小，要求 $(1 - \alpha)$ 越小即它的电离度 α 越大。

试证明，对浓度分别为 c_1 和 c_2 的同一种弱酸，若 $c_1 < c_2$，电离度 $\alpha_1 > \alpha_2$。

设由 c_1 离解出的 H^+ 的浓度为 x_1，由 c_2 离解出的 H^+ 浓度为 x_2，并假设：

$$x_1 = \beta x_2 \quad (\beta \geqslant 1)$$

则由式(6-31)、式(6-32)可得

$$K_a = \frac{x_1^2}{c_1 - x_1} = \frac{(\beta x_2)^2}{c_1 - \beta x_2} = \frac{x_2^2}{c_2 - x_2} \tag{6-33}$$

$$\frac{\beta^2}{c_1 - \beta x_2} = \frac{1}{c_2 - x_2}$$

因 $\beta^2 \geqslant 1$，故

$$c_1 - \beta x_2 \geqslant c_2 - x_2$$

即

$$c_1 - c_2 \geqslant (\beta - 1)x_2$$

因 $\beta \geqslant 1$，故

$$(\beta - 1)x_2 \geqslant 0$$
$$c_1 - c_2 > (\beta - 1)x_2 \geqslant 0$$
$$c_1 - c_2 \geqslant 0$$
$$c_1 \geqslant c_2$$

与已知条件 $c_1 < c_2$ 不符，故 $\beta \geqslant 1$ 的假设不能成立，因此 $\beta < 1$。

但

$$x_1 = \beta x_2 < x_2$$

即弱酸的浓度越大，电离度 α 越小，但电离出的 $[H^+]$ 越大。

6.2.3 同离子效应及缓冲溶液原理

由式(6-30)可知，若向溶液中再加入 H^+ 或 A^-（这里指的 H^+ 和 A^- 全部是外加的，而不是由 HA 离解出来的），则平衡向左移动。在溶液中加入原溶液中已有的离子而使化学平衡产生移动的现象，叫同离子效应。

6.2.1 中所讲酸度对平衡移动的影响，实质也是一种同离子效应，只不过是专门地对 H^+ 而言，所以酸效应只是同离子效应的一种特殊情况。

如果水溶液的溶质是由弱酸（或碱）与其共轭碱（或酸）组成，这种溶液称为缓冲溶液。它的特点是，当外界加入少量酸或碱或适当稀释，其溶液的 pH 值不发生显著变化。

它的最大用途是在生产过程和实验中控制溶液的 pH 值。

从保持溶液 pH 近乎不变这一点来看，浓度较大的强酸（HCl、H_2SO_4 等）和强碱（NaOH、KOH 等）溶液也是缓冲溶液，只不过强酸可控制溶液保持较低的 pH，强碱可控制溶液保持较高的 pH。

由式(6-30)可知：

$$K_a = \frac{[H^+][A^-]}{c(HA) - x} \tag{6-34}$$

式中　　$c(HA)$——弱酸离解前的总浓度；

　　　　　x——由 HA 离解出来的 H^+ 的浓度；

　　　$[H^+]$——平衡时 H^+ 的浓度，它由外加的 H^+ 与 HA 离解出的 H^+ 两部分组成；

　　　$[A^-]$——平衡时 A^- 的浓度，它也是由外加的共轭碱 A^- 与由 HA 离解出来的 A^-
　　　　　　　两部分组成。

当外界再加少量 H^+ 进入溶液，溶液中将发生下述变化：由于 H^+ 浓度的增加，式(6-30)向左移动，HA 浓度增加，由 HA 离解出的 H^+ 浓度减少。由式(6-34)也可看出，$[H^+]$ 增加，分母增大，则 x 即由 HA 离解出的 H^+ 浓度减小。因此，这种减少削弱了外加 H^+ 的作用，而使溶液的酸度变化没有在纯水中加入相同 H^+ 的酸度变化大，起到了缓冲的作用。

当外界加入少量 OH^- 进入溶液时，OH^- 与 H^+ 中和成水，使得 H^+ 浓度减少，由于 H^+ 的减少，式(6-30)将向右移动，即 HA 的离解程度加大，这种加大缓和了 OH^- 的加入使得 H^+ 减少的程度，因此溶液的 pH 变化也相对较小。

上述两例均讲到式(6-34)中的 $[A^-]$，由于外加 A^- 远远地大于 HA 离解出的 A^-，可以将 $[A^-]$ 看做一个常数。正因为 $[A^-]$ 有稳定的值，才使得 $[H^+]$ 变化不大。

常见的缓冲溶液有 NH_3-NH_4Cl，HAc-$NaAc$，$NaHCO_3$-Na_2CO_3，KH_2PO_4-K_2HPO_4，H_3BO_3-$Na_2B_4O_7$ 等。

6.2.4 温度对酸碱平衡移动的影响

温度对酸碱平衡的影响主要体现在对水解反应的影响。一般地讲，温度升高，会促进水解反应的进行。

6.2.5 活度与盐效应

5.1.2 中③已论述过，实际工作中的溶液并不是理想溶液。溶液离子的有效浓度即活度比实际浓度低。以 α 表示活度：

$$\alpha = \gamma c \tag{6-35}$$

式中，γ 称为活度系数，$\gamma \leqslant 1$。

活度系数 γ 的大小与溶液中离子的浓度尤其是与离子电荷数有关。为了更好地说明溶液中各离子的浓度和电荷数对活度系数的影响，引入了离子强度（I）的概念，并定义为：

$$I = \frac{1}{2}(c_1 Z_1^2 + c_2 Z_2^2 + \cdots + c_n Z_n^2) = \frac{1}{2}\sum_i^n c_i Z_i^2 \tag{6-36}$$

式中，c_i 为第 i 种离子的实际浓度；Z_i 为第 i 种离子所带的电荷数。

$$\gamma \propto 1/I \tag{6-37}$$

由式（6-37）可知，溶液的浓度越大、离子所带的电荷越多，离子强度就越大，离子间相互牵制作用越大，离子活度系数 γ 越小。γ 越小，两个以上的物质反应成一种物质的难度增加，反应程度变小。

事物都有两面性，离子强度增大，活度下降；但另一方面，它对于相互反应的离子间的碰撞起到了隔离作用。因此，它对于弱酸碱的电离又有促进作用，这种作用叫盐效应。由式（6-34）可知：

$$K_a = \frac{[H^+][A^-]}{c(HA) - [H^+]} \tag{6-38}$$

用活度表示，则

$$K_a = \frac{\gamma_{H^+}[H^+]\gamma_{A^-}[A^-]}{\gamma_{HA}[HA] - \gamma_{H^+}[H^+]} \tag{6-39}$$

若近似地假设所有活度系数全相等，$\gamma_{H^+} = \gamma_{A^-} = \gamma_{HA} = \gamma$，则

$$K_a = \gamma \frac{[H^+][A^-]}{[HA] - [H^+]} \tag{6-40}$$

因为 $\gamma < 1$，所以分子 $[H^+][A^-]$ 一定要增加或分母（$[HA] - [H^+]$）一定要减小，即 $[H^+]$ 一定增大，HA 的离解一定增加。

当然式（6-40）是假设了各组分的活度系数是相同的。这是为了方便问题的讨论，实际上不一定相等。因此两种影响同时存在，哪种因素成为主导因素，要视具体情况而定。一般讲，离子强度越大，γ 越小，离解程度越大（不仅限于酸碱离解）、沉淀溶解度越大；而结合类的程度（配合反应、沉淀反应、化合反应）有所降低。

6.3　酸碱平衡中的计算

在酸碱平衡体系中，各种酸、碱将以各种形式存在于溶液中，随着条件的改变，各种存在形式的浓度也会发生变化。

6.3.1 分布系数与分布曲线

从酸（或碱）离解反应式可知，当共轭酸碱对处于平衡状态时，溶液中存在着 H_3O^+

和不同的酸碱形式。这时它们的实际浓度称为平衡浓度。各种存在形式平衡浓度之和称为总浓度。某一存在形式的平衡浓度占总浓度的分数，称为该存在形式的分布系数，以 δ_i 表示。i 表示酸失去 H^+ 的数目。

对于一个多元弱酸 H_nA，它存在着 n 级离解反应，并且 n 个 H^+ 是逐个失去的：

$H_nA \rightleftharpoons H^+ + H_{n-1}A^-$

$$K_{a1} = \frac{[H^+][H_{n-1}A^-]}{[H_nA]} \tag{6-41}$$

$$[H_{n-1}A^-] = \frac{K_{a1}[H_nA]}{[H^+]} \tag{6-42}$$

$H_{n-1}A^- \rightleftharpoons H^+ + H_{n-2}A^{2-}$

$$K_{a2} = \frac{[H^+][H_{n-2}A^{2-}]}{[H_{n-1}A^-]} \tag{6-43}$$

$$[H_{n-2}A^{2-}] = \frac{K_{a2}K_{a1}[H_nA]}{[H^+]^2} \tag{6-44}$$

$$\vdots \qquad \vdots$$

以此类推 $HA^{(n-1)-} \rightleftharpoons H^+ + A^{n-}$

$$K_{an} = \frac{[H^+][A^{n-}]}{[HA^{(n-1)-}]} \tag{6-45}$$

$$[A^{n-}] = \frac{K_{a1}K_{a2}\cdots K_{an}[H_nA]}{[H^+]^n} \tag{6-46}$$

$$c(H_nA) = [H_nA] + [H_{n-1}A^-] + \cdots + [A^{n-}] \tag{6-47}$$

由式(6-42)、式(6-44)、式(6-46)、式(6-47) 可得：

$$c(H_nA) = [H_nA] + \frac{K_{a1}[H_nA]}{[H^+]} + \frac{K_{a1}K_{a2}[H_nA]}{[H^+]^2} + \cdots + \frac{K_{a1}K_{a2}\cdots K_{an}[H_nA]}{[H^+]^n} \tag{6-48}$$

则 H_nA 这种存在形式（未失去质子）的分布系数：

$$\delta_0(H_nA) = \frac{[H_nA]}{c(H_nA)} \tag{6-49}$$

式中　$[H_nA]$——H_nA 这种存在形式的平衡浓度；

$c(H_nA)$——含有 A 基团的各种存在形式的总浓度，即离解前加入的 n 元酸的浓度。

依此类推

$$\delta_n(A^{n-}) = \frac{[A^{n-}]}{c(H_nA)} \tag{6-50}$$

将式(6-42)、式(6-44)、式(6-46)、式(6-48) 代入式(6-49)：

$$\delta_0(H_nA) = \frac{[H_nA]}{[H_nA] + \frac{K_{a1}[H_nA]}{[H^+]} + \frac{K_{a1}K_{a2}[H_nA]}{[H^+]^2} + \cdots + \frac{K_{a1}K_{a2}\cdots K_{an}[H_nA]}{[H^+]^n}} \tag{6-51}$$

分子分母约去 $[H_nA]$ 并同乘以 $[H^+]^n$，可得：

$$\delta_0(H_nA) = \frac{[H^+]^n}{([H^+]^n + K_{a1}[H^+]^{n-1} + K_{a1}K_{a2}[H^+]^{n-2} + \cdots + K_{a1}K_{a2}\cdots K_{an})} \tag{6-52}$$

同理：

$$\delta_1(H_{n-1}A^-) = \frac{K_{a1}[H^+]^{n-1}}{([H^+]^n + K_{a1}[H^+]^{n-1} + K_{a1}K_{a2}[H^+]^{n-2} + \cdots + K_{a1}K_{a2}\cdots K_{an})} \tag{6-53}$$

$$\delta_n(A^{n-}) = \frac{K_{a1}K_{a2}\cdots K_{an}}{([H^+]^n + K_{a1}[H^+]^{n-1} + K_{a1}K_{a2}[H^+]^{n-2} + \cdots + K_{a1}K_{a2}\cdots K_{an})} \tag{6-54}$$

从式(6-53)、式(6-54) 可看出：对于酸或碱而言，由该酸、碱离解出的各种存在形式

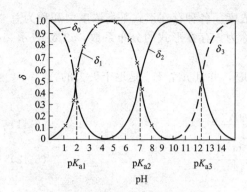

图 6-1 磷酸溶液中各种存在形式的
分布系数与 pH 的关系

的分布系数仅是氢质子浓度 $[H^+]$ 即 pH 的函数，而与酸、碱溶液的总浓度无关。

对于任何一个弱酸，只要知道各级离解常数 K_{a1}，K_{a2}，…，K_{an} 和 $[H^+]$，代入式(6-52) ～式(6-54) 就可求出在该 pH 下的各种存在形式的分布系数。以 pH 为横坐标，以 δ 为纵坐标，将每种存在形式的分布系数 δ 的点连成曲线，这就是分布曲线。见图 6-1。

【例 6-1】 已知磷酸的各级离解常数 $K_{a1} = 7.6 \times 10^{-3}$，$K_{a2} = 6.3 \times 10^{-8}$，$K_{a3} = 4.4 \times 10^{-13}$，已知磷酸的总浓度为 $0.010 mol \cdot L^{-1}$，在 pH = 8.00 时，溶液中磷酸的各存在形式的浓度各为多少（$mol \cdot L^{-1}$）？并问哪种存在形式是主要形式？

解 pH = 8.00 时，$[H^+] = 10^{-8.00} mol \cdot L^{-1}$

$$\delta_0(H_3PO_4) = \frac{(10^{-8.00})^3}{(10^{-8.00})^3 + (10^{-8.00})^2 \times 7.6 \times 10^{-3} + 10^{-8.00} \times 7.6 \times 10^{-3} \times 6.3 \times 10^{-8} + 7.6 \times 10^{-3} \times 6.3 \times 10^{-8} \times 4.4 \times 10^{-13}}$$

$$= \frac{10^{-24}}{5.5 \times 10^{-18}} = 1.3 \times 10^{-7} \times 100\% = 1.8 \times 10^{-5}\%$$

$$\delta_1(H_2PO_4^-) = \frac{(10^{-8})^2 \times 7.6 \times 10^{-3}}{5.5 \times 10^{-18}} = 1.4 \times 10^{-1} = 14\%$$

$$\delta_2(HPO_4^{2-}) = \frac{10^{-8} \times 7.6 \times 10^{-3} \times 6.3 \times 10^{-8}}{5.5 \times 10^{-18}} = 0.86 = 86\%$$

$$\delta_3(PO_4^{3-}) = \frac{7.6 \times 10^{-3} \times 6.3 \times 10^{-8} \times 4.4 \times 10^{-13}}{5.5 \times 10^{-18}} = 1.9 \times 10^{-3}\%$$

所以

$$[H_3PO_4] = 0.010 \times 1.8 \times 10^{-5}\% = 1.8 \times 10^{-9} mol \cdot L^{-1}$$

$$[H_2PO_4^-] = 0.010 \times 14\% = 0.0014 mol \cdot L^{-1}$$

$$[HPO_4^{2-}] = 0.010 \times 86\% = 0.0086 mol \cdot L^{-1}$$

$$[PO_4^{3-}] = 0.010 \times 1.9 \times 10^{-3}\% = 1.9 \times 10^{-7} mol \cdot L^{-1}$$

可见主要存在形式为 HPO_4^{2-}。

本节采用代数法计算分布系数 δ 的公式较长，而且计算中涉及指数加法和其他运算，较为烦琐。但可以采用计算技巧，将烦琐的计算进行简化。例如上例中的分母可采取不影响误差的近似计算。分母共 4 项，第一项为 10^{-24} 数量级，第二项为 10^{-19} 数量级，第三项为 10^{-18} 数量级，第四项为 10^{-22} 数量级。第四项只有第二项的 0.1% 左右，第一项则更微不足道，完全可忽略不计。分母只有两项，计算方便和快速得很多。

随着科学技术的发展，计算机应用的普及，可通过编程进行运算。

6.3.2 酸碱平衡计算中的平衡关系

对于酸碱平衡进行计算时，常常需要建立方程。当然，方程必须依赖于各种物理量之间的相互关系，这些相互关系中，有下列几个平衡等式可帮助我们建立方程。

(1) 物料平衡

物料平衡方程，简称物料平衡，用 MBE 表示。它是指在一个化学平衡体系中，某一给定物质的总浓度，等于各有关形式平衡浓度之和，即物料守恒。例如浓度为 c（$mol \cdot L^{-1}$）H_2CO_3 溶液的物料平衡为

$$c = [H_2CO_3] + [HCO_3^-] + [CO_3^{2-}] \tag{6-55}$$

浓度为 $c(\mathrm{mol \cdot L^{-1}}) \mathrm{Na_2CO_3}$ 溶液的物料平衡，根据需要，可列出 $\mathrm{Na^+}$ 和 $\mathrm{CO_3^{2-}}$ 有关的两个方程

$$[\mathrm{Na^+}] = 2c \tag{6-56}$$

$$[\mathrm{CO_3^{2-}}] + [\mathrm{HCO_3^-}] + [\mathrm{H_2CO_3}] = c \tag{6-57}$$

（2）电荷平衡

电荷平衡方程，简称电荷平衡，用 CBE 表示。单位体积溶液阳离子所带正电荷的量（mol）应等于阴离子所带负电荷的量（mol），根据这一电中性原则，由各离子的电荷和浓度，列出电荷平衡方程。

例如，浓度为 $c(\mathrm{mol \cdot L^{-1}})$ 的 $\mathrm{Na_2CO_3}$ 溶液，有下列反应：

$$\mathrm{Na_2CO_3} \Longrightarrow 2\mathrm{Na^+} + \mathrm{CO_3^{2-}} \tag{6-58}$$

$$\mathrm{CO_3^{2-}} + \mathrm{H_2O} \Longrightarrow \mathrm{HCO_3^-} + \mathrm{OH^-} \tag{6-59}$$

$$\mathrm{H_2O} \Longrightarrow \mathrm{H^+} + \mathrm{OH^-} \tag{6-60}$$

因此

$$[\mathrm{Na^+}] + [\mathrm{H^+}] = [\mathrm{HCO_3^-}] + 2[\mathrm{CO_3^{2-}}] + [\mathrm{OH^-}] \tag{6-61}$$

当然 $\mathrm{Na^+}$ 的浓度应为原始的溶质 $\mathrm{Na_2CO_3}$ 浓度 c 的 2 倍。

$$2c + [\mathrm{H^+}] = [\mathrm{HCO_3^-}] + 2[\mathrm{CO_3^{2-}}] + [\mathrm{OH^-}] \tag{6-62}$$

所以

$$[\mathrm{H^+}] = [\mathrm{HCO_3^-}] + 2[\mathrm{CO_3^{2-}}] + [\mathrm{OH^-}] - 2c \tag{6-63}$$

（3）质子条件式

质子条件又称质子平衡方程，用 PBE 表示。按照酸碱质子理论，酸碱反应的结果，有些物质失去质子，有些物质得到质子。

在酸碱反应中，碱所得到质子的量（mol）与酸失去质子的量（mol）相等，即质子守恒。由质子条件，可得到溶液中 $\mathrm{H^+}$ 浓度与有关组分浓度的关系式，此关系式称为质子条件式。它是处理酸碱平衡有关计算问题的最重要、最基本的关系式。

质子条件式反映了溶液中质子转移的量的关系。根据溶液中得质子后产物与失质子后产物的质子得失的量应该相等的原则，可直接列出质子条件式。

酸碱的质子理论表明，质子的得失即物质的酸碱性有相对性。所以，在写质子条件式时，首先要选择参照物质，称其为零水平物。选择零水平物可以在存在形式中任意选择，但不要忘了溶剂也会参与质子的转移。零水平物在一个化学过程中，它既不得到电子，也不失去电子。零水平物相当于人们规定的以海平面为 0 米，只是一个统一的相对参照标准。写质子条件式时，以零水平物为标准，酸性比它强的物质向溶液供出 $\mathrm{H^+}$，碱性比它强的物质从溶液中取得 $\mathrm{H^+}$。存在形成可相互转化的一个系列物质须各有一个零水平物，不同的系列物质须有不同的零水平物。一般选择大量存在并参与质子传递的物质作为零水平物，水溶液中的溶剂水分子就应该选为零水平物。

例如，在一元弱酸（HA）的水溶液中，大量存在并参加质子转移的物质是 HA 和 $\mathrm{H_2O}$，选择两者作为参考水平。由于存在下列两反应：

HA 的离解反应 $\qquad \mathrm{HA} + \mathrm{H_2O} \Longrightarrow \mathrm{H_3O^+} + \mathrm{A^-} \tag{6-64}$

水的质子自递反应 $\qquad \mathrm{H_2O} + \mathrm{H_2O} \Longrightarrow \mathrm{H_3O^+} + \mathrm{OH^-} \tag{6-65}$

因而，溶液中除 HA 和 $\mathrm{H_2O}$ 外，还有 $\mathrm{H_3O^+}$、$\mathrm{A^-}$ 和 $\mathrm{OH^-}$，从零水平物出发考查得失质子情况，可知 $\mathrm{H_3O^+}$ 是 $\mathrm{H_2O}$ 得质子的产物（以下简写作 $\mathrm{H^+}$），而 $\mathrm{A^-}$ 和 $\mathrm{OH^-}$ 分别是 $[\mathrm{HA}]$ 和 $[\mathrm{H_2O}]$ 失质子的产物。得失质子的物质的量应该相等，可写出质子条件如下：

$$[\mathrm{H^+}] = [\mathrm{A^-}] + [\mathrm{OH^-}] \tag{6-66}$$

又如，对于 $\mathrm{Na_2CO_3}$ 的水溶液，可以选择 $\mathrm{CO_3^{2-}}$ 和 $\mathrm{H_2O}$ 作为零水平物，由于存在下列反应：

$$CO_3^{2-} + H_2O \Longrightarrow HCO_3^- + OH^-$$ (6-67)

$$CO_3^{2-} + 2H_2O \Longrightarrow H_2CO_3 + 2OH^-$$ (6-68)

$$H_2O \Longrightarrow H^+ + OH^-$$ (6-69)

将各种存在形式与零水平物相比较，可知 OH^- 为 H_2O 失质子的产物，而 HCO_3^-、H_2CO_3 和第三个反应式中的 H^+ 为得质子的产物，但应注意 1mol 的 H_2CO_3 得到 2mol 质子，在列出质子条件式时应在 $[H_2CO_3]$ 前乘以系数 2，以使得失质子的物质的量相等，因此 Na_2CO_3 的水溶液的质子条件为：

$$[H^+] = [OH^-] - [HCO_3^-] - 2[H_2CO_3]$$ (6-70)

也可以通过溶液中各形式的物料平衡与电荷平衡得出质子条件。仍以 Na_2CO_3 水溶液为例，设 Na_2CO_3 的总浓度为 c。

物料平衡：
$$[CO_3^{2-}] + [HCO_3^-] + [H_2CO_3] = c$$ (6-71)

$$[Na^+] = 2c$$ (6-72)

由式(6-61) 电荷平衡：
$$[Na^+] + [H^+] = [HCO_3^-] + 2[CO_3^{2-}] + [OH^-]$$ (6-73)

$$2([CO_3^{2-}] + [HCO_3^-] + [H_2CO_3]) + [H^+] = [HCO_3^-] + 2[CO_3^{2-}] + [OH^-]$$

$$[H^+] = [OH^-] - [HCO_3^-] - 2[H_2CO_3]$$ (6-74)

也可得到式(6-70) 所示的质子条件。

零水平物选择不一样，可得到不同表达式的质子条件式。但它们只是形式上的不一样，它们之间可以互算，最终可表达成同一个表达式。不同的表达形式所反映的实质是一样的，这表明酸碱质子理论揭示了含有氢质子的酸碱实质。

6.3.3 一元酸（碱）水溶液的 pH 值计算

设弱酸 HA 溶液的浓度为 c(mol·L^{-1})，它在水溶液中有下列离解平衡：

$$HA \Longrightarrow H^+ + A^-$$

$$H_2O \Longrightarrow H^+ + OH^-$$

选择 HA 和 H_2O 为零水平物质，则质子条件式是：

$$[H^+] = [OH^-] + [A^-]$$ (6-75)

即一元弱酸碱的 H^+ 来自于弱酸 HA 的离解和 H_2O 的离解。

HA 的离解常数为 K_a，根据离解平衡，得到：

$$[H^+] = \frac{K_a[HA]}{[H^+]} + \frac{K_w}{[H^+]}$$ (6-76)

由上式解得：
$$[H^+] = \sqrt{K_a[HA] + K_w}$$ (6-77)

这是计算一元弱酸溶液 H^+ 浓度的精确公式。$[HA]$ 是平衡时 HA 的浓度，可以说，它也是 $[H^+]$ 的函数，可用迭代法求解，但数学处理较麻烦，更重要的是实际工作中没有必要。通常可根据计算 $[H^+]$ 时的允许误差，视弱酸的 K_a 和 c 值的大小，采用近似方法计算。

溶液酸度是用 pH 计测定的，其读数一般至小数点后两位，即 $\Delta pH = 0.01$。因此 $[H^+]$ 的误差 $\Delta[H^+]$ 可用下式估算：

$$pH = -\lg[H^+] = \frac{-\ln[H^+]}{2.3}$$ (6-78)

$$\Delta pH = -\frac{1}{2.3[H^+]}\Delta[H^+] = 0.01$$ (6-79)

$$\left|\frac{\Delta[H^+]}{[H^+]}\right| = |-2.3 \times 0.01| = 2.3\%$$ (6-80)

计算 $[H^+]$ 的相对误差只要小于 2.3%，就可保证溶液 pH 的变动不大于 0.01。即与测量值保持一致。若用 $\sqrt{K_a[HA]}$ 近似式（6-77），则：

$$\frac{\sqrt{K_a[HA]+K_w}-\sqrt{K_a[HA]}}{\sqrt{K_a[HA]+K_w}}<2.3\% \tag{6-81}$$

设 $K_w=xK_a[HA]$：

则式（6-81）变为

$$\sqrt{(1+x)K_a[HA]}-\sqrt{K_a[HA]}=0.023\sqrt{(1+x)K_a[HA]} \tag{6-82}$$

$$0.977\sqrt{(1+x)K_a[HA]}=\sqrt{K_a[HA]}$$

$$0.977\sqrt{1+x}=1$$

所以

$$x=0.047\approx0.05$$

即 $K_a[HA]\geqslant 20K_w$，K_w 可忽略，此时计算结果的相对误差不大于 5%。考虑到弱酸的解离度不是很大，$[HA]\approx c$，可以用 $K_ac\geqslant 20K_w$ 来进行判断。这样，当 $K_ac\geqslant 20K_w$ 时，K_w 可忽略，由式（6-77）得到：

$$[H^+]\approx\sqrt{K_a[HA]} \tag{6-83}$$

根据解离平衡原理，对于浓度为 c（$\mathrm{mol\cdot L^{-1}}$）的弱酸 HA 溶液，$[HA]=c-[H^+]$，以此代入式（6-83），得到：

$$[H^+]=\sqrt{K_a(c-[H^+])} \tag{6-84}$$

式（6-84）是计算一元弱酸溶液中 $[H^+]$ 的近似公式。

若平衡时溶液中 $[H^+]$ 远小于弱酸的原始浓度 c，式（6-58）中的 $c-[H^+]\approx c$，将其代入式（6-84），得到：

$$[H^+]=\sqrt{K_ac} \tag{6-85}$$

式（6-85）是计算一元弱酸溶液中 $[H^+]$ 的最简式。由式（6-80）知，为保证 $\Delta\mathrm{pH}<0.01$，用最简式（6-85）代替近似式（6-84）计算时，$[H^+]$ 的相对误差应小于 2.3%：

$$\left|\frac{\sqrt{K_a\cdot c}-\sqrt{K_a(c-H^+)}}{\sqrt{K_a\cdot c}}\right|<0.023$$

$$1-\sqrt{1-\frac{[H^+]}{c}}<0.023$$

将式（6-85）代入

$$1-\sqrt{1-\frac{\sqrt{K_ac}}{c}}<0.023$$

$$\sqrt{1-\frac{\sqrt{K_ac}}{c}}>0.977$$

$$1-\sqrt{\frac{K_a}{c}}>0.9545$$

$$\sqrt{\frac{K_a}{c}}<0.0455$$

$$\frac{K_a}{c}<2.07\times10^{-3}$$

$$\frac{c}{K_a}>1/2.07\times10^{-3}=483$$

一般要求 $c/K_a\geqslant 500$。

当 $K_ac \geqslant 20K_w$ 时，可用近似式(6-83) 计算弱酸溶液的 $[H^+]$；当 $\dfrac{c}{K_a} \geqslant 500$ 时，可用 c 代替 $[HA]$ 进行计算。满足上述两个条件时，可采用最简式(6-85) 进行计算。绝大多数弱酸均满足上述条件。

若 $K_a \leqslant 2.0 \times 10^{-11}$ 时，则：$\qquad [H^+] = \sqrt{K_ac + K_w}$

若 $K_a \geqslant 2.0 \times 10^{-11}$ 时，则：$\qquad [H^+] = \sqrt{K_a(c - [H^+])}$

$$[H^+]^2 = K_ac - K_a[H^+]$$

解此一元二次方程：$\qquad [H^+] = \dfrac{-K_a + \sqrt{K_a^2 + 4K_ac}}{2}$

【例 6-2】 甲酸 HCOOH 的 $K_a = 1.8 \times 10^{-4}$，计算 0.10mol·L^{-1} 的甲酸溶液的 pH。

解 $\qquad K_ac = 1.8 \times 10^{-4} \times 0.10 = 1.8 \times 10^{-5} \geqslant 20K_w$

$$\frac{c(HA)}{K_a} = \frac{0.1}{1.8 \times 10^{-4}} = 5.6 \times 10^2 > 500$$

可以用最简式 $[H^+] = \sqrt{K_ac(HA)}$，即

$$[H^+] = \sqrt{1.8 \times 10^{-4} \times 0.10} = 4.2 \times 10^{-3}\text{mol·L}^{-1}$$

故 $\qquad\qquad\qquad$ pH $= -\lg[H^+] = 2.38$

【例 6-3】 已知二氯乙酸 CHCl$_2$COOH 的 $K_a = 5.0 \times 10^{-2}$，计算 0.10mol·L^{-1} 的二氯乙酸溶液的 pH。

解 $\qquad K_ac = 5.0 \times 10^{-2} \times 0.10 = 5.0 \times 10^{32} \geqslant 20K_w$

$$\frac{c}{K_a} = \frac{0.10}{5.0 \times 10^{-2}} = 2.0 < 500$$

只能用近似式 $[H^+] = \sqrt{K_a[HA]}$，即

$$[H^+] = \sqrt{K_a(c - [H^+])}$$

故 $\qquad\qquad\qquad [H^+] = \dfrac{-K_a + \sqrt{K_a^2 + 4K_ac}}{2}$

$$[H^+] = \frac{-5.0 \times 10^{-2} + 0.15}{2} = 5.0 \times 10^{-2}\text{mol·L}^{-1}$$

$$\text{pH} = -\lg[H^+] = -\lg(5.0 \times 10^{-2}) = 1.30$$

对于碱而言，其最简式为：$\qquad\qquad [OH^-] = \sqrt{K_bc}$

6.3.4 两性物质水溶液 pH 的计算

在溶液中既可提供 H$^+$ 又可能得到 H$^+$ 的物质称为两性物质。如 NaHCO$_3$、K$_2$HPO$_4$、NaH$_2$PO$_4$ 及邻苯二甲酸氢钾等。在水溶液中，它们即可给出质子，显出酸性；又可接受质子，显出碱性。两性物质酸碱平衡比较复杂，在计算 $[H^+]$ 时应从具体情况出发，进行处理。

两性物质 NaHA 在溶液中存在下列质子转移反应：

作为酸 $\qquad\qquad\qquad HA^- \Longleftrightarrow H^+ + A^{2-}$

作为碱 $\qquad\qquad\qquad HA^- + H_2O \Longleftrightarrow H_2A + OH^-$

$$H_2O \Longleftrightarrow H^+ + OH^-$$

三个平衡同时存在，其质子条件式为：

$$[H^+] = [OH^-] + [A^{2-}] - [H_2A] \qquad\qquad (6\text{-}86)$$

式中，$[OH^-] = \dfrac{K_w}{[H^+]}$，$[A^{2-}] = K_{a2}\dfrac{[HA^-]}{[H^+]}$，$[H_2A] = \dfrac{[HA^-][H^+]}{K_{a1}}$

126

将上三式代入式(6-86)，并解一元二次方程，可得：

$$[H^+] = \sqrt{\frac{K_{a1}(K_{a2}[HA^-] + K_w)}{K_{a1} + [HA^-]}} \tag{6-87}$$

若 $K_{a2}[HA^-] \geqslant 20K_w$，只要 $K_{a2} \geqslant 10^{-11} \sim 10^{-12}$，大多数两性物质均可满足上述要求，则：

$$K_{a2}[HA^-] + K_w \approx K_{a2}[HA^-]$$

式(6-87)可变成其近似式：

$$[H^+] = \sqrt{\frac{K_{a1}K_{a2}[HA^-]}{K_{a1} + [HA^-]}} \tag{6-88}$$

若 HA^- 的离解常数 K_{a2} 不是很大，碱式离解常数 K_{b2} 也不是很大时有

$$[HA^-] \approx c \tag{6-89}$$

若 H_2A 的离解常数 K_{a1} 不是很大，使 $c > 20K_{a1}$，则

$$K_{a1} + c \approx c \tag{6-90}$$

则近似式可简化成最简式：

$$[H^+] = \sqrt{K_{a1}K_{a2}} \tag{6-91}$$

或

$$pH = \frac{1}{2}(pK_{a1} + pK_{a2}) \tag{6-92}$$

式(6-91)的物理意义是：两性物质水溶液的 $[H^+]$ 等于该物质作为酸的离解常数 K_{ai} 与其作为碱的共轭酸的离解常数 K_{ai-1} 乘积的平方根。即：若两性物质的浓度不是很小，溶液的 $[H^+]$ 或 pH 与 HA^- 的浓度无关。

【例 6-4】 计算 $0.10\,mol \cdot L^{-1}$ 的邻苯二甲酸氢钾（$C_6H_4COOHCOOK$）水溶液的 pH，已知 $K_{a1} = 1.1 \times 10^{-3}$，$K_{a2} = 3.9 \times 10^{-5}$。

解 $\qquad K_{a2}c = 3.9 \times 10^{-5} \times 0.10 = 3.9 \times 10^{-6} > 20K_w$

$c = 0.10$，$20K_{a_1} = 20 \times 1.1 \times 10^{-3} = 2.2 \times 10^{-2}$，即 $c > 20K_{a1}$

$\qquad pK_{a1} = -\lg(1.1 \times 10^{-3}) = 2.96 \qquad pK_{a2} = -\lg(3.9 \times 10^{-5}) = 4.41$

因此 $\qquad\qquad\qquad pH = \frac{1}{2}(pK_{a1} + pK_{a2}) = 3.68$

6.3.5 缓冲溶液 pH 的计算

弱酸 HA 与其共轭碱 NaA（或 A^-）组成的溶液称为 pH 缓冲溶液。

设溶液中 $[HA]^* = c_a$，$[A^-]^* = c_b$，则

$$K_a = \frac{[H^+][A^-]}{[HA]} \tag{6-93}$$

因为缓冲溶液的 pH 离 7.0 较远，水的离解均可忽略，所以式(6-93)中不出现 K_w。

式中的 $[A^-]$ 由两部分组成，一部分是由 HA 离解出来的，它与离解出来的 H^+ 的浓度相等，另一部分是溶液中固有的 $[A^-]^* = c_b$，所以 $[A^-] = c_b + [H^+]$。

HA 原有的 $[HA]^* = c_a$，离解的部分应与 H^+ 浓度相等，故

$$[HA] = c_a - [H^+]$$

$$K_a = \frac{[H^+](c_b + [H^+])}{c_a - [H^+]} \tag{6-94}$$

$$[H^+] = K_a \frac{c_a - [H^+]}{c_b + [H^+]} \tag{6-95}$$

缓冲溶液的 c_a、c_b 均比较大，所以右式中 $[H^+]$ 可忽略，因此

$$[H^+] = K_a \frac{c_a}{c_b}$$

$$pH = pK_a + p\frac{c_a}{c_b} \tag{6-96}$$

对于弱碱与共轭酸组成的缓冲溶液，其

$$pOH = pK_b + p\frac{c_b}{c_a} \tag{6-97}$$

上述二式表明，缓冲溶液的 pH 值主要由酸的 K_a（或碱的 K_b）决定，比值 c_b/c_a 只能对缓冲溶液的 pH 值作小范围的微调。缓冲溶液的 c_b/c_a 比值太大（或太小），因 c_b、c_a 必有一个非常小，pH 的计算就不能使用近似式(6-96)了。

根据式(6-96)，加入一定量的酸浓度改变 Δc_a 时，溶液 pH 变化量

$$\Delta pH = \frac{\partial pH}{\partial c_a}\Delta c_a = -\frac{1}{2.3c_a}\Delta c_a \tag{6-98}$$

上式表明：负号表示加入酸后 pH 值下降。pH 每变化 1 个单位即 $\Delta pH = 1$ 时，需加入 $2.3c_a$ 的酸 HA。需加入酸的量称为缓冲溶液对酸的"缓冲容量"。可见，缓冲溶液中酸 HA 的浓度 c_a 越大，溶液对酸的"缓冲容量"越大。$\frac{1}{2.3c_a}$ 为 pH 对 c_a 的变化率。

根据式(6-96)，加入一定量的碱浓度改变 Δc_b 时，溶液 pH 变化量

$$\Delta pH = \frac{\partial pH}{\partial c_b}\Delta c_b = \frac{1}{2.3c_b}\Delta c_b \tag{6-99}$$

上式表明：正号表示加入碱后 pH 值上升。pH 每变化 1 个单位即 $\Delta pH = 1$ 时，需加入 $2.3c_a$ 的碱 A^-。需加入碱的量称为缓冲溶液对碱的"缓冲容量"。可见，缓冲溶液中碱 A^- 的浓度 c_b 越大，溶液对碱的"缓冲容量"越大。$\frac{1}{2.3c_b}$ 为 pH 对 c_b 的变化率。

根据式(6-96)，pH 的全微分

$$\Delta pH = \frac{\partial pH}{\partial c_a}\Delta c_a + \frac{\partial pH}{\partial c_b}\Delta c_b = -\frac{1}{2.3c_a}\Delta c_a + \frac{1}{2.3c_b}\Delta c_b$$

应考察酸或碱的变化量相同时的 ΔpH，即令 $\Delta c_a = \Delta c_b$：

$$\Delta pH = \left(\frac{1}{2.3c_b} - \frac{1}{2.3c_a}\right)\Delta c$$

加入少量酸或碱并使 pH 变化率最小，则要求

$$\frac{1}{2.3c_b} - \frac{1}{2.3c_a} = 0 \qquad 即\ c_a = c_b$$

缓冲溶液中酸 HA 和碱 A^- 的浓度越大，缓冲溶液对酸和碱的缓冲容量越大；$c_a : c_b \rightarrow 1$，pH 对外加酸或碱的变化率越小。因此，配制缓冲溶液都采取高浓度和 $c_a : c_b \approx 1$ 的办法。

【例 6-5】 100mL 浓度 0.10mol·L^{-1} 的 HAc 和 100mL 浓度为 0.10mol·L^{-1} 的 NaAc 混合制得缓冲溶液，计算其 pH。已知 $K_a = 1.8 \times 10^{-5}$。

解 由于是等体积混合，所以

$$c_a = 0.10 \times \frac{100}{200} = 0.050\text{mol·}L^{-1}$$

$$c_b = 0.10 \times \frac{100}{200} = 0.050\text{mol·}L^{-1}$$

代入式(6-96) $pH = pK_a + p\frac{c_a}{c_b} = -lg(1.8\times10^{-5}) - lg\frac{0.050}{0.050} = 4.74$

由此例可推论，当共轭酸碱的浓度相等时，缓冲溶液的

$$pH = pK_a \tag{6-100}$$

【例 6-6】 在例 6-5 的溶液中加入 10mL 浓度为 $0.010mol \cdot L^{-1}$ 的 HCl，此时溶液的 pH 又为多少？

解 加入 HCl，溶液中的 NaAc 与 HCl 反应

$$NaAc + HCl = NaCl + HAc$$

溶液的体积变为 210mL，消耗的 NaAc 的量为

$$0.010 \times 10 = 0.10 \ (mmol)$$

所以 NaAc 的浓度变为

$$c_b = \frac{0.050 \times 200 - 0.10}{210} = 0.047 (mol \cdot L^{-1})$$

HAc 的浓度变为

$$c_a = \frac{0.050 \times 200 + 0.10}{210} = 0.048 (mol \cdot L^{-1})$$

$$pH = -lg(1.8 \times 10^{-5}) - lg \frac{0.048}{0.047} = 4.73$$

与例 6-5 的结果相比，pH 只变化了 0.01 个单位，可以认为基本上没有变化，起到了维持溶液 pH 稳定的作用。

若加入 $0.010mol \cdot L^{-1}$ 的 NaOH 10mL，溶液 pH 只上升 0.01 个单位，也起到了缓冲作用。

从式(6-96)看，缓冲溶液的 pH 只与共轭酸碱的浓度比有关，因此，只要其值固定，加水稍加稀释，而不使 c_a 或 c_b 变得非常小，缓冲溶液的 pH 仍保持不变。

6.4 酸碱滴定分析

6.4.1 滴定法的基本原理及必须解决的基本问题

酸碱滴定是以酸碱反应为基础的滴定分析方法，是普遍采用的测定未知酸碱量的定量分析方法之一。

使用滴定管将一种已知准确浓度的试剂溶液，一滴一滴地滴加到待测物的溶液中，直到待测组分与滴定的试剂恰好完全反应（即加入的滴定的试剂与待测组分按化学反应方程式完成反应），然后根据滴定的试剂浓度和所消耗的体积，可以计算出待测组分的含量。这一类分析方法统称为滴定分析法，又叫容量分析法。

从滴定管中滴入被测物溶液中的试剂称为滴定剂，其溶液叫滴定液。

已知准确浓度的溶液称为标准溶液。滴加滴定液的操作过程称为滴定。

滴定剂与待测组分恰好完全反应的这一点，称为化学计量点，它完全符合化学反应式的定量关系，在理论上是肯定存在的。

人们通过某种途径（往往是通过外加指示剂的变色现象），认为滴定剂与待测组分两种物质已反应完全而停止滴定的那一点，叫做滴定终点。

化学计量点是客观存在的，滴定终点是人们对化学计量点的判断，两者可能一致，也可能不一致。滴定终点与化学计量点之差称作滴定误差。

从上面的论述可以看出，若用滴定法来测定未知溶液，需要解决以下几个基本问题：

① 滴定剂与被测物之间能否反应？是否具有定量关系？能不能快速完成反应？

② 标准溶液的浓度如何确定？

③ 若要求滴定终点与化学计量点之间的误差的绝对值不大于某个指定的值，如何确定终点？

④ 通过什么样的计量关系求得未知溶液的浓度或含量？

6.4.2 滴定分析中的酸碱反应

能用于滴定定量分析要求的酸碱反应必须满足下列条件。

(1) 酸碱反应的完成率

如第 1 章所说，化学分析是常量分析，要求分析结果的相对误差 ≤0.2%。这就要求，在化学计量点，酸碱反应完 99.9%，才能保证相对误差 ≤±0.1%。这不是所有的酸碱都可达到的。

强酸与强酸反应的实质是 H^+ 与 OH^- 间的反应，一般认为反应完成率为 100%，当然可以进行酸碱滴定。

强酸（碱）与弱碱（酸）之间的反应完成率和弱碱（酸）的离解平衡常数 $K_b(K_a)$ 有关。用浓度为 $c(mol \cdot L^{-1})$ 的强碱 NaOH 溶液滴定浓度与 c 相近的弱酸 HA，HA 的离解平衡常数为 K_a。在化学计量点：

$$HA + OH^- \Longrightarrow A^- + H_2O$$

$$[A^-] \geqslant \frac{0.999c}{2} \approx \frac{c}{2} \qquad\qquad [OH^-] = [HA] \approx \frac{10^{-3}c}{2}$$

由式 (6-13) 知

$$K_a = \frac{[H^+][A^-]}{[HA]} = \frac{K_w[A^-]}{[HA][OH^-]}$$

$$= \frac{\dfrac{10^{-14}c}{2}}{\left[\left(\dfrac{10^{-3}c}{2}\right)\left(\dfrac{10^{-3}c}{2}\right)\right]} = \frac{2 \times 10^{-8}}{c}$$

$$cK_a \geqslant 2 \times 10^{-8} \approx 10^{-8} \tag{6-101}$$

这就是能否进行酸碱滴定的必要条件。当然，如果不要求相对误差 ≤±0.1% 而是更大一点，上述条件可适度放宽。

(2) 产物单一，定量反应

上述讲的是一元酸（碱），一般讲，一元酸（碱）产物只有一个，可定量反应。而多元酸碱的产物往往不止一个，有时不是定量反应，就无法使用酸碱滴定法。

草酸（$H_2C_2O_4$）、柠檬酸（$H_3C_6H_5O_7$）、酒石酸（$H_2C_4H_4O_6$）等的各级离解常数比较接近，在理论上的第一化学计量点，草酸溶液中有 $HC_2O_4^-$、$C_2O_4^{2-}$ 两种形态。所以，强碱与草酸在第一化学计量点的反应是不定量的，因此对 $NaHC_2O_4$ 和 $H_2C_2O_4$ 组成的混合样，直接用酸碱滴定法无法测得各自的含量。但可以测定总量，因为在第二化学计量点时，产物只有 $C_2O_4^{2-}$，反应可定量进行。柠檬酸、酒石酸等也有类似情况。

(3) 反应速率

酸碱反应在水溶液中进行，反应仅是溶液中的质子传递过程，反应速率非常快，基本上都可以立即、定量地完全反应。

例如：

$$HCl + NaOH \Longrightarrow NaCl + H_2O$$

$$HAc + OH^- \Longrightarrow Ac^- + H_2O$$

$$NH_4OH + HCl \Longrightarrow NH_4Cl + H_2O$$

$$R_3N + HCl \Longrightarrow R_3NHCl$$

当然，也有的酸或碱是分步反应的：

$$CO_3^{2-} + H^+ \Longrightarrow HCO_3^-$$

$$HCO_3^- + H^+ \Longrightarrow H_2CO_3$$

酸和碱之间的定量关系的实质是一个 H^+ 只能和一个 OH^- 反应。

若滴定剂与被测物之间的反应不能很快进行，如用 HCl 标准溶液滴定 $CaCO_3$ 时，因为是非均相反应，反应速率较慢，不能直接滴定。可用过量的 HCl 标准溶液与固体 $CaCO_3$ 加热溶解、煮沸赶走 CO_2，再用 NaOH 标准溶液滴定多余的 HCl，最后计算出 $CaCO_3$ 的量。这种通过第三者的滴定方法叫返滴定法。

6.4.3 酸碱标准溶液浓度的确定

标准溶液浓度的确定有两种方法：直接配制法和间接标定法。

（1）直接配制法

准确称取（精确至 0.0002g）一定量的纯物质，溶解后，在容量瓶中稀释到一定体积，然后算出该溶液的准确浓度。

能用直接法配制标准溶液的纯物质叫基准物质，它必须具备下列条件。

① 必须具有足够的纯度，即含量≥99.9%，其杂质含量应少到滴定分析所允许的误差限度以下。

② 物质的组成与化学式应完全一样，包括结晶水。

③ 物理和化学性质稳定，例如，不易挥发、热稳定性好、不吸水或极少吸水、不和环境中的物质尤其是空气中 O_2、CO_2 反应等。

酸碱滴定分析中的标准溶液大多数使用的是 HCl、H_2SO_4、NaOH 等。但盐酸、H_2SO_4 溶液中溶质 HCl、SO_3 和溶剂 H_2O 都会挥发，浓度不稳定；NaOH 会吸收空气中的水蒸气潮解或吸收空气中的 CO_2 而变成 Na_2CO_3 使组分不纯。它们都不能满足基准物质的条件，因此，不能用直接法配制。

（2）间接标定法

粗略地称取一定量物质或量取一定体积溶液，配制成接近于所需要浓度的溶液。这样配制的溶液，其准确浓度还是未知的，必须用基准物质或另一种物质的标准溶液来测定它们的准确浓度。这种确定标准溶液准确浓度的过程，称为标定。

例如，用来直接标定 NaOH 的基准物有邻苯二甲酸氢钾（$C_6H_4COOHCOOK$）、草酸（$H_2C_2O_4$）；用来直接标定 HCl、H_2SO_4 的基准物有无水 Na_2CO_3、硼砂（$Na_2B_4O_7$）等。

6.4.4 酸碱滴定曲线与滴定突跃

（1）强碱（酸）滴定强酸（碱）的滴定曲线

酸碱反应时，溶液的 pH 会随标准溶液的滴入而改变。

在直角坐标系中，以溶液的 pH 为纵坐标，滴加的标准溶液体积或滴定率（滴定百分数）为横坐标。每一个标准溶液体积对应一个 pH，将这些点连成一条曲线，这条曲线叫滴定曲线。

用浓度为 c（$mol \cdot L^{-1}$）的强碱溶液滴定相同浓度的强酸溶液 V_0（mL）。

① 滴定开始前。溶液中仅有强酸存在，所以溶液的 pH 值取决于强酸的原始浓度 c，即
$$[H^+] = c\, mol \cdot L^{-1} \qquad pH = -\lg c$$

② 滴定开始至化学计量点前。若滴入 V_1（mL）强碱溶液，$V_1 < V_0$，剩余的强酸的浓度即：
$$[H^+] = \frac{cV_0 - cV_1}{V_0 + V_1}$$

$$pH = -\lg\left(\frac{cV_0 - cV_1}{V_0 + V_1}\right)$$

③ 化学计量点前 0.1%，即 $V_1 = 0.999V_0$，剩余的强酸的浓度即：
$$[H^+] = \frac{c(V_0 - V_1)}{0.999V_0 + V_0} = 0.50c \times 10^{-3}$$

$$pH_1 = 3.30 - \lg c \qquad (6\text{-}102)$$

④ 化学计量点后 0.1%，即 $V_1 = 1.001V_0$，剩余的是强碱，强碱的浓度即：

$$[OH^-] = \frac{c(V_1 - V_0)}{1.001V_0 + V_0} = 0.5c \times 10^{-3}$$

$$pH_2 = 14 - pOH = 14 + \lg(0.5c \times 10^{-3}) = 14 - 3 + \lg c - \lg 2 = 10.70 + \lg c \qquad (6\text{-}103)$$

在化学计量点前后各 0.1% 范围内，pH 值急剧变化的现象称为酸碱滴定突跃。化学计量点后 0.1% 的 pH 值（pH_2）与化学计量点前 0.1% 的 pH 值（pH_1）之差 $\Delta pH = (pH_2 - pH_1)$ 称为突跃范围。

因此，强碱滴定强酸的突跃范围：

$$\Delta pH = pH_2 - pH_1 = 7.40 + 2\lg c \qquad (6\text{-}104)$$

可以看出，突跃范围与标准溶液和被测溶液浓度有关。因为滴定时标准溶液浓度与被测液浓度相近，标准溶液浓度上升 10 倍，被测液浓度上升也近 10 倍，突跃范围 pH 增加 2.0 个 pH 单位；各下降 10 倍，突跃范围会缩小 2.0 个 pH 单位。随着标准溶液和被测溶液浓度的降低，突跃范围会越来越小。一般来说，突跃范围 $\Delta pH < 0.3$，人眼已很难准确地判断终点，酸碱滴定分析无法进行。

(2) 强碱滴定强酸的滴定曲线计算示例

用浓度为 $0.1000 \text{mol} \cdot L^{-1}$ 的 NaOH 溶液滴定 20.00mL 同浓度的 HCl 溶液。

① 滴定开始前

溶液中仅有 HCl 存在，所以溶液的 pH 值取决于 HCl 溶液浓度，即

$$[H^+] = 0.1000 \text{mol} \cdot L^{-1} \qquad pH = 1.00$$

② 滴定开始至化学计量点前

加入 18.00mL 的 NaOH 溶液时，还剩余 2.00mL 的 HCl 溶液未被中和，这时溶液中的 HCl 浓度即 $[H^+]$ 应为：

$$[H^+] = \frac{0.1000 \times 2.00}{20.00 + 18.00} = 5.3 \times 10^{-3} \text{mol} \cdot L^{-1}$$

$$pH = 2.28$$

从滴定开始直到化学计量点前的各点都可以这样计算。

③ 化学计量点前 0.1% 时

此时 HCl 尚存 $0.1000 \times 20.00 \times 0.1\% = 0.1000 \times 0.02 \text{mmol}$，溶液仍呈酸性。因此

$$[H^+] = \frac{0.1000 \times 0.02}{20.00 + 19.98} = 5.0 \times 10^{-5} \ (\text{mol} \cdot L^{-1}) \qquad (6\text{-}105)$$

$$pH = -\lg[H^+] = 4.30$$

④ 化学计量点时

当加入 20.00mL NaOH 溶液时，HCl 被 NaOH 全部中和，生成 NaCl，这时 $pH = 7.00$。

⑤ 化学计量点后 0.1% 时

化学计量点后，NaOH 过量，溶液 $pH > 7$，溶液 pH 值由过量的 NaOH 决定。加入 20.02mL NaOH 溶液时，NaOH 过量 0.02mL。多余的 NaOH 浓度为：

$$[OH^-] = \frac{0.1000 \times 0.02}{20.00 + 20.02} = 5.0 \times 10^{-5} \ (\text{mol} \cdot L^{-1})$$

$$[H^+] = \frac{K_w}{[OH^-]} = 2.0 \times 10^{-10} \ (\text{mol} \cdot L^{-1})$$

$$pH = 9.70$$

化学计量点后都这样计算。

各点的计算结果列于表 6-1。

表 6-1　用 $c(NaOH)$ ＝0.1000mol·L^{-1} NaOH 溶液滴定 20.00mL 同浓度 HCl 溶液

加入 NaOH 溶液的体积 V/mL	剩余 HCl 溶液的体积 V/mL	过量 NaOH 溶液的体积 V/mL	pH
0.00	20.00		1.00
18.00	2.00		2.28
19.80	0.20		3.30
19.98	0.02		4.30(A)
20.02	0.00		7.00 ⎫ 突跃范围
20.02		0.02	9.70(B) ⎬
20.20		0.20	10.70
22.00		2.00	11.68
40.00		20.00	12.52

从上述计算可以看出，从开始滴定一直到滴定完 99.9% 的 HCl，溶液的 pH 从 1.00 变为 4.30，改变了 3.30 个 pH 单位。但从滴定完 99.9% 的 HCl 到过量 0.1% 的 NaOH，NaOH 的体积只消耗 0.04mL（一滴），但 pH 从 4.30 变为 9.70，改变了 5.40 个 pH 单位。这段滴定曲线的斜率非常之大（见图 6-2）。

化学计量点一定在突跃范围内。

滴定突跃在实验中非常有意义。人们对一些连续缓慢变化的量的观察是不敏感的。但对于突变现象，人们往往可以很清楚地辨认它。

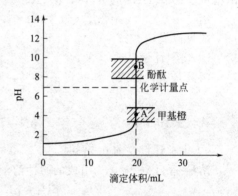

图 6-2　NaOH-HCl 的滴定曲线

(3) 强碱（酸）滴定弱酸（碱）

对于 NaOH 滴定弱酸 HA，由于 NaOH 的加入，HA 生成 NaA，NaA 和 HA 构成缓冲溶液，因此，滴定过程中溶液的 pH 变化是缓慢的。

① 化学计量点前

溶液是缓冲溶液，若滴定完成了 x%，则 x% 的 HA 转变成了碱 A$^-$，HA 还剩余 $(100-x)$%，根据式(6-96)：

$$pH=pK_a+p\frac{c_a}{c_b}=pK_a-\lg\left(\frac{100-x}{x}\right) \tag{6-106}$$

② 化学计量点前 0.1%

99.9% 的 HA 已与 NaOH 反应生成 NaA，溶液已成缓冲溶液。此时溶液中酸 HA 即 c_a 与共轭碱 A$^-$ 即 c_b 的浓度之比为 1∶999，用式(6-96) 进行 pH 值估算（这里不需要准确的计算）：

$$pH_1=pK_a+p\frac{c_a}{c_b}=pK_a+3 \tag{6-107}$$

③ 化学计量点时

此时溶液是 NaAc 溶液，按式(6-85)：

$$[OH^-]=\sqrt{\frac{cK_w}{K_a}} \tag{6-108}$$

④ 化学计量点后 0.1%

当 NaOH 过量 0.1% 时，溶液中

$$[OH^-]=\sqrt{\frac{cK_w}{K_a}+cV_1\times\frac{0.1\%}{1.001V_1+V_1}}=\sqrt{\frac{cK_w}{K_a}}+\frac{c}{2000}$$

即便仅考虑此式中强碱部分即第二项的影响,可得

$$pH_2 > 10.70 + \lg c$$

突跃范围: $\Delta pH = pH_2 - pH_1 > 10.70 + \lg c - pK_a - 3 > 7.70 + \lg(cK_a) > 0.3$ (6-109)

$$7.70 + \lg(cK_a) > 0.3$$

$$cK_a > 10^{-7.40}$$

考虑到 pH_1 和 pH_2 计算时有些因素被忽略,因此强碱(酸)可以滴定弱酸(碱)的必要条件为

$$cK_a > 10^{-8} \text{ 或 } cK_b > 10^{-8} \tag{6-110}$$

这与从化学平衡角度的式(6-101)得出的结论是完全一致的。只是视角不同而已。

(4) 强碱滴定弱酸滴定曲线计算示例

用 $0.1000 \text{mol} \cdot L^{-1}$ 的 NaOH 溶液滴定浓度为 $0.1000 \text{mol} \cdot L^{-1}$ 的 HAc 溶液,计算滴定突跃范围。已知 HAc 的 $K_a = 1.8 \times 10^{-5}$。

因 $cK_a = 0.1000 \times 1.8 \times 10^{-5} = 1.8 \times 10^{-6} > 10^{-8}$

故可以滴定。

① 化学计量点前

溶液是缓冲溶液,如滴定了 80%,则

$$x = 80$$

代入式(6-106) $pH = pK_a - \lg\dfrac{20}{80} = 5.34$

② 化学计量点前 0.1% 时

溶液是 HAc 与 Ac^- 组成的缓冲溶液

$$pH_1 = pK_a + 3 = 4.75 + 3 = 7.75$$

③ 化学计量点时

溶液是 Ac^- 的一元碱溶液。

$$[OH^-] = \sqrt{\frac{cK_w}{K_a}} = \sqrt{\frac{0.1000 \times 10^{-14}}{2 \times 1.8 \times 10^{-5}}} = 3.73 \times 10^{-6}$$

$$pH = 8.57$$

化学计量点落在了碱性区域。K_a 越小,化学计量点时的 pH 值越大。

④ 化学计量点后 0.1% 时

$$[OH^-] = 10^{-14+8.57} + \frac{c}{2000} = 5.37 \times 10^{-5}$$

$$pH_2 = 14 - pOH = 9.73$$

$$\Delta pH = 9.73 - pK_a - 3 = 7.1 + \lg(1.8 \times 10^{-5}) = 1.98$$

可以看出用强碱(酸)滴定弱酸(碱)比滴定同样浓度的强酸的滴定突跃范围小得多。并且 K_a 越小,突跃范围越小。突跃范围也和浓度有关,规律与强碱(酸)滴定强酸(碱)相同。

6.4.5 酸碱指示剂和终点的判断

酸碱滴定的终点可通过酸碱指示剂的颜色突变进行判断。酸碱指示剂是非常弱的有机酸 HIn 或有机碱 In^-。

酸碱指示剂存在以下化学平衡:

$$HIn \rightleftharpoons H^+ + In^- \tag{6-111}$$

平衡常数为 K_{HIn},它比常见的弱酸的平衡常数 K_a 还小。

酸的形式 HIn 呈现一种颜色,叫酸式色;碱的形式 In^- 呈现另外一种明显不同的颜色,叫碱式色。

$$K_{HIn} = \frac{[H^+][In^-]}{[HIn]}$$

$$\frac{K_{HIn}}{[H^+]} = \frac{[In^-]}{[HIn]} \tag{6-112}$$

一般来讲，$[In^-]/[HIn] \leqslant 0.1$ 时，溶液呈现酸式色，$[In^-]/[HIn] \geqslant 10$ 时，溶液呈现碱式色。在两者之间，溶液呈现酸式色与碱式色的混合色，又称作过渡色。从式 (6-112) 可知：$[In^-]/[HIn] = 0.1$ 时，$pH_1 = [H^+]_1$；$[In^-]/[HIn] = 10$ 时，$pH_2 = [H^+]_2$；$pH_1 - pH_2$ 称为酸碱指示剂的变色范围。$[In^-]/[HIn]$ 比值从 0.1 变为 10，变化了 100 倍，即 $[H^+]$ 变化了 100 倍即 2 个 pH 值，所以酸碱指示剂的变色范围约为 2 个 pH 单位。

如果在滴定突跃区间内，指示剂从酸式色突变为碱式色或者从碱式色突变为酸式色，可以判断滴定已经处于突跃区间内，若将此时看作滴定终点，停止滴定，此点离化学计量点的距离不会超过 $\pm 0.1\%$。即滴定误差不会超过 0.2%。

例如，甲基橙在溶液中存在下列平衡：

$$NaO_3S \text{——} \text{——} N=N \text{——} \text{——} N(CH_3)_2 \xrightleftharpoons[+OH^-]{+H^+} NaO_3S \text{——} \text{——} \overset{H}{N}-N \text{——} \text{——} \overset{+}{N}(CH_3)_2$$

（黄色）　　　　　　　　　　　　　　　　　　　（红色）

由于酸碱指示剂的 K_{HIn} 的大小不一样，从化学平衡常数的概念看，它们应具有不同的变色范围。表 6-2 列出了常用的酸碱指示剂的变色范围。

表 6-2　常用酸碱指示剂的变色范围

指示剂	变色范围 pH	颜色变化	pK_{HIn}	组　　成	用量/(滴/10mL 溶液)
百里酚蓝	1.2~2.8	红→黄	1.7	0.1%的 20%乙醇溶液	1~2
甲基黄	2.9~4.0	红→黄	3.3	0.1%的 90%乙醇溶液	1
甲基橙	3.1~4.4	红→黄	3.4	0.05%水溶液	1
溴酚蓝	3.0~4.6	黄→紫	4.1	0.1%的 20%乙醇溶液或其钠盐水溶液	1
溴甲酚绿	4.0~5.6	黄→蓝	4.9	0.1%的 20%乙醇溶液或其钠盐水溶液	1~3
甲基红	4.4~5.6	红→黄	5.0	0.1%的 60%乙醇溶液或其钠盐水溶液	1
溴甲酚蓝	6.2~7.6	黄→蓝	7.3	0.1%的 20%乙醇溶液或其钠盐水溶液	1
中性红	6.8~8.0	红→黄橙	7.4	0.1%的 60%乙醇溶液	1
苯酚红	6.8~8.4	黄→红	8.0	0.1%的 60%乙醇溶液或其钠盐水溶液	1
酚酞	8.0~10.0	无→红	9.1	0.5%的 90%乙醇溶液	1~3
百里酚蓝	8.0~9.0	黄→蓝	8.9	0.1%的 20%乙醇溶液	1~4
百里酚酞	9.4~10.6	无→蓝	10.0	0.1%的 90%乙醇溶液	1~2

由于种种原因，有的滴定突跃很小，或者是由于酸碱指示剂酸式色与碱式色之间的色差不很明显，使得对终点的判断产生一定的困难，可以用混合指示剂来指示终点。混合指示剂的特点是变色范围普遍变窄；色差加大或产生颜色的互补，从而提高了指示终点的灵敏度。表 6-3 是一些常用的混合指示剂的性质。

表 6-3　几种常用的混合指示剂

指示剂溶液的组成	变色时 pH	颜色变化		备　　注
		酸色	碱色	
一份 0.1%甲基黄乙醇溶液 一份 0.1%亚甲基蓝乙醇溶液	3.25	蓝紫	绿	pH=3.4 时呈绿色 pH=3.2 时呈蓝紫色
一份 0.1%甲基橙水溶液 一份 0.25%靛蓝二磺酸水溶液	4.1	紫	黄绿	
一份 0.1%溴甲酚绿钠盐水溶液 一份 0.2%甲基橙水溶液	4.3	橙	蓝绿	pH=3.5 时呈黄色 pH=4.05 时呈绿色;pH=4.3 时呈绿色

指示剂溶液的组成	变色时 pH	颜色变化		备　　注
		酸色	碱色	
三份 0.1%溴甲酚绿乙醇溶液 一份 0.2%亚甲基红乙醇溶液	5.1	酒红	绿	
一份 0.1%溴甲酚绿钠盐水溶液 一份 0.1%氯酚红钠盐水溶液	6.1	黄绿	蓝紫	pH=5.4 时蓝绿色;pH=5.8 时呈蓝色 pH=6.0 时呈蓝紫色;pH=6.2 时呈蓝紫色
一份 0.1%中性红乙醇溶液 一份 0.1%亚甲基蓝乙醇溶液	7.0	紫蓝	绿	pH=7.0 时呈紫蓝色
一份 0.1%甲酚红钠盐水溶液 三份 0.1%百里酚蓝钠盐水溶液	8.3	黄	紫	pH=8.2 时呈玫瑰红色 pH=8.4 时呈紫色
一份 0.1%百里酚蓝 50%乙醇溶液 三份 0.1%酚酞 50%乙醇溶液	9.0	黄	紫	从黄到绿,再到紫
一份 0.1%酚酞乙醇溶液 一份 0.1%百里酚酞乙醇溶液	9.9	无	紫	pH=9.6 时呈玫瑰红色 pH=10 时呈紫色
二份 0.1%百里酚酞乙醇溶液 一份 0.1%次茜素黄 R 乙醇溶液	10.2	黄	紫	

选择酸碱指示剂的原则如下。

① 酸碱指示剂的变色范围与突跃范围一定要有交集。没有交集,表明指示剂变色时不在滴定突跃范围内。因此,滴定终点离化学计量点远大于±0.1%,不能满足滴定分析的误差要求。这种酸碱指示剂不能作为此次滴定的指示剂。

② 若交集在化学计量点之前,滴定终点要求指示剂完全变色。因为指示剂变为过渡色时,不能确定滴定已进入突跃范围。即使进入了突跃范围,再滴加 0.1%体积的滴定剂,此时指示剂一定完全变色,误差也不会超过 0.1%。

③ 若交集在化学计量点之后,滴定终点要求指示剂只能变为过渡色。指示剂变色表明滴定过了化学计量点,肯定在突跃范围内,变色即可视作终点。若继续滴定至完全变色,有可能已超越突跃范围,离化学计量点超过+0.1%。

④ 若化学计量点落在酸碱指示剂的变色范围内。指示剂变为过渡色或完全变色时,均可确定为滴定终点。

6.4.6　滴定法中的计算

滴定法中的计算是相当简单的,只有一个公式:

$$\sum c_i V_i = \sum c_j V_j \qquad (6\text{-}113)$$

这个公式不仅适用于酸碱滴定,也适用于其他的滴定,因此必须充分理解其物理意义。

① 在滴定过程中,可观察到或可确定 n 个终点,就一定可列出 n 个类似式(6-113)的独立方程。解方程或解联立方程组就可得所要求的量。

② 把参加酸碱反应的物质分为两类:给出 H^+ 的或与 OH^- 产生中和反应的是酸,归为 i 类。得到 H^+ 的是碱,归为 j 类。

③ 浓度 c 是标准溶液或被滴定溶液的计量单元浓度,单位是 $mol \cdot L^{-1}$。计量单元质量的定义为:在酸碱反应中某物质得到(失去)1mol H^+ 或与 1mol OH^- 完全反应的物质的质量称为酸碱反应的计量单元质量,可记作 $\frac{M}{n}$。$\frac{1}{n}M$ 称作"计量单元",其中 M 为摩尔质量,单位是 $g \cdot mol^{-1}$;n 为酸碱反应过程中 1mol 物质得到(失去)或相当于得到(失去)质子(H^+)的物质的量(mol)。用它表示的浓度就是计量单元浓度,可记作 $c\left(\frac{M}{n}\right)$。$c\left(\frac{M}{n}\right)$ 与摩尔浓度 $c(M)$ 的关系是:

$$c\left(\frac{M}{n}\right) = nc(M) \tag{6-114}$$

式(6-113)的物理意义是：在滴定的化学计量点时，酸类物质提供的 H^+ 量等于另一类碱性物质得到或反应掉的 H^+ 的量。

例如：
$$2NaOH + H_2SO_4 = Na_2SO_4 + 2H_2O$$

NaOH 在反应中只得到 1 个 H^+，其计量单元为 $\frac{M(NaOH)}{1}$，其计量单元浓度可记作 $c(NaOH)$。硫酸在反应中失去 2 个 H^+，其计量单元为 $\frac{M(H_2SO_4)}{2}$，它的计量单元浓度可记作 $c\left(\frac{1}{2}H_2SO_4\right)$。

④ 若是酸碱反应，V_i 是一类物质如酸溶液的体积，V_j 为另一类物质如碱溶液的体积。使用时要保证量纲的一致性。

式(6-113)也适用于稀释过程。等式两边 i 和 j 分别为稀释前、后溶液的浓度与体积的乘积。

⑤ 若某反应物不是溶液，则 c_iV_i 是溶质的计量单元量，即
$$c_iV_i = \frac{m}{\text{计量单元}} = \frac{m}{\frac{M}{n}} \tag{6-115}$$

式中，m 为固体试剂（不是溶液）的质量，g。

⑥ 计算过程中只考虑各种参与滴定反应的物质的起始态（滴入第一滴滴定剂前的状态）和滴定终点时的状态。不必考虑起始态变为终态的路径。若某物质起始态和终点态是相同的，则整个计算过程将与其无关。

⑦ 凡在实验中未经过分析（电子）天平称量、未通过容量瓶配制溶液或未用移液管移取的物质将都不会在计算中出现。

【例 6-7】 称取纯 $CaCO_3$ 固体 0.5013g，溶于 50.00mL 的 HCl 中，加热至沸，赶走 CO_2，剩余的 HCl 用 NaOH 滴定，用去 NaOH 溶液 5.87mL。

另取 25.00mL 该 HCl 溶液，用上述 NaOH 溶液滴定，消耗 NaOH 溶液 26.35mL，求 HCl 和 NaOH 的浓度。

解 已知
$$CaCO_3 + 2HCl = CaCl_2 + H_2O + CO_2\uparrow$$

$CaCO_3$ 起始态为 $CaCO_3$，终态为 CO_2，得到 2 个 H^+，所以 $n=2$。其计量单元为 $\frac{M(CaCO_3)}{2}$。

因 $M(CaCO_3) = 100.09g\cdot mol^{-1}$，故 $\frac{1}{2}M(CaCO_3) = 50.05g\cdot mol^{-1}$

第一个滴定中还有一个碱 NaOH，设 NaOH 浓度为 $y(mol\cdot L^{-1})$。酸只有一个 HCl，设 HCl 的浓度为 $x(mol\cdot L^{-1})$。

将得质子的物质碱（NaOH 和 $CaCO_3$）写在方程一边，失质子的物质酸（HCl）写在方程另一边，有

$$\frac{0.5013}{\frac{1}{2}M(CaCO_3)} + 5.87 \times 10^{-3}y = 50.00 \times 10^{-3}x \tag{6-116}$$

体积的单位为 L。

第二个滴定中，碱物质为 NaOH，酸只有 HCl，则

$$25.00x = 26.35y$$
$$x = 1.054y$$

代入式(6-115)，有

$$\frac{0.5013}{50.05} + 5.87 \times 10^{-3}y = 50.00 \times 1.054y \times 10^{-3}$$

解得
$$y = 0.2139 \text{mol} \cdot L^{-1}$$
$$x = 0.2254 \text{mol} \cdot L^{-1}$$

6.5 酸碱滴定法的应用示例

6.5.1 双指示剂法测定混合碱试样

工业上用电解食盐溶液的方法生产 NaOH，NaOH 常因吸收空气中的 CO_2 成为 Na_2CO_3，产物已是 NaOH 和 Na_2CO_3 的混合物。

工业上用氨碱法或联碱法以 NaCl、NH_3、CO_2 等为原料生产 $NaHCO_3$，$NaHCO_3$ 煅烧后成纯碱 Na_2CO_3：

$$2NaHCO_3 == Na_2CO_3 + CO_2\uparrow + H_2O\uparrow \tag{6-117}$$

有时因煅烧不完全，少量 $NaHCO_3$ 残留在 Na_2CO_3 中，产物是 $NaHCO_3$ 和 Na_2CO_3 的混合物。

上述两种产品试样称为混合碱试样。不存在 NaOH、Na_2CO_3 和 $NaHCO_3$ 三者共存的混合碱，因 NaOH 与 $NaHCO_3$ 不可能共存：

$$NaHCO_3 + NaOH == Na_2CO_3 + H_2O \tag{6-118}$$

实际生产中常采用双指示剂法测定混合碱试样中 NaOH、Na_2CO_3、$NaHCO_3$ 的含量。双指示剂法操作过程如下。

试样溶解后加入酚酞（变色范围为 pH＝8.0～10.0）作指示剂，试液呈强碱性，呈红色。用 0.1～0.2mol·L^{-1} 的 HCl 标准溶液滴至酚酞由红变为无色，溶液 pH＜8.0，此为第一滴定终点。

由前所述，用 0.1～0.2mol·L^{-1} 的 HCl 标准溶液滴定 0.1～0.2mol·L^{-1} 的 NaOH 溶液的滴定突跃范围应在 4.30～9.70。可见，第一滴定终点已在此滴定突跃范围内。若混合碱试样中含有 NaOH，其已与 HCl 完全反应。

$$NaOH + HCl == NaCl + H_2O$$

由两性化合物 pH 计算的式(6-92) 知，$NaHCO_3$ 溶液的

$$pH = \frac{1}{2}(pK_{a1} + pK_{a2}) = \frac{1}{2}[-lg(4.2 \times 10^{-7}) - lg(5.6 \times 10^{-11})] = 8.38$$

显而易见，此时混合碱试样中含有的 Na_2CO_3 已与 HCl 反应全部变成了 $NaHCO_3$。

$$Na_2CO_3 + HCl == NaHCO_3 + NaCl$$

在第一滴定终点，消耗的 HCl 是与 Na_2CO_3 和 NaOH（若存在）反应的量。设 HCl 消耗量为 P，如图 6-3 所示。

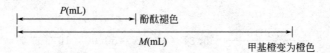

图 6-3 混合碱的组成示意图

在第一滴定终点后，加入指示剂甲基橙（变色范围 pH 为 3.10～4.40），溶液呈现甲基

138

橙碱式色黄色，再用 HCl 标准溶液滴至橙色为第二滴定终点。

从第一滴定终点到第二滴定终点，和 HCl 反应的仅是 $NaHCO_3$：
$$NaHCO_3 + HCl \Longrightarrow NaCl + H_2O + CO_2$$

CO_2 在水中的溶解度为 $0.04 mol \cdot L^{-1}$。在第二化学计量点，溶液的
$$[H^+] = \sqrt{K_{a1}c} = \sqrt{4.2 \times 10^{-7} \times 0.04} = 1.30 \times 10^{-4} mol \cdot L^{-1}$$
$$pH = -\lg(1.30 \times 10^{-4}) = 3.89$$

第二化学计量点在指示剂甲基橙的变色范围内，变为过渡色橙色则为滴定终点。设 HCl 消耗量从开始滴定到第二滴定终点为 M，如图 6-3 所示。

若混合碱中只有 Na_2CO_3，Na_2CO_3 得到一个 H^+ 到第一化学计量点变为 $NaHCO_3$：从第一化学计量点到第二化学计量点，$NaHCO_3$ 得到一个 H^+ 到第二化学计量点变为 CO_2。两段消耗的 HCl 量应相等。即

$$P = \frac{1}{2}M$$

若混合碱由 NaOH 和 Na_2CO_3 组成，因为到第一化学计量点时，HCl 不仅要与 Na_2CO_3 反应，而且还要和 NaOH 反应。因此，从开始到从第一化学计量点消耗的 HCl 应比混合碱中只有 Na_2CO_3 的要多。即

$$P > M - P \quad 即 \quad P > \frac{1}{2}M$$

若混合碱由 Na_2CO_3 和 $NaHCO_3$ 组成，因为到第一化学计量点时，HCl 仅和 Na_2CO_3 反应。但从第一化学计量点到第二化学计量点，HCl 不仅与由 Na_2CO_3 转化而来的 $NaHCO_3$ 反应，而且还要与试样中原有的 $NaHCO_3$ 反应。所以第二段消耗的 HCl 比混合碱中只有 Na_2CO_3 的要多。即

$$M - P > P \quad 即 \quad P < \frac{1}{2}M$$

若混合碱中只有 NaOH，第一滴定终点就是整个滴定的终点。溶液 pH＝4.3，再加入甲基橙，溶液应呈现橙色。即

$$P = M$$

若混合碱中只有 $NaHCO_3$，溶液 pH＝8.38。加入酚酞，溶液呈淡红色，再加一滴 HCl，溶液就会变成无色，可视作误差。即

$$P = 0$$

可以通过到第一滴定终点消耗 HCl 体积 P 与到第二滴定终点消耗 HCl 的体积 M 之间的关系定性判断混合碱的组成。在判断混合碱组成后，才能进行各组成的量的计算。

【例 6-8】 现称取 Na_2CO_3 工业品 0.3628g，用 $0.2324 mol \cdot L^{-1}$ 的 HCl 标准溶液滴至酚酞变为无色，用去 HCl 标准溶液 14.21mL。再加入甲基橙，滴至终点，又用去 HCl 标准溶液 14.78mL。求此 Na_2CO_3 工业品中 Na_2CO_3 和未分解的 $NaHCO_3$ 的百分含量。

解 $\quad P = 14.21 mL \qquad M = 14.21 + 14.78 = 28.99 mL \qquad P < \frac{1}{2}M$

所以混合碱由 Na_2CO_3 和 $NaHCO_3$ 组成。

第一滴定终点前，HCl 只和 Na_2CO_3 反应，Na_2CO_3 只得到 1 个质子生成 $NaHCO_3$，其计量单元
$$M_{Na_2CO_3} = 105.99 g \cdot mol^{-1}$$

设工业品中 Na_2CO_3 含量为 x：
$$\frac{0.3628x}{105.99} = 0.2324 \times 14.21 \times 10^{-3}$$

解得：$\qquad\qquad\qquad\qquad\qquad\qquad x=96.48\%$

设工业品中 $NaHCO_3$ 含量为 y，到第二滴定终点，Na_2CO_3 得到 2 个质子成 CO_2，$NaHCO_3$ 得到 1 个质子成 CO_2，其计量单元分别为

$$\frac{M_{Na_2CO_3}}{2}=\frac{105.99}{2}=53.00 \text{g·mol}^{-1}$$

$$M_{NaHCO_3}=84.01$$

$$\frac{0.3628y}{M_{NaHCO_3}}+\frac{0.3628x}{\frac{1}{2}M(Na_2CO_3)}=\frac{0.3628y}{84.01}+\frac{0.3628x}{53.00}$$

$$=0.2324\times(14.78+14.21)\times10^{-3}$$

将 $x=96.48\%$ 代入此式，解得：$\qquad y=3.067\%$

6.5.2 磷酸盐的测定

酸碱滴定法适用于 $cK_a\geqslant10^{-8}$ 的各种酸碱的分析，而且还可以通过间接的方法测定其他物质。

磷的存在形式多种多样。如磷酸及其盐类、亚磷酸及其盐类、次磷酸及其盐类、聚合磷酸及其盐类、有机磷酸及其盐类和其他含磷的化合物。

如果仅需要测定磷的总量，可用酸水解无机的聚合磷酸及其盐类成正磷酸盐，如三聚磷酸钠在硫酸中水解成 H_3PO_4：

$$2Na_5P_3O_{10}+5H_2SO_4+4H_2O=\!=\!=6H_3PO_4+5Na_2SO_4$$

氧化数小于 5 的亚磷酸、有机磷酸等在高温下可在强氧化剂过硫酸盐作用下生成 H_3PO_4，如羟基亚乙基二膦酸 $CH_3(OH)[PO(OH)_2]_2$（简称 HEDP）可被氧化成 H_3PO_4：

$$CH_3C(OH)[PO(OH)_2]_2+6S_2O_8^{2-}+18OH^-=\!=\!=2PO_4^{3-}+12SO_4^{2-}+2CO_2\uparrow+13H_2O\uparrow$$

或 $CH_3C(OH)[PO(OH)_2]_2+3S_2O_8^{2-}+H_2SO_4=\!=\!=2PO_4^{3-}+7SO_2\uparrow+4CO_2\uparrow+5H_2O\uparrow$

加入硝酸和喹（喹啉 C_9H_7N）钼（钼酸钠 Na_2MoO_4）柠（柠檬酸）酮（丙酮）溶液，生成磷钼酸喹啉沉淀：

$$24H^++H_3PO_4+12MoO_4^{2-}+3C_9H_7N=\!=\!=(C_9H_7NH)_3PO_4\cdot12MoO_3\downarrow+12H_2O$$

$$(6\text{-}119)$$

沉淀过滤、洗涤至无酸性后，用过量的 NaOH 标准溶液溶解磷钼酸喹啉沉淀：

$$(C_9H_7NH)_3PO_4\cdot12MoO_3\downarrow+26OH^-=\!=\!=3C_9H_7N+HPO_4^{2-}+12MoO_4^{2-}+14H_2O$$

$$(6\text{-}120)$$

多余的 NaOH 可用 HCl 标准溶液滴定。

【例 6-9】 称取三聚磷酸钠 $Na_5P_3O_{10}$（$M=429.8$）0.2413g，经水解后，生成 H_3PO_4，在 HNO_3 介质中生成磷钼酸喹啉沉淀。沉淀过滤、洗涤至无酸性后，加入 0.8143mol·L^{-1} 的 NaOH 标准溶液 50.00mL 溶解磷钼酸喹啉沉淀。剩余的 NaOH 用 0.1824mol·L^{-1} 的 HCl 标准溶液回滴至酚酞变色，用去 10.24mL，求 $Na_5P_3O_{10}$ 的百分含量。

解 从溶解磷钼酸喹啉沉淀反应式看，1mol 磷钼酸喹啉可以与 26mol 的 OH^- 定量反应，磷钼酸喹啉相当于 26 元酸。磷钼酸喹啉中只有 1 个 P，$Na_5P_3O_{10}$ 中有 3 个 P，1mol 的 $Na_5P_3O_{10}$ 可生成 3mol 的磷钼酸喹啉，即 1mol 的 $Na_5P_3O_{10}$ 经过一系列反应后可与 $26\times3=78$mol 的 OH^- 反应，即 $Na_5P_3O_{10}$ 相当于 78 元酸。其计量单元 $\frac{1}{78}M(Na_5P_3O_{10})=\frac{429.8}{78}=5.510$。

设 $Na_5P_3O_{10}$ 的含量为 x，则

$$\frac{0.2413x}{5.510}+0.1824\times10.24\times10^{-3}=0.8143\times50.00\times10^{-3}$$

$$x = 0.8871 = 88.71\%$$

6.5.3 弱酸的测定

$cK_a < 10^{-8}$ 的各种酸碱，不能进行直接的酸碱滴定，但可通过化学途径间接提高 K_a，使 $cK_a \geqslant 10^{-8}$。途径有两条：

① 想办法将弱酸碱转化为较强的酸碱，再用强碱或强酸滴定分析。

② 改变溶剂的酸（碱）性，提高被测物质的碱（酸）性，溶剂多选择有机溶剂，这种方法称作非水滴定（其原理在本章的扩展知识中介绍）。

硼酸 H_3BO_3 的 $pK_a = 9.24$，是非常弱的酸，cK_a 约为 10^{-10}。用 NaOH 滴定，几乎没有突跃，无法正确地判断滴定终点。但 H_3BO_3 可以和多元醇反应，生成 K_a 较大的络合酸：

$$2\ \begin{array}{c} H \\ | \\ R-C-OH \\ | \\ R-C-OH \\ | \\ H \end{array} + H_3BO_3 \longrightarrow H\left[\begin{array}{c} H \qquad\qquad H \\ | \qquad\qquad | \\ R-C-O \quad O-C-R \\ \qquad \diagdown B \diagup \\ R-C-O \quad O-C-R \\ | \qquad\qquad | \\ H \qquad\qquad H \end{array}\right] + 3H_2O$$

这种络合酸的离解常数 K_a 在 10^{-6} 左右，化学计量点在 $pH = 9$ 左右，可用酚酞或百里酚酞为指示剂，用 NaOH 标准溶液滴定。

6.5.4 铵盐的测定

NH_4^+ 是一种弱酸，由于 NH_3 的 $K_b = 1.8 \times 10^{-5}$，所以 NH_4^+ 的 $K_a = K_w/K_b = 5.56 \times 10^{-10}$，和 H_3BO_3 的酸性强度相近，也不可以用 NaOH 标准溶液直接滴定。可采用三种办法进行间接的酸碱滴定法测定。

① 加入过量的 NaOH 标准溶液，加热，煮沸，挥发完 NH_3。

$$NH_4^+ + OH^- \Longrightarrow NH_3 \uparrow + H_2O \tag{6-121}$$

剩余的 NaOH 可用 HCl 标准溶液滴定，用甲基红为指示剂。

② 测定蒸出的 NH_3，用硼酸吸收：

$$2NH_3 + 4H_3BO_3 \Longrightarrow (NH_4)_2B_4O_7 + 5H_2O \tag{6-122}$$

$(NH_4)_2B_4O_7$ 是个中等强度的碱，可用盐酸标准溶液滴定：

$$B_4O_7^{2-} + 2HCl + 5H_2O \Longrightarrow 4H_3BO_3 + 2Cl^- \tag{6-123}$$

用甲基红和溴甲酚绿混合液为指示剂。

③ NH_4^+ 和甲醛 HCHO 定量生成六亚甲基四胺和 H^+，用 NaOH 标准溶液滴定生成的酸：

$$4NH_4^+ + 6HCHO \Longrightarrow (CH_2)_6N_4 + 4H^+ + 6H_2O \tag{6-124}$$

在 NH_4^+ 溶液中加入过量的甲醛 HCHO，充分反应后再定量加入过量的 NaOH 标准溶液，再用 HCl 标准溶液回滴多余的 NaOH。1 个 NH_4^+ 生成 1 个 H^+。

对于几乎所有含 N 的有机物（蛋白饲料、蛋白质、肥料、生物碱等），都可将其与 H_2SO_4 共煮，加入 K_2SO_4 以提高沸点，使得有机物消化分解，所有的 N 都变为 NH_4^+，C 转化为 CO_2，H 转化为 H_2O。再测定 NH_4^+ 的含量，此法叫凯氏定氮法。后面的测定步骤可按 NH_4^+ 的测定法测定。现在虽然有许多先进仪器的方法测含氮的有机物，但凯氏定氮法仍是其他方法的标准。

6.5.5 氟硅酸钾法测定 SiO_2 含量

硅酸盐中的 SiO_2 含量，可采用重量法测定，重量法虽然较准确，但操作烦琐、用时太多。对于一些要求不是太高的样品的测定，可采用简单、快速的氟硅酸钾法，即强酸性条件下，在可溶性硅酸钾盐（或将不溶性硅酸盐转化为可溶性硅酸钾盐）溶液中加入过量的氟化物，生成氟硅酸钾沉淀：

$$K_2SiO_3 + 6F^- + 6H^+ \Longrightarrow K_2SiF_6 \downarrow + 3H_2O \tag{6-125}$$

将 K_2SiF_6 沉淀过滤，并用 KCl 乙醇溶液洗涤沉淀。洗涤至无酸性，或用 NaOH 中和少量余酸。再加入沸水使 K_2SiF_6 水解，定量生成氢氟酸：

$$K_2SiF_6 + 3H_2O \Longrightarrow 2KF + H_2SiO_3 + 4HF \tag{6-126}$$

生成的 HF 可用 NaOH 标准溶液滴定。

在此方法中，一个 SiO_2（或 SiO_3^{2-}）生成 4 个 H^+，即 SiO_2 的计量单元为 $\frac{1}{4}M(SiO_2)$。

由于 HF 对玻璃有腐蚀作用，也会生成氟硅酸，因此整个过程一定要用塑料容器和塑料搅拌棒、塑料漏斗等。

6.5.6 酯的测定

酯在过量碱的标准溶液作用下，可以生成相应的盐和醇。多余的碱可用酸标准溶液滴定，例如乙酰水杨酸（APC）：

$$\underset{\begin{subarray}{c}\\O-C-CH_3\\||\\O\end{subarray}}{\overset{COOH}{\bigcirc}} + 2NaOH \xrightarrow{\triangle} \underset{OH}{\overset{COONa}{\bigcirc}} + CH_3COONa + H_2O \tag{6-127}$$

$$NaOH + HCl \Longrightarrow NaCl + H_2O \tag{6-128}$$

在此滴定过程中，1mol 乙酰水杨酸可与 2mol 的 NaOH 反应，其相当于二元酸。

6.5.7 醛和酮的测定

醛、酮的测定，常用下列两种方法。

（1）盐酸羟胺法

盐酸羟胺与醛、酮生成肟和酸：

$$\underset{\overset{|}{H}}{RC{=}O} + NH_2OH \cdot HCl \Longrightarrow \underset{\overset{|}{H}}{RC{=}N{-}OH} + H_2O + HCl$$

$$\tag{6-129}$$

$$\underset{R'}{\overset{R}{C}}{=}O + NH_2OH \cdot HCl \Longrightarrow \underset{R'}{\overset{R}{C}}{=}NOH + H_2O + HCl$$

生成的游离酸可用 NaOH 标准溶液滴定。由于过量的 $NH_2OH \cdot HCl$ 也有酸性，但比 HCl 的酸性弱得多。

当指示剂溴酚蓝变色时，NaOH 还未和 $NH_2OH \cdot HCl$ 反应。

（2）亚硫酸钠法

$$RCHO + Na_2SO_3 + H_2O \Longrightarrow RCH(OH)SO_3Na + NaOH$$

$$RCR'O + Na_2SO_3 + H_2O \Longrightarrow RCR'(OH)SO_3Na + NaOH$$

生成的 NaOH 可以用 HCl 标准溶液滴定。由于溶液中有过量的 Na_2SO_3 存在，呈强碱性，因此，指示剂选用变色范围为 10.6～9.4 的百里酚酞。若选择变色范围为 10.0～8.00 的酚酞，酚酞褪色时（pH=8.00），HCl 已与 Na_2SO_3 反应了。

水处理剂异噻唑啉酮便可采用此法进行含量的测定。

【扩展知识】

1. 弱酸弱碱盐溶液的 pH 计算

弱酸弱碱盐 BA 的溶液的质子条件式是：

$$[\text{H}^+]=[\text{OH}^-]+[\text{B}]-[\text{HA}]$$

对于酸 B^+: $\text{B}^+\Longrightarrow\text{B}+\text{H}^+$ $K_{a\text{B}^+}=\dfrac{[\text{B}][\text{H}^+]}{[\text{B}^+]}$ $[\text{B}]=\dfrac{K_{a\text{B}^+}[\text{B}^+]}{[\text{H}^+]}$

对于碱 A^-: $\text{HA}\Longrightarrow\text{H}^++\text{A}^-$ $K_{a\text{HA}}=\dfrac{[\text{A}^-][\text{H}^+]}{[\text{HA}]}$ $[\text{HA}]=\dfrac{[\text{A}^-][\text{H}^+]}{K_{a\text{HA}}}$

$$[\text{H}^+]=\dfrac{K_w}{[\text{H}^+]}+\dfrac{K_{a\text{B}^+}[\text{B}^+]}{[\text{H}^+]}-\dfrac{[\text{A}^-][\text{H}^+]}{K_{a\text{HA}}}$$

$$\dfrac{K_{a\text{HA}}[\text{H}^+]^2+[\text{A}^-][\text{H}^+]^2}{K_{a\text{HA}}}=K_w+K_{a\text{B}^+}[\text{B}^+]$$

$$[\text{H}^+]^2=\dfrac{K_{a\text{HA}}(K_w+K_{a\text{B}^+}[\text{B}^+])}{(K_{a\text{HA}}+[\text{A}^-])}$$

$K_{a\text{B}^+}[\text{B}^+]>20K_w$,$K_w$ 略去。$[\text{A}^-]>20K_{a\text{HA}}$,$K_{a\text{HA}}$ 略去,$[\text{A}^-]=[\text{B}^+]$。

$$[\text{H}^+]=\sqrt{K_{a\text{HA}}K_{a\text{B}^+}}$$

正如 6.3.4 中所述,两性物质水溶液的 $[\text{H}^+]$ 等于该物质作为酸的离解常数 K_{ai} 与其作为碱的共轭酸的离解常数 $K_{a(i-1)}$ 乘积的平方根。

【例 1】 求 $0.10\text{mol}\cdot\text{L}^{-1}$ HCOONH_4 溶液的 pH。已知:HCOOH 的 $K_a=1.8\times10^{-4}$,NH_3 的 $K_b=1.8\times10^{-5}$。

解 NH_4^+ 是酸,其 $K_a=\dfrac{K_w}{K_b}=\dfrac{10^{-14}}{1.8\times10^{-5}}=5.6\times10^{-10}$

$$[\text{H}^+]=\sqrt{K_{a\text{NH}_4^+}K_{a\text{HCOOH}}}$$

$$\text{pH}=-\dfrac{1}{2}(\lg K_{a\text{NH}_4^+}+\lg K_{a\text{HCOOH}})=6.50$$

【例 2】 求 $0.10\text{mol}\cdot\text{L}^{-1}$ 的 NH_4Ac 溶液的 pH。已知:HAc 的 $K_a=1.8\times10^{-5}$,NH_3 的 $K_b=1.8\times10^{-5}$。

解 NH_4^+ 是酸,其 $K_a=\dfrac{K_w}{K_b}=\dfrac{10^{-14}}{1.8\times10^{-5}}=5.6\times10^{-10}$

$$\text{pH}=-\dfrac{1}{2}(\lg K_{a\text{NH}_4^+}+\lg K_{a\text{HAc}})=7.00$$

【例 3】 求 $0.10\text{mol}\cdot\text{L}^{-1}$ 的 NH_4HCO_3 溶液的 pH。已知:NH_3 的 $K_b=1.8\times10^{-5}$,$K_{a1\text{H}_2\text{CO}_3}=4.2\times10^{-7}$,$K_{a2\text{H}_2\text{CO}_3}=5.6\times10^{-11}$。

解 NH_4^+ 是酸,其 $K_{a\text{NH}_4^+}=\dfrac{K_w}{K_b}=\dfrac{10^{-14}}{1.8\times10^{-5}}=5.6\times10^{-10}$

HCO_3^- 作为酸,$K_{a2\text{H}_2\text{CO}_3}=5.6\times10^{-11}$

二者共同作用 $[\text{H}^+]=\sqrt{K_{a\text{NH}_4^+}K_{a2\text{H}_2\text{CO}_3}}=1.77\times10^{-10}$

$$\text{pH}=-\dfrac{1}{2}(\lg K_{a\text{NH}_4^+}+\lg K_{a2\text{H}_2\text{CO}_3})=9.75$$

【例 4】 求 $0.10\text{mol}\cdot\text{L}^{-1}$ 的 $\text{H}_2\text{NCH}_2\text{COOH}$ 溶液的 pH,$K_a=2.5\times10^{-10}$。

解 氨基酸和弱酸弱碱盐相似。$\text{H}_2\text{NCH}_2\text{COOH}$ 作为酸,已知:

$\text{H}_2\text{NCH}_2\text{COOH}\Longrightarrow\text{H}^++\text{H}_2\text{NCH}_2\text{COO}^-$ $K_a=2.5\times10^{-10}$

$\text{H}_2\text{NCH}_2\text{COOH}+\text{H}_2\text{O}\Longrightarrow\text{H}_3\text{N}^+\text{CH}_2\text{COOH}$ $K_b=2.2\times10^{-12}$

$$K_a'=\dfrac{K_w}{K_b}=4.5\times10^{-3}$$

$$\text{pH}=\dfrac{1}{2}[\text{p}(2.5\times10^{-10})+\text{p}(4.5\times10^{-3})]=5.97$$

2. 弱酸混合液的 pH 计算

两种以上的弱酸混合,比较其一级离解常数。若一个离解常数比其他弱酸中离解常数最大的还大 20 倍,则可作为离解常数最大的一元弱酸来计算,否则按下式计算:

$$[\text{H}^+]=\sqrt{\sum(c_iK_{ia})}$$

【例 5】 计算 $0.10\text{mol}\cdot\text{L}^{-1}$ 的 HF 与 $0.20\text{mol}\cdot\text{L}^{-1}$ 的 HAc 混合液的 pH。

解 $K_{HF} = 6.6 \times 10^{-4}$, $K_{HAc} = 1.8 \times 10^{-5}$

$$[H^+] = \sqrt{\sum(c_i K_{ia})} = \sqrt{0.10 \times 6.6 \times 10^{-4} + 0.20 \times 1.8 \times 10^{-5}} = 8.4 \times 10^{-3}$$
$$pH = 2.08$$

3. 非水溶液中的酸碱滴定

水是最常用的溶剂，酸碱滴定一般都在水溶液中进行。但是许多有机物难溶于水，许多有机和无机物的酸碱性都非常弱，离解常数常小于 10^{-10}。在水溶液中都不能直接滴定。这个情况在生物学科、制药、药剂、冶金、有机合成等领域尤为普遍。为了解决这些问题可以采用非水滴定法。

将被测的酸（碱）物质溶在无水的碱（酸）性有机溶剂中，用无水的碱（酸）标准溶液进行的酸碱滴定称作酸碱的非水滴定法，简称非水滴定法。

（1）溶剂的种类和性质

非水滴定中常用的溶剂种类很多，根据溶剂的酸碱性可以分成以下四类。

① 两性溶剂 这类溶剂既能给出质子，也能接受质子，最典型的两性溶剂是甲醇、乙醇和异丙醇等低级醇类。它们的酸性即给 H^+ 的能力比水弱，却碱性比水强。

② 酸性溶剂 这类溶剂主要显现酸性，其酸性显著地比水强，较易给出质子，是疏质子溶剂。冰醋酸、醋酐、甲酸属于这一类。

③ 碱性溶剂 这类溶剂主要显现碱性，其碱性显著地比水强，对质子的亲和力比水大，易于接受质子，是亲质子溶剂。属于碱性溶剂的有胺类和酰胺等，如乙二胺、丁胺、二甲基甲酰胺等。吡啶等含 N 的环状芳香类化合物也是碱性溶剂。

④ 惰性溶剂 给出质子或接受质子的能力都非常弱或既不给出质子也不接受质子的溶剂称作惰性溶剂。惰性溶剂不参与质子转移过程，因此只在溶质分子之间进行质子的转移。苯、四氯化碳、氯仿、丙酮、甲基异丁酮都属于这一类。

（2）物质的酸碱性与溶剂的关系

水溶液中质子的传递过程都是通过溶剂水分子来实现的，因此酸碱在其他溶剂中的离解过程也和溶剂分子的作用相关，即酸碱离解常数的大小与溶剂得失质子能力有关。这种情况在非水溶液中表现得尤为突出。

同一种酸，溶解在不同的溶剂中时，它将表现出不同的强度，例如苯甲酸在水中是较弱的酸，苯酚在水中是极弱的酸。但将苯甲酸、苯酚等极弱的酸溶解在碱性溶剂如乙二胺中，苯甲酸和苯酚的酸性都增强了。这是因为较强碱性的溶剂比弱碱性溶剂更容易从酸中夺取质子，从弱酸方面讲，弱酸将质子传递给溶剂的能力增强了。这充分说明了质子理论强调的酸碱性具有相对性的正确。

同理，吡啶、胺类、生物碱以及醋酸根阴离子 Ac^- 等在水溶液中是强度不同的弱碱，但在酸性溶剂中，它们表现出较强的碱性。

在进行非水滴定选择溶剂时，还应考虑反应进行的完全程度。

（3）拉平效应和区分效应

$HClO_4$、H_2SO_4、HCl 和 HNO_3 四种强酸，它们的强度是有区别的。可是在水溶液中它们的强度却显示不出什么差异。这是由于水是两性溶剂，具有一定碱性，对质子有一定的亲和力。当这些强酸溶于水时，只要它们的浓度不是太大，它们的质子将全部为水分子所夺取，即全部离解转化为 H_3O^+。H_3O^+ 成了水溶液中能够存在的最强的酸的形式，从而使这四种强酸的酸度全部被拉平到水合质子 H_3O^+ 的强度水平。这就是拉平效应，具有这种拉平效应的溶剂称拉平溶剂。

如果把这四种强酸溶解到冰醋酸介质中，由于醋酸是酸性溶剂，对质子的亲和力较弱，这四种强酸就不能将其质子全部转移给 HAc 分子，并且显示出程度上的差别。

实验证明，$HClO_4$ 的质子转移过程最为完全，这四种酸的强度：

$$HClO_4 > H_2SO_4 > HCl > HNO_3$$

这种能区分酸碱强度的作用称区分效应，这类溶剂称区分溶剂。

拉平效应和区分效应都是相对的。一般来讲碱性溶剂对于酸具有拉平效应，对于碱就具有区分效应。水把四种强酸拉平，但它却能使四种强酸与醋酸区分开；而在碱性溶剂液氨中，醋酸也将被拉平到和四种强酸相同的强度。

酸性溶剂对酸具有区分效应，但对碱却具有拉平效应。

在非水滴定中，利用溶剂的拉平效应可以测定各种酸或碱的总浓度；利用溶剂的区分效应，可以分别测定各种酸或各种碱的含量。

惰性溶剂没有明显的酸碱性，不参加质子转移反应，因而没有拉平效应。正因为如此，当物质溶解在惰性溶剂中时，各种物质的酸碱性的差异得以保存，所以惰性溶剂具有良好的区分效应。

(4) 滴定剂

滴定弱碱性物质时，常选择 $HClO_4$ 的冰醋酸溶液作滴定的标准溶液。标准溶液由 $70\% \sim 80\%$ 的 $HClO_4$ 水溶液与冰醋酸配制而成，再加入过量醋酸酐 $(CH_3CO)_2O$ 除去水：

$$(CH_3CO)_2O + H_2O \Longrightarrow 2CH_3COOH$$

$HClO_4$ 的冰醋酸标准溶液可用基准物邻苯二甲酸氢钾标定。

滴定弱酸性物质时，常选择甲（乙）醇钠（钾）的甲（乙）醇或季铵碱如氢氧化四丁基铵的甲（乙）醇溶液作滴定的标准溶液。

甲（乙）醇钠（钾）由无水甲（乙）醇与金属钠（钾）反应获得：

$$2CH_3OH + 2Na \Longrightarrow 2CH_3ONa + H_2 \uparrow$$

标准溶液由 $70\% \sim 80\%$ 的 $HClO_4$ 水溶液与冰醋酸配制而成，再加入过量醋酸酐 $(CH_3CO)_2O$ 除去水。

(5) 非水滴定的应用

由于采用不同性质的非水溶剂，使一些酸碱的强度得到增强，也增加了反应的完全程度，提供了可以直接滴定的条件，因而非水滴定扩大了酸碱滴定的应用范围。

利用非水滴定可以测定一些酸类，如磺酸、羧酸、酚类、酰类，某些含氮化合物和不同的含硫化合物。

非水滴定还可测定碱类，如脂肪族的伯胺、仲胺和叔胺、芳香胺类、环状结构中含有氮的化合物。

例如，药物司可巴比妥 $C_{12}H_{18}N_2O_3$ 可用二甲基甲酰胺为溶剂，以麝香草酚蓝为指示剂，甲醇钠为滴定剂进行测定。

钢铁中碳的含量是钢铁品质的最重要的指示。测定钢铁中碳的含量时，将钢铁试样充分燃烧，钢铁中的 C 转化为 CO_2，用溶剂收集 CO_2 后再滴定。由于 CO_2 的酸性太弱，不能在水溶液中用 NaOH 标准溶液直接滴定。可采用非水滴定法。以 N,N-二甲基甲酰胺或含乙醇胺的吡啶的碱性有机溶液为吸收液，增强 CO_2 的酸性，最后用乙醇钠或四丁基氢氧化铵的甲醇、苯或甲苯的标准溶液进行滴定。

此外，非水滴定还可用于某些酸的混合物或碱的混合物的分别测定。

习　题

6-1 写出下列各物质的共轭酸或共轭碱的形式，并给出对应的 K_a、K_b 值。

(1) $HCN(K_a = 6.2 \times 10^{-10})$ 　　　　(2) $NH_3(K_b = 2.0 \times 10^{-5})$

(3) $HCOOH(K_a = 1.8 \times 10^{-4})$ 　　　(4) 苯酚 $(K_a = 1.1 \times 10^{-10})$

(5) $H_2S(K_{a1} = 1.3 \times 10^{-7}$，$K_{a2} = 7.1 \times 10^{-15})$

(6) $NO_2^-(K_b = 2.2 \times 10^{-11})$

6-2 虽然 HCO_3^- 能给出质子 H^+，但它的水溶液却是碱性的，为什么？

6-3 计算下列各溶液的 pH：

(1) $0.10 \, mol \cdot L^{-1}$ 的 HAc 溶液

(2) $0.01 \, mol \cdot L^{-1}$ 的 NH_4Cl 溶液

(3) $0.10 \, mol \cdot L^{-1}$ 的 KH_2PO_4 溶液

6-4 写出下列各物质的共轭酸、碱，并指出哪些物质是两性物质。

HAc、NH_3、HCOOH、H_2O、HCO_3^-、NH_4^+、$[Fe(H_2O)_6]^{3+}$、$H_2PO_4^-$、HS^-

6-5 将 pH 为 1.00 和 4.00 的两种 HCl 溶液等体积混合，求混合液的 pH。

6-6 将 pH 为 9.00 和 13.00 的两种 NaOH 溶液按体积比为 2：1 混合，求混合液的 pH。

6-7 HAc 的 $K_a = 1.8 \times 10^{-5}$，$0.1 \, mol \cdot L^{-1}$ 的 HAc 溶液和 pH=2.0 的溶液等体积混合，求混合液中 Ac^- 的浓度。

6-8 已知 ZnS 的溶度积 $K_{sp}(ZnS) = 1.2 \times 10^{-23}$，设锌的总浓度为 $0.10 \, mol \cdot L^{-1}$，$[H_2S] + [HS^-] + [S^{2-}]$ 之和也为 $0.10 \, mol \cdot L^{-1}$，在下列 pH 下，ZnS 能否沉淀？

(1) pH=1.0 　　　　　　　　(2) pH=3

6-9 计算浓度均为 $0.15\text{mol}\cdot\text{L}^{-1}$ 的下列各溶液的 pH。

(1) 苯酚（$K_a=1.3\times10^{-10}$）　　　　(2) $CH_2\!=\!CHCOOH$（$K_a=5.6\times10^{-5}$）

(3) 氯丁铵（$C_4H_9NH_3Cl$，$K_a=4.1\times10^{-10}$）(4) 吡啶硝酸盐（$C_5H_5NHNO_3$，$K_a=5.6\times10^{-6}$）

6-10 计算下列各溶液的离解度 α 和 pH。

(1) $0.10\text{mol}\cdot\text{L}^{-1}$ 的 HAc 溶液　　　(2) $0.1\text{mol}\cdot\text{L}^{-1}$ 的 HCOOH 溶液

(3) $0.20\text{mol}\cdot\text{L}^{-1}$ 的 HAc 溶液　　　(4) $0.2\text{mol}\cdot\text{L}^{-1}$ 的 HCOOH 溶液

6-11 计算下列各缓冲溶液的 pH。

(1) 用 $6\text{mol}\cdot\text{L}^{-1}$ 的 HAc 34mL、50g $NaAc\cdot3H_2O$ 配制成的 500mL 水溶液。

(2) $0.1\text{mol}\cdot\text{L}^{-1}$ 的乳酸和 $0.1\text{mol}\cdot\text{L}^{-1}$ 的乳酸钠（$K_b=2.6\times10^{-4}$）等体积混合。

(3) $0.1\text{mol}\cdot\text{L}^{-1}$ 的邻硝基酚（$K_a=1.6\times10^{-7}$）和 $0.1\text{mol}\cdot\text{L}^{-1}$ 的邻硝基酚钠等体积混合。

(4) 用 $15\text{mol}\cdot\text{L}^{-1}$ 的氨水 65mL、30 g NH_4Cl 配制成的 500mL 水溶液。

(5) $0.05\text{mol}\cdot\text{L}^{-1}$ 的 KH_2PO_4 和 $0.05\text{mol}\cdot\text{L}^{-1}$ 的 Na_2HPO_4 等体积混合。

(6) $0.05\text{mol}\cdot\text{L}^{-1}$ 的 $NaHCO_3$ 溶液 50mL，加入 $0.10\text{mol}\cdot\text{L}^{-1}$ 的 NaOH 溶液 16.5mL 后，稀释至 100mL。

(7) $0.05\text{mol}\cdot\text{L}^{-1}$ 的 NaH_2PO_4 溶液 50mL，加入 $0.10\text{mol}\cdot\text{L}^{-1}$ 的 NaOH 溶液 9.1mL 后，稀释至 100mL。

6-12 计算 $c(H_2S)=0.10\text{mol}\cdot\text{L}^{-1}$ 的 H_2S 溶液的 pH、H^+、HS^- 和 S^{2-} 的浓度。

6-13 写出下列物质在水溶液中的质子条件。

(1) $NH_3\cdot H_2O$　　　　(2) NH_4Ac　　　　(3) $(NH_4)_2HPO_4$

(4) CH_3COOH　　　　(5) $Na_2C_2O_4$　　　　(6) $NaHCO_3$

6-14 选择适合于下列滴定体系的指示剂。

(1) 用 $0.01\text{mol}\cdot\text{L}^{-1}$ 的 HCl 溶液滴定 20mL $0.01\text{mol}\cdot\text{L}^{-1}$ 的 NaOH 溶液。

(2) 用 $0.1\text{mol}\cdot\text{L}^{-1}$ 的 NaOH 溶液滴定 20mL $0.1\text{mol}\cdot\text{L}^{-1}$ 的 HCOOH。

(3) 用 $0.1\text{mol}\cdot\text{L}^{-1}$ 的 NaOH 溶液滴定 20mL $0.1\text{mol}\cdot\text{L}^{-1}$ 的草酸（$H_2C_2O_4$）溶液。

(4) 用 $0.1\text{mol}\cdot\text{L}^{-1}$ 的 HCl 溶液滴定 20mL $0.1\text{mol}\cdot\text{L}^{-1}$ 的 $NH_3\cdot H_2O$ 溶液。

6-15 用邻苯二甲酸氢钾标定 $0.1\text{mol}\cdot\text{L}^{-1}$ 左右的 NaOH 溶液，若需要用掉 NaOH 溶液 30mL 左右，问需称取的邻苯二甲酸氢钾约为多少克？

6-16 含有 SO_3 的发烟硫酸 0.3562g，溶于水后，用 $0.2503\text{mol}\cdot\text{L}^{-1}$ 的 NaOH 滴定，耗去 29.25mL，求此发烟硫酸中 SO_3 的百分含量。

6-17 称取混合碱试样 0.4826g，用 $0.1762\text{mol}\cdot\text{L}^{-1}$ 的 HCl 溶液滴至酚酞变为无色，用去 HCl 标准溶液 30.18mL。再加入甲基橙，滴至终点，又用去 HCl 标准溶液 18.27mL。求试样的组成及各组分的百分含量。

6-18 粗铵盐 2.035g，加过量 KOH 溶液后加热，蒸出的氨吸收在 $0.5000\text{mol}\cdot\text{L}^{-1}$ 的标准酸 50.00mL 中，过量的酸用 $0.1535\text{mol}\cdot\text{L}^{-1}$ 的 NaOH 滴定，耗去 2.03mL，试计算原铵盐中 NH_4^+ 的含量。

6-19 称取混合碱试样 0.4927g，用 $0.2136\text{mol}\cdot\text{L}^{-1}$ 的 HCl 溶液滴至酚酞变为无色，用去 HCl 标准溶液 15.62mL。再加入甲基橙，继续滴定，滴至甲基橙变为橙色，共用去 HCl 标准溶液 36.54mL。求试样的组成及各组分的百分含量。

6-20 称取纯的四草酸氢钾（$KHC_2O_4\cdot H_2C_2O_4\cdot2H_2O$）2.587g 来标定 NaOH 溶液，滴至终点，用去 NaOH 溶液 28.49mL，求 NaOH 溶液的浓度。

6-21 乙酰水杨酸（APC）和 NaOH 在加热时，发生下列反应：

$$\underset{\text{COOH}}{\underset{\text{O—C—CH}_3}{\underset{\text{‖}}{\underset{\text{O}}{\bigcirc}}}} +2\text{NaOH} = \underset{\text{OH}}{\overset{\text{COONa}}{\bigcirc}} +CH_3COONa+H_2O$$

多余的 NaOH 可用硫酸标准溶液回滴，实验数据如下：

(1) 0.8365g 邻苯二甲酸氢钾，用 NaOH 溶液滴定，用去 NaOH 溶液 23.27mL。

(2) 上述 NaOH 溶液 25.00mL，用 H_2SO_4 溶液滴定，用去 H_2SO_4 溶液 32.16mL。

(3) 称取 APC 样品 0.9814g，加入 NaOH 溶液 50.00mL，煮沸后，用 H_2SO_4 溶液滴定，用

去 3.24mL。

求 APC 样品中乙酰水杨酸的百分含量。

6-22 工业硼砂 0.9672g，用 0.1847mol·L⁻¹ 的盐酸标准溶液测定，终点时，用去 26.31mL，试计算试样中 $Na_2B_4O_7$ 和 B 的含量。

6-23 聚合偏磷酸盐（$NaPO_3$）$_n$ 需要测平均聚合度 n。聚合偏磷酸盐的结构如下：

$$NaO-\overset{\overset{\displaystyle O}{||}}{P}-O-\overset{\overset{\displaystyle O}{||}}{P}-\!\!\!\sim\!\!\sim\!\!\!-O-\overset{\overset{\displaystyle O}{||}}{P}-O-\overset{\overset{\displaystyle O}{||}}{P}-ONa$$

测试方法如下：称取（$NaPO_3$）$_n$ 0.4872g，溶于水后用 1mol·L⁻¹ 的 HCl 酸化，使（$NaPO_3$）$_n$ 变为（HPO_3）$_n$，pH≈3。然后用 0.2742mol·L⁻¹ 的 NaOH 标准溶液滴定，出现两个化学计量点。第一个化学计量点是 NaOH 和每一个 P 上的 H⁺ 中和，第二个化学计量点是和聚合链两个端基 P 的 H⁺ 中和。

若第一终点时用去 NaOH 16.92mL，第二终点时共用去 NaOH 19.74mL，已知 P 的百分含量为 29.15%，求平均聚合度 n。

第7章　配位化学与配位滴定法

配位化合物是含有配位键的化合物，简称配合物或络合物（过去的名称，现也常用），是现代化学的重要研究对象。研究配合物或络合物的学科称为配位化学，它已发展成为一门内容丰富、成果丰硕的学科。配位化学广泛应用于工业、农业、医药、环境、湿法冶金、生命科学、材料科学、信息学科等领域。配位化学的研究成果促进了材料科学、分离技术、制药、核能等高科技的发展。

7.1　配位化合物的基本概念

7.1.1　配位化合物的组成

配位化合物的组成大多数分内界和外界两大部分。书写时内界常用方括号括起来，表明其为一个整体，在大多数情况下，它们的离解常数极小，可近似地认为不离解。例如 $[Cu(NH_3)_4]^{2+}$ 就被认为不会离解为 Cu^{2+} 和 NH_3。

内界常以离子形式存在，称为配离子或络离子，在方括号之外的部分为外界。例如 $[Cu(NH_3)_4]SO_4$，内界是四氨合铜配离子 $[Cu(NH_3)_4]^{2+}$，外界是 SO_4^{2-}。内界与外界一般以离子键结合，在水溶液中可离解为内界配离子和外界离子。例如 $[Cu(NH_3)_4]SO_4$ 在水溶液中离解为 $[Cu(NH_3)_4]^{2+}$ 配离子和 SO_4^{2-}。也有些配合物没有外界，本身就是一个电中性的化合物，如 $[Ni(CO)_4]$。配合物的组成如图 7-1 所示。

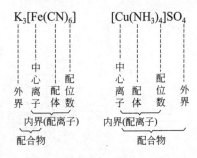

图 7-1　配合物的组成示意图

配合物或配离子内的原子是依靠一种特殊的共价键（配位键）而结合在一起的。在 3.1.3 中已介绍了共价键的本质：两个原子各提供 1 个未成对电子形成共用电子对，这种依靠电子对共用而形成的分子内强烈的作用力称为共价键。

如果两个原子间，一个原子提供孤电子对，另一个原子提供一条没有电子的空轨道，也能形成共用电子对，形成一种有别于上述共价键的共价键。这种特殊的共价键称为配位键。

配位键也是通过共用电子对形成的，仅是共用电子对形成的过程不一样，可以说，配位键仅是一种特殊的共价键。因此，配位键具有共价键所具有的一切性质，如方向性、饱和性、极性等，也有键长、键角、键能等参数。

(1) 中心离子

配合物内界可提供空轨道的离子或原子称为配合物的核心，又称形成体或中心体，离子则称为中心离子。阳离子往往有空轨道，是常见的一类中心体，特别是许多过渡金属元素的阳离子，如：$[AlF_6]^{3-}$ 中的 Al^{3+}、$[Ag(CN)_2]^-$ 中的 Ag^+、$[Cu(NH_3)_4]^{2+}$ 中的 Cu^{2+}、$[Zn(NH_3)_4]^{2+}$ 中的 Zn^{2+}、$[Fe(CN)_6]^{4-}$ 中的 Fe^{2+}、$[Fe(CN)_6]^{3-}$ 中的 Fe^{3+}、$[Pt(NH_3)_2]Cl_2$ 中的 Pt^{2+} 等。

碱金属 IA 族元素的阳离子虽然也有空轨道，但形成配合物比较困难。氧化数为正值的非金属元素的离子或原子也可以作为中心体，如 $[SiF_6]^{2-}$ 中的 $Si(IV)$、$[BF_4]^-$ 中的

B（Ⅲ）、[PF$_6$]$^-$中的P（Ⅴ）。中性原子也可作中心体，一般为过渡金属的原子，如［Ni-(CO)$_4$］中的镍原子，[Fe(CO)$_5$]中的铁原子；阴离子为中心离子比较少见，但并不绝迹。如［I(I$_2$)]$^-$中的I$^-$，[S(S$_8$)]$^{2-}$中的S^{2-}等。

（2）配位体

配位化合物内可提供孤电子对并以配位键与中心体结合的阴离子或分子称为配位体，简称配体。

在配体中，能提供孤电子对的原子叫配位原子，如乙二胺（H$_2$NCH$_2$CH$_2$NH$_2$）、NH$_3$中的N原子；H$_2$O、OH$^-$中的O原子；CO、CN$^-$中的C原子等。通常配位体中一定有ⅣA、ⅤA、ⅥA、ⅦA族电负性较大的非金属元素原子，因为只有它们才能提供孤电子对。如SCN$^-$、CN$^-$、OH$^-$、X$^-$（卤素离子）、C$_2$O$_4^{2-}$等为阴离子配位体；而NH$_3$、H$_2$O、CO、乙二胺等为中性分子配位体。而配位原子主要是电负性较大的非金属原子如N、O、S、F、Cl、Br、I、C等。

根据配位体中能形成配位键的配位原子的数目，配位体分为单齿配体和多齿配体。

只能形成一根配位键的配体，称为单齿配位体，如H$_2$O、NH$_3$、X$^-$等。

能形成两根或两根以上配位键的配体，分别称为双齿或多齿配位体。例如乙二胺（简写成en）、C$_2$O$_4^{2-}$（简写成ox）是二齿配位体（结构如图7-2所示）；乙二胺四乙酸（简写为EDTA）是六齿配位体（结构如图7-3所示）。下面列出一些常见的配位体。

单齿配体：H$_2$O：，:NH$_3$，:F$^-$，:Cl$^-$，[—C≡N]$^-$，[—O—H]$^-$，[—O—N=O]$^-$。

双齿配体如图7-2所示。

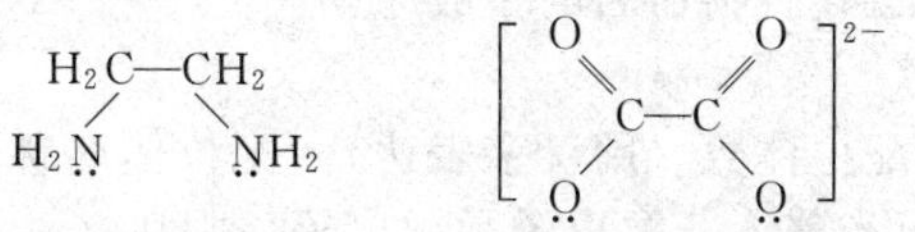

图7-2　乙二胺和草酸根结构示意图

多齿配体如图7-3所示。

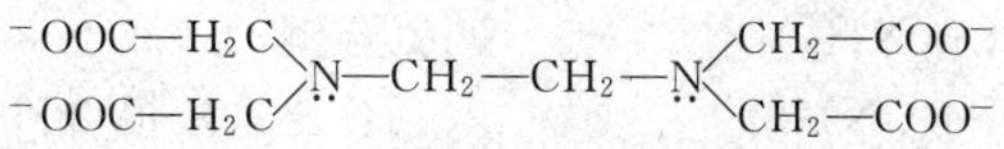

图7-3　乙二胺四乙酸根结构示意图

（3）配位数

中心体与配位体之间形成的配位键的总数叫中心体的配位数。

配合物中若配体都是单齿配体，则中心体的配位数等于配体的总数。如[AlF$_6$]$^{3-}$中Al^{3+}的配位数为6，[Pt(NH$_3$)$_2$Cl$_2$]中Pt^{2+}的配位数为4。配合物中含有多齿配体，则中心体的配位数大于配体的总数，如[Cu(en)$_2$]$^{2+}$配离子中，配体总数是2，但因en是双齿配体，每个en可形成两根配位键，故中心离子Cu^{2+}的配位数为4。

一般中心离子的配位数为2～9，常见的为2、4、6。配位数的多少取决于中心离子和配体的电荷、半径、核外电子排布以及配合物形成时的外界条件。

中心离子为阳离子时，一般所带正电荷数越高，越容易吸引孤电子对，配位数就越高。例如，Cu$^+$与NH$_3$形成[Cu(NH$_3$)$_2$]$^+$，配位数是2；而Cu^{2+}与NH$_3$形成[Cu(NH$_3$)$_4$]$^{2+}$，配位数是4；Pt^{2+}与Cl$^-$形成[PtCl$_4$]$^{2-}$，配位数是4；而Pt^{4+}与Cl$^-$形成[PtCl$_6$]$^{2-}$，配位数是6等。

中心离子半径越大，其周围可容纳的配体就越多，配位数就越大。例如同族元素B^{3+}和Al^{3+}离子半径分别为23pm和50pm，它们的氟配离子分别是[BF$_4$]$^-$和[AlF$_6$]$^{3-}$，但若中心离子半径太大，则它对配体的吸引减弱，反而使配位数降低，例如 $[CdCl_6]^{4-}$ 和 $[HgCl_4]^{2-}$。

配体负电荷增加，配体之间的排斥力增大很快，导致配位数减少。例如 F^- 和 O^{2-} 的离子半径接近，对于相同的中心体，前者的配位数大于后者：如 $[BF_4]^-$ 和 $[BO_3]^{3-}$；$[SiF_6]^{2-}$ 和 $[SiO_4]^{4-}$。

对同一中心离子，配位数随配位体半径增大而减少，如卤素离子半径 $r_{F^-} < r_{Cl^-}$。与 Al^{3+} 形成 $[AlF_6]^{3-}$ 和 $[AlCl_4]^-$，配位数前者为 6，后者为 4。

当配体浓度很大时，易形成高配位数配合物。例如 Zn^{2+} 与 NH_3 分子配位，NH_3 浓度低时，形成 $[Zn(NH_3)_4]^{2+}$；NH_3 浓度很高时，也可形成 $[Zn(NH_3)_6]^{2+}$。

一般升高体系的温度，中心体与配体的热运动加剧，难以形成高配位数配合物。

(4) 配离子的电荷

中心离子的电荷与配体的电荷的代数和即为配离子的电荷。

例如，在 $K_2[HgI_4]$ 中，配离子 $[HgI_4]^{2-}$ 的电荷为：$2 \times 1 + (-1) \times 4 = -2$。

在 $[CoCl(NH_3)_5]Cl_2$ 中，配离子 $[CoCl(NH_3)_5]^{2+}$ 的电荷为：$3 \times 1 + (-1) \times 1 + 0 \times 5 = +2$。

也可根据配合物呈电中性，配离子的电荷就可以较简单地由外界离子的电荷来确定。如 $[Cu(NH_3)_4]SO_4$ 的外界为 SO_4^{2-}，据此可知配离子电荷为 +2。

7.1.2 配合物的命名

配合物的命名，服从无机化合物命名的一般原则。

(1) 配离子命名

配离子的命名次序为：配位体数（用汉字表达）→配位体名称→加一个"合"字→中心体（氧化数）。有时合字也可省略。若配离子是阳离子，则在（氧化数）后加"离子"二字。在命名化合物时离子二字也可省略。若配离子是阴离子，则在（氧化数）后加"酸根"二字。中心离子的氧化值用带括号的罗马数字表示。例如：

$[Cu(NH_3)_4]^{2+}$ 四氨合铜（Ⅱ）离子

$[Fe(CN)_6]^{4-}$ 六氰合亚铁酸根（俗称黄血盐）

$[Ag(S_2O_3)_2]^{3-}$ 二硫代硫酸根合银（Ⅰ）酸根

(2) 配合物的命名

和无机物命名一样，配离子是阳离子，外界为卤素或酸根则命名为：外界离子数（汉字）→卤（化）→配离子名称或配离子名称某酸盐。如 $[Co(NH_3)_6]Cl_3$ 可命名为三氯化六氨合钴（Ⅲ），也可称六氨合钴（Ⅲ）盐酸盐。

配离子是阴离子，外界为阳离子，则命名为（配离子名称）酸某（阳离子）盐。如 $K_2[PtCl_6]$ 可命名为六氯合铂（Ⅳ）酸钾。$K_3[Fe(CN)_6]$ 可命名为六氰合铁（Ⅲ）酸钾，也可称为铁氰化钾，俗称赤血盐。

(3) 配位体的次序

配合物中有两种或两种以上的配位体，命名时配位体列出的顺序也有规则。配位体列出的顺序的总原则是：先无机（配体），后有机（配体）；先离子（配体），后分子（配体）；同类配位，字母为序；先单齿，后多齿。

① 无机配体在前面，有机配体在后面。当无机配体中既有阴离子又有中性分子时，阴离子配体在前，中性分子配体在后；不同配体名称间以"·"分开（有时·也可省略），在最后一个配位体名称之后加"合"字；如：

$K[PtCl_3NH_3]$ 三氯·一氨合铂（Ⅱ）酸钾

② 同类配体的名称，按配位原子元素符号的英文字母顺序排列。例如：

$[Co(NH_3)_5H_2O]Cl_3$　三氯化五氨·一水合钴(Ⅲ)

③ 同类配体中若配位原子也相同，则将含较少原子数的配体列在前面，较多原子数的配体列后。例如：

$[PtNO_2NH_3NH_2OH(Py)]Cl$　氯化一硝基·一氨·一羟胺·一吡啶合铂(Ⅱ)

④ 若配位原子相同，配体中所含原子数目也相同，则按在结构式中与配位原子相连的原子的元素符号的英文字母顺序排列。例如：

$[PtNH_2NO_2(NH_3)_2]$　一氨基·一硝基·二氨合铂(Ⅱ)。

若配位原子尚不清楚，则以配位个体的化学式中所列的顺序为准。

(4) 无外界的配合物

中心原子的氧化数可不必标明。例如：

$[PtCl_2(NH_3)_2]$　二氯·二氨合铂　　　　　$Ni(CO)_4$　四羰基合镍

7.1.3　配合物的类型

配合物的种类很多，根据中心体与配位体之间的键合情况大致分为以下几类。

(1) 简单配合物

中心体与单齿配体键合形成的配合物称作简单配合物，如 $K[Au(CN)_2]$、$K_2[PtCl_6]$、$[Cu(NH_3)_4]SO_4$、$Na_3[AlF_6]$、$K_4[Fe(CN)_6]$ 等。

(2) 螯合物

多齿配体上的一个配位原子可与中心离子形成一根配位键，若在这个配位原子的 γ 位（间隔三根键）或 δ 位（间隔四根键）又有一个配位原子，便可形成第二根配位键。两个配位原子与同一中心离子形成了一个由五个原子组成的环状结构的配合物（五元环）或由六个原子组成的环状结构的配合物（六元环）。其中配体好似螃蟹的蟹钳一样钳牢中心离子，因而形象地称这类环状结构的配合物为螯合物。能与中心离子形成螯合物的配体称为螯合剂。

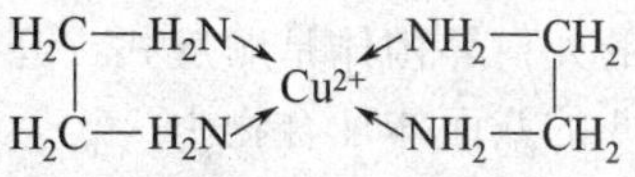

图 7-4　Cu^{2+} 与 en 的螯合物示意图

乙二胺形成螯合物的示意如图 7-4 所示。

例如：EDTA 是乙二胺四乙酸（ethylene diamine tetraacetic acid）及其盐的简称，它是一个六齿配体，有六个配位原子（两个氨基氮和四个羧基氧）。在配位原子 N 不同方向的 γ 位有三个配位原子 N、O、O，另一个配位原子 N 有相同的情况。因此 EDTA 可以与金属离子形成 5 个五元环的六配位的螯合物。结合得非常牢固。如图 7-5 所示。

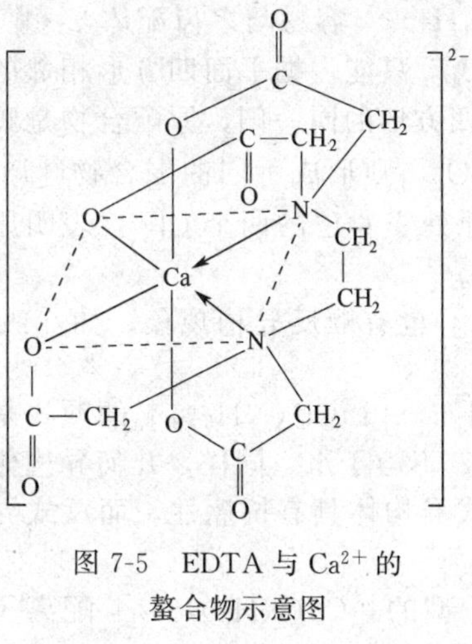

图 7-5　EDTA 与 Ca^{2+} 的螯合物示意图

EDTA 与金属离子形成的螯合物有如下特点：

① EDTA 具有广泛的配位性能，几乎能与所有的金属离子形成配合物。

② EDTA 与金属离子形成的螯合物的配位比简单，一般为 1∶1。主要因为 EDTA 分子中有六个配位原子，而大多数金属离子的配位数不超过六，因此不管金属离子的氧化数是多少（二价、三价和四价），在一般情况下均按 1∶1 配位。只有少数高价金属离子与 EDTA 形成 2∶1 配合物，如 Mo(Ⅴ) 与 EDTA 形成 2∶1 配合物。在中性或碱性溶液中 Zr(Ⅳ) 与 EDTA 也形成 2∶1 配合物。

由图 7-5 可以看出，EDTA 与 Ca^{2+} 形成四个 $\boxed{\overset{M}{O-C-C-N}}$ 五元环及一个 $\boxed{\overset{M}{N-C-C-N}}$ 五元环，具有五元环或六元环的螯合物张力小，很稳定，而且所形成的环数愈多，螯合物愈稳定。

③ EDTA 与无色金属离子配位时，形成无色的螯合物，与有色金属离子配位时，形成颜色更深的螯合物。用 Y 表示 EDTA：FeY^-（黄色）、CrY^-（深紫）、MnY^{2-}（紫红）、CuY^{2-}（蓝色），在滴定有色金属离子时，若金属离子浓度过大，则螯合物的颜色很深。用指示剂的变色确定滴定终点时，影响对滴定终点的观察。

(3) 多核配合物

由多个中心体形成的配合物叫做多核配合物，如同多酸（多个中心体是同一种元素）、杂多酸（多个中心体不是同一种元素）、多碱、多卤物均是多核配合物。

(4) 羰基配合物和不饱和烃配合物

羰基配合物是以羰基为配体与金属形成的一类配合物，如四羰基合镍 $Ni(CO)_4$；不饱和烃配合物是以不饱和烃与金属形成的金属配合物，如二茂铁 $(\eta^5-C_5H_5)_2Fe$，其中 η^x 上标的 x 表示配体以 π 键结合到中心体上的 C 原子个数。

7.1.4 配合物的空间异构现象

配合物的化学组成相同、配体在空间的位置不同而产生的异构现象称为空间异构现象。配合物的空间异构主要有几何异构和旋光异构两类。

(1) 几何异构

配合物中，多种配体围绕中心体有不同的几何分布而产生的异构体叫几何异构体。最常见的几何异构体是顺反式（几何）异构体。它主要发生在配位数为 4 的平面四方形和配位数为 6 的八面体配合物中。

配位数为 4 的四面体配合物中所有配体的位置彼此相邻，所以不存在顺反异构现象。平面四方形的 $[MA_2B_2]$ 型配合物可形成同种配体处于相邻的位置的顺式和同种配体处于对角位置的反式两种异构体。典型的代表是顺式和反式的二氯·二氨合铂(Ⅱ) $[PtCl_2(NH_3)_2]$。其两种几何异构体的结构式如图 7-6 所示。

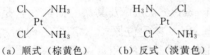

(a) 顺式（棕黄色）　(b) 反式（淡黄色）

图 7-6　$[PtCl_2(NH_3)_2]$ 顺反结构示意图

顺式异构体结构不对称，其偶极矩 $\mu \neq 0$；而反式异构体结构对称，其 $\mu=0$。可通过偶极矩的测定区分它们。

也可通过其他实验证实它们有不同的几何结构。例如，顺式 $[PtCl_2(NH_3)_2]$ 容易与多齿配体 $C_2O_4^{2-}$ 发生取代反应生成新配合物 $[Pt(NH_3)_2(C_2O_4)]$。由于 $C_2O_4^{2-}$ 只能占据平面四方形相邻的位置，因此可证实 $[PtCl_2(NH_3)_2]$ 原来的两个 Cl^- 一定在四方形的同一侧，原配合物是顺式异构体 [图 7-6(a)]。反式异构体 $[PtCl_2(NH_3)_2]$ 与 $C_2O_4^{2-}$ 则形成不同的配合物 $[Pt(NH_3)_2(C_2O_4)_2]^{2-}$，其中两个 $C_2O_4^{2-}$ 作为单齿配体置换原处于对位的两个 Cl^-，表明原配合物是反式异构体 [图 7-6(b)]。

具有不对称的二齿配体的平面四方形配合物 $[M(AB)_2]$ 也有顺反异构现象，如 $[Pt(NH_2CH_2COO)_2]$ 有如图 7-7 所示的顺反异构体。

配合物几何异构体在物理及化学性质方面都有差异，例如，$[PtCl_2(NH_3)_2]$ 的顺式是橙黄色晶体，极性分子，易溶于水；它的反式是非极性分子，不溶于水。同样，几何异构体配合物在生理活性上也有重大差异。$[PtCl_2(NH_3)_2]$ 的顺式异构体具有抗癌性，而反式异构体则没有这个性质。

八面体配合物的几何异构现象更普遍。对于 $[MA_2B_4]$ 型的 $[Co(NH_3)_4Cl_2]$ 配离子

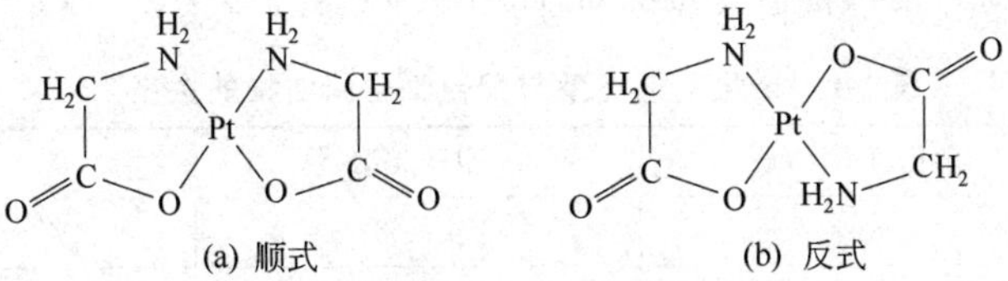

（a）顺式　　　　　　　（b）反式

图 7-7　［Pt(NH$_2$CH$_2$COO)$_2$］顺反结构示意图

有两种几何异构体，其结构如图 7-8 所示。

顺式结构中，两个 Cl 紧邻在一起，分布在八面体相邻的两个顶点上。分子只有部分对称，偶极矩 $\mu \neq 0$；反式结构中，两个 Cl 远离分布在八面体的对顶点位置上，分子是完全对称的，$\mu = 0$。

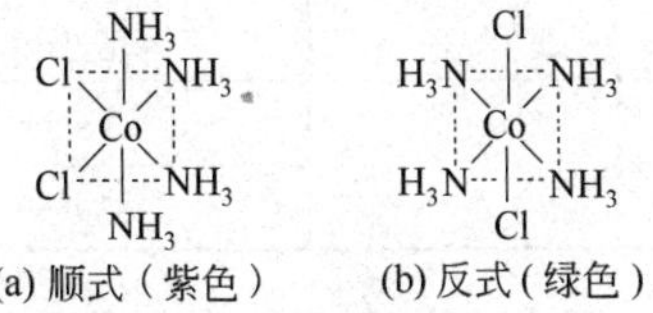

［MA$_3$B$_3$］型八面体配合物如 ［Ru(H$_2$O)$_3$Cl$_3$］也有两种几何异构体，其结构如图 7-9 所示。

图 7-9 的 （a）中三个 H$_2$O 和三个 Cl 均连续相邻相连；

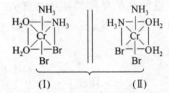

（a）顺式（紫色）　　　（b）反式（绿色）

图 7-8　［Co(NH$_3$)$_4$Cl$_2$]$^+$
顺反异构体示意图

而 （b）中有一个 H$_2$O 和一个 Cl 与其他两个 H$_2$O 和两个 Cl 不连续相邻相连，是不同的几何异构体。

几何异构体的数目与配位数、空间构型、配体的种类等因素有关。一般来说，配体种类越多，存在的几何异构体的数目也越多。

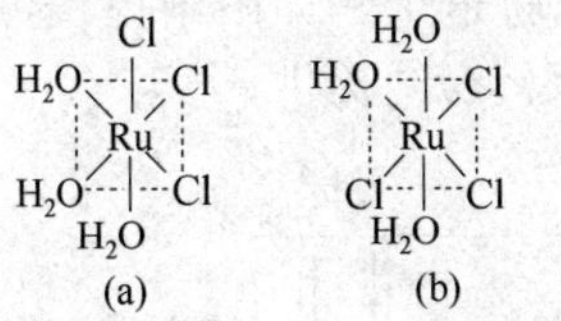

（a）　　　　　　　　（b）

图 7-9　［Ru(H$_2$O)$_3$Cl$_3$］几何异构示意图

（Ⅰ）　　　　　　　　（Ⅱ）

图 7-10　［Cr(NH$_3$)$_2$(H$_2$O)$_2$Br$_2$]$^+$ 旋光异构示意图

(2) 旋光异构

若两种配合物异构体的对称关系类似一个人的左手和右手或互成镜像关系，这种异构关系称为旋光异构。其结构特征是配合物内没有对称面和对称中心，如 ［Cr(NH$_3$)$_2$-(H$_2$O)$_2$Br$_2$]$^+$ 配合物的空间结构就会产生旋光异构。

上述异构体中，如图 7-10 所示，（Ⅰ）和（Ⅱ）互成镜像关系，是旋光异构体。

通过偏振光实验可区分旋光异构体，异构体可使平面偏振光发生方向相反的偏转。其中一种称为右旋旋光异构体，用符号 D 表示。另一种称为左旋旋光异构体，用符号 L 表示。动植物体内有许多旋光活性的化合物，这些配位化合物对映体的化学性质一般差别不大，但生理功能却有极大的差别。能产生旋光异构的配合物中最少有三种以上的单齿配体，或一种单齿配体和一种完全不对称的双齿配体。

7.2　配位化合物的化学键理论

7.2.1　配位化合物的价键理论

配位键是共价键的一种。配位键与共价键不同之处仅在于共用电子对提供者不一样。共价键中共用电子对的两个电子由两个原子各提供一个；而在配位键中，共用电子对的两个电子均由配原子提供，中心体只提供价电子空轨道。

既然配位键是共价键的一种，因此也离不开杂化轨道和空间结构的问题。如第 3 章中所述，配合物的空间结构与杂化轨道类型的对应关系列于表 7-1 中。

表 7-1　杂化轨道类型与配合物空间结构的关系

配位数	杂化轨道类型	空间类型	实 例
2	sp	直线形	$[Ag(NH_3)_2]^+$
3	sp^2	平面三角形	$[CuCl_3]^{2-}$
4	sp^3	正四面体	$[Zn(NH_3)_4]^{2+}$
	dsp^2	平面正方形	$[Ni(CN)_4]^{2-}$
5	dsp^3	三角双锥	$[Fe(CO)_5]$
6	sp^3d^2	八面体	$[CoF_6]^{3-}$、$[FeF_6]^{3-}$
	d^2sp^3		$[Fe(CN)_6]^{3-}$、$[Co(NH_3)_6]^{3+}$

配合物的中心体大多数为过渡金属即副族金属元素，它们轨道的杂化除有 s、p 轨道参加外，常有 d 轨道参与。这是因为，ns 轨道有很强的钻穿效应，使能 d 轨道的能量与其靠近的 s、p 轨道的能量相近，也会参与轨道杂化。d 轨道参与杂化形成配合物时有两种情况。

（1）外轨型配合物

外轨型配合物的中心体采用外层的 ns、np、nd 轨道杂化如 $[FeF_6]^{3-}$：

图 7-11 中左边 Fe^{3+} 中的 5 个 d 轨道上排布 5 个电子，是 Fe^{3+} 的最外层电子排布式。由于内层 d 轨道上全有电子存在，配体 F^- 提供的孤电子对不能再分布在 3d 轨道上，只能分布在能量稍高的外层轨道 4s、4p、4d 形成的 $4s^1 4p^3 4d^2$ 杂化轨道上，如图中虚线方框内所示。由于是配位键，$4s^1 4p^3 4d^2$ 杂化轨道上的 12 个电子全由 6 个 F^- 提供。

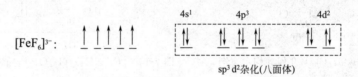

$sp^3 d^2$ 杂化(八面体)

图 7-11　外轨型配离子 $[FeF_6]^{3-}$ 的电子排布示意图

$4s^1 4p^3 4d^2$ 杂化轨道处于 Fe^{3+} 最外层轨道 3d 轨道之外，所以，由这种杂化轨道形成的配合物称为外轨型配合物。

因为孤电子对分布在能量稍高的外层 $4s^1 4p^3 4d^2$ 杂化轨道上，能量高，外轨型配合物稳定性较差，配位键较弱，即配离子较易离解，离子性较强。

在化合物中，若电子全部成对，自旋磁场强度为 0，称为反磁性；化合中有不成对电子，自旋磁场强度＞0，称为顺磁性。物质磁性大小以磁矩μ表示，μ 与未成对电子数 n 之间的近似关系是：

$$\mu = \sqrt{n(n+2)}\mu_B \tag{7-1}$$

式中，μ_B 为玻尔磁子，是磁矩的基本单位。

由图 7-11 知：$[FeF_6]^{3-}$ 中有 5 个未成对的电子，因此，$[FeF_6]^{3-}$ 具有顺磁性。根据式 (7-1)，$[FeF_6]^{3-}$ 的磁矩

$$\mu = \sqrt{n(n+2)}\mu_B = \sqrt{5 \times (5+2)}\mu_B = 5.92\mu_B$$

从式 (7-1) 可见，化合物中未成对电子数越多，磁矩越大、磁性越强。

外轨型配合物的中心离子仍保持原有的电子构型，未成对的电子数不变，中心离子与配合物的磁矩也不变。上述配合物中，形成配合物前，Fe^{3+} 中未成对电子数是 5 个，形成

$[FeF_6]^{3-}$ 配离子后，配合物中未成对电子数仍是 5 个，因此磁矩不变。

（2）内轨型配合物

中心体内层 $(n-1)d$ 轨道和外层 ns、np 轨道杂化后，配体提供的孤电子对分布在含有内层 $(n-1)d$ 轨道所形成的杂化轨道上形成的配合物称为内轨型配合物。如 $[Fe(CN)_6]^{3-}$ 为内轨型配合物，电子排布如图 7-12 所示。

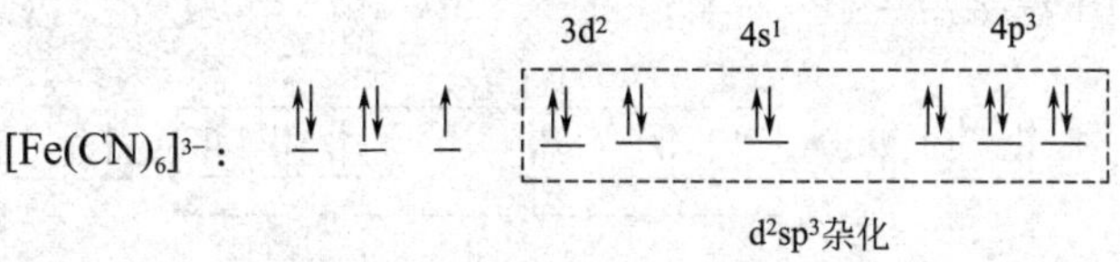

图 7-12　内轨型配离子 $[Fe(CN)_6]^{3-}$ 的电子排布示意图

由于 CN^- 对电子的排斥力比较大即场强较强，对 Fe^{3+} 中的 d 电子产生很大的排斥力，使 Fe^{3+} 中的 5 个 d 电子被向内挤成只分布在 3 个 d 轨道上，空出 2 个 d 轨道。在形成配位键时，内层的 d 轨道也参与杂化，形成 $3d^2 4s^1 4p^3$ 六条杂化轨道，如图 7-12 所示。

很明显，$3d^2 4s^1 4p^3$ 六条杂化轨道的能量小于 $4s^1 4p^3 4d^2$ 六条杂化轨道的能量。因此内轨型配合物比外轨型配合物更稳定。内轨型配合物比外轨型配合物在水溶液中更难离解为简单离子。由于原来 d 轨道上未成对的电子有的已被挤压成对，因此形成配合物后未成对的电子数目减少而使配合物的磁矩比原中心体磁矩降低，甚至由顺磁性物质变成反磁性物质。

图 7-12 显示，Fe^{3+} 中未成对的电子数是 5 个，磁矩：

$$\mu = \sqrt{n(n+2)}\mu_B = \sqrt{5 \times (5+2)}\mu_B = 5.92\mu_B$$

实测为 $5.86\mu_B \approx 5.92\mu_B$。

形成的 $[Fe(CN)_6]^{3-}$ 中未成对的电子数目只有一个。$[Fe(CN)_6]^{3-}$ 的磁矩

$$\mu = \sqrt{n(n+2)}\mu_B = \sqrt{1 \times (1+2)}\mu_B = 1.73\mu_B$$

用磁天平测量配合物的磁矩可判断配合物是外轨型还是内轨型。

【例 7-1】 实验测得 $[CoF_6]^{3-}$ 的磁矩为 $5.26\mu_B$，$[Co(CN)_6]^{3-}$ 的磁矩为 $0\mu_B$，推测配离子的空间构型、中心体的轨道杂化类型和内、外轨型。

解　$[CoF_6]^{3-}$ 的磁矩为 $5.26\mu_B$，

根据式（7-1），有 $\sqrt{n(n+2)}\mu_B = 5.26\mu_B$

解得 $n = 4.35 \approx 4$

Co 是第 27 号元素，电子结构式为 $[Ar]3d^7 4s^2$，Co^{3+} 的电子结构式为 $[Ar]3d^6$，6 个 d 电子有 4 个不成对，可见 6 个 d 电子在 3d 轨道上只有 1 条 d 轨道上有 2 个电子，其余 4 条 d 轨道上均有 1 个电子。内轨 d 上没有空轨道，配体的孤电子对只能分布在外轨道上，该配合物是外轨型配合物。因为配位数是 6，轨道杂化类型应是 $4s^1 4p^3 4d^2$。空间构型为正八面体。

$[Co(CN)_6]^{3-}$ 的磁矩为 $0\mu_B$，则 $n=0$。

Co^{3+} 的 6 个 d 电子全部成对，可见 6 个 d 电子只能分布在 3 条 d 轨道上，有两条 d 内轨空轨道，配体的孤电子对可分布在这两条内轨空轨道上，该配合物是内轨型配合物。因为配位数是 6，轨道杂化类型应是 $3d^2 4s^1 4p^3$。空间构型为正八面体。

价键理论简单明了，比较成功地解释了配合物的空间结构（与杂化轨道类型相适应）、配位数（σ 配键数）、稳定性（内轨稳定）、磁性（$\mu = \sqrt{n(n+2)}\mu_B$）等。但是该理论毕竟是一个定性理论，不能定量或半定量的说明配合物的性质，不能解释配合物的颜色或吸收光

谱；对于磁矩的说明也有一定的局限性；也不能说明某些配合物的稳定性。例如 $[Co\text{-}(CN)_6]^{4-}$，价键理论认为它是一种内轨型配合物，应该很稳定，但它却很不稳定。因为它有一个未成对的 3d 电子分布在较高能级的 4d 轨道上，能量较高，这个电子很容易失去而使配离子被氧化成 $[Co(CN)_6]^{3-}$。但是平面正方形的 $[Cu(NH_3)_4]^{2+}$ 也有一个未成对电子处于较高能级的轨道上，但 $[Cu(NH_3)_4]^{2+}$ 配离子很稳定，没有还原性，理论与事实不相符。其电子排布见图 7-13。

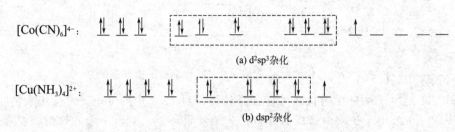

图 7-13　$[Co(CN)_6]^{4-}$ 和 $[Cu(NH_3)_4]^{2+}$ 的电子排布示意图

　　价键理论的局限性，主要是因为它静止地看待配合物中心离子与配体之间的关系，只考虑配合物中心离子轨道的杂化情况，没有考虑到配体对中心离子的影响。因此不能说明一些配离子的特征颜色和内轨型、外轨型配合物产生的原因。也不能定量说明配合物的性质。为了合理解释价键理论所不能解释的诸类问题，贝蒂和范·弗雷克提出了配位键的晶体场理论。

7.2.2　配位化合物的晶体场理论

　　20 世纪 50 年代，晶体场理论开始应用于化学领域。与价键理论不同，晶体场理论将配体看成点电荷，重点考虑配体静电场对中心离子 d 轨道能级的影响，这一理论很好地解释了配合物的结构、磁性、光学性质和反应机理。

(1) 配位化合物的晶体场理论要点

　　① 在配合物中，中心离子和周围配位体之间的相互作用可被看成类似于离子晶体中正、负离子间的相互作用，中心离子与配位体之间由于静电吸引而放出能量，使体系能量降低。

　　② 中心离子的 5 个简并 d 轨道受到周围非球形对称的配位体负电场的作用时，配体的负电荷与 d 轨道上的电子相互排斥，使得 d 轨道能量普遍升高。

　　离配位体越近的 d 轨道上的电子受到的排斥力越大，能量升高得越多；离配位体越远的 d 轨道上的电子受到的排斥力越小，能量升高得越少；对 5 条 d 轨道，配位体的影响是不一样的，从而导致了 5 条 d 轨道发生能级分裂。

　　③ 由于 d 轨道能级的分裂，d 电子将重新分布，优先占据能量较低的轨道，往往使体系的总能量下降。总能量下降值称为晶体场稳定化能，简写为 CFSE，它给配合物带来了额外的稳定性。

(2) 中心离子 d 轨道能级分裂的原因

　　中心离子在价层有 5 个简并的 d 轨道，虽然伸展方向不同，但能量是相同的。放在球形对称的负电场中，则因负电场对 5 个简并 d 轨道产生的排斥力，使 5 个 d 轨道能量有所升高，但不会产生分裂。如果 6 个非球形对称的配体因受中心离子的吸引力而分别沿 x、y、z 轴的正、负方向接近中心离子时（图 7-14），$d_{x^2\text{-}y^2}$ 轨道电

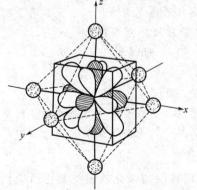

图 7-14　八面体配合物中
d 轨道与配体的相对位置

子出现概率最大的方向与配体负电荷迎头相碰，受到配体电场的强烈排斥而能量升高较多；d_{xy} 轨道正好处于配体的空隙中间，其电子出现概率最大的方向则与配体负电荷方向错开，因此所受斥力较小而能量升高较小。对于其他 3 个轨道，d_{z^2} 与 $d_{x^2-y^2}$ 所处的状态一样；d_{xz}、d_{yz} 与 d_{xy} 所处的状态一样。因此原来 5 个简并 d 轨道在八面体场中分裂为两组：一组是能量较高的 $d_{x^2-y^2}$ 与 d_{z^2}，为二重简并轨道即有两个轨道能量相等称为 $d_γ$ 或 e_g 轨道；另一组是能量较低的 d_{xy}、d_{yz}、d_{xz} 为三重简并轨道即有三个轨道能量相等，称为 $d_ε$ 或 t_{2g} 轨道。

（3）d 轨道在不同配合物中能级的分裂

d 轨道能级的分裂主要决定于配体在空间的分布情况。在四面体配合物中，四个配体接近中心离子时正好和 x、y、z 轴错开，避开了 $d_{x^2-y^2}$ 和 d_{z^2}，而靠近 d_{xy}、d_{xz}、d_{yz} 的极大值方向，如图 7-15 所示。

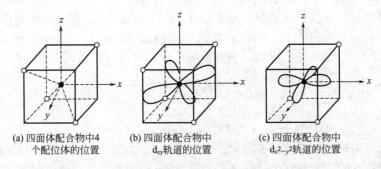

(a) 四面体配合物中4 (b) 四面体配合物中 (c) 四面体配合物中
  个配位体的位置 d_{xy}轨道的位置 $d_{x^2-y^2}$轨道的位置

图 7-15 四面体配合物中 d 轨道与配体的相对位置

（●代表中心离子，○代表配位体，d_{yz}、d_{xz} 的位置与 d_{xy} 类似）

由图 7-15 可知，在四面体场中，四个配体占据了立方体中相互错开的四个顶点位置。中心离子的 5 个简并 d 轨道分裂的情况正好与八面体场相反，即 $d_{x^2-y^2}$、d_{z^2} 轨道能量升高较小，而 d_{xy}、d_{xz}、d_{yz} 一组轨道的能量升高较多。其分裂情况如图 7-16 所示。

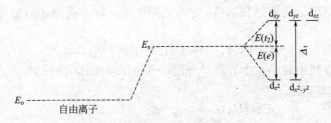

图 7-16 d 轨道在四面体场中的分裂

在平面正方形场中，四个配位体沿 x 和 y 轴的正、负方向向中心离子接近，因 $d_{x^2-y^2}$ 轨道受配位体静电场的影响最强，能级升高最多，其次是 d_{xy} 轨道，然后是 d_{z^2}，而简并的 d_{xz}、d_{yz} 上升得最少。因此，在平面正方形场中，d 轨道分裂成四组。

在八面体场中，其分裂情况如图 7-17 所示。

（4）d 轨道的分裂能

在不同构型的配合物中，d 轨道分裂的方式和能量的大小都不同。分裂后最高能量 d 轨道即 $d_γ$ 轨道和最低能量 d 轨道即 $d_ε$ 轨道之间的能量差称为晶体场分裂能，通常用 Δ 表示。八面体场的分裂能用 Δ_o 表示，下标 o 代表八面体（octahedral）；四面

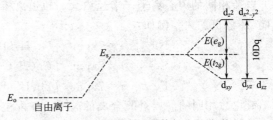

图 7-17 d 轨道在八面体场中的分裂

体场的分裂能用 Δ_t 表示，下标 t 代表四面体（tetrahedral）。八面体场中 Δ_o 相当于 1 个电子在 $d_\epsilon \rightarrow d_\gamma (t_{2g} \rightarrow e_g)$ 间跃迁所需的能量。一般将 Δ_o 分为 10 等份，每等份为 1Dq，则 Δ_o 为 10Dq。分裂前后 d 轨道的总能量应保持不变。若把分裂前 d 轨道的能量作为零点，那么所有 d_γ 和 d_ϵ 轨道的总能量等于零，即：

$$E(d_\gamma) - E(d_\epsilon) = \Delta_o = 10\text{Dq}$$

$$2E(d_\gamma) + 3E(d_\epsilon) = 0$$

解得：

$$E(d_\gamma) = \frac{6}{10}\Delta_o = 6\text{Dq} \qquad （比分裂前高 6\text{Dq}）$$

$$E(d_\epsilon) = -\frac{4}{10}\Delta_o = -4\text{Dq}（比分裂前低 4\text{Dq}）$$

式中，$E(d_\gamma)$ 和 $E(d_\epsilon)$ 分别表示 d_γ 和 d_ϵ 轨道的能级。

在四面体场中因没有任何 d 轨道正对着配体，其分裂能 Δ_t 比在八面体场中的分裂能 Δ_o 要小得多。当中心离子与配体 L 二者之间的距离在四面体场和八面体场中相同时，Δ_t 仅为 Δ_o 的 4/9，即 $\Delta_t = 4/9 \times 10\text{Dq}$。同理，在四面体场中也可以列出两式：

$$E(d_\epsilon) - E(d_\gamma) = \Delta_t = \frac{4}{9}\Delta_o = \frac{4}{9} \times 10\text{Dq}$$

$$2E(d_\epsilon) + 3E(d_\gamma) = 0$$

解上式得 $\qquad E(d_\epsilon) = +1.78\text{Dq} \qquad E(d_\epsilon) = -2.67\text{Dq}$

分裂能的大小用配合物的光谱来测定。例如，$TiCl_3$ 溶液中，Ti^{3+} 以 $[Ti(H_2O)_6]^{3+}$ 形式存在。当光通过 $TiCl_3$ 溶液时，$[Ti(H_2O)_6]^{3+}$ 吸收光的能量从低能级的 d_ϵ 轨道跃迁到高能级的 d_γ 轨道，被吸收的光的能量就是一个 $[Ti(H_2O)_6]^{3+}$ 离子的晶体场分裂能 Δ_o。因此，只要测得 $TiCl_3$ 溶液的最大吸收波长 λ 即可。

$$\Delta_o = \frac{hc}{\lambda} = \frac{6.63 \times 10^{-34} \times 3.00 \times 10^8}{\lambda} = \frac{1.99 \times 10^{-25}}{\lambda}$$

总结大量的光谱实验数据和理论研究的结果，可得出影响分裂能的因素主要有：配合物的几何构型、中心离子的电荷数和半径、d 轨道的主量子数，此外还与配体的种类有很大的关系。

以八面体场为例，当配体相同时，同一中心离子的正电荷越高，对配体的吸引力越大，中心离子与配体的核间距越小，中心离子外层的 d 电子与配体之间的斥力也越大，从而分裂能 Δ_o 也就越大。例如：

$$[Fe(H_2O)_6]^{2+} \qquad \Delta_o = 10400\text{cm}^{-1}$$

$$[Fe(H_2O)_6]^{3+} \qquad \Delta_o = 13700\text{cm}^{-1}$$

上式的能量单位用的是光谱中光的波数，$n\text{cm}^{-1}$ 表示每厘米有 n 个波，则波长 $\lambda = \frac{1}{n}$（cm）。由式（2-2）知：$E = h\nu = \frac{hc（光速）}{\lambda} = hcn \times 10^{-2}$。所以，波数 n 越多，波长 λ 越短，能量越大。

电荷相同的中心离子，半径愈大，轨道离核越远，越易在外电场作用下改变其能量，分裂能 Δ_o 值也愈大。例如：

$$Ni^{2+} \quad r = 72\text{pm} \quad [Ni(H_2O)_6]^{2+} \quad \Delta_o = 8500\text{cm}^{-1}$$

$$Co^{2+} \quad r = 74\text{pm} \quad [Co(H_2O)_6]^{2+} \quad \Delta_o = 9300\text{cm}^{-1}$$

$$Fe^{2+} \quad r = 76\text{pm} \quad [Fe(H_2O)_6]^{2+} \quad \Delta_o = 10400\text{cm}^{-1}$$

氧化数相同的同族过渡金属的离子，在配位体相同时，绝大多数配合物的 Δ_o 值随 d 轨道主量子数的增大而增大。例如：

$$[CrCl_6]^{3-} \qquad \Delta_o = 13600 cm^{-1}$$
$$[MoCl_6]^{3-} \qquad \Delta_o = 19200 cm^{-1}$$

对同一中心离子而言，Δ_o 值随配体场的强弱不同而改变，配体场的强度愈大，Δ_o 值愈大。大致顺序如下：

$$I^- < Br^- < Cl^- < F^- < H_2O < NCS^- < NH_3 < en < NO_2^- < CN^- < CO$$

该顺序根据光谱实验数据结合理论计算而得，因而称为光谱化学系列。由此序列可知，配体可分为强场配体如 CO、CN^- 和弱场配体如 I^-、Br^-、Cl^-、F^-、H_2O 等。一般以 H_2O 为分界，顺序在 H_2O 之前的配体为弱场配体，顺序在 H_2O 之后的配体为强场配体。

(5) 高自旋和低自旋配合物

在八面体场中，中心离子的 d 轨道能级分裂为两组 t_{2g} 和 e_g。按照能量最低原理，电子将优先排布在能量低的 t_{2g} 轨道上。

在八面体配合物中，根据能量最低原理和洪特规则，$d^1 \sim d^3$ 构型的离子，例如 Cr^{3+}（d^3 构型）的三个 d 电子排布方式只有一种，即三个价电子全部排布在 t_{2g} 轨道上。$d^8 \sim d^{10}$ 构型的离子也只有一种排布法，即 t_{2g} 轨道上排布六个 d 电子，达到全满。其余 2~4 个 d 电子按洪特规则排布在 e_g 轨道上。

对 $d^4 \sim d^7$ 构型的离子，d 电子可以有两种排布方式。

第一种：在 t_{2g} 轨道上按洪特规则排布三个 d 电子，第四个 d 电子开始排布在 e_g 轨道上，这种电子排布法称之为高自旋。由此形成的配合物称为高自旋配合物。

第二种：按洪特规则，先在 t_{2g} 轨道排布 d 电子，在 t_{2g} 轨道上的 d 电子未全满之前不填充到 e_g 上，这种排法称之为低自旋。由此形成的配合物称为低自旋配合物。如图 7-15 所示。

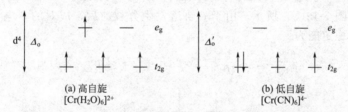

图 7-18　d^4 构型的离子在八面体场中 d 电子的两种排布

同为配合物，Cr^{2+} 有 4 个 3d 电子，若按洪特规则排布时，采取高自旋，它们分布在四条 d 轨道上，都不成对，即 $[Cr(H_2O)_6]^{2+}$，如图 7-18(a) 所示。若采取低自旋排布时，第 4 个 d 电子与原来的 1 个 d 电子偶合成对，即 $[Cr(CN)_6]^{4-}$，如图 7-18(b) 所示。该电子需克服同一条轨道上电子间的排斥作用才能偶合成对。这个能量称为电子成对能，用 E_p 表示。排斥作用使势能升高，所以 $E_p > 0$。究竟是形成高自旋排布还是低自旋排布，就取决于轨道分裂能 Δ_o 与电子成对能 E_p 的相对大小。

若 $\Delta_o > E_p$，若 d 电子进入 e_g 轨道，能量升高 Δ_o；若有可能留在 t_{2g} 轨道形成成对电子，能量升高 E_p；因为 $\Delta_o > E_p$，显然留在 t_{2g} 轨道形成低自旋的配合物的总能量的下降更多，配合物更稳定。

若 $\Delta_o < E_p$，若 d 电子进入 e_g 轨道，能量升高 Δ_o；若有留在 t_{2g} 轨道形成成对电子，能量升高 E_p；因为 $\Delta_o < E_p$，显然 d 电子进入 e_g 轨道形成高自旋的配合物的总能量的下降更大，配合物更稳定。

不同的中心离子，电子成对能 E_p 相差不大，而分裂能相差较大，尤其是随晶体场的强弱而有较大差异。这样，分裂后 d 轨道中电子的排布便主要取决于分裂能 Δ_o 的大小，即晶体场的强弱。在弱场配体作用下，Δ_o 值较小，d 电子将尽可能地按洪特规则排布在不同轨道并自旋平行，保持能量最低。因此弱场配体形成的配合物将具有高自旋的结构，磁矩也较大。在强场配体作用下，Δ_o 值较大，电子进入能级较低的 t_{2g} 轨道配对能保持能量更低。所以强场配体形成的配合物将具有低自旋的结构，磁矩也较小。

(6) 晶体场稳定化能

在晶体场的作用下，中心离子的 d 轨道发生分裂，进入分裂后各轨道上的 d 电子总能量通常比未分裂前的 d 电子总能量降低，这部分降低的能量就称为晶体场稳定化能（crystal field stabilization energy，简写为 CFSE）。它应是 d 轨道发生分裂、d 电子重新排布造成的能量降低量与电子成对造成的能量上升量的代数和。

$$CFSE = n_1\Delta_o \times \frac{6}{10} - n_2\Delta_o \times \frac{4}{10} + (m_2 - m_1)E_p \qquad (7\text{-}2)$$

式中　n_1——排布在高能轨道 d_γ（在八面体配合物中为 e_g 轨道）上的 d 电子数；

n_2——排布在低能轨道 d_ε（在八面体配合物中为 t_{2g} 轨道）上的 d 电子数；

m_1——d 轨道发生分裂前，中心离子的成对 d 电子的对数；

m_2——d 轨道发生分裂后，中心离子的成对 d 电子重排后的对数。

对于四面体配合物：

$$CFSE = n_1\Delta_t \times \frac{4}{10} - n_2\Delta_t \times \frac{6}{10} + (m_2 - m_1)E_p$$

式中　n_1——排布在高能轨道 d_γ（在四面体配合物中为 t_{2g} 轨道）上的 d 电子数；

n_2——排布在低能轨道 d_ε（在四面体配合物中为 e_g 轨道）上的 d 电子数。

Fe^{2+} 有 6 个电子，见图 7-19(a)。在弱八面体场 $[Fe(H_2O)_6]^{2+}$ 中，因为 $\Delta_o < E_p$ 而采取高自旋结构，如图 7-19(b) 所示。由于 d 轨道发生分裂前后，成对的 d 电子对都是 1 对，所以相应的晶体场稳定能为：

$$CFSE = 2\Delta_o \times \frac{6}{10} - 4\Delta_o \times \frac{4}{10} + (1-1)E_p = 2 \times 6Dq - 4 \times 4Dq = -4Dq$$

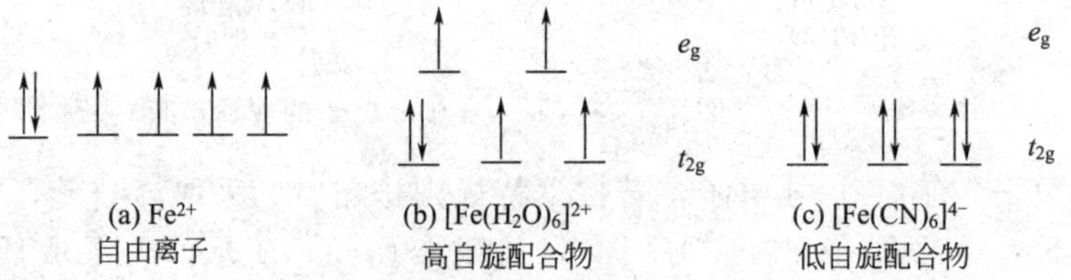

(a) Fe^{2+}
自由离子

(b) $[Fe(H_2O)_6]^{2+}$
高自旋配合物

(c) $[Fe(CN)_6]^{4-}$
低自旋配合物

图 7-19　Fe^{2+} 的高自旋和低自旋配合物 d 电子排布

如果 Fe^{2+} 在强八面体场 $[Fe(CN)_6]^{4-}$ 中，因 $\Delta_o > E_p$ 而采取低自旋结构，如图 7-19(c) 所示。此时有三对成对电子，比它在自由离子状态时多两对成对电子，所以相应的晶体场稳定化能：

$$CFSE = 6 \times 0Dq - 4 \times 6Dq + (3-1)E_p = -24Dq + 2E_p$$

在此情况下，因为 $E_p < \Delta_o$（即 10Dq），低自旋的 CFSE $< -4Dq$，比高自旋的 CFSE 还要低，应采取低自旋。

晶体场稳定化能与中心离子的 d 电子数目有关，也与晶体场的强弱有关，此外还与配合物的空间构型有关。在相同条件下晶体场稳定化能越小，形成配合物后，体系的总能量下降得越多，配合物越稳定。

（7）晶体场理论的应用

因为分裂能 Δ_o 和电子成对能 E_p 可通过光谱实验数据求得，故能推测中心离子的电子排布及自旋状态和磁性。例如 $[Cr(H_2O)_6]^{2+}$，测得其 $\Delta_o=13876cm^{-1}$，$E_p=27835cm^{-1}$。因为 $\Delta_o<E_p$，可推知中心离子 Cr^{2+} 的 d 电子处于高自旋状态，d 电子排布如图 7-20 所示。

由图可见，未成对电子 4 个。若再应用价键理论结果，根据 μ 与 n 的关系，还可推算 $[Cr(H_2O)_6]^{2+}$ 的磁矩为 $4.90\mu_B$。

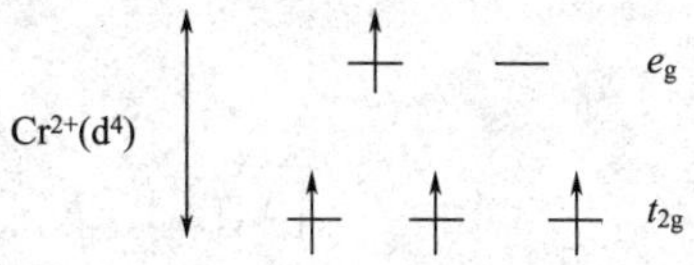

图 7-20　Cr^{2+} 高自旋 d 电子排布

晶体场理论能较好地解释配合物的颜色。配合物具有颜色是因为中心离子 d 轨道上电子没有充满，d 轨道在晶体场作用下发生了能级分裂后，d 电子就有可能从较低能级的轨道向较高能级的轨道发生 d-d 跃迁，此跃迁所需要的能量就是轨道的分裂能 Δ_o。这个能量可由光提供。d 电子吸收光能发生 d-d 跃迁，若光在可见光波长范围内，配合物就有了人们肉眼可观察到的颜色。被吸收的光波长不同，配合物显现不同的颜色。波长过短即分裂能 Δ 值过大，在可见光波长范围以外，配合物就显示不出颜色来。但吸收仍然存在，需要通过仪器才能观察得到。

如果中心离子轨道上全空（d^0）或全满（d^{10}），不可能发生上面所讨论的那种 d-d 跃迁，其水合离子是无色的，如 $[Sc(H_2O)_6]^{3+}$、$[Zn(H_2O)_6]^{2+}$ 等。

例如，$[Ti(H_2O)_6]^{3+}$ 的最大吸收波长在 490nm 处，吸收最少的是紫色以及红色成分，所以它呈现与蓝绿光相应的互补色紫红色。

另外，根据晶体场稳定化能还能解释过渡金属离子 M^{2+} 与相同配体所生成配合物稳定性的相对强弱。例如，在正八面体场中，晶体场稳定化能的大小次序为：

$$d^1<d^2<d^3<d^4>d^5<d^6<d^7<d^8>d^9>d^{10}$$

这个次序和 M^{2+} 配合物稳定性的次序基本上相符。即

$$d^1<d^2<d^3\geqslant d^4>d^5<d^6<d^7<d^8<d^9>d^{10}$$

晶体场理论比较满意地解释了配合物的构型、稳定性、自旋状态、磁性、颜色等方面的问题。因而从 20 世纪 50 年代以来，有了很大的发展。然而它也有一些明显的不足之处。

它假设配体是点电荷或偶极子，把配体与中心离子之间的相互作用完全作为静电作用来处理；假定配体电子不进入中心离子的轨道，而且中心离子的 d 电子也不进入配体的轨道，所成配位键完全具有离子键的性质。

实际上，中心离子的电子轨道和配体的电子轨道或多或少地会发生重叠，在中心离子和配体之间化学键既有离子键成分，也有共价键成分。

另外，它不能圆满地解释配合物的光谱化学序列，如为什么 NH_3 分子的场强比卤素阴离子强？为什么 CN^- 及 CO 配体场强最强？此外，难以解释中性分子配合物 $Ni(CO)_4$、$Fe(CO)_5$ 以及某些复杂配合物的形成机理与特性。

有的化学家在晶体场理论的基础上，吸收了分子轨道理论的优点，并考虑了中心离子与配体之间的化学键的共价成分，提出了配合物的分子轨道理论，此处不作介绍。

7.3　配合物在溶液中的离解平衡

7.3.1　配合物的平衡常数

金属离子 M 能与配位剂 L 逐步形成 ML、ML_2、…、ML_n 型配合物。其形成过程和相

应的逐级稳定常数为：

$$M+L \Longrightarrow ML \qquad K_1 = \frac{[ML]}{[M][L]}$$

$$[ML] = K_1[M][L] = \beta_1[M][L] \tag{7-3}$$

$$\beta_1 = K_1 \tag{7-4}$$

$$ML+L \Longrightarrow ML_2 \qquad K_2 = \frac{[ML_2]}{[ML][L]}$$

$$[ML_2] = K_2[ML][L] = K_1K_2[M][L]^2 = \beta_2[M][L]^2 \tag{7-5}$$

$$\beta_2 = K_1K_2 \tag{7-6}$$

$$\vdots \qquad\qquad\qquad \vdots$$

$$ML_{n-1}+L \Longrightarrow ML_n \qquad K_n = \frac{[ML_n]}{[ML_{n-1}][L]}$$

$$[ML_n] = K_n[ML_{n-1}][L] = K_1K_2\cdots K_n[M][L]^n = \beta_n[M][L]^n \tag{7-7}$$

$$\beta_n = K_1K_2\cdots K_n \tag{7-8}$$

式中，K_1、K_2、$\cdots$、K_n 称作配合物的逐级稳定常数；β_1、β_2、$\cdots$、β_n 称作配合物的各级累积稳定常数，β_n 称作配合物的总稳定常数。

过去的一些教科书按照多元酸的离解过程模拟配合物 ML_n 的离解。如果从配合物的离解来考虑，其离解平衡常数称为离解常数，过去曾称其为配合物的不稳定常数。如 ML_n 的离解：

$$ML_n \Longrightarrow ML_{n-1}+L \qquad K_1^* = \frac{[ML_{n-1}][L]}{[ML_n]} \tag{7-9}$$

K_1^* 称作配合物的一级不稳定常数，显而易见

$$K_1^* = \frac{1}{K_n} \tag{7-10}$$

$$ML_{n-1} \Longrightarrow ML_{n-2}+L \qquad K_2^* = \frac{[ML_{n-2}][L]}{[ML_{n-1}]} = \frac{1}{K_{n-1}} \tag{7-11}$$

$$\vdots \qquad\qquad\qquad \vdots$$

$$ML \Longrightarrow M+L \qquad K_n^* = \frac{[M][L]}{[ML]} = \frac{1}{K_1} \tag{7-12}$$

采用配合物不稳定常数 K^* 的概念，可将配合物 ML_n 视作 n 元酸 H_nA，配体 L 相当于 H_nA 中的 H。

7.3.2　配位平衡中的有关计算

由于金属离子的配合物 ML_n 存在逐级配合现象，在同一溶液中，金属离子有 $(n+1)$ 种存在形式 M、ML、ML_2、$\cdots$、ML_n。各存在形式的浓度也依条件而变化。

若金属离子配合物 ML_n 溶液中金属离子各种存在形式的总浓度为 c_M，c_M 称为分析浓度。根据物质守恒原理：

$$c_M = [M]+[ML]+[ML_2]+\cdots+[ML_n] \tag{7-13}$$

将式(7-3)～式(7-8) 代入

$$c_M = [M](1+\beta_1[L]+\beta_2[L]^2+\cdots+\beta_n[L]^n) \tag{7-14}$$

β_1，$\cdots$，β_n 为配合物 ML_n 的各级累计稳定常数。

令 $[M]/c_M = \delta_0(M)$，称为 M 组分的分布系数。

以此类推，有

$$\delta_1(ML) = \frac{\beta_1[L]}{1+\beta_1[L]+\beta_2[L]^2+\cdots+\beta_n[L]^n} \tag{7-15}$$

$$\delta_i(\mathrm{ML}_i) = \frac{\beta_i[\mathrm{L}]^i}{1 + \beta_1[\mathrm{L}] + \beta_2[\mathrm{L}]^2 + \cdots + \beta_n[\mathrm{L}]^n} \tag{7-16}$$

由式(7-16) 可见，配合物各种存在形式的分布系数只是溶液中游离配位体 L 的浓度的函数，而与 M 总浓度 c_M 无关。这与多元酸的各种存在形式的分布系数只是 $[\mathrm{H}^+]$ 的函数相似。根据式(7-16)，只要知道各级累积稳定常数值，就可以计算出不同游离配位体 L 的浓度下，各存在形式的分布系数 δ_i 值。

7.3.3 影响配位平衡的主要因素

金属离子 M 与配位剂 L 生成系列配合物 ML、ML_2、…、ML_n，反应物金属离子 M、配位剂 L 以及系列配合物 ML、ML_2、…、ML_n 都可能与体系中其他组分发生副反应，使配合物的平衡反应发生移动。其中反应物金属离子 M 及配位剂 L 若与其他组分存在副反应，将使反应物金属离子 M、配位剂 L 的浓度减小，化学反应反向移动。而生成物存在各种副产物，生成物浓度减小，反应正向移动。

(1) 金属离子的副反应

① 共存配位剂效应

金属离子的副反应包括金属离子与共存的其他配位剂 Q 反应生成其他配合物 MQ_j，金属离子在一定 pH 以上水解为 $\mathrm{M(OH)}_x$。金属离子副反应的大小可用金属离子副反应系数 α_M 来表示。

副反应系数 α_M 定义：所有未与主配位剂 L 配合的金属离子的总浓度 $[\mathrm{M}']$ 与游离金属离子浓度 $[\mathrm{M}]$ 之比，即

$$\alpha_\mathrm{M} = \frac{[\mathrm{M}']}{[\mathrm{M}]} \tag{7-17}$$

金属离子 M 与共存的其他配位剂 Q 反应生成一系列配合物 MQ、MQ_2、…、MQ_i，它产生的影响称为配位效应；Q 对 M 的副反应系数用 $\alpha_{\mathrm{M(Q)}}$ 表示，显而易见：

$$\alpha_{\mathrm{M(Q)}} = \frac{[\mathrm{M}] + [\mathrm{MQ}] + \cdots + [\mathrm{MQ}_n]}{[\mathrm{M}]} \tag{7-18}$$

$$= 1 + \omega_1[\mathrm{Q}] + \omega_2[\mathrm{Q}]^2 + \cdots + \omega_j[\mathrm{Q}]^j \tag{7-19}$$

式中，ω_1、ω_2、…、ω_j 为 M 与 Q 配合反应的各级累积平衡常数。

② 水解效应

有些金属离子在水中与 OH^- 反应，生成各种羟基配离子。如 Fe^{3+} 在水溶液中能生成 $[\mathrm{Fe(OH)}]^{2+}$、$[\mathrm{Fe(OH)}_2]^+$ 等羟基配离子。由 OH^- 与金属离子形成羟基配合物所引起的副反应所产生的影响，称作金属离子的水解效应。其副反应系数用 $\alpha_{\mathrm{M(OH)}}$ 表示：

$$\alpha_{\mathrm{M(OH)}} = \frac{[\mathrm{M}] + [\mathrm{MOH}] + \cdots + [\mathrm{M(OH)}_n]}{[\mathrm{M}]}$$

$$= 1 + \lambda_1[\mathrm{OH}^-] + \lambda_2[\mathrm{OH}^-]^2 + \cdots + \lambda_k[\mathrm{OH}^-]^k \tag{7-20}$$

式中，λ_1、λ_2、…、λ_k 为 M 与 OH^- 反应的各级累积平衡常数。

当 M 既与 Q 又与 OH^- 发生副反应，α_M 应包括 $\alpha_{\mathrm{M(Q)}}$ 和 $\alpha_{\mathrm{M(OH)}}$，即 M 总副反应系数 α_M 为：

$$\alpha_\mathrm{M} = \frac{[\mathrm{M}']}{[\mathrm{M}]} = \frac{[\mathrm{M}] + [\mathrm{MQ}] + \cdots + [\mathrm{MQ}_n] + [\mathrm{M(OH)}] + \cdots + [\mathrm{M(OH)}_n]}{[\mathrm{M}]} \tag{7-21}$$

$$\alpha_\mathrm{M} = \alpha_{\mathrm{M(Q)}} + \alpha_{\mathrm{M(OH)}} - 1 \tag{7-22}$$

(2) 配位剂 L 的副反应

① 酸效应

由于配位剂 L 要提供孤电子对，所以，它们大多数是由多元酸（设为 p 元酸）离解后

生成的酸根（碱）。配位剂除了可以和金属离子形成配合物外，它们还可以得到 H^+。H^+ 与金属离子产生了竞争反应。由于 H^+ 与 L 之间发生副反应，使得配位剂 L 参加主反应的能力下降，H^+ 对配位剂配位能力的影响称为酸效应。酸效应的大小用酸副反系数又称作酸效应系数 $\alpha_{L(H)}$ 来衡量。

H^+ 对配位剂 L 的酸效应系数 $\alpha_{L(H)}$ 定义：未参加与 M 的配位反应的配位剂 L 的总浓度 $[L']$ 与游离 L 的浓度 $[L]$ 之比，即

$$\alpha_{L(H)} = \frac{[L']}{[L]} = ([L] + [HL] + [H_2L] + \cdots + [H_pL]) / [L]$$
$$= 1 + \xi_1[H^+] + \xi_2[H^+]^2 + \cdots + \xi_p[H^+]^p \tag{7-23}$$

式中，ξ_1、ξ_2、$\cdots$、ξ_p 为配位剂 L 的各级累积质子化常数。

对于配位剂 L 的分子状态的 p 元酸 H_pL 有各级离解常数 K_{a1}、K_{a2}、$\cdots$、K_{ap}，由式(7-9)~式(7-12) 可知：

$$\xi_1 = \frac{1}{K_{ap}} \tag{7-24}$$

$$\xi_2 = \frac{1}{K_{ap}K_{a(p-1)}} \tag{7-25}$$

$$\xi_p = \frac{1}{K_{ap}K_{a(p-1)}\cdots K_{a2}K_{a1}} \tag{7-26}$$

由式(7-23) 可知，溶液酸度即 $[H^+]$ 越大，配位剂 L 的酸效应系数 $\alpha_{L(H)}$ 越大；$\alpha_{L(H)}$ 值越大，表示酸效应引起的副反应越严重，即能与 M 配位的 L 的有效浓度越小。若氢离子与 L 之间没有发生副反应，即未参加配位反应的 L 全部以游离形式存在，则 $\alpha_{L(H)} = 1$。

$\alpha_{L(H)}$ 可以用式(7-23) 计算，但对于常用的配位剂也可以将计算结果列成表，以方便查用。乙二胺四乙酸 EDTA 是常用的配位剂，可简写成 H_4Y。酸效应系数可写成 $\alpha_{Y(H)}$。在不同 pH 下酸效应系数 $\alpha_{Y(H)}$ 的值列于表 7-2。

表 7-2 EDTA 在不同 pH 时酸效应系数的对数值 $\lg\alpha_{Y(H)}$

pH	$\lg\alpha_{Y(H)}$	pH	$\lg\alpha_{Y(H)}$	pH	$\lg\alpha_{Y(H)}$	pH	$\lg\alpha_{Y(H)}$
0.0	23.64	4.0	8.44	7.0	3.32	11.0	0.07
1.0	18.01	5.0	6.45	8.0	2.27	12.0	0.01
2.0	13.51	6.0	4.65	9.0	1.28	13.0	0.00
3.0	10.60			10.0	0.45		

② 共存金属离子效应

若溶液中除参与反应的金属离子 M 外，还存在其他金属离子 N，N 也与 L 发生反应，这也会影响主反应的进行。金属离子对配位剂的配位能力的影响称为金属离子效应。金属离子效应的大小用金属离子副反系数 $\alpha_{L(N)}$ 来衡量。$\alpha_{L(N)}$ 定义：所有未与主金属离子配合的 L 的总浓度 $[L']$ 与游离配体 $[L]$ 之比，即

$$\alpha_{L(N)} = \frac{[L']}{[L]} = \frac{[L] + [NL] + [NL_1] + \cdots [NL_n]}{[L]} = 1 + \beta_1[N] + \beta_2[N]^2 + \cdots + \beta_n[N]^n \tag{7-27}$$

上式中，β_1、β_2、$\cdots$、β_n 为金属离子 N 与配位剂 L 形成配合物的各级累积稳定常数。

若两种副反应同时存在，配位剂 L 总副反应系数

$$\alpha_L = \alpha_{L(H)} + \alpha_{L(N)} - 1 \tag{7-28}$$

若反应体系中有 e 个其他金属离子 N_1、N_2、$\cdots$、N_e，配位剂 L 总副反应系数：

$$\alpha_L = \alpha_{L(H)} + \alpha_{L(N1)} + \cdots + \alpha_{L(Ne)} - e \tag{7-29}$$

(3) 配合物 ML 的副反应

当溶液的酸度较高时，H^+ 可与 ML 生成酸式配合物 MHL：

$$ML + H^+ \rightleftharpoons MHL \qquad K_{MHL} = \frac{[MHL]}{[ML][H^+]}$$

其副反应系数：

$$\alpha_{ML(H)} = \frac{[ML']}{[ML]} = \frac{[ML] + [MHL]}{[ML]} = 1 + [H^+] K_{MHL}^H \tag{7-30}$$

式中，K_{MHL}^H 表示 H^+ 与 ML 形成 MHL 的反应的形成常数。

同样，当溶液碱度较高时，OH^- 与 ML 发生副反应，形成碱式配合物 M(OH)L，其副反应系数为：

$$\alpha_{ML(OH)} = 1 + K_{M(OH)L}^{OH} [OH^-] \tag{7-31}$$

式中，$K_{M(OH)L}^{OH}$ 表示 OH^- 与 ML 形成 M(OH)L 反应的形成常数。一般上述两种配合物不太稳定，因此计算中常可忽略，即 $\alpha_{ML(H)}$ 或 $\alpha_{ML(OH)} \approx 1$。所以 $c_{ML} \approx [ML]$。上述效应总的称为生成物的配位效应和酸碱效应。

7.3.4 配合物的表观稳定常数

若金属离子 M 与配位剂 L 只生成一种配合物 ML，且溶液中没有副反应存在，可用各级稳定常数 $K_稳$ 来衡量配位反应进行的程度。但是，实际情况是比较复杂的。除主反应外，还有酸效应、配位效应、共存金离子效应、共存配位剂效应等副反应发生，使溶液中的金属离子 M 和配位剂 L 参加主反应的有效浓度降低。当达到平衡时，溶液中：

$$[M] = \frac{[M']}{\alpha_M} \tag{7-32}$$

$$[L] = \frac{[L']}{\alpha_L} \tag{7-33}$$

$$[ML] = \frac{[ML']}{\alpha_{ML}} \tag{7-34}$$

将式(7-32)~式(7-34)代入式(7-3)：

$$K_{ML} = \frac{[ML]}{[M][L]} = \frac{[ML'] \alpha_M \alpha_L}{[M'][L'] \alpha_{ML}}$$

$$= \frac{\alpha_M \alpha_L}{\alpha_{ML}} \frac{[ML']}{[M'][L']} \tag{7-35}$$

令

$$K'_{ML} = \frac{[ML']}{[M'][L']} \tag{7-36}$$

式中，K'_{ML} 称为配合物 ML 的表观稳定常数或条件稳定常数；$[M']$、$[L']$ 分别为未参加主反应的 M 和 L 的总浓度，即表观浓度；$[ML']$ 为溶液中 ML、MHL 和 M(OH)L 的浓度之和。

大多数配位反应都会伴有副反应，因此，用无副反应的 K_{ML} 评价配位反应进行的程度就无现实意义。针对不同的实验条件，可通过 7.3.3 的相关计算，得到不同的 α_M、α_L、α_{ML} 和 K'_{ML}，K'_{ML} 值的大小说明 ML 配合物在实验条件下的稳定程度，因此，用 $\lg K'_{ML}$ 作为判断配合物在此实验条件下稳定性的判据完全符合实际情况。

对式(7-35)两边均取常用对数得：

$$\lg K'_{ML} = \lg K_{ML} + \lg \alpha_{ML} - \lg \alpha_M - \lg \alpha_L \tag{7-37}$$

在多数情况下酸式或碱式配合物不稳定，可忽略，即 $\lg \alpha_{ML} \approx 0$，故上式可简化为：

$$\lg K'_{ML} = \lg K_{ML} - \lg \alpha_M - \lg \alpha_L \tag{7-38}$$

当溶液中无其他金属离子和其他配位剂，酸度又高于金属离子的水解酸度，此条件下，只存在 L 的酸效应，故式（7-37）可进一步简化为：

$$\lg K'_{ML} = \lg K_{ML} - \lg \alpha_{L(H)} \tag{7-39}$$

【例 7-2】 已知配离子 $[Zn(NH_3)_4]^{2+}$ 的各级累积稳定常数为：$\beta_1 = 10^{2.27}$、$\beta_2 = 10^{4.61}$、$\beta_3 = 10^{7.01}$、$\beta_4 = 10^{9.06}$；在 Zn 的总浓度 $c_{Zn} = 0.010 \text{mol} \cdot L^{-1}$ 的 Zn^{2+} 溶液中，加入 pH $= 11$ 的氨缓冲溶液，使溶液中游离氨的浓度 $[NH_3] = 0.10 \text{mol} \cdot L^{-1}$。计算溶液中游离的 Zn^{2+} 浓度 $[Zn^{2+}]$。已知 pH $= 11$ 时，$\lg \alpha_{Zn(OH)} = 5.40$。

解
$$\alpha_{Zn(NH_3)} = 1 + \beta_1[NH_3] + \beta_2[NH_3]^2 + \beta_3[NH_3]^3 + \beta_4[NH_3]^4$$
$$= 1 + 10^{2.27} \times 0.10 + 10^{4.61} \times 0.10^2 + 10^{7.01} \times 0.10^3 + 10^{9.06} \times 0.10^4$$
$$= 10^{5.10}$$

所以
$$\alpha_{Zn} = \alpha_{Zn(NH_3)} + \alpha_{Zn(OH)} - 1 = 10^{5.10} + 10^{5.40} - 1 = 10^{5.60}$$

$$[Zn^{2+}] = \frac{c_{Zn}}{\alpha_{Zn}} = \frac{0.010}{10^{5.60}} = 2.5 \times 10^{-8} \text{mol} \cdot L^{-1}$$

【例 7-3】 在 $0.10 \text{mol} \cdot L^{-1}$ 的 $[AlF_6]^{3-}$ 溶液中，游离 $[F^-] = 0.010 \text{mol} \cdot L^{-1}$，溶液 pH $= 5.00$。计算 Al-EDTA（简写成 AlY）的条件稳定常数。已知 pH $= 5.00$ 时，$\lg \alpha_{Al(OH)} = 0.4$。

解 查附录 4 知 $[AlF_6]^{3-}$ 的各级累积稳定常数分别为：$\beta_1 = 10^{6.13}$、$\beta_2 = 10^{11.15}$、$\beta_3 = 10^{15.00}$、$\beta_4 = 10^{17.75}$、$\beta_5 = 10^{19.39}$、$\beta_6 = 10^{19.84}$，则

$$\alpha_{Al(F)} = 1 + \beta_1[F^-] + \beta_2[F^-]^2 + \beta_3[F^-]^3 + \beta_4[F^-]^4 + \beta_5[F^-]^5 + \beta_6[F^-]^6$$
$$= 1 + 10^{4.13} + 10^{7.15} + 10^{9.00} + 10^{9.75} + 10^{9.39} + 10^{7.84} = 8.9 \times 10^9$$

查表 7-2，pH $= 5.00$ 时，$\lg \alpha_{Y(H)} = 6.45$，则

$$\alpha_{Al} = \alpha_{Al(F)} + \alpha_{Al(OH)} - 1 = 8.9 \times 10^9 + 10^{0.4} = 8.9 \times 10^9$$

查表 7-4，$\lg K_{AlY} = 16.3$，则

$$\lg K'_{AlY} = \lg K_{AlY} - \lg \alpha_{Al} - \lg \alpha_{Y(H)} = 16.3 - 9.95 - 6.45 = -0.1$$

计算说明 AlY 在此条件下很不稳定，基本上不会形成 AlY 配合物，以 $[AlF_6]^{3-}$ 为主。

7.4 配合物的分析应用——配位滴定法

7.4.1 配位滴定法概述

以形成配位化合物反应为基础的滴定分析方法，称为配位滴定法。

作为滴定用的配位剂可分为无机配位剂和有机配位剂两类。能形成配合物的无机配位剂和有机配位剂很多，但能用于配位滴定的却很少。这是由于它们中的大多数不符合滴定反应的要求，原因如下。

① 大多数无机配合物的稳定常数不大，不能满足反应率＞99.9％要求。

② 金属离子与配位剂存在逐级配位现象，产物不唯一，因而不能定量反应。如 Cd^{2+} 与 CN^- 配合反应，可生成 $[Cd(CN)]^+$、$[Cd(CN)_2]$、$[Cd(CN)_3]^-$、$[Cd(CN)_4]^{2-}$ 四种配合物，它们的稳定常数分别为 $10^{5.48}$、$10^{5.14}$、$10^{4.56}$、$10^{3.58}$。由于各级配合物的稳定常数相差很小，反应条件难以控制只生成一种形式的配合物。

无机配位剂用于滴定分析的比较少，目前还在使用的有银量法和汞量法。例如，用 $AgNO_3$ 溶液来滴定 CN^- 时，其反应如下：

$$Ag^+ + 2CN^- \Longrightarrow [Ag(CN)_2]^- \tag{7-40}$$

滴定到达化学计量点时，过量 Ag^+ 就与 $[Ag(CN)_2]^-$ 反应生成白色的 $Ag[Ag(CN)_2]$

沉淀，指示终点的到达。终点时的反应为：

$$[Ag(CN)_2]^- + Ag^+ \Longrightarrow Ag[Ag(CN)_2] \downarrow \tag{7-41}$$

在配位滴定分析中，绝大多数都是有机配位剂，常用的是氨羧基配位剂，它们是一类含有氨基二乙酸基团的有机化合物。

有机胺中的氮易与 Co、Zn、Cu、Ni、Cd、Hg 等金属离子配位；羧氧基中的氧几乎能与一切高价金属离子配位。胺羧配位剂既有氨基又有羧基，所以几乎能与所有金属离子配位。在胺羧配位剂中用得最多的是乙二氨四乙酸，简称 EDTA，为简便计，用 H_4Y 表示其分子式（分子结构式见图 7-3）。

用 EDTA 标准溶液可以滴定几十种金属离子，这种配位滴定法又称 EDTA 滴定法。通常所谓的配位滴定法主要是指 EDTA 滴定法。

7.4.2　EDTA 的性质及其配合物

EDTA 在水中的溶解度很小，22℃时，100mL 水中仅能溶解 0.02g，故常用它的二钠盐 $Na_2H_2Y \cdot 2H_2O$。一般也简称 EDTA。Na_2H_2Y 的溶解度较大，22℃时，100mL 水中能溶解 11.1g，饱和水溶液的浓度约为 $0.3 mol \cdot L^{-1}$。

EDTA 具有双偶极离子结构，在酸性很强的溶液中形成 H_6Y^{2+}，可视作一个六元酸。它有六级离解：

$$H_6Y^{2+} \Longrightarrow H_5Y^+ + H^+ \qquad K_{a1} = \frac{[H^+][H_5Y^+]}{[H_6Y^{2+}]} = 10^{-0.9} \tag{7-42}$$

$$H_5Y^+ \Longrightarrow H_4Y + H^+ \qquad K_{a2} = \frac{[H^+][H_4Y]}{[H_5Y^+]} = 10^{-1.60} \tag{7-43}$$

$$H_4Y \Longrightarrow H_3Y^- + H^+ \qquad K_{a3} = \frac{[H^+][H_3Y^-]}{[H_4Y]} = 10^{-2.0} \tag{7-44}$$

$$H_3Y^- \Longrightarrow H_2Y^{2-} + H^+ \qquad K_{a4} = \frac{[H^+][H_2Y^{2-}]}{[H_3Y^-]} = 10^{-2.67} \tag{7-45}$$

$$H_2Y^{2-} \Longrightarrow HY^{3-} + H^+ \qquad K_{a5} = \frac{[H^+][HY^{3-}]}{[H_2Y^{2-}]} = 10^{-6.16} \tag{7-46}$$

$$HY^{3-} \Longrightarrow Y^{4-} + H^+ \qquad K_{a6} = \frac{[H^+][Y^{4-}]}{[HY^{3-}]} = 10^{-10.26} \tag{7-47}$$

在水溶液中，EDTA 以 H_6Y^{2+}、H_5Y^+、H_4Y、H_3Y^-、H_2Y^{2-}、HY^{3-} 和 Y^{4-} 等 7 种形式存在。它们的分布系数仅是溶液 pH 值的函数，其关系如图 7-21 所示。

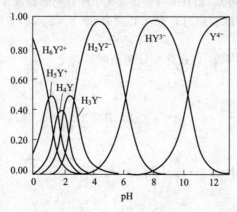

图 7-21　EDTA 的各种存在形式分布系数-pH 关系图

从图 7-21 可以看出，在不同 pH 值溶液中时，EDTA 的主要存在形式是不一样的，当

$pH \geqslant 12.0$ 时，EDTA 将全部以 Y^{4-} 的形式存在，即 $\lg \alpha_{Y(H)} = 0$，如表 7-3 所示。

表 7-3　pH 不同的溶液中 EDTA 的主要存在形式

pH 范围	<1.0	1~1.6	1.6~2.0	2.0~2.67	2.67~6.16	6.16~10.26	≥12
主要存在形式	H_6Y^{2+}	H_5Y^+	H_4Y	H_3Y^-	H_2Y^{2-}	HY^{3-}	Y^{4-}

在 EDTA 与金属离子形成的配合物中，以 Y^{4-} 与金属离子形成的配合物最为稳定。所以说 EDTA 与金属离子的配合物就是指 Y^{4-} 与金属离子形成的配合物。为了表达简单，Y^{4-} 一律简写为 Y。因此，溶液的酸度就成为影响金属-EDTA 配合物稳定性的一个重要条件。

如 7.1.3 和 7.4.1 中所述，EDTA 是胺羧基配位剂，几乎能与所有金属离子形成稳定的螯合物，而且配比一般为 1:1。其配合物稳定常数的对数值如表 7-4 所示。

表 7-4　EDTA 与金属离子配合物稳定常数的对数值 $\lg K_{ML}$

Ag^+	Al^{3+}	Ba^{2+}	Be^{2+}	Bi^{3+}	Ca^{2+}	Ce^{3+}	Cd^{2+}	Co^{2+}	Co^{3+}
7.32	16.3	7.86	9.30	27.94	10.69	15.98	16.46	16.31	36.0
Cr^{3+}	Cu^{2+}	Fe^{2+}	Fe^{3+}	Hg^{2+}	La^{3+}	Mg^{2+}	Mn^{2+}	Na^+	Ni^{2+}
23.4	18.8	14.33	25.1	21.8	15.5	8.69	13.87	1.66	18.6
Pb^{2+}	Pt^{3+}	Sn^{2+}	Sr^{2+}	Th^{4+}	Ti^{3+}	TiO^{2+}	UO_2^{2+}	U^{4+}	VO_2^+
18.04	16.4	22.1	8.73	23.2	21.3	17.3	10	25.8	18.1

从表 7-4 可以看到：EDTA 配合物稳定常数的表观规律为：

① 碱金属配合物的稳定常数一般都很小，如 Na^+ 的 $\lg K_{NaY}$ 只有 1.66；

② 离子电荷相等的副族元素配合物的稳定常数比主族元素配合物的稳定常数大，如 $\lg K_{CuY} > \lg K_{CaY}$、$\lg K_{Co^{3+}Y} > \lg K_{BiY}$ 等；

③ 同一个元素，离子电荷数越多，配合物的稳定常数越大，如 $\lg K_{Co^{3+}Y} > \lg K_{Co^{2+}Y}$、$\lg K_{Fe^{3+}Y} > \lg K_{Fe^{2+}Y}$ 等。

7.4.3　配位滴定分析中的配位反应

第 6 章已述，滴定分析必须解决四大问题。配位滴定分析法当然也不能例外。

(1) EDTA 与金属离子配合反应

① EDTA 滴定金属离子的必要条件

EDTA 与大多数金属离子都可形成 1:1 配合物，克服了许多不适合进行配位滴定的配位剂会生成多种形式的配合物的缺点。EDTA 与各金属离子配合物的稳定常数 K_{ML} 如表 7-4 所列。

在配位滴定中，在化学计量点时，要求必须有 99.9% 的 M 与 EDTA 形成配合物：

$$M + Y \Longrightarrow MY$$

若 M 和 Y 的起始浓度均为 c，在化学计量点时：

$$[MY] = \frac{0.999c}{2} \approx \frac{c}{2}$$

$$[Y] = [M] = \frac{0.001c}{2}$$

$$K_{MY} = \frac{[MY]}{[M][Y]} \geqslant \frac{\dfrac{c}{2}}{\left(\dfrac{0.001c}{2}\right)^2} = \frac{2 \times 10^6}{c}$$

$$c_M K_{MY} \geqslant 2 \times 10^6$$

$$\lg(c_M K_{MY}) \geqslant 6.3 \approx 6 \tag{7-48}$$

式 (7-48) 是在没有任何副反应情况下，可用 EDTA 滴定金属离子的必要条件。

若允许的滴定误差为 0.3%，在化学计量点时：

$$[MY] = \frac{0.997c}{2} \approx \frac{c}{2}$$

$$[Y] = [M] = \frac{0.003c}{2}$$

$$K_{MY} = \frac{[MY]}{[M][Y]} \geqslant \frac{\frac{c}{2}}{\left(\frac{0.003c}{2}\right)^2} = \frac{2.2 \times 10^5}{c}$$

$$\lg(c_M K_{MY}) \geqslant 5.3 \approx 5 \tag{7-49}$$

如 7.4.2 中所述，若实验中有各种副反应存在，则用条件稳定常数 K'_{MY} 取代 K_{MY}。
即

$$\lg(c_M K'_{MY}) \geqslant 6 \tag{7-50}$$

式 (7-49) 便是任何实验条件下，用 EDTA 滴定金属离子的必要条件。

② 配位滴定中酸度的控制

如 ① 所述，EDTA 准确滴定单一金属离子的条件是 $\lg(cK'_{MY}) \geqslant 6$。若在配位滴定中，除了 EDTA 的酸效应之外没有其他副反应，由式 (7-39) 可知：

$$\lg K'_{MY} = \lg K_{MY} - \lg \alpha_{Y(H)}$$

$$\lg(cK'_{MY}) = \lg c + \lg K'_{MY} = \lg K_{MY} + \lg c - \lg \alpha_{Y(H)} \geqslant 6$$

$$\lg \alpha_{Y(H)} \leqslant \lg(cK_{MY}) - 6 \tag{7-51}$$

因此，对溶液的酸度要有一定的控制，酸度高于 $\alpha_{Y(H)}$ 所对应的酸度，就不能进行准确滴定，这一限度就是配位滴定所允许的最高酸度（最低 pH 值）。

由式 (7-51) 先算出各种金属离子的 $\lg \alpha_{Y(H)}$ 最大值，再由表 7-2 查出对应的 pH 值，这个值即为滴定某一金属离子的最低 pH 值。

通常也可将金属离子的 $\lg K_{MY}$ 值与允许的最小 pH 值 ［或对应的 $\lg \alpha_{Y(H)}$ 与最小 pH 值］的关系绘成曲线，这条曲线称为酸效应曲线或林邦曲线，如图 7-22 所示。图中金属离子位置所对应的 pH 值，就是滴定这种金属离子时所允许的最小 pH 值。

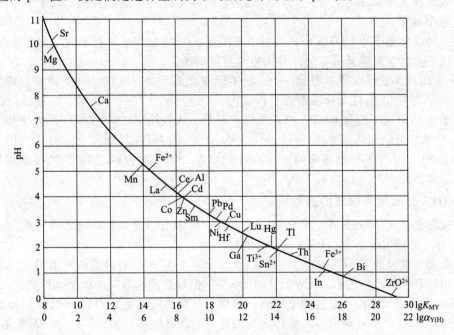

图 7-22　EDTA 的酸效应曲线

169

【例 7-4】 用 $0.010mol \cdot L^{-1}$ 的 EDTA 滴定 $0.010mol \cdot L^{-1}$ 的 Fe^{3+} 溶液时的最高酸度和最低酸度。已知 $\lg K_{FeY} = 25.1$，$K_{sp}[Fe(OH)_3] = 3.5 \times 10^{-38}$。

解 由式（7-51）可知：

$$\lg \alpha_{Y(H)} \leqslant \lg cK_{MY} - 6 = 25.1 - 2 - 6 = 17.1$$

查表 7-2 知 pH=1.0 时，$\lg \alpha_{Y(H)} = 18.1$；pH=2.0 时，$\lg \alpha_{Y(H)} = 13.51$。用插值法可求得：

$$18.1 - \frac{n(18.1 - 13.51)}{10} = 17.1 \qquad n = 2.18$$

$$pH \geqslant 1.0 + 0.1n = 1.22$$

查林邦曲线也可得相同结论。

为了不使 Fe^{3+} 形成 $Fe(OH)_3$ 沉淀，最高 pH 由 $K_{sp}[Fe(OH)_3]$ 决定。即

$$[Fe^{3+}][OH^-]^3 < K_{sp}[Fe(OH)_3]$$

$$[OH^-] = \left(\frac{K_{sp}[Fe(OH)_3]}{[Fe^{3+}]}\right)^{1/3} = \left(\frac{3.5 \times 10^{-38}}{0.010}\right)^{1/3} = 1.5 \times 10^{-12}$$

$$pOH = -\lg(1.5 \times 10^{-12}) = 11.82$$

$$pH = 14.00 - pOH = 14 - 11.82 = 2.2$$

配位滴定应控制在最高 pH 与最低 pH 之间，此范围称为配位滴定的适宜 pH 范围。因此 EDTA 滴定 Fe^{3+} 的适宜 pH 范围是 $1.22 \leqslant pH \leqslant 2.2$。在配位滴定中，随着滴定的进行，不断有 H^+ 被释放出来：

$$M^{n+} + H_2Y^{2-} = MY^{(4-n)-} + 2H^+ \tag{7-52}$$

因此被滴溶液的 pH 会有所减小，会带来一些副作用。所以一定要用缓冲溶液控制溶液 pH。并使 pH 尽可能地稍大一些。

（2）配合反应的速率

大多数二价金属离子如 Ca^{2+}、Mg^{2+}、Cu^{2+}、Zn^{2+} 等与 EDTA 的反应速率都非常快，可用 EDTA 直接滴定。

三价或四价离子如 Bi^{3+}、Fe^{3+}、Al^{3+} 等与 EDTA 的反应速率较慢，而且离子半径越小，反应速率越慢。

例如，可在常温下用 EDTA 标准溶液直接滴定 Bi^{3+}，但终点时指示剂变色突然性不够。因此，临近终点时，需降低滴定速度并加强对溶液的搅拌。

Fe^{3+} 与 EDTA 的反应速率更低一些。已不能在常温下进行滴定。必须将被滴溶液加热到 $70 \sim 80℃$，才能用 EDTA 标准溶液直接滴定。

Al^{3+} 在加热时也不能与 EDTA 快速反应，只能采用返滴定法。在 Al^{3+} 溶液中加入过量的 EDTA 标准溶液，加热、煮沸 $5 \sim 10min$，使 Al^{3+} 与 EDTA 反应完全。然后再用另一金属离子如 Cu^{2+}、Zn^{2+} 等标准溶液滴定过量的 EDTA。根据两种标准溶液的浓度和用量，即可求得被测离子的含量。如 7.4.2 中所述，这种方法称作返滴定法。

7.4.4 EDTA 标准溶液浓度的确定

由于有色金属离子与 EDTA 配合物颜色更深，影响指示剂变色对滴定终点的判断，一般 EDTA 标准溶液多配制在 $0.01 \sim 0.02mol \cdot L^{-1}$。

目前尚无基准纯的 EDTA 试剂商品。因此，确定 EDTA 标准溶液的浓度只能用间接法标定。所用的基准物质有纯 Cu、ZnO、$CaCO_3$ 等。但最好的选择应考虑下列两点。

① 基准物质最好选择含有被测金属离子的物质，如测定样品中的 Ca，最好选择 $CaCO_3$ 为基准物标定 EDTA 标准溶液。只要标定与测定时的条件一样，系统误差会全部抵消。

② 若无被测金属离子的基准物，要尽可能地选择标定与测定中的条件相近的基准物

质来标定，尤其是 pH 应尽量接近。如 pH＝10.0 时，用 EDTA 测定水样中的 Ca 和 Mg，可采用 $CaCO_3$ 为基准物，在 pH≥12.0 时标定 EDTA；也可以 ZnO 为基准物，在氨-氯化铵缓冲溶液中标定 EDTA。在 pH＝4.0～5.0 时，用 EDTA 可滴定 Pb^{2+}，则宜用 ZnO 为基准物，在 pH≈4.75 的 HAc-NaAc 缓冲溶液中标定 EDTA。

式(7-39)表明，pH 对条件稳定常数 K'_{MY} 影响较大，K'_{MY} 不同，滴定突跃范围也会不同，指示剂的选择也不同。不同的指示剂变色的灵敏度也存在差异，这些都会导致滴定误差的微小扩大。

7.4.5 EDTA 滴定曲线与滴定突跃

配位滴定也可以看作广义的酸、碱之间的滴定。金属离子接受孤电子对，是广义的酸（路易斯酸），配位剂 EDTA 提供孤电子对，是广义的碱（路易斯碱）。其滴定曲线可用类似于绘制酸碱滴定曲线的方法绘制。在滴定过程中，随着配位剂 EDTA 的不断加入，被滴定的金属离子浓度 [M] 就不断减少。在化学计量点前后 0.1%，pM 值（$pM＝-\lg[M]$）发生突变，产生突跃。配位滴定过程中 M 的变化规律可以用 pM 值对配位剂的加入量所绘制的滴定曲线来表示。考虑到实验条件不同，各种副反应有异，所以，计算 pM 时需要使用条件稳定常数 K'_{MY} 而不是稳定常数 K_{MY}。

(1) EDTA 滴定金属离子的滴定突跃

对于体积为 V、浓度为 c_M 任一金属离子 M，稳定常数为 K_{MY}，用相同浓度 c 的 EDTA 标准溶液滴定。

$$\lg K'_{MY}＝\lg K_{MY}-\lg \alpha_{Y(H)} \tag{7-53}$$

① 滴定至化学计量点前 0.1%

此时应滴加 EDTA 溶液的体积 0.999V，此时未形成配合物的 M 的表观浓度

$$[M'_1]＝\frac{c_M(1-0.999)V}{V+0.999V}＝5.0\times10^{-4}c_M$$

$$pM'_1＝3.30-\lg c_M$$

根据式(7-32)，有

$$\frac{[M'_1]}{c_M}＝\alpha_M$$

$$pM_1＝3.30-\lg c_M+\lg \alpha_M \tag{7-54}$$

② 滴定至化学计量点后 0.1%

此时加入的 EDTA 溶液的体积为 1.001V，EDTA 溶液过量 0.001V：

$$c_{EDTA}\approx\frac{0.001Vc_M}{V+1.001V}＝5\times10^{-4}c_M$$

$$[MY]\approx\frac{c_MV}{V+1.001V}＝0.50c_M$$

$$\frac{[MY]}{[c_{EDTA}][M'_2]}＝K'_{MY}$$

$$[M'_2]＝\frac{0.50c_M}{5.0\times10^{-4}c_MK'_{MY}}＝\frac{10^3}{K'_{MY}}$$

$$pM'_2＝\lg K'_{MY}-3$$

$$pM_2＝\lg K'_{MY}-3+\lg \alpha_M \tag{7-55}$$

化学计量点前后 0.1% 的突跃范围：

$$\Delta pM＝pM_2-pM_1＝\lg K'_{MY}-3-3.30+\lg c_M＝\lg K'_{MY}+\lg c_M-6.30 \tag{7-56}$$

$$\lg K'_{MY}+\lg c_M-6.30\geq0$$

$$\lg(c_MK'_{MY})\geq6.30$$

上式与式(7-48)完全一致。上式仅从滴定突跃的角度表述了 EDTA 滴定的必要条件。

(2) 滴定曲线计算示例

计算：在 pH = 12.0 时，用 $0.01000\,mol\cdot L^{-1}$ 的 EDTA 标准溶液滴定 20.00mL $0.01000\,mol\cdot L^{-1}$ 的 Ca^{2+} 溶液的滴定曲线。

如前所述，pH = 12.0 时，$lg\alpha_{Y(H)} = 0$，此时 Ca^{2+} 不水解，$lg\alpha_{M(OH)} = 0$，$K'_{MY} = K_{MY}$。所以计算中使用 K_{MY} 也就是 K'_{MY}。

① 滴定前

$$c_{Ca^{2+}} = 0.01000\,mol\cdot L^{-1} \tag{7-57}$$

$$pCa = -lg\,0.01000 = 2.00 \tag{7-58}$$

② 滴定至化学计量点前 0.1%

此时滴入 EDTA 溶液 19.98mL，未形成配合物的 Ca^{2+} 的浓度为

$$[Ca^{2+}] = \frac{0.0100 \times 0.02}{20.00 + 19.98} = 5 \times 10^{-6}\,mol\cdot L^{-1} \tag{7-59}$$

$$pCa_1 = 5.30 \tag{7-60}$$

③ 滴定至化学计量点时

CaY 的 $K_{CaY} = 10^{10.69}$，pH = 12 时，$lg\alpha_{Y(H)} = 0$，则

$$K'_{CaY'} = K_{CaY} = 10^{10.69}$$

$$Ca + Y \Longrightarrow CaY$$

设化学计量点时 $[Ca^{2+}] = [Y] = x\,mol\cdot L^{-1}$，则

$$[CaY] = \frac{0.01000}{2} - x \approx \frac{0.01000 \times 20.00}{20.00 + 20.00} = 5.000 \times 10^{-3}\,mol\cdot L^{-1}$$

$$K'_{CaY'} = K_{CaY} = \frac{[CaY]}{[Ca^{2+}][Y]} = \frac{5.000 \times 10^{-3}}{x^2}$$

解得

$$x = [Ca^{2+}] = 3.2 \times 10^{-7}\,mol\cdot L^{-1} \qquad pCa_0 = 6.50 \tag{7-61}$$

④ 滴定至化学计量点后 0.1%。此时加入的 EDTA 溶液为 20.02mL，EDTA 溶液过量 0.02mL，有

$$[Y] = \frac{0.01000 \times 0.02}{20.00 + 20.02} = 5 \times 10^{-6}\,mol\cdot L^{-1}$$

$$\frac{5 \times 10^{-3}}{[Ca^{2+}] \times 5 \times 10^{-6}} = 10^{10.69}$$

$$[Ca^{2+}] = 10^{-7.69} \qquad pCa_2 = 7.69 \tag{7-62}$$

滴定突跃范围 $\quad \Delta pCa = pCa_2 - pCa_1 = 7.69 - 5.30 = 2.39$

其他各点的计算所得数据列于表 7-5。根据表 7-5 的数据，绘制滴定曲线，如图 7-23 所示。

表 7-5　EDTA 加入体积 (mL) 与 pCa 的关系

加入 EDTA 溶液的体积/mL	剩余 Ca^{2+} 原溶液的体积/mL	过量 EDTA 溶液的体积/mL	pCa
0.00	20.00		2.00
18.00	2.00		3.30
19.80	0.20		4.30
19.98	0.02		5.30
20.00	0.00		6.49
20.02		0.02	7.69

(3) 滴定突跃与实验条件的关系

从图 7-23 的曲线可以看出滴定突跃与实验条件的关系。

172

① 用 EDTA 溶液滴定某一金属离子时（例如 Ca^{2+}），金属离子浓度的变化与溶液的酸碱度有关，即滴定突跃的大小随溶液 pH 值不同而变化。

主要原因是由于配合物的条件稳定常数 K'_{MY} 随 pH 值而改变。pH 值越大，条件稳定常数越大，配合物越稳定，滴定曲线的突跃范围越大。当 pH＝6 时，$\lg\alpha_{Y(H)}$＝4.65，代入式（7-38），$\lg K'_{CaY}$＝6.04；代入式（7-56），$\Delta pM＝\lg c-0.26$，滴定曲线上就看不出突跃了，此条件下不能用 EDTA 滴定 Ca^{2+}。

② 若控制溶液的 pH 值较大，$\lg K'_{MY}$ 就不能按式（7-38）计算，还应减去 $\lg\alpha_{M(OH)}$：

$$\lg K'_{MY}=\lg K_{MY}-\lg\alpha_{Y(H)}-\lg\alpha_{M(OH)} \tag{7-63}$$

滴定至化学计量点前 0.1% 的 [M] 就不能简单地按式（7-59）计算，此时：

$$[M_1]=\frac{5.0\times10^{-4}c_M}{\alpha_{M(OH)}}$$

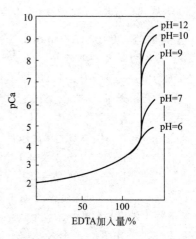

图 7-23　0.01000mol·L^{-1} EDTA 滴定 20.00mL 0.01000mol·L^{-1} Ca^{2+} 的滴定曲线

此时，$[M_1]$ 将变小，pM 变大，曲线的起始位置会上抬。图 7-23 中被滴定的是 Ca^{2+}，Ca^{2+} 不受水解影响，在化学计量点前的 $[Ca^{2+}]$ 与酸效应的关系不明显，即 $\lg\alpha_{M(OH)}\approx0$，即 pH 的变化对 pCa_1 值影响不大，因而不同的 pH 时的多条滴定曲线在化学计量点前重合在一起。

而对于那些易水解的金属离子，例如 Fe^{3+}，由于 pH 值对 Fe^{3+} 的水解效应很大，化学计量点前 pH 的影响很大，pH 太大，金属离子将沉淀，形成两相反应，反应速率大为降低而不能进行直接滴定。

③ 如果溶液中还有其他配位剂与金属离子可形成配合物，则式（7-38）的右边还要减去 $\lg\alpha_{M(Q)}$：

$$\lg K'_{MY}=\lg K_{MY}-\lg\alpha_{Y(H)}-\lg\alpha_{M(Q)} \tag{7-64}$$

滴定至化学计量点前 0.1% 的 [M] 也不能简单地按式（7-59）计算，此时：

$$[M_1]=\frac{5.0\times10^{-4}c_M}{\alpha_{M(Q)}}$$

此时，$[M_1]$ 也将变小，pM 变大，对应的滴定点位置都会升高。例如在氨缓冲溶液中滴定 Ni^{2+}，NH_3 的浓度与 pH 值有关，pH 值大，NH_3 的浓度大，NH_3 越易与金属离子络合，游离金属离子 M_1 的浓度就越小，即溶液的 pH 值增大，化学计量点前被滴定的金属离子浓度减小，pNi 增大，因而滴定曲线上各点前位置升高。图 7-24 就是氨缓冲溶液中用 EDTA 滴定 Ni^{2+} 溶液的滴定曲线，说明了这种变化。

当然，这类滴定曲线受两种因素的影响。化学计量点后曲线的位置，主要因 pH 值对 EDTA 酸效应的影响而改变；其次，M 被 EDTA 配合后，辅助配位剂将被游离，按式（7-19）计算，$\alpha_{M(Q)}$ 将变大，也会使 pM 变大。化学计量点前主要因 pH 值对辅助配位剂配合效应的影响而改变。故在选择溶液的 pH 值时，必须综合考虑这两种效应。

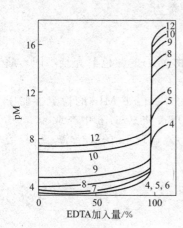

图 7-24　EDTA 滴定 0.001mol·L^{-1} 的 Ni^{2+} 的曲线

④ 从式(7-56)看，突跃范围与溶液的浓度有关。

【例 7-5】 用 $0.01000mol \cdot L^{-1}$ 的 EDTA 滴定 20.00mL、$0.010mol \cdot L^{-1}$ 的 Ni^{2+} 溶液，在 pH＝10 的氨缓冲溶液中，使溶液中游离氨的浓度为 $0.10mol \cdot L^{-1}$。计算化学计量点时溶液中 pNi 值。已知 pH＝10.0 时 $\alpha_{Ni(OH)}=5.0$。

解 查附录 4 可知，$[Ni(NH_3)_6]^{2+}$ 的各级累积稳定常数为：

$$\beta_1=10^{2.75}, \beta_2=10^{4.95}, \beta_3=10^{6.64}, \beta_4=10^{7.29}, \beta_5=10^{8.50}, \beta_6=10^{8.49}$$

$$\alpha_{Ni(NH_3)}=1+\beta_1[NH_3]+\beta_2[NH_3]^2+\beta_3[NH_3]^3+\beta_4[NH_3]^4+\beta_5[NH_3]^5+\beta_6[NH_3]^6$$

$$=1+10^{-1}\times10^{2.75}+10^{-2}\times10^{4.95}+10^{-3}\times10^{6.64}+10^{-4}\times10^{7.79}+10^{-5}\times10^{8.50}+$$

$$10^{-6}\times10^{8.49}=10^{4.17}$$

所以
$$\alpha_{Ni}=\alpha_{Ni(NH_3)}+\alpha_{Ni(OH)}-1\approx10^{4.17}$$

查表 7-2 可知 pH＝10，$\lg\alpha_{Y(H)}=0.45$

$$\lg K'_{NiY}=\lg K_{NiY}-\lg\alpha_{Ni}-\lg\alpha_{Y(H)}=18.60-4.17-0.45=13.98$$

在化学计量点时，Ni^{2+} 几乎全部络合为 NiY，设 $[Ni']=[Y']=x mol \cdot L^{-1}$

$$[NiY]=0.01\times\frac{20.00}{40.00}=5\times10^{-3}mol \cdot L^{-1}$$

则
$$\frac{5\times10^{-3}}{x^2}=10^{13.98}$$

$$x=7.2\times10^{-9}$$

$$[Ni]=\frac{[Ni']}{\alpha_{Ni}}=\frac{7.2\times10^{-9}}{10^{4.17}}=4.9\times10^{-13}mol \cdot L^{-1}$$

$$pNi=12.3$$

7.4.6 金属离子指示剂与滴定终点判断

配位滴定中一般也采用指示剂变色的方法指示滴定终点。按照酸碱指示剂的原理，酸碱指示剂是一种弱酸或弱碱。在配位滴定中，通常使用一种能与金属离子生成有色的、稳定性小于 M-EDTA 的弱配位剂作指示剂，利用这种指示剂在突跃范围内的颜色变化来指示滴定终点。因为这种指示剂能与金属离子配合，因此称这种指示剂为金属离子指示剂，简称金属指示剂。

(1) 金属指示剂的作用原理

在滴定开始前，在被滴定的金属离子 M 溶液加入 2～4 滴金属指示剂，因金属离子 M 大量存在，少量金属指示剂 In 全部与金属离子 M 形成 MIn 配合物。

$$M+In \Longrightarrow MIn$$

颜色A   颜色B

$$(7-65)$$

若金属指示剂本身的颜色 A 与指示剂和金属离子 M 配合物 MIn 的颜色 B 完全不同，此时溶液应显现配合物 MIn 的颜色 B。

当滴入 EDTA 时，溶液中游离的 M 离子逐步被 EDTA 配合。由于 MIn 的稳定性弱于 MY 的稳定性，游离的 M 离子已几乎全部被 EDTA 配合。EDTA 将从 MIn 中夺取 M 与其配合，而使 In 从 MIn 中释放出来。使得 $[In]/[MIn]\geqslant10$，溶液显现 In 的颜色 A，引起溶液颜色突变，指示滴定终点。

$$MIn+Y \Longrightarrow MY+In$$

颜色B   颜色A

$$(7-66)$$

(2) 金属指示剂与滴定终点判断

从金属指示剂的作用原理看，能满足误差要求的金属指示剂应具备下列条件：

① 在滴定的 pH 值范围内，指示剂 In 本身的颜色 A 与配合物 MIn 的颜色 B 必须有显著

差别。

② 显色反应灵敏、迅速，且有良好的变色可逆性。即可从颜色 B 变为颜色 A，也可以从颜色 A 变为颜色 B。

③ 金属指示剂应比较稳定，便于储藏和有一定的使用时间。金属指示剂多数是具有若干双键的有机化合物，易受日光、氧化剂、空气等作用而分解。有些在水溶液中不稳定，有些日久会变质。如铬黑 T、钙指示剂的水溶液均易氧化变质，所以常配成固体混合物。也可在金属指示剂溶液中加入可以防止指示剂变质的试剂。如在铬黑 T 溶液中加入三乙醇胺等。

④ 金属指示剂应具有一定的选择性，在一定条件下，只对某一离子发生显色反应。在符合上述前提的情况下，指示剂的显色反应最好又有一定的广泛性，即改变了滴定条件，又能作其他离子滴定的指示剂。这样就能在连续滴定两种或多种离子时，不必加入多种指示剂而发生颜色的干扰。

⑤ 金属指示剂与金属离子形成的配合物应易溶于水，如果生成胶体溶液或沉淀，在滴定时 MIn 与 EDTA 的置换作用由于在非均相中进行将变得缓慢而使终点延长，变色非常不敏锐，很难准确确定滴定终点。这种现象称为指示剂的僵化。

例如 PAN 作指示剂，在温度较低时，易发生僵化。为了避免指示剂的僵化，可以加入有机溶剂如甲醇、乙醇或丙酮等，或将溶液加热，增大指示剂 In 和 MIn 的溶解度。加快置换速度，使指示剂的变色较敏锐。

⑥ 金属指示剂与金属离子形成的有色配合物要有适当的稳定性。如果金属指示剂与金属离子形成的配合物太不稳定，则在远离化学计量点前指示剂就开始游离出来，终点颜色提前显现而带来较大负误差。

另一方面，如果指示剂与金属离子形成的配合物太稳定，到了滴定突跃范围内，EDTA 也不能使 In 从 MIn 中游离出来而变色，甚至滴入过量的 EDTA 金属指示剂也不能变色。这种现象称为指示剂的封闭。

例如，用铬黑 T 作指示剂，在 pH＝10.0 的条件下，用 EDTA 滴定 Ca^{2+}、Mg^{2+} 时，少量的 Al^{3+}、Fe^{3+}、Ni^{2+} 和 Co^{2+} 与铬黑 T 的配合物非常稳定，始终使铬黑 T 与 Al^{3+} 等金属离子的配合物不能解离，继续保持铬黑 T 与金属离子配合物的红色，而不会显出铬黑 T 本身的蓝色，这就是封闭作用。

消除封闭现象可加入适当的无色的其他配位剂 Q 与封闭指示剂的金属离子 N 形成比 NIn 配合物更稳定的配合物 NQ，解除金属离子 N 对金属指示剂的封闭。但配位剂 Q 一定不与被滴金属离子配合。这个过程称为掩蔽。解除封闭现象的配位剂 Q 称为掩蔽剂。

用 EDTA 滴定 Ca^{2+}、Mg^{2+} 时，可在被滴液中加入少量三乙醇胺 $N(CH_2CH_2OH)_3$，使三乙醇胺与 Al^{3+}、Fe^{3+} 等形成比铬黑 T 配合物更稳定的无色配合物，但三乙醇胺不与 Ca^{2+}、Mg^{2+} 配合，掩蔽 Al^{3+} 和 Fe^{3+}；加 KCN 掩蔽 Cu^{2+}、Co^{2+} 和 Ni^{2+} 而消除 Cu^{2+}、Co^{2+} 和 Ni^{2+} 对铬黑 T 的封闭。

若封闭离子的量较多时，要先进行分离除去。

常用的蒸馏水中会含有微量金属离子 Al^{3+}、Fe^{3+} 等，也会封闭金属指示剂。所以，进行配位滴定时常常要加一些掩蔽剂三乙醇胺、酒石酸钾、柠檬酸盐等。

⑦ 由滴定曲线可知，在化学计量点附近，被滴定金属离子的 pM 发生突跃，因此要求选用的指示剂能在此区间内发生颜色变化。同样要遵循选择酸碱指示剂的四条原则选择金属指示剂。

（3）常用金属指示剂

① 二甲酚橙

简称 XO，属于三苯甲烷类显色剂，一般所用的是二甲酚橙的四钠盐，为紫色晶体，易溶于水，pH＞6.3 时显红色，pH＜6.3 时显黄色，与金属离子形成紫红色配合物。因此，它只能在 pH＜6.3 的酸性溶液中使用。通常配成 0.5％水溶液，可保存 2～3 周。

②　PAN

适宜酸度范围为 pH＝2～12，自身显黄色。在 pH＝2～3 时与 Th^{4+}、Bi^{3+}，在 pH＝4～5 时与 Cu^{2+}、Ni^{2+}、Pb^{2+}、Cd^{2+}、Zn^{2+}、Mn^{2+} 形成紫红色配合物。通常配成 0.1％乙醇溶液。MIn 在水中溶解度小，为防止 PAN 僵化，滴定时必须加热。

③　铬黑 T

简称 BT 或 EBT，最适宜使用酸度是 pH＝8.1～11.0。在此酸度范围内 EBT 自身为蓝色，在 pH＜8.1 时自身为鲜红色，pH＞11.0 时显橘红色。与 Mg^{2+}、Zn^{2+}、Cu^{2+}、Pb^{2+}、Hg^{2+}、Mn^{2+} 等离子形成红色配合物，所以，其适宜使用的酸度范围为 pH＝8.1～11.0。Al^{3+}、Fe^{3+}、Cu^{2+}、Ni^{2+} 等对 EBT 有封闭作用。

铬黑 T 固体性质稳定，但其水溶液只能保存几天，因此，常将铬黑 T 与干燥纯净的 NaCl 按 1∶100 混合均匀，研细，密闭保存。这种固体混合物被称为固体溶液。也可以用乳化剂 OP（聚乙二醇辛基苯基醚）和 EBT 配成水溶液，其中 OP 为 1％，EBT 为 0.001％，这样的溶液能保存两个月左右。

④　钙指示剂

简称 NN，适宜的酸度为 pH＝12～13，在 pH＝12～13 时与 Ca^{2+} 形成红色配合物，自身为蓝色。Fe^{3+}、Al^{3+}、Ti^{4+}、Cu^{2+}、Ni^{2+}、Co^{2+}、Mn^{2+} 等离子对指示剂有封闭作用。NN 的水溶液或乙醇溶液均不稳定，故一般采用固体试剂 1∶100 NaCl 的固体溶液。

⑤　磺基水杨酸

简称 ssal，适宜的酸度为 pH＝1.5～2.5，本身为无色溶液，在此酸度范围内与 Fe^{3+} 生成紫红色配合物，通常配成 5％水溶液。

⑥　钙黄氯素-百里酚酞（酚酞）混合指示剂

一份钙黄氯素和一份百里酚酞（酚酞）与 50 份固体硝酸钾（AR）磨细，混匀，配成固体溶液使用。当溶液的 pH＞12.5 时，指示剂钙黄氯素与 Ca^{2+} 形成绿色荧光配合物，在 pH＞12.5 时，百里酚酞（酚酞）为紫色（红色），钙黄氯素与 Ca^{2+} 配合物的绿色荧光掩盖了百里酚酞（酚酞）的紫色（红色），人们只能看到荧光绿色。当 EDTA 滴定 Ca^{2+} 到达终点时，钙黄氯素与 Ca^{2+} 配合物解离成浅黄色的钙黄氯素溶液的绿色荧光消失，百里酚酞（酚酞）的紫色（红色）便显现出来，指示滴定终点到达。

⑦　酸性铬蓝 K-萘酚绿 B 混合指示剂

酸性铬蓝 K-萘酚绿 B 混合指示剂简称 K-B 指示剂：0.2g 酸性铬蓝 K 与 0.4g 萘酚绿 B 置于研体中，充分混匀研细后溶于 100mL 水中。当溶液的 pH≈10 时，K-B 指示剂与 Ca^{2+}、Mg^{2+} 形成酒红色的配合物，用 EDTA 滴定 Ca^{2+}、Mg^{2+}，到达终点时突变为蓝色。

7.4.7　EDTA 滴定法中的有关计算

EDTA 滴定法中的计算按照式(6-113)进行：

$$\sum c_i V_i = \sum c_j V_j$$

由于绝大多数金属离子与 EDTA 形成都是 1∶1 的配合物，所以涉及的 EDTA 和被滴定的金属离子的计量单元就是其摩尔质量。

但被测物的组成中不一定只有 1 个被滴定离子。所以在配位滴定法中，金属样品中金属的计量单元为 M/n。其中 n 为被测物质分子式中含有的被滴定离子的个数。

【例 7-6】　称一铁矿样 2.657g，经处理后定容为 250.00mL 的 Fe^{3+} 溶液。取该溶液 25.00mL，用 0.02136mol·L^{-1} 的 EDTA 标准溶液滴定。终点时，用去 EDTA 标准溶液

$34.28\mathrm{mL}$。求矿样中 Fe_3O_4 的百分含量。已知 $M(Fe_3O_4)=231.54$。

解 Fe_3O_4 分子式中有 3 个 Fe，$n=3$

Fe_3O_4 的计量单元为 $\dfrac{M(Fe_3O_4)}{3}=\dfrac{231.54}{3}=77.18$

设矿样中 Fe_3O_4 的含量为 x

$$\frac{2.657x}{M(Fe_3O_4)/3}\times\frac{25.00}{250.00}=\frac{0.2657}{77.18}=0.02136\times34.28\times10^{-3}$$

求得 $\qquad\qquad\qquad\qquad x=21.27\%$

7.5 配位滴定法的应用

7.5.1 提高配位滴定选择性

由于 EDTA 能与多种金属离子形成稳定的络合物，而实际的分析对象常常是多种成分共存，在滴定时很可能相互干扰。

干扰有两个方面：一是在用 EDTA 滴定离子 M 的过程中，干扰离子 N 也发生反应，多消耗 EDTA 标准溶液而发生正误差；二是对滴定终点颜色的干扰，虽然干扰离子本身的浓度及其与 EDTA 形成的配合物稳定性都足够小，在滴定离子达到化学计量点时，N 还基本上没反应，不干扰滴定反应。但指示剂 In 与干扰离子 N 形成有色配合物 NIn，使终点无法显现，造成检测不准确。

(1) 消除金属离子干扰的条件

由前面的讨论可知，用 EDTA 标准溶液单独滴定某一种金属离子，要求误差$\leqslant\pm0.1\%$时，必须满足 $\lg c_M K'_{MY}\geqslant6$。若被滴定溶液还存在若干其他金属子，其中稳定常数最大的是 N 离子，若 N 与 EDTA 的配合可忽略，其他离子更不在话下。因此，只需要讨论 N 离子对滴定的干扰。

设混合液中所含的 M 及 N 两种金属离子的原始浓度分别为 c_M 及 c_N。由于有干扰离子存在，可将滴定误差定为 0.3%。已知 M、N 与 EDTA 的稳定常数分别为 K_{MY}、K_{NY}。

根据式(7-28) $\qquad\qquad \alpha_Y=\alpha_{Y(H)}+\alpha_{Y(N)}-1$

$\alpha_{Y(H)}$ 在选择 pH 值时已考虑过 $\qquad \alpha_Y=\alpha_{Y(N)}$

因为 N 与 EDTA 出形成 1:1 的配合物 $\quad \alpha_{Y(N)}=1+K_{NY}c_N$

根据准确滴定的判断条件式(7-49) $\qquad \lg(c_M K'_{MY})\geqslant5$

$$\lg(c_M K'_{MY})=\lg(c_M K_{MY})-\lg\alpha_{Y(N)}=\lg(c_M K_{MY})-\lg(c_N K_{NY})\geqslant5 \qquad (7\text{-}67)$$

式(7-67) 便是排除金属离子 N 对 M 测定干扰的判断式。

(2) 消除干扰离子的措施

① 控制溶液的酸度

如果溶液中存在两种以上的金属离子，首先考虑与被测金属离子 M 配合物稳定常数最接近而且稳定常数最大的金属离子 N。

若满足式(7-67) 的条件，可用控制溶液的酸度的办法消除金属离子 N 对滴定的干扰。

首先按式(7-51) 求出准确滴定 M 的最低 pH 值，并根据金属指示剂及 N 的影响确定最适宜的 pH 范围。

例如在含有 Fe^{3+}、Al^{3+}、Ca^{2+} 和 Mg^{2+} 的混合溶液中，假定它们的浓度皆为 $0.01\mathrm{mol\cdot L^{-1}}$，已知 $\lg K_{FeY}=25.1$、$\lg K_{AlY}=16.3$、$\lg K_{CaY}=10.69$、$\lg K_{MgY}=8.69$。其中 K_{FeY} 最大，K_{AlY} 次之，Al^{3+} 最有可能干扰 Fe^{3+} 的滴定。$\lg K_{FeY}-\lg K_{AlY}=25.1-16.3=8.8>5$，可用控制溶液的酸度的办法消除 Al^{3+} 对滴定 Fe^{3+} 的干扰。从酸效应曲线和例 7-4

可知，滴定 Fe^{3+} 的适宜 pH 范围应为 1.2～2.2。另外还应注意指示剂的合适 pH 范围。本例中滴定 Fe^{3+} 时，用磺基水杨酸（黄色）作指示剂，在 pH＝1.5～2.2 范围内，它与 Fe^{3+} 形成的络合物呈现红色。若在此 pH 范围内用 EDTA 直接滴定 Fe^{3+}，滴定终点时溶液从红色突变为黄色，颜色变化明显。此时 Al^{3+} 不干扰对 Fe^{3+} 的滴定。

滴定 Fe^{3+} 后，调节溶液 pH＝4～5。查表 7-2，$\lg\alpha_{Y(H)}＝7.70$，$\lg K'_{AlY}＝16.3-7.70＞8$，Al^{3+} 可被准确滴定，Ca^{2+} 和 Mg^{2+} 不干扰对 Al^{3+} 的滴定。如前所述，Al^{3+} 与 EDTA 反应速率很慢，只能用返滴法。定量地加入过量的 EDTA 标准溶液，煮沸约 5min，使 Al^{3+} 与 EDTA 完全配合。用 PAN 作指示剂，用 Cu^{2+} 标准溶液滴定剩余的 EDTA，即可测出 Al^{3+} 的含量。

② 掩蔽和解蔽

当被测金属离子和干扰离子的配合物的稳定性不能满足式(7-67)时，就不能通过控制酸度的方法进行选择性滴定。

可以向被滴液中加入另一种试剂 Q 与干扰金属离子 N 反应，而不与被滴定的金属 M 反应，使干扰金属离子 N 的副反应系数 $\alpha_{N(Q)}$ 增大，使 K'_{NY} 降低：

$$\lg K'_{NY}＝\lg K_{NY}-\lg K_{Y(H)}-\lg\alpha_{N(Q)} \tag{7-68}$$

由于 Q 不与被滴定的金属离子 M 反应，K'_{MY} 保持不变，只要 pH 等条件选择合适，可确保 $\lg K'_{MY}-\lg K'_{NY}\geqslant 5$。N 的游离离子的浓度降至可忽略的范围，N 对被测离子 M 的干扰就会被消除，这种方法称为掩蔽法。用到的试剂 Q 称作掩蔽剂。其实，前面讲的控制 pH 选择性滴定也可算是一种掩蔽法，掩蔽剂就是 OH^-。其他常用的掩蔽方法有配位掩蔽法、氧化还原掩蔽法和沉淀掩蔽法。

a. 沉淀掩蔽法。用掩蔽剂与干扰金属离子生成难溶性沉淀，降低干扰离子浓度，这种消除干扰的方法称为沉淀掩蔽法。

例如，在 Ca^{2+}、Mg^{2+} 共存的溶液中，加入 NaOH 使溶液的 pH＞12.0。Mg^{2+} 形成 $Mg(OH)_2$ 沉淀而不干扰对 Ca^{2+} 的滴定。作为掩蔽的沉淀反应必须要注意：沉淀反应要进行完全，沉淀的溶解度要小。沉淀应是无色或浅色，并且致密的，否则，由于颜色深、体积大、吸附被测离子或指示剂而影响终点观察。

b. 氧化还原掩蔽法。用掩蔽剂与干扰金属离子进行氧化还原反应，改变干扰离子的氧化数，消除金属离子对被测离子的干扰的方法称作氧化还原掩蔽法。

例如，在 pH＝1 时，用 EDTA 滴定 Bi^{3+}、Zr^{4+}、Sn^{4+} 或 Th^{4+} 等离子时，Fe^{3+} 时会干扰对 Bi^{3+} 等离子的测定。如果用盐酸羟胺（$NH_2OH\cdot HCl$）或抗坏血酸（维生素 C，Vc）将 Fe^{3+} 还原为 Fe^{2+}，由于 Fe^{2+} 与 EDTA 形成的配合物的 $K_{Fe(II)Y}$ 较小，可消除 Fe^{3+} 的干扰。

有些氧化还原掩蔽剂既具有还原性，又能与干扰离子形成配合物，更能达到消除干扰的目的。例如 Cu^{2+} 与 $Na_2S_2O_3$ 的反应：

$$2Cu^{2+}+2S_2O_3^{2-}\Longrightarrow 2Cu^++S_4O_6^{2-} \tag{7-69}$$

$$Cu^++2S_2O_3^{2-}\Longrightarrow [Cu(S_2O_3)_2]^{3-} \tag{7-70}$$

氧化还原掩蔽法的局限性是只适用易发生氧化还原反应的金属离子，且生成的产物不干扰测定，只有少数情况适用。

c. 配位掩蔽法。利用配位剂 Q 与干扰离子形成稳定的配合物，从而消除干扰的掩蔽方法称作配位掩蔽法。

例如，在 pH＝5.2 的溶液中，用二甲酚橙（XO）作指示剂，用 EDTA 滴定 Zn^{2+} 时，Al^{3+} 有干扰。因为酒石酸可与 Al^{3+} 形成更稳定的配合物，而不与 Zn^{2+} 形成配合物。所以，可加酒石酸来掩蔽 Al^{3+} 而消除了 Al^{3+} 的干扰。

又如，用 EDTA 滴定水中的 Ca^{2+}、Mg^{2+}，以测定水的硬度时，Fe^{3+}、Al^{3+} 干扰滴

定。可加入三乙醇胺来掩蔽。利用配位掩蔽法时，掩蔽剂必须具备下列条件：

Ⅰ. 干扰离子与掩蔽剂形成的配合物远比它与 EDTA 形成的配合物稳定；

Ⅱ. 配合物的颜色应为无色或浅色；

Ⅲ. 掩蔽剂不与被测离子反应，即使反应其稳定性也应远小于被测离子与 EDTA 形成的配合物，这样掩蔽剂可被 EDTA 置换；

Ⅳ. 掩蔽剂适宜的 pH 范围应与滴定的 pH 范围一致。

d. 解蔽的方法。将一种离子掩蔽并滴定被测离子后，再加入一种试剂，使已被掩蔽剂掩蔽的离子重新释放出来。这个过程称为解蔽，所用试剂称为解蔽剂。利用某些有选择性的解蔽剂，可提高配位滴定的选择性。例如当 Al^{3+}、Ti^{4+} 共存时，首先用 EDTA 将 Ti 和 Al 配位成 AlY 和 TiY。用其他金属离子滴掉多余的 EDTA。然后加入 NaF，则 AlY 与 TiY 中的 EDTA 都被置换出来：

$$Al^{3+}\text{-}EDTA + 6F^- \Longleftrightarrow [AlF_6]^{3-} + EDTA \tag{7-71}$$

$$TiO^{2+}\text{-}EDTA + 4F^- \Longleftrightarrow [TiOF_4]^{2-} + EDTA \tag{7-72}$$

再用其他金属离子滴定释放出的 EDTA 的量，就测定了 Al、Ti 的总量。

另取一份溶液，先按上述方法滴掉多余的 EDTA，然后加入苦杏仁酸，此时只能释放出 TiY 中的 EDTA，可测得 Ti 的含量。由 Al、Ti 的总量减去 Ti 的量，即可求得 Al 的量。

③ 预先分离

如果用上述两种方法都不能消除共存离子的干扰，就只能将干扰离子预先分离出来后，再滴定被测离子。分离干扰离子可通过沉淀、离子交换、生成气体、萃取等方法来分离。分离方法将在第 15 章详细论述。

(3) 选用其他专属配位剂滴定

不同的配位剂与金属离子形成络合物的稳定性各不相同，通过选择不同的配位剂进行滴定可提高配位滴定的选择性。

EDTP 与 Cu^{2+} 的络合物较稳定，而与 Zn^{2+}、Cd^{2+}、Mn^{2+}、Mg^{2+} 等离子的配合物稳定性差得多，所以，可在 Zn^{2+}、Cd^{2+}、Mn^{2+}、Mg^{2+} 的溶液中选择 EDTP 滴定 Cu^{2+}。

在 Ca^{2+}、Mg^{2+} 的混合液中测定 Ca^{2+}，可加入 NaOH，使溶液的 pH>12，则 Mg^{2+} 形成 $Mg(OH)_2$ 沉淀而不干扰 Ca^{2+} 的滴定。也可选用 EGTA 作为滴定剂直接滴定 Ca^{2+}，因为 EGTA 与 Ca^{2+}、Mg^{2+} 形成的络合物稳定性相差较大，可满足式(7-67) 的要求。

7.5.2 配位滴定的滴定方式

配位滴定有多种不同的滴定方式，采用不同的滴定方式，可以扩大配位滴定的应用范围，也可以提高选择性。

(1) 直接滴定法

用 EDTA 标准溶液直接滴定被测离子的方法称为直接滴定法。前面已介绍很多。

(2) 间接滴定法

被测物质与 EDTA 不能形成配合物或形成的配合物的稳定性不能满足滴定要求时，可将被测物转化成可采用 EDTA 滴定法的物质，再用 EDTA 滴定。这种方法称作间接滴定法。

例如，Na^+ 与 EDTA 形成的配合物稳定常数较小，不能满足准确滴定的要求。不能用 EDTA 直接滴定。

在 Na^+ 被测溶液中加入过量的醋酸铀酰锌溶液，使 Na^+ 生成 $NaZn(UO_2)_3(Ac)_9 \cdot xH_2O$ 沉淀。将沉淀分离、洗涤、溶解后，用 EDTA 滴定 Zn^{2+} 便可间接测得 Na^+ 的含量。

例如，测定 PO_4^{3-} 时，可向 PO_4^{3-} 被测溶液中准确加入过量的 $Bi(NO_3)_3$ 标准溶液，使

之生成 $BiPO_4$ 沉淀，再用 EDTA 滴定溶液中剩余的 Bi^{3+}，便可间接测得 PO_4^{3-} 的含量。

（3）返滴定法

① 前面已介绍过，Al^{3+} 与 EDTA 反应缓慢，必须用返滴定法测定。

② 被测离子在选定的滴定条件下发生水解等副反应或无适宜的指示剂或被测离子对指示剂有封闭作用，则不能用 EDTA 直接滴定，而可采用返滴定法。定量加入过量的 EDTA 标准溶液到被测离子溶液中，待反应完全后，再用另一金属离子的标准溶液滴定过量的 ED-TA。根据两种标准溶液的浓度和用量，即可求得被测离子的含量。这种方法称作返滴定法。

例如，测定 Ba^{2+} 时，没有合适的指示剂，也采用返滴定法。向被测液中定量地加入过量的 EDTA，以铬黑 T 为指示剂，用 Mg^{2+} 标准溶液返滴定多余的 EDTA。

（4）置换滴定法

利用置换反应，置换出等物质的量的另一种金属离子或 EDTA，然后滴定，这就是置换滴定法。

例如，测定某合金中的 Sn^{4+} 时，可在试液中先加入过量的 EDTA，使共存的 Pb^{2+}、Cd^{2+}、Zn^{2+}、Bi^{3+} 等与 Sn^{4+} 一起都与 EDTA 形成配合物，然后用 Zn^{2+} 标准溶液滴定过量的 EDTA 至终点，再加入 NH_4F，F^- 与 Sn^{4+} 形成稳定性更高的 SnF_6^{2-}，选择性地将 SnY 中的 EDTA 置换出来，然后再用 Zn^{2+} 标准溶液滴定置换出来的 EDTA，即可求得 Sn^{4+} 含量。

例如，测定 Ag^+ 时，由于 Ag^+ 的 EDTA 配合物不够稳定，因而不能用 EDTA 直接滴定。若在 Ag^+ 试液中加过量的 $[Ni(CN)_4]^{2-}$，发生反应：

$$2Ag^+ + [Ni(CN)_2]^{2-} \rightleftharpoons 2[Ag(CN)_2]^- + Ni^{2+} \tag{7-73}$$

置换出来的 Ni^{2+} 可在的 $pH=10.0$ 的氨性缓冲溶液中用 EDTA 滴定，这样可计算出 Ag^+ 的含量。

【扩展知识】

在维尔纳配位化学理论基础上首先建立起来的是经典配位化学。所谓经典配合物就是中心离子的氧化值确定，其配位原子具有明确的孤电子对，可提供给中心离子的空轨道形成配位键。按照经典配位化学的理论，合成了许多不饱和键的配合物、低氧化值的金属羰基配合物。但当时对这些配合物的成键性质和结构并不清楚。自从分子轨道理论引入配位化学后，又合成了一些新型配合物。

20 世纪 50 年代发现的二茂铁（$C_5H_5)_2Fe(II)$ 引起人们的极大注意。在这类夹心配合物（sandwich compound）中，环状配体或链状配体以不饱和键的非定域电子给予中心离子的空轨道成键。到 20 世纪 60 年代又发现了簇状配合物（cluster compound），即除中心离子与配体结合外，中心离子还互相结合而成簇。

近 20 年来发展的大环配体配合物可作为生物活性的模型物。有关这类新型配合物的合成、性能和结构的研究都属于近代科学发展的前沿，是现代配位化学发展的主要方向之一。为了拓宽视野，下面对一些典型的新型配合物的性能和应用做一简单介绍。

1. 金属羰基配合物

金属羰基配合物定义：金属元素与配体 CO（在有机化合物中，其称作羰基）所形成的配合物。

无论在理论研究还是实际应用上，金属羰基配合物都占有特殊重要的地位。

1890 年，蒙德（Mond）在研究以 Ni 为催化剂氧化 CO 反应的过程中发现 CO 在常温 325K、常压 101.3KPa 下就可与镍粉反应生成 $Ni(CO)_4$。

$$Ni + 4CO(g) \rightleftharpoons Ni(CO)_4$$

继发现 $Ni(CO)_4$ 之后，又陆续制得许多其他金属羰基配合物，如 $Fe(CO)_5$、$Ru(CO)_5$、$Os(CO)_5$、$Co_2(CO)_8$、$Mn_2(CO)_{10}$ 等。

制备分法除了单质与 CO 直接反应外，也可用金属盐与 CO 反应。例如，在苯溶液中以 $AlCl_3$ 为催化剂：

$$CrCl_3(s) + Al(s) + 6CO(g) \rightleftharpoons AlCl_3(l) + Cr(CO)_6(l)$$

配合物中只有 1 个金属原子或离子的金属羰基配合物称作单核金属羰基配合物；配合物中有 2 个或以上金属原子或离子的金属羰基配合物称作双核或多核金属羰基配合物，又称作羰基金属簇状配合物。

已知金属羰基配合物中的金属元素全部是过渡金属元素。所以，金属羰基配合物有时也称作过渡金属羰基配合物，其中，过渡金属元素均处于低氧化值，甚至是单质状态。

大多数已知的金属羰基配合物在常温下是固体，只有极少数过渡金属羰基配合物如 $Fe(CO)_5$、$Ru(CO)_5$、$Os(CO)_5$ 和 $Ni(CO)_4$ 等是液体。

金属羰基配合物即使是固体，它们的熔点也比较低或在不很高的温度下分解。因此，金属羰基配合物易挥发。真蒸气有毒，切勿将其蒸气吸入。单核金属羰基配合物受热时往往先形成多核羰基配合物，最后全部分解为金属和 CO。

金属羰基配合物分子均无极性，因此难溶于极性溶剂，如水、低级醇，易溶于非极性有机溶剂，如苯、对二甲苯、四氯化碳等。除 $V(CO)_6$、$Fe(CO)_5$ 外，单核羰基配合物大多无色或白色，而多核羰基配合物（见金属簇状配合物）都有颜色，如 $Fe_2(CO)_9$ 为黄橙色晶体。

碳基配合物用途广泛。例如，利用金属羰基配合物的分解可制备纯金属单质。将铁生成挥发性的 $Fe(CO)_5$，使其与不挥发的其他杂质分离。然后把 $Fe(CO)_5$ 蒸气喷入大于 200℃ 的容器内进行分解，可制得纯的细铁粉。这种纯铁粉特别适用于作磁铁芯和催化剂。

金属羰基配合物如 $Ni(CO)_4$ 或 $Fe(CO)_5$ 可作为汽油的抗震剂替代四乙基铅，减少汽车尾气中铅的污染。金属羰基配合物也可作为催化剂广泛用于某些有机化合物的合成反应。

2. 夹心配合物

具有离域 π 键的平面分子如环戊二烯 C_5H_5（cyclopentadienyl 缩写为 Cp）、苯 C_6H_6 等，可以作为一个整体和中心离子通过多中心 π 键形成配合物。在这类配合物中，通常配体的平面与键轴垂直，中心体对称地夹在两个平行的配体之间，具有三明治式的结构。因此，这种配合物称作夹心配合物。夹心配合物中最典型的例子是二茂铁（$C_5H_5)_2Fe(Ⅱ$）和二苯铬（$C_6H_6)_2Cr$ 等。

二茂铁是容易升华的橙色固体，熔点 173～174℃，不溶于水而易溶于某些有机溶剂。二茂铁及其衍生物可作为火箭燃料的添加剂，改善燃烧性能。它还可作为汽油的抗震剂，有消烟节能的作用，但由于会分解出铁，加大活塞环与缸套间的摩擦，现已不再使用。同时它还可作为硅树脂和橡胶的熟化剂、紫外线的吸收剂等。二苯铬是反磁性的棕色固体，熔点为 284～285℃，在 200～250℃ 时二苯铬可作为乙烯聚合的催化剂。

现在夹心配合物的范围逐渐扩大。广义的夹心配合物还包括具有不对称环的倾斜夹心配合物 $[(C_5H_5)_2TiCl_2]$、多层夹心配合物 $[(C_5H_5)_3Ni_2]$ 等。

3. 金属簇状配合物

金属簇状配合物是指含有金属-金属键（M－M 键）的多核配合物。这类配合物以金属原子为骨架、在空间形成多面体。

最常见的金属簇状配合物有两类：羰基簇状配合物，[如 $Co_2(CO)_8$、$Mn_2(CO)_{10}$ 等] 和卤素簇状配合物（如 $[MoCl_{18}]^{4-}$、$[Ta_6Cl_{12}]^{2+}$ 等）。

金属簇状配合物的电子结构是以离域的多中心键为特征。簇状配合物由于它的性质、结构和成键方式诸方面的特殊性，引起了合成化学、理论化学、材料化学界的极大兴趣。

目前，已合成出的金属簇状配合物有一千余种，其中某些簇状配合物有特殊的催化活性、生物活性和电磁性能。簇状配合物铁钼蛋白具有特殊的生物活性，是固氮酶的活性中心；$PbMo_6S_8$ 在 13.3K 下是一种超导体。

金属簇状配合物的应用十分广泛。在合成化学中可作为许多重要反应的催化剂。通过催化剂的前驱体即固载的簇状配合物的合成，可以有效地调控金属簇状配合物与其催化性能有关的一些基本性质与参数，如金属性质、簇大小、组分等。而这种控制已可达到分子级水平，如此可对高效催化剂进行分子设计。

簇状配合物作为粉末材料是近年来研究的成果之一。当代新技术材料往往要求包含多种不同的元素，有时甚至要求掺杂 10 种或更多种不同的元素，并要求这些元素在材料中均混程度达到原子混合的水平。如将 $HFeCo(CO)_{12}$ 和 $Fe(CO)_5$ 的混合物在惰性气体气氛中反应得到混合簇状配合物，然后加热除去 CO，得到 Fe：Co 金属组分比一定的粉体，它是具有优良的磁性能和电性能的材料。

4. 大环配体配合物

早在 20 世纪初叶，人们就开始研究大环配体配合物。直到 20 世纪 60 年代，这类化合物的种类和数目都是很有限的。

1967 年美国的 Pederson 等人合成了二苯并-18-冠-6($C_{20}H_{24}O_6$）大环配体以后，其他大环配体配合物的结构和性能的研究迅速发展。

大环配体配合物中最典型的是冠醚配合物。二苯并-18-冠-6($C_{20}H_{24}O_6$）等大环配体中含有醚键而且空间结构形似王冠，因此，它又被称作王冠醚或简称作冠醚（crown ethers）。以冠醚类物质为配体的配合物称作大环配体配合物或冠醚配合物，如 $[Cs(18\text{-}冠\text{-}6)(SCN)]_2$ 配合物。

冠醚配合物有许多用途，广泛用于许多有机反应或金属有机反应，例如它能使 $KMnO_4$ 或 KOH 溶于苯或其他芳香烃中，因而增强了它们在氧化反应或酸碱反应中的作用；冠醚也用于镧系元素的萃取分离。

目前，人工合成的冠醚已达数百种，差异主要是醚键—O—的个数。二苯并-18-冠-6($C_{20}H_{24}O_6$）中有 6 个醚键，有的冠醚中的醚键已达 20 个。

大环配体配合物不仅可人工合成，人们在自然界也发现了许多大环配体配合物。这类大环配合物在生物体内起着十分重要的作用，它们的结构和功能已逐渐被人们所了解。例如，血红素是在生物体内起十分重要作用的天然大环配合物之一。它的结构和功能已被人们所了解。它是亚铁离子的卟啉螯合物，Fe^{2+} 处于卟啉大环的中心位置，而卟啉提供的四个氮原子占据四个配位位置。

人体血液中具有载氧能力的血清蛋白、在植物的光合作用中起着关键作用的叶绿素 a 也是大环配合物。

由于这类大环配合物的结构特殊，因此它们具有一些不同于常见配合物的特性，如有很好的选择性、某些配合物有较好的稳定性，可作为某些有生物活性的天然产物的模型，同时大环配合物在元素分离分析以及仿生化学等领域中也得到广泛的应用。

此外，大环配合物化学是近 20 年来获得巨大发展的新兴学科，这门学科的内容是丰富和饶有趣味的，大环配合物的生理机能与生物活性物质的模型研究等都属于近代科学发展的前沿。21 世纪的领先科学是生命科学，大环配合物化学无疑将是其中的重要组成部分之一。

5. 配合物的其他应用

（1）在生命科学中的应用

生命体与非生命体的最大区别是前者有新陈代谢作用而后者没有。新陈代谢作用主要通过生命体中各种酶的活动实现。生物酶都是配合物。人体血液中输送 O_2 的血红素是铁的配合物。目前发现的生物酶有 2000 余种，有 1/3 含有各种金属元素，如羧肽酶含 Zn、磷脂酶含 Mg、Cu 和 Zn、氨肽酶含 Mg 和 Zn、钙蛋白酶含 Ca、铜蓝蛋白酶含 Cu。研究表明，大多数酶都要靠金属离子表现其活性，所有生物功能也都与金属离子配合物有关。研究这些金属配合物的性质和作用机理对揭示生命奥秘有非常重要的理论意义。对药学研究还有极重要的应用价值。例如，人体中必须金属含量失调或有害金属元素 Cd、Hg、Pb 等的积累都会引起疾病。EDTA 钙钠盐 $Na_2[Ca\text{-}EDTA]$、柠檬酸钠均可与 Pb^{2+} 形成可溶性的配合物迅速排除体外，是高效的铅解毒剂。有报道称配合物普鲁士蓝 $Fe_4[Fe(CN)_6]_3$ 可清除放射性物质铊 Tl，顺式二氯二氨合铂有显著的抗癌作用。目前，又研制出了二卤茂金属等第三代抗癌金属配合物。

（2）在分析化学中的应用

① 离子鉴定。许多金属离子的配合物有特殊反应，可用于该离子的鉴定：

$$4Fe^{3+} + 3[Fe(CN)_6]^{4-}（黄血盐） == Fe_4[Fe(CN)_6]_3 \downarrow （普鲁士蓝）$$

$$3Fe^{2+} + 2[Fe(CN)_6]^{3-}（赤血盐） == Fe_3[Fe(CN)_6]_2 \downarrow （滕氏蓝）$$

$$Fe^{3+} + nSCN^- == [Fe(SCN)_n]^{3-n}（血红色）$$

$$2Cu^{2+} + [Fe(CN)_6]^{4-}（黄血盐） == Cu_2[Fe(CN)_6] \downarrow （红棕色）$$

$$BiI_3（无色）+ KI == K[BiI_4]（暗棕色）$$

$$2Sb^{3+} + 3S_2O_3^{2-} == Sb_2OS_2 \downarrow （橙红色）+ 4SO_2 \uparrow$$

② 掩蔽滴定过程中的干扰离子等，在正文中已有论述。

（3）在冶金工业中的应用

冶金可分为火法冶金和湿法冶金（又称化学冶金）两种。但要制备高纯度的金属或从矿石中提取贵、稀金属则大多采用湿法冶金。前已述，金属与 CO 成羰基配合物，精馏后高温分解可得高纯度金属。从矿石中提取 Au、Ag 或许多稀有金属如 U 等均可利用配合反应。

$$4Au + 8NaCN + O_2 + 2H_2O == 4Na[Au(CN)_2] + 4NaOH$$

$$4Ag + 8NaCN + O_2 + 2H_2O == 4Na[Ag(CN)_2] + 4NaOH$$

再用 Zn 粉还原 Au： $2Na[Au(CN)_2] + Zn \stackrel{}{=\!=\!=} 2Au + Na_2[Zn(CN)_4]$

（4）在电镀工业中的应用

电镀时，若电镀液中的金属离子浓度过大，金属离子在镀件表面沉析速率会很快，镀层在镀件上的附着力会比较小、镀层结构松散、孔洞较多、表面粗糙、无光泽，不适合作表面保护或表面装饰。所以，电镀液中应加入强配位剂，使游离的金属离子浓度很低，金属离子的沉析速率变得很慢，使镀层牢固、紧密、平整、均匀、光亮。过去，在镀 Au、Cr 等时用 NaCN 作配位剂，效果很好。但 NaCN 剧毒，对环境污染也大。现在正在使用一些无氰电镀工艺。配合剂常用低毒的 1-羟基亚乙基-1,1-二膦酸（HEDP）等，但效果不及 NaCN。这方面的工作仍需继续研究。

习　题

7-1　写出下列各配合物或配离子的化学式。

（1）硫酸四氨合铜（Ⅱ）　　　　　　（2）一氯化二氯·三氨·一水合钴（Ⅲ）

（3）六氯合铂（Ⅳ）酸钾　　　　　　（4）四硫氰·二氨合铬（Ⅲ）酸铵

（5）二氰合银（Ⅰ）离子　　　　　　（6）二羟基·四水合铝（Ⅲ）离子

7-2　命名下列配合物或配离子（en 为乙二胺的简写符号）。

（1）$(NH_4)_3[SbCl_6]$　　　　　　　　（2）$[CrBr_2(H_2O)_4]Br \cdot 2H_2O$

（3）$[Co(en)_3]Cl_3$　　　　　　　　　（4）$[CoCl_2(H_2O)_4]Cl$

（5）$Li[AlH_4]$　　　　　　　　　　　（6）$[Cr(OH)(H_2O)(C_2O_4)(en)]$

（7）$[Co(NO_2)_6]^{3-}$　　　　　　　　（8）$[CoCl(NO_2)(NH_3)_4]^{+}$

7-3　指出下列配离子的形成体、配体、配位原子、配位数。

配　离　子	形　成　体	配　　体	配 位 原 子	配 位 数
$[Cr(NH_3)_6]^{3+}$				
$[Co(H_2O)_6]^{2+}$				
$[Al(OH)_4]^{-}$				
$[Fe(OH)_2(H_2O)_4]^{+}$				
$[PtCl_5(NH_3)]^{-}$				

7-4　有三种铂的配合物，用实验方法确定它们的结构，其结果如下，请填空。

物　　　质	Ⅰ	Ⅱ	Ⅲ
化学组成	$PtCl_4 \cdot 6NH_3$	$PtCl_4 \cdot 4NH_3$	$PtCl_4 \cdot 2NH_3$
溶液导电性	导电	导电	不导电
被 $AgNO_3$ 沉淀的 Cl^{-} 数	4	2	0
配合物的分子式			

7-5　试推断下列各配离子的中心离子的轨道杂化类型及其磁矩。

（1）$[Fe(CN)_6]^{4-}$　　（2）$[Mn(C_2O_4)_3]^{4-}$　　（3）$[Co(SCN)_4]^{2-}$

（4）$[Ag(NH_3)_2]^{+}$　　（5）$[SnCl_4]^{2-}$

7-6　若 Co^{3+} 的电子成对能 $E_p = 21000cm^{-1}$，F^{-} 的配位场分裂能 $\Delta_o = 13000cm^{-1}$，NH_3 分子的分裂能 $\Delta_o = 23000cm^{-1}$。判断 $[CoF_6]^{3-}$、$[Co(NH_3)_6]^{3+}$ 配离子的自旋状态。

7-7　计算 $Mn(Ⅲ)$ 离子在正八面体弱场和正八面体强场中的晶体场稳定化能。

7-8　预测下列各组形成的配离子的稳定性大小，并指出原因。

（1）Al^{3+} 与 F^{-} 或 Cl^{-} 配合　　　　（2）Pd^{2+} 与 RSH 或 ROH 配合

（3）Cu^{2+} 与 NH_3 或 CN^{-} 配合　　　（4）Hg^{2+} 与 Cl^{-} 或 CN^{-} 配合

（5）Cu^{2+} 与 NH_2CH_2COOH 或 CH_3COOH 配合

7-9　室温下，0.010mol 的 $Cu(NO_3)_2$ 溶于 1L 乙二胺溶液中，生成 $[Cu(en)_2]^{2+}$，由实验测得平衡时乙二胺的浓度为 $0.054mol \cdot L^{-1}$，求溶液中 Cu^{2+} 和 $[Cu(en)_2]^{2+}$ 的浓度。

7-10 0.1g 固体 AgBr 能否完全溶解于 100mL 1mol·L^{-1} 的氨水中?

7-11 从稳定化能大小预测下列电子构型的离子中,哪种离子容易形成四面体构型的配离子?

$$d^1 、 d^3 、 d^5 、 d^7 、 d^8$$

7-12 市售的用作干燥剂的蓝色硅胶,常掺有带蓝色的 Co^{2+} 与 Cl^- 的配合物,用久后变为粉红色则无效。写出:(1)蓝色配合物离子的化学式;(2)粉红色配合物离子的化学式;(3)Co^{2+} 的 d 电子数为多少?如何排布?(4)粉红色和蓝色配离子与水的有关反应式,并配平。

7-13 为何无水 $CuSO_4$ 粉末是白色的,$CuSO_4·5H_2O$ 晶体是蓝色的,$[Cu(NH_3)_4]SO_4·H_2O$ 是深蓝色的?

7-14 化合物 $K_2[SiF_6]$、$K_2[SnF_6]$ 和 $K_2[SnCl_6]$ 都为已知的,但 $K_2[SiCl_6]$ 却不存在,请解释。

7-15 试解释以下几种实验现象:

(1)HgS 为何能溶于 Na_2S 和 $NaOH$ 的混合溶液,而不溶于 $(NH_4)_2S$ 和 $NH_3·H_2O$ 的混合溶液?

(2)为何将 Cu_2O 溶于浓氨水中,得到的溶液为无色?

(3)为何 AgI 不能溶于浓氨水,却能溶于 KCN 溶液?

(4)为何 $AgBr$ 沉淀可溶于 KCN 溶液,但 Ag_2S 则不溶?

(5)为何 CdS 能溶于 KI 溶液?

7-16 已知 $[Co(NH_3)_6]^{2+}$ 的磁矩为 $4.2\mu_B$,试用价键理论阐述其配离子的轨道杂化类型、空间构型;画出该配离子的价层电子排布。

7-17 计算:

(1)$pH=5.0$ 时 EDTA 的酸效应系数 $\alpha_{Y(H)}$;

(2)此时 $[Y^{4-}]$ 在 EDTA 总浓度中所占的百分数是多少?

7-18 在 $pH=10.0$ 的氨缓冲溶液中,NH_3 的浓度为 $0.200mol·L^{-1}$。用 $0.0100mol·L^{-1}$ 的 EDTA 滴定 25.00mL $0.0100mol·L^{-1}$ 的 Zn^{2+} 溶液,计算滴定前溶液中游离的 $[Zn^{2+}]$。

7-19 计算溶液的 $pH=11.0$,氨的平衡浓度为 $0.10mol·L^{-1}$ 时的 α_{Zn} 值。

7-20 当溶液的 $pH=11.0$ 并含有 $0.0010mol·L^{-1}$ 的 CN^- 时,计算 lgK'_{HgY} 的值。

7-21 $pH=5$ 时,锌和 EDTA 配合物的条件稳定常数是多少?假设 Zn^{2+} 和 EDTA 的浓度均为 0.01 $mol·L^{-1}$(不考虑羟基配合物等副反应),能否用 EDTA 标准溶液滴定 Zn^{2+}?

7-22 计算用 $0.0100mol·L^{-1}$ 的 EDTA 标准溶液滴定同浓度的 Cu^{2+} 溶液的适宜 pH。

7-23 用蒸馏水和 NH_3-NH_4Cl 缓冲溶液稀释 1.00mL 的 Ni^{2+} 溶液,然后用 $0.01000mol·L^{-1}$ 的 EDTA 标准溶液 15.0mL 处理,过量的 EDTA 用 $0.01500mol·L^{-1}$ 的 $MgCl_2$ 标准溶液回滴,用去 4.37mL。计算原 Ni^{2+} 溶液的浓度。

7-24 分析铜锌镁合金,称取 0.5070g 试样,溶解后,定容成 100mL 试液。用移液管吸取 25mL,调至 $pH=6.0$,用 PAN 作指示剂,用 $0.05000mol·L^{-1}$ 的 EDTA 标准溶液滴定 Cu^{2+} 和 Zn^{2+},用去 37.30mL。另外又用移液管吸取 25mL 试液,调至 $pH=10.0$,加 KCN 掩蔽 Cu^{2+} 和 Zn^{2+}。用同浓度的 EDTA 标准溶液滴定,用去 4.10mL。然后加入甲醛解蔽 Zn^{2+},再用同浓度的 EDTA 标准溶液滴定,用去 13.40mL。计算试样中的铜、锌、镁的百分含量。

7-25 称取含 Fe_2O_3 和 Al_2O_3 的试样 0.2086g。溶解后,在 $pH=2.0$ 时,以磺基水杨酸为指示剂,加热至 50℃ 左右,以 $0.02036mol·L^{-1}$ 的 EDTA 标准溶液滴定至红色消失,消耗 EDTA 标准溶液 15.20mL。然后再加入上述 EDTA 标准溶液 25.00mL,加热煮沸,调节 $pH=4.5$,以 PAN 为指示剂,趁热用 $0.02012mol·L^{-1}$ 的 Cu^{2+} 标准溶液返滴定,用去 Cu^{2+} 标准溶液 8.16mL。计算试样中 Fe_2O_3 和 Al_2O_3 的百分含量。

7-26 试计算 Ni-EDTA 配合物在含有 $0.1mol·L^{-1}$ NH_3-$0.1mol·L^{-1}$ NH_4Cl 的缓冲溶液中的条件稳定常数。

7-27 在 $pH=5$ 的溶液中,以 $0.01mol·L^{-1}$ 的 EDTA 滴定同浓度的 Ni^{2+},分别计算滴定至 50%、100%、200% 时的 pNi 值。

7-28 在 $pH=5$ 的溶液中,以 $0.01mol·L^{-1}$ 的 EDTA 滴定同浓度的 Cd^{2+},计算在化学计量点前后 0.1% 时的 pCd 值。

7-29 若配制 EDTA 溶液的水中含有 Ca^{2+},下列情况对测定结果有何影响?

（1）用 $CaCO_3$ 作基准物质标定 EDTA，以二甲酚橙为指示剂，滴定溶液中的 Zn^{2+}。

（2）用金属锌作基准物质，用铬黑 T 作指示剂标定 EDTA，滴定溶液中的 Ca^{2+}。

（3）用金属锌作基准物质，用二甲酚橙作指示剂标定 EDTA，滴定溶液中的 Ca^{2+}。

7-30 称取含磷的试样 0.1000g，处理成试液并把磷沉淀为 $MgNH_4PO_4$，将沉淀过滤洗涤后，再溶解，并调节溶液的 pH=10.0，以铬黑 T 为指示剂，用 $0.01000mol \cdot L^{-1}$ 的 EDTA 标准溶液滴定溶液中的 Mg^{2+}，用去 20.00mL，求试样中 P 和 P_2O_5 的含量。

第8章　氧化还原反应与氧化还原滴定法

物质间进行有电子得失的化学反应称为氧化还原反应，氧化还原是共生的，是矛盾的两个方面，不存在单一的氧化反应或还原反应。

在氧化还原反应中得到电子的物质氧化数降低，为氧化剂，在反应过程中，它被还原了；失去电子的物质氧化数上升，为还原剂，在反应过程中，它被氧化了。

以氧化还原反应为基础的滴定法称为氧化还原滴定法。氧化还原滴定法既可用来直接滴定氧化性或还原性物质，也可用来间接滴定一些能与氧化性或还原性物质发生定量反应的物质。因此，氧化还原滴定法的应用十分广泛，特别适合于许多有机物的测定。

8.1　氧化还原方程式的配平

8.1.1　氧化数

1970 年，国际纯粹与应用化学联合会（IUPAC）确定了氧化数的定义。氧化数是某一元素的一个原子的荷电数。这个荷电数是由"化学键中的电子指定给电负性更大的原子"所决定的。氧化数可以是整数，也可以是分数。对一些常见的元素，一般状态下的氧化数有统一的规定。

① 单质的氧化数定义为 0，无论该单质由几个相同原子组成，如 Cu、Cl_2、P_4 等。

② 化合物分子为电中性，即分子中各原子的氧化数代数和为 0；在离子中，各原子的氧化数代数和为离子的电荷值。

③ 化合物中，一般规定：

氢原子的氧化数为 +1；但在 NaH 中，钠原子电负性比氢原子更小，只有一个核外电子提供给氢原子，Na 的氧化数为 +1，分子 NaH 为电中性，氢原子的氧化数只能为 -1。

氧原子的氧化数为 -2；但在 H_2O_2 中，氢原子只有一个核外电子可提供给氧原子，氢的氧化数为 +1，分子 H_2O_2 为电中性，氧的氧化数只能为 -1。

在超氧化合物如 KO_2 中，因为碱金属原子只有 1 个核外价电子可以提供给电负性更大的氧原子，所以碱金属的氧化数为 +1，分子 KO_2 为电中性，氧的氧化数只能为 -0.5。

在 O_2F_2 中，F 比氧电负性更强，电子向 F 偏离，F 的氧化数为 -1，O 的氧化数为 +1，同理，在 OF_2 中，氧的氧化数为 +2。

④ 在独立的离子中，氧化数为离子的电荷数。如 Cu^{2+} 中铜的氧化数为 +2；Na^+ 中钠的氧化数为 +1；而 Cl^- 中氯的氧化数为 -1。

⑤ 在共价化合物中，共用电子对偏向电负性大的原子，其氧化数为负值。另一个原子的氧化数为正值。如在 HCl 中，Cl 的电负性比氢大，共用电子对偏向 Cl，所以氯的氧化数为 -1，而氢的氧化数为 +1。

【例 8-1】　求 H_2SO_4 中 S 的氧化数。

解　设 H_2SO_4 中 S 的氧化数为 x，根据上述原则，氢的氧化数为 +1，氧的氧化数为 -2。则有
$$+1 \times 2 + x + (-2) \times 4 = 0$$
解得
$$x = +6$$
所以 H_2SO_4 中 S 的氧化数为 +6。

【例 8-2】 求 Fe_3O_4 中 Fe 的氧化数。

解 设 Fe_3O_4 中 Fe 的氧化数为 x，根据上述原则，氧的氧化数为 -2。则

$$3x+(-2)\times 4=0$$

解得：

$$x=+\frac{8}{3}$$

所以 Fe_3O_4 中 Fe 的氧化数为 $+8/3$。

需要注意的是，氧化数和化合价是不相同的两个概念。化合价是指微观世界中原子与原子间的键合情况，这些键可以是极性的，也可以是非极性的。极性键有电子对的偏向，可表现出氧化数。非极性键中没有电子对的偏向，不体现出氧化数。化合价是化学键的表征，化学键个数不可能是非整数。化合物中如含有多个同一元素的原子，则该元素的氧化数应是每个原子共用电子对偏离数的平均值，所以氧化数有可能为非整数。如 Fe_3O_4 中 Fe 原子的氧化数为 $+\frac{8}{3}$。化合价与氧化数可以相等，也可以不相等。

【例 8-3】 求甲烷 CH_4、乙烯 C_2H_4 和乙炔 C_2H_2 中 C 的氧化数。

解 设 CH_4、C_2H_4 和 C_2H_2 中 C 的氧化数分别为 x_1、x_2 和 x_3，则：

$$x_1+(+1)\times 4=0 \qquad x_1=-4$$
$$2x_2+(+1)\times 4=0 \qquad x_2=-2$$
$$2x_3+(+1)\times 2=0 \qquad x_3=-1$$

所以 CH_4、C_2H_4 和 C_2H_2 中 C 的氧化数分别为 -4、-2、-1。但 C 在上述三种化合物中的共价数为四价。不同的是 CH_4 中四根共价键全部是极性键，全部都有 -1 氧化数的贡献，所以 C 的氧化数为 -4。

C_2H_4 中每个 C 原子有两根共价键是在两个 C 之间的非极性键，电子不偏向任何一方，对氧化数没有贡献。只有两根共价键是在 C—H 之间的极性键，有 -1 氧化数的贡献，所以 C 的氧化数为 -2。

C_2H_2 中每个 C 原子有三根共价键是在两个 C 之间的非极性键，电子不偏向任何一方，对氧化数也没有贡献。只有一根共价键是在 C—H 之间的极性键，有 -1 氧化数的贡献，所以 C 的氧化数为 -1。

【例 8-4】 求三溴苯酚 $C_6H_2(OH)Br_3$ 中 C 的氧化数（在有机物中，卤素比碳的电负性大，电子对偏向卤素，所以，与碳相连的卤素的氧化数取 -1）。

解 设三溴苯酚 $C_6H_2(OH)Br_3$ 中 C 的氧化数为 x，根据上述原则，氧的氧化数为 -2；溴的氧化数为 -1；氢的氧化数为 $+1$。则

$$6x+(-2)\times 1+(-1)\times 3+(+1)\times 3=0$$

解得：

$$x=+\frac{1}{3}$$

所以 $C_6H_2(OH)Br_3$ 中 C 的氧化数为 $\frac{1}{3}$。

根据氧化数的概念，物质中某元素氧化数值下降，表明电子对向该元素原子偏移，可称其为得到电子，这种物质称为氧化剂。得到电子的过程称为还原。

物质中某元素氧化数值上升，表明电子对远离该元素原子，可称其为失去电子，这种物质称为还原剂。失去电子的过程称为氧化。

本书所讲的得电子或失电子既指完全地得到电子或失去电子后形成离子，也包括电子的偏移，而不论这种偏移的程度如何。

8.1.2 原电池

(1) 原电池的构成

原电池定义：可把化学能转化为电能的装置叫原电池。

将一块锌片放在硫酸铜溶液中，锌片慢慢溶解，红色的铜不断地沉析在锌片上。这表明铜离子和金属锌之间发生了氧化还原反应。电子从 Zn 转移至 Cu^{2+}：

$$Zn + Cu^{2+} === Zn^{2+} + Cu\downarrow \tag{8-1}$$

在上述反应中，电子从 Zn 转移至 Cu^{2+}。电子流动表明产生电流，电流方向与电子迁移方向相反。上述实验表明，化学反应产生的能量转化成了电能。

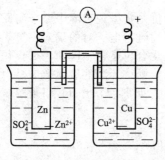

图 8-1　铜锌原电池

为了研究化学能是如何转化为电能，可设计如图 8-1 的装置：在一只烧杯中放入 $ZnSO_4$ 溶液，并插入锌片。在另一只烧杯中放入 $CuSO_4$ 溶液，并插入铜片。为了不让 Zn 与 Cu^{2+} 溶液直接接触，又要使电流流动。可在两烧杯中的溶液用一个充满饱和 KCl 溶液、倒置的 U 形管相连，这种 U 形管称为盐桥。两个装有电介质溶液的容器与盐桥就构成内电路。锌片和铜片间用导线连接就构成了外电路。外电路和内电路构成一个电流回路。这种装置称为原电池。

构成原电池正或负极的物质一定是由一种物质的高氧化数的氧化型与低氧化数的还原型构成，高氧化数的氧化型得到电子还原为其还原型，这一对因得或失电子而互变的物质称为电对，写成（氧化型）/（还原型）。例如：Zn^{2+} 与 Zn 就是一个电对，写成 Zn^{2+}/Zn。对于同一个物质，电对形式会因得或失电子数不同和条件变化而改变。

原电池使得式(8-1)反应的电子的无序流动变为沿电回路的有序流动，就产生了电流。

回路接通后，Zn 给出电子，不断溶解：

$$Zn - 2e^- === Zn^{2+} \tag{8-2}$$

Cu^{2+} 不断得到电子，在 Cu 上沉积：

$$Cu^{2+} + 2e^- === Cu \tag{8-3}$$

此时，外电路上的电流计会发生偏转，说明有电流通过。

在外电路，电子从 Zn 极流向 Cu 极，电流方向相反。所以，Cu 是原电池正极，Zn 是负极。Cu^{2+} 得到电子，是氧化剂；相反，Zn 失去电子是还原剂。

盐桥除了构成电池的回路外，还能使两极的溶液保持电荷平衡。随着原电池反应的进行，$ZnSO_4$ 溶液中 Zn^{2+} 的浓度增加，溶液将呈正电性；$CuSO_4$ 溶液中 Cu^{2+} 不断形成 Cu 析出，Cu^{2+} 浓度减少，溶液将呈负电性。如此，Zn 放出的带负荷的电子就会与 $ZnSO_4$ 溶液中的正电荷中和，而不会流向正极，Cu^{2+} 也不能形成 Cu 析出。电流中断，原电池失效。

加上盐桥后，盐桥中的 K^+ 流向 $CuSO_4$ 溶液，Cl^- 流向 $ZnSO_4$ 溶液，维持 $CuSO_4$ 溶液和 $ZnSO_4$ 溶液保持电中性，电流就能连续产生。

(2) 原电池的表达式和原电池的反应式

① 原电池的表达式

原电池是由两个半电池组成的。以铜锌原电池为例，Zn 和 $ZnSO_4$ 溶液组成负极半电池；Cu 和 $CuSO_4$ 溶液组成正极半电池。为了表达方便清晰，原电池可用符号组成的表达式表达而无须画图或用文字进行说明。铜锌原电池的表达式为：

$$(-)Zn | ZnSO_4(c_1) \,\|\, CuSO_4(c_2) | Cu(+) \tag{8-4}$$

负极写在左边，正极写在右边。用"$|$"表示固-液相的界面；用"$\|$"表示盐桥；盐桥的两边是半电池的组成溶液；括号内是溶液的浓度。

② 原电池的反应式

一个原电池，在负极进行氧化反应；在正极进行还原反应。原电池总反应则为两极反应之和。反应式为：

正极	（＋） $Cu^{2+} + 2e^- \rightleftharpoons Cu$	还原反应，Cu^{2+} 被还原为 Cu	(8-5)
负极	（－） $Zn - 2e^- \rightleftharpoons Zn^{2+}$	氧化反应，Zn 被氧化为 Zn^{2+}	(8-6)
总反应式	$Zn + Cu^{2+} \rightleftharpoons Zn^{2+} + Cu$	氧化还原反应	(8-7)

8.1.3 氧化还原方程式的配平

氧化还原反应是比较复杂的反应，因为要涉及电子的转移、化学键性质的改变和化学键个数的增减，甚至结构的改变。氧化还原反应的本质是电子从还原剂转移至氧化剂。这个电子转移过程会因化学反应的介质、反应条件的不同而不同。pH 值、温度、浓度都会影响产物。即使产物已知（由实验决定，而不仅依据理论推导），其反应方程式也是复杂的。有不少方程式很难用直观法配平。

配平氧化还原反应方程式是从氧化还原反应的本质出发的。氧化还原反应的本质是电子从还原剂流向氧化剂。这就是原电池的原理。

配平氧化还原反应方程式可以虚拟一个原电池而不论这个原电池有无可能实现或合乎常理否。虚拟原电池的正极发生还原半反应，虚拟原电池的负极发生氧化半反应。两个半反应之和便是整个氧化还原反应方程式。

(1) 配平氧化还原反应方程式的基本原则

① 氧化还原反应体系应呈电中性，即氧化剂得到的电子数与还原剂失去的电子数相等。氧化还原反应方程式两边的电荷代数值应相等。

② 参加氧化还原反应的化合物中至少有一个元素应有两个以上的氧化数存在。这个元素处于最高氧化数时，它不能作还原剂，只能作氧化剂。如高氯酸中 $HClO_4$ 的 Cl 氧化数为 $+7$，$HClO_4$ 只能作氧化剂。$KMnO_4$ 中的 Mn、$K_2Cr_2O_7$ 中的 Cr、$(NH_4)_2S_2O_8$ 中的 S 都是同样的例子。

元素氧化数处于最低氧化数时，它只能作还原剂，而不能作氧化剂。如各种金属单质 Fe、Zn。尤其碱金属和碱土金属单质、单质 C 等氧化数为 0，处于最低氧化数，都只能作还原剂。

氧化数处于中间状态的物质，应视另一个反应物中的反应元素而定。如 I_2 中的 I 氧化数为 0，I^- 氧化数为 -1；IO_3^- 中的 I 氧化数为 $+5$。所以 I_2 与更强的氧化剂反应，它作还原剂，可被氧化成氧化数为 $+5$ 的 IO_3^-，甚至可被氧化成氧化数为 $+7$ 的 IO_4^-。I_2 与更强的还原剂反应，它作为氧化剂，I_2 可被还原为 I^-。

③ 氧化还原反应若在溶液中进行，产物中的氧原子少于反应物中的氧原子，一般可在酸性介质（H^+）中反应，产物一定有 H_2O。如大多数含氧酸氧化剂，如 $KMnO_4$、$K_2Cr_2O_7$ 等。

若在中性中（介质为 H_2O），产物必有 OH^-。如 $AsO_4^{3-} \rightarrow AsO_2^-$ 的反应。根据化学平衡原理，酸性介质会使大多数含氧酸氧化性更强。一般不可能在碱性中进行。

④ 产物中氧原子多于反应物，则介质大多为碱性（OH^-），产物一定有 H_2O，如 I_2 被氧化为 IO_3^- 等。若在中性介质中（H_2O），产物必有 H^+。

⑤ 氧化还原反应方程式平衡时，方程式两边不仅物质的量要相等，电荷也必须相等。因为氧化还原反应的本质是电子从还原剂流向氧化剂，所以，平衡方程应先从电荷守恒出发，再使物质的量守恒。例如：

$$MnO_4^- + Fe^{2+} + 8H^+ \longrightarrow Mn^{2+} + Fe^{3+} + 4H_2O \qquad (8-8)$$

式(8-8)，从物质的量看已平衡了，但电荷数没有平衡，左边有 9 个正电荷，而右边只有 5 个正电荷，所以反应方程式并未配平。

(2) 氧化还原反应方程式配平方法与步骤

① 虚拟一个原电池，氧化剂构成正极，还原剂构成负极。例如 $MnO_4^- + Fe^{2+}$ 的反应，

MnO_4^- 中 Mn 的氧化数为 +7，是最高态，作氧化剂，Fe^{2+} 作还原剂。

虚拟一个原电池，在强酸介质中：

$$(-)Pt|Fe^{2+}、Fe^{3+} \; \| \; MnO_4^-、H^+、Mn^{2+}|Pt(+) \tag{8-9}$$

写出正、负极的电对反应，包括介质条件。

负极反应
$$Fe^{2+}-e^- = Fe^{3+} \tag{8-10}$$

正极反应
$$MnO_4^- +8H^+ +5e^- = Mn^{2+} +4H_2O \tag{8-11}$$

产物 Mn^{2+} 比反应物 MnO_4^- 的氧原子少，所以在酸性介质中反应，产物中有 H_2O。

在中性或弱酸性介质中，产物不一样，电对也不一样。正极发生的还原反应也不一样：

在中性或弱酸性中
$$MnO_4^- +3e^- +4H^+ = MnO_2 +2H_2O \tag{8-12}$$

在强碱性介质中
$$MnO_4^- +e^- = MnO_4^{2-} \tag{8-13}$$

配平氧化还原反应方程式只是虚拟地借用原电池的概念，理解氧化还原反应的本质。了解这一点后，再配平氧化还原反应方程式时，则不必再去虚构原电池。只要写出氧化剂的还原半反应和还原剂的氧化半反应即可。

② 找出两个电极电对反应中得或失电子数的最小公倍数。每个反应方程式两边乘以最小公倍数与该反应得或失电子数的商。使两个反应的得失电子数相等。如上例中，最小公倍数为 5，正极反应方程式(8-11) 两边乘以 1，负极反应方程式(8-10) 两边乘以 5。得到扩张后的反应方程式：

$$MnO_4^- +8H^+ +5e^- = Mn^{2+} +4H_2O \tag{8-14}$$

$$5Fe^{2+} -5e^- = 5Fe^{3+} \tag{8-15}$$

③ 用扩张后的正极反应方程式加扩张后的负极反应方程式，消去电子。上例中，用式(8-14)＋式(8-15) 得

$$MnO_4^- +8H^+ +5e^- +5Fe^{2+} -5e^- = Mn^{2+} +4H_2O +5Fe^{3+} \tag{8-16}$$

④ 移项、合并同类项、简化方程式：

$$MnO_4^- +8H^+ +5Fe^{2+} = Mn^{2+} +5Fe^{3+} +4H_2O \tag{8-17}$$

式(8-17) 已达平衡，电荷守恒，物质的量也守恒。从步骤②和③知，平衡氧化还原反应方程式应从电荷守恒入手。

【例 8-5】 平衡反应方程式 $As_2S_3 +HNO_3 \longrightarrow H_2SO_4 +H_3AsO_4 +NO$ (8-18)

解 反应式(8-18) 中反应物 HNO_3 的 N 的氧化数是 +5，产物 NO 的 N 的氧化数是 +2。氧化数降低，是氧化剂。1mol 的 HNO_3 得到 3mol 电子。其反应是氧原子减少且 HNO_3 本身是酸，产物中也有 H_2O：

$$HNO_3 +3H^+ +3e^- = NO\uparrow +2H_2O \tag{8-19}$$

反应式(8-18) 中另一个反应物 As_2S_3 中 S 的电负性比 As 强，所以氧化数为负值。As_2S_3 中 S 的氧化数是 -2，产物 H_2SO_4 中的 S 的氧化数是为 +6。氧化数上升，是还原剂。1mol 的 S 失去 8mol 电子，3mol 的 S 失去 24mol 电子，产物的氧原子增加，应有 OH^- 参加。

As_2S_3 中 As 的氧化数是 +3，产物 H_3AsO_4 中的 As 的氧化数是 +5。氧化数上升，也是还原剂，1mol 的 As 失去 2mol 电子，2mol 的 As 失去 4mol 电子，所以 1mol 的 As_2S_3 在整个反应中会失去 28mol 电子。产物的氧原子也是增加的，应有 OH^- 参加。每 2mol 的 OH^- 生成 1mol H_2O，便会给生成物提供 1mol 氧原子。2mol 的 As 生成 2mol 的 H_3AsO_4 需增加 8mol 的 O，但 2mol 的 H_3AsO_4 又增加 6mol 的 H，所以需要 6mol 的 OH^- 和 2mol 的 O；同理 3mol 的 S 生成 3mol 的 H_2SO_4 需 6mol 的 OH^- 和 6mol 的 O。共需要 12mol 的 OH^- 和 8mol 的 O，则需 12+8（需 O 原子数）×2＝28mol 的 OH^-，并生成 8mol 的 H_2O：

$$As_2S_3 - 28e^- + 28OH^- \Longrightarrow 3H_2SO_4 + 2H_3AsO_4 + 8H_2O \tag{8-20}$$

3 和 28 的公倍数为 84。式(8-19) 两边乘以 84÷3＝28：

$$28HNO_3 + 84H^+ + 84e^- \Longrightarrow 28NO\uparrow + 56H_2O \tag{8-21}$$

式(8-20) 两边乘以 84÷28＝3：

$$3As_2S_3 - 84e^- + 84OH^- \Longrightarrow 9H_2SO_4 + 6H_3AsO_4 + 24H_2O \tag{8-22}$$

式(8-21) ＋式(8-22)，消去电子：

$$28HNO_3 + 84H^+ + 3As_2S_3 + 84OH^- \Longrightarrow 28NO\uparrow + 56H_2O + 9H_2SO_4 + 6H_3AsO_4 + 24H_2O \tag{8-23}$$

84 个 H^+ 加 84 个 OH^- 形成 84 个 H_2O，合并同类项：

$$28HNO_3 + 3As_2S_3 + 4H_2O \Longrightarrow 28NO\uparrow + 9H_2SO_4 + 6H_3AsO_4 \tag{8-24}$$

【例 8-6】 完成反应方程式 $ClO^- + I_2 \longrightarrow Cl^- + IO_3^-$

解 按上述规则，ClO^- 是氧化剂，反应 $ClO^- \longrightarrow Cl^-$ 是减 O 原子反应，所以：

$$ClO^- + 2H^+ + 2e^- \Longrightarrow Cl^- + H_2O \tag{8-25}$$

I_2 是还原剂，反应 $I_2 \longrightarrow IO_3^-$ 是 O 原子增加反应，应在 OH^- 介质中进行：

$$I_2 - 10e^- + 12OH^- \Longrightarrow 2IO_3^- + 6H_2O \tag{8-26}$$

式(8-25)×5 得

$$5ClO^- + 10H^+ + 10e^- \Longrightarrow 5Cl^- + 5H_2O \tag{8-27}$$

式(8-26)＋式(8-27)：

$$5ClO^- + 10H^+ + I_2 + 12OH^- \Longrightarrow 5Cl^- + 5H_2O + 2IO_3^- + 6H_2O \tag{8-28}$$

所以

$$5ClO^- + I_2 + 2OH^- \Longrightarrow 2IO_3^- + 5Cl^- + H_2O \tag{8-29}$$

【例 8-7】 完成反应方程式 $P_4 + ClO^- \longrightarrow H_2PO_4^- + Cl^-$

解

$$ClO^- + 2H^+ + 2e^- \Longrightarrow Cl^- + H_2O \tag{8-30}$$

P_4 是还原剂，氧化数由 0 增至 +5，失去 20 个电子，是氧原子增加反应，必有 OH^- 参加反应：

$$P_4 - 20e + 24OH^- \Longrightarrow 4H_2PO_4^- + 8H_2O \tag{8-31}$$

式(8-30)×10 得

$$10ClO^- + 20H^+ + 20e^- \Longrightarrow 10Cl^- + 10H_2O \tag{8-32}$$

式(8-31)＋式(8-32)：

$$10ClO^- + 20H^+ + P_4 + 24OH^- \Longrightarrow 10Cl^- + 10H_2O + 4H_2PO_4^- + 8H_2O \tag{8-33}$$

所以

$$10ClO^- + P_4 + 4OH^- + 2H_2O \Longrightarrow 10Cl^- + 4H_2PO_4^- \tag{8-34}$$

8.2 电极电位

物质的氧化能力或还原能力的强弱可用其电极电位来度量。

8.2.1 标准电极电位

(1) 电极电位

原电池的回路闭合后，会有电流通过。在外电路，电流从正极流向负极，这表明正负极之间一定存在电位差，正极的电位比负极高。

电位是势能，只能相比较而存在，只有相对值。无法测出单个电极的电位绝对值。只能选择某一电极作参比与待测电极组成原电池，才能测出待测电极与参比电极的电位差。若以某物质为原电池的一极，将其电位值定义为 0。待测物组成另一极，两极间的电位差代数值就是该物质的电极电位。

(2) 标准氢电极

在标准状态下，即温度为 298.15K、氢气的压力为 101.325kPa、溶液中氢离子的活度

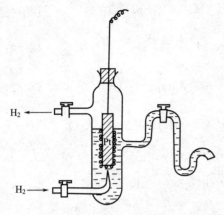

图 8-2　标准氢电极的结构

为 1mol·L⁻¹ 的氢电极的电极电位定义为 0。此状态下的氢电极称为标准氢电极。

如图 8-2 所示的是标准氢电极的结构。将镀了一层蓬松铂黑的铂片浸入氢离子的活度为 1mol·L⁻¹ 的溶液中，在 298.15K 时，从下方不断通入压力为 101.325kPa 的纯氢气，铂黑吸收氢气直至饱和。溶液中的氢离子与氢气建立下列平衡：

$$2H^+ + 2e^- \longrightarrow H_2 \tag{8-35}$$

此时，在铂片上的氢与溶液中氢离子之间产生的平衡电极电位，电对 H^+/H_2 的电极电位称为标准氢电极的电极电位，记作 $\varphi^{\ominus}_{H^+/H_2} = 0$。

（3）标准电极电位测定

在标准状态下，将被测物质电极与标准氢电极组成原电池，测试原电池的标准电动势 $E^{\ominus}$：

$$E^{\ominus} = \varphi^{\ominus}_{正} - \varphi^{\ominus}_{负} \tag{8-36}$$

由 $E^{\ominus}$ 的值便可计算出被测物质的电极电位。例如测 Zn 的标准电极电位：在 298.15K 时，将锌片浸在锌离子活度为 1mol·L⁻¹ 的溶液中，与标准氢电极组成原电池。在该原电池中，外电路电流由氢电极流向锌电极，表明氢电极是正极，锌电极是负极。并测得电动势的值 $E^{\ominus} = 0.76V$。

$$(-)Zn|Zn^{2+}(1mol·L^{-1}) \;\|\; H^+(1mol·L^{-1}), H_2(101.325kPa)|Pt(+)$$

所以

$$E^{\ominus} = \varphi^{\ominus}_{H^+/H_2} - \varphi^{\ominus}_{Zn^{2+}/Zn}$$

$$\varphi^{\ominus}_{Zn^{2+}/Zn} = \varphi^{\ominus}_{H^+/H_2} - E^{\ominus} = 0 - 0.76 = -0.76V$$

测 Cu 电极的标准电极电位，可在 298.15K 时，将铜片浸在铜离子活度为 1mol·L⁻¹ 的溶液中，与标准氢电极组成原电池。在该原电池中，外电路电流由铜电极流向氢电极，表明氢电极是负极，铜电极是正极。并测得电动势的值 $E^{\ominus} = 0.34V$。

$$(-)Pt|H_2(101.325kPa), H^+(1mol·L^{-1}) \;\|\; Cu^{2+}(1mol·L^{-1})|Cu(+) \tag{8-37}$$

所以

$$\varphi^{\ominus}_{Cu^{2+}/Cu} = E^{\ominus} - \varphi^{\ominus}_{H^+/H_2} = 0.34 - 0 = 0.34V$$

由于电极电位全部是指还原电位，即得电子的能力。所以电极电位越高，表明该电对的氧化态得电子能力越强，即越容易被还原，氧化态物质的氧化性越强，越容易作氧化剂。

电极电位越低，表明该电对的氧化态得电子能力越弱或还原态失电子能力越强，即越容易被氧化，还原态物质的还原性越强，越容易作还原剂。由上两例可知，Cu^{2+} 的氧化性比 Zn^{2+} 强得多。附录 3 和表 8-1 列出了一些物质的标准电极电位。

表 8-1　部分电对的标准电极电位　(298.15K)

电对(氧化态/还原态)	电极反应(氧化态 $+ne \Longleftrightarrow$ 还原态)	标准电极电位 $\varphi^{\ominus}/V$
K^+/K	$K^+ + e^- \Longleftrightarrow K$	-2.931
Zn^{2+}/Zn	$Zn^{2+} + 2e^- \Longleftrightarrow Zn$	-0.7618
Fe^{2+}/Fe	$Fe^{2+} + 2e^- \Longleftrightarrow Fe$	-0.447
Ni^{2+}/Ni	$Ni^{2+} + 2e^- \Longleftrightarrow Ni$	-0.257
Pb^{2+}/Pb	$Pb^{2+} + 2e^- \Longleftrightarrow Pb$	-0.1262
H^+/H_2	$2H^+ + 2e^- \Longleftrightarrow H_2$	0.0000
Cu^{2+}/Cu	$Cu^{2+} + 2e^- \Longleftrightarrow Cu$	0.3419
I_2/I^-	$I_2 + 2e^- \Longleftrightarrow 2I^-$	0.5355

电对(氧化态/还原态)	电极反应(氧化态$+ne$$\Longrightarrow$还原态)	标准电极电位$\varphi^{\ominus}$/V
Fe^{3+}/Fe^{2+}	$Fe^{3+}+e^-\Longrightarrow Fe^{2+}$	0.771
Ag^+/Ag	$Ag^++e^-\Longrightarrow Ag$	0.7990
Br_2/Br^-	$Br_2+2e^-\Longrightarrow 2Br^-$	1.006
O_2/H_2O	$O_2+2H^++2e^-\Longrightarrow 2H_2O$	1.229
Cl_2/Cl^-	$Cl_2+2e^-\Longrightarrow 2Cl^-$	1.35827
H_2O_2/H_2O	$H_2O_2+2H^++2e^-\Longrightarrow 2H_2O$	1.776
F_2/F^-	$F_2+2e^-\Longrightarrow 2F^-$	2.866

由于标准氢电极制作麻烦，氢气的净化、压力控制等都相当困难，铂黑容易中毒失效。所以直接用标准氢电极进行电极电位测试极为不方便。实际工作中，常选择一些电极制作简单、操作方便、电极电位稳定的电极与被测物质电极组成电池进行测定。这种电极称为参比电极。常用的参比电极有甘汞电极、银-氯化银电极等。

例如，饱和甘汞电极的电极电位$\varphi_{参比}=+0.2438V$。即：

$$\varphi_{参比}-\varphi^{\ominus}_{H^+/H_2}=0.2438V$$

用其测铜电极电位，外电路电流方向表明铜电极为正极，饱和甘汞电极为负极。测得$E^{\ominus}=0.10V$。

所以

$$\varphi^{\ominus}_{Cu^{2+}/Cu}-\varphi_{参比}=\varphi^{\ominus}_{Cu^{2+}/Cu}-(0.2438+\varphi^{\ominus}_{H^+/H_2})=0.10$$

$$\varphi^{\ominus}_{Cu^{2+}/Cu}=0.10+0.2438+\varphi^{\ominus}_{H^+/H_2}=0.10+0.2438+0=0.34V$$

电极电位是强度性质、对同一个电极反应过程无加和性，即不论电极反应方程式两边乘以任何实数，电极电位φ不变。例如：

$$Cu^{2+}+2e^-\Longrightarrow Cu \qquad \varphi^{\ominus}_{Cu^{2+}/Cu}=0.34V$$

$$2Cu^{2+}+4e^-\Longrightarrow 2Cu \qquad \varphi^{\ominus}_{Cu^{2+}/Cu}=0.34V$$

$$\frac{1}{2}Cu^{2+}+e^-\Longrightarrow 1/2Cu \qquad \varphi^{\ominus}_{Cu^{2+}/Cu}=0.34V$$

电极电位值与电极反应的方向无关，即对任一电极反应，无论其氧化态物质作氧化剂还是还原态物质作还原剂，其电极电位的代数值不变。

8.2.2 能斯特方程

标准电极电位是在标准条件即温度为298.15K、溶液中有关离子的活度均为$1mol\cdot L^{-1}$或气体的分压均力为101.325kPa时的测定值。因此，电极电位的大小和使用时的温度、溶液浓度（活度）或气体的压力有关。使用时的条件改变时，电极电位也会随之变化。

由于实验可在常温下进行或实验整个过程温度变化不大，且正负极处在相同温度下，也可抵消一部分系统的影响。一般可将温度考虑为298.15K。

在原电池中：

$$负极（-）\qquad Zn-2e^-\Longrightarrow Zn^{2+} \tag{8-38}$$

在反应过程中$[Zn^{2+}]$越来越大，负极的电位一定会发生变化。

$$正极（+）\qquad Cu^{2+}+2e^-\Longrightarrow Cu \tag{8-39}$$

在反应过程中$[Cu^{2+}]$越来越小，正极的电位也一定会发生变化。

对于任一电极反应：

$$氧化态+ne^-\Longrightarrow 还原态 \tag{8-40}$$

其瞬时电极电位与电极氧化态和还原态浓度的关系是：

$$\varphi=\varphi^{\ominus}+\frac{RT}{nF}\ln\frac{c(氧化态)}{c(还原态)} \tag{8-41}$$

式中，$\varphi^{\ominus}$ 为标准电极电位；R 为热力学常数，$R = 8.314 J \cdot mol^{-1} \cdot K^{-1}$；$T$ 为绝对温度，K；F 为法拉第常数，$F = 96480 C \cdot mol^{-1}$；$n$ 为氧化还原过程中 1mol 的氧化剂得到的电子摩尔数或 1mol 还原剂失去的电子摩尔数。

若 $T = 298.15 K$，并将自然对数换成常用对数：

$$\varphi = \varphi^{\ominus} + \frac{0.0592}{n} \lg \frac{c(氧化态)}{c(还原态)} \tag{8-42}$$

式(8-41) 和式(8-42) 都称为能斯特方程。当浓度均为 $1 mol \cdot L^{-1}$ 的标准状态时 $\varphi = \varphi^{\ominus}$。所谓氧化态浓度 c（氧化态）是指参加还原反应方程式左边所有反应物的浓度幂积，包括介质。如 H^+、OH^- 等。所谓还原态浓度 c（还原态）是指参加还原反应方程式右边所有产物的浓度幂积，包括介质，如 H^+、OH^- 等。若是气体则用气体标准分压即 $\frac{p}{101.325 kPa}$。固体和溶剂活度则定义为 1。这和化学平衡常数的规则一样。不是单指氧化剂或还原剂的浓度。

【例 8-8】 已知 $Zn^{2+} + 2e^- \rightleftharpoons Zn$，$\varphi^{\ominus}_{Zn^{2+}/Zn} = -0.76 V$，求 $c(Zn^{2+}) = 0.0100 mol \cdot L^{-1}$ 时的电极电位。

解 根据能斯特方程，有

$$\varphi_{Zn^{2+}/Zn} = \varphi^{\ominus}_{Zn^{2+}/Zn} + \frac{0.0592}{2} \lg \frac{0.0100}{1} = -0.76 + \frac{0.0592}{2} \times (-2) = -0.819 \ (V)$$

【例 8-9】 已知 298.15K、$p_{H_2} = 101.325 kPa$ 及中性溶液中氢电极反应为 $2H^+ + 2e \rightleftharpoons H_2$，求该氢电极的电极电位。

解 根据能斯特方程，有

$$\varphi_{H^+/H_2} = \varphi^{\ominus}_{H^+/H_2} + \frac{0.0592}{2} \lg \frac{[c(H^+)]^2}{\dfrac{101.325 kPa}{101.325 kPa}}$$

中性溶液中 $c(H^+) = 10^{-7}$，所以

$$\varphi_{H^+/H_2} = 0 + \frac{0.0592}{2} \times \lg (10^{-7})^2 = -0.41 (V)$$

【例 8-10】 已知 $MnO_4^- + 8H^+ + 5e^- \rightleftharpoons Mn^{2+} + 4H_2O$，$\varphi^{\ominus}_{MnO_4^-/Mn^{2+}} = 1.51 V$，求 $c(MnO_4^-) = c(Mn^{2+}) = 1.00 mol \cdot L^{-1}$ 及 $c(H^+) = 1.00 \times 10^{-5} mol \cdot L^{-1}$ 时的电极电位。

解 根据能斯特方程，有

$$\varphi_{MnO_4^-/Mn^{2+}} = \varphi^{\ominus}_{MnO_4^-/Mn^{2+}} + \frac{0.0592}{5} \lg \frac{c(MnO_4^-)[c(H^+)]^8}{c(Mn^{2+})}$$

$c(MnO_4^-) = c(Mn^{2+}) = 1.00 mol \cdot L^{-1}$，$c(H^+) = 1.00 \times 10^{-5} mol \cdot L^{-1}$

则

$$\varphi_{MnO_4^-/Mn^{2+}} = 1.51 + \frac{0.0592}{5} \times \lg \frac{1.00 \times (10^{-5})^8}{1.00} = 1.04 \ (V)$$

【例 8-11】 已知 $\varphi^{\ominus}_{Ag^+/Ag} = 0.799 V$，$K_{sp}(AgCl) = 1.80 \times 10^{-10}$，求电极电位 $\varphi^{\ominus}_{AgCl/Ag}$。

解 可虚拟一个原电池：

$$\begin{array}{ll} (-) \quad Ag + Cl^- - e^- \rightleftharpoons AgCl & 即时电极电位 \varphi(AgCl/Ag) \end{array} \tag{8-43}$$

$$\begin{array}{ll} (+) \quad Ag^+ + e^- \rightleftharpoons Ag & 即时电极电位 \varphi(Ag^+/Ag) \end{array} \tag{8-44}$$

$$\begin{array}{ll} 总反应 \quad Ag^+ + Cl^- \rightleftharpoons AgCl & 无电子得失，此时电极电位 = 0 \end{array}$$

所以

$$\varphi_{Ag^+/Ag} - \varphi_{AgCl/Ag} = 0 \tag{8-45}$$

即

$$\varphi_{Ag^+/Ag} = \varphi_{AgCl/Ag} \tag{8-46}$$

根据能斯特方程，有

$$\varphi_{AgCl/Ag} = \varphi_{AgCl/Ag}^{\ominus} + 0.0592 \lg \frac{1}{[Cl^-]}$$

$$\varphi_{Ag^+/Ag} = \varphi_{Ag^+/Ag}^{\ominus} + 0.0592 \lg [Ag^+]$$

则
$$\varphi_{AgCl/Ag}^{\ominus} + 0.0592 \lg \frac{1}{[Cl^-]} = \varphi_{Ag^+/Ag}^{\ominus} + 0.0592 \lg [Ag^+]$$

$$\begin{aligned}
\varphi_{AgCl/Ag}^{\ominus} &= \varphi_{Ag^+/Ag}^{\ominus} + 0.0592 \lg [Ag^+] - 0.0592 \lg \frac{1}{[Cl^-]} \\
&= \varphi_{Ag^+/Ag}^{\ominus} + 0.0592 \lg ([Ag^+][Cl^-]) \\
&= \varphi_{Ag^+/Ag}^{\ominus} + 0.0592 \lg K_{sp}(AgCl) \\
&= 0.799 + 0.0592 \lg (1.80 \times 10^{-10}) = 0.222 (V)
\end{aligned}$$

因为氧化型 Ag^+ 发生沉淀，浓度变小，所以电极电位下降，氧化性减弱。

【例 8-12】 已知 $\varphi_{Cu^{2+}/Cu^+}^{\ominus} = 0.158V$，$K_{sp}(CuI) = 1.10 \times 10^{-12}$，求 $\varphi_{Cu^{2+}/CuI}^{\ominus}$。

解 虚拟一个原电池：

$$(+) \quad Cu^{2+} + e^- \Longrightarrow Cu^+ \qquad 即时电位 \varphi_{Cu^{2+}/Cu^+}$$
$$(-) \quad CuI - e^- \Longrightarrow Cu^{2+} + I^- \qquad 即时电位 \varphi_{Cu^{2+}/CuI}$$

总反应 $\quad CuI \Longrightarrow Cu^+ + I^- \quad$ 无电子得失，即时电极电位 $= 0$

$$\varphi_{Cu^{2+}/Cu^+} - \varphi_{Cu^{2+}/CuI} = 0$$

根据能斯特方程，有

$$\varphi_{Cu^{2+}/Cu^+} = \varphi_{Cu^{2+}/Cu^+}^{\ominus} + 0.0592 \lg \frac{[Cu^{2+}]}{[Cu^+]}$$

$$\varphi_{Cu^{2+}/CuI} = \varphi_{Cu^{2+}/CuI}^{\ominus} + 0.0592 \lg ([I^-][Cu^{2+}])$$

则
$$\begin{aligned}
\varphi_{Cu^{2+}/CuI}^{\ominus} &= \varphi_{Cu^{2+}/Cu^+}^{\ominus} + 0.0592 \lg \frac{[Cu^{2+}]}{[Cu^+]} - 0.0592 \lg ([I^-][Cu^{2+}]) \\
&= \varphi_{Cu^{2+}/Cu^+}^{\ominus} - 0.0592 \lg \frac{[I^-][Cu^{2+}][Cu^+]}{[Cu^{2+}]} \\
&= \varphi_{Cu^{2+}/Cu^+}^{\ominus} - 0.0592 \lg K_{sp}(CuI) \\
&= 0.158 - 0.0592 \lg (1.10 \times 10^{-12}) = 0.866 (V)
\end{aligned}$$

因为还原型 Cu^+ 发生了沉淀，浓度变小，所以电极电位上升，还原性减弱，氧化性增强。0.866V 比 $\varphi^{\ominus}(I_2/I^-) = 0.535V$ 高，所以 Cu^{2+} 可将 I^- 氧化成 I_2。

$$2Cu^{2+} + 4I^- \Longrightarrow 2CuI \downarrow + I_2 \tag{8-47}$$

该反应很重要，是可用于滴定分析的氧化还原反应。

8.2.3 条件电极电位

从能斯特方程的定义看，电极电位与活度有关。当溶液浓度较小时，溶液的离子强度较小，活度系数 $\gamma \approx 1$，用浓度代替活度 a 计算电极电位 φ 误差不大，可满足实际要求。当溶液浓度较大时，溶液的离子强度也大，γ 变得更小，用浓度计算 φ 将引起较大误差，应该用活度 $a = \gamma c$ 计算。复杂体系中，氧化（还原）态物质的存在形式也会因水解、配位等副反应而多种多样，有效浓度 $c' = c(总浓度)/\alpha_{Ox(Red)}$ 会更小，可在更大程度上影响电极电位。有效浓度是指电极反应式中显现的存在形式的浓度。氧化数相同但存在形式与电极反应式所列形式不同，不能计入有效浓度。所以

$$\varphi = \varphi^{\ominus} + \frac{0.0592}{n} \lg \frac{c(氧化态)}{c(还原态)} = \varphi^{\ominus} + \frac{0.0592}{n} \lg \frac{\dfrac{\gamma_{Ox} c_{Ox}}{\alpha_{Ox}}}{\dfrac{\gamma_{Red} c_{Red}}{\alpha_{Red}}}$$

$$= \varphi^{\ominus} + \frac{0.0592}{n} \lg \frac{\dfrac{\gamma_{Ox}}{\alpha_{Ox}}}{\dfrac{\gamma_{Red}}{\alpha_{Red}}} + \frac{0.0592}{n} \lg \frac{c_{Ox}}{c_{Red}}$$

$$= \varphi^{\ominus} + \frac{0.0592}{n} \lg \frac{\gamma_{Ox} \alpha_{Red}}{\gamma_{Red} \alpha_{Ox}} + \frac{0.0592}{n} \lg \frac{c_{Ox}}{c_{Red}}$$

$$= \varphi^{\ominus\prime} + \frac{0.0592}{n} \lg \frac{c_{Ox}}{c_{Red}}$$

即
$$\varphi^{\ominus\prime} = \varphi^{\ominus} + \frac{0.0592}{n} \lg \frac{\gamma_{Ox} \alpha_{Red}}{\gamma_{Red} \alpha_{Ox}} \tag{8-48}$$

$\varphi^{\ominus\prime}$ 称为条件电极电位，它表示在一定介质条件下，氧化态和还原态的总浓度（包括氧化数相同的各种存在形式的浓度总和）为 $1 mol \cdot L^{-1}$ 时的电极电位。式中，α_{Ox}、α_{Red} 分别为氧化型和还原型的副反应系数，是有效氧化态或还原态分布系数的倒数，即 $\alpha_{Ox} = 1/\delta_{Ox}$，$\alpha_{Red} = 1/\delta_{Red}$，这在第 7 章已作过详细介绍。

例如，在 HCl 介质中的电极反应

$$Fe^{3+} + e^- \Longrightarrow Fe^{2+} \tag{8-49}$$

由于 HCl 浓度的不同，Fe（Ⅲ）除以 Fe^{3+} 形式存在外，还可生成 $[FeOH]^{2+}$、$[FeCl]^{2+}$、$[FeCl_2]^+$ 等。只有 Fe^{3+} 的浓度才是有效浓度。

$$[Fe^{3+}] = c[Fe(Ⅲ)_{总}]\delta(Fe^{3+}) = \frac{c[Fe(Ⅲ)_{总}]}{\alpha(Fe^{3+})}$$

$$[Fe^{2+}] = c[Fe(Ⅱ)_{总}]\delta(Fe^{2+}) = \frac{c[Fe(Ⅱ)_{总}]}{\alpha(Fe^{2+})}$$

综合考虑活度系数 γ 和副反应系数小，式（8-49）的电极电位为

$$\varphi = \varphi^{\ominus} + 0.0592 \lg \frac{\gamma(Fe^{3+})[Fe^{3+}]}{\gamma(Fe^{2+})[Fe^{2+}]}$$

$$= \varphi^{\ominus} + 0.0592 \lg \frac{\dfrac{\gamma(Fe^{3+})c[Fe(Ⅲ)_{总}]}{\alpha(Fe^{3+})}}{\dfrac{\gamma(Fe^{2+})c[Fe(Ⅱ)_{总}]}{\alpha(Fe^{2+})}}$$

$$= \varphi^{\ominus} + 0.0592 \lg \frac{\gamma(Fe^{3+})\alpha(Fe^{2+})c[Fe(Ⅲ)_{总}]}{\gamma(Fe^{2+})\alpha(Fe^{3+})c[Fe(Ⅱ)_{总}]}$$

$$= \varphi^{\ominus\prime} + 0.0592 \lg \frac{c[Fe(Ⅲ)_{总}]}{c[Fe(Ⅱ)_{总}]} \tag{8-50}$$

由上可知，条件电极电位是离子强度和介质造成的副反应影响的总结果，比较符合实际情况。

8.3 氧化还原反应进行的方向和限度

8.3.1 氧化还原反应进行的方向

一个物质的氧化还原电对的即时电极电位 φ_1（不是标准电极电位）值越大，表明该物质的氧化型得电子能力越强，氧化能力越强，可作氧化剂。相比较而言，另一物质的氧化还原电对的即时电极电位 φ_2 值越小，其还原型失电子能力越强，还原能力越强，可作还原剂。在氧化还原反应中可利用电极电位的大小判断化学反应的方向。

【例 8-13】 已知 $\varphi_{Cu^{2+}/Cu}^{\ominus} = 0.34V$，$\varphi_{Cd^{2+}/Cd}^{\ominus} = -0.41V$，判断在标准态时下列反应的方向。

$$Cu^{2+} + Cd \rightleftharpoons Cu + Cd^{2+}$$

解 标准态下的即时电极电位就是标准电极电位 $\varphi^{\ominus}$，所以用 $\varphi^{\ominus}$ 判断反应的方向。

因为 $\varphi_{Cu^{2+}/Cu}^{\ominus} > \varphi_{Cd^{2+}/Cd}^{\ominus}$，所以电对 Cu^{2+}/Cu 中的氧化型 Cu^{2+} 作氧化剂，应被还原为 Cu，而电对 Cd^{2+}/Cd 中的还原型 Cd 作还原剂，应被氧化成 Cd^{2+}。因而反应向右进行。

如果两电对的标准电极电位相差较大，浓度相差不大，其他副反应不强，这些因素对电极电位造成的影响不大时，在非标准态下，也可用标准电极电位进行氧化还原反应方向的判断。

【例 8-14】 已知 $\varphi_{Pb^{2+}/Pb}^{\ominus} = -0.126V$，$\varphi_{Sn^{2+}/Sn}^{\ominus} = -0.136V$，判断：(1) 标准态时，下列反应的方向；(2) $c(Pb^{2+}) = 0.0100mol \cdot L^{-1}$，$c(Sn^{2+}) = 1.00mol \cdot L^{-1}$ 时，下列反应的方向。

$$Pb^{2+} + Sn \rightleftharpoons Pb + Sn^{2+}$$

解 (1) 标准态时，可用 $\varphi^{\ominus}$ 进行判断。因为 $\varphi_{Pb^{2+}/Pb}^{\ominus} > \varphi_{Sn^{2+}/Sn}^{\ominus}$，所以反应向右进行。

(2) 当 $c(Pb^{2+}) = 0.0100mol \cdot L^{-1}$，$c(Sn^{2+}) = 1.00mol \cdot L^{-1}$ 时，应用即时电极电位判断，在此条件下：

$$\varphi_{Pb^{2+}/Pb} = \varphi_{Pb^{2+}/Pb}^{\ominus} + \frac{0.0592}{2}\lg 0.0100 = -0.185(V)$$

$$\varphi_{Sn^{2+}/Sn} = \varphi_{Sn^{2+}/Sn}^{\ominus} + \frac{0.0592}{2}\lg 1.00 = -0.136(V)$$

显然 $\varphi_{Sn^{2+}/Sn} > \varphi_{Pb^{2+}/Pb}$，所以 Sn^{2+} 是氧化剂，得电子生成 Sn，Pb 是还原剂，失电子生成 Pb^{2+}，反应向左进行。

由上可知，浓度对电极电位影响很大，可影响到氧化还原反应的方向。而副反应对有效浓度的影响也很大，要特别加以关注。如果有副反应产生，需用条件电极电位判断氧化还原反应的方向。

【例 8-15】 已知 $\varphi_{Cu^{2+}/Cu^+}^{\ominus} = 0.158V$，$K_{sp}(CuI) = 1.10 \times 10^{-12}$，$\varphi_{I_2/I^-}^{\ominus} = 0.535V$，判断在标准态时下列反应的方向。

$$2Cu^{2+} + 4I^- \rightleftharpoons 2CuI \downarrow + I_2$$

解 由例 8-12 知，$\varphi_{Cu^{2+}/CuI} = 0.866V$。标准态 $\varphi_{I_2/I^-} = \varphi_{I_2/I^-}^{\ominus} = 0.535V$，$\varphi_{Cu^{2+}/CuI} > \varphi_{I_2/I^-}$，所以 Cu^{2+} 是氧化剂，被还原为 $CuI(s)$，I^- 是还原剂，应被氧化成 I_2。所以反应向右进行。

8.3.2 氧化还原反应进行的程度

化学反应进行的程度可用平衡常数计算。氧化还原反应的平衡常数可通过电极电位的测定来求得，所以，氧化还原反应进行的程度可用电极电位来计算。

设对任一氧化还原反应

$$a Ox_1 + b Red_2 \rightleftharpoons p Red_1 + q Ox_2 \tag{8-51}$$

设氧化剂 Ox_1 得到的和还原剂 Red_2 失去的电子数均为 n。将其设计成原电池，则

$$\varphi_+ = \varphi_+^{\ominus} + \frac{0.0592}{n}\lg \frac{c_{Ox_1}^a}{c_{Red_1}^b} \tag{8-52}$$

$$\varphi_- = \varphi_-^{\ominus} + \frac{0.0592}{n}\lg \frac{c_{Ox_2}^q}{c_{Red_2}^b} \tag{8-53}$$

电动势　　$E=\varphi_+ - \varphi_- = \varphi_+^{\ominus} + \dfrac{0.0592}{n}\lg\dfrac{c_{Ox_1}^{a}}{c_{Red_1}^{p}} - \varphi_-^{\ominus} - \dfrac{0.0592}{n}\lg\dfrac{c_{Ox_2}^{q}}{c_{Red_2}^{b}}$

$$= \varphi_+^{\ominus} - \varphi_-^{\ominus} - \dfrac{0.0592}{n}\lg\dfrac{c_{Ox_2}^{q}\cdot c_{Red_1}^{p}}{c_{Red_2}^{b}\cdot c_{Ox_1}^{a}}$$

$$= E^{\ominus} - \dfrac{0.0592}{n}\lg Q_c \tag{8-54}$$

由式(8-52)可知，随着反应的进行，Ox_1 的浓度不断减小，正极的电极电位 φ_+ 也不断降低。相反，由式(8-53)可知，随着反应的进行，Ox_2 的浓度不断增大，负极的电极电位 φ_- 不断上升。总存在某一时刻 $\varphi_+ = \varphi_-$，即正负极电位相等，电动势 $E=0$，不会再有电流产生，此状态称为原电池平衡，此时，化学反应也达到了平衡，所以平衡常数 $K=Q_c$。

$$\lg Q_c = \lg K = \dfrac{n(\varphi_+^{\ominus} - \varphi_-^{\ominus})}{0.0592} \tag{8-55}$$

对于条件平衡常数，有

$$K' = 10^{n(\varphi_+^{\ominus\prime} - \varphi_-^{\ominus\prime})/0.0592} \tag{8-56}$$

【例 8-16】 已知 $\varphi_{Cu^{2+}/Cu}^{\ominus} = 0.34V$，$\varphi_{Zn^{2+}/Zn}^{\ominus} = -0.76V$，估算 $Cu^{2+} + Zn \longrightarrow Cu + Zn^{2+}$ 的反应常数和反应进行的限度。

解　　　　　　$\lg K = \dfrac{n(\varphi_+^{\ominus} - \varphi_-^{\ominus})}{0.0592} = \dfrac{2\times[0.34-(-0.76)]}{0.0592} = 37.2$

所以反应平衡常数　　　　　$K = 10^{37.2} = 1.58\times10^{37}$

即　　　　　　　　　　$K = \dfrac{[Zn^{2+}]}{[Cu^{2+}]} = 1.58\times10^{37}$

可以认为 $[Cu^{2+}]\approx0$，反应进行得非常彻底。

8.4　元素电位图

元素若有三个以上的氧化数时，这些物质间可组成不同的电对。各电对间的标准电极电位关系可用图解的形式表达出来。按照元素的氧化数从左到右依次降低的顺序，把它们形成的化合物分子或离子写出来并用直线连接，在直线上标明两种不同氧化数物质所组成的电对的标准电极电位值，这种图叫元素电位图。例如：

$$\varphi_a^{\ominus}/V \qquad O_2 \xrightarrow{\;0.682\;} H_2O_2 \xrightarrow{\;1.77\;} H_2O \tag{8-57}$$
$$\underset{1.229}{\underline{\qquad\qquad\qquad}}$$

由于各电对的得、失电子数不同，从 $O_2 \rightarrow H_2O_2$ 与 $H_2O_2 \rightarrow H_2O$ 的各分段电位差之和并不一定等于全程 $O_2 \rightarrow H_2O$ 的电位差。

元素电位图对于了解元素及其化合物的性质具有较重要的作用，主要可用于判断物质能否发生歧化反应或汇中反应。但它的基础仍是能斯特方程，只不过元素电位图更直观。

8.4.1　元素电位图中的电位计算

由式(8-57)可知，$O_2 \rightarrow H_2O$ 的标准电极电位并不等于 $O_2 \rightarrow H_2O_2$ 与 $H_2O_2 \rightarrow H_2O$ 两段的标准电极电位之和。这是因为各个电对间传递的电子数不同以及反应介质、反应条件不同造成的。其中，传递的电子数不同是最主要的原因。在已知一些电对的标准电极电位后，可利用能斯特方程计算其他电对的标准电极电位。

例如，由下列元素电位图和 $\varphi_1^\ominus$、$\varphi_2^\ominus$，求 $\varphi_3^\ominus$。

$$M_1 \xrightarrow{\quad \varphi_1^\ominus \quad} M_2 \xrightarrow{\quad \varphi_2^\ominus \quad} M_3$$
$$\underset{\varphi_3^\ominus}{\underline{\qquad\qquad\qquad\qquad}}$$

已知：$M_1 \to M_2$ 时，得到 n_1 个电子，$M_2 \to M_3$ 时，得到 n_2 个电子，和各个电对的标准电极电位 $\varphi_1^\ominus$、$\varphi_2^\ominus$，求 $\varphi_3^\ominus$。

虚拟一个原电池如下：

$$(-)H_2 \mid H^+(1mol \cdot L^{-1}) \parallel M_1(c_1)、M_2(c_2) \mid Pt(+)$$

M_2 为含有 M_2 固体的饱和溶液，饱和溶液浓度为 c_2。让此电池充分放电至平衡为止。此时，M_2 的浓度仍为 c_2，M_1 的浓度为 c_1，（＋）极反应是：

$$M_1 + n_1 e^- == M_2 \tag{8-58}$$

电极电位：

$$\varphi = \varphi_1^\ominus + \frac{0.0592}{n_1} \lg \frac{c_1}{c_2} = 0 \tag{8-59}$$

$$n_1 \varphi_1^\ominus + 0.0592 \lg \frac{c_1}{c_2} = 0 \tag{8-60}$$

再虚拟一个原电池：

$$(-)H_2 \mid H^+(1mol \cdot L^{-1}) \parallel M_3(c_3)、M_2(c_2) \mid Pt(+)$$

M_2 仍为含有 M_2 固体的饱和溶液，饱和溶液浓度为 c_2。让此电池充分放电至平衡为止。此时，M_2 的浓度仍为 c_2，M_3 的浓度为 c_3，（－）极反应是：

$$M_3 - n_2 e^- == M_2 \tag{8-61}$$

电位电位：

$$\varphi = \varphi_2^\ominus + \frac{0.0592}{n_2} \lg \frac{c_2}{c_3} = 0 \tag{8-62}$$

$$n_2 \varphi_2^\ominus + 0.0592 \lg \frac{c_2}{c_3} = 0 \tag{8-63}$$

式(8-58)－式(8-61)：

$$M_1 + (n_1 + n_2) e^- == M_3 \tag{8-64}$$

电极电位：

$$\varphi = \varphi_3^\ominus + \frac{0.0592}{n_1 + n_2} \lg \frac{c_1}{c_3} = 0 \tag{8-65}$$

$$(n_1 + n_2) \varphi_3^\ominus + 0.0592 \lg \frac{c_1}{c_3} = 0 \tag{8-66}$$

式(8-60)＋式(8-63)：

$$n_1 \varphi_1^\ominus + 0.0592 \lg \frac{c_1}{c_2} + n_2 \varphi_2^\ominus + 0.0592 \lg \frac{c_2}{c_3} = n_1 \varphi_1^\ominus + n_2 \varphi_2^\ominus + 0.0592 \lg \frac{c_1}{c_3} = 0$$

$$0.0592 \lg \frac{c_1}{c_3} = -(n_1 \varphi_1^\ominus + n_2 \varphi_2^\ominus) \tag{8-67}$$

将式(8-67)代入式(8-66)：

$$(n_1 + n_2) \varphi_3^\ominus - (n_1 \varphi_1^\ominus + n_2 \varphi_2^\ominus) = 0$$

$$\varphi_3^\ominus = \frac{n_1 \varphi_1^\ominus + n_2 \varphi_2^\ominus}{n_1 + n_2} \tag{8-68}$$

通式

$$\varphi_n^\ominus = \frac{\sum n_j \varphi_j^\ominus}{\sum n_i} \tag{8-69}$$

即：两个氧化态下的标准电极电位等于各段标准电极电位与对应的电子转移数之积的总和被总过程中电子转移总数相除。也可说成：两个氧化态下的标准电极电位等于各段标准电极电位与电子转移数的加权平均值。

【例 8-17】 已知下列元素电位图，求 $\varphi^{\ominus}_{Cu^{2+}/Cu}$。

$$Cu^{2+} \xrightarrow{\ 0.16V\ } Cu^+ \xrightarrow{\ 0.52V\ } Cu$$
$$\underbrace{\qquad\qquad\qquad\qquad\qquad}_{\varphi^{\ominus}_{Cu^{2+}/Cu}}$$

解 由图可知：$n_1=1$，$n_2=1$，$\sum n_i = 2$

$$\varphi^{\ominus}_{Cu^{2+}/Cu} = \frac{1\times 0.16 + 1\times 0.52}{2} = 0.34$$

【例 8-18】 已知碱性条件下溴元素的电位图如下，求 $\varphi^{\ominus}_{BrO_3^-/Br^-}$、$\varphi^{\ominus}_{BrO_3^-/Br_2}$ 和 $\varphi^{\ominus}_{BrO^-/Br^-}$。

$$BrO_3^- \xrightarrow{\ 0.54V\ } BrO^- \xrightarrow{\ 0.45V\ } \tfrac{1}{2}Br_2 \xrightarrow{\ 1.07V\ } Br^- \tag{8-70}$$

解 由元素电位图可知，$n_1=4$，$n_2=1$，$n_3=1$，$n=6$，则

$$\varphi^{\ominus}_{BrO_3^-/Br^-} = \frac{4\times 0.54 + 0.45 + 1.07}{6} = 0.61\ (V)$$

$$\varphi^{\ominus}_{BrO_3^-/Br_2} = \frac{4\times 0.54 + 0.45}{5} = 0.52\ (V)$$

$$\varphi^{\ominus}_{BrO^-/Br^-} = \frac{0.45 + 1.07}{2} = 0.76\ (V)$$

【例 8-19】 已知酸性条件下溴元素的电位图如下，求 $\varphi^{\ominus}_{BrO_3^-/BrO^-}$ 和 $\varphi^{\ominus}_{BrO^-/Br^-}$。

$$BrO_3^- \xrightarrow{\ ?\ } BrO^- \xrightarrow{\ 1.59V\ } \tfrac{1}{2}Br_2 \xrightarrow{\ 1.07V\ } Br^- \tag{8-71}$$
$$\underbrace{\qquad\qquad\qquad 1.44V \qquad\qquad\qquad}$$

解 由元素电位图可知，$n_1=4$，$n_2=1$，$n_3=1$，$n=6$，则

$$\varphi^{\ominus}_{BrO_3^-/Br^-} = \frac{4\,\varphi^{\ominus}_{BrO_3^-/BrO^-} + 1.59 + 1.07}{6} = 1.44\ (V)$$

$$\varphi^{\ominus}_{BrO_3^-/BrO^-} = \frac{1.44\times 6 - 1.59 - 1.07}{4} = 1.50\ (V)$$

$$\varphi^{\ominus}_{BrO^-/Br^-} = \frac{1.59 + 1.07}{2} = 1.33\ (V)$$

8.4.2 歧化反应及其判断

歧化反应是某个反应物的自身氧化还原反应，即处于中间氧化数的元素在一定条件下，一部分转化为高氧化数物质，一部分转化为低氧化数物质。该物质既是氧化剂，又是还原剂。例如，氯气与水的反应就是歧化反应。

$$Cl_2 + H_2O \xrightarrow{\quad\quad} HClO + HCl$$

但并不是有 3 个及以上氧化数的元素组成的物质都可以产生歧化反应。即使对同一元素，也会因反应条件的变化而有可歧化和不可歧化两种情况。判断能否发生歧化反应的理论根据是用能斯特方程计算即时电极电位，判断化学反应进行的方向；也可用元素电位图直观判断。

【例 8-20】 判断碱性条件下 Br_2 能否歧化。元素电位图见式（8-70）。

解
$$\tfrac{1}{2}Br_2 + e^- \xrightarrow{\quad} Br^- \qquad\qquad \varphi^{\ominus}_{Br_2/Br^-} = 1.07V \tag{8-72}$$

$$BrO^- + H_2O + e^- \xrightarrow{\quad} \tfrac{1}{2}Br_2 + 2OH^- \qquad \varphi^{\ominus}_{BrO^-/Br_2} = 0.45V \tag{8-73}$$

式（8-72）－式（8-73）得 $\quad Br_2 + 2OH^- \xrightarrow{\quad} BrO^- + Br^- + H_2O \tag{8-74}$

$$\varphi^{\ominus}_{Br_2/Br^-} - \varphi^{\ominus}_{BrO^-/Br_2} = 1.07 - 0.45 = 0.62\,(V) > 0$$

此式表明：电对 Br_2/Br^- 中的氧化型 Br_2 是氧化剂，电对 BrO^-/Br_2 中的还原型 Br_2 是还原剂，Br_2 既是氧化剂也是还原剂，应发生 Br_2 的歧化反应，反应向右进行，可歧化。

同理，BrO^- 也不会稳定存在，还会继续歧化：

$$BrO^- + 2H_2O + 2e^- \Longrightarrow Br^- + 2OH^- \qquad \varphi^{\ominus}_{BrO^-/Br^-} = 0.76V$$

$$BrO_3^- + 2H_2O + 4e^- \Longrightarrow BrO^- + 4OH^- \qquad \varphi^{\ominus}_{BrO_3^-/BrO^-} = 0.54V$$

$0.76V > 0.54V$，所以反应

$$3BrO^- \Longrightarrow 2Br^- + BrO_3^-$$

会继续歧化反应下去，即在碱性条件下 Br_2 和 BrO^- 都不可能存在。在碱性条件下用氧化剂氧化 Br^- 时，得到的产物不会是 Br_2 和 BrO^-，而是 BrO_3^-。

在酸性介质中，情况与此有别。

【例 8-21】 判断酸性条件下 Br_2 能否歧化。元素电位图见式(8-71)。

解
$$\frac{1}{2}Br_2 + e^- \Longrightarrow Br^- \qquad \varphi^{\ominus}_{Br_2/Br^-} = 1.07V \tag{8-75}$$

$$BrO^- + 2H^+ + e^- \Longrightarrow \frac{1}{2}Br_2 + H_2O \qquad \varphi^{\ominus}_{BrO^-/Br_2} = 1.59V \tag{8-76}$$

式(8-75)—式(8-76) 得 $\quad Br_2 + H_2O \Longrightarrow BrO^- + Br^- + 2H^+ \tag{8-77}$

$$\varphi^{\ominus}_{Br_2/Br^-} - \varphi^{\ominus}_{BrO^-/Br_2} = 1.07 - 1.59 = -0.52(V) < 0$$

此式表明：电对 Br_2/Br^- 中的还原型 Br^- 是还原剂，电对 BrO^-/Br_2 中的氧化型 BrO^- 是氧化剂，氧化剂和还原剂不是同一种物质，不是歧化反应，反应向左进行，不可歧化。

像式(8-77)这种向左进行的"由同一元素，两个氧化数不同（BrO^- 中的 Br 的氧化数为 +1，Br^- 中 Br 的氧化数为 -1）的化合物，只生成一种中间氧化数（Br_2 中 Br 的氧化数为 0）化合物"的反应称为"汇中反应"。

从化学平衡看，式(8-77)的总反应方程右边生成 H^+，加碱（碱性条件），反应向右移动，可歧化；加酸（酸性条件），反应向左移动，不能歧化，只能汇中。

从氧化还原反应方程平衡的原则来看，式(8-77)的正反应是个氧原子增加的反应，是不可能在酸性和中性介质中进行的，只能在碱性中进行，反应便成了式(8-74)。

可以推断，对于下列元素电位图

$$M_1 \xrightarrow{\varphi^{\ominus}_1} M_2 \xrightarrow{\varphi^{\ominus}_2} M_3$$

若 $\varphi^{\ominus}_2 > \varphi^{\ominus}_1$，则 M_2 可歧化生成 M_1 和 M_3；若 $\varphi^{\ominus}_2 < \varphi^{\ominus}_1$，则 M_1 和 M_3 可汇中生成 M_2。

例如，铁元素的电位图如下：

$$Fe^{3+} \xrightarrow{0.771V} Fe^{2+} \xrightarrow{0.447V} Fe$$

$\varphi^{\ominus}_2 = 0.447V < \varphi^{\ominus}_1 = 0.771V$，$Fe^{2+}$ 不会歧化为 Fe^{3+} 和 Fe。可以推断，金属 Fe 溶于非氧化性的酸中，主要生成 Fe^{2+} 而不会是 Fe^{3+}。Fe^{2+} 不稳定，易被空气中的氧气氧化成 Fe^{3+}，而绝不是歧化的结果。$\varphi^{\ominus}_2 < \varphi^{\ominus}_1$，不发生歧化反应，一定会发生汇中反应，可利用这一性质维持 Fe^{2+} 稳定存在。在 Fe^{3+} 溶液中加入少量铁粉：

$$2Fe^{3+} + Fe \Longrightarrow 3Fe^{2+}$$

又如，H_2O_2 很容易歧化，所以非常不稳定：

$$2H_2O_2 \Longrightarrow 2H_2O + O_2 \uparrow$$

再如，Au^+ 在水溶液中几乎不存在，也是因为它会严重地歧化为 Au^{3+} 和 Au：

$$3Au^+ \Longrightarrow Au^{3+} + 2Au$$

$Au(\text{I})$ 只能以配合物存在，如 $[Au(CN)_2]^-$ 等。

8.5 氧化还原反应的次序与反应速率

8.5.1 氧化还原反应的次序

有时候，同一反应体系中会有两个以上的氧化剂或还原剂共存。通过一系列的氧化还原反应，最后达到平衡。

在此情况下，反应的个数虽然很多，但却是有次序的。电极电位相差最大的两种物质首先进行氧化还原反应。反应过程中氧化剂氧化型的浓度减小，使氧化剂电对的电极电位下降；还原剂的还原型浓度减小，使还原剂电对的电极电位上升。两者电极电位差值减小，若这种减小导致它们与其他氧化剂或还原剂电极电位相同时，它们就和其他氧化剂或还原剂处于同等地位而继续反应，一直到溶液中所有溶质电对的电极电位完全一样，达到了平衡，氧化还原反应宏观上才停止。

在 Fe^{2+}、Sn^{2+} 的混合液中加入氧化剂 MnO_4^-，判断氧化还原反应进行的次序。已知：$\varphi_{MnO_4^-/Mn^{2+}}^\ominus = 1.49V$，$\varphi_{Fe^{3+}/Fe^{2+}}^\ominus = 0.77V$，$\varphi_{Sn^{4+}/Sn^{2+}}^\ominus = 0.15V$。

因为 $\varphi_{MnO_4^-/Mn^{2+}}^\ominus$ 与 $\varphi_{Sn^{4+}/Sn^{2+}}^\ominus$ 相差最大，所以 MnO_4^- 首先氧化 Sn^{2+} 生成 Sn^{4+}。随着 $[Sn^{4+}]$ 的上升，即时电极电位 $\varphi_{Sn^{4+}/Sn^{2+}}$ 也升高。当升到 $\varphi_{Sn^{4+}/Sn^{2+}} = \varphi_{Fe^{3+}/Fe^{2+}}$ 时，MnO_4^- 会同时将 Sn^{2+} 氧化成 Sn^{4+} 和将 Fe^{2+} 氧化成 Fe^{3+}。

8.5.2 提高氧化还原反应速率的措施

前述内容，只讲了氧化还原反应能否进行、向什么方向进行、反应的次序以及可反应到什么程度，但没有回答氧化还原反应达到平衡时需要多少时间，也就是速率问题。

氧化还原反应涉及电子得失甚至化合物结构的变化，如从阴离子 MnO_4^- 变为阳离子 Mn^{2+}，不少氧化还原反应速率较慢。

氧化还原反应方程式只表达了起始状态和终止状态，并不表示反应的真实过程。有些氧化还原反应的历程很复杂，会产生许多中间产物，这也会降低反应速率。有些氧化还原反应从即时电极电位来看，反应肯定可以发生，但测定生成物浓度时，其值接近于 0 或无法检出，主要原因是该反应的反应速率非常小，几乎为 0。要提高生产强度必须提高氧化还原反应的速率，这是化学化工领域的重要课题。一般讲，实验室增加反应速率可采取下列措施，有些与化工生产采取的措施是一致的。

(1) 增加反应物浓度

根据质量作用定理，因为 $v = kc_1^a c_2^b \cdots$，故增加反应物浓度可增加反应速率，所以化工生产中气相反应采用高压就是提高反应物浓度的措施。但分析化学中被测物的浓度不可能随意增大，但可增加参加了氧化还原反应但不影响被测物含量测定的介质的浓度，如 H^+、OH^- 的浓度等。

$$Cr_2O_7^{2-} + 6I^- + 14H^+ =\!=\!= 2Cr^{3+} + 3I_2 + 7H_2O \tag{8-78}$$

可以增加 $[H^+]$，根据质量作用定律，$[H^+]$ 增大，反应速率 v 也一定增大。一般含氧酸都会在较强酸性下反应，既可提高其电极电位强化氧化性，又可提高反应速率。

式(8-78) 的反应用于滴定分析时，酸度 $[H^+]$ 可保持在 $0.8 \sim 1 mol \cdot L^{-1}$。酸度太大，空气中的氧气也会将 I^- 氧化成 I_2，使上反应不能定量进行。

在用重铬酸钾法测定废水中的需氧量 COD_{Cr} 时，为了缩短回流时间，介质中的硫酸浓度可提高到 $9 mol \cdot L^{-1}$。但是，仅通过增加反应物浓度来提高反应速率的作用是有限的。

(2) 提高反应体系的温度

温度的提高对反应速率的提高是明显的。由阿仑尼乌斯方程可知，温度 t 每升高 10℃，反应速率可提高 2～3 倍，这是实验室与工业生产中最常采取的措施。所以，化工生产一般在高温下进行。

例如，在酸性溶液中

$$2MnO_4^- + 5C_2O_4^{2-} + 16H^+ = 2Mn^{2+} + 10CO_2 + 8H_2O \tag{8-79}$$

在常温下，该反应非常缓慢。加热至 75～85℃，反应会大大加快。但加热温度也应视具体情况而定。$C_2O_4^{2-}$ 是有机物，加热温度过高会分解，不能定量反应。所以，加热温度应以反应物或生成物不分解为限。Fe^{2+}、Sn^{2+} 等加热时，很容易被大气中的氧气氧化，也不能定量测定，所以在用氧化还原反应进行定量测定时，慎用加热的方法。而对于 I_2 这类极易挥发的物质，一般不允许用加热方法提高反应速率。

（3）使用催化剂

使用催化剂可降低活化能，是提高反应速率最重要、最有效的方法，这也是实验室及化学工业中最为广泛采用的方法。实验室中过硫酸盐氧化锰离子的反应：

$$2Mn^{2+} + 5S_2O_8^{2-} + 8H_2O = 2MnO_4^- + 10SO_4^{2-} + 16H^+ \tag{8-80}$$

必须加入 Ag_2SO_4 作催化剂，这是催化法检测微量 Mn^{2+} 的重要方法。重铬酸钾法测定废水的化学需氧量 COD_{Cr} 时，也要加入 Ag_2SO_4 作催化剂。而 MnO_4^- 与 $C_2O_4^{2-}$ 反应的催化剂是该反应的产物 Mn^{2+}，这种以产物作催化剂的现象叫自催化。

式(8-79)的反应即使加热至 75～85℃，反应仍难以立即进行。用 MnO_4^- 滴定草酸溶液，MnO_4^- 刚开始滴入草酸溶液时，虽经加热，被滴溶液呈紫红色。紫红色是 MnO_4^- 的颜色，这表明 MnO_4^- 未被草酸还原为近乎无色的 Mn^{2+}。表明 MnO_4^- 与 $C_2O_4^{2-}$ 的反应速率非常慢。震摇几分钟后，溶液突然变为无色，说明反应完成。此后再滴入高锰酸钾，溶液则迅速变为无色，可见此时反应速率非常快。应该有催化剂在催化反应，显然，催化剂就是产物 Mn^{2+}。

对于 Mn^{2+} 自催化反应(8-79)的机理有不同的解释。有一种解释认为，反应(8-79)的反应历程如下：

$$Mn(Ⅶ) \xrightarrow{Mn(Ⅱ)} Mn(Ⅵ) + Mn(Ⅲ)$$
$$\underset{Mn(Ⅱ)}{\overset{Mn(Ⅱ)}{\longmapsto}} Mn(Ⅳ) + Mn(Ⅲ)$$
$$\longmapsto Mn(Ⅲ)$$

$$Mn(Ⅲ) + nC_2O_4^{2-} \longrightarrow Mn(C_2O_4)_n^{(2n-3)-} \longrightarrow Mn(Ⅱ) + CO_2 \uparrow$$

因此，Mn^{2+} 即 $Mn(Ⅱ)$ 的存在加速了 $Mn(Ⅲ)$ 的生成，这一步是整个反应的控制反应。这一步反应速率的提高导致整个反应的速率提高。

（4）诱导作用

某个化学反应 A 反应速率太低，不能显现。但另一个化学反应 B 进行时，使 A 反应也能快速进行。这种作用称为诱导作用。化学反应 B 称为化学反应 A 的诱导反应。

用高锰酸钾可定量地测定 $FeSO_4$ 中的 Fe^{2+}。主要反应是：

$$MnO_4^- + 8H^+ + 5Fe^{2+} = Mn^{2+} + 5Fe^{3+} + 4H_2O \tag{8-81}$$

用高锰酸钾和 HCl 反应：

$$2MnO_4^- + 10Cl^- + 16H^+ = 2Mn^{2+} + 5Cl_2 \uparrow + 8H_2O \tag{8-82}$$

反应(8-82)进行得很慢，反应并不显现。如果反应(8-81)用 HCl 控制 H^+ 浓度，实验结果是：对相同量的 Fe^{2+}，它比用 H_2SO_4 控制 H^+ 浓度消耗了更多的 MnO_4^- 溶液。实验结果表明：此情况下反应(8-82)也在较快地进行。这个反应速率的提高是在反应(8-81)诱导下实现的。

为了使反应(8-82)不发生，可在反应体系中先加入大量的 Mn^{2+}。降低 $\varphi_{MnO_4^-/Mn^{2+}}$，使

MnO_4^- 不能与电极电位较高的 Cl^- 反应而只与电极电位较低的 Fe^{2+} 反应。

8.6 氧化还原滴定法

8.6.1 氧化还原滴定分析中的氧化还原反应

氧化还原滴定法是以氧化还原反应为基础的定量分析方法。由于氧化还原反应的复杂性，许多氧化还原反应都因各种原因不能用于氧化还原滴定。只有满足下列条件的氧化还原反应才能进行氧化还原滴定。

(1) 可进行氧化还原滴定分析的氧化还原反应的必要条件

对于氧化还原反应：

$$n_2 Ox_1 + n_1 Red_2 \Longrightarrow n_2 Red_1 + n_1 Ox_2 \tag{8-83}$$

类似式(8-83)这种氧化还原电对的物质反应前后总物质的量不变的氧化还原反应称为对称型氧化还原反应。滴定反应要求相对误差不超过 $\pm 0.1\%$。所以，在化学计量点，氧化剂 Ox_1 被还原的部分 Red_1 应大于 99.9%；同理，还原剂 Red_2 被氧化的部分 Ox_2 也需大于 99.9%。

即：

$$\frac{c_{Red_1}}{c_{Ox_1}} \geqslant 10^3$$

$$\frac{c_{Ox_2}}{c_{Red_2}} \geqslant 10^3$$

对第 1 种物质，得到 n_1 个电子　$\varphi_1' = \varphi_1'^{\ominus} + \dfrac{0.0592}{n_1} \lg \dfrac{c_{Ox_1}}{c_{Red_1}}$

对第 2 种物质，得到 n_2 个电子　$\varphi_2' = \varphi_2'^{\ominus} + \dfrac{0.0592}{n_2} \lg \dfrac{c_{Ox_2}}{c_{Red_2}}$

所以　$n_1 n_2 \varphi_1' = n_1 n_2 \varphi_1'^{\ominus} + 0.0592 \lg \left(\dfrac{c_{Ox_1}}{c_{Red_1}}\right)^{n_2} = n_1 n_2 \varphi_1'^{\ominus} - 0.0592 \lg \left(\dfrac{c_{Red_1}}{c_{Ox_1}}\right)^{n_2}$

同理　$n_1 n_2 \varphi_2' = n_1 n_2 \varphi_2'^{\ominus} + 0.0592 \lg \left(\dfrac{c_{Ox_2}}{c_{Red_2}}\right)^{n_1} = n_1 n_2 \varphi_2'^{\ominus} - 0.0592 \lg \left(\dfrac{c_{Red_2}}{c_{Ox_2}}\right)^{n_1}$

在化学计量点即化学反应平衡时，两物质的电极电位相等：

$$n_1 n_2 \varphi_1'^{\ominus} - n_1 n_2 \varphi_2'^{\ominus} = 0.0592 \lg \left[\left(\dfrac{c_{Red_1}}{c_{Ox_1}}\right)^{n_2} \left(\dfrac{c_{Ox_2}}{c_{Red_2}}\right)^{n_1}\right] = 0.0592 \times (3n_1 + 3n_2)$$

$$\varphi_1'^{\ominus} - \varphi_2'^{\ominus} = 0.0592 \times \frac{3n_1 + 3n_2}{n_1 n_2}$$

当 $n_1 = n_2 = 1$ 时，必须满足：$\varphi_1'^{\ominus} - \varphi_2'^{\ominus} = 0.0592 \times (3+3) = 0.36(V)$

当 $n_1 = n_2 = 2$ 时，必须满足：$\varphi_1'^{\ominus} - \varphi_2'^{\ominus} = 0.0592 \times \dfrac{3 \times 2 + 3 \times 2}{2 \times 2} = 0.18(V)$

一般认为，对于 $n_1 = n_2 = 1$ 时，氧化剂电对与还原剂电对的条件电极电位差大于 $0.4V$；$n_1 = n_2 = 2$ 时，氧化剂电对与还原剂电对的条件电极电位差大于 $0.2V$ 是这两类对称型氧化还原反应可用于滴定分析的必要条件。

(2) 氧化还原反应的速率

若氧化还原反应能迅速完成，即可用氧化（还原）剂直接滴定还原（氧化）性试样溶液。当然，也可以采用返滴法。

若反应速率不能满足滴定分析的要求，可按 8.5.2 所述方法提高反应速率。

若按 8.5.2 所述方法仍不能使反应速率满足滴定分析的要求，则必须采取返滴法。例如用重铬酸钾法测定污水的化学耗（需）氧量 COD_{Cr} 时就必须用返滴法。

化学耗（需）氧量是指在规定条件下用氧化剂处理试样时所消耗的氧化剂的量。污水中消耗氧化剂的物质有有机物、无机物（不包括 Cl^-）和生物。许多有机物尤其是生物体与重铬酸钾反应非常缓慢，即使加入硫酸银为催化剂，仍不能直接滴定。

具体过程是：水样加入浓 H_2SO_4，浓度约为 $9mol \cdot L^{-1}$，加入过量的重铬酸钾标准溶液和硫酸银为催化剂，加热回流 2h。最后用硫酸亚铁铵标准溶液滴定多余的重铬酸钾。

8.6.2　标准溶液浓度的确定

（1）直接法配制的标准溶液

$K_2Cr_2O_7$ 的纯度可达基准纯，标准溶液可通过称量直接配制而无需标定。

碘有基准纯试剂，可直接称量纯碘配制。固体 I_2 在水中的溶解度只有 $1.3 \times 10^{-3}mol \cdot L^{-1}$，浓度太低不适合作为标准溶液。为了提高 I_2 的水溶液的浓度，可采取两个措施。

① 将所需量的固体 I_2 溶解在乙醇中，再用水稀释至所需的浓度。

② 将所需量的固体 I_2 先溶解在 KI 溶液中，I_2 与 I^- 形成 I_3^-：

$$I_2 + I^- \Longrightarrow I_3^- \tag{8-84}$$

如此可增大 I_2 的溶解度，并且可阻止 I_2 因升华作用而挥发，使溶液浓度较稳定。

也可以准确称取纯铜片，用 HCl 和 H_2O_2 溶解后配制成 Cu^{2+} 标准溶液：

$$Cu + H_2O_2 + 2HCl \Longrightarrow CuCl_2 + 2H_2O \tag{8-85}$$

其他可直接配制的标准溶液有：$Ce(SO_4)_2$、$KBrO_3$、KIO_3、$(NH_4)_2Fe(SO_4)_2$、$NH_4Fe(SO_4)_2$ 等。氧化还原滴定中所用的大多数标准溶液都需经基准物质标定其准确浓度。

（2）高锰酸钾标准溶液的配制与标定

高锰酸钾中含有 MnO_2 等多种杂质。蒸馏水中的微量还原性物质会与高锰酸钾反应，生成 $MnO(OH)_2$ 或 MnO_2 沉淀。所以，高锰酸钾标准溶液不能直接配制而必须进行标定。粗略地称取高锰酸钾配制成约等于所需浓度的高锰酸钾溶液，加热至沸约 1h，以加速还原性物质与高锰酸钾的反应，生成 MnO_2 等沉淀。再放置 $2 \sim 3d$，使上述反应完全。用微孔玻璃漏斗或塞上玻璃纤维的漏斗过滤该高锰酸钾溶液，除去各种沉淀物。存于棕色瓶中，并在暗处保存。待到使用前，再用基准物质标定其准确浓度。标定前若发现有沉淀，仍需再过滤，除去沉淀物。

标定高锰酸钾标准溶液的基准物质有：纯铁丝、As_2S_3、$(NH_4)_2Fe(SO_4)_2 \cdot 6H_2O$、$H_2C_2O_4 \cdot 2H_2O$ 和 $Na_2C_2O_4$ 等。最常用的是草酸及其钠盐。

$$2MnO_4^- + 5C_2O_4^{2-} + 16H^+ \Longrightarrow 2Mn^{2+} + 10CO_2 \uparrow + 8H_2O \tag{8-86}$$

为使反应式(8-86)快速、定量地进行，实验时应需控制实验条件。

① 温度控制。温度过低，反应速率太慢，滴定终点会延后，造成正误差。温度太高，$H_2C_2O_4$ 会分解，消耗的 $KMnO_4$ 的量减少，造成负误差。一般控制温度 $T = 70 \sim 85℃$。

② 酸度控制。酸度不能太低，否则 MnO_4^- 的还原产物不是 Mn^{2+} 而是 MnO_2，有沉淀生成。一般用 H_2SO_4 或 H_3PO_4 等非氧化性或还原性的酸，控制 $[H^+] \approx 2mol \cdot L^{-1}$。

③ 滴定速度。即使在 $70 \sim 85℃$ 的强酸性溶液中，$KMnO_4$ 的与 $C_2O_4^{2-}$ 之间的反应也是较慢的。尤其是刚开始滴定时。一定要等第一滴 $KMnO_4$ 的紫红色完全褪去，生成微量的 Mn^{2+} 起自催化作用，才能加快反应速率。即使如此，滴定速度也不能太快。否则 MnO_4^- 会发生分解反应：

$$4MnO_4^- + 12H^+ \Longrightarrow 4Mn^{2+} + 5O_2 \uparrow + 6H_2O \tag{8-87}$$

(3) $Na_2S_2O_3$ 标准溶液的配制与标定

碘量法中，最常用的滴定剂是 $Na_2S_2O_3$ 标准溶液。

固体 $Na_2S_2O_3$ 容易风化，含有少量杂质，$Na_2S_2O_3$ 溶液还会与空气产生氧化作用、与溶解于水的 CO_2 及与细菌作用，发生歧化反应，生成高氧化数的硫化合物及硫沉淀。

$$2Na_2S_2O_3 + O_2 \Longrightarrow 2Na_2SO_4 + 2S\downarrow \tag{8-88}$$

$$Na_2S_2O_3 + CO_2 + H_2O \Longrightarrow NaHSO_3 + NaHCO_3 + S\downarrow \tag{8-89}$$

$$Na_2S_2O_3 \xrightarrow{\text{细菌}} Na_2SO_3 + S\downarrow \tag{8-90}$$

因此 $Na_2S_2O_3$ 标准溶液不能直接配制，必须经基准物质标定。

为了防止式(8-88)～式(8-90)反应的发生，配制 $Na_2S_2O_3$ 标准溶液时所用蒸馏水中应除去 O_2、CO_2 和细菌（嗜硫菌），煮沸即可起到这三种作用，所以 $Na_2S_2O_3$ 标准溶液需用煮沸后的蒸馏水配制。此外，还需在 $Na_2S_2O_3$ 标准溶液中加少量 Na_2CO_3，使溶液呈弱碱性，抑制细菌生长。

配制好的 $Na_2S_2O_3$ 标准溶液应储于棕色瓶中并置于暗处，以防光照分解。

配制好的 $Na_2S_2O_3$ 标准溶液不能立即标定，因为在 10d 内，它的浓度一直不稳定，约 10d 后浓度才趋于稳定。所以，应在 10d 后标定。标准溶液使用一段时间后，需重新标定。

标定 $Na_2S_2O_3$ 标准溶液的常用基准物质有：$K_2Cr_2O_7$、KIO_3、$KBrO_3$、I_2、纯铜片等。除了用 I_2 标准溶液可以直接滴定 $Na_2S_2O_3$ 标准溶液外，其余的基准物都可与 KI 定量生成 I_2，用 $Na_2S_2O_3$ 标准溶液滴定生成的 I_2。

如

$$Cr_2O_7^{2-} + 6I^- + 14H^+ \Longrightarrow 2Cr^{3+} + 3I_2 + 7H_2O \tag{8-91}$$

$$I_2 + 2S_2O_3^{2-} \Longrightarrow 2I^- + S_4O_6^{2-}$$

(4) 碘标准溶液的标定

碘标准溶液可用直接法配制，若无基准纯的碘片，也可以用还原性基准物质 As_2O_3 标定。

用 NaOH 溶液溶解 As_2O_3 生成亚砷酸盐：

$$As_2O_3 + 6NaOH \Longrightarrow 2Na_3AsO_3 + 3H_2O \tag{8-92}$$

再用 HCl 酸化溶液并用 $NaHCO_3$ 调节溶液 pH 约为 8，I_2 可以与 AsO_3^{3-} 定量快速反应：

$$AsO_3^{3-} + I_2 + 2OH^- \Longrightarrow AsO_4^{3-} + 2I^- + H_2O \tag{8-93}$$

可根据 As_2O_3 的量，计算出碘标准溶液的浓度。

8.6.3 氧化还原滴定曲线与滴定突跃

以滴定液体积 V（或与计量点体积的百分比）为横坐标，溶液的电极电位 φ 为纵坐标而绘制成 φ-V 曲线，称作氧化还原滴定曲线。

在滴定过程中，要求每滴一滴滴定剂，都要充分摇匀，待反应达到平衡后再滴下一滴，所以可以认为滴定过程中反应体系始终处于平衡态，即氧化剂电对和还原剂电对在滴定开始后电极电位一直相等；因此在相关计算中，可选择其中计算较为方便的电对来计算电极电位。一般地讲，用过量的物质电对计算溶液的电极电位比较容易。

本书只讨论对称型氧化还原反应的滴定曲线和滴定突跃。

(1) 对称型氧化还原反应的滴定曲线与滴定突跃

对称型氧化还原反应：

$$n_2Ox_1 + n_1Red_2 \Longrightarrow n_2Red_1 + n_1Ox_2 \tag{8-94}$$

$Ox_1 \rightarrow Red_1$ 时，得到 n_1 个电子；$Red_2 \rightarrow Ox_2$ 时，失去 n_2 个电子。设用 Ox_1 滴定 Red_2。

① 化学计量点前

Red_2 过量，用还原剂电对计算溶液的电极电位。例如，滴至 80% 时，80% 的 Red_2 被氧化成了 Ox_2，还有 20% 的 Red_2 保持原状态：

$$\frac{[Ox_2]}{[Red_2]} = \frac{80\%}{20\%}$$

$$\varphi = \varphi_{Ox_2/Red_2}^{\ominus} + \frac{0.0592}{n_2}\lg\frac{[Ox_2]}{[Red_2]} = \varphi_{Ox_2/Red_2}^{\ominus} + \frac{0.0592}{n_2}\lg\frac{0.8}{0.2}$$

② 化学计量点前 0.1% 时

Red_2 过量，用还原剂电对计算溶液的电极电位。99.9% 的 Red_2 被氧化成了 Ox_2，还有 0.1% 的 Red_2 保持原状态：

$$\varphi_1 = \varphi_{Ox_2/Red_2}^{\ominus} + \frac{0.0592}{n_2}\lg\frac{[Ox_2]}{[Red_2]} = \varphi_{Ox_2/Red_2}^{\ominus} + \frac{0.0592}{n_2}\lg\frac{99.9}{0.1}$$

$$= \varphi_{Ox_2/Red_2}^{\ominus} + \frac{3\times0.0592}{n_2}$$

③ 化学计量点时

此时，可用氧化剂电对计算溶液的电极电位：

$$\varphi_e = \varphi_{Ox_1/Red_1}^{\ominus} + \frac{0.0592}{n_1}\lg\frac{[Ox_1]}{[Red_1]}$$

$$n_1\varphi_e = n_1\varphi_{Ox_1/Red_1}^{\ominus} + 0.0592\lg\frac{[Ox_1]}{[Red_1]} \tag{8-95}$$

也可用还原剂电对计算溶液的电极电位：

$$\varphi_e = \varphi_{Ox_2/Red_2}^{\ominus} + \frac{0.0592}{n_2}\lg\frac{[Ox_2]}{[Red_2]}$$

$$n_2\varphi_e = n_2\varphi_{Ox_2/Red_2}^{\ominus} + 0.0592\lg\frac{[Ox_2]}{[Red_2]} \tag{8-96}$$

式(8-95) ＋式(8-96) 得：

$$(n_1+n_2)\varphi_e = n_1\varphi_{Ox_1/Red_1}^{\ominus} + n_2\varphi_{Ox_2/Red_2}^{\ominus} + 0.0592\lg\frac{[Ox_1][Ox_2]}{[Red_1][Red_2]}$$

由式(8-94) 知：

$$\frac{[Ox_1]}{[Red_1]} = \frac{[Red_2]}{[Ox_2]} \tag{8-97}$$

$$\lg\frac{[Ox_1][Ox_2]}{[Red_1][Red_2]} = \lg1 = 0$$

$$(n_1+n_2)\varphi_e = n_1\varphi_{Ox_1/Red_1}^{\ominus} + n_2\varphi_{Ox_2/Red_2}^{\ominus}$$

$$\varphi_e = \frac{n_1\varphi_{Ox_1/Red_1}^{\ominus} + n_2\varphi_{Ox_2/Red_2}^{\ominus}}{n_1+n_2} \tag{8-98}$$

④ 化学计量点后 0.1% 时

化学计量点后 0.1% 时，氧化剂 Ox_1 过量 0.1%，即 $[Ox_1]/[Red_1]=1/1000$。用氧化剂 Ox_1 电对计算溶液电极电位方便。所以：

$$\varphi_2 = \varphi_{Ox_1/Red_1}^{\ominus} + \frac{0.0592}{n_1}\lg\frac{[Ox_1]}{[Red_1]} = \varphi_{Ox_1/Red_1}^{\ominus} - \frac{3\times0.0592}{n_1}$$

滴定突跃：

$$\Delta\varphi = \varphi_2 - \varphi_1 = \varphi_{Ox_1/Red_1}^{\ominus} - \frac{3\times0.0592}{n_1} - \varphi_{Ox_2/Red_2}^{\ominus} - \frac{3\times0.0592}{n_2}$$

$$= (\varphi_{Ox_1/Red_1}^{\ominus} - \varphi_{Ox_2/Red_2}^{\ominus}) - 3\times0.0592\left(\frac{1}{n_1}+\frac{1}{n_2}\right) \tag{8-99}$$

若 $n_1=n_2=1$，则

$$(\varphi^{\ominus}_{Ox_1/Red_1} - \varphi^{\ominus}_{Ox_2/Red_2}) - 3 \times 0.0592 \left(\frac{1}{n_1} + \frac{1}{n_2}\right) > 0$$

$$\varphi^{\ominus}_{Ox_1/Red_1} - \varphi^{\ominus}_{Ox_2/Red_2} > 6 \times 0.0592 = 0.36V$$

这从滴定突跃的角度，论证了对称型氧化还原反应可用于滴定分析的必要条件，与8.6.1 的结论是完全一致的。

(2) 滴定曲线与滴定突跃计算示例

用 $0.1000mol \cdot L^{-1}$ 的 $Ce(SO_4)_2$ 滴定 20.00mL、$0.1000mol \cdot L^{-1}$ 的 Fe^{2+} 溶液。

已知：$\varphi'^{\ominus}_{Fe^{3+}/Fe^{2+}} = 0.68V$，$\varphi'^{\ominus}_{Ce^{4+}/Ce^{3+}} = 1.44V$。

$$Ce^{4+} + Fe^{2+} = Ce^{3+} + Fe^{3+} \tag{8-100}$$

计算滴定曲线和滴定突跃。

① 化学计量点前 0.1％时

Fe^{2+} 过量，尚有 0.1％ 的被测物 Fe^{2+} 未被氧化，Fe^{2+} 被氧化生成的 Fe^{3+} 的已达99.9％。所以 $[Fe^{3+}]/[Fe^{2+}] = 999/1$。

此时还原剂过量，用还原剂计算溶液的电极电位方便。

$$\varphi_1 = \varphi'^{\ominus}_{Fe^{3+}/Fe^{2+}} + \frac{0.0592}{1}\lg\frac{[Fe^{3+}]}{[Fe^{2+}]} = 0.68 + 3 \times 0.0592 = 0.86V$$

② 化学计量点时

将数据代入式(8-98)：

$$2\varphi_e = \varphi'^{\ominus}_{Ce^{4+}/Ce^{3+}} + \varphi'^{\ominus}_{Ce^{4+}/Ce^{3+}} = 1.44 + 0.68$$

$$\varphi_e = \frac{1.44 + 0.68}{2} = 1.06V$$

③ 化学计量点后 0.1％时

化学计量点后 0.1％ 时，滴定剂 Ce^{4+} 过量 0.1％，即 $[Ce^{4+}]/[Ce^{3+}] = 1/1000$。用 Ce计算溶液电极电位方便。所以：

$$\varphi_2 = \varphi'^{\ominus}_{Ce^{4+}/Ce^{3+}} + \frac{0.0592}{1}\lg\frac{[Ce^{4+}]}{[Ce^{3+}]} = 1.44 - 3 \times 0.0592 = 1.26V$$

滴定突跃：

$$\Delta\varphi = \varphi_2 - \varphi_1 = 1.26 - 0.86 = 0.40V$$

其他各点的电极电位计算结果列于表 8-2 中。

表 8-2 　$0.1000mol \cdot L^{-1}$ Ce^{4+} 滴定 $0.1000mol \cdot L^{-1}$ Fe^{2+} 溶液时电位的变化

滴定百分数/％	[Ox]/[Red]	φ/V
	$[Fe^{3+}]/[Fe^{2+}]$	$0.68 + 0.0592\lg([Fe^{3+}]/[Fe^{2+}])$
9	10^{-1}	$0.68 - 0.0592 \times 1 = 0.62$
50	10^0	$0.68 + 0.0592 \times 0 = 0.68$
91	10^1	$0.68 + 0.0592 \times 1 = 0.74$
99	10^2	$0.68 + 0.0592 \times 2 = 0.80$
99.9	10^3	$0.68 + 0.0592 \times 3 = 0.86$
100		$(0.68 + 1.44)/2 + 0 = 1.06$
滴定百分数/％	$[Ce^{4+}]/[Ce^{3+}]$	$1.44 + 0.0592\lg([Ce^{4+}]/[Ce^{3+}])$
100.1	10^{-3}	$1.44 - 0.0592 \times 3 = 1.26$
101	10^{-2}	$1.44 - 0.0592 \times 2 = 1.32$
110	10^{-1}	$1.44 - 0.0592 \times 1 = 1.38$
200	10^0	$1.44 - 0 = 1.44$

由表 8-2 可见，滴定百分数为 50％ 时，溶液的电极电位就是被滴定物电对的电极电位。

滴定百分数为 200% 时，溶液的电极电位就是滴定剂电对的电极电位。这两个电极电位值相差越大，化学计量点附近的滴定突跃越大，滴定终点的判断越容易。

将表 8-2 的数据绘制成滴定曲线如图 8-3 所示。

若滴定不是在标准状态下进行的，在上述计算中，标准电极电位 $\varphi^{\ominus}$ 用条件电极电位 $\varphi'^{\ominus}$ 取代即可。

当然，滴定时的介质不同，被滴定物质与滴定剂的条件电极电位也会有所改变，滴定突跃的位置及大小也会变化。如式(8-48)所示，条件电极电位 $\varphi'^{\ominus}$ 与滴定时的条件密切相关。图 8-4 就是用 $KMnO_4$ 滴定 Fe^{2+} 在不同介质中的滴定曲线和滴定突跃。显然可见，提高氧化剂电对的条件电极电位、降低还原剂电对的条件电极电位都可增加滴定突跃区间 $\Delta\varphi$。在 H_3PO_4 介质中用 $KMnO_4$ 滴定 Fe^{2+} 时，由于 Fe^{3+} 与 PO_4^{3-} 易形成较稳定的配合物 $[Fe-(PO_4)_2]^{3-}$，使还原剂电对 Fe^{3+}/Fe^{2+} 的条件电极电位降低，滴定突跃增长。

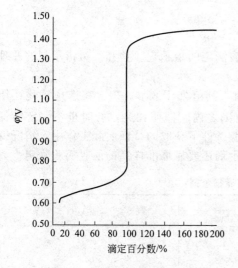

图 8-3　$0.1000\ mol\cdot L^{-1}\ Ce^{4+}$
滴定 $0.1000\ mol\cdot L^{-1}\ Fe^{2+}$ 的滴定曲线

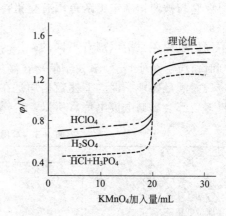

图 8-4　$KMnO_4$ 溶液在不同介质中
滴定 Fe^{2+} 的滴定曲线

在 H_2SO_4 介质中，SO_4^{2-} 会与氧化剂的中间存在形式 $Mn(Ⅲ)$ [如 8.5.2 (3) 中所述] 形成配合物，使氧化剂电对 $Mn(Ⅲ)/Mn(Ⅱ)$ 的条件电极电位降低，突跃范围比 H_3PO_4 介质中小。

8.6.4　氧化还原滴定终点判断与氧化还原指示剂

氧化还原滴定与酸碱滴定等一样，可使用指示剂在突跃范围内的变色指示滴定终点的到达。这类指示氧化还原滴定终点的指示剂称为氧化还原指示剂。

(1) 通用型氧化还原指示剂

氧化还原指示剂是一类结构复杂的有机化合物。与"酸碱指示剂是弱的酸碱、金属指示剂是弱配位剂"的原理一样，它们是弱的氧化剂或还原剂。其氧化态 $In(Ox)$ 与还原态 $In(Red)$ 的颜色完全不同。

$$In(Ox)+ne^- \Longrightarrow In(Red) \tag{8-101}$$

根据能斯特方程

$$\varphi_{In(Ox)/In(Red)} = \varphi^{\ominus'}_{In(Ox)/In(Red)} + \frac{0.0592}{n}\lg\frac{[In(Ox)]}{[In(Red)]} \tag{8-102}$$

在滴定中，氧化性（还原性）滴定剂首先与强还原性（强氧化性）被测物反应。若选用与被测物相似的弱还原性（弱氧化性）指示剂。此时溶液呈 $In(Red)$ 的颜色。随着滴定的进行，溶液的电极电位即被测物电对的电极电位不断上升（下降）。当进入滴定突跃时，被测物电对的电极电位与指示剂电对的电极电位 $\varphi_{In(Ox)/In(Red)}$ 相等。滴定剂则同时与被测物、指示剂反应。改变了指示剂还原态与氧化态浓度之比。当 $[In(Ox)]/[In(Red)] \geqslant 10$ 时，呈现 $In(Ox)$ 的颜色。溶液颜色突变，指示终点到达。

和酸碱指示剂有变色的 pH 范围一样，氧化还原指示剂也有变色的电位区间。当 $[In(Ox)]/[In(Red)] \geqslant 10$ 时，溶液呈现 $In(Ox)$ 的颜色。根据式(8-102)：

$$\varphi_{In(Ox)/In(Red)} \geqslant \varphi_{In(Ox)/In(Red)}^{\ominus\prime} + \frac{0.0592}{n} \lg \frac{[In(Ox)]}{[In(Red)]} = \varphi_{In(Ox)/In(Red)}^{\ominus\prime} + \frac{0.0592}{n}$$

当 $[In(Red)]/[In(Ox)] \geqslant 10$ 时，溶液呈现 $In(Red)$ 的颜色。根据式(8-102)：

$$\varphi_{In(Ox)/In(Red)} \leqslant \varphi_{In(Ox)/In(Red)}^{\ominus\prime} + \frac{0.0592}{n} \lg \frac{[In(Ox)]}{[In(Red)]} = \varphi_{In(Ox)/In(Red)}^{\ominus\prime} - \frac{0.0592}{n}$$

氧化还原指示剂变色的电位范围为：

$$\Delta\varphi = \varphi_{In(Ox)/In(Red)}^{\ominus\prime} \pm \frac{0.0592}{n}$$

只要它与被测物滴定突跃范围有交集，就可作该滴定的指示剂。这和酸碱指示剂的原理是类似的。

不同的氧化还原指示剂有不同的 $\varphi_{In(Ox)/In(Red)}^{\ominus\prime}$ 值，其值列于表 8-3 中。在选择氧化还原指示剂时，应尽量使 $\varphi_{In(Ox)/In(Red)}^{\ominus\prime}$ 值落在滴定突跃范围之内。即使如此，有时也不一定能保证滴定误差满足要求。因为上述数据均是在一定实验条件下获取的，而实际工作中，情况就复杂得多，都会影响电极电位。所以，选择什么指示剂还要靠标准样品的回收实验确定。

表 8-3 常用的氧化还原指示剂

指　示　剂	颜　　色		$\varphi_{In(Ox)/In(Red)}^{\ominus\prime}$ (pH=0)/V
	氧化态	还原态	
5-硝基邻二氮杂菲亚铁	浅蓝	紫红	1.25
邻二氮杂菲亚铁	浅蓝	红	1.06
二苯胺磺酸钠	紫红	无色	0.85
亚甲基蓝	蓝	无色	0.53
中性红	红	无色	0.24

例如，作为氧化还原指示剂的 1,10-二邻氮杂菲（俗名邻菲啰啉）亚铁 $[(phen)_3Fe]^{2+}$ 的半反应为：

$$[(phen)_3Fe]^{3+} + e^- \Longrightarrow [(phen)_3Fe]^{2+}$$

滴定时它的变色的电位范围为 (1.06 ± 0.06)V，因为 $[(phen)_3Fe]^{2+}$ 的红颜色比 $[(phen)_3Fe]^{3+}$ 的浅蓝色强度大得多，即 $[(phen)_3Fe^{3+}]/[(phen)_3Fe^{2+}] \geqslant 10$ 时，还不能完全显现浅蓝色，而在 1.12V 才会变色。用 Ce^{4+} 滴定 Fe^{2+} 时，用 1,10-二邻氮杂菲亚铁作指示剂最为合适。终点时，溶液由红色变为浅蓝色。也可用于 Fe^{2+} 滴定 Ce^{4+}，终点时，溶液由浅蓝色变为红色。

(2) 自身指示剂

在氧化还原滴定中，还可利用滴定剂或被测物氧化态与还原态颜色的变化指示滴定终点。称其为自身指示剂，即其兼顾滴定剂和指示剂双重任务。最常用到的是利用 MnO_4^-（紫红色）还原为 Mn^{2+}（无色）指示滴定终点。

在酸性介质中，用 MnO_4^- 标准溶液滴定无色或浅色还原剂溶液，化学计量点前，还原剂过量，溶液呈无色或浅色。只要 MnO_4^- 标准溶液过量一滴，即 $[MnO_4^-] \approx 2 \times 10^{-6}$ mol·L^{-1}，溶液呈粉红色，指示滴定终点的到达。

因为环境中的还原性物质也会使高锰酸钾褪色。所以，滴定至溶液的粉红色在 0.5min

内不褪色，即可认为滴定终点已经到达。

（3）专属指示剂

有些指示剂只与某个或少数物质的氧化态或还原态产生特殊的颜色，这类指示剂称为专属指示剂。例如 I_2 吸附可溶性淀粉呈现蓝色，而其还原态 I^- 却无此性质。根据被滴定液蓝色的消失或出现指示滴定终点的到达。所以可溶性淀粉溶液是碘量法的专属指示剂。

氧化还原滴定终点除用指示剂变色确定外，还可以用电化学方法确定。

8.6.5 氧化还原滴定前的预处理

氧化还原滴定前有时需将待测物转化为一定氧化数的物质，这个过程称作氧化还原滴定前的预处理。

例如，测定某试样中的 Mn^{2+}、Cr^{3+} 的含量。由于 $\varphi^{\ominus}_{MnO_4^-/Mn^{2+}}$（1.51V）和 $\varphi^{\ominus}_{Cr_2O_7^{2-}/Cr^{3+}}$（1.33V）很高，几乎没有一个试剂可以快速地将它们氧化为 MnO_4^- 或 $Cr_2O_7^{2-}$ 而直接进行氧化还原滴定。但可以用过量的更强的氧化剂，如 $(NH_4)_2S_2O_8$、$NaBiO_3$ 等将其氧化为 MnO_4^-、$Cr_2O_7^{2-}$，然后再用还原剂标准溶液滴定这些氧化型物质。

又例如，测定某试样中的 Sn^{4+} 的含量。由于 $\varphi^{\ominus}_{Sn^{4+}/Sn^{2+}}$（0.15V）太低，很难找到一个条件电极电位比其更低的还原剂直接进行氧化还原滴定。通常用金属 Al 将 Sn^{4+} 还原为 Sn^{2+}，然后再用 I_2 标准溶液滴定 Sn^{2+}。

由于多数还原性滴定剂易被空气氧化，在氧化还原滴定中，大多采用氧化剂作为滴定的标准溶液。所以，一般需对被测组分进行还原性处理。

预处理中使用的氧化剂或还原剂需满足下列要求。

① 能使被测物定量转化为所需氧化数的物质，速度不能太慢。

② 具有选择性。若用氧化还原滴定测定 Fe^{3+}（$\varphi^{\ominus}_{Fe^{3+}/Fe^{2+}}=0.77V$）、$Ti^{4+}$（$\varphi^{\ominus}_{Ti^{4+}/Ti^{3+}}=0.10V$）混合物中的 Fe^{3+}，如果用锌片 Zn（$\varphi^{\ominus}_{Zn^{2+}/Zn}=-0.76V$）还原，则：

$$2Fe^{3+} + Zn = 2Fe^{2+} + Zn^{2+}$$
$$2Ti^{4+} + Zn = 2Ti^{3+} + Zn^{2+}$$

Fe^{3+} 和 Ti^{4+} 全部被还原，再用 $K_2Cr_2O_7$ 标准溶液滴定，测定的是 Fe^{3+} 和 Ti^{4+} 的总量。

若用 $SnCl_2$（$\varphi^{\ominus}_{Sn^{2+}/Sn}=0.15V$）作预还原剂，其电位比 Ti^{4+} 高，不能还原 Ti^{4+}。只能将 Fe^{3+} 还原为 Fe^{2+}，再用 $K_2Cr_2O_7$ 标准溶液滴定。测定的仅是 Fe^{2+}（即 Fe^{3+}）的量。此法有较好的选择性。

③ 过量的氧化剂或还原剂易用简单的办法清除。一般利用加热、沉淀过滤、形成稳定的配合物等方法清除预处理中残余的过量氧化剂或还原剂。不影响后面的氧化还原定量滴定。$(NH_4)_2S_2O_8$、H_2O_2 都可以通过加热清除，所以它们都是常用的预处理剂。

常用的预处理剂及余量消除方法见表 8-4。

表 8-4　常用的预氧化剂和预还原剂及余量消除方法

试剂	反应条件	主要用途	过量试剂除去的方法
氧化剂 $(NH_4)_2S_2O_8$	酸性，Ag^+ 催化	$Cr^{3+} \longrightarrow Cr_2O_7^{2-}$ $Mn^{2+} \longrightarrow MnO_4^-$ $Ce^{3+} \longrightarrow Ce^{4+}$ $VO^{2+} \longrightarrow VO_3^-$	煮沸分解
$NaBiO_3$	酸性	$VO^{2+} \longrightarrow VO_3^-$	过滤除去
$KMnO_4$	酸性	$VO^{2+} \longrightarrow VO_3^-$	加尿素和 $NaNO_2$
H_2O_2	碱性	$Cr^{3+} \longrightarrow CrO_4^{2-}$	Ni^{2+} 或 I^- 催化，煮沸分解
	酸性	$Ce^{3+} \longrightarrow Ce^{4+}$	加尿素和 $NaNO_2$

试剂	反应条件	主要用途	过量试剂除去的方法
还原剂 $SnCl_2$	酸性, 加热	$Fe^{3+} \longrightarrow Fe^{2+}$ $As(V) \longrightarrow As(III)$ $Mo(VI) \longrightarrow Mo(V)$	加 $HgCl_2$ 氧化、沉淀
SO_2	含有 SCN^- 的 $1mol/L$ 的 H_2SO_4	$Fe^{3+} \longrightarrow Fe^{2+}$ $As(V) \longrightarrow As(III)$ $Sb(V) \longrightarrow Sb(III)$	煮沸或通 CO_2
Al	HCl 溶液	$Sn^{4+} \longrightarrow Sn^{2+}$ $Ti^{4+} \longrightarrow Ti^{3+}$	

8.6.6 高锰酸钾法

氧化还原反应比较复杂。因此,氧化还原滴定的条件对各种方法而言也不相同。

(1) 基本原理

高锰酸钾是一种常用的强氧化剂。在强酸溶液中,$KMnO_4$ 被还原为 Mn^{2+},其半反应:

$$MnO_4^- + 8H^+ + 5e^- = Mn^{2+} + 4H_2O \qquad \varphi_{MnO_4^-/Mn^{2+}}^{\ominus} = 1.51V$$

在弱酸或中性溶液生成 MnO_2 沉淀,溶液浑浊,不易确定终点:

$$MnO_4^- + 4H^+ + 3e^- = MnO_2 + 2H_2O \qquad \varphi_{MnO_4^-/MnO_2}^{\ominus} = 1.68V$$

所以滴定一般选择在强酸中进行。同时强酸介质也更提高了其氧化性。调节酸度要用硫酸或磷酸,不使用有还原性的盐酸、醋酸和有氧化性的硝酸。若体系中有 Fe^{2+} 存在,Fe^{2+} 与 MnO_4^- 的反应将诱导 HCl 被 MnO_4^- 氧化,干扰测定。醋酸的酸性不够,它也容易被高锰酸钾氧化。硝酸也是氧化剂,当然会干扰测定。

高锰酸钾法的优缺点是:

① 氧化能力强,所以使用范围广;

② 自身可作指示剂,无须用其他指示剂;

③ 有自催化作用,只需开始时加热;

④ 氧化能力强,能氧化的物质也多,因而选择性较差,干扰多;

⑤ 氧化能力强,稳定性较差,因此其标准溶液必须即时标定。

(2) 高锰酸钾法的应用

① 直接滴定法

可用高锰酸钾标准溶液直接滴定 Fe^{2+}、$C_2O_4^{2-}$、H_2O_2、Sn^{2+}、$As(III)$ 等。

② 间接滴定法

对一些非氧化还原性物质不能用高锰酸钾标准溶液直接滴定,但可以间接滴定。如测定 Ca^{2+} 时,可将 Ca^{2+} 定量生成 CaC_2O_4 沉淀,过滤、洗涤后,用热的稀硫酸溶解 CaC_2O_4 沉淀。再用高锰酸钾标准溶液滴定 $C_2O_4^{2-}$。可以间接地测定 Ca^{2+} 的量。

③ 返滴定法

对一些反应速率较慢或其他原因不能直接滴定的物质,还可采用返滴定法。测定 MnO_2 的含量时,在弱酸性中,MnO_2 与过量的 $C_2O_4^{2-}$ 反应

$$MnO_2 + C_2O_4^{2-} + 4H^+ = Mn^{2+} + 2CO_2 \uparrow + 2H_2O \qquad (8-103)$$

过量的 $C_2O_4^{2-}$ 再用高锰酸钾标准溶液滴定,便可计算出 MnO_2 的含量。

④ 有机物的测定

用高锰酸钾法测定有机物的含量,多采用碱性介质下的返滴定法。如测定甘油时,可在碱性条件下准确加入过量的 $KMnO_4$ 标准溶液,充分反应。

$$\begin{array}{c}CH_2\!-\!CH\!-\!CH_2 \\ |\qquad\ |\qquad\ | \\ OH\quad OH\quad OH\end{array} +14MnO_4^- +14OH^- =\!=\!= 3CO_2\uparrow +14MnO_4^{2-} +11H_2O$$

作用完毕后，将溶液酸化，锰酸根 MnO_4^{2-}（绿色）歧化为 MnO_4^- 和 MnO_2 或 Mn^{2+}。再加入过量的 Fe^{2+} 标准溶液，将所有锰还原为 Mn^{2+}。过量的 Fe^{2+} 用高锰酸标准溶液滴定。由加入的 MnO_4^- 的总量（包括和有机物反应的与滴定过量的 Fe^{2+} 消耗的量）和 Fe^{2+} 标准溶液的量计算出甘油的含量。甲酸、甲醛、柠檬酸、酒石酸、葡萄糖等均可用此法测定。

8.6.7 碘量法

碘量法是最重要的氧化还原滴定方法之一。它应用范围特别大。既适合检测氧化性物质，也可检测还原性物质。尤其在测定有机物、药物、生物等方面使用得更多些。

(1) 基本原理

碘量法用于氧化还原滴定的半反应电对是：

$$I_2 +2e^- =\!=\!= 2I^-$$

或写成
$$I_3^- +2e^- =\!=\!= 3I^- \qquad \varphi^{\ominus}_{I_2/I^-} =0.535V \tag{8-104}$$

其氧化型 I_2 是一个中等强度的氧化剂。它能以 I_2 为氧化剂，与较强的还原剂进行直接滴定或返滴定。如 I_2 可以氧化 S^{2-} 成 SO_4^{2-}、氧化 SO_3^{2-} 成 SO_4^{2-}、氧化 Sn^{2+} 成 Sn^{4+}、氧化 AsO_3^{3-} 成 AsO_4^{3-} 等。

其还原型 I^- 是一个中等强度的还原剂。它可被较强的氧化剂 Cu^{2+}、CrO_4^{2-}、$Cr_2O_7^{2-}$、IO_3^-、BrO_3^-、AsO_4^{3-}、SbO_4^{3-}、Cl_2、Br_2、ClO^-、MnO_4^-、MnO_2 以及 H_2O_2 等定量地氧化成 I_2。再用强还原剂标准溶液滴定生成的 I_2，可测定各种氧化性试样，这种方法称为间接碘量法。

最重要、最常使用的滴定 I_2 的还原剂标准溶液是硫代硫酸钠标准溶液。硫代硫酸钠可以定量地和 I_2 反应：

$$I_2 +2S_2O_3^{2-} =\!=\!= 2I^- +S_4O_6^{2-} \tag{8-105}$$

间接碘量法是应用最为广泛的方法。

若实验中使反应(8-105)能定量地进行，需要控制一些实验条件。

① 酸度控制

在较强的碱性溶液中，$S_2O_3^{2-}$ 与 I_2 的反应产物不唯一，不能进行定量滴定：

$$4I_2 +S_2O_3^{2-} +10OH^- =\!=\!= 8I^- +2SO_4^{2-} +5H_2O \tag{8-106}$$

和
$$3I_2 +6OH^- =\!=\!= 5I^- +IO_3^- +3H_2O \tag{8-107}$$

在强酸性溶液中，会有下列副反应产生：

$$S_2O_3^{2-} +2H^+ =\!=\!= SO_2\uparrow +S\downarrow +H_2O \tag{8-108}$$

和
$$4I^- +4H^+ +O_2 =\!=\!= 2I_2 +2H_2O \tag{8-109}$$

所以式(8-105)的反应应在中性或弱酸性中进行。

② 防止 I_2 挥发和 I^- 被氧化

I_2 挥发和 I^- 被环境中氧气等氧化是碘量法最重要的误差来源。如上所述防止 I_2 挥发，可在 I_2 液中加入 KI，形成 I_3^- 难以挥发。为防止 I_2 挥发，应控制滴定温度不要太高，一般在常温下进行。滴定应在碘量瓶中进行，并及时塞上塞子进行水封。摇动碘量瓶应轻摇，不可过于剧烈。

使用间接碘量法时，为防止 I^- 被环境中氧气等氧化，应立即将 I^- 生成 I_2，过量的 I^- 与 I_2 生成 I_3^-，$[I^-]$ 降低，φ_{I_2/I^-} 上升，降低了 I^- 被环境中氧气等氧化为 I_2 的干扰。滴定的速度应适当地快些，尤其是刚开始滴定时。防止日光直接照射，I^- 溶液应避光放置。当用水溶性淀粉为指示剂时，被滴定溶液由蓝色变成无色即为终点，而不管其后是否返回蓝色。

③ 淀粉指示剂加入时间

$Na_2S_2O_3$ 滴定 I_2 时，指示剂应在临近终点即溶液由棕红色变为淡黄色时再加入。指示剂加入过早，被淀粉吸附的 I_2 很难解吸，蓝色不易褪去，使终点延后，造成误差。

(2) 碘量法的应用实例

① 直接碘量法——硫化钠总还原能力的测定

硫化钠又称硫化碱，是一种还原性的碱产品。硫化钠中常含有 Na_2SO_3、$Na_2S_2O_3$ 等还原性杂质，所以碘量法测定的是硫化钠总还原能力。测定依据的化学反应：

$$I_2 + H_2S + 2OH^- = S\downarrow + 2I^- + 2H_2O \qquad (8\text{-}110)$$

测定时，在硫化钠待测液中加入过量的碘标准溶液，上述反应完毕后，再用 $Na_2S_2O_3$ 标准溶液滴定过量的碘。

钢铁、矿石、石油、废水以及有机物中的含硫物质可以经过样品的预处理，将其转化为 S^{2-}，再用碘量法滴定。

② 间接碘量法——铜矿石中铜含量的测定

铜矿石样品经 HCl 加少量 H_2O_2 处理，溶解成被测溶液：

$$Cu + 2HCl + H_2O_2 = CuCl_2 + 2H_2O \qquad (8\text{-}111)$$

煮沸，将多余的 H_2O_2 分解掉：

$$2H_2O_2 = H_2O + O_2\uparrow \qquad (8\text{-}112)$$

在弱酸性条件下，被测溶液中加入 NH_4F，掩蔽 Fe^{3+}：

$$Fe^{3+} + 6F^- = [FeF_6]^{3-} \qquad (8\text{-}113)$$

然后，加入过量的 KI：

$$2Cu^{2+} + 4I^- = 2CuI\downarrow + I_2 \qquad (8\text{-}114)$$

最后用 $Na_2S_2O_3$ 标准溶液滴定定量生成的碘。间接碘量法也可测定甲醛、丙酮、硫脲和葡萄糖等有机物的含量。

8.6.8 其他氧化还原滴定方法

(1) 重铬酸钾法

$K_2Cr_2O_7$ 是一种较稳定的强氧化剂，在强酸性介质中可被还原为 Cr^{3+}：

$$Cr_2O_7^{2-} + 14H^+ + 6e^- = 2Cr^{3+} + 7H_2O \qquad \varphi^{\ominus}_{Cr_2O_7^{2-}/Cr^{3+}} = 1.33V \qquad (8\text{-}115)$$

$K_2Cr_2O_7$ 的氧化能力没有 $KMnO_4$ 强，适用范围也稍小一点。六价铬盐毒性较大，但该法也有高锰酸钾法所不具备的优点。

① 常温下 $K_2Cr_2O_7$ 不能将 Cl^- 氧化，因此低浓度 Cl^- 不干扰滴定。所以可以选择 HCl 体系滴定。这对于盐酸盐试样的测定很方便。

② $K_2Cr_2O_7$ 标准溶液浓度较稳定，不必当场标定；储于密闭容器中浓度可长期不变。

重铬酸钾法也有直接滴定和间接滴定法。指示剂为二苯胺磺酸钠或氨基苯甲酸钠。

直接滴定法的例子是在强酸介质中测定亚铁盐：

$$Cr_2O_7^{2-} + 6Fe^{2+} + 14H^+ = 2Cr^{3+} + 6Fe^{3+} + 7H_2O \qquad (8\text{-}116)$$

间接滴定的例子是在 H_2SO_4 介质中测定有机物，如 CH_3OH 的测定，在测试液中加入过量的 $K_2Cr_2O_7$ 标准溶液：

$$Cr_2O_7^{2-} + CH_3OH + 8H^+ = 2Cr^{3+} + CO_2\uparrow + 6H_2O \qquad (8\text{-}117)$$

加热反应完毕后，用 Fe^{2+} 标准溶液返滴多余的 $K_2Cr_2O_7$。

(2) 溴酸钾法

溴酸钾也是强氧化剂，在强酸性介质中可被还原为 Br^-：

$$BrO_3^- + 6H^+ + 6e^- \Longrightarrow Br^- + 3H_2O \qquad \varphi_{BrO_3^-/Br^-}^{\ominus} = 1.44V \qquad (8-118)$$

溴酸钾的纯度可达基准纯，标准溶液可直接配制而无须标定。可用溴酸钾标准溶液直接滴定 Fe^{2+}、AsO_3^{3-}、Sb^{3+} 等还原性物质。

$$BrO_3^- + 6Fe^{2+} + 6H^+ \Longrightarrow Br^- + 6Fe^{3+} + 3H_2O \qquad (8-119)$$

$$BrO_3^- + 3AsO_3^{3-} \Longrightarrow Br^- + 3AsO_4^{3-} \qquad (8-120)$$

$$BrO_3^- + 3Sb^{3+} + 6H^+ \Longrightarrow Br^- + 3Sb^{5+} + 3H_2O \qquad (8-121)$$

溴酸钾法与碘量法联用可测定一些芳香族有机物。溴酸钾和溴化钾在酸性条件下可发生汇中反应：

$$BrO_3^- + 5Br^- + 6H^+ \Longrightarrow 3Br_2 + 3H_2O \qquad (8-122)$$

对一些芳香环（苯环、萘环、喹啉环等）上有强供电子基（如 $-OH$、$-NH_2$ 等）的有机化合物，如苯酚、8-羟基喹啉、对氨基水杨酸（扑热息痛）等，在取代基 $-OH$ 等的邻位和对位产生溴代反应，产物为沉淀。如：

$$C_6H_5OH(苯酚) + 3Br_2 \Longrightarrow C_6H_2Br_3OH(三溴苯酚)\downarrow + 3HBr \qquad (8-123)$$

$$C_9H_6NOH(8\text{-}羟基喹啉) + 2Br_2 \Longrightarrow C_9H_4NBr_2OH(5,7\text{-}二溴\text{-}8\text{-}羟基喹啉)\downarrow + 2HBr$$
$$(8-124)$$

反应后，加入过量的 KI，多余的溴与 KI 生成 I_2：

$$Br_2 + 2I^- \Longrightarrow I_2 + 2Br^- \qquad (8-125)$$

最后用 $Na_2S_2O_3$ 标准溶液滴定定量生成的碘。

(3) 铈量法

Ce^{4+} 也是强氧化剂，在酸性介质中：

$$Ce^{4+} + e^- \Longrightarrow Ce^{3+} \qquad \varphi_{Ce^{4+}/Ce^{3+}}^{\ominus} = 1.44V \qquad (8-126)$$

铈量法的应用范围与高锰酸钾法相近。一般用 1,10-二邻氮杂菲亚铁为指示剂。铈标准溶液比高锰酸钾稳定得多。能在较高浓度的 HCl 溶液中滴定还原剂。滴定过程中副反应少。这都是铈量法的优点。但铈盐较贵、Ce^{4+} 与 $C_2O_4^{2-}$、$As(\mathbb{I})$ 等还原剂反应速率较慢。

8.7　氧化还原滴定的计算

8.7.1　计算基本原理

计算原理、计算公式和注意事项已在 6.4.6 中介绍过，不再重复。对于氧化还原滴定计算，有些特殊性需特别注意。

① 氧化还原滴定有时需经过若干步反应（一般不包括预处理阶段），无论滴定反应经过多少步，只要有 n 个滴定终点，就一定有 n 个方程，不会多，也不会少。

② 在整个滴定过程中，要确定哪些物质是氧化剂，哪些物质是还原剂，而不是从某一两步反应的局部考虑问题。

③ 确定 1mol 氧化剂得到多少摩尔电子和 1mol 还原剂失去多少摩尔电子。摩尔质量/得到（或失去）的电子数＝基本计量单元（$g \cdot mol^{-1}$ 电子）。所有浓度和物质的量都以基本计量单元为单位，实际上是以电子摩尔量为计量基础，这正反映了氧化还原反应的本质。

④ 所有氧化剂基本计量单元数量之和＝所有还原剂基本计量单元数量之和。

⑤ 未经准确计量的试剂、加入的试剂在滴定前和终点时形态（主要指氧化数）相同的物质在计算中均不涉及，而不管其经过多么复杂的反应。

⑥ 计算结果仍是以基本计量单元为单位的浓度及物质的量。

8.7.2 应用示例

【例 8-22】 取 25.00mL H_2O_2 试样，定容于 250mL 容量瓶中，制成被测液。移取 25.00mL 被测液于锥形瓶中，用 0.01974mol·L^{-1} 的 $KMnO_4$ 标准溶液滴定。滴定终点时，用去 $KMnO_4$ 标准溶液 25.40mL，求试样中 H_2O_2 的含量（g·L^{-1}）。

解
$$2MnO_4^- + 5H_2O_2 + 6H^+ \Longrightarrow 2Mn^{2+} + 5O_2\uparrow + 8H_2O \tag{a}$$

氧化剂是 $KMnO_4$。$KMnO_4$ 被还原为 Mn^{2+}，得到 5 个电子，基本计量单元为 $\frac{1}{5}M(KMnO_4)$，其浓度应用 $c\left(\frac{1}{5}KMnO_4\right)$ 表示。

$$c\left(\frac{1}{5}KMnO_4\right) = 5c(KMnO_4) = 5 \times 0.01974 = 0.09870(mol\cdot L^{-1}) \tag{b}$$

还原剂是 H_2O_2。H_2O_2 被氧化为 O_2，1mol H_2O_2 失去 2mol 电子，基本计量单元为 $\frac{1}{2}M(H_2O_2) = 34.02/2 = 17.01g\cdot mol^{-1}$，其浓度应用 $c\left(\frac{1}{2}H_2O_2\right)$ 表示。H^+ 没有定量加入，只需保持足够酸度即可，所以

$$c\left(\frac{1}{5}KMnO_4\right)V(KMnO_4) = c\left(\frac{1}{2}H_2O_2\right)V(H_2O_2)$$

$$0.09870 \times 25.40 = \frac{c\left(\frac{1}{2}H_2O_2\right) \times 25.00 \times 25.00}{250.00}$$

$$c\left(\frac{1}{2}H_2O_2\right) = 1.003(mol\cdot L^{-1}) = 1.003 \times 17.01 = 17.06(g\cdot L^{-1})$$

【例 8-23】 取 1.00mL 废铜液，酸化后，加过量的 KI，析出 I_2，用 0.1000mol·L^{-1} 的 $Na_2S_2O_3$ 标准溶液滴定，消耗 3.40mL，求试样中的 $[Cu^{2+}]$。

解
$$2Cu^{2+} + 4I^- \Longrightarrow 2CuI\downarrow + I_2$$
$$I_2 + 2S_2O_3^{2-} \Longrightarrow 2I^- + S_4O_6^{2-}$$

氧化剂是 Cu^{2+}，$Cu^{2+} \longrightarrow CuI\downarrow$，得到 1 个电子，基本计量单元就是摩尔质量。

还原剂是 $S_2O_3^{2-}$，$S_2O_3^{2-} \longrightarrow S_4O_6^{2-}$，$S_2O_3^{2-}$ 中 S 的氧化数是 2，$S_4O_6^{2-}$ 中 S 的氧化数是 2.5，每个 $S_2O_3^{2-}$ 中有 2 个 S，被氧化为 $S_4O_6^{2-}$ 的过程中，1 个 $S_2O_3^{2-}$ 中将失去 1 个电子，所以其基本计量单元也为其本身。加入的 KI，虽然中间变为 I_2，但滴定终点时，无论在 CuI 中，还是在溶液中的 I^-，氧化数仍为 -1，没有变化，因此计算中不涉及。所以
$$c(Cu^{2+})V(Cu^{2+}) = c(S_2O_3^{2-})V(S_2O_3^{2-})$$

$$c(Cu^{2+}) = \frac{c(S_2O_3^{2-})V(S_2O_3^{2-})}{V(Cu^{2+})} = \frac{0.1000 \times 3.40}{1.00} = 0.340(mol\cdot L^{-1})$$

【例 8-24】 称取 0.6075g $KBrO_3$ 和 5g KBr 溶解后定容在 250.00mL 容量瓶中。称取 0.2872g 苯酚 C_6H_5OH，溶解后也定容在 250.00mL 容量瓶中。吸取 25.00mL $KBrO_3$-KBr 溶液和 25.00mL 苯酚溶液于锥形瓶中，加盐酸酸化，生成三溴苯酚沉淀（$C_6H_2Br_3OH$）。然后加入过量的 KI，生成 I_2。用 0.1267mol·L^{-1} 的 $Na_2S_2O_3$ 标准溶液滴定，消耗 3.21mL。计算苯酚试样中苯酚的百分含量。

解 反应方程式有 4 个：
$$BrO_3^- + 5Br^- + 6H^+ \Longrightarrow 3Br_2 + 3H_2O \tag{a}$$
$$C_6H_5OH + 3Br_2 \Longrightarrow C_6H_2Br_3OH\downarrow + 3HBr \tag{b}$$
$$Br_2 + 2I^- \Longrightarrow I_2 + 2Br^- \tag{c}$$
$$I_2 + 2S_2O_3^{2-} \Longrightarrow 2I^- + S_4O_6^{2-} \tag{d}$$

反应虽有 4 步，但终点只有 1 个，因此只有 1 个方程需建立。

由式（a）～式（c）知，$KBrO_3$ 得 5 个电子还原为 Br_2，后又得 1 个电子最后还原为 Br^-，因此在整个滴定过程中，$KBrO_3$ 得 6 个电子最后还原为 Br^-。因为在三溴苯酚沉淀 $C_6H_2Br_3OH$ 中，Br 的氧化数也为 -1，所以氧化剂只有一个 $KBrO_3$。$KBrO_3$ 的基本计量单元为 $\frac{1}{6}M(KBrO_3)$，所以 $c\left(\frac{1}{6}KBrO_3\right) = \dfrac{m(KBrO_3)}{\frac{1}{6}M(KBrO_3) \times 250.00 \times 10^{-3}}$。

由式（b）知，C_6H_5OH 是还原剂。设 C_6H_5OH 中 C 的氧化数为 y，则

$$6y + 6 \times (+1) + (-2) = 0$$

$$y = -\frac{4}{6}$$

同理得三溴苯酚 $C_6H_2Br_3OH$ 中 C 的氧化数为 $2/6$。1 个 C 将失去 1 个电子，1 个苯酚 C_6H_5OH 中有 6 个 C，所以每个 C_6H_5OH 失去 6 个电子。C_6H_5OH 的基本计量单元为 $\frac{1}{6}M(C_6H_5OH)$。设 C_6H_5OH 的百分含量为 x，则

$$c\left(\frac{1}{6}C_6H_5OH\right) = \dfrac{xm(C_6H_5OH)}{\frac{1}{6}M(C_6H_5OH) \times 0.2500}$$

$Na_2S_2O_3$ 的基本计量单元就是其本身。而 KBr 和 KI 中的 Br 和 I 在滴定前和终点时的氧化数均为 -1，没有变化，因此计算中不涉及。

$$\dfrac{m(KBrO_3) \times 25.00}{\frac{1}{6}M(KBrO_3) \times 0.2500} = \dfrac{xm(C_6H_5OH) \times 25.00}{\frac{1}{6}M(C_6H_5OH) \times 0.2500} + c(S_2O_3^{2-})V(S_2O_3^{2-})$$

$$\dfrac{0.6075 \times 25.00}{\frac{167.01}{6} \times 0.2500} = \dfrac{0.2872 \times 25.00x}{\frac{94.11}{6} \times 0.2500} + 0.1267 \times 3.21$$

解方程可得 $\qquad\qquad x = 0.9699 \approx 97.0\%$

【扩展知识】

1. 非对称型氧化还原滴定化学计量点电极电位的计算

非对称型氧化还原滴定化学计量点电极电位的计算，以 $Cr_2O_7^{2-}$ 滴定 Fe^{2+} 为例（设 $[H^+] = 1\,mol \cdot L^{-1}$）。

$$Cr_2O_7^{2-} + 6Fe^{2+} + 14H^+ \Longrightarrow 2Cr^{3+} + 6Fe^{3+} + 7H_2O$$

$$\varphi_{ep} = \varphi_{Fe^{3+}/Fe^{2+}}^{\ominus\prime} + \frac{0.0592}{1} \times \lg\frac{[Fe^{3+}]}{[Fe^{2+}]}$$

$$\varphi_{ep} = \varphi_{Cr_2O_7^{2-}/Cr^{3+}}^{\ominus\prime} + \frac{0.0592}{6}\lg\frac{[Cr_2O_7^{2-}][H^+]^{14}}{[Cr^{3+}]^2}$$

平衡时 $\qquad\qquad \dfrac{[Fe^{3+}]}{[Fe^{2+}]} = \dfrac{[Cr^{3+}]}{2[Cr_2O_7^{2-}]}$

则 $\qquad 7\varphi_{ep} = \varphi_{Fe^{3+}/Fe^{2+}}^{\ominus\prime} + 6\varphi_{Cr_2O_7^{2-}/Cr^{3+}}^{\ominus\prime} + 0.0592\lg\dfrac{[Fe^{3+}][Cr_2O_7^{2-}][H^+]^{14}}{[Fe^{2+}][Cr^{3+}]^2}$

$$= \varphi_1^{\ominus\prime} + 6\varphi_2^{\ominus\prime} + 0.0592\lg\frac{[H^+]^{14}}{2[Cr^{3+}]}$$

$$\varphi_{ep} = \dfrac{\varphi_1^{\ominus\prime} + 6\varphi_2^{\ominus\prime} + 0.0592\lg\dfrac{[H^+]^{14}}{2[Cr^{3+}]}}{7}$$

与对称反应相比，多了浓度参数项，此项的值要视具体反应而定。

2. 生物体内的超氧离子

生物机体在代谢过程中，会产生一些氧化性很强的中间体，如超氧离子 O_2^-、H_2O_2 等，这些中间体称为活性氧中间体，又称活性氧。虽然这些中间体在生物体内的浓度极低、寿命也非常短，但它们与人类的健康关系密切，是生命科学研究的热点之一。

正常情况下，活性氧的产生、利用、清除三个过程处于相互平衡的状态，活性氧的浓度保持在满足生命活动所需的低浓度水平上。例如，超氧离子 O_2^- 的浓度维持在 $10^{-12}\,mol \cdot L^{-1}$ 左右。在此状态下，活性氧的存在不会损伤生物机体，反而会直接或间接地发挥对生物机体有益的生物效应，如解毒、吞噬细胞、杀菌等。若在某些病理条件下，活性氧的产生作用增强或者清除作用减弱，使活性氧的浓度超过生命活动所需浓度的上限，就可能导致对生物机体不利的生物效应的发生，使机体的氧化作用增强和加速，从而加快机体的衰老和死亡。

超氧离子 O_2^- 是生物体内最重要的活性氧，它是氧分子在生物体内捕获一个电子的产物。因为它含有未成对的单个电子，故又称其为氧自由基，记作 $O_2^- \cdot$。氧自由基 $O_2^- \cdot$ 是生物体内产生其他活性氧如 $HO_2 \cdot$、H_2O_2、$OH \cdot$ 的物质基础。在正常的生理条件下，超氧离子的浓度过大，生物体内的抗氧化物质便会将其清除。抗氧化物质大多数是生物酶，其中超氧化物歧化酶 SOD 便是一种能催化超氧离子 O_2^- 发生歧化反应的重要的抗氧化剂。含有 Cu^{2+} 和 Zn^{2+} 的超氧化物歧化酶 SOD 是最重要的酶，其中 Cu^{2+} 是 SOD 的活性催化中心。

$$O_2 + e^- \longrightarrow O_2^- \qquad \varphi_{O_2/O_2^-} = -0.36V$$
$$SOD\text{-}Cu^{2+} + e^- \longrightarrow SOD\text{-}Cu^+ \qquad \varphi_{SOD\text{-}Cu^{2+}/SOD\text{-}Cu^+} = 0.42V$$
$$O_2^- + 2H^+ + e^- \longrightarrow H_2O_2 \qquad \varphi_{O_2^-/H_2O_2} = 0.90V$$

因此，超氧离子 O_2^- 歧化反应的催化机理可能是

$$SOD\text{-}Cu^{2+} + O_2^- \longrightarrow SOD\text{-}Cu^+ + O_2$$
$$SOD\text{-}Cu^+ + O_2^- + 2H^+ \longrightarrow SOD\text{-}Cu^{2+} + H_2O_2$$

$SOD\text{-}Cu^{2+}$ 的起始状态和终止状态完全相同，所以它只起了催化剂的作用。

除了超氧化物歧化酶 SOD 外，还有一些酶也有抗氧化作用。此外，具有还原性的维生素 B 和维生素 C 也有抗氧化能力。一些天然小分子药物，如黄酮类物质、茶多酚、茶碱、咖啡因等也具有抗氧化能力。因此，常食用含有上述物质的新鲜水果、蔬菜等天然食品和经常饮茶，都可增强机体抗氧化和抗衰老的能力。

另外，硒在生物氧化过程中也起催化作用，它也是一种过氧化物酶的组分，能消除生物体内的自由基，可保护血红蛋白免受过氧化物的损害。实验证明，硒具有一定的抗癌和防心肌（克山）病的作用。

3. 生物体内氧的输送

生物体内氧的输送主要依靠血红蛋白中铁的氧化还原作用完成。铁的含量约占人体总重量的 0.006%，其中 3/4 分布于血红蛋白（Hb）中。Hb 是 Fe-卟啉类的复杂配合物，是血液中红血球的主要组分，其主要生物功能是输送氧气，而 Hb 本身是蓝色的，所以动脉血呈鲜红色而静脉血呈紫红色。

$$Hb \cdot H_2O + O_2 \Longleftrightarrow HbO_2 + H_2O$$

人体的肺部有大量的 O_2，使平衡右移，O_2 以氧合血红蛋白（HbO_2）的形式为红血球所吸收并输送给各种细胞组织以供应新陈代谢所需的氧。但是 CO、CN^- 可以取代氧与血红蛋白形成比 HbO_2 更稳定的配合物，阻止了氧的输送，造成组织缺氧而中毒，这是煤气及氰化物中毒的原因。

铁也是某些酶如过氧化氢酶、过氧化物酶、苯丙氨酸羟化酶和许多氧化还原体系所不可缺少的元素，它在生物催化、电子传递等方面也都起着重要作用。

4. 环境中的氧化还原作用

大气中某些痕量气体含量增加而引起的地球平均气温上升的现象称为温室效应，这类痕量气体称为温室气体，主要是 CO_2、CH_4、O_3、N_2O、$CFCl_3$、CF_2Cl_2 等，其中以 CO_2 的温室效应最大。

引起温室效应最重要的原因是臭氧层遭到严重破坏。臭氧是大气平流层的关键组分，绝大部分集中在距离地面约 25km 处，其厚度约 20km。臭氧层能吸收太阳发射出的对人类、动物、植物有害的大量紫外线辐射（200～300nm），阻止紫外线对人类、动物及植物的伤害。平流层中臭氧主要通过氧分子光化学分解出的原子氧与分子氧结合生成：

$$O_2 + h\nu \longrightarrow O \cdot + O \cdot \qquad (\lambda < 243nm)$$

$$O\cdot + O_2 \longrightarrow O_3$$

平流层中 O_3 的消除主要是 O_3 的光解所致：

$$O_3 + h\nu \longrightarrow O_2 + O\cdot \qquad (\lambda < 300\text{nm})$$

上述光解反应产生氧自由基，其化学性质非常活泼，很快与 O_2 分子结合成臭氧，故不会影响臭氧的浓度。而光解反应的进行，吸收掉大量的短波紫外线辐射，对地球生物起保护作用。

近年来臭氧层正在变薄，甚至出现了空洞。经研究，O_3 层遭破坏主要是人类活动产生的一些痕量气体如 NO_x 和氯氟烃（氟里昂）如 $CFCl_3$、CF_2Cl_2 等进入平流层，发生化学反应产生自由基 $Cl\cdot$，使平流层中活性粒子的浓度大大增加，加速了臭氧的消耗。

$$CFCl_3 + h\nu \longrightarrow CFCl_2\cdot + Cl\cdot$$
$$Cl\cdot + O_3 \longrightarrow ClO\cdot + O_2$$
$$NO_2 + O\cdot \longrightarrow NO + O_2$$

总反应 $\qquad\qquad\qquad O_3 + O\cdot \longrightarrow O_2 + O_2$

平流层 O_3 含量的减少，使射入地面的短波辐射剂量增加，对人类造成极大危害。例如，破坏生物体内的脱氧核糖核酸，使人类皮肤癌发病率增加；还会伤害植物的表皮细胞，抑制植物的光合作用和生长速度，使粮食减产。另外还将导致气候出现异常，由此带来危害。

习　题

8-1　指出下列各物质中划线元素的氧化数。

$\underline{O}_2$　$K\underline{O}_2$　$H_2\underline{O}_2$　$H_2\underline{O}$　$O\underline{F}_2$　$\underline{N}_2$　$H_2\underline{N}OH$　$\underline{N}_2H_4$　$\underline{N}H_3$　$H_2\underline{P}O_4^-$　$H_3\underline{P}O_3$　$H_3\underline{P}O_2$　$\underline{P}_4$

8-2　配平下列各氧化还原反应方程式。

(1) $Zn + H_2SO_4(浓) \longrightarrow ZnSO_4 + H_2S\uparrow$

(2) $MnO_2 + H_2O_2 + HCl \longrightarrow MnCl_2 + O_2\uparrow$

(3) $KMnO_4 + K_2SO_3 + KOH \longrightarrow K_2MnO_4 + K_2SO_4$

(4) $(NH_4)_2Cr_2O_7 \longrightarrow Cr_2O_3 + N_2\uparrow$

(5) $K_2Cr_2O_7 + KI + H_2SO_4 \longrightarrow Cr_2(SO_4)_3 + I_2 + K_2SO_4$

(6) $Cl_2 + H_2O_2 \longrightarrow HCl + O_2\uparrow$

(7) $Ca(OH)_2 + Cl_2 \longrightarrow Ca(ClO)_2 + CaCl_2$

(8) $HNO_3 + As_2O_3 \longrightarrow H_3AsO_4 + NO\uparrow$

(9) $HNO_3 + FeS \longrightarrow Fe(NO_3)_3 + NO\uparrow + H_2SO_4$

(10) $CuS + HNO_3 \longrightarrow Cu(NO_3)_2 + H_2SO_4 + NO\uparrow$

(11) $Mn(NO_3)_2 + PbO_2 + HNO_3 \longrightarrow HMnO_4 + Pb(NO_3)_2$

8-3　配平下列各氧化还原反应方程式（用半反应法）。

(1) $I_2 + S_2O_3^{2-} \longrightarrow I^- + S_4O_6^{2-}$

(2) $MnO_4^- + H_2O_2 + H^+ \longrightarrow Mn^{2+} + O_2\uparrow$

(3) $Zn + NO_3^- + H^+ \longrightarrow NH_4^+ + Zn^{2+}$

(4) $PbO_2 + Cr^{3+} \longrightarrow Pb^{2+} + Cr_2O_7^{2-}$（酸性介质）

(5) $Zn + ClO^- + H^+ \longrightarrow Zn^{2+} + Cl^- + H_2O$

(6) $MnO_4^- + H_2S \longrightarrow Mn^{2+} + S\downarrow$

(7) $N_2H_4 + Cu(OH)_2 \longrightarrow Cu + N_2\uparrow$

(8) $PH_4^+ + Cr_2O_7^{2-} \longrightarrow Cr^{3+} + P_4$

(9) $Br_2 + IO_3^- \longrightarrow Br^- + IO_4^-$

(10) $Al + NO_3^- \longrightarrow [Al(OH)_4]^- + NH_3\uparrow$

8-4　对于氧化还原反应

$$Zn + Fe^{2+} =\!=\!= Zn^{2+} + Fe$$

和 $\qquad\qquad MnO_4^- + 8H^+ + 5Fe^{2+} =\!=\!= Mn^{2+} + 5Fe^{3+} + 4H_2O$

(1) 分别指出哪种物质是氧化剂？哪种物质是还原剂？写出对应的半反应式。

(2) 将上面的反应设计成原电池，并写出其符号。

8-5 改变下列条件，则标准状态下铜锌原电池的电动势如何变化？

（1）增加 $ZnSO_4$ 的浓度；

（2）在 $ZnSO_4$ 溶液中加入 $NH_3 \cdot H_2O$；

（3）在 $CuSO_4$ 溶液中加入 $NH_3 \cdot H_2O$。

8-6 根据标准电极电位，计算下列反应在 $25℃$ 时的平衡常数。

（1）$Ni + Sn^{4+} \Longrightarrow Ni^{2+} + Sn^{2+}$

（2）$Cl_2 + 2Br^- \Longrightarrow 2Cl^- + Br_2$

（3）$Fe^{2+} + Ag^+ \Longrightarrow Fe^{3+} + Ag$

8-7 根据标准电极电位，判断下列反应进行的方向。

（1）$Fe^{3+} + Sn \Longrightarrow Fe^{2+} + Sn^{2+}$

（2）$Zn^{2+} + Cu \Longrightarrow Zn + Cu^{2+}$

（3）$PbO_2 + 4HCl \Longrightarrow PbCl_2 + Cl_2 \uparrow + 2H_2O$

8-8 今有一种含有 Cl^-、Br^-、I^- 三种离子的混合溶液，欲使 I^- 氧化为 I_2 而又不使 Br^-、Cl^- 氧化，在常用的氧化剂 $Fe_2(SO_4)_3$ 和 $KMnO_4$ 中，选择哪一种比较合适？为什么？

8-9 试分别计算由下列反应设计成的原电池的电动势。括号内的数字为各离子的浓度，单位为 $mol \cdot L^{-1}$。

（1）$Zn + Ni^{2+}(1.0) \Longrightarrow Zn^{2+}(1.0) + Ni$

（2）$Zn + Ni^{2+}(0.050) \Longrightarrow Zn^{2+}(0.10) + Ni$

（3）$Ag^+(1.0) + Fe^{2+}(1.0) \Longrightarrow Ag + Fe^{3+}(1.0)$

（4）$Ag^+(0.1) + Fe^{2+}(0.010) \Longrightarrow Ag + Fe^{3+}(0.10)$

8-10 用镍电极和标准氢电极组成原电池。当 $c(Ni^{2+}) = 0.10 mol \cdot L^{-1}$ 时，原电池的电动势为 $0.287V$。其中镍为负极，计算镍电极的标准电极电位。

8-11 从磷元素的电位图

$$\varphi^{\ominus}/V \qquad H_2PO_2^- \xrightarrow{\ -2.25\ } P_4 \xrightarrow{\ -0.89\ } PH_3$$

计算电对 $H_2PO_2^-/PH_3$ 的标准电极电位。

8-12 由下列电极反应的标准电极电位，计算 $AgBr$ 的溶度积。

$$Ag^+ + e^- \Longrightarrow Ag \qquad \varphi^{\ominus}_{Ag^+/Ag} = 0.7990V$$

$$AgBr + e^- \Longrightarrow Ag + Br^- \qquad \varphi^{\ominus}_{AgBr/Ag} = 0.0730V$$

8-13 已知 $\varphi^{\ominus}_{MnO_4^-/Mn^{2+}} = 1.51V$，$\varphi^{\ominus}_{Cl_2/Cl^-} = 1.36V$。

（1）判断下列反应进行的方向：

$$2MnO_4^- + 10Cl^- + 16H^+ \Longrightarrow 2Mn^{2+} + 5Cl_2 \uparrow + 8H_2O$$

（2）将以上两个电对组成原电池。用电池符号表示原电池的组成，标明正、负极，并计算其标准电动势。

（3）当 $c(H^+) = 0.10 mol \cdot L^{-1}$，其他各离子浓度均为 $1.0 mol \cdot L^{-1}$，$p(Cl_2) = 1.01 \times 10^5 Pa$ 时，求电池的电动势。

8-14 已知 $\varphi^{\ominus}_{Ag^+/Ag} = 0.7990V$，计算电极反应 $Ag_2S + 2e^- \Longrightarrow 2Ag + S^{2-}$ 在 $pH = 3.00$ 缓冲溶液中的电极电位。

8-15 根据下列反应

$$Cu + Cu^{2+} + 2Cl^- \Longrightarrow 2CuCl \downarrow$$

制备 $CuCl$ 时，若以 $0.10 mol \cdot L^{-1}$ 的 $CuSO_4$ 和 $0.2 mol \cdot L^{-1}$ 的 $NaCl$ 溶液等体积混合并加入过量的 Cu，求反应达到平衡时 Cu^{2+} 的转化率。已知：$\varphi^{\ominus}_{Cu^{2+}/Cu^+} = 0.16V$，$\varphi^{\ominus}_{Cu^{2+}/Cu} = 0.34V$，$K_{sp}(CuCl) = 1.72 \times 10^{-7}$。

8-16 在 $1 mol \cdot L^{-1}$ 的 H_2SO_4 介质中，用 $KMnO_4$ 溶液滴定 $FeSO_4$ 溶液。已知：$\varphi^{\ominus\prime}_{MnO_4^-/Mn^{2+}} = 1.45V$，$\varphi^{\ominus\prime}_{Fe^{3+}/Fe^{2+}} = 0.68V$。试计算在化学计量点时溶液的电位值及条件平衡常数。

8-17 用 $20.00mL$ 的 $KMnO_4$ 溶液滴定，恰能完全氧化 $0.07500g$ 的 $Na_2C_2O_4$，试计算 $KMnO_4$ 溶液的浓度。

8-18 称取含有 PbO、PbO_2 的试样 $1.2420g$，加入 $20.00mL$ 浓度为 $0.4000 mol \cdot L^{-1}$ 的草酸（$H_2C_2O_4$）溶液，将 PbO_2 还原为 Pb^{2+}；然后用氨水中和，此时 Pb^{2+} 以 PbC_2O_4 形式沉淀。

（1）过滤、洗涤，将滤液酸化后用浓度为 $0.04000mol \cdot L^{-1}$ 的 $KMnO_4$ 标准溶液滴定，用掉 10.80mL。

（2）再将滤渣 PbC_2O_4 沉淀溶于酸中，也用同浓度的 $KMnO_4$ 标准溶液滴定，用掉 39.00mL。

计算原试样中 PbO 和 PbO_2 的百分含量。已知：$M(PbO) = 223.2g \cdot mol^{-1}$，$M(PbO_2) = 239.2$ $g \cdot mol^{-1}$。

8-19 将含有杂质的 $CuSO_4 \cdot 5H_2O$ 试样 0.6500g 于锥形瓶中，加水和 H_2SO_4 溶解。加入 10% 的 KI 溶液 10mL，析出 I_2，立即用 $0.1000mol \cdot L^{-1}$ 的 $Na_2S_2O_3$ 标准溶液滴定至淀粉指示剂由蓝色变成无色为终点，消耗 $Na_2S_2O_3$ 标准溶液 25.00mL。求试样中铜的百分含量。

8-20 在 0.2500g 基准纯的 $K_2Cr_2O_7$ 溶液中加入过量的 KI，析出的 I_2 用 $Na_2S_2O_3$ 溶液滴定，用去 11.43mL。计算 $Na_2S_2O_3$ 溶液的准确浓度。

8-21 将 1.000g 钢样中的铬氧化成 $Cr_2O_7^{2-}$ 试液，在此试液中加入 $0.1000mol \cdot L^{-1}$ 的 $FeSO_4$ 标准溶液 25.00mL，然后用 $0.02000mol \cdot L^{-1}$ 的 $KMnO_4$ 标准溶液滴定过量的 $FeSO_4$，用去 $KMnO_4$ 标准溶液 6.50mL。计算钢样中铬的百分含量。

8-22 将等体积的 $0.2000mol \cdot L^{-1}$ 的 Fe^{2+} 溶液与 $0.05000mol \cdot L^{-1}$ 的 Ce^{4+} 溶液混合，计算反应达平衡时 Ce^{4+} 的浓度。

8-23 KI 试液 25.00mL 中加入浓度为 $c(KIO_3) = 0.05000mol \cdot L^{-1}$ 的 KIO_3 标准溶液 10.00mL 和适量 HCl，生成 I_2。加热煮沸使生成的 I_2 全部挥发。冷却后，加入过量的 KI 溶液，使其与剩余的 KIO_3 反应，再析出 I_2。用 $0.1008mol \cdot L^{-1}$ 的 $Na_2S_2O_3$ 标准溶液滴至终点，用于 21.14mL，求原 KI 试液的浓度。

8-24 称取 $FeCl_3 \cdot 6H_2O$ 试样 0.5000g，溶于水，加浓 HCl 酸化，再加 KI 固体 5g，最后用 $0.1000mol \cdot L^{-1}$ 的 $Na_2S_2O_3$ 标准溶液滴至终点，用去 18.17mL，求试样中 $FeCl_3 \cdot 6H_2O$ 的百分含量。

8-25 测定某样品中丙酮的含量时，称取试样 0.1000g 于碘量瓶中，加 NaOH 溶液，振荡。再加入浓度为 $c\left(\frac{1}{2}I_2\right) = 0.1000mol \cdot L^{-1}$ 的 I_2 标准溶液 50.00mL，盖好，放置一段时间，丙酮被氧化为 CH_3COOH 和 CHI_3。最后加硫酸调至微酸性，过量的 I_2 用 $0.1000mol \cdot L^{-1}$ 的 $Na_2S_2O_3$ 标准溶液滴至终点，用去 10.00mL。求被测样品中丙酮的百分含量。

8-26 现有含 As_2O_3 与 As_2O_5 的试样 0.2834g。溶解后，用 $c(I_2) = 0.0500mol \cdot L^{-1}$ 的 I_2 标准溶液滴定，用去 20.00mL。完毕后，再在溶液中加入过量的 KI 和硫酸，析出 I_2。最后用 $0.1500mol \cdot L^{-1}$ 的 $Na_2S_2O_3$ 标准溶液滴至终点，耗去 30.00mL。求试样中 As_2O_3、As_2O_5 和 As 的百分含量。

8-27 在 0.1023g 铝样品中，加入 NH_3-NH_4Ac 缓冲溶液使其 pH=9.0，然后加入过量的 8-羟基喹啉，生成 8-羟基喹啉铝 $Al(C_9H_6NO)_3$ 沉淀。沉淀过滤洗涤后溶解在 $2.0mol \cdot L^{-1}$ 的 HCl 中，在溶液中加入 25.00mL 浓度为 $0.05000mol \cdot L^{-1}$ 的 $KBrO_3$-KBr 标准溶液，产生的 Br_2 与 8-羟基喹啉发生取代反应，生成 $C_9H_4Br_2NOH$。然后，再加入 KI，使其与剩余的 Br_2 反应生成 I_2。最后用 $0.1050mol \cdot L^{-1}$ 的 $Na_2S_2O_3$ 标准溶液滴至终点，耗去 2.85mL。求试样中 Al_2O_3 的百分含量。

第 9 章　沉淀平衡及其在分析中的应用

在第 5 章已经讲到了关于沉淀平衡的概念以及沉淀平衡的一般计算等。本章将就影响沉淀平衡的因素及其在分析中的应用作较为深入的讨论。

9.1　沉淀的形成过程

9.1.1　沉淀的形成

沉淀按照其物理性质的不同，可分为两大类。

第一类是沉淀物颗粒间有明显界限，内部的粒子排布是非常有规律的晶型沉淀。如第 4 章所述，构成晶体的离子称作构晶离子。如 Na^+ 和 Cl^- 就是 NaCl 的构晶离子。大多数盐类沉淀属于晶型沉淀，例如 $BaSO_4$、NaCl 等。

第二类是沉淀物颗粒间界限不明显，有的组成也不一定固定，颗粒直径小于 $0.02\mu m$，叫做非晶型沉淀。非晶型沉淀又可分为无定形沉淀和凝乳状沉淀两种，例如大多数氢氧化物沉淀 $Fe_2O_3 \cdot xH_2O$、$Al_2O_3 \cdot xH_2O$、AgCl、$SiO_2 \cdot xH_2O$ 等。

沉淀的形成一般要经过晶核形成和晶核长大两个过程。

形成沉淀的离子浓度（分析浓度）积大于该沉淀的溶度积时，离子间相互碰撞，聚集成微小的固体，称为晶核。当然晶核也可以是外加物质，例如微小的灰尘颗粒等。紧接着，溶液中的构晶离子向晶核表面靠近，并沉积在晶核上，使晶核逐渐长大成沉淀微粒。单位时间到达晶核表面的构晶离子的物质的量称作聚集速度（$mol \cdot s^{-1}$）。

构晶离子到达晶核表面后按一定的晶格进行排列，是有方向性的。这种定向排列成晶体的速度叫定向速度。

如果聚集速度大于定向速度，则许多到达晶核表面的构晶离子来不及按晶格排列就沉淀在晶核表面，就形成了非晶型沉淀。若聚集速度小于或等于定向速度，那么就会形成晶型沉淀。这两种速度的不同组合，可能形成不同类型的沉淀。

定向速度主要取决于沉淀物质本身的性质，是由其晶体的晶格所决定的。一般讲，极性强的盐类 $BaSO_4$、$MgNH_4PO_4$、CaC_2O_4 等都具有较大的定向速度，也就是说构晶离子到达晶核表面后，能很快地按晶格进行排列。而金属离子的氢氧化物，特别是高价的金属离子氢氧化物，定向排列困难，定向速度较小，容易形成质地疏松、体积庞大的非晶形胶体沉淀，金属离子硫化物大多数也是如此。

聚集速度主要由沉淀的实验条件决定，其中最重要的是浓度积和溶度积的关系。浓度积与溶度积之差称为过饱和度。

从化学平衡的角度来看，沉淀的形成是一个沉淀-溶解过程的动态平衡。沉淀形成的起始阶段，肯定是沉淀速率大于溶解速率。若浓度积远大于溶度积，则将有许多构晶离子需向晶核表面聚集，因此聚集速度很大。若浓度积只略大于溶度积，则向晶核表面聚集的构晶离子非常少，因此聚集速度大大降低，有利于晶体沉淀的形成。聚集速度与过饱和度的关系可用经验公式表达：

$$\mu = K \frac{Q-S}{S} \tag{9-1}$$

式中　μ——聚集速度；

Q——加入沉淀剂、晶核尚未形成的瞬间构晶离子的浓度积；

S——构晶离子的溶度积；

K——比例常数。

由式(9-1)可见，*Q*−*S*的差值越小，即过饱和度越低，聚集速度越慢，越有利于晶型沉淀的形成。因此，在实验中只要选择一定的实验条件，降低聚集速度，可以使一些非晶型沉淀形成晶型沉淀；也可以提高聚集速度，使晶型沉淀形成非晶型沉淀。选择哪种沉淀条件，则要由应用的目的来决定。如果沉淀的定向速度非常小，即使降低聚集速度也不能将非晶型沉淀转变为晶型沉淀。

9.1.2 晶型沉淀条件的选择

由上述可知，聚集速度和定向速度的相对大小影响着沉淀的类型，实验时应选择合适的实验条件、改变聚集速度。

对于晶型沉淀可选择的沉淀条件如下：

(1) 溶液浓度的影响

在适当稀的溶液中进行沉淀，即减小 *Q* 值，降低聚集速度。将沉淀剂缓慢分次加入，可以降低聚集速度。因为一次性加入会使局部的 *Q* 值增加，使聚集速度加大；在加入沉淀剂的同时加强搅拌，可以克服局部过浓。

(2) 温度的影响

由于 K_{sp} 是温度的函数，对于大多数沉淀而言，K_{sp} 随温度升高而增大。因此，在较高温度下加入沉淀剂，此时 *S* 增大，过饱和度减小，聚集速度减小。

沉淀形成后要缓缓冷却溶液，冷却速度过快，也使过饱和度增加过快，聚集速度也增加过快，对晶型沉淀的形成不利。

温度升高，还可以减少晶体表面对杂质的吸附，提高沉淀的纯度。

(3) 陈化作用

将沉淀和母液一起放置一段时间，此过程称作陈化。沉淀过程是一个溶解与沉淀的动态平衡，即这些晶体上的某些离子会溶解到溶液中，溶液中相同量的离子同时会沉积到沉淀上。

若沉淀中由于实验条件控制不够严格，有些沉淀来不及形成晶型沉淀。由于非晶型沉淀或颗粒细小的晶体比表面积大（$m^2 \cdot g^{-1}$）、有更多的角、边及缺陷，与溶剂的接触面积大，在陈化过程中的溶解-沉淀间的动态平衡中比大颗粒的晶型沉淀更易溶解。当然，构晶离子的浓度积是不变的，因此它们将再次沉积在大颗粒晶型沉淀表面上，大颗粒沉淀将越长越大，并且沉淀的缺陷也会得到修复，使其晶型更完美。由于此时过饱和度为 0，聚集速度最小，最有利于晶型沉淀的形成。

陈化将晶体沉淀的颗粒变大，比表面积减小，还可以减少吸附作用带来的杂质。

对某些沉淀，陈化过程中还伴随有晶型的转变，将初生沉淀转化成更稳定的晶型。例如，CoS 初生成的沉淀是 α 型，$K_{sp} = 4.0 \times 10^{-21}$。陈化后可转变为 β 型，其 $K_{sp} = 2.0 \times 10^{-25}$。溶解度变小，使沉淀更完全，沉淀的总质量增加。

CaC_2O_4 初生时带有较多的水分，蒸煮后，可转变为稳定的 $CaC_2O_4 \cdot 4H_2O$。类似的例子还有很多，如 $CaSO_4$ 所带的结晶水可随温度的变化而改变，偏硅酸钠的结晶水也是如此。

但要注意的是，若在沉淀过程中伴随有混晶现象和后沉淀现象（将在第 15 章中介绍），则陈化对于纯洁晶体是没有好处的。所以要正确使用陈化技术。

(4) 盐效应

在溶液中事先加入适量的盐，由于盐离解出的离子可以起到阻止或缓和构晶离子向晶核的聚集，减小聚集速度，使结晶颗粒更大。这种效应在 6.2.5 已讲过，叫盐效应。当然在进行定量分析时，需考虑盐效应带来溶解度的增加，使溶解损失超过定量分析的要求。克服的办法可加入更过量的沉淀剂来进行补正。

加入盐后有可能形成混晶（将在第 15 章中介绍），使沉淀物不纯，这是利用盐效应时要关注的地方。

（5）均相沉淀

不向溶液中直接加入沉淀剂，而是通过溶液中的某些化学反应缓慢而均匀产生沉淀剂，使过饱和度很小，缓慢而均匀地形成沉淀，使沉淀过程在人为的控制下进行。这种沉淀方法叫均相沉淀法。均相沉淀法产生的沉淀剂速度是人为控制的、缓慢的。由于沉淀剂是由化学反应产生的，沉淀剂的生成在整个体系中是均匀的，避免了局部过浓。所以用这种方法生成的沉淀颗粒较大，结构紧密，易于洗涤和过滤。

例如，为了使溶液中的 Ca^{2+} 和 $C_2O_4^{2-}$ 能形成颗粒较大的沉淀，可在 pH 为 1 左右的酸性 Ca^{2+} 溶液中加入草酸铵，有如下转化：

$$(NH_4)_2C_2O_4 + 2H^+ \Longrightarrow H_2C_2O_4 + 2NH_4^+ \tag{9-2}$$

草酸根主要以 $H_2C_2O_4$ 形式存在，沉淀所需形式为 $C_2O_4^{2-}$ 而不是 $H_2C_2O_4$，因此，此时 $[C_2O_4^{2-}][Ca^{2+}] < K_{sp}(CaC_2O_4)$，不会产生沉淀。若加入尿素并加热，产生下列反应：

$$H_2NCONH_2 + H_2O \Longrightarrow 2NH_3 + CO_2\uparrow \tag{9-3}$$

$$NH_3 + H^+ \Longrightarrow NH_4^+ \tag{9-4}$$

使溶液中 $[H^+]$ 下降，沉淀所需形式 $[C_2O_4^{2-}]$ 逐渐增加。最后会使 $[C_2O_4^{2-}][Ca^{2+}] > K_{sp}(CaC_2O_4)$ 而形成 CaC_2O_4 沉淀。由于式(9-3) 的反应可通过控制条件缓慢进行，因此溶液的过饱和度一直维持在一个低水平上，可获得较大颗粒的沉淀。

当然，可利用的均相沉淀的化学反应远不止式(9-3)，还有很多有机反应或其他反应，如水解皂化、配合物分解、氧化-还原反应，所用试剂包括硫酸二甲酯（缓慢释放 SO_4^{2-}）、磷酸三甲酯（缓慢释放 PO_4^{3-}）、8-羟基喹啉乙酸酯（缓慢释放 8-羟基喹啉）等。

9.1.3　非晶型沉淀条件的选择

对于非晶型沉淀，随着应用的目的不同，也会选择不同的沉淀条件。

（1）沉淀剂的加入

对于一些非晶型沉淀，特别是胶体沉淀，由于其定向速度极小，改变实验条件，大多数情况下均不会使聚集速度小于或等于定向速度。因此，对实验时的溶液浓度没有特别的要求，沉淀剂的加入也是一次加入。

（2）温度的影响

非晶型沉淀有时也需加热进行。加热的主要目的与晶型沉淀不同。非晶型沉淀尤其是胶体沉淀体积庞大、结构松散、比表面积非常大，表面吸附的杂质量很大，使得沉淀纯度不高。加热可使非晶型沉淀凝聚，体积减小，降低比表面积，减少表面吸附的杂质量。其次，随着温度的升高，杂质分子热运动加剧，摆脱沉淀表面吸附的能力上升而使沉淀表面吸附的杂质量降低。

加热还可防止生成黏度很大的胶体沉淀，减小溶液的黏度，便于沉淀的过滤和洗涤。

（3）纯度与陈化的关系

若要得到较纯的非晶型沉淀物，无须陈化。因为非晶型沉淀吸附杂质的量会随时间增加。陈化会使吸附的杂质增加，沉淀更不纯净，沉淀应立即过滤和洗涤。若是利用共沉淀或后沉淀进行富集（将在第 15 章中介绍），则需放置一段时间，但也无须太长。

（4）分散剂的作用

若沉淀为晶型沉淀，但需获得较细颗粒的沉淀时，可在溶液中加入分散剂。分散剂除了有增溶作用外，还可以使晶格发生畸变，即分散剂的一端吸附在晶核上，其余部分则围绕在晶核周围，阻止其他构晶离子聚集到晶核上，使晶核无法增长，使得晶格歪曲、晶粒变小。

也有人认为分散剂的作用是吸附在晶核周围，而使其表面带有负电荷，与各晶核表面电荷性质相同，相互排斥，也不能使晶核长大。例如，聚羧酸类有机物聚丙烯酸可使 $CaCO_3$ 沉淀晶粒变小；某些有机醇可使 $SiO_2 \cdot xH_2O$ 沉淀颗粒变细。

从上述实验现象和理论来看式(9-1)，聚集速度也不是越小越好，聚集速度太小使得构晶离子很难达到晶核表面，也不利于晶体的生长。

当然上述加入试剂的方法很难用于重量分析和获得纯洁的沉淀物，但在实际应用中却大有用武之地。如水中 $Ca(HCO_3)_2$ 遇热会形成 $CaCO_3$ 沉淀而结垢，不利于传热和流动。可加入分散剂，形成颗粒细小并且松软的沉淀，随水流而流出，不形成坚硬的垢；$SiO_2 \cdot xH_2O$ 的颗粒小，可作不同的填充料，颗粒大则效果不好，可用高级醇作分散剂使其颗粒变得很小。另外，在无机纳米粒子的制备中，分散剂的使用也较普遍。

(5) 絮凝作用

三价的 Al、Fe 的碱式盐，如聚合碱式氯化铝 $[Al_2(OH)_nCl_{6-n}]_m$、聚合碱式硫酸铁 $[Fe(OH)_n \cdot (SO_4)]_{3-0.5n}]_m$ 等无机高分子化合物，在水溶液中主要以 $[M(H_2O)_6]^{3+}$ 状态存在，在 pH>3 以后，随 pH 升高逐步水解：

$$[M(H_2O)_6]^{3+} \rightleftharpoons [M(OH)(H_2O)_5]^{2+} + H^+ \tag{9-5}$$

直到

$$[M(OH)_2(H_2O)_4]^+ \rightleftharpoons [M(OH)_3(H_2O)_3] + H^+ \tag{9-6}$$

当分子中 OH^- 增加时，它们之间可发生架桥连接，产生多核羟基配合物和缩聚反应：

$$2[Al(OH)(H_2O)_5]^{2+} \rightleftharpoons \left[(H_2O)_4Al \overset{OH}{\underset{OH}{\diagup\diagdown}} Al(H_2O)_4 \right]^{4+} + 2H_2O \tag{9-7}$$

上述反应产物带正电荷，与带负电荷的悬浮粒子因静电作用而聚集，形成的絮凝体由小变大，最终被沉淀。

9.2 沉淀的生成和溶解

世上没有绝对不溶解的物质，只不过难溶的电解质的 K_{sp} 很小。而那些易溶的电解质对应的 K_{sp} 只不过比较大而已。当然，离子强度对溶解度的影响也很大。

沉淀的形成或溶解主要受该难溶电解质的浓度积影响，即构晶离子的浓度大小的影响。影响构晶离子浓度的大小主要有下列几种因素。

9.2.1 同离子效应

5.3 中讲过化学平衡移动原理，同离子的存在，将会使沉淀平衡发生移动，难溶电解质的溶解度发生改变。

【例 9-1】 求 25℃ 时 Ag_2CrO_4 的溶解度，溶液的条件分别为：

①纯水中；②在 $0.10mol \cdot L^{-1}$ 的 K_2CrO_4 溶液中的溶解度。已知 $K_{sp}(Ag_2CrO_4) = 1.1 \times 10^{-12}$。

解 ①在 5.2 中例 5-3 已计算过

纯水中 Ag_2CrO_4 的溶解为 $6.5 \times 10^{-5}mol \cdot L^{-1}$

②设 Ag_2CrO_4 在 $0.10mol \cdot L^{-1}$ 的 K_2CrO_4 溶液中的溶解度为 $x\,mol \cdot L^{-1}$，K_2CrO_4 是强电解质，在合适的 pH 下，全部离解，则

$$[CrO_4^{2-}] = x + 0.10mol \cdot L^{-1} \qquad [Ag^+] = 2x\,mol \cdot L^{-1}$$

则 $\qquad (2x)^2(x+0.10)=K_{sp}(Ag_2CrO_4)=1.1\times10^{-12}$

因 $\qquad\qquad x\ll0.10,$ 故 $x+0.10\approx0.10$

即 $\qquad 4x^2\times0.10=1.1\times10^{-12}\qquad x=1.6\times10^{-6}\,mol\cdot L^{-1}$

即 25℃ 时 Ag_2CrO_4 在 $0.10\,mol\cdot L^{-1}$ K_2CrO_4 溶液中的溶解度为 $1.6\times10^{-6}\,mol\cdot L^{-1}$。显而易见，由于构晶同离子 CrO_4^{2-} 的存在，使 Ag_2CrO_4 的溶解度减小。

【例 9-2】 用 100mL 水洗涤 0.10g 的 $BaSO_4$ 沉淀，求 $BaSO_4$ 沉淀的损失率。若用 $0.010\,mol\cdot L^{-1}$ 的硫酸 100mL 洗涤沉淀，求 $BaSO_4$ 沉淀的损失率。已知 $K_{sp}(BaSO_4)=1.1\times10^{-10}$。

解 ① 设在水中 $BaSO_4$ 溶解度为 $x\,mol\cdot L^{-1}$，则 $[Ba^{2+}]=x\,mol\cdot L^{-1}$，$[SO_4^{2-}]=x\,mol\cdot L^{-1}$，有

$$x\cdot x=1.1\times10^{-10}$$
$$x=1.05\times10^{-5}\,mol\cdot L^{-1}$$

100mL 水中损失 $BaSO_4$ 的物质的量为 $1.05\times10^{-5}\times0.10=1.05\times10^{-6}\,mol$

故 $\qquad 1.05\times10^{-6}M_{BaSO_4}=1.05\times10^{-6}\times233.4=0.245\,mg$

损失率 $\qquad\dfrac{0.245\times10^{-3}}{0.10}=0.245\%$

② 用 $0.010\,mol\cdot L^{-1}$ 的 H_2SO_4 洗涤时，H_2SO_4 为强电解质，在稀溶液时完全离解。设 $BaSO_4$ 在 $0.010\,mol\cdot L^{-1}$ 硫酸溶液中的溶解度为 $y\,mol\cdot L^{-1}$，则 $[SO_4^{2-}]\approx0.01\,mol\cdot L^{-1}$，$[Ba^{2+}]=y\,mol\cdot L^{-1}$，即

$$y\times0.010=1.1\times10^{-10}$$

故 $\qquad\qquad y=1.1\times10^{-8}\,mol\cdot L^{-1}$

100mL $0.010\,mol\cdot L^{-1}$ 硫酸洗涤，$BaSO_4$ 的损失量为：

$$1.1\times10^{-8}\times0.10M_{BaSO_4}=1.1\times10^{-8}\times0.10\times233.4=2.6\times10^{-7}\,g$$

损失率 $\qquad\dfrac{2.6\times10^{-7}}{0.10}\times100\%=2.6\times10^{-4}\%$

此例说明，用稀的构晶离子溶液洗涤沉淀比用水洗涤沉淀的损失少得多。

【例 9-3】 已知 $AgCl$ 的溶度积 $K_{sp}(AgCl)=1.8\times10^{-10}$，并且知有下列反应存在：

$$Ag^++2Cl^-\Longrightarrow[AgCl_2]^- \qquad\qquad (9-8)$$

且平衡常数为 $K=3.1\times10^5$。求在 $0.010\,mol\cdot L^{-1}$、$0.50\,mol\cdot L^{-1}$ 和 $2.0\,mol\cdot L^{-1}$ 的 HCl 中 $AgCl$ 的溶解度（忽略活度的影响）。

解 ① 在 $0.010\,mol\cdot L^{-1}$ 的 HCl 中，Cl^- 的浓度远大于 Ag^+ 和 $AgCl_2^-$ 的浓度，所以 Cl^- 浓度可看成恒定为 $0.010\,mol\cdot L^{-1}$。设 $AgCl$ 的溶解度为 $x\,mol\cdot L^{-1}$，则

$$[Ag^+][Cl^-]=K_{sp}(AgCl) \qquad\qquad (9-9)$$
$$K=\frac{[AgCl_2^-]}{[Ag^+][Cl^-]^2} \qquad\qquad (9-10)$$

由式(9-9)可得：$[Ag^+]=\dfrac{K_{sp}(AgCl)}{[Cl^-]}=1.8\times10^{-8}\,mol\cdot L^{-1}$

由式(9-10)可得：$[AgCl_2^-]=K[Ag^+][Cl^-]^2=5.6\times10^{-7}\,mol\cdot L^{-1}$

$AgCl$ 的溶解部分包括两种形式，一种为游离的 Ag^+，另一种为 $[AgCl_2^-]$。

故 $AgCl$ 的溶解度 $x=[Ag^+]+[AgCl_2^-]=5.6\times10^{-7}+1.8\times10^{-8}=5.8\times10^{-7}\,mol\cdot L^{-1}$。

$AgCl$ 在水中的溶解度为 $1.3\times10^{-5}\,mol\cdot L^{-1}$，由于同离子效应，使 $AgCl$ 在 $0.010\,mol\cdot L^{-1}$ HCl 溶液中的溶解度明显减小。

② 在 $0.50 mol\cdot L^{-1}$ 的 HCl 中，同样 Cl^- 的浓度远大于 Ag^+ 和 $AgCl_2^-$ 的浓度，所以也可看成恒定为 $0.50 mol\cdot L^{-1}$。设 AgCl 的溶解度为 $y mol\cdot L^{-1}$

由式(9-9) 可得：$[Ag^+]=\dfrac{1.8\times10^{-10}}{0.50}=3.6\times10^{-10} mol\cdot L^{-1}$

由式(9-10) 可得：$[AgCl_2^-]=3.1\times10^5\times3.6\times10^{-10}\times(0.50)^2=2.8\times10^{-5} mol\cdot L^{-1}$

$$y=[Ag^+]+[AgCl_2^-]=2.8\times10^{-5} mol\cdot L^{-1}$$

③ 在 $2.0 mol\cdot L^{-1}$ 的 HCl 中，设 AgCl 的溶解度为 $z mol\cdot L^{-1}$

由式(9-9) 可得：$[Ag^+]=\dfrac{1.8\times10^{-10}}{2.0}=9.0\times10^{-11} mol\cdot L^{-1}$

由式(9-10) 可得：$[AgCl_2^-]=3.1\times10^5\times9.0\times10^{-11}\times(2.0)^2=1.1\times10^{-4} mol\cdot L^{-1}$

$$z=[Ag^+]+[AgCl_2^-]=1.1\times10^{-4} mol\cdot L^{-1}$$

由②、③的计算结果可见，同样是在 HCl 溶液中，$[Cl^-]$ 较大时反应式(9-8) 占主导地位，只要外加的 $[Cl^-]$ 足够大，AgCl 是可以溶解的。因此 AgCl 可溶于浓 HCl 溶液中。

9.2.2 酸效应

溶液的酸度对一些金属离子的氢氧化物沉淀的影响自不待言，对大多数弱酸盐的沉淀也有较大的影响。降低溶液的 pH，这类沉淀溶解度变大，甚至完全溶解。

溶液酸度对沉淀的影响称作酸效应。可通过化学平衡的移动解释沉淀溶解现象。

(1) 金属离子氢氧化物开始沉淀和沉淀完全

对于金属离子，当 pH 上升为一定值时，会形成 $M(OH)_n$ 沉淀，当刚有第一粒 $M(OH)_n$ 诞生时，叫开始沉淀。当溶液中金属离子 M^{n+} 的浓度小于原始浓度的 0.1%，即一般要求其小于 $1.0\times10^{-5} mol\cdot L^{-1}$ 时叫做沉淀完全。

若 $K_{sp}[M(OH)_n]$ 已知，M^{n+} 的浓度也已知，则：

$$K_{sp}[M(OH)_n]=[M^{n+}][OH^-]^n$$

所以
$$[OH^-]=\left\{\dfrac{K_{sp}[M(OH)_n]}{[M^{n+}]}\right\}^{\frac{1}{n}} \tag{9-11}$$

开始沉淀时的 pH 等于：

$$pH=14+\dfrac{1}{n}\{lgK_{sp}[M(OH)_n]-lg[M^{n+}]\} \tag{9-12}$$

当沉淀完全时，$[M^{n+}]=1.0\times10^{-5} mol\cdot L^{-1}$，此时的 pH 按式(9-13) 计算。

$$pH=14+\dfrac{1}{n}lgK_{sp}[M(OH)_n]-\dfrac{1}{n}lg10^{-5}=14+\dfrac{5}{n}+\dfrac{1}{n}lgK_{sp}[M(OH)_n] \tag{9-13}$$

【例 9-4】 求 $0.010 mol\cdot L^{-1}$ 的 Mn^{2+} 开始沉淀为 $Mn(OH)_2$ 和沉淀完全时溶液的 pH。已知 $K_{sp}[Mn(OH)_2]=2.6\times10^{-13}$。

解 将 $[Mn^{2+}]=0.010 mol/L$，$n=2$ 和 $K_{sp}[Mn(OH)_2]$ 值代入式(9-12) 和式(9-13)

开始沉淀时： $pH=14+\dfrac{1}{2}[lg(2.6\times10^{-13})-lg0.010]=8.70$

沉淀完全时： $pH=14+\dfrac{5}{2}+\dfrac{1}{2}lg(2.6\times10^{-13})=10.21$

【例 9-5】 将 $0.010 mol\cdot L^{-1}$ 的 Fe^{3+} 溶液和 $0.010 mol\cdot L^{-1}$ 的 Zn^{2+} 溶液混合，调节 $pH\leqslant8.0$，能否将两者分离。已知：$K_{sp}[Fe(OH)_3]=3.5\times10^{-38}$，$K_{sp}[Zn(OH)_2]=1.2\times10^{-17}$。

解 直接利用式(9-12) 和式(9-13)

Fe^{3+} 开始沉淀时：$pH=14+\dfrac{1}{3}[lg(3.5\times10^{-38})-lg0.010]=2.18$

$$[H^+]=10^{-2.18} \qquad [OH^-]=10^{-11.82}$$

此时 $[OH^-]^2[Zn^{2+}]=(10^{-11.82})^2 \times 10^{-2.00}=10^{-25.63} \ll K_{sp}[Zn(OH)_2]$

所以 Zn^{2+} 不沉淀。

当 Fe^{3+} 完全沉淀时：$pH=14+\dfrac{5}{3}+\dfrac{1}{3}\lg(3.5\times10^{-38})=3.18$

即 $[H^+]=10^{-3.18} \qquad [OH^-]=10^{-10.82}$

此时 $[Zn^{2+}][OH^-]^2=10^{-2.00}\times(10^{-10.82})^2=10^{-23.6}<K_{sp}[Zn(OH)_2]$

所以 Zn^{2+} 不沉淀。

$Zn(OH)_2$ 开始沉淀时：$pH=14+\dfrac{1}{2}[\lg(1.2\times10^{-17})-\lg0.010]=6.54$

所以，调节 pH 为 $3.18\sim6.54$ 时可分离 $0.010\,mol\cdot L^{-1}$ 的 Fe^{3+} 和 $0.010\,mol\cdot L^{-1}$ 的 Zn^{2+}。

(2) 酸度对弱酸盐沉淀的影响

对于一弱酸盐的沉淀，盐中酸根不仅可和金属离子形成盐，而且它还可以和溶液中的 H^+ 结合成弱酸，即有下列平衡存在：

$$mM+nA \Longrightarrow M_mA_n\,(m\neq n) \tag{9-14}$$
$$A^{m-}+mH^+ \Longrightarrow H_mA$$

弱酸 H_mA 存在着各级离解平衡，由 6.3.1 知，A^{m-} 的分布系数为：

$$\delta_m(A^{m-})=\Pi K_{ai}/\sum([H^+]^{m-p}\Pi K_{aj}) \quad i=1\cdots m, p=0\cdots m, j=0\cdots p, 定义\,K_{a0}=1 \tag{9-15}$$

用 c_{H_mA} 表示弱酸 H_mA 的总浓度，则：

$$[A^{m-}]=\delta_m c_{H_mA} \tag{9-16}$$

【例 9-6】 已知 CaF_2 的溶度积 $K_{sp}(CaF_2)=3.4\times10^{-11}$，HF 离解常数 $K_a=3.5\times10^{-4}$，现将 $0.010\,mol\cdot L^{-1}$ 的 Ca^{2+} 溶液和 $0.010\,mol\cdot L^{-1}$ 的 NaF 溶液等体积混合时，求 Ca^{2+} 开始沉淀的 pH 和 Ca^{2+} 沉淀完全的 pH。

解 开始沉淀时 $[F^-]^2[Ca^{2+}]=3.4\times10^{-11}$ （9-17）

由式(9-15) 知 $\delta(F^-)=K_a/(K_a+[H^+])$ （9-18）

$$[F^-]=\delta(F^-)c_{NaF}=\frac{0.010}{2}\times\frac{K_a}{K_a+[H^+]}=0.0050\frac{K_a}{K_a+[H^+]} \tag{9-19}$$

$$[Ca^{2+}]=0.010/2=0.0050 \tag{9-20}$$

将式(9-19)、式(9-20) 代入式(9-17) 得

$$\left(\frac{0.0050\times3.5\times10^{-4}}{3.5\times10^{-4}+[H^+]}\right)^2\times0.0050=3.4\times10^{-11}$$

解得：$[H^+]=2.09\times10^{-2}\,mol\cdot L^{-1}$，即 $pH=1.68$

沉淀完全时：$[Ca^{2+}]=0.0050\times0.1\%=5.0\times10^{-6}\,mol\cdot L^{-1}$，有

$$\frac{0.0050\times3.5\times10^{-4}}{(3.5\times10^{-4}+[H^+])^2}\times5.0\times10^{-6}=3.4\times10^{-11}$$

解得：$[H^+]=3.2\times10^{-4}\,mol\cdot L^{-1}$，即 $pH=3.49$

从上例可以看出，对于弱酸盐来讲，从酸根的角度看，pH 越大越有利于其盐的沉淀生成，pH 小到一定值后，沉淀就不能形成。但是也必须考虑 OH^- 对金属离子的影响。若 pH 过大，则在弱酸盐形成沉淀时，金属离子的氢氧化物也可能形成沉淀，不能得到纯的弱酸盐沉淀。pH 小到一定程度，沉淀也会溶解。

9.2.3 配位效应

溶液中除了存在沉淀剂外，还存在能与被沉淀离子或沉淀剂形成配合物的组分，也对沉淀平衡产生较大的影响。配位平衡对沉淀溶解度的影响称为配位效应。例如，溶液中存在可与被沉淀构晶离子形成配合物的组分 L，则溶液中应有下列平衡（省略电荷符号）：

$$M+A \Longrightarrow MA\downarrow \tag{9-21}$$

$$M+L \Longrightarrow ML \qquad 累积稳定常数\ \beta_1$$

$$M+2L \Longrightarrow ML_2 \qquad 累积稳定常数\ \beta_2$$

$$\vdots \qquad\qquad \vdots \qquad\qquad\qquad \vdots$$

$$M+nL \Longrightarrow ML_n \qquad 累积稳定常数\ \beta_n \tag{9-22}$$

式(9-21) 中的沉淀物溶度积常数：

$$K_{sp}(MA)=[M][A] \tag{9-23}$$

根据 7.3.3 所述，金属离子 M 的副反应系数：

$$\alpha_M = 1+\beta_1[L]+\beta_2[L]^2+\cdots+\beta_n[L]^n \tag{9-24}$$

$$[M]=\frac{[M']}{\alpha_M} \tag{9-25}$$

M 溶解在溶液中有 M、ML、ML_2、……、ML_n。其溶解度：

$$S=[M]+[ML]+[ML_2]+\cdots+[ML_n] \tag{9-26}$$

$$S=\alpha_M[M] \tag{9-27}$$

由式(9-23) 可知：

$$[M]=\frac{K_{sp}(MA)}{[A]} \tag{9-28}$$

则

$$S=\alpha_M\frac{K_{sp}(MA)}{[A]} \tag{9-29}$$

显然，有 L 配位剂存在时的溶解度大于没有配位剂存在时的溶解度。从式(9-24) 和式(9-29) 可以看出，随着 [L] 的增大，金属离子 M 的副反应系数 α_M 增大，沉淀溶解度增大。如果 L 的浓度足够大，就可能使沉淀全部溶解。

【例 9-7】 为了使 0.010mol 的 AgCl 溶解于 1L 的水中，需最少加入多少体积、浓度为 6mol·L^{-1}的氨水？加入氨水后再将溶液体积稀释至 1.0L。已知：Ag^+ 与 NH_3 配合物累积稳定常数 $\beta_1 = 10^{3.40}$，$\beta_2 = 10^{7.40}$。$K_{sp}(AgCl)=1.8\times10^{-10}$。

解 AgCl 全部溶解时 $S=0.010mol\cdot L^{-1}$，故

$$[Cl^-]=0.010mol\cdot L^{-1}$$

代入式(9-28)

$$[Ag^+]=\frac{K_{sp}(AgCl)}{[Cl^-]}=1.8\times10^{-8}$$

代入式(9-29)

$$\alpha_M=\frac{0.010\times0.010}{K_{sp}(AgCl)}=5.6\times10^5$$

代入式(9-24)

$$5.6\times10^5=1+\beta_1[NH_3]+\beta_2[NH_3]^2$$

即

$$10^{7.40}[NH_3]^2+10^{3.40}[NH_3]-5.6\times10^5+1=0$$

解上述一元二次方程

$$[NH_3]=0.15mol\cdot L^{-1}$$

由式(9-22) 知

$$[[Ag(NH_3)]^+]=\beta_1[Ag^+][NH_3]=6.8\times10^{-6}mol\cdot L^{-1}$$

$$[[Ag(NH_3)_2]^+]=\beta_2[Ag^+][NH_3]^2=0.010mol\cdot L^{-1}$$

NH_3 的总浓度应为：

$$[NH_3]+[[Ag(NH_3)]^+]+2[[Ag(NH_3)_2]^+]=0.15+0.020=0.17mol\cdot L^{-1}$$

$$0.17mol\cdot L^{-1}\times1000mL=6mol\cdot L^{-1}\times V$$

解得

$$V=28.3mL$$

最少加入 $6mol \cdot L^{-1}$ 的氨水 28.3mL 才能使 AgCl 全部溶解。一般讲，总是加入过量的氨水使 AgCl 沉淀溶解。

从上面的计算可以看出，M 的二级配合物浓度 $[ML_2]$ 远远大于一级配合物浓度 $[ML]$，即一级配合物可忽略不计。对于多级配合物，也可近似地只计算最高级的配合物平衡及浓度。如此，上面计算就简单得多。

利用 NH_4Cl-NH_3 缓冲溶液还可使 AgCl、$Zn(OH)_2$、$Ni(OH)_2$、$Cu(OH)_2$ 等沉淀转化为氨配离子而溶解。

9.2.4 氧化-还原效应

用氧化剂或还原剂可使沉淀离子发生氧化-还原反应，降低其平衡浓度，最终使得其浓度积小于溶度积而使沉淀不生成或使其溶解，这种影响称为氧化-还原效应：

$$CuS \Longleftrightarrow Cu^{2+} + S^{2-} \tag{9-30}$$

$$3S^{2-} + 2NO_3^- + 8H^+ \Longleftrightarrow 3S + 2NO\uparrow + 4H_2O \tag{9-31}$$

从式(9-31)看，只要有足够的氧化剂 NO_3^- 和 H^+，就可以不断地使 S^{2-} 转化为单质 S，继而使式(9-30) 的平衡不断向右移动，最后导致 CuS 全部溶解。

9.2.5 沉淀的转化

如果沉淀 A 置于溶液中，若溶液还存在可与沉淀 A 中的构晶离子生成沉淀 B 的组分，沉淀 A 就有可能转化为沉淀 B。$CaSO_4$ 溶解度很小，在 Na_2CO_3 溶液中，可将其转化成 $CaCO_3$ 沉淀，$BaSO_4$ 也有类似的情况。

$$CaSO_4 + CO_3^{2-} \Longleftrightarrow CaCO_3 \downarrow + SO_4^{2-} \tag{9-32}$$

式(9-32) 的平衡常数：

$$K = \frac{[SO_4^{2-}]}{[CO_3^{2-}]} = \frac{K_{sp}(CaSO_4)}{K_{sp}(CaCO_3)} = \frac{9.1 \times 10^{-6}}{2.8 \times 10^{-9}} = 3.3 \times 10^3 \tag{9-33}$$

【例 9-8】 已知 $K_{sp}(CaSO_4) = 9.1 \times 10^{-6}$，$K_{sp}(CaCO_3) = 2.8 \times 10^{-9}$。在 1.0L 的 Na_2CO_3 溶液中，加入 0.010mol 的 $CaSO_4$，若使 $CaSO_4$ 全部转化为 $CaCO_3$，Na_2CO_3 的原始浓度应为多少？

解 由式(9-33) 可知

$$\frac{[SO_4^{2-}]}{[CO_3^{2-}]} = \frac{9.1 \times 10^{-6}}{2.8 \times 10^{-9}} = 3.3 \times 10^3$$

$CaSO_4$ 全部转化为 $CaCO_3$，则 $[SO_4^{2-}] = 0.010mol \cdot L^{-1}$

$$[CO_3^{2-}] = \frac{[SO_4^{2-}]}{3.3 \times 10^3} = \frac{0.010}{3.3 \times 10^3} = 3.0 \times 10^{-6}mol \cdot L^{-1}$$

上式中 $[CO_3^{2-}]$ 是游离的 Na_2CO_3 浓度，还有一部分 CO_3^{2-} 和 Ca^{2+} 形成了 $CaCO_3$ 沉淀，它与 $CaSO_4$ 的物质的量或 $[SO_4^{2-}]$ 相等，因此，Na_2CO_3 的浓度应为两者之和。

$$[Na_2CO_3] = [CO_3^{2-}] + [SO_4^{2-}] = 3.0 \times 10^{-6} + 0.010 = 0.010mol \cdot L^{-1}$$

9.3 沉淀的净化

沉淀形成时，由于其所处环境的不同，沉淀会被其他成分玷污，要获得纯净的沉淀则必须对其净化。

9.3.1 沉淀玷污的原因

当一种沉淀形成时，其他的本不该沉淀的非构晶组分也会同时被沉淀的现象称作共沉淀。形成共沉淀的作用主要有表面吸附、包藏（吸留）和形成混合晶体。若沉淀形成时，某种非构晶组分未被沉淀下来，但在沉淀放置的过程中，这些非构晶组分又被沉淀到原沉淀上，这种现象叫后沉淀。有关共沉淀和后沉淀的详细内容将在第 15 章中再作介绍。

9.3.2　沉淀条件的选择

针对不同类型的沉淀，可选择不同的沉淀条件，这有助于沉淀的完全和净化。其内容已在 9.1 中讲过，不再重复。一般讲，晶型沉淀的比表面积小，污染程度较小。非晶型沉淀的比表面积很大，结构松散，污染程度较大。

9.3.3　沉淀的洗涤

若要获得纯净的沉淀，对沉淀进行洗涤是必不可少的。若要求沉淀尽量地减少损失，洗涤沉淀时需遵从下列规则。

(1)　晶型沉淀洗涤法

洗涤晶型沉淀应采用倾泻洗涤法：将有晶型沉淀的溶液静置，使沉淀物沉积于烧杯底部，将上层清液通过布上滤纸的漏斗或砂芯漏斗，但尽量不要将沉淀物转移到滤纸或砂芯漏斗上。在烧杯中加入洗涤剂用玻棒轻轻搅动，对沉淀进行洗涤，然后再静置，重复前面的过程，直至沉淀被洗干净。最后将沉淀一次转移到滤纸或砂芯漏斗上，再用蒸馏水淋洗 1～2 次即可。

(2)　洗涤剂的用量

洗涤剂每次的用量要少，以免沉淀损失过多。在洗涤剂用量恒定时，可选择少量多次的办法（原理在第 15 章中介绍）。

(3)　洗涤剂的选择

若沉淀的溶度积较大，开始时可选择稀的沉淀剂溶液洗涤，最后再用蒸馏水洗涤。也可以用易挥发的有机物或有机物-蒸馏水混合液洗涤。

洗涤剂最好能在较高温度下全部挥发，如 H_2O、CH_3CH_2OH、NH_4NO_3 溶液等。

(4)　非晶型沉淀洗涤法

非晶型沉淀应趁热（必要时可加热）一次性倒入布上滤纸的漏斗或砂芯漏斗中进行过滤。洗涤用热水或稀电解质如 NH_4NO_3 等溶液。加热和用电解质溶液洗涤均是为了防止胶体形成。否则，胶体会将滤纸或砂芯漏斗上的微孔堵塞，使过滤无法进行。

9.4　重量分析法

将被测组分形成沉淀，用过滤法将其与其他溶解组分进行分离，沉淀物经洗涤、干燥或灼烧后称量。根据称量物的质量确定待测组分含量。这种分析方法称作重量分析法，有时简称为重量法。

9.4.1　重量分析法的基本过程和特点

首先将待测样品溶解在一定的溶剂中，溶剂一般为水，也可以是有机溶剂或混合溶剂。加入过量沉淀剂，使被测组分与沉淀剂形成难溶的化合物而完全沉淀。然后将沉淀过滤、洗涤、干燥或灼烧、称量，最后通过被称量物质的质量计算求出待测组分的含量。

重量分析法是一种经典的分析方法，属于无标（准物质）分析法。若没有基准物质，它是其他分析方法的标准，也是其他分析方法的仲裁分析方法。

重量分析法与滴定法、其他仪器分析法相比，有其独特之处。

① 它是一种直接测量的方法，无须使用基准物质或标准试剂。

② 准确度很高、相对误差小，可达到 0.1％～0.2％，甚至更高。

③ 分析操作的步骤多、速度慢、耗时长；但对高含量的 Si、S、P、W、Ni 和稀土元素等的分析，仍需采用重量分析法。

④ 重量分析法的操作技术包括了溶样、移液、沉淀、定量转移、洗涤、过滤、干燥或灼烧、称量等，对操作技术要求很高。

⑤ 当对用其他分析方法测量的结果产生分歧时，重量分析法往往是仲裁法。许多国家标准都规定重量分析法为仲裁方法。

⑥ 它所涉及的原理和操作对化工生产中分离技术的应用有重要意义。

9.4.2 沉淀形式

被测组分与沉淀剂反应后，生成沉淀，该沉淀的化学式称为沉淀形式。

在重量分析法中，沉淀形式应满足如下要求。

① 沉淀形式的溶解度要很小，即溶度积要很小，未被沉淀的待测组分的质量不得超过待测组分总质量的 0.1%。

② 沉淀形式应容易过滤和洗涤。为此，重量分析法中希望获得粗大的晶型沉淀。这是因为，沉淀的颗粒大，比表面积小，吸附的杂质少，容易洗涤。洗涤次数少，沉淀形式损失也少。颗粒大，不会阻塞滤纸的微孔，过滤速度也比较快。

③ 若沉淀的组成不恒定，但在被烘干或灼烧后，它的组成必须单一、恒定，并与表达式完全一致。如 $SiO_2 \cdot xH_2O$ 中 x 不是固定的，组成不恒定，但经 950℃ 灼烧后成 SiO_2，组成单一、恒定。

9.4.3 称量形式

沉淀经过滤、洗涤、烘干或灼烧后进行称量的物质的化学式称为称量形式。称量形式应满足如下要求：

① 组成单一，组成与分子式完全一致，包括结晶水的数量。

② 有足够的化学稳定性，在一定的时间范围内，不与空气中的 CO_2 和 O_2 反应、不分解、不变质。

③ 在短时间内，不吸水潮解。

④ 称量形式的摩尔质量越大越好。由于称量形式的摩尔质量越大，相同物质的量的称量形式的质量也越大。天平的绝对误差为 $\pm 0.0001g$，是固定的，所以天平称量引起的相对误差将越小。

9.4.4 沉淀剂的选择

① 沉淀剂必须与被测组分生成沉淀，其沉淀的溶度积要符合分析误差的要求，即被溶解的沉淀的质量应小于沉淀质量的 0.1%。

② 沉淀剂应有较好的选择性，即除与被测组分形成沉淀外，和溶液中其他组分不发生沉淀反应。

③ 在实验条件允许的前提下，沉淀剂最好在灼烧或干燥过程中能被除去，如此，对洗涤的要求便可降低一些。

④ 其他要求与对沉淀形式的要求完全一致。

【例 9-9】 在 M^{2+} 溶液中，$[M^{2+}] \approx 0.010 mol \cdot L^{-1}$，沉淀剂 A^- 的 $[A^-] \approx 0.020 mol \cdot L^{-1}$，若要求沉淀 MA_2 的损失不超过 0.1%，MA_2 的溶度积 $K_{sp}(MA_2)$ 最大为多少？

解 在沉淀过程中沉淀剂总是过量的，但是不可能过量许多。所以可以按化学计量关系进行计算，要求 M^{2+} 的损失小于 0.1%。若 M^{2+} 溶液与沉淀剂 A^- 溶液两者等体积混合，沉淀平衡时：

$$[M^{2+}] = \frac{0.010 \times 0.1\%}{2} = 5.0 \times 10^{-6}$$

$$[A^-] = \frac{0.020 \times 0.1\%}{2} = 1.0 \times 10^{-5}$$

故　$[M^{2+}][A^-]^2 = K_{sp}(MA_2) = 5.0 \times 10^{-6} \times 1.0 \times 10^{-10} = 5.0 \times 10^{-16}$

因此，要求 $K_{sp} < 5.0 \times 10^{-16}$ 才可以保证被测组分 M^{2+} 损失不大于 0.1%。

9.4.5　重量分析法计算

按照式(6-114)所赋予的计量单元的意义，被测物质的计量单元量应与称量形式的计量单元量相等，

即

$$\frac{m_x}{M_x/n_x} = \frac{m_1}{M_1/n_1} \tag{9-34}$$

式中　m_1——沉淀灼烧或干燥后称量形式的质量，g；

　　　M_1——称量形式的摩尔质量，$g \cdot mol^{-1}$；

　　　n_1——称量形式中被测主元素原子的个数；

　　　m_x——试样的质量，g；

　　　M_x——被测物质的摩尔质量，$g \cdot mol^{-1}$；

　　　n_x——被测物质中主元素原子的个数。

【例 9-10】　测定磁铁矿中的 Fe_3O_4 含量时，将质量为 0.6146g 的试样溶解氧化后，将 Fe^{3+} 沉淀为 $Fe(OH)_3$，然后将 $Fe(OH)_3$ 灼烧为 Fe_2O_3，称得 Fe_2O_3 的质量为 0.1503g，求原铁矿中 Fe_3O_4 的质量分数。已知 $M_{Fe_2O_3} = 159.69$；$M_{Fe_3O_4} = 231.54$。

解　已知：$M_x = 231.54$，$M_1 = 159.69$，$m_1 = 0.1503g$，$m_x = 0.6146g$。

此测定中被测定的主元素是 Fe。因称量形式 Fe_2O_3 分子中含有 2 个 Fe 原子，$n_1 = 2$；被测物质 Fe_3O_4 分子中含有 3 个 Fe 原子，$n_x = 3$。

矿中 Fe_3O_4 的质量分数为 x：

$$\frac{0.6146x}{231.54/3} = \frac{0.1503}{159.69/2}$$

解得　　　　　　　　　　　　　$x = 23.64\%$

【例 9-11】　称取由 NaCl、NaBr 和其他惰性物质组成的混合物试样 0.3257g，溶于水后加入 $AgNO_3$ 溶液，得到 AgCl、AgBr 混合物沉淀，干燥后该混合物质量为 0.7303g。再将此混合物在 Cl_2 中加热，使 AgBr 全部转化为 AgCl，再称量，其质量为 0.6977g，求原试样中 NaCl 和 NaBr 的质量分数。查附录 5 知：$M_{NaCl} = 58.45 g \cdot mol^{-1}$，$M_{NaBr} = 102.9 g \cdot mol^{-1}$，$M_{AgCl} = 143.3 g \cdot mol^{-1}$，$M_{AgBr} = 187.8 g \cdot mol^{-1}$。

解　设原试样中 NaCl、NaBr 的质量分数分别为 x、y。

由于 Cl、Br 在被测物质和称量形式中都只有一个原子，所有的 n 均为 1。由第一个称量形式可得：

$$0.3257 \times \left(\frac{x M_{AgCl}}{M_{NaCl}} + \frac{y M_{AgBr}}{M_{NaBr}} \right) = 0.7303$$

由第二个称量形式可得：

$$0.3257 \times \left(\frac{x M_{AgCl}}{M_{NaCl}} + \frac{y M_{AgCl}}{M_{NaBr}} \right) = 0.6977$$

解上述两个方程的联立方程组，可得：
$$x=0.7423 \qquad y=0.2314$$
所以，原样品中 NaCl 的质量分数为 74.23%，NaBr 的质量分数为 23.14%。

9.5 沉淀滴定法

以沉淀平衡为基础进行的容量分析方法称作沉淀滴定法。

沉淀反应很多，但能用于沉淀滴定的却不多。主要原因是相当多沉淀的组成不恒一、共沉淀现象严重等。

可以用于沉淀滴定的沉淀反应必须满足下列条件。

① 生成的沉淀的溶度积很小，必须满足滴定误差的要求。即沉淀损失不超过 0.1%。

② 沉淀的组成中被测组分与沉淀剂的摩尔比值必须恒定，沉淀中的其他组分是否恒定无关紧要。

③ 沉淀反应必须迅速，沉淀物要稳定。

④ 沉淀的颜色要浅，不可过深，否则影响滴定终点的观察。

⑤ 能够有适当的指示滴定终点的办法。

第⑤项要求是比较困难的。虽然从理论上可以计算出滴定曲线及其 $p[M^{n+}]$ 的突跃。但在实验中明确无误地指示突跃到达的实例并不多。沉淀滴定法大多数采用标准物质测定来评价沉淀滴定的方法是否可用于实际测量。

可以用沉淀滴定法定量测定的物质仅有 Cl^-、Br^-、I^-、Ag^+、CN^-、SCN^-、NH_4^+、K^+、四苯硼钠、有机季铵盐、有机碱等。

常用的沉淀滴定法主要有银量法和四苯硼钠法。

下面仅就银量法介绍几种常见的沉淀滴定法，它们指示滴定终点的原理是不相同的。其他的沉淀滴定方法均是这几种方法的延伸和扩展。

9.5.1 莫尔法——铬酸钾指示剂法

莫尔法是银量法的一种，它采用铬酸钾为指示剂，所以又称为铬酸钾指示剂法。

莫尔法是用指示剂变色确定滴定终点。寻找指示剂的思路与酸碱滴定法、配位滴定法、氧化还原滴定法寻找指示剂的思路一致。酸碱滴定中的指示剂是一种有机弱酸或弱碱；配位滴定中的指示剂是一种弱配位剂；氧化还原滴定中的指示剂是一种弱的氧化还原剂；以此类推，沉淀滴定法的指示剂应当是一种弱的沉淀剂。在银量法中，铬酸钾就是一种弱沉淀剂。

在沉淀滴定法中，若被测组分被完全沉淀后，指示剂立即和沉淀剂形成沉淀且其颜色与被测组分沉淀的颜色有明显差异，就会指示滴定终点到达。难点就在被测组分沉淀的溶度积与指示剂沉淀的溶度积匹配度要求很高。二者相差太小，二者会同时沉淀，滴定终点提前显现，造成负误差；指示剂沉淀的溶度积过大，滴定终点延迟显现，造成正误差。

以 K_2CrO_4 为指示剂，用 Ag^+ 测定 Cl^-：

$$Ag^+ + Cl^- \Longrightarrow AgCl \downarrow（白色） \qquad K_{sp}(AgCl)=1.8 \times 10^{-10} \qquad (9-35)$$

$$2Ag^+ + CrO_4^{2-} \Longrightarrow Ag_2CrO_4 \downarrow（砖红色） \qquad K_{sp}(Ag_2CrO_4)=1.1 \times 10^{-12} \qquad (9-36)$$

用 $AgNO_3$ 溶液滴定 Cl^- 溶液，在化学计量点：

$$[Ag^+]=[Cl^-]$$

即：$[Ag^+]=[Cl^-]=\sqrt{K_{sp}(AgCl)}=\sqrt{1.8 \times 10^{-10}}=1.3 \times 10^{-5} \text{mol} \cdot L^{-1}$

若此时要求 Ag_2CrO_4 刚好开始沉淀，则：

$$[Ag^+]^2[CrO_4^{2-}] = 1.1 \times 10^{-12}$$

故 $\qquad [CrO_4^{2-}] = \dfrac{1.1 \times 10^{-12}}{[Ag^+]^2} = \dfrac{1.1 \times 10^{-12}}{1.8 \times 10^{-10}} = 6.1 \times 10^{-3} \text{mol} \cdot \text{L}^{-1}$

只要 $[CrO_4^{2-}] \leqslant 6.1 \times 10^{-3}$ mol·L^{-1}，在化学计量点之前 Ag_2CrO_4 就不会与 AgCl 同时沉淀。在 $[CrO_4^{2-}] \approx 6.1 \times 10^{-3}$ mol·L^{-1} 时，K_2CrO_4 的黄色还是比较深的，因此沉淀颜色的变化不容易准确判断。一般加入的指示剂 $[CrO_4^{2-}] < 6.1 \times 10^{-3}$ mol·L^{-1}，因而，到达化学计量点时，Ag_2CrO_4 还不会沉淀，滴定终点必然延后出现，造成正误差。

【例 9-12】 用 0.01000mol·L^{-1} 的 $AgNO_3$ 溶液滴定 0.01000mol·L^{-1} 的 NaCl 溶液 25.00mL，加入 5.00mL、$[K_2CrO_4] \approx 0.02$mol·L^{-1} 的 K_2CrO_4 溶液作指示剂。①当沉淀由白色变为砖红色时，消耗多少体积的 $AgNO_3$？②若用 25.00mL 的水代替 NaCl 溶液，消耗多少体积的 $AgNO_3$？

解 ① 在化学计量点，溶液的体积为

$$25.00 + 25.00 + 5.00 = 55.00 \text{mL}$$

此时 K_2CrO_4 的浓度为

$$\frac{0.02 \times 5}{55} = 1.8 \times 10^{-3} \text{mol} \cdot \text{L}^{-1}$$

$$[Ag^+] = [Cl^-] = \sqrt{1.8 \times 10^{-10}} = 1.3 \times 10^{-5} \text{mol} \cdot \text{L}^{-1}$$

此时 $[Ag^+]^2[CrO_4^{2-}] = 1.8 \times 10^{-10} \times 1.8 \times 10^{-3} = 3.24 \times 10^{-13} < K_{sp}(Ag_2CrO_4)$，$Ag_2CrO_4$ 不沉淀，不能指示滴定终点的到达。假设再滴定 $AgNO_3$ 溶液 V_0 mL 后 Ag_2CrO_4 发生沉淀，则

$$[CrO_4^{2-}] = \frac{0.02 \times 5}{55 + V_0}$$

$$[Ag^+] = \frac{c(AgNO_3)V_0}{55 + V_0}$$

$$\left(\frac{0.01000 V_0}{55 + V_0}\right)^2 \left(\frac{0.02 \times 5}{55 + V_0}\right) = K_{sp}(Ag_2CrO_4) = 1.1 \times 10^{-12}$$

$$\frac{V_0^2}{(55 + V_0)^3} = 1.1 \times 10^{-7}$$

用迭代法解上述方程 $\qquad V_0 = \sqrt{1.1 \times 10^{-7} \times (55 + V_0)^3}$

$$V_0 = 0.14 \text{mL}$$

终点延后了 0.14mL，相对误差 $= 0.14\text{mL}/25.00\text{mL} = 0.56\%$。若加入指示剂的量再小一些，终点会更延后，相对误差更大。

作为指示剂，浓度是不可能那么精确控制的，有时也没有那么浓。也就是说，Ag_2CrO_4 发生沉淀不是在 AgCl 沉淀反应的化学计量点，而是滞后了一段。滞后量可用实验确定，确定的办法是做空白试验。

所谓空白试验是指用蒸馏水代替试样溶液，其他实验步骤、各试剂用量等均和原实验完全一样的实验。这里要特别提出的是指示剂须用移液管移取而不能用滴管滴几滴，同时也要对 K_2CrO_4 的浓度进行大概地估算，使得 $[K_2CrO_4]$ 不要比 6.1×10^{-3} mol·L^{-1} 小得太多。空白实验消耗的 $AgNO_3$ 的体积记作 V_0。这就是 AgCl 沉淀完全后，到 Ag_2CrO_4 发生沉淀所需的 $AgNO_3$ 的滞后体积，当然，这也包括了由于其他试剂引入的试剂空白。

② 设滴入 V_0 mL $AgNO_3$ 溶液时，产生红色的 Ag_2CrO_4 沉淀。

溶液总体积 $\qquad V = 25.00 + 5.00 + V_0 = 30.00 + V_0$ （mL）

此时 K_2CrO_4 的浓度为

$$[CrO_4^{2-}] = \frac{0.02 \times 5.00}{30.00 + V_0} \, mol \cdot L^{-1}$$

平衡时
$$[Ag^+] = \frac{0.0100 \times V_0}{30.00 + V_0}$$

$$[Ag^+]^2[CrO_4^{2-}] = K_{sp}(Ag_2CrO_4) = \left(\frac{0.0100 V_0}{30.00 + V_0}\right)^2 \times 0.02 \times \frac{5.00}{30.00 + V_0}$$

解得
$$V_0 = 0.14 \, mL$$

由本题①知，终点延后了 0.14mL，而空白试验消耗了 $AgNO_3$ 溶液也是 0.14mL，这就是终点延后的值。将本题①实验中消耗的 $AgNO_3$ 溶液体积减去本题②实验（空白实验）中消耗的 $AgNO_3$ 溶液体积，差值便为消耗在被测定物 NaCl 上的 $AgNO_3$ 溶液的体积。

莫尔法的使用是有条件限制的。

(1) 莫尔法适宜的 pH

因为 $K_{sp}(AgOH) = 1.5 \times 10^{-8}$，化学计量点时 $[Ag^+] = 1.3 \times 10^{-5} \, mol \cdot L^{-1}$，则
$$[Ag^+][OH^-] < 1.5 \times 10^{-8}$$
$$[OH^-] < 1.15 \times 10^{-3}$$
$$pH < 11.0$$

当溶液的 pH 大于 11.0 时，AgOH 会与 AgCl 同时沉淀，进而生成黑色的 Ag_2O。

当溶液处于碱性时，溶液中不能含有铵盐，因为 NH_3 可与 Ag^+ 形成 $[Ag(NH_3)_2]^+$ 配离子而溶解。所以，溶液中若含有铵盐，溶液的 pH 必须控制在 7.2 以下。

溶液的 pH 也不能太小，因为 CrO_4^{2-} 在酸性溶液中，有下列化学平衡：
$$2H^+ + 2CrO_4^{2-} \rightleftharpoons 2HCrO_4^- \rightleftharpoons Cr_2O_7^{2-} + H_2O \tag{9-37}$$

当 pH = 6.5 时，CrO_4^{2-} 的分布系数为 0.5 左右，若用 $0.01 \, mol \cdot L^{-1}$ $AgNO_3$ 滴定 25.00mL 的 NaCl 溶液时，假设化学计量点 $[K_2CrO_4] = 6.1 \times 10^{-3} \, mol \cdot L^{-1}$，此时
$$[CrO_4^{2-}] = 0.5 \times 6.1 \times 10^{-3} = 3.05 \times 10^{-3} \, mol \cdot L^{-1}$$
$$[Ag^+] = 1.3 \times 10^{-5} \, mol \cdot L^{-1}$$

故
$$[Ag^+]^2[CrO_4^{2-}] = 5.49 \times 10^{-14} < K_{sp}(AgCrO_4)$$

Ag_2CrO_4 不发生沉淀，设过量 V_0 mL $AgNO_3$，溶液总体积约为 50mL，Ag_2CrO_4 发生沉淀。则
$$\left[\frac{V_0 \times 0.01}{50}\right]^2[CrO_4^{2-}] = 1.1 \times 10^{-12}$$
$$V_0 = 0.09 \, mL$$

这个滞后不算太大，相对误差 = 0.09mL/25.00mL = 0.3%，可以被接受。当然，也可用空白试验扣除滞后值。

溶液的 pH < 6.5，$[H^+]$ 增大，$[CrO_4^{2-}]$ 明显降低，Ag_2CrO_4 沉淀出现过迟，甚至不会出现沉淀。因此要求溶液的 pH 应大于 6.5。所以，莫尔法只能在中性或弱碱性条件下进行。

(2) 莫尔法的干扰

莫尔法测定 Cl^- 时的干扰也很多，凡是在 pH = 6.5～11.0 区间能与 Ag^+ 产生沉淀的阴离子，如 CO_3^{2-}、PO_4^{3-}、S^{2-}、$C_2O_4^{2-}$、SO_3^{2-} 等以及与 CrO_4^{2-} 生成沉淀的 Pb^{2+}、Ba^{2+} 或者发生水解的高价金属离子 Fe^{3+}、Al^{3+}、Bi^{3+} 等全部干扰分析。这是莫尔法致命的弱点。

9.5.2 佛尔哈德法——铁铵矾指示剂法

为了克服 CO_3^{2-}、PO_4^{3-} 等弱酸盐对 Cl^- 测定的干扰，必须降低溶液的 pH。在较低 pH

下（≤2），CO_3^{2-}、PO_4^{3-} 等均不与 Ag^+ 产生沉淀。

当然，在低 pH 下，K_2CrO_4 就不能作指示剂了。佛尔哈德法就是为了克服莫尔法中的 CO_3^{2-}、PO_4^{3-} 等的干扰而出现的另一种银量法。

在 Cl^- 的溶液中定量地加入过量的 Ag^+，Cl^- 和 Ag^+ 产生 $AgCl$ 沉淀。然后用 NH_4SCN 标准溶液滴定多余的 Ag^+，以铁铵矾 $FeNH_4(SO_4)_2$ 作指示剂。当 NH_4SCN 刚刚过量时：

$$Ag^+ + SCN^- \Longrightarrow AgSCN \downarrow （白色） \tag{9-38}$$

$$Fe^{3+} + nSCN^- \Longrightarrow [Fe(SCN)_n]^{(n-3)-} （血红色） \tag{9-39}$$

溶液变为红色，指示滴定终点到达。这种在低 pH 下的沉淀滴定法称为佛尔哈德法，又称作铁铵矾指示剂法。

由于 $K_{sp}(AgSCN) = 1.03 \times 10^{-12}$，$K_{sp}(AgCl) = 1.77 \times 10^{-10}$，$AgSCN$ 的溶度积小于 $AgCl$ 的溶度积，在 SCN^- 的作用下，有可能发生沉淀的转化反应：

$$AgCl + SCN^- \Longrightarrow AgSCN \downarrow + Cl^- \tag{9-40}$$

它使得终点向后移动，增大了滴定误差。克服这个现象可采用下列两种措施：

① 加入过量的 Ag^+ 形成 $AgCl$ 沉淀后，将溶液加热，使细小的 $AgCl$ 沉淀凝聚、过滤并洗涤沉淀，然后用 NH_4SCN 标准溶液滴定滤液。

② 在 $AgCl$ 沉淀的溶液里加入硝基苯。硝基苯是一种有机液体，不溶于水。$AgCl$ 沉淀会被硝基苯包裹在有机液体内，阻止了 $AgCl$ 与 SCN^- 的接触，使得沉淀的转化不能进行。硝基苯称之为包裹剂。除硝基苯外，还可用邻苯二甲酸二丁酯等有机液体作包裹剂。当然，如果第二沉淀剂（上例中的 SCN^-）所形成的沉淀的溶度积比第一沉淀剂（Cl^-）形成的沉淀的溶度积小得太多，包裹剂将有可能不能阻止沉淀的转化，则必须滤去第一沉淀物。如果第一沉淀剂改为 Br^-、I^-，$K_{sp}(AgBr) = 4.1 \times 10^{-13}$、$K_{sp}(AgI) = 8.3 \times 10^{-17}$ 均小于 $K_{sp}(AgSCN)$，在化学计量点附近，$AgBr$、AgI 沉淀不可能转化为 $AgSCN$ 沉淀，因此就不必使用包裹剂。具体情况要由实验的结果确定。

9.5.3　法扬司法——吸附指示剂法

吸附指示剂是一类有色的有机化合物，游离态吸附指示剂的颜色为 A，当它被吸附在胶体微粒表面时，显示颜色 B。这种沉淀表面的颜色变化可以用来指示滴定的终点。用吸附指示剂指示滴定终点的沉淀滴定法称作法扬司法，又称作吸附指示剂法。

用 $AgNO_3$ 标准溶液滴定 Cl^- 时，用吸附指示剂荧光黄作指示剂，荧光黄用 HIn 表示。在一定的 pH 下，HIn 可离解为 H^+ 和 In^-，In^- 有一定的颜色，对荧光黄而言，In^- 是黄绿色，一般要求 In^- 是浅色的。

在化学计量点之前，溶液中存在着过量 Cl^-，$AgCl$ 胶体沉淀表面将会首先吸附构晶离子 Cl^-，使沉淀的表面呈负电荷。In^- 也为负电荷，因此不被沉淀表面吸附。溶液呈黄绿色。

在化学计量点之后，溶液中存在着过量的 Ag^+，$AgCl$ 胶体沉淀表面会吸附 Ag^+ 而使其表面从负电性突变为正电性。此时带正电荷的沉淀表面会吸附指示剂 In^-。被吸附的 In^- 在 $AgCl$ 表面能和 Ag^+ 形成某种物质而呈淡红色，指示终点的到达。

可用法扬司法的体系还有：用 Ag^+ 滴定 SCN^-，Ba^{2+} 滴定 SO_4^{2-}，四苯硼钠滴定 K^+、季铵盐或铵盐等。

用法扬司法滴定，终点时，沉淀表面颜色的变化有时不够敏锐，可采用下列措施提高敏锐度。

① 由于吸附指示剂的颜色变化发生在沉淀微粒表面上，因此应尽可能地使沉淀呈胶体

状态，有较大的表面积。为此，可在滴定前将溶液稀释，并加入糊精、淀粉等高分子化合物作为胶体保护剂，防止沉淀凝聚。

② 控制适当的 pH，一般要求 $pH > pK_a$（吸附指示剂 HIn 的酸离解常数），使 HIn 有较大的电离度，$[In^-]$ 较大，被吸附的吸附指示剂离子量也较大。

③ 胶体微粒对指示剂离子的吸附能力应略小于对被测离子的吸附能力。

若胶体微粒对指示剂离子的吸附能力过小，到了化学计量点指示剂离子仍不能取代被测离子被胶体微粒表面吸附，使滴定终点延后或变色不敏锐。

若胶体微粒对指示剂离子的吸附能力大于对被测离子的吸附能力，指示剂离子将提前被胶体微粒表面吸附，使滴定终点提前。

④ 被测离子的浓度不能太低。浓度过低时，沉淀少，胶体微粒表面积小，吸附量小，终点观察困难。

⑤ 被测离子和滴定剂不能互换，因为从不吸附突变为吸附速率快，而反过来则存在脱附过程，速率慢，终点的变色不明显。表 9-1 中列出了常用的吸附指示剂及其应用。

表 9-1　常用的吸附指示剂

指示剂名称	待测离子	滴定剂	使用 pH 范围	指示剂名称	待测离子	滴定剂	使用 pH 范围
荧光黄	Cl^-	Ag^+	7~10	橙黄素Ⅳ	Cl^- 和 I^- 的混合液	Ag^+	微酸性
二氯荧光黄	Cl^-	Ag^+	4~6	氨基苯磺酸			
曙红	Br^-、I^-、SCN^-	Ag^+	2~10	溴酚蓝			
甲基紫	SO_4^{2-}、Ag^+	Ba^{2+}、Cl^-	1.5~3.5	二甲基二碘荧光黄	I^-	Ag^+	中性

9.5.4　其他沉淀滴定方法简介

沉淀滴定法除了上述三种方法外，还有一些实用的方法，简介如下。

(1) 电位滴定法

用离子选择性 Ag_2S 膜电极指示滴定终点，在化学计算点附近，电位会发生突变而确定滴定终点。

(2) 酸碱返滴定法

将沉淀过滤、洗涤干净后，加酸、碱或其他有机溶剂，使沉淀定量转化成 H^+ 或 OH^-，然后用标准溶液滴定生成的 H^+ 或 OH^-。例如，磷钼酸喹啉沉淀在过量碱中溶解，以 HCl 标准溶液滴定剩余的碱。又如，K^+、NH_4^+、季铵盐等和四苯硼钠生成沉淀：

$$R_3-\overset{\overset{R_2}{|}}{\underset{\underset{R_4}{|}}{N^+}}-R_1+[B(C_6H_5)_4]^- \rightleftharpoons R_3-\overset{\overset{R_2}{|}}{\underset{\underset{R_4}{|}}{N}}-R_1 \cdot [B(C_6H_5)_4]\downarrow$$

生成的四苯硼盐是离子对化合物，不溶于水，而溶于丙酮。将沉淀洗涤、过滤后用丙酮溶解，并加入 $HgCl_2$ 可定量生成 HCl：

$$R_3-\overset{\overset{R_2}{|}}{\underset{\underset{R_4}{|}}{N}}-R_1 \cdot [B(C_6H_5)_4]+4HgCl_2+3H_2O \overset{\triangle}{\rightleftharpoons} 4C_6H_5HgCl+ R_3-\overset{\overset{R_2}{|}}{\underset{\underset{R_4}{|}}{N}}-R_1 \cdot Cl+H_3BO_3+3HCl$$

生成的 HCl 用 NaOH 标准溶液滴定，而 H_3BO_3 的酸性太弱，不干扰测定：

$$HCl+NaOH \Longrightarrow NaCl+H_2O$$

(3) 两相滴定

季铵盐在一定的 pH 下可以和酸性染料溴酚蓝或麝香草酚蓝生成沉淀，加入 $CHCl_3$ 后，

其沉淀溶于 $CHCl_3$，为蓝色。用四苯硼钠溶液滴定，又生成四苯硼铵沉淀，其不溶于水，也不溶于 $CHCl_3$，当季铵盐被沉淀完全后，有机相中只剩下酸性染料，只显其颜色为黄色，指示终点的到达。

【扩展知识】

纳 米 材 料

1. 纳米材料概述

纳米材料是指微粒尺寸在 1～100nm 的一种新型材料。微粒可以是晶体也可以是非晶体。状态多数为粉体，需压制烧结成块体，也可以直接是块体或薄膜，或将纳米颗粒附着在载体之上。

格莱特首次采用金属蒸发凝聚-原位冷压成型法制备出纳米 Cu、Pd 等纯金属，后来又分别制备了纳米合金、纳米晶玻璃、纳米陶瓷等。目前纳米材料已从导体、绝缘体发展到纳米半导体，从晶态扩展到非晶态，从无机物扩展到有机物高分子。根据纳米结构被约束的空间维数，纳米材料可分为以下四类：①准零维的纳米原子团簇；②一维纤维，长度显著大于宽度，如碳纳米管；③二维薄膜，长度和宽度尺寸至少比厚度大得多，晶粒尺寸在一个方向上为纳米级；④三维的纳米固体。

目前，人们研究的重点是三维结构的纳米固体，其次是二维薄膜，而对一维纳米纤维则研究得较少。

2. 纳米颗粒的特性

当固体微粒的尺寸逐渐减小时，其理化性质上的改变已不是量变而是一种质变，主要表现如下。

（1）表面效应

随着粒径的减小，比表面积将会显著增大，表面原子所占的比例会显著增加。对于粒径大于 100nm 的颗粒，表面效应可忽略不计。粒径为 5nm 的颗粒的表面原子数占总原子数的 40%，而粒径为 100nm 的颗粒的表面原子数只占总原子数的 2%。纳米颗粒的表面具有很高的活性和吸附性，如金属的超细颗粒在空气中会燃烧，无机物的超细颗粒在空气中会吸附气体，并与气体进行反应。

（2）小尺寸效应

当超微粒子的尺寸与德布罗意波长及超导态的相关长度或透射深度等物理特征尺寸相当或更小时，晶体周期性的边界条件将被破坏，非晶态纳米粒子的表面层附近原子密度减小，导致一系列宏观物理性质的变化，称为小尺寸效应。

① 特殊的光学性质

金属纳米化后都呈现为黑色，尺寸越小，颜色愈黑，光吸收显著增加并产生吸收峰的等离子体共振频移。利用这种性质可通过改变尺寸控制吸收峰的位移，制造具有一定频宽的微波吸收材料，可用于电磁屏蔽、隐形飞机等。

② 特殊的热学性质

金属超细化后，其熔点远小于块状金属，如银的常规熔点为 670℃，而超细银粉的熔点可低于 100℃。利用这一特性为粉末冶金工业提供了新工艺，如可以将超细银粉制成的导电浆料进行低温烧结，元件的基片便可用塑料，同时可使膜厚均匀，覆盖面积大，节省原材料，降低成本。

③ 特殊的磁性质

颗粒超细化，磁有序态向磁无序转化。例如，强磁性纳米粒子铁钴合金、氧化铁等，当颗粒尺寸为单磁临界尺寸时，具有很高的矫顽力，可制成磁信用卡、磁性钥匙、磁性车票等；还可以制成磁性液体，广泛用于电声器件、阻尼器件、旋转密封润滑、选矿等领域。

（3）量子尺寸效应

当粒子尺寸降到某一值时，金属纳米能级附近的电子能级由准连续变为分立的能级，纳米半导体微粒存在不连续的最高被占据分子轨道和最低被占据分子轨道能级，能隙变宽。能隙变宽的现象被称为量子尺寸效应。例如纳米粒子所含电子数的奇偶性不同，低温下的比热容、磁化率有极大差别。而大块材料的磁化率、比热容与电子数的奇偶性无关。导电的金属在超细化时，可能变成绝缘体。

3. 纳米颗粒的制备

纳米颗粒的制备有物理方法和化学方法两大类。物理方法是通过机械球磨法或超声波粉碎，将大块物体分裂成细小颗粒。物理方法得到的晶粒尺寸不均匀，球磨及氧化等易带来污染，因而大多采用化学制备法。

（1）液相合成法

① 沉淀法

在含一种或多种粒子的可溶性盐溶液中，加入沉淀剂（如 OH^-、$C_2O_4^{2-}$、CO_3^{2-} 等）或在一定温度下使盐溶液发生水解，形成不溶性的氢氧化物或盐从溶液中析出，经洗涤、干燥、焙烧和热分解即得到所需的氧化物或盐粉料。沉淀法又分为均相沉淀法、金属醇盐水解法和配合物分解法等。

a. 均相沉淀法　在本章正文中已介绍过。

b. 金属醇盐水解法　该法是用金属有机醇盐溶于有机溶剂，使其发生水解，生成氢氧化物沉淀或氧化物沉淀来制备粉料的一种方法。其优点是所得粉体纯度高，可制备化学计量的复合金属氧化物粉末，且氧化物组成均一。

c. 配合物分解法　配合物分解法的原理是金属离子与 NH_3、EDTA 等配体形成稳定的配合物，在适宜的温度和 pH 下，将配合物破坏，金属离子重新释放出来与溶液中的 OH^- 及外加沉淀剂、氧化剂作用生成不同价态不溶性的金属氧化物、氢氧化物、盐等沉淀物，进一步处理可得一定粒径甚至一定形态的纳米粒子。近年来，将微波、光和辐射技术引入沉淀法，发展了微波水解、光合成和辐射还原等新技术。

② 水热法

水热法是利用水热反应制备粉体的一种方法。水热反应是高温高压下，在水溶液或蒸汽等流体中进行有关化学反应的总称。水热反应有水热氧化、水热沉淀、水热合成、水热还原、水热分解、水热结晶等类型。水热法为各种前驱物的反应和结晶提供了一个常压条件下无法得到的特殊物理和化学环境。该法制备的粉体经历了溶解、结晶过程，相对于其他方法该法有许多优点，如晶粒发育完整、粒度小、分布均匀、颗粒团聚较轻、可使用较为便宜的原料、易得到合适的化学计量物和所需的晶形。

近年来发展的新技术主要有微波水热法、超临界水热合成，而反应电极埋弧（RESA）法则是水热法中制备纳米颗粒的最新技术。

③ 溶胶-凝胶法

溶胶凝胶法是将金属醇盐或无机盐经溶液、溶胶、凝胶而固化，再将凝胶低温热处理变为氧化物或其他固体的方法。该法包括下面两个过程。

a. 溶胶的制备　制备溶胶的方法有两种：一种是用沉淀剂先将部分或全部组分沉淀出来，经解凝，使原来团聚的沉淀颗粒分散成原始颗粒；另一种是由同样的盐溶液出发，通过对沉淀条件的仔细控制，使形成的颗粒不团聚为大颗粒的沉淀而直接得到溶胶。

b. 溶胶-凝胶转化　凝胶是指含有亚微米孔和聚合链的相互连接的网络。网络可以是有机网络、无机网络或无机有机互穿网络。溶胶-凝胶化过程是液体介质中的基本单元发展为三维网络结构的过程。凝胶的制备及干燥是溶胶-凝胶法的关键环节。溶胶-凝胶转化可按有机化学途径和无机化学途径进行。在有机化学途径中，从醇盐制备凝胶是利用醇盐水解和聚合而成凝胶。也可通过聚合反应实现溶胶-凝胶转化，溶液的凝胶化是通过形成有机聚合物网络而完成的，这一有机聚合物网络不依赖于先驱成分，易形成亲水不可逆聚合物网络。凝胶化后，再经过陈化、干燥和热处理而得到产物。无机化学途径制备凝胶是指从胶体化学出发，将粒子溶胶化，再进行溶胶-凝胶转变。初始原料为无机盐（硝酸盐、氯化物）溶液，向溶液中加碱（如氨水），使水解反应正向进行，逐渐形成 $M(OH)_n$ 沉淀，经充分洗涤、过滤后再分散于强酸溶液中便得稳定的溶液，再经加热脱水，溶胶变为凝胶，干燥和焙烧后形成金属氧化物固体。溶胶-凝胶法制成的纳米颗粒具有高纯度、化学均匀性好、颗粒细及合成温度低等优点，但有烧结性差和干燥收缩性大的缺点。它在高技术陶瓷，如压电、热电、超导材料制备以及高纯玻璃、陶瓷纤维、薄膜、催化剂载体等方面起到很大作用。

④ 反相胶束微乳液法

该法是液相化学制备法中最新颖的一种。微乳液通常由表面活性剂、助表面活性剂、油和水组成，它是各向同性的、透明或半透明的热力学稳定体系。反相胶束微乳液又称油包水（W/O）型微乳液，在 W/O 型微乳液中，"水核"主要被由表面活性剂和助表面活性剂组成的界面膜所包围，其尺寸往往在 5～100nm，是很好的反应介质。颗粒的成核、晶体生长、聚结团聚等过程就是在水核中进行的，颗粒的大小、形态和化学组成都受到微乳液组成和结构的显著影响。因此，通过调整微乳液的组成和结构等因素，实现对微粒尺寸、形态、结构乃至物性的人为调控。反相胶束微乳液法的优点是实验装置简单、能耗低、操作容易，粒径分布窄，与其他方法相比粒径易于控制；适应面广，可以制备各种材质的催化剂、半导体、超导材料和多功能材料，如金属、合金、氧化物、盐和有机聚合物复合材料。W/O 微乳液法制备纳米粒子已被证明是十分理想的方法，目前已经用该法制备了很多纳米粒子。从组成来看，有纳米金属，如 Au、Ag、Pt、Pd、Cu、Rh；纳米氧化物，如 TiO_2、ZrO_2、NiO、MgO；纳米盐类，如 $CaCO_3$、CdS、ZnS、$CdSe$ 和无机有机复合纳米粒子。从功能来看，有功能性强、附加值高的产品，包括超细催化剂纳米粒子、超细半导体纳米粒子、超细磁性纳米粒子、超细陶瓷材料纳米粒子、超细超导材料纳米等。从制备技术来看，微波、超声波、辐射、超临界萃取分离技术也逐渐引入到微乳液法中，使该法日臻完善。

（2）化学气相沉淀法

使一种或数种物质在高温下经气化发生化学反应，在气相中析出纳米颗粒的化学方法称化学气相沉淀法（CVD 法）。CVD 法的原料为金属氯化物、金属醇盐、氯氧化物、烃化物和羟基化合物；加热的方法有电炉、化学火焰、等离子体、激光等。该法的优点是除了制备氧化物外，还能制备在水溶液中无法制备的非氧化物超微颗粒。如与 NH_3 或 N_2 反应能制备 AlN、Si_3N_4、TiN、Zr_3N_4 等纳米颗粒；与碳化物反应可制备 NbC、WC、TaC、TiC 等。

习　题

9-1　影响沉淀溶解度的因素有哪些？是怎样产生影响的？

9-2　形成沉淀的性状主要与哪些因素有关？哪些是本质因素？

9-3　已知在常温下，下列各盐的溶解度，求其溶度积（不考虑水解的影响）。

(1) $AgBr(7.1\times10^{-7} mol\cdot L^{-1})$　　　　(2) $BaF_2(6.3\times10^{-3} mol\cdot L^{-1})$

9-4　计算下列溶液中 CaC_2O_4 的溶解度。(1) pH=5；(2) pH=3；(3) pH=3 的 $0.01 mol\cdot L^{-1}$ 的草酸钠溶液中。

9-5　水处理剂 HEDP（$C_2H_8P_2O_7$），可用喹钼柠酮溶液形成沉淀 （$(C_9H_7NH)_3PO_4\cdot12MoO_3$），取 HEDP 样品 0.2174g，沉淀洗涤后，于 4# 玻璃砂芯漏斗中干燥后称重，若玻璃砂芯漏斗质量为 18.3421g，测定后的质量为 18.8964g，求：(1) 样品中 HEDP 的百分含量；(2) 样品中 P 的百分含量。

9-6　0.8641g 合金钢溶解后，将 Ni^{2+} 转变为丁二酮肟镍沉淀（$NiC_8H_{14}O_4N_4$），烘干后，称得沉淀的质量为 0.3463g，计算合金钢中 Ni 的百分含量。

9-7　由 CaO 和 BaO 组成的混合物 2.431g，将其转化为 CaC_2O_4 和 BaC_2O_4 测定，烘干后称重为 4.823g，求 CaO 和 BaO 的百分含量。

9-8　NaCl、NaBr 和其他惰性物质组成的混合物 0.4327g 经 $AgNO_3$ 沉淀为 AgCl 和 AgBr，烘干后，质量为 0.6847g。此沉淀烘干后再在 Cl_2 中加热，使 AgBr 转化成 AgCl，再称重，其质量为 0.5982g。求原样品中 NaCl 和 NaBr 的百分含量。

9-9　在 10mL 浓度为 $1.5\times10^{-3} mol\cdot L^{-1}$ 的 $MnSO_4$ 溶液中，加入 0.495g 固体 $(NH_4)_2SO_4$（溶液体积不变）。再加入 $0.15 mol\cdot L^{-1}$ 的 $NH_3\cdot H_2O$ 溶液 5.00mL，能否有 $Mn(OH)_2$ 沉淀生成？若不加固体 $(NH_4)_2SO_4$，又能否有沉淀生成？列式计算说明理由。

9-10　在 $1.0 mol\cdot L^{-1}$ 的 Mn^{2+} 溶液中含有少量的 Pb^{2+}，欲使 Pb^{2+} 形成 PbS 沉淀，而 Mn^{2+} 不沉淀，溶液中 S^{2-} 应控制在什么范围内？若通入 H_2S 气体来实现上述目的，问溶液的 pH 应控制在什么范围内？已知 H_2S 在水中的饱和浓度为 $[H_2S]=0.1 mol\cdot L^{-1}$。

9-11　设计分离下列各组物质的方案（规定用沉淀法）。

(1) AgCl 和 AgI　　(2) $BaCO_3$ 和 $BaSO_4$　　(3) $Mg(OH)_2$ 和 $Fe(OH)_3$　　(4) ZnS 和 CuS

9-12　计算下列沉淀转化的平衡常数：

(1) $\alpha\text{-}ZnS(s)+Cu^{2+}\Longrightarrow CuS(s)+Zn^{2+}$

(2) $AgCl(s)+SCN^-\Longrightarrow AgSCN(s)+Cl^-$

(3) $PbCl_2(s)+CrO_4^{2-}\Longrightarrow PbCrO_4(s)+2Cl^-$

9-13　用银量法测试样品中的氯含量时，选用哪种指示剂指示终点较合适？用何种银量法？为什么？

(1) NH_4Cl　　　　　　　　　(2) $BaCl_2$　　　　　　　　　(3) $FeCl_2$

(4) $NaCl+Na_3PO_4$　　　　(5) $NaCl+Na_2SO_4$　　　　(6) $KCl+Na_2CrO_4$

9-14　为什么说用佛尔哈德法测定 Cl^- 比测定 Br^- 或 I^- 时引入的误差概率要大一些？

9-15　在含有相等物质的量浓度的 Cl^- 和 I^- 的混合溶液中，逐滴加入 Ag^+ 溶液，哪种离子先被 Ag^+ 沉淀？第二种离子开始沉淀时，Cl^- 和 I^- 的浓度比为多少？

9-16 测定铵或有机铵盐可用四苯硼钠沉淀滴定法，以二氯荧光黄为指示剂。可用邻苯二甲酸氢钾标定四苯硼钠，结果如下所述。标定四苯硼钠：0.4984g 邻苯二甲酸氢钾溶解后，用四苯硼钠标准溶液滴定，终点时，消耗标准溶液 24.14mL。$(NH_4)_2SO_4$ 样品的测定：称取 0.2541g $(NH_4)_2SO_4$ 样品，溶解后，用上述四苯硼钠标准溶液滴定，终点时，消耗标准溶液 35.61mL。

(1) 求样品中 $(NH_4)_2SO_4$ 的百分含量。

(2) 假设被测有机铵盐的摩尔质量为 M_s，其他各数值用字母表示，并已知有机铵盐中 NH_4^+ 的个数为 $n(n \geqslant 1)$，求有机铵盐含量的通式。请注明各字母的含义。

9-17 某金属氯化物纯品 0.2266g，溶解后，加入 0.1121mol·L^{-1} 的 $AgNO_3$ 溶液 30.00mL，生成 AgCl 沉淀，然后用硝基苯包裹，再用 0.1158mol·L^{-1} 的 NH_4SCN 溶液滴定过量的 $AgNO_3$，终点时，消耗 NH_4SCN 溶液 2.79mL。计算试样中氯的百分含量，并推测此氯化物可能是什么物质。

9-18 某混合物由 NaCl、NaBr 和惰性物质组成，取混合样 0.6127g 用 $AgNO_3$ 沉淀后，称得烘干的沉淀质量为 0.8785g，再取一份混合样 0.5872g，用 $AgNO_3$ 进行沉淀滴定，用去浓度为 0.1552mol·L^{-1} 的 $AgNO_3$ 标准溶液 29.98mL，求混合物中 NaCl 和 NaBr 的百分含量。

9-19 称取三聚磷酸钠 $(Na_5P_3O_{10})$ 样品 0.3627g，溶于水，加酸分解为 PO_4^{3-}，在 NH_3-NH_4Cl 缓冲溶液中，加入 0.2145mol·L^{-1} 的 Mg^{2+} 溶液 25.00mL，形成 $MgNH_4PO_4$ 沉淀，过滤，洗涤。沉淀灼烧成 $Mg_2P_2O_7$，称重为 0.3192g，滤液和洗涤液混合后用 EDTA 滴定多余的 Mg^{2+}，终点时，消耗 EDTA $(c = 0.1241mol·L^{-1})$ 多少毫升？三聚磷酸钠的百分含量为多少？

9-20 将 0.1173g NaCl 溶解后，再加入 30.00mL $AgNO_3$ 标准溶液，过量的 Ag^+ 用 NH_4SCN 标准溶液滴定，耗去 3.20mL。已知用该 $AgNO_3$ 滴定上述 NH_4SCN 时，每 20.00mL $AgNO_3$ 溶液消耗 NH_4SCN 标准溶液 21.06mL，问 $AgNO_3$ 溶液和 NH_4SCN 溶液的浓度各多少 mol·L^{-1}？

第 10 章　s 区元素

s 区元素是最后一个核外电子填入 s 轨道的元素，处于周期表的最左侧，包括氢、氦、碱金属和碱土金属，但氦通常归为稀有气体，所以 s 区元素共有 13 个，价层电子构型分别为 ns^1 和 ns^2。在这些元素中，除氢为非金属外，其余的都是金属元素。

10.1　氢

10.1.1　氢的分布和同位素

氢是周期表中第一个元素，也是宇宙中最丰富的元素，约占宇宙总质量的 74%，如太阳主要由氢组成，是太阳的核燃料。氢在星际空间中大量存在。空气中氢的含量极少，其体积百分数约为 $5×10^{-5}$%。在自然界中氢主要以化合形态存在。水、烃类化合物及所有生物的组织中都含有氢。氢有三种同位素，它们的名称和符号分别是：氢，^{1}H；氘，又叫重氢，^{2}H 或 D；氚，又叫超重氢，^{3}H 或 T。三种同位素的原子质量分别是 1.007825amu❶、2.014202amu 及 3.01605amu。

在自然界中，^{1}H 的含量占氢同位素的 99.984%，氘的含量大约为 0.015%，氚仅以痕量存在，约 10^{-16}%。通过分步电解氢氧化钠溶液，再将残留物反复蒸发可获得重水和重氢。超重氢可通过核反应获得，即在核反应堆中，用慢中子辐射 Li/Mg 合金产生超重氢。它是一种不稳定的放射性同位素。

由于氢的三种同位素具有相同的价电子构型 $1s^1$，化学性质十分相似，但由于三种核素之间质量相对差较大，所以它们的单质在物理性质方面表现出的差别比其他任何元素的同位素之间差别都大得多。表 10-1 列出氢的三种同位素的性质。同时氢和重氢的化合物之间在性质上存在着差异，从水、重水和超重水的性质可以说明这一点。

表 10-1　氢的三种同位素的性质

名　　称	氢	氘	氚
符号	^{1}H 或 H	^{2}H 或 D	^{3}H 或 T
英文名称	Protium	Deuterium	Tritium
原子质量/amu	1.0078	2.0141	3.0160
自然丰度/%	99.9844	0.0156	约 10^{-16}
核稳定性	稳定	稳定	放射性
电离能/$(kJ·mol^{-1})$	1311.7	1312.2	—
分子的熔点/K	13.96	18.73	20.62
分子的沸点/K	20.39	23.67	25.04

氢的同位素具有广泛应用，由于重氢^{2}H（在化合物中可写成 D）在 NMR 谱中不产生共振波峰，所以在做化合物尤其是液态有机化合物或其溶液等的 NMR 谱时，溶剂一律采用氘代溶剂。常用的氘代溶剂有重水（D_2O）、氘代丙酮 CD_3COCD_3、氘代氯仿 $CDCl_3$、氘代亚砜 CD_3SOCD_3 等。重氢化合物还可用于振动光谱、中子衍射法确定氢的位置。重氢还可

---

❶　amu 表示原子质量单位，$1amu≈1.67×10^{-24}g$，后同。

以在化学反应机理、药理、生物代谢机理、医学研究中作为示踪原子。用示踪原子研究化学反应机理最著名的例子便是醇与酸的成酯反应，实验结果表明：H^+ 不是酸提供的而是由醇提供的。重水在原子能工业可用作原子能反应堆的减速剂、冷却剂。超重氢是一种毒性最小的放射性同位素。

10.1.2 氢气的性质

(1) 氢气的物理性质

氢气是所有物质包括气体中密度最小的物质，在标准状况下，它的密度仅为 $0.09g\cdot L^{-1}$。在常温常压下，氢气是无色、无臭的气体。氢气是非极性分子，分子间作用力仅存在色散力，非常小，因而它的熔点（13.96K）和沸点（20.39K）都非常低。氢气在水中的溶解度当然也很小，在 0℃、0.1MPa 下，1 体积水只能溶解 0.02 体积的氢气。有些金属（如 Rh、Pd、Pt）却能溶解很多氢气，1 体积的 Rh 能吸收 2900 体积的氢气。被这类金属吸收后的氢被释放的一瞬间以原子状态存在，因此有很强的化学活泼性。这对许多有氢参与的化学反应而言，反应速率肯定加快。因此，Rh、Pd、Pt 等这类金属都是良好的加氢、脱氢反应的高效催化剂。

(2) 氢气的化学性质

① 氢气的解离

在氢气分子内，由于氢原子很小，没有内层电子，两个氢原子间的结合力非常强，解离能高达 $436kJ\cdot mol^{-1}$。H—H 的键能几乎比其他单键的键能都大，因此它是所有同核共价单键中最强的键。单质氢气是较不活泼的气体，在常温常压下，氢气不和任何物质作用。

在加热加压下，氢气的活泼性大大增加。同时，在低压辉光放电时很容易产生原子态的氢。2 个氢原子重新结合成分子态的氢时放出大量的热。根据这一原理而产生了原子氢喷枪焊。分子双氢在焰弧中解离，然后氢原子在金属表面重新结合，产生的 3700℃ 左右的高温，可用于焊接熔点很高的金属，如金属钨等。

② 氢气与氧的反应

氢气与氧气、氮气或碳单质化合时都要在高温或催化剂作用下才能进行。氢气在氧气或空气中燃烧时生成水，并放出 $241.84kJ\cdot mol^{-1}$ 的热量：

$$2H_2(g)+O_2(g)\Longrightarrow 2H_2O(g)$$

实验结果表明，氢气和纯氧气混合时，氢气的体积分数在 4%～94%，遇到明火会立即发生爆炸。氢气和空气混合时，氢气的体积分数为 4.1%～74% 时，遇到火花时也会发生爆炸。此两区域分别称为氢气与氧气的爆炸极限区和氢气与空气的爆炸极限区。在进行上式反应时，一定要避开这两个区域。

有氢气参加反应的化工厂，在停车检修时要用明火，如焊接前，一定要用氮气排除容器中的氢气，使之稀释，避开爆炸极限区。

由于氢气在燃烧时放出大量的热，如果用特殊的燃烧管，并以过量的氧气通入氢气的火焰，这种火焰称之为富氧焰。富氧焰的温度可达 2800℃ 左右，在这种火焰中相当多的金属都能熔化，如钢铁等。因此氢氧焰常常用于焊接金属和切割金属。

③ 氢气的还原反应

在高温时，氢气能从许多金属化合物中还原出金属单质，所以它还是一种还原剂。如氢气通过灼热的氧化铜时，会发生以下反应：

$$CuO+H_2 \Longrightarrow Cu+H_2O \tag{10-1}$$

在冶金工业中采用此法可获得高纯度的金属单质，如：

$$Fe_3O_4 + 4H_2 \xlongequal{\quad\quad} 3Fe + 4H_2O \tag{10-2}$$

此外，氢气也可以从某些非金属化合物中将非金属单质还原出来。如：

$$SiCl_4 + 2H_2 \xlongequal{\quad\quad} Si + 4HCl \tag{10-3}$$

④ 加氢反应

氢气还能够加在连接两个碳原子的双键或叁键上，这类反应称为加氢反应。它广泛用于将植物油由液体变为固体、石油的催化加氢以及一些合成有机化学产品的生产上，甲醇的合成反应为：

$$2H_2(g) + CO(g) \xrightarrow{\text{催化剂}} CH_3OH(l) \tag{10-4}$$

10.1.3 氢的成键类型及其氢化物

氢原子的价电子构型为 $1s^1$，没有内层轨道和电子，它可以失去一个电子形成 H^+，类似 I A 族元素。氢失去 1 个电子后并不具有稳定的全充满的稀有气体的电子结构。氢与卤素的化合物是共价化合物而不像碱金属卤化物那样是离子化合物；氢原子也可以获得一个电子成为氢负离子 H^-，使价层轨道全充满。H^- 可与 Na^+ 形成化合物氢化钠 NaH，类似于卤素离子。但是与卤化物不同的是，氢化钠与水反应产生氢气，而卤化钠却不能。所以，氢兼有碱金属和卤素的一些性质，但与它们又有区别，这就是它的独特性。

(1) 共价型氢化物

除稀有气体外，几乎所有非金属元素都可与氢形成共价型氢化物，如：

$$2H_2 + O_2 \xlongequal{\quad\quad} 2H_2O \tag{10-5}$$

$$H_2 + F_2 \xlongequal{\quad\quad} 2HF \tag{10-6}$$

在大多数共价型氢化物中，氢原子以共价单键与其他电负性不大的非金属原子通过共用电子对结合。此外，与电负性较高的原子相结合的氢原子易与另外的电负性较高的原子形成氢键 $X-H\cdots Y$，有关氢键的详细论述可参看第 3 章。

在乙硼烷等化合物中，1 个氢原子可与两个硼原子形成缺电子多中心键。如在乙硼烷分子结构中，两个硼原子通过两个硼氢桥键结合在一起，B 与 B 之间不存在如 C 与 C 之间那样的 σ 共价键，如图 10-1 所示。因此，硼甲烷是不存在的。

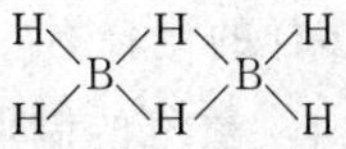

不同的共价型氢化物的理化性质存在很大的差别，如它们的热稳定性相差较大，一般来说，同一周期中从左到右稳定性增加。如乙硼烷热稳定性远不如乙烷、NH_3、H_2O、HF。同一主族自上而下稳定性减小。

图 10-1 乙硼烷
分子结构

一些氢化物极不稳定，常温下很快分解；氢化物与水作用后的溶液显示出不同的酸性，酸性的变化规律一般是同一周期从左到右依次增强。NH_3 水溶液呈碱性、H_2O 呈中性或两性而 HF 溶液呈酸性。同一主族自下而上酸性也依次增强即碱性减弱，水溶液酸性：HCl < HBr、H_2O < H_2S 等。

(2) 盐型氢化物

氢原子和卤素类似，可获得一个电子形成氢负离子 H^-，但由于氢原子的电子亲和能很小，所以只能与活泼性很强的金属，如碱金属以及钙、锶、钡等在高温条件下形成氢化物。如 NaH、CaH_2 等。由于其性质类似于盐，所以又称为盐型氢化物。在这些化合物中，氢负离子以离子键和金属离子结合。

$$2Na + H_2 \xlongequal{\quad\quad} 2NaH \tag{10-7}$$

$$Ca + H_2 \xlongequal{\quad\quad} CaH_2 \tag{10-8}$$

由于氢负离子的存在，盐型氢化物具有强还原性，与水反应立即生成氢气和对应的氢氧化物：

$$MH + H_2O \Longrightarrow MOH + H_2 \uparrow \qquad (10\text{-}9)$$

因此盐型氢化物可作为优良的还原剂和氢气发生剂，在野外常用 CaH_2 与水制取氢气。

盐型氢化物在受热时会分解为游离金属和氢气，分解温度各不相同。

$$2MH_x \Longrightarrow 2M + xH_2 \uparrow \qquad (10\text{-}10)$$

氢负离子的半径在 $130 \sim 150pm$，比 F^-（半径为 $133pm$）略大，能在乙醚中与 ⅢA 族的离子生成配合物。如：

$$Al^{3+} + 4H^- \Longrightarrow [AlH_4]^- \qquad (10\text{-}11)$$

由碱金属和硼、铝形成的配位氢化物如硼氢化钠 $NaBH_4$、氢化锂铝 $LiAlH_4$ 等是有机合成和无机合成中重要的还原剂，在工业上和科学技术中都有重要的应用。

(3) 过渡型氢化物

氢与 d 区、f 区的金属、s 区的铍和镁、p 区的铟和铊或金属合金作用时，形成过渡型的固态金属氢化物：

$$M(s) + \frac{x}{2}H_2(g) \Longrightarrow MH_x(s) \qquad (10\text{-}12)$$

氢原子以多种形式的化学键和金属原子结合，并且在金属晶格的空隙中填充着半径很小的氢分子，生成固溶体，这种氢化物称作过渡型氢化物。它既不同于共价型氢化物，也不同于盐型氢化物，有时也被称为大分子氢化物。过渡型氢化物不遵守化合价规则，化学式中的金属都不呈现它们的稳定氧化数。过渡型氢化物保留着母体金属的外观特征和反应性，如具有金属光泽、能导电等特性。

过渡型氢化物可以作为储存氢和制备超纯氢的材料，因为它能够可逆地吸氢和放氢。人们最先注意到 Pd、Pt 等过渡金属具有吸收氢气的性质。1 体积的 Pd 在标准状态下可吸收 900 体积的氢气，减压加热时氢又被放出。如 Pd、Pt 等这类过渡金属吸收氢后，金属仍保留其原有的金属晶体结构。近三十年来，人们对这类氢化物的研究正日渐展开并逐步深入。不仅过渡金属有储氢能力，不少主族元素也有储氢能力。现已制得一些很好的储氢合金，如镁镍合金 $MgNiH_4$、钛合金和稀土金属合金 $LaNi_5H_6$ 等。

由上可见，尽管氢原子具有最简单的原子结构，但它仍能以各种化学键与其他元素形成多种多样的化合物。

10.1.4 氢气的制取

氢在自然界主要以化合物存在，因此，都是以它的化合物为原料制备氢气。

在实验室里常用锌或其他活泼金属如锡、铁等与稀酸如盐酸、稀硫酸反应快速制取少量氢气，这个方法也是历史上最早制得纯氢气的方法。

利用硅或两性金属如铝、锌等与强碱的浓溶液反应也可以制得少量的氢气：

$$2Al + 2NaOH + 2H_2O \Longrightarrow 2NaAlO_2 + 3H_2 \uparrow \qquad (10\text{-}13)$$

盐型氢化物与水反应也可以制得少量的氢气，如式(10-9) 所示。

在工业生产中大规模制取氢气主要通过四种途径进行。

① 石脑油或天然气与水蒸气在催化剂作用下进行转化反应的蒸气转化法：

$$C_mH_n + mH_2O \Longrightarrow mCO \uparrow + \left(m + \frac{n}{2}\right)H_2 \uparrow \qquad (10\text{-}14)$$

② 红热焦炭与水蒸气反应的煤制气法：

$$C + H_2O \Longrightarrow CO \uparrow + H_2 \uparrow \qquad (10\text{-}15)$$

③ 重油与富氧空气、水蒸气反应的部分氧化法。

④ 电解法

电解水： $\qquad\qquad 2H_2O \Longrightarrow 2H_2 \uparrow + O_2 \uparrow \qquad (10\text{-}16)$

电解食盐水：$\qquad$ $2NaCl + 2H_2O \xrightarrow{\quad\quad} 2NaOH + H_2\uparrow + Cl_2\uparrow$ $\qquad$ (10-17)

其中第①、②、③个方法是化肥生产中的主要工艺路线。在第④个方法中，氢气是氯碱工业的副产品。

10.1.5　氢能源

当今世界对能源的需求日益增长，并且增长速度越来越快。目前使用的能源中90%以上来源于地下的矿物燃料，如石油、煤和天然气等，但这些能源主要存在两个问题：

① 它们都是碳氢化合物，燃烧时产生大量的煤烟及一氧化碳、二氧化硫、二氧化氮、醛类等有害物质，会造成光化学烟雾、酸雨等；排出的大量二氧化碳气体会引起温室效应，由此引发严重的环境问题。

② 地球上的石油、煤和天然气等资源有限，不是取之不尽、用之不竭的。随着开采技术的发展，石油、煤和天然气等资源正在走向枯竭。据估计，全世界的煤可供人类再使用几百年，而石油也会在不太长的时间内被耗尽。

面对日趋严重的能源危机，人们迫切寻求新的能源。近年来，以氢作为未来动力能源的研究得到了迅速的发展，它被认为是未来最有可能的新能源之一。

氢气被认为是一种理想的新能源，因为它具有如下特点。

① 氢气本身是一种无色、无臭、无毒的气体，燃烧产物是水。不会污染环境，也无须安装排气设备，是清洁能源。

② 氢气的热值很高，1kg 氢气燃烧放出的热量是同质量汽油的三倍、木炭的四倍。

③ 氢气主要来源于水，燃烧又产生水，可以循环使用。因而资源不受限制，可以储存和用管道输送。

④ 液氢的冷却性能好，为一般喷气发动机燃料冷却性能的三十倍。用液态氢作燃料能有效地散发机身和涡轮发动机产生的热量，使之保持足够的低温，因而液氢特别适合用作远航飞机和火箭的燃料。现在，液氢的喷气式发动机和火箭式发动机已有应用，我国的长征二号、长征三号火箭就是以液氢为燃料，把人造卫星送入浩瀚的太空的。

氢能源也有致命的缺点。

① 氢气和电一样，是一种二级能源，即必须消耗一次能源如石油、煤、太阳能等来生产它。使用氢气作动力是清洁的，但制造它的过程未必是清洁的。氢能源仅是能量转化过程中的一个中间产物，它不是能源的源头。

② 氢气还容易爆炸，因此如何能大量而廉价安全地生产、储存、运输和使用氢气已成为许多国家致力研究的课题。

氢气的储存是一个比较复杂的问题。目前一般采用加压液化为液氢储存，或者使用固态金属氢化物或储氢合金如 $MgNiH_4$、$LaNi_5H_6$、TiH_2 等来可逆地吸氢和放氢。目前，氢气替代汽油驱动汽车、氢燃料电池的使用及其在冶金方面的应用已有报道。

核聚变反应是氢能源的巨大宝库，由 2 个或 2 个以上的轻原子核聚变成一个较重原子的反应，称为核聚变反应。如：

$$\begin{smallmatrix}2\\1\end{smallmatrix}H + \begin{smallmatrix}2\\1\end{smallmatrix}H \longrightarrow \begin{smallmatrix}4\\2\end{smallmatrix}He \qquad\qquad\qquad (10\text{-}18)$$

$$\begin{smallmatrix}2\\1\end{smallmatrix}H + \begin{smallmatrix}3\\1\end{smallmatrix}H \longrightarrow \begin{smallmatrix}4\\2\end{smallmatrix}He + \begin{smallmatrix}1\\0\end{smallmatrix}n \qquad\qquad (10\text{-}19)$$

上述核聚变反应能释放出巨大的能量。核聚变反应的原料是氢的同位素氘^2H 和氚^3H。氘广泛分布在海水中，海洋中每 6500 个氢原子中就有 1 个氘原子。所以，在科学技术更加发达的未来，大海将会为人类源源不断地提供清洁的新能源。

10.2 碱金属和碱土金属

10.2.1 碱金属和碱土金属物理通性

在周期表中，ⅠA族元素包括锂（Li）、钠（Na）、钾（K）、铷（Rb）、铯（Cs）、钫（Fr）六种元素，它们的氢氧化物都是易溶于水的强碱，所以称它们为碱金属。其中放射性元素钫半衰期很短，极不稳定。

ⅡA族元素包括铍（Be）、镁（Mg）、钙（Ca）、锶（Sr）、钡（Ba）、镭（Ra）六种元素，因钙、锶、钡的氢氧化物也有较强碱性，但大多数难溶于水，熔点也很高，即显现较强的土性，因此习惯上把它们称为碱土金属。镭有强放射性。

碱金属元素原子的价层电子构型为ns^1，次外层为8个电子（锂为2个电子），碱金属元素原子很容易失去最外层一个s电子。尤其是铯和铷，由于原子序数很大，价电子的s轨道离原子核距离很远，失电子能力很强，非常容易失去最外层电子。当铯和铷受到光照射时，金属表面的电子也会很容易地逸出，使得金属表面出现空穴。金属内部的电子便向金属表面移动填补空穴，这种电子的定向移动便产生电流，这种现象称为光电效应。因此，碱金属铯和铷常被用来制造光电管。如用铯光电管制成的天文仪器可以推算地球与星星的距离。

碱金属元素价电子只有1个s电子成为自由电子，自由电子与碱金属元素的原子或离子间的作用力比较小，金属键较弱。因此，碱金属单质的熔点、沸点、升华热较低，硬度较小。其中铯的熔点最低，只有28.5℃，仅高于汞。铯还是最软的金属。锂的密度为$0.53\mathrm{g\cdot cm^{-3}}$，是密度最小的金属。碱金属元素从锂到铯，随着原子序数的增加，金属键逐渐减弱，导致熔、沸点逐渐降低，硬度逐渐变小。

ⅡA族元素，原子的价层电子构型为ns^2，自由电子有2个，金属键比ⅠA族对应元素强得多，因此熔点、沸点、硬度都比碱金属大，密度最大的是钡，最小的是钙。

碱金属和碱土金属单质的表面都具有银白色光泽。它们都是密度小于$5.0\mathrm{g\cdot cm^{-3}}$的轻金属，除铍和镁外，都是较软的金属，可用小刀切割。碱金属和碱土金属还具有良好的导电、导热性能。锂及其化合物可用在高能燃料、高能电池的制造上；铍和镁可用于轻质合金的制备，同时还用于仪表、计算机部件、航空工业的材料等。

碱金属和碱土金属的一些性质列于表10-2中。

表 10-2　碱金属和碱土金属的物理参数

性　质	元　素				
	Li	Na	K	Rb	Cs
价层电子构型	$2s^1$	$3s^1$	$4s^1$	$5s^1$	$6s^1$
原子半径/pm	133.6	153.9	169.2	216	235
沸点/℃	1347	881.4	756.5	688	705
熔点/℃	180.54	97.81	73.2	39.0	28.5
密度/($\mathrm{g\cdot cm^{-3}}$)	0.53	0.97	0.86	1.53	1.90
Moh 硬度	0.6	0.4	0.5	0.3	0.2

性　质	元　素				
	Be	Mg	Ca	Sr	Ba
价层电子构型	$2s^2$	$3s^2$	$4s^2$	$5s^2$	$6s^2$
原子半径/pm	90	136	174	191	198
沸点/℃	2500	1105	1494	1381	1850
熔点/℃	1287	649	839	768	727
密度/($\mathrm{g\cdot cm^{-3}}$)	1.85	1.74	1.55	2.63	3.62
Moh 硬度	4	2.5	2	1.8	

10.2.2 碱金属与碱土金属单质的化学通性

ⅠA 族、ⅡA 族元素从上到下，随着原子序数的增加，价电子的 s 轨道离原子核距离也增加，失电子能力逐渐增强，因而金属活泼性依次增强。

因此，ⅠA 族、ⅡA 族元素单质容易被氧气氧化。当暴露在空气中时，与氧气迅速反应生成氧化物。故它们通常保存在没有活泼氢的烃类如煤油中。铍、镁的金属活泼性稍差，可暴露在空气中。

（1）与含有活泼氢的化合物的反应

碱金属和碱土金属元素原子的氧化数通常分别为 +1 和 +2，在同周期中碱金属是金属性最强的元素，碱土金属的金属活泼性仅次于碱金属。

碱金属和碱土金属不仅可以和酸作用生成氢气，而且可以很容易与酸性很弱的水作用生成氢气。Na 与冷水反应猛烈，放出的热量可以使钠熔化：

$$2Na + 2H_2O \Longrightarrow 2NaOH + H_2 \uparrow \tag{10-20}$$

K、Rb、Cs 遇水就会燃烧，甚至发生爆炸。碱金属还可以和酸性比水弱得多的低级醇甚至碱性的液氨反应，生成氢气和蓝色的 MNH_2 还原性溶液：

$$2Na + 2CH_3CH_2OH \Longrightarrow 2CH_3CH_2ONa + H_2 \uparrow \tag{10-21}$$

$$2Na + 2NH_3 \Longrightarrow 2NaNH_2 + H_2 \uparrow \tag{10-22}$$

钙、锶、钡能和冷水作用放出氢气，但在冷水中，由于铍和镁在表面上形成一层难溶的氢氧化物，阻止了与水的进一步反应，所以它们实际上与冷水几乎没有作用。除铍以外，钙、锶、钡等碱土金属与碱金属一样，也能与低级醇、液氨反应生成氢气和 $M(NH_2)_2$。

（2）与氧气的反应

碱金属和碱土金属与氧反应可生成四种类型的氧化物：普通氧化物、过氧化物、超氧化物和臭氧化物。

碱金属中只有 Li 和氧直接反应生成普通氧化物氧化锂 Li_2O：

$$4Li + O_2 \Longrightarrow 2Li_2O \tag{10-23}$$

碱土金属在室温和加热条件下与氧直接化合生成普通氧化物：

$$2M + O_2 \Longrightarrow 2MO \tag{10-24}$$

在一定的条件下，铍和镁以外的碱金属和碱土金属与纯氧都生成相应的过氧化物。钠和钡在空气中燃烧也得到过氧化钠（Na_2O_2）和过氧化钡（BaO_2）。

过氧化钠是最常见的碱金属过氧化物。把金属钠置于铝容器中加热到 300℃，并通入不含二氧化碳的干燥空气，便得到过氧化钠粉末：

$$2Na + O_2 \Longrightarrow Na_2O_2 \tag{10-25}$$

工业上，通常将氧化钡在空气中或氧气中加热到 500～700℃，使它转化为过氧化钡：

$$2BaO + O_2 \Longrightarrow 2BaO_2 \tag{10-26}$$

除锂、铍、镁外，碱金属和碱土金属都能形成超氧化物，一般讲，金属性越强的元素越容易形成含氧较多的氧化物。钾、铷、铯在过量的氧气中燃烧可直接制得黄色至橙色的固体超氧化物，如：

$$K + O_2 \Longrightarrow KO_2 \tag{10-27}$$

（3）与其他非金属元素反应

与卤素反应成盐：

$$2M + X_2 \Longrightarrow 2MX \quad 或 \quad M + X_2 \Longrightarrow MX_2 \tag{10-28}$$

与 S 反应，生成硫化物：

$$2M + S \Longrightarrow M_2S \quad 或 \quad M + S \Longrightarrow MS \tag{10-29}$$

与 P_4 反应，生成磷化物：

$$12M+P_4 \Longrightarrow 4M_3P \quad 或 \quad 6M+P_4 \Longrightarrow 2M_3P_2 \tag{10-30}$$

（4）与金属的反应

碱金属容易溶于汞，与汞反应生成汞齐。钠含量很低时的钠汞齐是液态。

钠汞齐是很有用的强还原剂。

在分析化学中用氧化还原滴定法测定金属离子之前，可用钠汞齐将高氧化数的离子还原。例如，在测定溶液中铁的含量时，可把被测溶液与过量的钠汞齐搅拌以使 Fe^{3+} 全部还原成 Fe^{2+}，之后再用氧化剂如高锰酸钾或重铬酸钾标准溶液来滴定 Fe^{2+}。

液体钠在某些核反应堆中被用作热交换剂。历史上，铅钠合金可制造铅的烷基衍生物四甲基铅或四乙基铅，它们曾作为汽油中的抗震添加剂广泛用于燃油行业。由于汽车尾气中含有大量铅污染环境，汽油抗震添加剂已无铅化了。

锂及其金属化合物可用在高能燃料、高能电池的制造上；铍和镁合成可用于轻质合金的制造、仪表、计算机、航空等行业中。

10.2.3 自然界中的碱金属和碱土金属

由于碱金属和碱土金属都是很活泼或较活泼的金属，所以在自然界中不存在单质矿，只能以它们的化合物形式存在。

在地壳中，钠、钙和镁的丰度在元素中都居于前十位。主要矿物有钠长石 $Na[AlSi_3O_8]$、白云石 $CaCO_3 \cdot MgCO_3$、菱镁矿 $MgCO_3$、方解石 $CaCO_3$、石膏 $CaSO_4 \cdot 2H_2O$、重晶石 $BaSO_4$ 等。

钠和钾主要来源于岩盐 $NaCl$、海水、天然氯化钾、光卤石 $KCl \cdot MgCl_2 \cdot 6H_2O$ 等。锂、铷和铯在自然界中含量少而分散，主要存在于各种硅酸盐矿中。

10.2.4 制备方法

碱金属和碱土金属通常通过熔盐电解法和热还原法从它们的化合物中还原出单质。

（1）熔盐电解法

通常电解混合的熔盐可降低熔点，氯化钠的熔点为 1074K，若电解氯化钠时加入氯化钙，混合盐的熔点仅为 873K，下降了 200K。而且，氯化钙熔融液密度比钠大，使生成的钠浮于表面。这样制得的钠中约含 1% 的钙。电解反应如下：

阳极：

$$2Cl^- \Longrightarrow Cl_2+2e^- \tag{10-31}$$

阴极：

$$2Na^++2e^- \Longrightarrow 2Na \tag{10-32}$$

总反应：

$$2NaCl \Longrightarrow 2Na+Cl_2 \tag{10-33}$$

（2）热还原法

用电解法制备钾比较困难，因为钾的沸点比钠低，具有挥发性。另外，金属钾易溶解在熔融混合盐中，分离较为困难。通常采用在高温下用金属钠从液态氯化钾中置换钾的方法来制备：

$$Na(l)+KCl(l) \Longrightarrow NaCl(l)+K(g) \tag{10-34}$$

或用 KF 与电石 CaC_2 高温下的热还原法制取：

$$2KF+CaC_2 \Longrightarrow CaF_2+2K+2C \tag{10-35}$$

碱土金属可用电解熔融碱土金属氯化物的方法制得。

金属镁除了用熔融的无水氯化镁进行电解制备外，工业上常用氧化镁与碳或碳化钙的热还原法制备。该反应在高温的电弧炉内进行：

$$MgO(s)+C(s) \Longrightarrow CO(g)+Mg(s) \tag{10-36}$$

10.2.5 重要化合物的性质和用途

碱金属和碱土金属单质的化学性质都很活泼。除铍以外，这两族元素所形成的化合物都是离子化合物。它们的氢氧化物一般有碱性，它们的盐都是强电解质。

(1) 氢化物

碱金属和碱土金属与氢反应，除铍、镁生成过渡型金属氢化物外，其余都生成离子型氢化物。例如：

$$2K + H_2 \Longrightarrow 2KH \tag{10-37}$$

$$Sr + H_2 \Longrightarrow SrH_2 \tag{10-38}$$

离子型氢化物受热时生成金属单质和放出氢气。在碱金属氢化物中以氢化锂最稳定，在碱土金属氢化物中以氢化钙最稳定。

$$MH_2 \Longrightarrow M + H_2 \uparrow \tag{10-39}$$

$$2MH \Longrightarrow 2M + H_2 \uparrow \tag{10-40}$$

如前所述，离子型氢化物能被水强烈地分解放出氢气和产生相应的碱：

$$MH + H_2O \Longrightarrow MOH + H_2 \uparrow \tag{10-41}$$

$$NaH + H_2O \Longrightarrow H_2 \uparrow + NaOH \tag{10-42}$$

碱金属离子型氢化物还可与 $AlCl_3$、BF_3 等形成配位氢化物，其中最主要的是氢化铝锂 $Li[AlH_4]$，它是由氢化锂在乙醚中与三氯化铝反应而成的：

$$4LiH + AlCl_3 \Longrightarrow Li[AlH_4] + 3LiCl \tag{10-43}$$

它在有机合成中用作还原剂，在无机合成上用于制备一些氢化物，如：

$$4BCl_3 + 3Li[AlH_4] \Longrightarrow 2B_2H_6 + 3AlCl_3 + 3LiCl \tag{10-44}$$

(2) 氧化物

碱土金属氧化物除了通过金属单质与氧气反应获得外，还可以通过它们的碳酸盐或硝酸盐的热分解而得到：

$$CaCO_3 \Longrightarrow CaO + CO_2 \uparrow \tag{10-45}$$

碱金属氧化物从氧化锂到氧化铯，颜色依次加深。除氧化锂和氧化钠外，其余金属的氧化物在未达到熔点之前就开始分解。因此，煅烧碱金属碳酸盐或硝酸盐是不可能获得它们的氧化物的。

碱土金属的氧化物都是白色难溶粉末，受热难以分解，除氧化铍是正四面体体心型晶体外，其余氧化物都是正六面体面心型晶体。

与碱金属离子相比，碱土金属离子电荷多、离子半径小，故碱土金属氧化物具有较大的晶格能，熔点很高，硬度也较大。所以，氧化铍和氧化镁在工业上可作耐火材料。

纯的过氧化钠为白色粉末，工业品一般为淡黄色。由于过氧化钠具有强碱性，熔融时应用铁、镍器皿，而不能用瓷制或石英容器。过氧化钠与水或稀酸作用时会生成过氧化氢：

$$Na_2O_2 + 2H_2O \Longrightarrow 2NaOH + H_2O_2 \tag{10-46}$$

$$Na_2O_2 + H_2SO_4 \Longrightarrow Na_2SO_4 + H_2O_2 \tag{10-47}$$

在酸性介质中，过氧化钠遇到高锰酸钾时会显示出还原性质；在碱性介质中，它是强氧化剂，可在常温下把所有的有机物转化为碳酸盐。也可作为分解矿石的熔剂，例如：

$$3Na_2O_2(s) + Cr_2O_3(s) \Longrightarrow 2Na_2CrO_4(l) + Na_2O(l) \tag{10-48}$$

$$Na_2O_2(s) + MnO_2(s) \Longrightarrow Na_2MnO_4(l) \tag{10-49}$$

钙、锶、钡的氧化物与过氧化氢反应得到相应的过氧化物的水合物：

$$MO + H_2O_2 + 7H_2O \Longrightarrow MO_2 \cdot 8H_2O \tag{10-50}$$

实验表明，在过氧化物中存在过氧离子 O_2^{2-}，在超氧化物中存在超氧离子 O_2^-，其结构

分别为:

过氧离子　$[:\ddot{O}-\ddot{O}:]^{2-}$　　　超氧离子　$[:\ddot{O}\cdots\ddot{O}:]^{-}$

按照分子轨道理论,过氧离子 O_2^{2-} 有 18 个电子,其分子轨道电子排布式为:

$$(\sigma_{1s})^2(\sigma_{1s}^*)^2(\sigma_{2s})^2(\sigma_{2s}^*)^2(\sigma_{2p})^2(\pi_{2p})^4(\pi_{2p}^*)^4$$

键级为 1,只有一个 σ 单键。

超氧离子 O_2^- 有 17 个电子,其的分子轨道电子排布式为:

$$(\sigma_{1s})^2(\sigma_{1s}^*)^2(\sigma_{2s})^2(\sigma_{2s}^*)^2(\sigma_{2p})^2(\pi_{2p})^4(\pi_{2p}^*)^3$$

键级为 1.5,有一个 σ 键和一个三电子 π 键,并且由于含有一个未成对电子,所以 O_2^- 具有顺磁性。

从氧分子 O_2、过氧离子 O_2^{2-} 和超氧离子 O_2^- 的结构可以看出,过氧离子和超氧离子的反键轨道上的电子都比氧分子多,键级比氧分子小,键能也要比氧分子小得多,因此过氧化物和超氧化物皆不稳定。当加热、遇水、遇二氧化碳时它们都会分解或发生反应,放出氧气,如:

$$K_2O_2+2H_2O =\!=\!= H_2O_2+2KOH \tag{10-51}$$

$$2H_2O_2 =\!=\!= 2H_2O+O_2\uparrow \tag{10-52}$$

$$2Na_2O_2+2CO_2 =\!=\!= 2Na_2CO_3+O_2\uparrow \tag{10-53}$$

$$4KO_2+2CO_2 =\!=\!= 2K_2CO_3+3O_2\uparrow \tag{10-54}$$

因此过氧化物和超氧化物必须储存于密闭容器中,以防与空气中的水蒸气、二氧化碳接触。

过氧化物和超氧化物可用作高空飞行、深井作业、水下工作、宇宙航天、战地医院的供氧剂和二氧化碳吸收剂。过氧化钠在工业上可作漂白剂,但若遇到如棉花、木炭或铝粉等强还原性物质时,容易发生爆炸,所以使用时须特别小心。

在冷冻条件下,臭氧可与氢氧化钾生成臭氧化钾:

$$6KOH+4O_3 =\!=\!= 4KO_3(s)+2KOH\cdot H_2O(s)+O_2 \tag{10-55}$$

臭氧化钾与过氧化物、超氧化物性质相似,遇水反应放出氧气:

$$4MO_3+2H_2O =\!=\!= 4MOH+5O_2 \tag{10-56}$$

(3) 氢氧化物

s 区元素的氧化物中,氧化铍几乎不与水作用,氧化镁与水缓慢作用生成氢氧化镁,其他氧化物遇水都能发生剧烈反应,生成相应的碱:

$$M_2O+H_2O =\!=\!= 2MOH \tag{10-57}$$

$$MO+H_2O =\!=\!= M(OH)_2 \tag{10-58}$$

碱金属和碱土金属的氢氧化物都是白色固体,在空气中容易吸收水分而潮解,所以固体氢氧化钠可作干燥剂;同时它们又易与空气中的二氧化碳作用生成碳酸盐,故应密封保存。密封时,通常用橡皮塞而不用玻璃塞,因为碱液对玻璃有腐蚀作用:

$$2NaOH+SiO_2 =\!=\!= Na_2SiO_3+H_2O \tag{10-59}$$

碱金属的氢氧化物都易溶于水,仅氢氧化锂的溶解度较小,溶解时还放出大量的热。

碱金属氢氧化物中以氢氧化钠和氢氧化钾最重要,它们对纤维、皮肤等有强烈的腐蚀作用,所以称为苛性碱。熔融的苛性碱不仅会浸蚀玻璃和瓷器,而且会破坏铂器皿,因此在实验室熔化碱金属氢氧化物时要用银坩埚,在工业上一般用铸铁坩埚。

氢氧化钠又称为烧碱,它是实验室常用的重要试剂,也是重要的工业原料。它能除去气体中酸性物质如二氧化碳、二氧化硫、二氧化氮、硫化氢等。氢氧化钠易于熔化,具有熔解某些金属氧化物和非金属氧化物的能力,因此在工业生产和分析工作中,常用于熔解矿物试样。

氢氧化钠还能熔解某些单质,例如铝和硅等,可分别生成可溶性的偏铝酸钠和硅酸钠:

$$2Al+2NaOH+2H_2O \Longrightarrow 2NaAlO_2+3H_2\uparrow \tag{10-60}$$

$$Si+2NaOH+H_2O \Longrightarrow Na_2SiO_3+2H_2\uparrow \tag{10-61}$$

它也能与许多金属离子作用生成难溶的该金属的氢氧化物沉淀：

$$Fe^{3+}+3OH^- \Longrightarrow Fe(OH)_3\downarrow \tag{10-62}$$

$$Mg^{2+}+2OH^- \Longrightarrow Mg(OH)_2\downarrow \tag{10-63}$$

卤素、硫、磷等非金属在强碱中会发生歧化反应，如：

$$Cl_2+2NaOH \Longrightarrow NaClO+NaCl+H_2O \tag{10-64}$$

相对而言，碱土金属的氢氧化物溶解度则较小，随着离子半径的增大，碱土金属氢氧化物的溶解度从铍到钡逐渐增大，其中氢氧化铍和氢氧化镁是难溶的氢氧化物。

碱土金属的氢氧化物中氢氧化钙较重要，氢氧化钙也称熟石灰，可由生石灰（氧化钙）与水作用制得。氢氧化钙在水中的溶解度较小，而且随温度升高而减小，所以通常使用的是它在水中的悬浮物或浆状物，因其价廉易得，被大量应用于建筑业和化学工业。较重要的碱土金属氢氧化物还有氢氧化镁，氢氧化镁悬浮液在兽医临床上作为调节胃酸过多的药剂。

从结构式来看，氢氧化物和含氧酸都可写成通式 $M(OH)_n$ 的形式。若 $n=1$，M—O—H 有两种解离方式：

碱式解离 $\qquad\qquad\qquad M—O—H \longrightarrow M^++OH^- \tag{10-65}$

酸式解离 $\qquad\qquad\qquad M—O—H \longrightarrow MO^-+H^+ \tag{10-66}$

究竟采用何种方式解离或两者兼有，可用中心离子的离子势 φ 判断。离子势 φ 的定义为：

$$\varphi=\frac{Z}{r} \tag{10-67}$$

其中 Z 为阳离子的电荷数，r 为离子半径。当 r 的单位为 pm 时，通常用下列经验统计值判断金属氢氧化物的酸碱性：

$$\sqrt{\varphi}=\sqrt{\frac{Z}{r}}<0.22 \qquad\qquad 碱性 \tag{10-68}$$

$$0.22<\sqrt{\varphi}=\sqrt{\frac{Z}{r}}<0.32 \qquad\qquad 两性 \tag{10-69}$$

$$\sqrt{\frac{Z}{r}}>0.32 \qquad\qquad 酸性 \tag{10-70}$$

显然，金属离子的电子层结构相同时，$\sqrt{\varphi}$ 值越小，碱性越强。碱金属离子的离子势都比较小，故氢氧化物都是强碱。r 从锂到铯逐渐增大，φ 逐渐减小，碱性逐渐增强。

碱土金属氢氧化物中，$\sqrt{\varphi_{Be}}=0.25$，氢氧化铍是两性氢氧化物，$\sqrt{\varphi_{Mg}}=0.18$，氢氧化镁是中强碱。从镁到钡 r 逐渐增大，$\sqrt{\varphi}$ 逐渐减小，碱性逐渐增强。碱金属和碱土金属的离子势见表 10-3。

表 10-3　碱金属和碱土金属的离子势

项　　目	Li$^+$	Na$^+$	K$^+$	Rb$^+$	Cs$^+$
φ	0.017	0.011	0.0075	0.0068	0.0059
$\sqrt{\varphi}$	0.13	0.10	0.087	0.082	0.077
$M(OH)$碱性	强碱	强碱	强碱	强碱	强碱
项　　目	Be^{2+}	Mg^{2+}	Ca^{2+}	Sr^{2+}	Ba^{2+}
φ	0.065	0.031	0.020	0.018	0.015
$\sqrt{\varphi}$	0.25	0.18	0.14	0.13	0.12
$M(OH)_2$碱性	两性	中强碱	强碱	强碱	强碱

氢氧化铍是两性的，既能溶于酸，又能溶于碱：

$$Be(OH)_2 + 2H^+ = Be^{2+} + 2H_2O \qquad (10\text{-}71)$$

$$Be(OH)_2 + 2OH^- = BeO_2^{2-} + 2H_2O \qquad (10\text{-}72)$$

(4) 盐类

最常见的碱金属和碱土金属的盐有卤化物、硫酸盐、碳酸盐、硝酸盐等。除少数锂、铍、镁的盐有共价性外，其余盐类都是离子型化合物。具有较高的熔点、沸点，熔融状态时能导电。值得注意的是，碱土金属中的铍盐毒性很大，可溶性钡盐也有毒。

碱金属和碱土金属的盐在水溶液中完全电离。形成的阳离子 M^+ 或 M^{2+} 都是无色的，所以盐固体和水溶液的颜色取决于相应的阴离子的颜色。如无色阴离子 X^-、NO_3^-、CO_3^{2-}、SO_4^{2-}、ClO^- 等的碱金属和碱土金属盐固体是白色的，水溶液则是无色的；而有色阴离子 MnO_4^-（紫色）、$Cr_2O_7^{2-}$（橙色）、CrO_4^{2-}（黄色）等的碱金属和碱土金属盐有相应颜色，如紫色的高锰酸钾、橙色的重铬酸钾、黄色的铬酸钡等。

碱金属盐大多数易溶于水。碱金属的硫酸盐、碳酸盐的溶解度从锂到铯依次增大。少数的盐微溶或难溶于水，如锂的某些盐，锑酸二氢钠 $Na[Sb(OH)_6]$，醋酸铀酰锌钠 $NaZn(UO_2)_3(Ac)_6$，钾、铷、铯的高氯酸盐和氯铂酸盐等，其中铷和铯盐比相应的钾盐溶解度还要小。

碱土金属的盐大部分是难溶的，除了硝酸盐、氯化物、醋酸盐溶解度较大外，其他的如草酸盐、碳酸盐、硫酸盐等都是难溶的。

碱土金属的铬酸盐中只有钡盐不溶于水，锶盐难溶，镁盐和钙盐可溶于酸性中。当可溶性铬酸钾与钡离子的中性水溶液作用时，便有黄色的铬酸钡析出：

$$Ba^{2+} + CrO_4^{2-} = BaCrO_4 \downarrow \qquad (10\text{-}73)$$

当向可溶性重铬酸盐溶液中加入钡离子时，也可以得到黄色的铬酸钡沉淀：

$$2Ba^{2+} + Cr_2O_7^{2-} + H_2O = 2BaCrO_4 \downarrow (黄色) + 2H^+ \qquad (10\text{-}74)$$

碱土金属的硫酸盐和铬酸盐的溶解度从铍到钡依次减小，常用几滴氯化钡溶液来鉴定溶液中是否含有硫酸根离子：

$$Ba^{2+} + SO_4^{2-} = BaSO_4 \downarrow (白色) \qquad (10\text{-}75)$$

在碱土金属的草酸盐中以草酸钙最重要，在无机和分析化学中，常利用它的难溶性来进行离子的分离和鉴别。例如，在定量分析中利用钙离子和草酸根离子反应，得到白色的草酸钙沉淀，再结合高锰酸钾法，用来间接测定钙的含量：

$$Ca^{2+} + C_2O_4^{2-} = CaC_2O_4 \downarrow \qquad (10\text{-}76)$$

钙、锶、钡的碳酸盐可溶于过量的二氧化碳溶液中，生成相应的酸式盐：

$$CaCO_3 + CO_2 + H_2O = Ca(HCO_3)_2 \qquad (10\text{-}77)$$

酸式盐受热又析出碳酸盐，如：

$$Ca(HCO_3)_2 = CaCO_3 \downarrow + CO_2 + H_2O \qquad (10\text{-}78)$$

基于上述反应，自然界便形成了石笋林立的石灰岩溶洞。我国桂林芦笛岩、肇庆的七星岩、张家界的黄龙洞、宜兴的善卷洞都是世界著名的石灰岩溶洞。

在化工、电力、钢铁生产中常用水进行冷却，为了节水，常常将水循环使用。因此式 (10-78) 的反应便会发生，碳酸钙会沉积在容器壁上，使传热系数减小，甚至堵塞管路，因此必须进行处理。处理的方法是，在循环水中加入阻垢剂，阻止碳酸钙的形成；或加入分散剂，使碳酸钙不能形成坚硬的晶体而松散存在，被水流带出管道。

一般地讲，碱金属和碱土金属的酸式盐溶解度大于相应的正盐，如碳酸钙难溶，碳酸氢钙易溶于水。但是碳酸钠的溶解度在常温下却大于碳酸氢钠，这是由于在溶液中碳酸氢根离子间形成了氢键从而使溶解度降低。因此工业上制纯碱，首先制得碳酸氢钠，因其溶解度小，易于沉析分离。然后再煅烧，使碳酸氢钠转化为碳酸钠。

碱金属和碱土金属的含氧酸正盐的热稳定性都较高，而且碱金属盐的热稳定性比碱土金属盐还要高。除了碳酸锂在高温下部分分解外，其余碱金属碳酸盐都很难分解。

碱土金属碳酸盐在强热下分解：

$$MCO_3(s) = MO(s) + CO_2(g) \tag{10-79}$$

在上述反应体系中，当 $p(CO_2) = 101.325kPa$ 时的温度称为该盐的分解温度。在ⅡA族中，从铍到钡，相应碳酸盐的热稳定性依次增高，分解温度也逐渐升高。分别为：

$BeCO_3$	$MgCO_3$	$CaCO_3$	$SrCO_3$	$BaCO_3$
$<373K$	813K	1173K	1563K	1633K

碱金属酸式盐的热稳定性较差，碳酸氢钠的分解温度为543K；碳酸氢钾在373~393K分解。

碱金属的正盐中硝酸盐的热稳定性较差，它们受热后，生成相应的氧化物或亚硝酸盐，同时放出氧气。只有硝酸锂加热分解生成氧化锂；碱土金属硝酸盐加热时，铍盐和镁盐分解生成氧化物，钙、锶、钡的硝酸盐生成相应的亚硝酸盐，当温度再升高时，也可以分解为氧化物。即金属的活泼性强的硝酸盐分解生成亚硝酸盐，而金属的活泼性较弱的硝酸盐分解生成氧化物。其他盐类分解产物也有类似规律。

$$4LiNO_3 = 2Li_2O + 4NO_2 + O_2 \tag{10-80}$$
$$2NaNO_3 = 2NaNO_2 + O_2 \tag{10-81}$$
$$2Mg(NO_3)_2 = 2MgO + 4NO_2 + O_2 \tag{10-82}$$
$$Ba(NO_3)_2 = Ba(NO_2)_2 + O_2 \tag{10-83}$$

碱土金属硝酸盐的热分解温度分别为：

$Be(NO_3)_2$	$Mg(NO_3)_2$	$Ca(NO_3)_2$	$Sr(NO_3)_2$	$Ba(NO_3)_2$
398K	723K	848K	908K	948K

碱金属和碱土金属的硫酸盐热稳定性都很高，碱土金属的硫酸盐中除了硫酸铍可在773~873K时分解外，其余的都要在高温下才能分解。碱金属的硫酸盐即使在高温下也很难分解。从中也可看出，金属的活泼性越强的金属盐的热分解温度则越高。

碱金属和钙、锶、钡盐在灼烧时，离子的外层电子被激发，当电子又从激发态返回到基态时，释放出的能量以可见光的形式放出。

由于各种离子的结构不同，从激发态返回到基态时释放出的能量也不同。由式（2-5）知，发出光的波长就不等，导致火焰的颜色也不一样。物质灼烧火焰的特征颜色可用于鉴定该离子是否存在，这种验证反应被称为焰色反应。例如钠的黄色火焰，是最灵敏的焰色反应，当钠的浓度 $\geq 10^{-6} mol \cdot L^{-1}$ 时，都可被检测出来。由于存在焰色反应，人们可将各种盐混合配制成各种绚丽多彩的烟花商品。硝酸锶和硝酸钡在灼烧时火焰呈现鲜艳的色彩，故可制造焰火或红、绿信号弹。各种离子的火焰颜色列于表10-4中。

表 10-4　一些碱金属和碱土金属离子的火焰颜色

离子	Li^+	Na^+	K^+	Rb^+	Cs^+	Ca^{2+}	Sr^{2+}	Ba^{2+}
火焰颜色	洋红	黄色	紫色	紫红	紫红	橙红	深红	黄绿

氯化钠是制造所有其他氯、钠的化合物的常用原料，在日常生活和工业生产中都是必不可少的。氯化钠广泛存在于自然界中。由海水或盐湖水晒制可得到含有硫酸钙和硫酸镁等杂质的粗盐，把粗盐溶于水，加入适量的氢氧化钠、碳酸钠和氯化钡，使溶液中的钙离子、镁离子、硫酸根离子以沉淀的形式析出，从而得到较为纯净的精盐。

氯化镁 $MgCl_2 \cdot 6H_2O$ 是无色晶体，它可从光卤石 $KCl \cdot MgCl_2 \cdot 6H_2O$ 或海水中得到。无水氯化镁是生产单质镁的主要原料。无水氯化镁的制备可通过将 $MgCl_2 \cdot 6H_2O$ 在干燥的氯化氢气流中加热脱水得到。

无水氯化钙具有很强的吸水性，是一种廉价的干燥剂，但它不能干燥氨气，因为氯化钙能和氨生成加合物，如 $CaCl_2 \cdot 8NH_3$。它还可用作致冷剂，将 $CaCl_2 \cdot 6H_2O$ 与冰水按不同的比例混合，可以得到不同程度的低温，最低可达 $-54.9℃$。

碱金属碳酸盐中以碳酸钠最重要。碳酸钠又称苏打，俗称纯碱，是基本的化工产品之一。目前工业上常用联合制碱法或氨碱法制备纯碱。联碱法是用氨、二氧化碳和食盐水制碱，还可得到副产品氯化铵，这种方法是由我国著名化学工程学家侯德榜发明的，因而也称为侯氏制碱法。

碳酸钙是生产重要建筑材料水泥、氧化钙的原料。碳酸钙难溶于水，但可溶于稀酸中。

用硫酸处理碳酸钠或氢氧化钠可得到硫酸钠，硫酸钠主要用于玻璃、纸张和染料等制造业。含十个结晶水的硫酸钠 $Na_2SO_4 \cdot 10H_2O$ 称为芒硝，无水 Na_2SO_4 被称为元明粉。

硫酸钙的二水合物 $CaSO_4 \cdot 2H_2O$ 俗称为生石膏，加热到 $120℃$，失去部分结晶水，生成 $CaSO_4 \cdot 0.5H_2O$，俗称熟石膏：

$$CaSO_4 \cdot 2H_2O \longequal CaSO_4 \cdot 0.5H_2O + 1.5H_2O \qquad (10\text{-}84)$$

在 $163℃$ 以上，将粉末状的硫酸钙与水混合后有可塑性，然后逐渐硬化变为熟石膏，可用作雕塑，外科医学用于造型和固定。

硫酸钡是制造其他钡盐的原料。一般都是在高温条件下用碳将硫酸钡还原为可溶性的硫化钡，再由硫化钡制造其他钡盐。因为硫酸钡不溶于胃酸，所以硫酸钡是唯一无毒的钡盐。同时硫酸钡又能强烈地吸收 X 射线，因而在医学上用它做钡餐来检查肠胃病。

硫酸钡还是较好的白色颜料。

钠和钾的硝酸盐都是可溶性的化肥，且它们性质相似。但硝酸钠仅是氮化肥，而硝酸钾则是氮和钾的双效化肥。硝酸钾可用于制造黑火药，但不能用硝酸钠制造黑火药，因为硝酸钠在空气中易潮解。

10.2.6　锂、铍性质的特殊性及其对角线规则

锂的化合物性质与它相邻 ⅡA 族右下方的元素镁的化合物性质有相似性，主要表现在以下几个方面。

① 锂和镁在空气中的燃烧产物都是普通氧化物。

② 锂、镁的氟化物、磷酸盐、碳酸盐都难溶于水，它们的碳酸盐在加热时都分解为相应的普通氧化物和二氧化碳。

③ 锂、镁带结晶水的氧化物加热易失水分解；它们的氢氧化物都为中强碱，且在水中的溶解度都不大。

④ 锂和镁易在氮气中燃烧生成氮化物。

$$3Mg + N_2 \longequal Mg_3N_2 \qquad (10\text{-}85)$$

$$6Li + N_2 \longequal 2Li_3N \qquad (10\text{-}86)$$

⑤ 锂、镁的化合物的化学键都具有一定的共价性。

⑥ 锂离子和镁离子都有很大的水合能，即不易形成水合离子。

铍和ⅢA族右下方的铝也有相似性：金属铍和铝都能被冷的浓硝酸钝化；铍和铝的氧化物都呈两性；它们的氢氧化物 $Be(OH)_2$ 和 $Al(OH)_3$ 也都是两性氢氧化物，而且都难溶于水；铍和铝的氯化物为共价化合物，易聚合，易升华，易溶于有机溶剂；铍和铝的氟化物

都能与碱金属的氟化物形成配位化合物，如 $Na_2[BeF_4]$ 和 $Na_3[AlF_6]$ 等：

$$BeF_2 + 2NaF \Longrightarrow Na_2[BeF_4] \tag{10-87}$$
$$AlF_3 + 3NaF \Longrightarrow Na_3[AlF_6] \tag{10-88}$$

从锂和镁、铍和铝在周期表中的位置来看，它们都是左上方和右下方的关系。在周期表中，s 区元素和 p 区元素中除了同族元素的性质相似外，还有一些元素及其化合物的性质和它左上方或右下方的元素具有相似性，这种相似性称为对角线规则。除锂和镁、铍和铝以外，还有 ⅢA 族的硼与 ⅣA 族的硅，也存在着对角线关系。

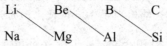

对角线规则是人们从有关元素及其化合物的许多性质中总结出的一条经验规律，它可以用离子极化的观点加以粗略地说明。

离子极化的大小与离子的电荷、半径和电子层结构有关。同一周期最外层电子构型相同的金属离子，从左到右，离子电荷数越多，极化作用越强；同一主族电荷相同的金属离子，自上而下随着离子半径的增大极化作用减弱。锂离子和钠离子虽然电荷相同，但锂离子的半径小，而且只有两个电子，故锂离子的极化作用比钠离子强得多，而镁离子的极化作用又强于钠离子，锂离子与镁离子的离子极化作用比较接近，从而使它们的化合物在性质上也显示出某些相似性。

10.2.7 钠、钾、钙、镁的生理作用

生命起源于海洋，人体内的细胞依然浸泡于相当于海水的细胞外液中，所以海水中的金属元素钠、钾、钙、镁自然也存在于人类的机体中，它们是以无机盐的形式存在的。人们通常称人体内的无机盐为电解质，这类没有生命的无机矿物质元素对于人类的许多功能都起着决定性的作用，它们主要有以下一些生理功能。

① 维持体液的电中性，平衡细胞内带负电荷的有机大分子。

② 维持细胞内的渗透压，以使活细胞饱满并阻止其衰退。

③ 建立物质溶解所需的一定条件。

④ 建立体液酸碱平衡所需的缓冲体系。

⑤ 通过生物酶的强化和抑制，影响代谢过程。

⑥ 维持神经系统的兴奋性，使机体具有接受环境刺激和做出反应的能力。

⑦ 是构成骨骼和牙齿的原料。

作为构成生命体器官的必要元素，钠、钾、钙、镁在生物体中各自起着不同的生理作用。钠和钾这两种碱金属元素对于生物的生长和正常发育是绝对重要的。钠盐和钾盐可以控制细胞、组织液和体液内的电平衡和酸碱平衡，从而保证体液正常流通。它们还能衍生出消化食物的盐酸及胃液、胰岛液和胆汁等助消化的化合物。这些衍生化合物和钙盐、镁盐一起，还能保持神经和肌肉系统的应激能力。

钠主要是高等动物的必需元素，而钾对于几乎所有动植物都非常重要。钾是许多酶的活化中心，能促进光合作用、糖类代谢以及蛋白质合成，提高作物对干旱、霜冻、盐害等不良环境的抗御性，可以使植物茎秆坚固并提高抗倒伏、抗病虫害的能力。植物中如果缺钾将会引起叶片收缩、发黄或出现棕褐色斑点等症状，并会强烈地延缓根系的生长，因此，必须经常给植物施钾肥，常用的钾肥有氯化钾、硝酸钾、草木灰等。

镁广泛存在于植物中，肉和内脏含镁丰富。镁对中枢神经系统的抑制起着重要的作用。人体中镁含量减少，会使人情绪激动，镁含量过高，会导致局部或全身麻木和瘫痪。

钙是人体中含量最多的金属宏量元素，约占人体质量的 1.5%～2.0%，99%存在于骨骼和牙齿中，组成人体的支架，并作为机体内钙的储存库。人体缺钙会得佝偻病和软骨病，人体内只有维持正常的钙离子浓度，才能触发肌肉的收缩和维持心脏正常跳动，血液中必须含有钙离子，血液才会凝固，但若钙含量太高，会引起体温下降。

10.2.8 硬水及其软化

工业上把含有较多量的可溶性钙、镁的天然水叫做硬水，硬水又可分为暂时硬水和永久硬水。硬水中存在的阴离子一般是碳酸氢根离子、氯离子和硫酸根离子等。

1L 水中含氧化钙和氧化镁的总量相当于 10mg 氧化钙时，水的硬度定义为 1 度。

【例 10-1】 1L 水中含氧化钙为 100mg，氧化镁为 50mg，计算水的硬度。

解 氧化钙：$100mg/10mg = 10$ 度

氧化镁：$\dfrac{50mg \times M_{CaO}/M_{MgO}}{10mg} = \dfrac{50 \times 56.08/40.30}{10} = 7$ 度

所以该水的硬度为 17 度。

通常规定水的硬度划分如表 10-5。

表 10-5 水的硬度的划分

0～4 度	4～8 度	8～16 度	16～30 度	＞30 度
超软水	软水	中硬水	硬水	超硬水

含有钙、镁碳酸氢盐的水叫暂时硬水，可以用加热煮沸的方法软化。钙、镁碳酸氢盐转化为碳酸盐沉淀，将生成的碳酸盐沉淀除去而使之软化：

$$Ca^{2+} + 2HCO_3^- \longrightarrow CaCO_3 \downarrow + CO_2 + H_2O \tag{10-89}$$

含有其他钙盐、镁盐（通常是硫酸盐）的水叫永久硬水，加热沸腾不能将水软化。

硬水主要有两大危害：一是钙离子、镁离子等能和肥皂作用生成不溶性沉淀（如硬脂酸钙、硬脂酸镁等），浪费肥皂，污染衣服；二是暂时硬水加热时在锅炉的内壁上产生锅垢，主要成分是硫酸钙、碳酸钙、碳酸镁及部分铁盐和铝盐，不但阻碍传热，浪费燃料，而且会堵塞管道，垢的破裂还可能导致爆炸。日常生活中，如饮用硬度过高的水，由于钙离子、镁离子会刺激肠黏膜，容易引起慢性腹泻。

因此化学实验用水或锅炉用水需经过处理，将钙、镁等可溶性盐从硬水中除去的过程叫做水的软化；除去钙离子、镁离子外，还要除去其他杂质离子和化学物质的过程称为水的净化。软化或净化水的方法有很多。

(1) 化学软化法

在硬水中加入一定数量的碳酸钠、石灰乳 [Ca(OH)$_2$]、磷酸钠（Na$_3$PO$_4$）、磷酸氢二钠（Na$_2$HPO$_4$），使硬水中的钙离子、镁离子以沉淀的形式析出，反应终了再加絮凝剂，澄清后得到软水。

$$CaSO_4 + Na_2CO_3 \longrightarrow CaCO_3 \downarrow + Na_2SO_4 \tag{10-90}$$

$$Ca(HCO_3)_2 + Ca(OH)_2 \longrightarrow 2CaCO_3 \downarrow + 2H_2O \tag{10-91}$$

$$3Ca^{2+} + 2PO_4^{3-} \longrightarrow Ca_3(PO_4)_2 \downarrow \tag{10-92}$$

若在水中加入少量三聚磷酸钠 Na$_5$P$_3$O$_{10}$，它能和钙离子、镁离子配合，但不和肥皂反应产生沉淀，也不会生成锅垢。如加石灰乳降低硬度时，应注意控制用量，否则反而会增加硬度。

化学软化法操作比较复杂，软化效果较差，但成本低，适用于硬度大且量大的水的软化，如发电厂、热电厂等，但目前此类方法用之不多。如前所述，取而代之的是加阻垢剂或分散剂，常用的有 HEDP、ATMP、聚丙烯酸等。

（2）离子交换法

硬水通过钠型的聚苯乙烯磺酸钠型离子交换树脂 RSO_3Na 时，硬水中的钙离子、镁离子置换出树脂上的钠离子，从而除去钙离子、镁离子使水软化。锅炉用水一般都采用这种方法对水进行软化。钙离子、镁离子的置换作用可表示如下：

$$2RSO_3Na + Ca^{2+} \longrightarrow (RSO_3)_2Ca + 2Na^+ \tag{10-93}$$

$$2RSO_3Na + Mg^{2+} \longrightarrow (RSO_3)_2Mg + 2Na^+ \tag{10-94}$$

当树脂被钙离子、镁离子饱和而失去交换能力时，可以用浓食盐水使树脂得到再生。其原理及操作过程将在第 15 章中详细介绍。

【扩展知识】

二 次 电 池

能源是人类社会进步最为重要的基础，能源结构的重大变革导致了人类社会的巨大进步，然而，由于人类长期的过量开采，作为主要能源的石油、煤炭和天然气正日益减少。为了开发新能源，人们开始利用太阳能、地热能、风能和海水等，并试图将它们转化为二次能源。氢是一种非常重要的二次能源，它具有资源丰富、发热值高和不污染环境等优点，但是氢的存储是一大难题。虽然氢气可以储存在钢瓶中，但这样有一定的危险性，而且储存量小，使用不方便。氢气的液化温度是 $-235℃$，为了使氢保持液态，必须有极好的绝热保护，然而绝热层的体积和质量往往与储箱相当。储氢合金的发现和利用为氢能的利用创造了最为现实的条件，它不仅可以改善氢的储存条件，而且可以将化学能转化为电能。目前，储氢合金研究领域中最为活跃的课题就是利用储氢合金作为负极材料研制二次电池。镍氢电池、锂离子电池也是靠电极材料的储能效果和能量转化而发展起来的新型二次电池。

1. 储氢合金

20 世纪 60 年代，Beck 和 Pebler 等人首先提出氢与合金、金属间的化合反应。1974 年，美国人发表了 TiFe 合金储氢的报告，从此储氢合金的研究和利用得到了较大发展。1987 年，人们开始重视储氢电池的开发，当时主要利用 $LaNi_5$ 合金作负极，尤其是 $LaNi_5$ 基多元合金在循环寿命方面的研究取得突破后，用金属氢化物电极代替 Ni-Cd 电池中的负极而组成的 Ni-MH 电池开始进入实用化阶段。Ni-MH 电池被人们誉为绿色电池。

储氢合金的作用原理是：利用某些金属或合金与氢反应，生成金属氢化物而使氢被吸收、固定。生成的金属氢化物在一定的条件下又能把氢释放出来。作为储氢材料的金属氢化物，就其结构而论，有两种类型。一类是第ⅠA 族元素和第ⅡA 族元素。它们与氢生成离子型氢化物。这类化合物中，氢以负离子态嵌入金属离子间。另一类是第ⅢB 族和第ⅣB 族过渡金属以及铅等。它们与氢结合，生成金属型氢化物。其中，氢以正离子态固溶于金属晶格的间隙中。储氢材料的储氢量因金属或合金的不同而不同。

研究表明，用于二次电池材料的储氢合金应具备如下条件。

① 电化学容量高；在较宽的温度范围内工作稳定、平衡氢压要适当；同时对氢的阳极极化应具有良好的催化作用；吸氢、释氢速度快。

② 储氢合金在工作环境中应有良好的抗氧化能力，对氧、水和二氧化碳等杂质敏感性小，且在电解质溶液中组分应该相对稳定，能反复充放电。

③ 储氢合金还应具有良好的电和热的传导能力。

④ 原材料及生产成本低廉，且在储存与运输中性能可靠、安全、无毒。

目前储氢合金主要有稀土系储氢合金、钛系储氢合金、镁系储氢合金和非晶态储氢材料四类，其中，前三种已经投入使用，第四种正在研究中。储氢合金目前存在的主要问题是：循环容量衰减速度较快、电极寿命短暂等。因此，储氢合金成分与结构的优化、合金的制备技术及表面改性处理仍将是进一步提高电极合金性能的主要研究方向。

储氢合金作为储氢容器，具有质量轻、体积小的特点，而且无需高压及储存液氢的极低温设备和绝热措施，节约能源，安全可靠。储氢合金还可以作为车辆氢燃料的储存器，为氢能汽车的开发提供了理论上的可能。此外，储氢合金还在分离、回收氢以及制备高纯度氢气等方面起到很重要的作用。

2. 镍氢电池

镍氢电池是在研究氢能源基础上发展起来的一种高科技产品，它是集能源、材料、化学、环境于一身的新型化学能源。镍氢电池以氢氧化镍为正极活性材料，以储氢合金为负极活性材料，以碱性氢氧化钾及氢氧化钠水溶液作为电解质。镍氢电池具有能量密度高、可快速充放电、无明显的记忆效应、无环境污染等优点。目前，镍氢电池已广泛应用于移动通信、笔记本电脑等各种小型便携式电子设备，并朝着提高电池的能量密度及功率密度、改善电池的放电特性和提高电池的循环寿命等方面改进。

3. 锂离子电池

锂离子电池是继镍氢电池产生之后的又一种新型二次电池。锂离子电池材料有数十种，如电解质溶剂、电解质盐、正负极活性物质、正负极导电添加剂、正负极胶黏剂、正负极集流片、正温度系数开关、防爆片等。

锂离子电池同时也符合人们对电池应具备与环境友好、性能优良的要求，而且锂离子电池具有高电压、高容量、循环寿命长、安全性能好等显著优点，尤其是它的平均工作电压为 3.6V，是镍氢电池的 3 倍。锂离子电池在通信设备、电动汽车、空间技术等方面展示了广阔的应用前景和潜在的巨大经济效益，迅速成为广为关注的研究热点。

习　题

10-1　完成并配平下列反应式。

(1) $Li + O_2 \xrightarrow{\quad\quad}$　　(2) $KO_2 + H_2O \xrightarrow{\quad\quad}$　　(3) $Be(OH)_2 + NaOH \xrightarrow{\quad\quad}$

(4) $Sr(NO_3)_2$（加热）$\xrightarrow{\quad\quad}$　　(5) $CaH_2 + H_2O \xrightarrow{\quad\quad}$　　(6) $Na_2O_2 + CO_2 \xrightarrow{\quad\quad}$

(7) $NaCl + H_2O$（电解）$\xrightarrow{\quad\quad}$　　(8) $Mg^{2+} + NH_3 + H_2O \xrightarrow{\quad\quad}$

10-2　有一份白色固体混合物，其中含有 $MgCl_2$、KCl、$BaCl_2$、$CaCO_3$ 中的若干种，根据下列实验现象，判断混合物中有哪几种物质。(1) 混合物溶于水，得到透明澄清溶液；(2) 经过焰色反应，火焰呈紫色；(3) 向溶液中加碱，产生白色胶状沉淀。

10-3　在一含有浓度均为 $0.1 mol \cdot L^{-1}$ 的 Ba^{2+} 和 Sr^{2+} 的溶液中，加入 CrO_4^{2-}，问：(1) 首先从溶液中析出的是 $BaCrO_4$ 还是 $SrCrO_4$？为什么？(2) 逐滴加入 CrO_4^{2-}，能否将这两种离子分离？为什么？已知：$K_{sp}(BaCrO_4) = 1.2 \times 10^{-10}$，$K_{sp}(SrCrO_4) = 12.2 \times 10^{-5}$。

10-4　分析某一水样，其中含 Mg^{2+} $20 mg \cdot L^{-1}$，Ca^{2+} $80 mg \cdot L^{-1}$，试计算此水样的硬度。

10-5　试述对角线规则。

10-6　工业碳酸钠的主要杂质是 Ca^{2+}、Mg^{2+}、Fe^{3+} 等，去除杂质的方法是将碳酸钠配成溶液后放置，并加热保温，必要时还可加少量 $NaOH$ 溶液。试问这种除杂质方法的原理是什么？加少量 $NaOH$ 溶液的目的是什么？

10-7　用离子交换法制备去离子水的原理是什么？写出相关化学方程式。

10-8　金属钠着火时，能否用水、二氧化碳或石棉毯灭火？为什么？

10-9　为什么常用 Na_2O_2 作为供氧剂？如果现有 $0.5 kg$ 过氧化钠固体，问在标准状态下，能产生多少升氧气？

10-10　试鉴别下列两组物质。

(1) CaO、$CaCO_3$、$CaSO_4$　　(2) $Mg(OH)_2$、$Al(OH)_3$、$Mg(HCO_3)_2$

10-11　氢气的制备方法有哪些？举例说明。

10-12　碱金属与氧可生成哪些类型的氧化物？它们各有什么性质和特点？

10-13　试用 ROH 规则分析碱金属、碱土金属的氢氧化物的碱性递变规律。

10-14　写出下列物质主要成分的俗称或化学式：

　　　　$Na_2SO_4 \cdot 10H_2O$、$NaOH$、$KCl \cdot MgCl_2 \cdot 6H_2O$、石膏、方解石、重晶石、纯碱

10-15　实验室有三瓶失去标签的固体试剂，分别为 $NaOH$、Na_2CO_3、$NaHCO_3$，用简单的方法鉴别之。写出有关化学方程式。

第 11 章　p 区元素

11.1　p 区元素概论

p 区元素的价电子构型通式为 $ns^2np^{1\sim6}$（氦为 $1s^2$），包含了元素周期表中多数主族元素和除氢以外的所有非金属元素，包括硼族（ⅢA）、碳族（ⅣA）、氮族（ⅤA）、氧族（ⅥA）、卤素（ⅦA）和稀有气体（ⅧA，也称零族）六个族，一共有 31 种元素（不包括第 112 号元素后新发现而未命名的元素），其中钋、砹和氡三种是放射性元素。p 区元素的名称及符号如表 11-1 所示。

表 11-1　p 区元素的名称及符号

金属	非金属	稀有气体			ⅧA	族 周期
ⅢA	ⅣA	ⅤA	ⅥA	ⅦA	氦(He)	1
硼(B)	碳(C)	氮(N)	氧(O)	氟(F)	氖(Ne)	2
铝(Al)	硅(Si)	磷(P)	硫(S)	氯(Cl)	氩(Ar)	3
镓(Ga)	锗(Ge)	砷(As)	硒(Se)	溴(Br)	氪(Kr)	4
铟(In)	锡(Sn)	锑(Sb)	碲(Te)	碘(I)	氙(Xe)	5
铊(Tl)	铅(Pb)	铋(Bi)	钋(Po)	砹(At)	氡(Rn)	6

p 区元素最大的特点是多样性。金属元素和非金属元素同时共存，还包括稀有气体各元素。

根据元素周期表电负性的变化规律，非金属元素处于 p 区元素表 11-1 的右上角，而金属元素应处于表 11-1 的左下角，一般以 Al-Ge-Sb-Po 和 B-Si-As-Te-At 两条斜线作为金属和非金属的分界线。在这两条斜线上的一些元素，往往会同时具有金属和非金属的一些特性，许多半导体材料都和该区域的元素有关。

p 区元素包含了许多自然界和生物界中的重要元素，其中氧、硅、铝是地壳中含量最多的三种元素，铝还是含量最多的金属元素。

以碳为核心形成的有机物是所有生命体的物质基础。氧和氢的化合物水是生物存在必不可少的条件。在人体含量最多的十种元素中，p 区元素占了六种，即碳、氧、氮、磷、硫、氯。另外一些元素在人体中含量虽然微乎其微，但却不可缺少，称为微量必需元素，如硼、氟、碘、硒等。

由硅、锗、硒、碲、铟等元素形成的半导体材料则是电子和信息工业的物质基础。p 区元素的金属元素铝和铅在冶金工业中具有极为重要的地位，而锡、锑、铋等则是制造合金材料的重要元素。

11.1.1　p 区元素的原子特性

（1）原子半径

在 2.3.1 中已讲过，根据形成分子的类型不同，原子半径计算的标准也不同，一般可分为共价半径、金属半径和范德华半径，具体含义第 2 章中已有解释。所以一般来说，比较不同原子的大小，要用同一种原子半径的数据。p 区元素的半径数据列入表 11-2 中。

表 11-2 p区元素的原子半径 単位：pm

金属半径	共价半径	范德华半径			ⅧA	族 / 周期
ⅢA	ⅣA	VA	ⅥA	ⅦA	氦 122	1
硼 88	碳 77	氮 70	氧 66	氟 64	氖 160	2
铝 143	硅 117	磷 110	硫 104①	氯 99	氩 191	3
镓 135	锗 128	砷 121	硒 117	溴 114	氪 198	4
铟 167	锡 151	锑 145	碲 137	碘 133	氙 209	5
铊 170①	铅 175	铋 155	钋 167①	砹 —	氡 214	6

① α-型晶体。

尽管表 11-2 中有三种不同类型的原子半径数据，但依然可以看出 p 区元素原子半径大致的变化规律：

同周期的元素，自左向右半径逐渐减小；而同族元素的原子，半径自上到下逐渐变大。

总之，p 区元素在表 11-1 中左下角元素的原子半径较大，右上角元素的原子半径较小。例外的是惰性气体，其原子半径在同周期的元素中是最大的，因为考虑到它们特殊的满电荷构型，使得它们许多性质变化规律在元素周期表中都显示出不同，不过惰性气体原子的半径自上向下还是逐渐增大，符合原子半径变化的一般规律。

（2）电离能和电负性

电离能和电负性显示出原子核与核外电子的结合程度。表 11-3 列出的是 p 区元素原子的第一电离能和其电负性数据。

表 11-3 p区元素的第一电离能（kJ·mol^{-1}）和电负性

ⅢA	ⅣA	VA	ⅥA	ⅦA	ⅧA	族 / 周期
					氦 2372 / —	1
硼 801 / 2.0	碳 1086 / 2.5	氮 1403 / 3.0	氧 1314 / 3.5	氟 1681 / 4.0	氖 2080	2
铝 577 / 1.5	硅 786 / 1.8	磷 1012 / 2.1	硫 999 / 2.5	氯 1255 / 3.0	氩 1521	3
镓 579 / 1.6	锗 760 / 1.8	砷 947 /	硒 941 / 2.4	溴 1142 / 2.8	氪 1351	4
铟 558 / 1.7	锡 708 / 1.8	锑 834 / 1.9	碲 869 / 2.1	碘 1191 / 2.5	氙 1170	5
铊 589 / 1.8	铅 715 / 1.9	铋 703 / 1.9	钋 813 / 2.0	砹 912 / 2.2	氡 1037	6

注：每格中上一数字为电离能，下一数字为电负性。

数据的变化规律和其原子半径的变化规律是类似的。p 区元素表 11-1 中右上方第一电离能和电负性大，左下方较小。实际上原子半径的大小和电子与原子核的结合紧密程度紧密相关。

从电负性的大小可以看出 p 区元素的多样性，从电负性为 1.5 的铝到电负性为 4.0 的氟，最大差值达 2.5，其电负性跨越范围之大是其他各区元素所没有的。这不但导致 p 区内相邻的两族元素性质存在较大差异，而且即使是同一族内，元素电负性的差别也是较大的。

只有卤素元素都呈现较明显的非金属性。所以 p 区元素单质和化合物类型是极其丰富的。

(3) 氧化数

很多 p 区元素具有多种氧化数，这也是 p 区元素多样性的表现之一。

除了氧化数为零的单质以外，p 区元素形成化合物时具有的氧化数如表 11-4 所示。

表 11-4 p 区元素常见的氧化数

ⅢA		ⅣA		ⅤA		ⅥA		ⅦA		ⅧA		族周期
									氦		—	1
硼	−3、3	碳	−4、2、4	氮	−3、1、2、3、4、5	氧	−2、−1	氟	−1	氖	—	2
铝	1、3	硅	−4、2、4	磷	−3、1、3、5	硫	−2、2、4、6	氯	−1、1、3、5、7	氩	—	3
镓	1、3	锗	2、4	砷	−3、3、5	硒	−2、4、6	溴	−1、1、3、5、7	氪	2、4	4
铟	1、3	锡	2、4	锑	−3、3、5	碲	−2、4、6	碘	−1、1、3、5、7	氙	2、4、6、8	5
铊	1、3	铅	2、4	铋	3、5	钋	2、4	砹	−1、1、3、5、7	氡	2	6

元素呈现的氧化数与其电负性、价层电子构型密切相关。电负性的大小决定其氧化数的正负倾向，而价层电子多少决定其氧化数的极值。

p 区元素表 11-1 中左下角的 p 区元素金属性强，所以氧化数呈正值；右上角的元素非金属性强，氧化数多呈负值。

特别是电负性特别大的元素如氟的氧化数只有负值；而氧的氧化数大多数呈负值，只有与氟形成化合物时才呈正值。

一般地讲，各族元素的最高氧化数与其族数即价层电子（ns、np 层电子）数相等，但也有许多例外。它们也可表现出一些次高价，往往相邻氧化数之差为 2。比如氯具有 1、3、5、7 等一系列氧化数；硫具有 2、4、6 等一系列氧化数。这是因为原子在价层上的电子往往是成对的，当参与反应时，这些电子可以不参与形成共价键，而以孤电子对存在或与中心体形成配位键。或者成对电子分开与另一原子形成两根共价键，造成氧化数的差数为 2。

同一元素不同氧化数的化合物，一般来说其氧化数越高，氧化性就越强。氧化数最高的物质由于无电子可再失去，只有氧化性。而氧化数最低的物质只有还原性。如硫元素具有 −2、0、2、2.5、4、6、7 等氧化数的代表性物质分别为 H_2S、S、$S_2O_3^{2-}$、$S_4O_6^{2-}$、SO_2、SO_3、$S_2O_8^{2-}$ 等。其中 H_2S 中的 S 具有最低氧化数 −2，它只有还原性，H_2S 是一种强还原剂。$S_2O_8^{2-}$ 中的 S 具有最高氧化数 +7，只有氧化性。氧化数处于中间状态的 S 和 SO_2 的氧化性和还原性兼备，总体来说氧化性强弱的次序是 $S_2O_8^{2-} > SO_3 > SO_2 > S_4O_6^{2-} > S_2O_3^{2-} > S$，还原性强弱的次序是 $H_2S > S > S_2O_3^{2-} > S_4O_6^{2-} > SO_2$。

第六周期的元素铊、铅和铋的最高氧化数 $+n$（$n=3,4,5$）的化合物均不稳定，因为离子半径太大，最外层电子很容易失去，即氧化性太强，很容易失去电子形成其还原态形式而稳定存在，PbO_2 和 $NaBiO_3$ 在酸性介质中都呈现很强的氧化性。

$$TlCl_3 + 2e^- =\!=\!= TlCl + 2Cl^- \tag{11-1}$$

$$PbO_2 + C_2O_4^{2-} + 4H^+ =\!=\!= Pb^{2+} + 2H_2O + 2CO_2\uparrow \tag{11-2}$$

$$2Mn^{2+} + 5BiO_3^- + 14H^+ =\!=\!= 2MnO_4^- + 5Bi^{3+} + 7H_2O \tag{11-3}$$

而氧化数等于（$n-2$）的化合物则可稳定存在，如 $TlCl$、PbO 和 $BiCl_3$ 等。说明这些元素 6s 轨道上的两个价电子比较稳定，称其为 6s 惰性电子对效应。而其他 p 区元素往往是最高氧化数化合物最稳定，如 In(Ⅲ) 比 In(Ⅰ)、Sn(Ⅳ) 比 Sn(Ⅱ)、P(Ⅴ) 比 P(Ⅲ)、S(Ⅵ) 比 S(Ⅳ) 化合物要稳定。其相应的低氧化值物质如 $InCl$、$SnCl_2$、H_3PO_3 和 H_2SO_3 都是比较强的还原剂。

11.1.2　p 区元素单质概论

(1) 单质的晶体类型

p 区元素的聚集状态和晶体类型很多，许多元素还存在同素异形现象。表 11-5 所示为 p 区元素单质的部分稳定晶型。从表 11-5 可以看出，位于 p 区左下角的元素，电负性较小，基本上是以金属晶体的形式存在；而位于右上角的元素，电负性较大，多以共价键结合在一起形成分子晶体；而处于两者交界处的元素往往以原子晶体或者混合型晶体（层状、链状）存在。如硼、碳、硅、锗四种元素，因为能够在原子之间形成较多的共价单键，形成了大分子的原子晶体结构；而砷、锑、硒、碲等元素则形成了层状或者链状的大分子混合型晶体结构。所以，同族元素单质自上而下，从分子晶体经过原子晶体或混合型晶体向金属晶体过渡；同周期元素单质从右到左从分子晶体经过原子晶体或混合型晶体向金属晶体过渡。

表 11-5　p 区元素单质的存在形式

金属晶体	原子晶体	分子晶体			ⅧA	族 周期
ⅢA	ⅣA	VA	ⅥA	ⅦA	He	1
B	C(金刚石)	N_2	O_2	F_2	Ne	2
Al	Si	P_4(白磷)	S_8(单斜)	Cl_2	Ar	3
Ga	Ge	As_4(黄砷)	Se_8(红硒)	Br_2	Kr	4
In	Sn(白锡)	Sb(黑锑)	Te	I_2	Xe	5
Tl	Pb	Bi	Po	At	Rn	6

p 区元素的单质具有的同素异形现象。主要发生在非金属元素中，这和它们的原子在形成共价键时有多种结合方式有关。

非金属单质的成键方式，存在"$8-n$ 规则"：第 n 族数非金属元素，可以提供 $(8-n)$ 个价电子，与同元素原子形成 $(8-n)$ 根共价键。例如，卤素的族数为 7，所以 $8-n=1$，两个卤素原子之间借助一根共价键形成双原子分子，晶体为分子晶体；氧族族数为 6，所以 $8-n=2$，可以在原子之间形成双键，如 O_2，也可以几个原子形成环状结构如 S_8（单斜或者斜方硫），或者形成长链的结构（弹性硫）；硒的同素异形体一种是具有环状结构的红硒 Se_8，第二种是具有链状结构的灰硒；氮族族数为 5，所以 $8-5=3$，可以在原子之间形成叁键如 N_2，也可以几个原子组成四面体的结构如 P_4（白磷）、As_4（黄砷），也可以形成层状结构的晶体如灰砷和灰锑；碳族族数为 4，所以 $8-4=4$，因为原子之间最多只能形成叁键，所以其原子往往彼此无穷无尽地连接起来，形成具有三维空间结构的原子晶体，如 C(金刚石)、单晶硅和单晶锗。锡则有两种同素异形体，白锡是金属晶体，灰锡则是金刚石型的原子晶体。而碳还可以形成层状结构的过渡型晶体（石墨）。

(2) 单质的熔沸点

从表 11-6 看，p 区元素单质的熔沸点随晶体类型不同，差异很大。

第一类是 B、C、Si、Ge 形成的原子晶体，熔沸点最高，其中金刚石的熔点在所有 p 区元素的单质中是最高的。

第二类是 As、Sb、Te 等元素形成的具有层状或者链状结构的混合型晶体，熔沸点也较高。

表 11-6　p 区元素单质的熔沸点　　　　　　　　　　　　　　　　单位：K

ⅢA		ⅣA		VA		ⅥA		ⅦA		ⅧA		族 / 周期
										He	0.95	1
											4.22	
B	2573	金刚石	3773①	N₂	63.3	O₂	54.8	F₂	53.5	Ne	24.48	2
	2823		4203		77.4		90.2		85.0		27.10	
Al	933.5	Si	1687	P₄	317.3	单斜硫	392.2	Cl₂	172.2	Ar	84.0	3
	2740		2628		553.7		717.8		238.6		87.5	
Ga	302.9	Ge	1210.6	As	1090②	灰硒	494.4	Br₂	266.0	Kr	116.7	4
	2676		3103		886③		958.1		331.9		120.3	
In	429.8	白锡	505.1	Sb	903.9	Te	722.7	I₂	386.8	Xe	161.3	5
	2353		2543		2023		1263.0		457.6		166.1	
Tl	576.7	Pb	600.7	Bi	544.5	Po	527	At	575	Rn	202.2	6
	1730		2013		1833		1235		610		211.4	

① 6.35MPa 加压下；②2.84MPa 加压下；③升华温度。

第三类是 In、Sn、Pb 等金属元素形成的金属晶体，熔沸点与第二类相当或者略低，p 区元素的金属由于价电子较多，金属原子或金属离子对其控制不牢，所以金属键强度不高，导致其熔沸点在金属单质中是较低的。

第四类是非金属元素如 O、N、F、Cl、惰性气体各元素形成的分子晶体，其熔沸点最低，在常温下多呈气态或者液态。

对于同族相同类型的分子晶体中，原子量越大，熔沸点越高。这是因为分子之间的色散力随着分子量增加而增大。比如氟单质和氯单质在常温下是气态，而溴单质在常温下是液态，碘单质则是固态。

惰性气态也存在类似的变化规律，特别是氦，由于其原子量小，导致其熔点只有 0.95K，沸点只有 4.25K，在所有物质中其熔沸点是最低的，因此，氦常用于超低温技术。

11.1.3　p 区元素的化学通性

p 区的金属元素均具有较强的还原性，易成盐。而非金属元素一般既具有氧化性也具有还原性，在与金属元素作用时表现为氧化性，形成相应的氯化物、氧化物、硫化物、氮化物、碳化物、硅化物、硼化物及各种含氧酸盐；与比自己活泼的非金属作用时，则表现出还原性。惰性气体元素非常稳定，一般情况下不参与化学反应。

（1）氢化物

p 区元素的氢化物以共价型为主，它们的分子式如表 11-7 所示，同一族的氢化物有同样的构型，如卤素都是 HX，氧族都是 H_2X。

① 氢化物的稳定性

p 区元素的氢化物的稳定性差别很大，这是由于各 p 区元素电负性差异造成的。一般来说，元素的电负性越大，形成的氢化物越稳定，比如 HF、H_2O、HCl、NH_3 非常稳定，在高温下也不易分解，而 BiH_3、H_3P 这样的氢化物在常温下即可分解。

因此，p 区同族元素的氢化物的稳定性从上到下依次减弱，同周期元素从左到右依次增强。整体而言，左下角元素形成的氢化物稳定性低于右上角元素形成的氢化物。

表 11-7 p 区元素的氢化物

硼	B_2H_6	碳	CH_4	氮	NH_3	氧	H_2O	氟	HF			
铝	Al_2H_6	硅	SiH_4	磷	PH_3	硫	H_2S	氯	HCl	酸性	还原性	稳定性
镓	Ga_2H_6	锗	GeH_4	砷	AsH_3	硒	H_2Se	溴	HBr			
铟	—	锡	SnH_4	锑	SbH_3	碲	H_2Te	碘	HI			
铊	—	铅	PbH_4	铋	BiH_3	钋	—	砹	—			

酸性 ⟶　　　　稳定性 ⟶　　　　　　还原性 ⟶

② 氢化物的还原性

p 区元素的电负性越大，其氢化物则越不容易被还原，如氟化氢就基本不表现出还原性，而水则要在电解情况下才会分解。而一般的氢化物在遇到氧气、氯气、高锰酸钾、重铬酸钾、氯酸钾等强氧化剂时，均会被氧化，表现出较强的还原性。如：

$$4HBr+O_2 =\!=\!= 2Br_2+2H_2O \tag{11-4}$$

$$8NH_3+3Cl_2 =\!=\!= 6NH_4Cl+N_2 \uparrow \tag{11-5}$$

像 H_2S 这样较强的还原剂，甚至可以被三价铁所氧化：

$$H_2S+2Fe^{3+} =\!=\!= 2Fe^{2+}+2H^+ +S \downarrow \tag{11-6}$$

H_3P 在常温下可以自燃：

$$2H_3P+4O_2 =\!=\!= P_2O_5+3H_2O \tag{11-7}$$

③ 氢化物水溶液的酸碱性

p 区元素氢化物与水作用大致可以分为以下几种情况。

(a) 强碱性。硼、铝、硅、锗的氢化物，在水中不能稳定存在，与水作用强烈，生成相应的含氧酸或两性氢氧化物，并释放出氢气。与碱金属、碱土金属氢化物类似，显示较强的碱性。如：

$$B_2H_6+6H_2O =\!=\!= 2H_3BO_3+6H_2 \uparrow \tag{11-8}$$

(b) 与水不作用。碳、锗、锡、磷、砷、锑的氢化物，与水不作用，亦不表现出酸碱性。

(c) 弱碱性。氮的氢化物 NH_3，与水作用微弱，溶液呈弱碱性：

$$NH_3+H_2O \rightleftharpoons NH_4^+ +OH^- \tag{11-9}$$

(d) 弱酸性。氧、硫、硒、碲的氢化物，在水中微弱解离，都呈弱酸性，且酸性依次增强，如：

$$H_2S \rightleftharpoons H^+ +HS^- \tag{11-10}$$

(e) 强酸性。卤素元素氟、氯、溴、碘的氢化物，除了氟化氢以外，在水中都几乎完全电离，呈强酸性，且酸性依次增强，如：

$$HCl =\!=\!= H^+ +Cl^- \tag{11-11}$$

所以，p 区元素的氢化物的水溶液，在同一周期中，从左到右酸性增强；在同一族中，从上到下，酸性增强。

(2) 卤化物

p 区元素的卤化物主要是共价键化合物。除非形成卤化物的两种元素电负性差异特别大，如 B 以外的ⅢA 族活泼的金属铝等与活泼的非金属氟形成的 AlF_3 就是离子型的。卤化物在水中的反应剧烈程度差别很大，一般说来，电负性较小的金属元素的卤化物发生部分水解，产物为碱式盐沉淀，如：

$$SnCl_2+H_2O =\!=\!= Sn(OH)Cl \downarrow +HCl \tag{11-12}$$

$$BiCl_3+H_2O =\!=\!= BiOCl \downarrow +2HCl \tag{11-13}$$

而电负性较大的非金属卤化物遇水激烈反应，完全水解，生成相应的含氧酸，如：

$$BCl_3 + 3H_2O \Longrightarrow H_3BO_3 + 3HCl \tag{11-14}$$

$$SiCl_4 + 3H_2O \Longrightarrow H_2SiO_3 \downarrow + 4HCl \tag{11-15}$$

$$PCl_5 + 4H_2O \Longrightarrow H_3PO_4 + 5HCl \tag{11-16}$$

也有一些卤化物与水不作用，如 CCl_4、CF_4、SF_6 等。

（3）氧化物

p 区元素的氧化物可以分为离子型和共价型两种，一般电负性很小的金属元素形成离子型的氧化物。

p 区元素中除了 B 以外的 ⅢA 族元素形成离子型氧化物外，其余各元素都形成共价型氧化物。氧化物的晶体类型也是多样性的。除了离子型氧化物是离子晶体以外，共价型氧化物可能是分子晶体、原子晶体和混合型晶型。如表 11-8 所示。

表 11-8   p 区元素的氧化物类型

键　型	晶体类型	代　表　性　物　质
离子键	离子晶体	Al_2O_3
共价键	分子晶体	N_2O、NO、N_2O_3、NO_2、CO_2、Cl_2O、Cl_2O_7、ClO_2、P_4O_{10}、SO_2、SO_3、As_4O_6
	原子晶体	SiO_2、B_2O_3
	链状晶体	$(SO_3)_n$、Sb_2O_3
	层状晶体	As_2O_3

氧化物的熔沸点高低取决于其晶体类型，离子晶体和原子晶体的氧化物熔沸点一般都很高，如 $\alpha\text{-}Al_2O_3$（刚玉）的熔点高达 2273K，且硬度很高，常用于生产耐火材料、制作砂轮、用作磨料。而分子晶体的熔沸点要低得多，常温下许多氧化物以气体存在，如 NO、CO_2、SO_2 等。

（4）氢氧化物的性质

p 区元素的氢氧化物的通式可写成 $R(OH)_n$。有的氢氧化物在水溶液中呈酸性，有的呈碱性，有的是两性物质。这主要是由于电离时 R—O—H 的断裂位置不同而造成的。如图 11-1 所示，若断裂的是 R—O 键，则电离出 OH^-，称为碱式电离；断裂的是 O—H 键，则电离出 H^+，称为酸式电离。如 10.2.5 中所述，电离模式取决于离子的离子势 φ。p 区

R⫶O—H   R—O⫶H

　　碱式电离　　　　　　酸式电离

图 11-1　氧化物水合物的电离方式

元素的离子 M 所带正电荷一般比 ⅠA 族、ⅡA 族多，而同周期元素的从左到右离子半径减小，离子势 φ 比较大，碱性降低而容易呈现两性或酸性。

也可以认为，R 的电负性比较大，吸引电子的能力强，则 H 上的电子越容易偏向 R，容易发生酸式电离，R 吸引电子能力越强，该物质酸性越强；如果 R 的电负性不大，则不容易吸引电子，相邻的 O 易把 R—O 键的共用电子对拉向自己，造成碱式电离，R 电负性越低，该物质的碱性越强。

① 氧化数与酸碱性的关系

同一元素氧化数越高的含氧酸，酸性越强。因为氧化数高的 R 的外层电子少，更易被 R 控制，吸引电子的能力强，H 上的电子越容易偏向 R，更容易发生酸式电离。

$$HClO_4 > HClO_3 > HClO_2 > HClO$$

② 元素种类与酸碱性的关系

不同元素形成的含氧酸，一般以元素的电负性大小作为判断酸强度的依据。S 的电负性

大于 P，所以硫酸的酸性大于磷酸；P 的电负性大于 C，所以磷酸的酸性大于碳酸；而电负性较小的 Tl、Bi 氧化物的水合物 Tl(OH)$_3$、Bi(OH)$_3$ 就显示弱碱性。

当 R 的电负性不是特别大也不是非常小时，p 区元素的氢氧化物一般是两性的。根据酸碱质子理论，两性氢氧化物的电离模式还与溶液的酸碱性有关。如果溶液呈碱性，则发生酸式电离，断裂 O—H 键；如果溶液呈酸性，则发生碱式电离，断裂 R—O 键。比如氧化铝的水合物，即氢氧化铝，分子式可以写为 Al(OH)$_3$，也可以写为 H$_3$AlO$_3$，实际上是同一种物质。氢氧化铝是典型的两性物质，既溶于酸，

$$Al(OH)_3 + 3H^+ == Al^{3+} + 3H_2O \qquad (11\text{-}17)$$

也溶于碱：

$$Al(OH)_3 + OH^- == [Al(OH)_4]^- \qquad (11\text{-}18)$$

在 p 区的左部，大多数元素的氧化物的水合物都呈两性。但越向下，酸性越弱，碱性增强，Tl(OH)$_3$、Bi(OH)$_3$ 就显示弱碱性而没有酸性。在 p 区元素表右上方的元素水溶液呈酸性，左下角的元素则呈碱性，在中间一些区域的元素呈两性。这与元素电负性大小的变化规律是一致的，如表 11-9 所示。

表 11-9　主族元素最高价态氧化物的水合物酸碱性

	Ⅰ A	Ⅱ A	Ⅲ A	Ⅳ A	Ⅴ A	Ⅵ A	Ⅶ A	
					酸性增强 →			
碱性增强 ↓	LiOH 中强碱	Be(OH)$_2$ 两性	H$_3$BO$_3$ 弱酸	H$_2$CO$_3$ 弱酸	HNO$_3$ 强酸			酸性增强 ↑
	NaOH 强碱	Mg(OH)$_2$ 中强碱	Al(OH)$_3$ 两性	H$_2$SiO$_3$ 弱酸	H$_3$PO$_4$ 中强酸	H$_2$SO$_4$ 强酸	HClO$_4$ 极强酸	
	KOH 强碱	Ca(OH)$_2$ 中强碱	Ga(OH)$_3$ 两性	Ge(OH)$_4$ 两性	H$_3$AsO$_4$ 中强酸	H$_2$SeO$_4$ 强酸	HBrO$_4$ 强酸	
	RbOH 强碱	Sr(OH)$_2$ 中强碱	In(OH)$_3$ 两性	Sn(OH)$_4$ 两性	H[Sb(OH)$_6$] 弱酸	H$_6$TeO$_6$ 弱酸	H$_5$IO$_6$ 中强酸	
	CsOH 强碱	Ba(OH)$_2$ 强碱	Tl(OH)$_3$ 弱碱	Pb(OH)$_4$ 两性	—	—	—	
				← 碱性增强				

11.2　硼　　族

11.2.1　硼族元素概论

（1）硼族元素简介

硼族位于元素周期表中Ⅲ A 族，包括硼（B）、铝（Al）、镓（Ga）、铟（In）、铊（Tl）五个元素。硼族元素的价层电子构型为 ns^2np^1，最高氧化数为 +3。除了硼是非金属外，其余都是金属元素。硼族元素的一些性质见表 11-10。

硼以硼砂（Na$_2$B$_4$O$_7$·10H$_2$O）、硼镁矿（Mg$_2$B$_2$O$_5$·H$_2$O）、方硼石（2Mg$_3$B$_8$O$_{15}$·MgCl$_2$）的形式存在于自然矿物中。我国硼的储量居世界之首。硼还是人体必需的微量元素。

铝在地壳中的丰度居所有元素第三位，是含量最丰富的金属元素。以铝硅酸盐（云母、长石、沸石）、水合氧化铝（铝土矿）和冰晶石（Na$_3$AlF$_6$）等形式存在。土壤的主要成分也是一种铝硅酸盐，故本族元素有时候也称为土族。

表 11-10 硼族元素的一些性质

元　　素	硼	铝	镓	铟	铊
英文名	Boron	Aluminum	Gallium	Indium	Thallium
原子序数	5	13	31	49	81
原子量	10.81	26.98	69.72	114.82	204.37
价层电子构型	$2s^2 2p^1$	$3s^2 3p^1$	$4s^2 4p^1$	$5s^2 5p^1$	$6s^2 6p^1$
地壳中的丰度/%[①]	0.0010(36)	8.23(3)	0.0015(34)	0.1×10^{-4}(65)	0.45×10^{-4}(61)
天然同位素 及其丰度/%	[10]B　19.9 [11]B　80.1	[27]Al　100	[69]Ga　60.108 [71]Ga　39.892	[113]In　4.29 [115]In　95.71	[203]Tl　29.52 [205]Tl　70.48

① 指地壳岩石圈及毗邻的水圈及大气圈中的质量分数，括号内为存在量的排名。

镓和铟存在于铝矿石和锌矿石中，但丰度较低。

铊分布更为分散，可以从熔烧黄铁矿矿石的烟道灰中回收少量铊。

(2) 硼族元素单质

① 硼的单质

硼的单质常温下为黑色发亮的原子晶体，六方或者三方晶系，硬度为 9.5，熔点很高。硼单质的晶体结构是所有非金属单质中最复杂的。基本的单元是 B_{12}，B_{12} 是正二十面体，硼原子位于十二个顶点的位置上，如图 11-2 所示。依照 B_{12} 之间连接的方式不同，形成各种不同的硼晶体。晶体硼非常稳定，只能被浓热的硝酸缓慢氧化。

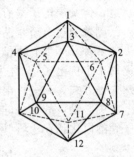

图 11-2　B_{12} 的正二十面体结构

硼还有无定形的单质存在，为不透明褐色粉末，化学性质就比较活泼。易与氧、硫、氟、氯、溴等电负性较大的非金属单质作用，在高温下也能与水蒸气反应：

$$2B + 6H_2O(g) \xrightarrow{\triangle} 2H_3BO_3 + 3H_2 \uparrow \qquad (11-19)$$

并能溶于浓碱和氧化性的浓酸：

$$2B + 2NaOH(浓) + 2H_2O == 2NaBO_2 + 3H_2 \uparrow \qquad (11-20)$$

$$B + 3HNO_3 == H_3BO_3 + 3NO_2 \uparrow \qquad (11-21)$$

② 铝的单质

铝是活泼的有色轻金属，常温下是银白色的金属晶体，面心立方紧密堆积。硬度为 2.9，密度为 $2.7 g \cdot cm^{-3}$，延展性和韧性都很好，导电导热性能优异。铝与氧的结合力很强，Al—O 键键能为 $585 kJ \cdot mol^{-1}$，所以极易被空气中的氧气氧化，在表面形成一层致密的氧化膜，常温下不容易进一步被氧化。这层膜与空气、水不反应，还会被浓硝酸、浓硫酸钝化而不发生反应，所以可以用纯铝的容器运送冷的浓硝酸和浓硫酸。

虽然自然界中铝的丰度很高，但由于与氧结合紧密、键能很大，所以制取难度很大。用传统的煤炭还原方法很难得到单质铝。直到发明了电解法生产铝以后，铝才开始大规模地在工业和日常生活中使用。铝主要的用途是生产铝合金，铝合金材料的强度接近于钢而重量却小得多。

铝是强还原剂，由于和氧结合时能放出大量的热，常用它还原其他金属氧化物制备其他金属单质，即所谓铝热法，甚至可以还原二氧化硅：

$$2Al + Cr_2O_3 == Al_2O_3 + 2Cr \qquad (11-22)$$

$$2Al + Fe_2O_3 == Al_2O_3 + 2Fe \qquad (11-23)$$

$$4Al + 3SiO_2 == 2Al_2O_3 + 3Si \qquad (11-24)$$

③ 镓、铟、铊的单质

镓是分散的稀有金属，常温下是发亮的浅灰银白色金属晶体，斜方晶系。熔点极低，但沸点很高，硬度仅为 1.5，凝固时体积膨胀 3.1%，反光能力强。镓是重要的半导体材料，还可利用其熔点（302.9K）与沸点（2676K）之间存在的极其宽的温度差，制造高温温度计。

铟是分散的稀有重金属，常温下是发亮的银白色金属晶体，四方晶系。硬度为 1.2。熔点低，有延展性。可用作铟镀层，在半导体工业中用量也很大。

铊也是分散的稀有重金属，常温下是带微蓝色光泽的银白色金属晶体，α 晶型为六方紧密堆积，β 晶型为立方晶系，升温至 503K 时 α 晶型转变为 β 晶型。熔点较低，韧性差，是剧烈的神经性毒物，对人的致死量为 0.8g。在空气中易氧化，应储存于煤油中。用于制造有特殊用途的光学玻璃和电光源灯。

11.2.2 硼的重要化合物

(1) 硼的氢化物

硼与氢形成的分子，在组成和性质上与烷烃、硅烷相似，因此也称为硼烷。最简单的硼烷并不是甲硼烷 BH_3，而是乙硼烷 B_2H_6。这是因为硼价电子层上有 1 条 2s 和三条 2p 共四条轨道，但价层电子只有 3 个，这种原子称作缺电子的原子。乙硼烷中两个硼之间没有 σ 键。乙硼烷通过氢桥将两个 BH_3 分子的 B 连接在一起，如图 11-3 所示。中间的 H 连接着两头的 B 原子，2 个硼和 1 个氢三个原子共享 2 个电子（H 原子提供 1 个价电子，2 个硼只能提供 1 个价电子），称为三中心二电子键，简称三中心键。三中心键是缺电子原子的一种特殊成键方式，是一种电子非定域的共价键，强度只有一般共价键的一半，乙硼烷中一共有两个三中心键，故硼烷的性质比烷烃活泼。

硼的卤化物在乙醚等有机溶剂中与强还原剂反应可制得乙硼烷：

$$3Li[AlH_4] + 4BCl_3 \Longrightarrow 3LiCl + 3AlCl_3 + 2B_2H_6 \tag{11-25}$$

由于硼烷是缺电子的化合物，因此有可能与氨、一氧化碳等具有孤电子对的分子发生配合作用：

$$B_2H_6 + 2CO \Longrightarrow 2[H_3B \leftarrow CO] \tag{11-26}$$

$$B_2H_6 + 2NH_3 \Longrightarrow 2[H_3B \leftarrow NH_3] \tag{11-27}$$

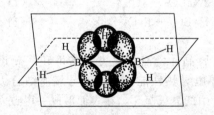

图 11-3　乙硼烷的空间构型

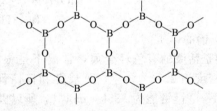

图 11-4　晶态氧化硼的片状结构

(2) 硼的氧化物

硼在自然界中总是以各种含氧化合物形式存在，因为 B—O 键的键能非常大，为 560kJ·mol^{-1}，所以硼的氧化物具有很高的稳定性。硼的含氧化合物如三氧化二硼、硼酸和硼酸盐的骨架都是由硼氧 B—O_3 平面三角形构成的。

硼的氧化物三氧化二硼是一种片状结构的分子晶体，如图 11-4 所示，B_2O_3 是其化学式。将硼酸加热至熔点以上，脱水生成三氧化二硼。

$$2H_3BO_3 \underset{\triangle}{=\!=\!=} B_2O_3 + 3H_2O \tag{11-28}$$

(3) 硼的含氧酸及盐

硼的含氧酸包括偏硼酸 HBO_2、硼酸 H_3BO_3 和多硼酸 $xB_2O_3 \cdot yH_2O$。基本结构单位都是 $B(OH)_3$，也是平面三角形的构型。

硼酸是一元弱酸，其 $K_a = 5.75 \times 10^{-10}$。硼原子有 4 条外层电子轨道，但只有 3 个电子，必有 1 条空的价电子层轨道。而水电离出的 OH^- 有孤电子对，二者可形成一根配位键，所以只能产生一个 H^+，显现一元酸而不是三元酸：

$$H_3BO_3 + H_2O \rightleftharpoons [H_3B(OH)O_3]^- + H^+ \tag{11-29}$$

$[H_3B(OH)O_3]^-$ 也可写成 $[B(OH)_4]^-$，但 4 个 OH^- 来源是不一样的。

硼酸盐相应地包括偏硼酸盐、硼酸盐和多硼酸盐等，其中最重要的是四硼酸钠，其含结晶水的盐俗称硼砂 $Na_2B_4O_7 \cdot 10H_2O$。

硼酸根离子在不同环境的溶液中呈现不同的分布形态，在酸性介质中，以硼酸的形式存在；当溶液呈弱碱性时，以四硼酸根的形式存在：

$$4H_3BO_3 + 2OH^- \rightleftharpoons B_4O_7^{2-} + 7H_2O \tag{11-30}$$

在碱性比较强的介质中（pH＝11～12），四硼酸根会水解生成偏硼酸根：

$$B_4O_7^{2-} + 2OH^- \rightleftharpoons 4BO_2^- + H_2O \tag{11-31}$$

硼砂是无色透明的晶体，在空气中易风化失水。铁、钴、镍、锰等金属的氧化物，可以熔解在硼砂的熔体中，并显示出各种特征颜色，如钴显蓝色、锰显绿色。利用硼砂的这一性质可以鉴定某些金属离子，叫作硼砂珠实验。硼砂在实验室还常用于配置缓冲溶液，另外还作为一种重要的化工原料应用于搪瓷和玻璃等工业。

11.2.3 铝的重要化合物

(1) 铝的卤化物

铝的卤化物中最重要的是 $AlCl_3$，由于铝盐容易水解，所以不能用铝盐和浓盐酸作用制得。无水 $AlCl_3$ 只能用干法制备：

$$2Al + 6HCl(g) = 2AlCl_3 + 3H_2 \tag{11-32}$$

$$2Al + 3Cl_2 \stackrel{\triangle}{=\!=} 2AlCl_3 \tag{11-33}$$

$$Al_2O_3 + 3C + 3Cl_2 = 2AlCl_3 + 3CO \tag{11-34}$$

无水 $AlCl_3$ 几乎能溶解于所有的有机溶剂中。与水作用则强烈水解，甚至与空气中水汽也会形成烟雾。常温下 $AlCl_3$ 是白色晶体，在 673K 时双聚成 Al_2Cl_6 气体分子。其结构式如图 11-5 所示，因为铝和硼一样也是缺电子原子，所以可以和氯原子上的孤电子对形成配位结构。

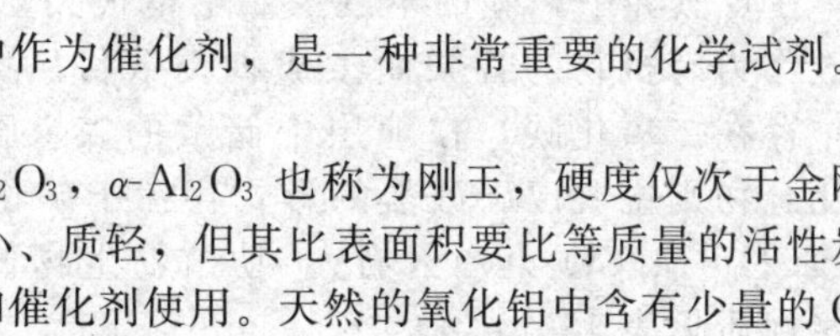

图 11-5 Al_2Cl_6 分子的结构

无水 $AlCl_3$ 也能与醚、醇、胺、酰氯等有机物形成配合结构，常在有机合成和石化工业中作为催化剂，是一种非常重要的化学试剂。

(2) 铝的氧化物

氧化铝有两种主要的变体，α-Al_2O_3 及 γ-Al_2O_3，α-Al_2O_3 也称为刚玉，硬度仅次于金刚石，可作高硬度材料、耐火材料；γ-Al_2O_3 硬度小、质轻，但其比表面积要比等质量的活性炭大 2～4 倍，又称为活性氧化铝，常作为吸附剂和催化剂使用。天然的氧化铝中含有少量的 Cr(Ⅲ) 呈现红色，称为红宝石，含少量 Fe(Ⅱ)、Fe(Ⅲ) 和 Ti(Ⅳ) 的氧化铝则称为蓝宝石。

铝土矿中含有大量的氧化铝，是制备金属铝的主要来源。目前主要用电解法来进行制备：

$$2Al_2O_3 \xrightarrow{\text{电解}} 4Al + 3O_2 \uparrow$$

因为 Al_2O_3 的熔点高达 2273K，为了降低能耗，在 Al_2O_3 中加入冰晶石（Na_3AlF_6），使得其熔化温度下降 1000K 左右，而冰晶石在电解过程中基本不消耗，可重复使用。

(3) 氢氧化铝

氢氧化铝是典型的两性物质，溶于酸生成铝离子，溶于碱则生成铝酸盐：

$$Al(OH)_3 + 3H^+ \rightleftharpoons Al^{3+} + 3H_2O$$

$$Al(OH)_3 + OH^- \rightleftharpoons Al(OH)_4^-$$

经证实，在水溶液中的铝酸盐形式是 $Al(OH)_4^-$，而不是偏铝酸根 AlO_2^-。

铝或者氢氧化铝与浓盐酸在 160℃和加压条件下，可生成聚合氯化铝 $[Al_2(OH)_nCl_{6-n}]_m$，聚合氯化铝是一种无机高分子聚合物，作为高效的絮凝剂，广泛用于水处理。

(4) 分子筛

分子筛是一种新型高效的选择性吸附剂，可以用来分离气体或者液体中大小不同或者极性不同的分子。沸石类的铝硅酸盐是天然的分子筛，如图 11-6 所示的是泡沸石 $Na_2O \cdot Al_2O_3 \cdot 2SiO_2 \cdot nH_2O$ 的结构，A 处是空腔、B 处是孔道，这样的开放结构可以容纳某些特定尺寸的分子。

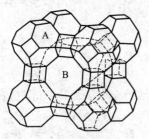

图 11-6　分子筛的空间
结构（局部）

人工合成分子筛的原料则是水玻璃（$Na_2O \cdot xSiO_2$）、偏铝酸钠和氢氧化钠，将这些原料配成溶液后按一定比例混合，得到乳白色的液体，然后在 373K 下保温使之转变为晶体，最后洗涤干燥、脱水成型即得产品。

分子筛作用的关键就是其中呈立体构架的铝硅酸盐，大量的空穴和微孔使得其比表面积极大，可达 $800 \sim 1000 m^2 \cdot g^{-1}$，因此具有很强的吸附能力。如果其空腔的尺寸比较均一，就可以让小于这一尺寸的分子通过，将大于这一尺寸的分子阻留，达到筛分分子级物质的作用，故名分子筛。

11.3　碳族元素

11.3.1　碳族元素概论

(1) 碳族元素简介

碳族元素位于元素周期表 ⅣA 族，包括碳（C）、硅（Si）、锗（Ge）、锡（Sn）、铅（Pb）五种元素，其中碳、硅是典型的非金属元素，锗是准金属元素，锡和铅是典型的金属元素。碳族元素的价层电子构型为 ns^2np^2，能形成氧化数为 +2 和 +4 的化合物。由于 6s 惰性电子对效应，碳族元素从上到下，氧化值为 +2 的化合物稳定性增加，而 +4 的化合物稳定性下降。

在自然界中，碳的丰度虽然不是很大，但是它形成的化合物种类最多，这主要归因于碳作为有机物的骨架而生成种类数目巨大的有机物。碳在自然界中分布也很广，大气中存在二氧化碳，在地层中储藏的煤、石油和天然气的成分是有机碳化合物，无机碳化合物则主要以碳酸盐的形式存在于矿物中，如 $CaCO_3$（石灰石、方解石、大理石）和 $CaCO_3 \cdot MgCO_3$（白云石）。动植物生物体内也存在复杂的含碳有机物。碳族元素的一些性质见表 11-11。

硅的含量居所有元素第二位，如果说碳是有机世界的主角，那么硅则是无机世界的主角。由于硅易与氧结合，所以在自然界中不存在游离态的硅，而以二氧化硅或者硅酸盐等化合物存在。天然硅酸盐的种类达上千种，是地壳中岩石、泥土和许多矿物的主要成分。各种人造硅酸盐则是玻璃、陶瓷和水泥的主要成分。

锗常以硫化物的形式伴生在其他金属的硫化物矿中。锡和铅主要以氧化物和硫化物的矿物存在。如锡石 SnO_2 和方铅石 PbS，我国云南个旧以盛产锡石而闻名。硅和锗还是重要的半导体材料。

表 11-11　碳族元素的一些性质

元素	碳	硅	锗	锡	铅
英文名	Carbon	Silicon	Germanium	Tin(Stannum)	Lead(Plumbum)
原子序数	6	14	32	50	82
原子量	12.01	28.09	72.59	118.69	207.19
价层电子构型	$2s^2 2p^2$	$3s^2 3p^2$	$4s^2 4p^2$	$5s^2 5p^2$	$6s^2 6p^2$
地壳中的丰度[①]/%	0.0200(6)	28.15(2)	$1.5×10^{-4}(52)$	$2×10^{-4}(49)$	0.00125(35)
天然同位素及其丰度/%	^{12}C　98.89 ^{13}C　1.11	^{28}Si　92.23 ^{29}Si　4.67 ^{30}Si　3.10	^{70}Ge　21.23 ^{72}Ge　27.66 ^{73}Ge　7.73 ^{74}Ge　35.94 ^{76}Ge　7.44	^{112}Sn　0.97 ^{114}Sn　0.65 ^{115}Sn　0.34 ^{116}Sn　14.53 ^{117}Sn　7.68 ^{118}Sn　24.23 ^{119}Sn　8.59 ^{120}Sn　32.59 ^{122}Sn　4.63 ^{124}Sn　5.79	^{204}Pb　1.4 ^{206}Pb　24.1 ^{207}Pb　22.1 ^{208}Pb　52.4

① 指地壳岩石圈及毗邻的水圈及大气圈中的质量分数，括号内为存在量的排名。

(2) 碳族元素的单质

① 碳的单质

碳的单质以多种非金属同素异形体存在，有低结晶态的无定形碳如活性炭，有以原子晶体存在金刚石、以层状结构存在的混合型晶体石墨和具有封闭笼状结构的大分子形式存在富勒烯 C_{60}、C_{26}、C_{32}、C_{52}、C_{90}、C_{94}、…、C_{240}、…、C_{540}。

低结晶态的碳种类很多，包括在工业大有用途的炭黑、活性炭和碳纤维。它们的结构尚未完全确定，可能与石墨类似，但结晶程度和微粒形状不同。

石墨属于六方晶系，在常温下是钢灰色不透明的松软鳞片状叠合体，硬度只有 1，具有润滑性能，导电和导热性质均好。

金刚石则属于立方晶系，是无色透明的结晶体，硬度为 10，在所有元素的单质中硬度最大。其折射率也最大，钻石就是纯净的金刚石。金刚石在理论上可以自发转变为石墨，但速率慢到了几乎不发生的地步。由于金刚石密度较高，所以在高压下可以使得石墨转变为金刚石，这就是人造钻石的原理。

在第 4 章已讲过，富勒烯 C_{60} 是 60 个碳原子组成的一个空心球，球表面由 20 个六边形、12 个五边形构成。每个碳原子以 sp^2 杂化轨道与相邻的三个碳原子形成三根 σ 键，各个碳原子上未杂化轨道的 p 轨道垂直于 sp^2 杂化轨道所在的平面，分布在球面外侧和球面内侧。60 个 p 轨道上电子云相互肩并肩地形成了 60 根 π 键。

富勒烯 C_{60} 的制备方法如下：纯石墨作电极→在氮气氛围中放电→烟炱（下述）→用甲苯或苯在索氏提取器中提取→由 C_{60}、C_{70}、C_{84}、C_{78} 等组成的混合溶液→液相色谱分离→纯的紫红色 C_{60} 溶液→蒸去溶剂→紫红色 C_{60} 晶体。

近年来，还制得了许多 C_{60} 的衍生物，如 $C_{60}F_{60}$，其球面已布满 F 原子，使 C_{60} 球面内侧的所有电子不会与其他分子结合，球表面也不易粘上其他物质，润滑性大大提高。

若将 K、Cs、Rb 等原子引入 C_{60} 的空心球内，形成 K_3C_{60}、$RbCs_2C_{60}$ 等，它们都具有超导性能。$C_{60}H_{60}$ 则可作火箭燃料。

在十分缺氧条件下，燃烧低结晶态的碳生成的炭黑称为烟炱。烟炱可能具有如图 11-7 所示的结构，好像是把石墨的层状面按照 C_{60} 的方式曲卷起来。

在制出了 C_{60} 后，人们又制出了单壁碳纳米管，碳纳米管具有完全相对立的两种性质，既有

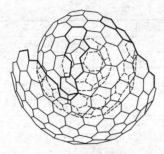

图 11-7 烟炱的一种
可能构型

高硬度又有高韧性，既可全吸光又能全透光，既可作绝缘体也可作半导体、高导体和超导体等。正是碳纳米管材料具有这些奇特的特性，决定了它在微电子和光电子领域具有广阔的应用前景。

90%以上炭黑产品被用作橡胶制品特别是车辆、飞机轮胎的填料，能大大提高其耐磨强度，并缓解受光照产生的老化现象。炭黑还可用作油墨和笔用黑墨水的黑色颜料。

活性炭是通过有机物的控制热解制得的，粒度极小且有很大的比表面积（400～2500m²·g⁻¹），因而具有很好的吸附性能，可以吸附水中的有机污染物、空气中的有害气体，给溶液脱色。

沥青纤维或合成纤维的控制热解可以制备碳纤维，碳纤维质轻但机械力学性能很好，有很好的弹性和强度，常用于制造各种运动器材或者各种机械零部件。

② 硅的单质

硅也存在晶体硅和无定形硅两种非金属单质。晶体硅的构造与金刚石类似，属于立方晶系的原子晶体，是灰黑色很亮的晶体，具有较高的熔沸点和硬度（7.0）；无定形硅则是深褐色发亮粉末。高纯单晶硅是微电子工业和光伏行业重要的材料。在电子工业中，无论是集成电路的元件，还是计算机控制芯片都需要纯度极高的单晶硅。单晶硅主要的合成方法是用氢气还原高纯度的四氯化硅：

$$SiCl_4(g)+2H_2 \Longrightarrow Si+4HCl \tag{11-35}$$

硅还可以炼制硅钢，含硅量较高的硅钢耐蚀性很强，常可用来制造化工设备。硅钢又具有高磁性，故硅（过去称矽）钢片是制造变压器等电力设备不可缺少的材料。

③ 锗的单质

锗是分散的稀有金属，其单质是灰白色发亮的晶体，具有金刚石的结构，立方晶系，很硬且脆（硬度 6.5），不能接受机械加工。单晶锗也是重要的微电子行业材料。

④ 锡的单质

锡是有色重金属，其单质存在三种同素异形体，灰锡 α-Sn 是金刚石型的原子晶体；白锡 β-Sn 和脆锡 γ-Sn 是金属晶体。白锡是银白色很亮的晶体，属于四方晶系；脆锡属于正交晶系。这三种晶形之间能够相互转换。当温度高于 434K 时，以脆锡存在；常温下以白锡存在；温度低于 286.4K 时，白锡缓慢地向灰锡转换，但温度低于 −48℃，白锡会迅速转变为灰锡。由于灰锡的密度为 5.7g·cm⁻³，而白锡的密度为 7.31g·cm⁻³，所以白锡向灰锡转化时，体积骤然膨胀，会使得锡器碎裂成粉末状，这一现象称为锡疫，所以在极寒地区不能用锡的容器或者用锡进行密封。

锡的熔点很低，较软，硬度为 1.5～1.8，延展性好。锡无毒，但其有机化合物剧毒。锡易在表面生成氧化膜而具有耐腐蚀性，将锡镀在铁的表面可以起保护作用，俗称马口铁。80%以上的锡用作镀层，其他用途还有用锡箔作包装材料，锡还常用于制造各种合金，如焊锡是锡和铅的合金、青铜是铜和锡的合金。

⑤ 铅的单质

铅是有色重金属，单质是具有浅蓝光泽的金属晶体，面心立方紧密堆积，熔点低，较软（硬度 1.5），富于延展性。铅的单质固体、蒸气及化合物均有毒。常温下，铅的表面会形成氧化铅的保护膜，性质比较稳定，主要用于制造电缆，铅蓄电池，由于能有效吸收各种放射线，还用在放射线的屏蔽保护设备上。

11.3.2　碳的重要化合物

(1) 碳的氧化物

碳的氧化物有一氧化碳和二氧化碳。

一氧化碳是碳的不完全燃烧产物，工业上制备一氧化碳是用水蒸气和空气通入炽热的碳层，产物是氢气和一氧化碳，这样的混合气体称为合成气（水煤气）。

$$C(s) + H_2O(g) \Longrightarrow H_2(g) + CO(g) \tag{11-36}$$

一氧化碳分子中，碳原子上的孤电子对具有较强的配位能力，可以和许多金属离子或原子形成配合物称为羰基配合物。如 $[Ni(CO)_4]$、$[Fe(CO)_5]$ 和 $[Cr(CO)_6]$ 等。一氧化碳的毒性就与此有关，人体血液中的血红蛋白含有 $Fe(II)$，能与氧结合形成 $Fe(III)$，将氧传给人体某部位后，又还原为 $Fe(II)$，达到运输氧气的目的。而一氧化碳和血红蛋白中的 $Fe(III)$ 的结合能力要比氧气大两百倍，使输氧循环链打断，所以空气中一氧化碳体积超过 0.1% 时，血红蛋白中的 $Fe(II)$ 就失去了运输氧气的能力，造成缺氧中毒。

一氧化碳具有还原性，在工业上常作为还原剂，与金属氧化物如 Fe_2O_3、CuO、MnO_2 等作用，提取金属单质。

二氧化碳在大气中的体积百分数为 0.03%，主要来源于有机物质的燃烧和动植物的呼吸作用。植物通过光合作用可以将二氧化碳转化为氧气，达到空气中二氧化碳和氧气的动态平衡。然而由于工业化进程的加剧，以及对森林植被的破坏，造成大气中二氧化碳含量持续上升。二氧化碳允许太阳辐射通过，却能吸收地球表面发散的红外线，好像温室里的玻璃一样起到了保温效果。据认为近百年来，全球平均温度已经提高了 0.5℃，这种现象称为温室效应。虽然温室效应对某些寒冷地带的气候改善会有益处，但打破了地球上长久自然形成的动态平衡，造成一系列有害后果，其深远影响难以预料。比如会使得两极地区的冰雪融化，从而造成沿海低洼地区被淹没。目前温室效应及其后果越来越受到各国政府和科学界的重视，如何采取措施来减少更多的二氧化碳排入大气也是当前全世界关注的热点问题。

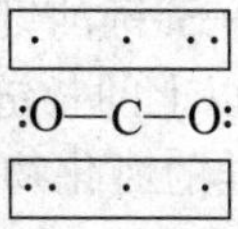

二氧化碳的分子式为 $O = C = O$，可以认为碳氧之间通过双键结合，但碳氧之间的距离实际上是介于双键和叁键之间。目前公认的价键结构式如图 11-8 所示。

图 11-8　二氧化碳的价键结构式

价键结构式的含义：横线表示 σ 键，方框表示 π 键，方框内的黑点表示该 π 键由哪几个原子分别提供多少个电子，其他的黑点表示不参与成键的孤电子对。因此可以看出二氧化碳分子中，碳氧之间有两根 σ 单键，此外整个分子中还存在两个三中心四电子的离域大 π 键，记为 Π_3^4，每个氧原子上还有一对孤电子对存在。

二氧化碳性质不活泼，是灭火剂的有效成分，或用作实验中的惰性气氛。二氧化碳还是重要的化学原料，用于生产各种碳酸盐和含气饮料。

(2) 碳酸及碳酸盐

二氧化碳溶于水，生成碳酸。在 20℃ 时，一体积水大约能溶解一体积二氧化碳，生成碳酸的浓度为 0.04mol·L^{-1}。一般与空气接触的纯水都呈弱酸性（pH＝5.7），就是因为溶解了二氧化碳的缘故。

碳酸是二元弱酸，其 $K_{a1} = 4.4 \times 10^{-7}$，$K_{a2} = 4.8 \times 10^{-11}$。

碳酸能形成两种类型的盐，即碳酸盐和碳酸氢盐。除了 NH_4^+ 和 Na^+、K^+ 等形成的碳酸盐能溶于水外，大多数碳酸盐难溶于水，而碳酸氢盐在水中一般都能溶解。

自然界中的石灰石、大理石主要成分都是碳酸钙，如果遇水和空气中的二氧化碳，容易发生不溶性的碳酸钙转化为易溶的碳酸氢钙的反应：

$$CaCO_3 + CO_2 + H_2O \Longrightarrow Ca^{2+} + 2HCO_3^- \tag{11-37}$$

该反应是可逆的，当水分蒸发后，又会出现碳酸钙的沉淀。溶洞中石灰石形成的钟乳石不断地溶解，滴下后重新析出碳酸钙生成了石笋，就是靠这一过程实现的。

碳酸盐的溶液呈碱性，所以常把它们作为价格较高的碱（如烧碱 NaOH）的替代品，如无水碳酸钠称为纯碱，十水碳酸钠 $Na_2CO_3 \cdot 10H_2O$ 称为洗涤碱。

碳酸盐易受热分解，最典型的就是碳酸钙在 1087K 时候的分解反应：

$$CaCO_3 \stackrel{\triangle}{=\!=\!=} CaO + CO_2 \uparrow \qquad (11-38)$$

各种金属的碳酸盐分解温度差别很大，有如下的规律性。

① 碳酸盐的热稳定性大于碳酸氢盐，碳酸的稳定性最差，比如以下物质热稳定性次序为：

$$Na_2CO_3 > NaHCO_3 > H_2CO_3。$$

② 元素的电负性越小，其碳酸盐的热稳定性越好，比如以下物质热稳定性次序为：

$$BaCO_3 > SrCO_3 > MgCO_3 > BeCO_3$$

$$K_2CO_3 > CaCO_3 > ZnCO_3$$

③ 铵盐的热稳定性最差，易发生如下分解：

$$(NH_4)_2CO_3 \stackrel{\triangle}{=\!=\!=} 2NH_3 \uparrow + H_2O + CO_2 \uparrow \qquad (11-39)$$

11.3.3 硅的重要化合物

(1) 硅的氢化物及卤化物

和甲烷分子的正四面体结构类似，硅也可以采取 sp^3 等性杂化，连接上四个氢原子或者卤素原子，形成相应的氢化物和卤化物。

与碳能形成各种烷烃一样，硅能够形成含多个硅原子的硅烷，通式为 Si_nH_{2n+2}，但由于 Si—Si 键的键能为 $226kJ \cdot mol^{-1}$，比 C—C 键键能 $347kJ \cdot mol^{-1}$ 要小得多，所以不会形成 $n > 6$ 以上的长链硅烷，更不会像碳那样形成丰富的有机物种。

硅的卤化物在常温下，SiF_4 是气体，$SiCl_4$ 和 SBr_4 是液体，SiI_4 是固体。氟化硅可以用硫酸处理萤石 CaF_2 和石英砂 SiO_2 的混合物来制备：

$$2CaF_2 + SiO_2 + 2H_2SO_4 =\!=\!= 2CaSO_4 + SiF_4 \uparrow + 2H_2O \qquad (11-40)$$

SiF_4 可以与 HF 进一步反应生成氟硅酸：

$$2HF + SiF_4 =\!=\!= H_2[SiF_6] \qquad (11-41)$$

纯氟硅酸是不存在的，但在水溶液中很稳定。氟硅酸钠是重要的氟硅酸盐，是一种农业杀虫灭菌剂及木材防腐剂，还可以用来制造抗酸水泥和搪瓷。

四氯化硅可由硅单质和氯气作用产生，也可以用碳还原二氧化硅再与氯气作用：

$$Si + 2Cl_2 \stackrel{\triangle}{=\!=\!=} SiCl_4 \qquad (11-42)$$

$$SiO_2 + 2C + 2Cl_2 \stackrel{\triangle}{=\!=\!=} SiCl_4 + 2CO \qquad (11-43)$$

四氯化硅是有刺激性气味的无色液体，易水解生成盐酸和偏硅酸：

$$SiCl_4 + 3H_2O =\!=\!= H_2SiO_3 + 4HCl \qquad (11-44)$$

若氨与四氯化硅同时蒸发，会形成很大的白雾。因为氨与四氯化硅水解产生的盐酸结合，形成氯化铵的白雾，可以用来制作发烟材料。

(2) 硅的氧化物

由于硅对氧的亲和力很大，Si—O 键键能为 $368kJ \cdot mol^{-1}$，所以自然界中的硅与氧结合形成化合物，如二氧化硅及各种天然硅酸盐。

二氧化硅在自然界中有晶体和无定形体两种存在状态，石英是最常见的晶体，纯净无色透明的石英叫做水晶，含有杂质的石英多呈颜色，普通的砂粒也是以二氧化硅为主要成分。无定形的二氧化硅有硅藻土和燧石等。

石英在 1873K 融化成黏稠液体，其内部有序结构被破坏，一旦急速冷却，来不及重新结晶就形成了石英玻璃。石英玻璃的性能非常优越，如热膨胀系数小，骤冷骤热都不易破裂，透光性能好，特别能透过紫外线，这是一般玻璃所做不到的，因此常用于制作高级的玻璃器皿和光学镜头。

二氧化硅性质稳定，与一般的酸不起反应，只与氢氟酸作用。

$$SiO_2 + 4HF \Longrightarrow SiF_4 \uparrow + 2H_2O \tag{11-45}$$

（3）天然硅酸盐

天然硅酸盐是硅和其他一些元素（铝、钙、镁等）的氧化物的混合物，是地壳的主要成分，为了表示简单起见，往往写成是各种氧化物复合的化学式，举例如下：

正长石	$K_2O \cdot Al_2O_3 \cdot 6SiO_2$	石棉	$CaO \cdot 3MgO \cdot 4SiO_2$
白云母	$K_2O \cdot 3Al_2O_3 \cdot 6SiO_2 \cdot 2H_2O$	滑石	$3MgO \cdot 4SiO_2 \cdot H_2O$
高岭土	$Al_2O_3 \cdot 2SiO_2 \cdot 2H_2O$	泡沸石	$Na_2O \cdot Al_2O_3 \cdot 2SiO_2 \cdot nH_2O$

可以把这些物质看成是部分被其他金属元素取代的硅酸盐。作为天然硅酸盐的基本骨架是硅氧的正四面体，如图 11-9 所示。这些四面体通过桥氧的连接，可以形成链状、环状、层状和立体网格结构，如图 11-10 所示。结构变化非常多，造成自然界中多种形式的含硅矿物存在。

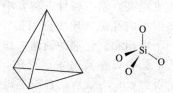

图 11-9　硅氧四面体示意图

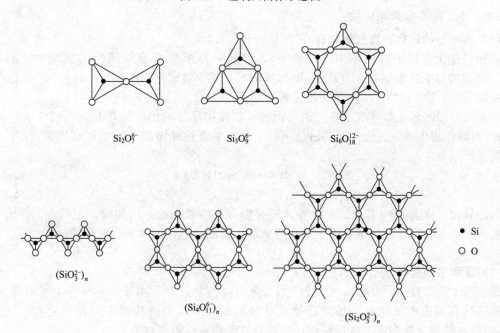

图 11-10　各种形式的硅酸盐离子（俯视图）

（4）硅酸及硅酸盐

将二氧化硅与烧碱或者纯碱共融，制得硅酸钠：

$$SiO_2 + 2NaOH \overset{\triangle}{\Longrightarrow} Na_2SiO_3 + H_2O \tag{11-46}$$

$$SiO_2 + Na_2CO_3 \xrightarrow{\triangle} Na_2SiO_3 + CO_2 \uparrow \tag{11-47}$$

硅酸钠溶解于水后得到的黏稠液体称为水玻璃，也叫泡花碱。硅酸钠实际的存在形式是多硅酸盐，可以表示为 $Na_2O \cdot nSiO_2$，n 称为水玻璃的模数。市售的水玻璃模数一般在 3 左右。不同模数的水玻璃具有不同的用途，模数在 $3.1 \sim 3.4$ 的水玻璃具有相当强的黏结能力，是工业上重要的无机黏结剂，具备有机黏结剂所没有的耐高温性；模数小于 3 的水玻璃可作洗涤剂的配料，钾钠水玻璃（$K_2O \cdot Na_2O \cdot nSiO_2$）是制作焊条的原料。

将可溶性硅酸盐与盐酸作用，得到硅酸。硅酸实际上也是以多种聚合体形式存在的，其中以偏硅酸 H_2SiO_3 的形式最为简单，一般也用 H_2SiO_3 代表硅酸。

硅酸的多聚体可以看成硅酸的单体分子逐步缩合，脱水形成的，如图 11-11 所示。

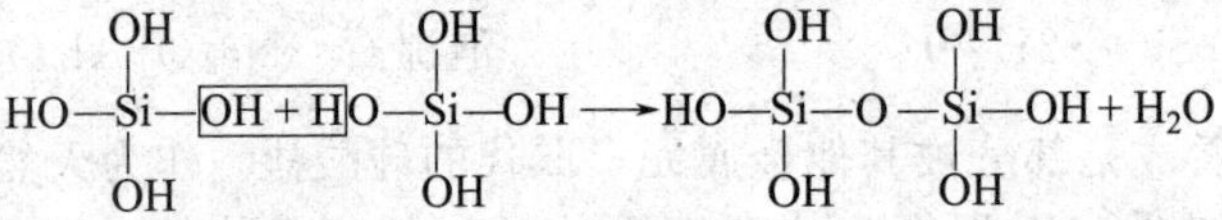

图 11-11　硅酸的缩合

当硅酸的多聚体发展到一定长度，则形成了硅酸的溶胶，用电解质或者酸使得溶胶沉淀，得到硅酸的凝胶。硅酸凝胶含水量高，富有弹性，将其中大部分水脱去后，得到白色固态的干胶，即硅胶。硅胶内有许多细小的孔隙，比表面积很大，达 $800 \sim 900 m^2 \cdot g^{-1}$，具有很强的吸附能力，常用作吸附剂、干燥剂和催化剂的载体。如实验室中用来干燥药品的变色硅胶，就是加入了无水的 $CoCl_2$，呈蓝色，一旦吸水后形成了 $[Co(H_2O)_6]^{2+}$，变为粉红色。所以可以根据颜色判断硅胶是否失效，失效后的硅胶经烘烤脱水，颜色又变回蓝色，可以继续使用。

11.3.4　锡、铅的重要化合物

(1) 锡和铅的氧化物及氢氧化物

锡和铅在化合物中氧化数为 +2 和 +4，因此可以形成高价和低价的氧化物 MO 和 MO_2，对应的氢氧化物则有 $M(OH)_2$ 和 $M(OH)_4$。其中氢氧化物都呈两性，但$Pb(OH)_2$的碱性要强一些，而 $Sn(OH)_4$ 则酸性要显著一些。

因为锡和铅的氧化物难溶于水，锡和铅的氢氧化物都是用相应的盐溶液与碱作用制得，如 Sn^{2+} 与碱作用生成氢氧化亚锡的白色沉淀，因为氢氧化亚锡是两性的氢氧化物，继续加碱，则沉淀溶解：

$$Sn^{2+} + 2OH^- = Sn(OH)_2 \downarrow \tag{11-48}$$

$$Sn(OH)_2 + 2OH^- = [Sn(OH)_4]^{2-} \tag{11-49}$$

铅的氧化物除了 PbO 和 PbO_2 以外，还有混合态的氧化物，比如鲜红色的铅丹 Pb_3O_4 和橙色的 Pb_2O_3。铅丹的化学性质稳定，与亚麻仁油混合后作为油灰，涂在管道的衔接处防止漏水。

(2) 锡和铅的盐类

锡和铅形成的盐类，也存在氧化数为 +2 和 +4 两种盐类，由于 $6s^2$ 惰性电子对效应，高价的铅具有很强的氧化性，易被还原成低价的铅，所以铅的盐类多以二价存在。比如 PbO_2 可以在酸性介质中将二价锰氧化，生成紫红色的高锰酸根离子：

$$2Mn^{2+} + 5PbO_2 + 4H^+ = 2MnO_4^- + 5Pb^{2+} + 2H_2O \tag{11-50}$$

铅蓄电池原理如下：　　$(-)Pb | PbSO_4 、H_2SO_4 | PbO_2 (+)$ \tag{11-51}

使用时，它是原电池，将化学能转化为电能：

$(+)$ 极反应　　　$PbO_2 + 2e^- + 4H^+ = Pb^{2+} + 4H_2O$　　　$\varphi^{\ominus}_{PbO_2/Pb^{2+}} = 1.69V$

（一）极反应　　　　$Pb + 2e^- + SO_4^{2-} \Longrightarrow PbSO_4$　　　　　　$\varphi^{\ominus}_{PbSO_4/Pb} = -0.356V$

所以铅蓄电池的电动势　　　$E = 1.69 - (-0.356) = 2V$

充电时，它是电解池，将电能转化为化学能：

阳极反应　　　　$Pb^{2+} - 2e^- + 2H_2O \Longrightarrow PbO_2 + 4H^+$

阴极反应　　　　$PbSO_4 + 2e^- \Longrightarrow Pb + SO_4^{2-}$

锡的高价化合物较稳定，低价的锡化合物则具有很强的还原性，特别是在碱性介质中，还原性更强，此时二价锡以 $[Sn(OH)_4]^{2-}$ 的形态存在，可以将铋盐还原为黑色的单质铋，常用来鉴定铋盐的存在：

$$2Bi^{3+} + 6OH^- + 3[Sn(OH)_4]^{2-} \Longrightarrow 2Bi\downarrow + 3[Sn(OH)_6]^{2-} \tag{11-52}$$

二价锡的盐还容易发生水解生成碱式盐或者氢氧化锡的沉淀：

$$Sn^{2+} + Cl^- + H_2O \Longrightarrow SnOHCl\downarrow + H^+ \tag{11-53}$$

所以配制 $SnCl_2$ 溶液时，要将 $SnCl_2$ 固体溶解在浓盐酸中，再稀释到所需要浓度。为了防止二价锡被空气中氧气氧化，即

$$2Sn^{2+} + O_2 + 4H^+ \Longrightarrow 2Sn^{4+} + 2H_2O \tag{11-54}$$

还常在溶液中加入一些锡粒，使得已被氧化的锡还原为亚锡：

$$Sn^{4+} + Sn \Longrightarrow 2Sn^{2+} \tag{11-55}$$

11.4 氮　族

11.4.1 氮族元素单质

氮族元素位于元素周期表ⅤA族，包括氮（N）、磷（P）、砷（As）、锑（Sb）、铋（Bi）五种元素。氮和磷是非金属元素，砷是准金属元素，锑和铋是金属元素。

氮族元素的价层电子构型为 ns^2np^3，氮族元素在其化合物中的氧化数主要为＋3和＋5。由于惰性电子对效应，氮族元素从上到下，氧化数为＋3的化合物稳定性增加，氧化数为＋5的化合物稳定性下降。

自然界中，氮主要以单质形式存在于空气中；而磷主要存在于矿物中，如氟磷灰石的成分是 $Ca_5F(PO_4)_3$。人体中也存在磷元素，如骨骼和体液中的无机磷酸盐，蛋白质中的有机磷；砷、锑、铋是亲硫元素，主要以硫化物的矿存在，如雄黄 As_4S_4、雌黄 As_2S_3、辉锑矿 Sb_2S_3、辉铋矿 Bi_2S_3 等。我国锑的储量居世界首位。氮族元素的一些性质见表11-12。

表 11-12　氮族元素的一些性质

元　素	氮	磷	砷	锑	铋
英文名	Nitrogen	Phosphorus	Arsenic	Antimony(Stibium)	Bismuth
原子序数	7	15	33	51	83
相对原子质量	14.01	30.97	74.92	121.75	208.98
价层电子构型	$2s^2 2p^3$	$3s^2 3p^3$	$4s^2 4p^3$	$5s^2 5p^3$	$6s^2 6p^3$
地壳中的丰度[①]/%	0.0020(31)	0.1050(10)	1.8×10^{-4}(51)	0.2×10^{-4}(62)	0.17×10^{-4}(64)
天然同位素及其丰度/%	^{14}N 99.634 ^{15}N 0.366	^{31}P 100	^{75}As 100	^{121}Sb 57.21 ^{123}Sb 42.79	^{209}Bi 100

① 指地壳岩石圈及毗邻的水圈和大气圈中的质量分数，括号内为存在量的排名。

(1) 氮气

氮气在常温下是无臭无味的气体，难溶于水，298K时，100mL 水中溶解度是 1.75mL。

氮气的固态存在两种晶型，其立方晶系的 α 晶型升温至 35.6K 时转变为六方晶系的 β 晶型。

　　氮气主要通过空气的液化和精馏得到。尽管大气中富含氮气，但由于 N≡N 叁键键能高达 $946kJ\cdot mol^{-1}$，因此通过一般的方法很难将氮转化成化合物。自然界中豆科植物根部的根瘤菌和某些藻类植物，能将氮气在常温常压下高效率地转化成氨，这一过程称为固氮。人工固氮是目前国内外化学界研究的热门课题，也是高科技的难题。固氮的关键环节是削弱氮气分子叁键的能量，增加其反应活性。固氮酶就有削弱氮气分子叁键的能量的功能。其活性部分的可能结构如图 11-12 所示：氮气分子与两个桥基铁配合，形成 Fe⋯N≡N⋯Fe 的结构，削弱了两个氮原子的结合程度，使氮气分子容易裂解而被还原成 NH_3。

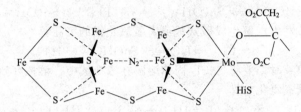

图 11-12　固氮酶与氮分子的结合

　　实验室常用加热亚硝酸铵溶液制氮：
$$NH_4NO_2 \xrightarrow{\quad} 2H_2O + N_2 \uparrow \tag{11-56}$$
将氨气通过赤热的氧化铜或由叠氮化物热分解也可以获得纯的氮气：
$$2NH_3 + 3CuO \xrightarrow{\quad} 3Cu + 3H_2O + N_2 \uparrow \tag{11-57}$$
$$2NaN_3 \xrightarrow{\quad} 2Na + 3N_2 \uparrow \tag{11-58}$$

(2) 磷的单质

磷有多种同素异形体，以白磷、红磷和黑磷最为重要。

纯白磷是无色透明的固体，不纯的白磷略带黄色，称为黄磷。白磷具有恶臭的气味，在暗处显蓝色的磷光，硬度仅为 0.5，有剧毒，成人的致死量为 0.1g。白磷是分子晶体，属于立方晶系，其分子式为 P_4，分子呈正四面体构型，如图 11-13(a) 所示。每个磷原子位于正四面体的一个顶角，用三个 p 轨道上的未成对电子和其他磷原子成键，p 轨道之间的夹角是 90°，而实际形成的分子键角只有 60°，所以白磷分子中存在着键张力，使白磷很不稳定，是最活泼的单质磷。白磷在空气中 318K 以上即氧化自燃，需储存于煤油或者水中。

白磷在氯气中燃烧，生成 PCl_3 和 PCl_5，它们均是重要的化工原料。
$$P_4 + 6Cl_2 \xrightarrow{\quad} 4PCl_3 \tag{11-59}$$
$$P_4 + 10Cl_2 \xrightarrow{\quad} 4PCl_5 \tag{11-60}$$
白磷可被浓硝酸氧化成磷酸：
$$P_4 + 20HNO_3 \xrightarrow{\quad} 4H_3PO_4 + 20NO_2 \uparrow + 4H_2O \tag{11-61}$$
白磷在碱性溶液中可发生歧化成磷化氢和次磷酸二氢盐：
$$P_4 + 3KOH + 3H_2O \xrightarrow{\quad} PH_3 \uparrow + 3KH_2PO_2 \tag{11-62}$$
白磷也有较强的还原性，可将贵金属和铅从其盐溶液中置换出：
$$P_4 + 10CuSO_4 + 16H_2O \xrightarrow{\quad} 10Cu + 4H_3PO_4 + 10H_2SO_4 \tag{11-63}$$
根据式(11-63)，硫酸铜可作为白磷中毒的解毒剂。

工业上将磷酸钙矿、黄砂、炭粉在电炉中加热至 1773K 便可获得白磷蒸气：
$$2Ca_3(PO_4)_2 + 6SiO_2 + 10C \xrightarrow{\quad} 6CaSiO_3 + 10CO \uparrow + P_4 \uparrow \tag{11-64}$$
将蒸气冷凝后便可得到固体白磷。

白磷在隔绝空气的情况下，加热到 533K 就缓慢转变为红磷。红磷属于单斜晶系，是一种暗红色的粉末，无毒，也具有一定的还原性，但较白磷稳定。红磷的结构还有待研究，有人建议红磷的结构式如图 11-13(b)，是将白磷分子内的一根 P—P 键拆散后，再彼此连接起来形成的长链分子。但此说并未被化学界一致认可。

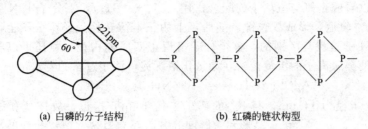

(a) 白磷的分子结构　　　　　　　(b) 红磷的链状构型

图 11-13　磷的同素异形体

在很高的压力下加热白磷得到黑磷晶体，黑磷性质更不活泼，但是能导电，有金属磷的称呼，黑磷中具有石墨般的层状结构，属于斜方晶系。

白磷用于制造纯磷酸，生成有机磷杀虫剂、烟幕弹等。红磷用于火柴生产，火柴盒侧面摩擦生火的涂层就是红磷与三氧化二锑的混合物。

(3) 砷、锑、铋的单质

砷和锑都具有黄、黑和灰三种同素异形体，其中灰砷和灰锑最稳定，是具有层状结构的混合型晶体。

灰砷外观灰色发亮不透明，质脆，光亮似银，可导电，也称金属砷，属于三方晶系。

黄砷黄色透明，似蜡可塑，属于立方晶体。

黑砷则是无定形结构的黑色粉末，由 AsH_3 加热分解制得。砷的蒸气结构与白磷相似，具有 As_4 的结构，黄砷就是将蒸气骤冷制得的。

单质砷无毒，但三价砷化物属于剧毒物质，毒性比五价砷化物大。砷常用于制造农药。

灰锑是有色重金属，银白发亮，属于三方晶系。性脆，无延展性，导热性能差。锑及锑化物都有很强的毒性。锑产量的 70% 以上用于制造合金。

铋也是有色重金属，外观带浅红光泽的银白色，极亮，属于三方晶系。不纯时候性脆，熔点很低。

砷、锑、铋常温下比较稳定，不溶于稀酸，但溶于硝酸和热的浓硫酸。高温时，溶于硫酸并和氧、硫等非金属作用，生成氧化物和硫化物。

砷、锑、铋能与ⅢA族的金属形成 GaAs、GaSb、InAs、AlSb 等具有半导体性能的材料。在铅中加入锑能提高硬度，用于制造子弹和轴承。熔融的锑和铋在凝固时，有体积膨胀的特性。由铋和其他金属组成的武德合金（质量分数：Bi 50%、Pb 25%、Sn 12.5%、Cd 12.5%）熔点只有 343K，可作保险丝和用在自动灭火设备的保护装置上。铋的热中子截获面积很小，还能作为原子能反应堆的冷却剂。

11.4.2　氮的重要化合物

(1) 氮的氢化物

① 氨和铵

氨是氮最重要的氢化物，几乎所有含氮的化合物都是以氨为初始原料制备的。工业上制备氨是在高温、高压和催化剂存在的条件下，用氮气和氢气合成制得。

$$N_2 + 3H_2 \Longrightarrow 2NH_3 \tag{11-65}$$

液态的氨是一种良好的溶剂，和水类似，也存在着微弱的质子自递过程，在 223K 时，其电离常数 $K = 10^{-30}$：

$$2NH_3(l) \Longrightarrow NH_4^+(aq) + NH_2^-(aq) \qquad (11-66)$$

氨上有一对孤电子对，可以作为碱与质子作用，生成铵离子：

$$NH_3 + H^+ \Longrightarrow NH_4^+ \qquad (11-67)$$

这一过程可以看成是氨与氢离子的配合作用（$H^+ \leftarrow NH_3$），氨分子中 N 原子上的孤电子对进入氢的 1s 空轨道，形成配位键，随后氢上的正电荷转移到整个分子上，所以在铵离子中，四条 N—H 键是没有区别的，整个分子呈现正四面体构型。氨还可以和许多金属离子形成配合物，使金属离子的沉淀溶解，如氯化银沉淀可溶于过量的氨水：

$$AgCl + 2NH_3 \Longrightarrow [Ag(NH_3)_2]^+ + Cl^- \qquad (11-68)$$

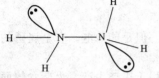

NH_4^+ 的离子半径为 143pm，与 K^+ 的离子半径 133pm 接近，故铵盐和钾盐无论在颜色、晶形和溶解度等方面都类似，常把铵盐和碱金属的盐归为一类。

② 联氨（肼）、羟胺和叠氮酸

联氨 N_2H_4 又称肼，相当于两个氨直接相连，结构式如图 11-14 所示。

图 11-14　联氨的分子结构

联氨分子中存在两对孤电子对，孤电子对间的相互排斥力使得它们处于反位。

联氨分子不稳定，是强还原剂，在空气中燃烧放出大量的热。比如联氨和双氧水的反应，不但是强放热反应，而且反应后产生的气体使得体积急剧增大，所以可以用来作为火箭的燃料。

$$N_2H_4(l) + 2H_2O_2(l) \Longrightarrow N_2(g) + 4H_2O(g) \qquad (11-69)$$

联氨与 N_2O_4 可发生激烈的反应并自动点火，气温可升至 2973K，曾用作宇宙飞船的燃料。

$$2N_2H_4(l) + N_2O_4(l) \Longrightarrow 3N_2(g) + 4H_2O(g) \qquad (11-70)$$

联氨可通过下列反应制备：

$$2NH_3 + Cl_2 \Longrightarrow NH_2Cl + NH_4Cl \qquad (11-71)$$

$$2NH_3 + NH_2Cl \Longrightarrow N_2H_4 + NH_4Cl \qquad (11-72)$$

羟氨 NH_2OH 可以看成氨分子的一个氢被羟基取代后的产物，羟胺为白色固体，不稳定，288K 以上即分解：

$$3NH_2OH \Longrightarrow NH_3\uparrow + N_2\uparrow + 3H_2O \qquad (11-73)$$

羟氨也是一个碱，只是碱性比氨更弱：

$$NH_2OH + H_2O \Longrightarrow NH_3OH^+ + OH^- \qquad K_b = 6.6 \times 10^{-9} \qquad (11-74)$$

羟氨中氮的氧化数为 -1，以还原性为主，在碱性介质中可被碘氧化为氮气：

$$2NH_2OH + I_2 + 2OH^- \Longrightarrow N_2\uparrow + 2I^- + 4H_2O \qquad (11-75)$$

式(11-75)表明，以羟氨为还原剂不会给原反应体系引入杂质。

叠氮酸 HN_3 是无色有刺激性味道的液体，其蒸气有剧毒。其结构式如图 11-15 所示，三个氮原子在同一直线上，分子中存在三个 σ 键，一个 N—N 间的 π 双键，还有一个三中心四电子的离域大 π 键，记作 Π_3^4。

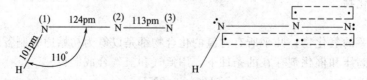

图 11-15　叠氮酸的分子结构

叠氮酸 HN_3 不稳定，受热或振荡即爆炸分解：

$$2HN_3(g) \Longrightarrow H_2(g) + 3N_2(g) \tag{11-76}$$

叠氮酸是一元弱酸，$K_a = 1.9 \times 10^{-5}$，与碱或者金属作用生成叠氮化物：

$$HN_3 + NaOH \Longrightarrow NaN_3 + H_2O \tag{11-77}$$

$$2HN_3 + Zn \Longrightarrow Zn(N_3)_2 + H_2 \uparrow \tag{11-78}$$

活泼金属的叠氮化物是离子型，加热分解为金属单质和氮气，而重金属如银、铜、铅、汞的叠氮化物是共价型，加热分解的时候反应剧烈，会发生爆炸。基于这一性质，$Pb(N_3)_2$ 和 $Hg(N_3)_2$ 等常用作引爆剂。

(2) 氮的氧化物

氮与氧结合时，其氧化数可从 +1 到 +5，形成多种氮氧化物，它们的结构和性质见表 11-13。

表 11-13　氮氧化物的结构和性质

分子式	性状	熔点/K	沸点/K	结构	
N_2O	无色气体	182	184.5	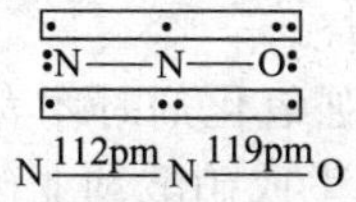	N 以 sp 杂化轨道成键,分子中有两个 σ 键、两个 Π_3^4 键
NO	无色气体	109.5	121	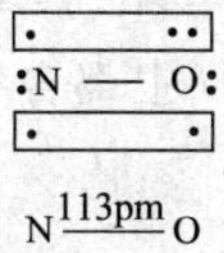	N 以 sp 杂化成键,分子中有一个 σ 键、一个 π 键、一个三电子 π 键
N_2O_3	固体为蓝色,气态时易分解为 NO_2 和 NO	172.4	276.5(分解)	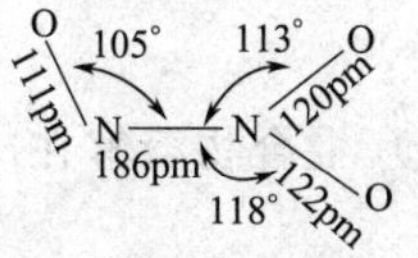	N 以 sp^2 杂化成键,形成四个 σ 键、一个 Π_5^6 键
NO_2	红棕色气体	262	294.2	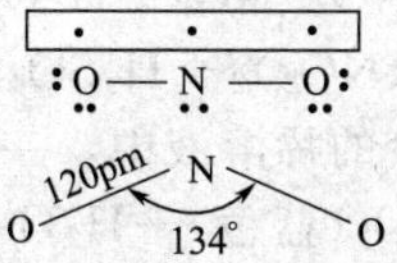	N 以 sp^2 杂化成键,形成两个 σ 键、一个 Π_3^3 键
N_2O_4	无色气体	181.2	294.3	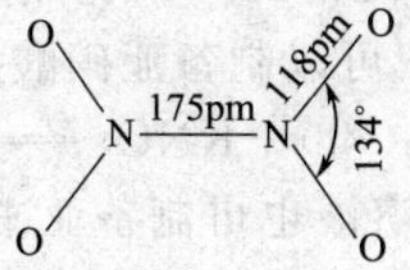	N 以 sp^2 杂化成键,形成 5 个 σ 键、一个 Π_6^8 键
N_2O_5	无色固体,气体不稳定	305.6	320(升华)	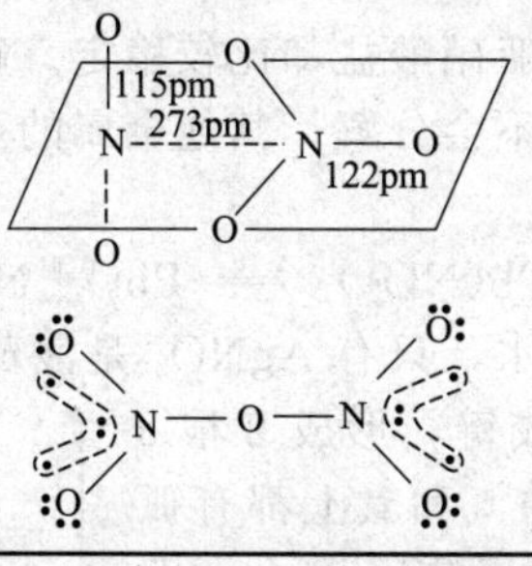	固体由 N_2O^+ 和 NO_3^- 构成,如左方上图;气体结构则如左方下图,分子中存在 6 个 σ 键、两个 Π_3^4 键

NO 因含有未成对的电子而具有顺磁性，但在低温的固体或液态时是反磁性的，这是由于形成了双聚体 $(NO)_2$ 分子，没有未成对电子存在的缘故。双聚体 $(NO)_2$ 的分子化学键结构如图 11-16 所示。

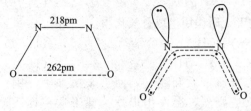

图 11-16 (NO)₂ 分子化学键结构

氮原子采取 sp^2 杂化，分子为平面四边形分子，存在 3 个 σ 键，一个 Π_3^4 键，电子全部成对。

铜与浓硝酸作用可制得 NO_2，NO_2 在常温下是红棕色气体。温度低的时候凝结为无色固体。2 个 NO_2 分子聚合成一个 N_2O_4 分子，N_2O_4 分子是无色的。这一转换是个可逆的，每摩尔 N_2O_4 的生成热为 57.2kJ：

$$2NO_2(g) \Longrightarrow N_2O_4(g) \tag{11-79}$$

所以降低温度有利于生成 N_2O_4，升高温度则生成 NO_2。室温下的二氧化氮气体实际上是 NO_2 和 N_2O_4 的混合物。温度超过 150℃时，NO_2 开始分解：

$$2NO_2 \Longrightarrow 2NO+O_2 \tag{11-80}$$

NO_2 分子中氮的氧化数是 +4，所以氧化性和还原性并存，但以氧化性为主。NO_2 和红热的碳、硫、磷等接触可起火燃烧。

只有遇高锰酸钾、双氧水等强氧化剂时才表现出还原性。

NO_2 溶于水发生歧化反应，生成硝酸和亚硝酸：

$$2NO_2+H_2O \Longrightarrow HNO_2+HNO_3 \tag{11-81}$$

工业废气、煤的燃烧及汽车尾气中都含有氮氧化物，主要是 NO 和 NO_2，是空气的主要污染源之一。NO 对人体有害，NO_2 以及 NO 和大气中的水汽作用生成硝酸和亚硝酸，是酸雨的主要有害成分之一。

(3) 氮的含氧酸及盐

① 亚硝酸及其盐

将等物质的量的 NO 和 NO_2 混合物溶解在冷水中，或者在亚硝酸盐的冷溶液中加入硫酸，均可生成亚硝酸：

$$NO+NO_2+H_2O \Longrightarrow 2HNO_2 \tag{11-82}$$

$$Ba(NO_2)_2+H_2SO_4 \Longrightarrow BaSO_4\downarrow+2HNO_2 \tag{11-83}$$

亚硝酸很不稳定，只存于冷的稀溶液中，一旦加热或浓缩就发生分解：

$$2HNO_2 \Longrightarrow N_2O_3(蓝色)+H_2O \Longrightarrow NO+NO_2(棕色)+H_2O \tag{11-84}$$

亚硝酸是较弱的酸，$K_a=7.2\times10^{-4}$，比醋酸略强。

在高温下还原固态硝酸盐，可以制备亚硝酸盐，比如：

$$Pb(粉)+KNO_3 \Longrightarrow KNO_2+PbO \tag{11-85}$$

将 NO 和 NO_2 混合通入碱溶液也可制备亚硝酸盐：

$$NO+NO_2+2NaOH \Longrightarrow 2NaNO_2+H_2O \tag{11-86}$$

亚硝酸虽然不稳定，但亚硝酸盐却比较稳定。碱金属和碱土金属的亚硝酸盐，热稳定性很高。即使在熔融状态下也不会分解。其他金属的亚硝酸盐在高温下会分解为 NO、NO_2 和金属氧化物：

$$Pb(NO_2)_2 \Longrightarrow PbO+NO_2\uparrow+NO\uparrow \tag{11-87}$$

亚硝酸盐一般易溶解于水，只有 $AgNO_2$ 是浅黄色的沉淀。亚硝酸根的电子结构式如图 11-17 所示。N 以 sp^2 杂化成键，形成 2 根 σ 键，1 个 Π_3^4 键。亚硝酸根的氮和氧上都有孤电子对，能以两种方式与金属离子配合，即 $M \leftarrow NO_2$ 和 $M \leftarrow ONO$。

亚硝酸及亚硝酸盐中 N 的氧化数为 +3，比 N 的最高氧化数 +5 低，但比最低氧化数

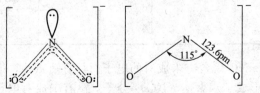

图 11-17 亚硝酸根的电子结构式

284

—3高。所以，它们既有氧化性又有还原性。

在酸性溶液中主要显示氧化性：

$$2NO_2^- + 2I^- + 4H^+ =\!=\!= 2NO\uparrow + I_2 + 2H_2O \tag{11-88}$$

此反应是定量进行的。因此，可用间接碘量法测定亚硝酸及亚硝酸盐的含量。

只有酸性溶液中存在强氧化剂 MnO_4^-、$Cr_2O_7^{2-}$、BiO_3^- 等时，亚硝酸及亚硝酸盐才起还原作用：

$$5NO_2^- + 2MnO_4^- + 6H^+ =\!=\!= 5NO_3^- + 2Mn^{2+} + 3H_2O \tag{11-89}$$

在碱性溶液中主要显示还原性：

$$2NO_2^- + O_2 =\!=\!= 2NO_3^- \tag{11-90}$$

KNO_2 和 $NaNO_2$ 大量用在染料和有机合成工业中，还常用于食品防腐。但如果摄入过多，对人体有害，因为亚硝酸盐进入血液后，会把血红蛋白中 $Fe(II)$ 氧化成 $Fe(III)$，使得血红蛋白失去活性，不能携带氧气，中毒症状与煤气中毒类似，严重者危及生命。工业用盐中含有大量亚硝酸盐，如误作食盐食用后果严重，亚硝酸盐的味道咸中带甜，应注意鉴别。

可以用铵盐或者尿素来清除亚硝酸盐：

$$NH_4^+ + NO_2^- =\!=\!= N_2\uparrow + 2H_2O \tag{11-91}$$

$$CO(NH_2)_2 + 2HNO_2 =\!=\!= 2N_2\uparrow + CO_2\uparrow + 3H_2O \tag{11-92}$$

② 硝酸及其盐

硝酸是无色溶液，沸点为 356K，易挥发。硝酸只能存于水溶液中，市售的浓硝酸含 HNO_3 的质量分数为 $68\%\sim70\%$，折合硝酸浓度大约有 $16mol\cdot L^{-1}$。

硝酸受热分解后产生的 NO_2 溶于 HNO_3，随着 NO_2 含量的增加，硝酸溶液的颜色从黄到红颜色逐渐加深：

$$4HNO_3 =\!=\!= 4NO_2\uparrow + O_2\uparrow + 2H_2O \tag{11-93}$$

硝酸是强酸，在水中完全电离。硝酸和硝酸根的电子结构式如图 11-18 所示。

硝酸分子中，氮原子以 sp^2 杂化成键，与三个氧原子形成 3 个 σ 键，氮原子上未杂化的一个 p 轨道和另外两个非羟基的氧原子的 p 轨道都垂直于分子平面，形成了 Π_3^4 键。中心氮原子和羟基氧原子之间是单键。而硝酸根中，除了 3 个 N—O 单键以外，整个分子中还存在一个 Π_4^6 键，所以硝酸根的稳定性比硝酸高。

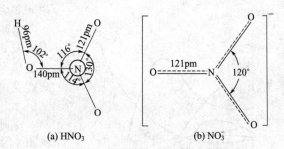

图 11-18 硝酸和硝酸根的结构式

硝酸中的氮呈最高氧化数 +5，具有强氧化性，能把许多非金属元素的单质氧化成相应的氧化物或含氧酸：

$$3C + 4HNO_3 =\!=\!= 3CO_2\uparrow + 4NO\uparrow + 2H_2O \tag{11-94}$$

$$3P + 5HNO_3 + 2H_2O =\!=\!= 3H_3PO_4 + 5NO\uparrow \tag{11-95}$$

$$S + 2HNO_3 =\!=\!= H_2SO_4 + 2NO\uparrow \tag{11-96}$$

$$3I_2 + 10HNO_3 =\!=\!= 6HIO_3 + 10NO\uparrow + 2H_2O \tag{11-97}$$

硝酸与金属单质的反应较复杂，大致可以分为三种类型。

第一种是金属和冷的浓硝酸发生钝化反应，如铝、铁、铬、镍、钒、钛等金属；第二种是不和硝酸反应的贵金属，如金、铂、铱等，但是它们能够溶于王水，原因是王水中的浓盐酸提供高浓度的 Cl^-，与金属离子形成稳定的配合物，电极电位大幅下降，致使贵金属被硝酸氧化：

$$Au + HNO_3 + HCl =\!=\!= H[AuCl_4] + NO\uparrow + 2H_2O \tag{11-98}$$

$$3Pt + 4HNO_3 + 18HCl \Longrightarrow 3H_2[PtCl_6] + 4NO\uparrow + 8H_2O \qquad (11\text{-}99)$$

第三种就是硝酸与一般金属的反应。在将金属氧化时，硝酸的还原产物在不同条件下也不相同。从下面硝酸的元素电位图可以看出，还原产物 NO_2、NO、N_2O、NH_4^+ 都可能产生。

从图 11-19 硝酸的电极电位图可以看出，NO_3^-/N_2 电对的标准电极电位最大，硝酸被还原成 N_2 的可能性最大，然而这一反应的反应速率很慢，很少能实现。

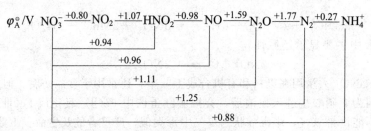

图 11-19　硝酸的电极电位图

硝酸的还原产物，取决于硝酸的浓度和金属的活泼性。硝酸越稀，被还原的程度越大，大多数生成 NO。而浓硝酸的最后还原产物多是 NO_2；比如铜和硝酸的反应：

$$Cu + 4HNO_3(浓) \Longrightarrow Cu(NO_3)_2 + 2NO_2\uparrow + 2H_2O \qquad (11\text{-}100)$$

$$3Cu + 8HNO_3(稀) \Longrightarrow 3Cu(NO_3)_2 + 2NO\uparrow + 4H_2O \qquad (11\text{-}101)$$

金属越活泼，硝酸被还原的程度也越大，比如锌与硝酸的反应：

$$4Zn + 10HNO_3(稀) \Longrightarrow 4Zn(NO_3)_2 + N_2O\uparrow + 5H_2O \qquad (11\text{-}102)$$

若硝酸极稀，硝酸还可被还原成 NH_4^+：

$$4Zn + 10HNO_3(极稀) \Longrightarrow 4Zn(NO_3)_2 + NH_4NO_3 + 3H_2O \qquad (11\text{-}103)$$

图 11-20 表示的是铁与不同浓度硝酸反应的还原产物比例，硝酸浓的时候 NO_2 是主要产物，而硝酸稀的时候以 NO、NH_4^+ 为主。可见硝酸和金属反应，生成物实际上多为混合气体。

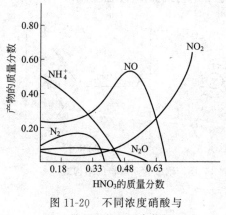

图 11-20　不同浓度硝酸与铁反应的还原产物

硝酸盐多是白色、易溶于水的晶体，在常温下比较稳定，也不具有氧化性。但在高温时候，硝酸盐容易分解。金属活泼性强于镁的金属的硝酸盐受热分解生成亚硝酸盐和氧气，如：

$$2KNO_3 \Longrightarrow 2KNO_2 + O_2\uparrow \qquad (11\text{-}104)$$

金属活泼性在镁和铜之间的金属硝酸盐，加热得到相应的氧化物，并放出二氧化氮和氧气，如：

$$2Zn(NO_3)_2 \Longrightarrow 2ZnO + 4NO_2\uparrow + O_2\uparrow \qquad (11\text{-}105)$$

活泼性比铜更弱的金属硝酸盐，加热得到金属单质，并放出二氧化氮和氧气，如：

$$2AgNO_3 \Longrightarrow 2Ag + 2NO_2\uparrow + O_2\uparrow \qquad (11\text{-}106)$$

由于硝酸盐在热分解过程中都生成氧气，所以将它们和可燃性的物质放在一起起助燃作用，常用于制作烟火和黑火药。

11.4.3　磷的重要化合物

(1) 磷的氢化物和卤化物

① 膦和联膦

磷化氢 PH_3 又称作膦，和联膦 P_2H_4 是磷最常见的两种氢化物，其结构和性质与氨 NH_3 和肼即联氨 N_2H_4 类似。

膦是无色气体，具有大蒜臭味，剧毒。膦的分子构型和氨类似，是三角锥形，但不能形成分子间的氢键。所以膦的熔沸点要比氨低，在水中溶解度也不大。

膦具有较强的还原性，在空气中燃烧生成磷酸。白磷与碱溶液反应，可制得膦：

$$P_4 + 3KOH + 3H_2O \Longrightarrow PH_3 \uparrow + 3KH_2PO_2 \tag{11-107}$$

联膦为无色液体，性质不稳定，易分解：

$$3P_2H_4 \Longrightarrow 2P + 4PH_3 \uparrow \tag{11-108}$$

② 磷的卤化物

磷的卤化物中最重要的是三氯化磷 PCl_3 和五氯化磷 PCl_5，它们的分子结构如图 11-21 所示。

在三氯化磷分子中，磷采取不等性的 sp^3 杂化，与三个氯原子成键后，还剩下一对孤电子对，故三氯化磷可以与金属离子形成配合物。

三氯化磷是无色的液体，用干燥的氯气和过量的磷反应制得。三氯化磷很容易水解形成亚磷酸和盐酸，故三氯化磷遇潮湿空气会产生烟雾：

$$PCl_3 + 3H_2O \Longrightarrow H_3PO_3 + 3HCl \tag{11-109}$$

五氯化磷呈三角双锥构型，分子中磷原子以 sp^3d 杂化成键。过量的氯气与磷作用制得五氯化磷的白色固体，五氯化磷也易水解，但水量不足时，会生成三氯氧磷 $POCl_3$ 和氯化氢：

$$PCl_5 + H_2O(不足) \Longrightarrow POCl_3 + 2HCl \tag{11-110}$$

$$PCl_5 + 4H_2O(过量) \Longrightarrow H_3PO_4 + 5HCl \tag{11-111}$$

(2) 磷的氧化物

磷的氧化物常见的有 P_4O_{10} 和 P_4O_6，也常用 P_2O_5 和 P_2O_3 的化学式来表示，分别称为磷酸酐和亚磷酸酐。磷在充足的空气中燃烧得到 P_4O_{10}，如氧气不足得到 P_4O_6，它们的分子结构如图 11-22 所示。

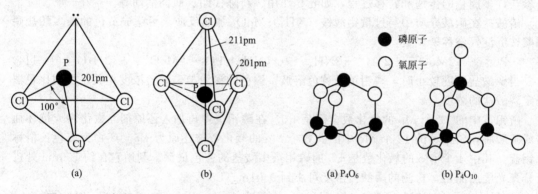

图 11-21　三氯化磷 (a) 和五氯化磷　　　　图 11-22　磷的氧化物
　　　　(b) 的分子结构

磷酸酐为白色雪花状晶体，有很强的吸水性，不但能从空气和溶液中吸水，甚至可以从化合物中按水分子的组成夺去氢和氧生成磷酸，可使硫酸和硝酸生成硫酐 SO_3 和硝酐 N_2O_5：

$$P_4O_{10} + 6H_2SO_4 \Longrightarrow 6SO_3 + 4H_3PO_4 \tag{11-112}$$

$$P_4O_{10} + 12HNO_3 \Longrightarrow 6N_2O_5 + 4H_3PO_4 \tag{11-113}$$

(3) 磷的含氧酸及盐

磷能形成多种氧化数的含氧酸，如氧化数为 +1 的次磷酸 H_3PO_2、氧化数为 +3 的亚磷酸 H_3PO_3、氧化数为 +5 的偏磷酸 HPO_3、正磷酸 H_3PO_4、焦磷酸 $H_4P_2O_7$。它们的结构和解离常数列在表 11-14 中。

表 11-14　磷的含氧酸结构与解离常数

分子式	H_3PO_2	H_3PO_3	H_3PO_4	$H_4P_2O_7$
结构	$\begin{array}{c}O\\\parallel\\HO-P-H\\\mid\\H\end{array}$	$\begin{array}{c}O\\\parallel\\HO-P-OH\\\mid\\H\end{array}$	$\begin{array}{c}O\\\parallel\\HO-P-OH\\\mid\\OH\end{array}$	$\begin{array}{c}O\quad\quad O\\\parallel\quad\quad\parallel\\HO-P-O-P-OH\\\mid\quad\quad\mid\\OH\quad\quad OH\end{array}$
离解常数	$K_{a1}=10^{-2}$	$K_{a1}=1.6\times10^{-2}$ $K_{a2}=7\times10^{-7}$	$K_{a1}=7.5\times10^{-3}$ $K_{a2}=6.2\times10^{-8}$ $K_{a3}=2.2\times10^{-13}$	$K_{a1}=1.4\times10^{-1}$ $K_{a2}=3.2\times10^{-2}$ $K_{a3}=1.7\times10^{-6}$ $K_{a4}=6.0\times10^{-9}$

磷的含氧酸中，磷以 sp^3 杂化成键，形成磷的四面体结构，分别连接羟基氧和非羟基氧或者直接连接氢原子。

在羟基上的氢是可以电离的，表现出酸性，直接连接在磷上的氢不能电离。一般认为非羟基氧与磷原子之间的键具有双键性质，是由一个 $P\rightarrow O$ 配位单键和一个从氧的 p 轨道到磷的 d 轨道的反馈配键构成的，经常就简写为 $P=O$ 双键。

正磷酸是由单一的磷氧四面体构成的，纯磷酸是无色晶体，熔点 315.5K。

市售的磷酸为黏稠溶液，含 H_3PO_4 质量分数约 83%，折合磷酸浓度为 $14mol\cdot L^{-1}$。磷酸是无氧化性、不挥发的三元中强酸。磷酸具有很强的配位能力，可以与 Fe^{3+} 形成配离子：

$$Fe^{3+}+2H_3PO_4 = [Fe(HPO_4)_2]^-+4H^+$$

磷酸是三元酸，所以其盐有三种，即磷酸盐、磷酸氢盐和磷酸二氢盐，如磷酸钠 Na_3PO_4、磷酸氢二钠 Na_2HPO_4 和磷酸二氢钠 NaH_2PO_4。

磷酸二氢盐均溶于水，其他两种盐除了钾盐、钠盐和铵盐以外一般均难溶于水。磷酸盐是重要的化肥，也是食品和动物饲料的添加剂。磷酸盐在生命活动中起到重要的作用，特别是参与许多能量的传递和转移过程，如光合作用、新陈代谢、肌肉活动等。

磷酸盐在硝酸介质中与过量钼酸铵 $(NH_4)_2MoO_4$ 加热反应，可生成黄色的杂多酸盐磷钼酸铵沉淀，俗称磷钼黄：

$$PO_4^{3-}+12MoO_4^{2-}+24H^++3NH_4^+ = (NH_4)_3PO_4\cdot12MoO_3\downarrow+12H_2O \quad (11\text{-}114)$$

当磷酸盐浓度较小时，磷钼黄是黄色溶液，颜色的深浅与磷酸盐浓度相关，可用比色法测定磷酸盐的浓度。

磷钼黄中的 12 个 Mo 的氧化数全部是 +6。在磷钼黄中再加入还原剂二氯化锡或抗坏血酸或硫酸肼，磷钼黄的 12 个 Mo 中的偶数个 Mo 的氧化数被还原为 +5。产物为蓝色，俗称磷钼蓝。其中 4 个 Mo 的氧化数是 +5 的磷钼杂多酸盐的蓝色最深。利用它在约 700nm 处进行分光光度法测定，检测的磷酸盐浓度可小到 $0.01mg\cdot L^{-1}$。

$$(NH_4)_3PO_4\cdot12MoO_3+4e^-+4H^+ = (NH_4)_3PO_4\cdot8MoO_3\cdot2Mo_2O_5+2H_2O$$
$$(11\text{-}115)$$

氟磷灰石与硫酸作用可生产化肥过磷酸钙，俗称普钙：

$$2Ca_5F(PO_4)_3+7H_2SO_4+3H_2O = 3Ca(H_2PO_4)_2\cdot H_2O+7CaSO_4+2HF\uparrow$$
$$(11\text{-}116)$$

磷酸与氨作用，可生产复合肥磷氨，俗称安福粉：

$$2H_3PO_4+3NH_3 = (NH_4)_2HPO_4+NH_4H_2PO_4 \quad (11\text{-}117)$$

磷酸在 475～573K 下脱水，可生成焦磷酸：

$$2H_3PO_4 \xrightarrow{\triangle} H_4P_2O_7+H_2O \quad (11\text{-}118)$$

焦磷酸是无色玻璃状固体，易溶于水，相当于磷酸的二聚体。

焦磷酸根具有强的配位性能，过量的焦磷酸根能使得一些难溶的焦磷酸盐沉淀溶解，生成配离子。因此，焦磷酸盐在实验室常作为溶剂使用。

焦磷酸钠与偏磷酸钠共熔，进一步脱水，可得到三聚磷酸钠：

$$Na_4P_2O_7 + NaPO_3 \rule[0.5ex]{2em}{0.4pt} Na_5P_3O_{10} \tag{11-119}$$

偏磷酸是硬而透明的玻璃状物质，易溶于水，常见的偏磷酸有环状多聚体形式，如三聚偏磷酸 $(HPO_3)_3$ 和四聚偏磷酸 $(HPO_3)_4$。也有链状的多聚体形式（可达 $20\sim100$ 个磷氧四面体单元），其钠盐称为格雷汉姆盐，记为 $(NaPO_3)_n$，也称为六偏磷酸钠，但其中 n 并不等于6。该盐具有配位性质，可和水中的钙、镁离子形成可溶性配合物，用于水的软化。

亚磷酸是白色固体，在水中溶解性很好，亚磷酸及其盐表现出强的还原性，能将银、铜、汞等金属离子还原成单质，如：

$$H_3PO_3 + CuSO_4 + H_2O \rule[0.5ex]{2em}{0.4pt} Cu + H_3PO_4 + H_2SO_4 \tag{11-120}$$

次磷酸是白色易潮解的固体，由于其中磷的氧化数是 $+1$，其还原性比亚磷酸更强，不仅能还原不活泼金属的离子，而且还能和镍离子作用：

$$NiCl_2 + H_3PO_2 + H_2O \rule[0.5ex]{2em}{0.4pt} Ni + H_3PO_3 + 2HCl \tag{11-121}$$

11.4.4 砷、锑、铋的氧化物及其水合物

砷、锑、铋的氧化物有 $+3$ 价和 $+5$ 价的两种，即：

$$As_2O_3（白色） \qquad Sb_2O_3（白色） \qquad Bi_2O_3（黄色）$$
$$As_2O_5（白色） \qquad Sb_2O_5（淡黄色） \qquad Bi_2O_5（红棕色）$$

$+3$ 价的氧化物可由单质在空气中燃烧制得，而 $+5$ 价的氧化物是用硝酸氧化单质得到含氧酸再脱水制得的，例如：

$$3As + 5HNO_3 + 2H_2O \rule[0.5ex]{2em}{0.4pt} 3H_3AsO_4 + 5NO\uparrow \tag{11-122}$$

$$2H_3AsO_4 \xrightarrow{\triangle} As_2O_5 + 3H_2O \tag{11-123}$$

但是硝酸只能把铋氧化成 $+3$ 价，只有在强碱性介质中用强氧化剂才能生成 $+5$ 价的铋：

$$Bi(OH)_3 + Cl_2 + 3NaOH \rule[0.5ex]{2em}{0.4pt} NaBiO_3 + 2NaCl + 3H_2O \tag{11-124}$$

用酸处理 $NaBiO_3$ 得到 Bi_2O_5，但极不稳定，很快会分解为 Bi_2O_3 和 O_2。

As_2O_3 俗称砒霜，是剧毒的白色粉末，致死量约为 $0.1g$，主要用来制造杀虫剂、除草剂和含砷药物。

As_2O_3 微溶于水，生成亚砷酸 H_3AsO_3，亚砷酸是两性偏酸的化合物。

Sb_2O_3 的水合物两性明显，而 Bi_2O_3 的水合物呈弱碱性，也就是说从砷到锑到铋，$+3$ 价的氧化物水合物都具有两性，但其酸性逐渐减弱，碱性逐渐增强。

氧化值为 $+5$ 价的砷、锑、铋，其氧化物水合物都是酸性，且具有氧化性，氧化性依次增强。由于 $6s$ 惰性电子对效应，$Bi(V)$ 很不稳定，表现出强的氧化性，在酸性介质中能将 Mn^{2+} 氧化成紫红色的 MnO_4^-，可以利用该反应来鉴定溶液中的 Mn^{2+}。

砷、锑、铋氧化物及其水合物的酸碱性及氧化还原性变化规律如图 11-23 所示。

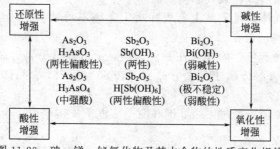

图 11-23　砷、锑、铋氧化物及其水合物的性质变化规律

11.5 氧族元素

11.5.1 氧族元素概论

(1) 氧族元素简介

氧族元素位于元素周期表ⅥA族，包括氧（O）、硫（S）、硒（Se）、碲（Te）、钋（Po）五种元素。氧和硫是典型的非金属元素，硒和碲是准金属元素，钋是金属元素。其性质参见表11-15。

表 11-15 氧族元素的一些性质

元素	氧	硫	硒	碲	钋
英文名	Oxygen	Sulfur	Selenium	Tellurium	Polonium
原子序数	8	16	34	52	84
价层电子构型	$2s^2 2p^4$	$3s^2 3p^4$	$4s^2 4p^4$	$5s^2 5p^4$	$6s^2 6p^4$
地壳中的丰度①/%	46.4(1)	0.0260(15)	0.05×10^{-4}(66)	—	—
天然同位素及其丰度/%	^{16}O 99.76 ^{17}O 0.04 ^{18}O 0.20	^{32}S 95.02 ^{33}S 0.75 ^{34}S 4.21 ^{36}S 0.02	^{74}Se 0.89 ^{76}Se 9.36 ^{77}Se 6.63 ^{78}Se 23.78 ^{80}Se 49.61 ^{82}Se 8.73	^{120}Te 0.096 ^{122}Te 2.603 ^{123}Te 0.908 ^{124}Te 4.816 ^{125}Te 7.139 ^{126}Te 18.9523 ^{128}Te 1.687 ^{130}Te 33.799	—

① 指地壳岩石圈及毗邻的水圈及大气圈中的质量分数，括号内为存在量的排名。

氧族元素的价层电子构型是 $ns^2 np^4$，其原子有获得两个电子达到稀有气体稳定构型的趋势，故表现出较强的非金属性。氧的电负性仅次于氟，形成的化合物氧化数一般都是 -2。在过氧化物中氧化数为 -1。

氧可以和大多数金属元素形成离子型的氧化物，硫、硒、碲和金属元素则以共价型化合物为主。氧族元素与非金属化合时以共价型物质为主。

氧占地壳差不多一半的质量（46.4%），丰度在所有元素中是最高的。

自然界中氧和硫能以单质存在，但大量的氧和硫以金属的氧化物和硫化物形式分布于岩石和矿床中，故这两种元素也称为成矿元素，水中更藏有巨量的氧。

硒和碲是分散稀有元素，无单独的矿物，常作为杂质存在于重金属的硫化物矿中，在煅烧这些矿物特别是贵金属的硫化物时，硒和碲往往就富集在烟道灰中。硒还是人体必需的微量元素。钋是一种放射性元素，存在于 U 和 Th 的矿物中。

(2) 氧族元素的单质

① 氧的单质

氧的单质有两种存在形式，氧气和臭氧。

氧气是无色无味的气体，是地球上有氧呼吸生命体不可缺少的物质，难溶于水，298K时，在 100mL 水中溶解 3.16mL。

氧的固态和液态呈浅蓝色，固体存在三种晶型，α晶体属于斜方晶型，升温至 23.5K，α 晶体就转变成 β 晶体。β 晶体属于三斜方晶型，在 43.4K 时，β 晶体转变 γ 晶体。γ 晶体属于立方晶型。

氧气分子中，两个氧原子通过一个 σ 键和两个三电子 π 键结合。由于存在两个未成对电子，氧分子具有顺磁性。

氧气具有广泛的用途，纯氧用于炼钢或者医疗，氢气-氧气或者氧气-乙炔混合气体点燃后产生高温，用于切割和焊接金属，液氧是火箭发动机的助燃成分。

臭氧（O_3）是氧的同素异形体，位于大气的平流层，它的产生是由于氧气分子受太阳辐射而形成的。臭氧能吸收太阳的紫外辐射，保护地球上生物免受太阳过强的紫外辐射。

臭氧常温下是浅蓝色的气体，有一种类似鱼腥的特殊臭味，故名臭氧。臭氧在 161K 时凝结为深蓝色液体，在 80K 时凝结为黑紫色固体。组成臭氧分子的三个氧排列成折线形，键角为 116.8°，键长为 127.8pm，中心氧原子采取 sp^2 杂化，与其他两个氧原子形成两个 σ 键，另外分子中还有一个 Π_3^4 键。分子的结构如图 11-24 所示。

臭氧不稳定，常温下就缓慢分解为氧气，在 473K 以上分解很快。臭氧具有强氧化性，超过氧气，仅次于氟。利用臭氧与碘化钾的反应，可以鉴定臭氧并测定臭氧的含量：

$$O_3 + 2I^- + 2H^+ = I_2 + O_2 + H_2O \tag{11-125}$$

生成的 I_2 可使湿的淀粉试纸变蓝。

利用臭氧的强氧化性和不易导致二次污染的特点，常用它来净化空气和消毒饮用水。空气中微量的臭氧不仅能杀菌，而且能刺激神经中枢，使人感觉精神振奋。

② 硫的单质

硫有许多同素异形体，其中最主要的是其 α 型和 β 型，分别称为斜方硫和单斜硫。它们都是由 S_8 的环形分子构成的，只是在晶体中分子的排列方式有所不同。在 S_8 的分子中，硫原子均采取 sp^3 杂化的方式，以共价键相互连接，如图 11-25 所示。斜方硫升温至 386.7K 时转变为单斜硫。

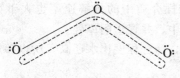

图 11-24　臭氧的分子结构

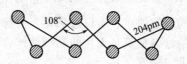

图 11-25　S_8 分子的环状结构

硫质脆易碎，不易导电、导热，难溶于水，易溶于有机溶剂，313K 时在 100g 二硫化碳中可溶解单质硫 100g。

将单质硫加热融化，则 S_8 分子会断开形成线性分子，并且聚合成长链的大分子，黏度明显增大。在 473K 时硫链高度聚合；温度再升高，则长链破裂形成较短的链状分子，到 2273K 时，硫基本上分解成单原子蒸气。

利用硫的链状结构，往往可以在橡胶中掺入硫，在橡胶高分子链之间建立硫桥，从而减少了分子链之间的相对滑动，提高橡胶的强度和耐磨性，这一过程称为橡胶的硫化。硫化橡胶的过程与分子结构如图 11-26 所示。

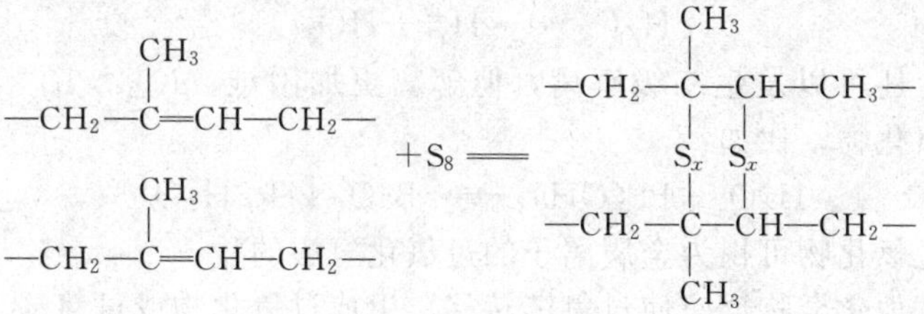

图 11-26　橡胶的硫化

③ 硒、碲、钋的单质

硒是分散的稀有的非金属元素，具有六种同素异形体，最主要的是红硒和灰硒。

红硒外观棕红色、发亮透明，属于单斜晶系的分子晶体，分子式为 Se_8。

灰硒外观钢灰发亮，是具有链状结构的六方晶系。硒性脆，333K 时变软可塑，用于制造硒玻璃，硒化物则是重要的半导体材料。硒还是人体必需的微量元素，存在于谷胱甘肽和过氧化物酶中。

碲是分散的稀有非金属，其晶体属于六方晶系，外观浅灰色，光亮如银。其无定形体则是灰褐色的粉末。碲性脆，高纯度碲是制造半导体化合物的材料。

钋是放射性稀有元素，外观银灰色，很亮。其 α 晶型属于立方晶系，β 晶型属于三斜方晶系，升温至 327K 时 α 晶型转变成 β 晶型。钋最稳定的同位素[209]Po 半衰期为 103 年。钋与铍可共作中子源，或作 α 射线源。

11.5.2　氧的化合物

(1) 过氧化氢

氧的性质活泼，能和大多数元素形成氧化物，因此氧的化合物多在其他元素中分述。这里只讨论过氧化氢的性质。

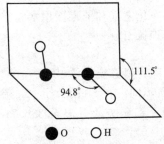

图 11-27　过氧化氢的分子结构

过氧化氢中含有过氧键（—O—O—），两个氧原子的两头各连接一个氢原子，但并不是直线形的结构。其分子结构如图 11-27 所示。分子中，氧原子采取 sp³ 不等性杂化，由于孤电子对的存在，导致两个氢原子不在一个平面上，使得整个分子稳定性下降，因此过氧化氢容易发生分解反应：

$$2H_2O_2 == 2H_2O + O_2 \uparrow \tag{11-126}$$

过氧化氢在光照和在高温下分解速率大大加快，甚至可发生爆炸。另外在碱性介质中的分解速率也大于在酸性介质中的分解速率。所以过氧化氢宜保存在棕色玻璃瓶中，并置于阴凉处。

纯的过氧化氢是无色的黏稠液体，分子间存在氢键，缔合程度比水还高，所以沸点可达 423K，即 150℃。

过氧化氢与水可按任意比例互溶，水溶液称为双氧水。过氧化氢中的氧的氧化数是 -1，所以它既有氧化性也有还原性，在酸性介质中氧化性加强，可以将碘离子氧化成单质碘：

$$H_2O_2 + 2I^- + 2H^+ == I_2 + 2H_2O \tag{11-127}$$

其还原性只有遇到更强的氧化剂才表现出来，如与高锰酸钾的反应：

$$2MnO_4^- + 5H_2O_2 + 6H^+ == 2Mn^{2+} + 5O_2 \uparrow + 8H_2O \tag{11-128}$$

工业上常用上述高锰酸钾法测量过氧化氢的含量。

一般说来，过氧化氢的氧化性比还原性要显著，主要作为氧化剂来使用。还原产物是水，不会给体系引入杂质，而且过量的过氧化氢也很容易加热分解除去，是其优点所在。

过氧化氢具有很弱酸性，电离生成氢离子和过氧化氢根，$K_a = 2.2 \times 10^{-12}$：

$$H_2O_2 == H^+ + HO_2^- \tag{11-129}$$

过氧化氢实际上还可以发生二级解离，但解离更加困难，$K_{a2} \approx 10^{-25}$。过氧化氢可以和碱反应，生成过氧化物，比如：

$$H_2O_2 + Ba(OH)_2 == BaO_2 \downarrow + 2H_2O \tag{11-130}$$

因此，金属的过氧化物可视为金属离子的过氧化氢酸的盐。

过氧化氢能同其他化合物反应使过氧链转移，生成过氧化物或过氧酸。如：

$$CH_3C(O)OH（醋酸）+ H—O—O—H == CH_3C(O)—O—OH（过氧醋酸）+ H_2O \tag{11-131}$$

$$\text{V—OH} + H_2O_2 == \text{V—O—O—H} + H_2O \tag{11-132}$$

这类过氧化物或过氧酸可以把 I^- 氧化成 I_2，称它们为真过氧化物或真过氧酸。

（2）过氧化氢的制取

在实验室中，过氧化氢可由过氧化物 BaO_2 与硫酸反应制得：

$$BaO_2 + H_2SO_4 =\!=\!= BaSO_4 \downarrow + H_2O_2 \tag{11-133}$$

在工业上制取过氧化氢有两种方法。

① 电解法

电解 NH_4HSO_4 溶液或 $H_2SO_4\text{-}(NH_4)_2SO_4$ 混合溶液：

阴极（－）：
$$2H^+ + 2e^- =\!=\!= H_2 \uparrow \tag{11-134}$$

阳极（＋）：
$$2HSO_4^- =\!=\!= S_2O_8^{2-} + 2H^+ + 2e^- \tag{11-135}$$

生成的 $S_2O_8^{2-}$ 再与 H_2O 反应：$S_2O_8^{2-} + 2H_2O =\!=\!= 2HSO_4^- + H_2O_2$ (11-136)

经蒸馏后，可得到浓度为 $30\% \sim 35\%$ 的 H_2O_2。

② 乙基蒽醌法

2-乙基-9,10-蒽酚与空气中的氧反应，生成 2-乙基-9,10-蒽醌和 H_2O_2：

$$\tag{11-137}$$

2-乙基-9,10-蒽醌在苯溶液中，经金属钯催化，与 H_2 反应，又还原生成 2-乙基-9,10-蒽酚：

$$\tag{11-138}$$

如此循环，可得到 20% 的 H_2O_2 溶液。经蒸馏，可得到高浓度的 H_2O_2 溶液。

11.5.3　硫的重要化合物

（1）硫化氢和氢硫酸

硫蒸气和氢直接反应生成硫化氢：

$$S(g) + H_2 =\!=\!= H_2S \tag{11-139}$$

硫化氢是无色有臭鸡蛋味的有毒气体，吸入大量的硫化氢气体会危及生命。

由于硫化氢具有挥发性且有毒，存放和使用都不方便，实验室常用硫代乙酰胺 CH_3CSNH_2 作为替代品，在需要硫化氢的实验中将硫代乙酰胺加热水解，生成硫化氢参与反应，可减少直接污染：

$$CH_3CSNH_2 + 2H_2O =\!=\!= CH_3COO^- + NH_4^+ + H_2S \uparrow \tag{11-140}$$

硫化氢分子的结构与水类似，呈折线形，中心原子硫采取 sp^3 不等性杂化。硫化氢的熔点是 $-85\,^{\circ}\!C$，沸点是 $-60\,^{\circ}\!C$，比水低得多，这是因为硫化氢分子之间不能形成氢键的缘故。

硫化氢水溶液称为氢硫酸。293K 时，硫化氢的饱和水溶液浓度约为 $0.1\,mol\cdot L^{-1}$。

氢硫酸是弱的二元酸，其 $K_{a1} = 1.1 \times 10^{-7}$，$K_{a2} = 1.3 \times 10^{-13}$：

$$H_2S =\!=\!= H^+ + HS^- \tag{11-141}$$

$$HS^- =\!=\!= H^+ + S^{2-} \tag{11-142}$$

硫化氢中硫的氧化数为最低的 -2，因此具有较强的还原性。如氢硫酸在空气中放置时，易被氧气氧化生成游离的硫，使得溶液变浑浊。强氧化剂更可使得氢硫酸氧化成硫酸：

$$H_2S + 4Cl_2 + 4H_2O =\!=\!= H_2SO_4 + 8HCl \tag{11-143}$$

（2）硫化物

氢硫酸可以形成正盐和酸式盐，其酸式盐均溶于水，而正盐中除了碱金属及铵盐以外，大多数硫化物难溶解于水。金属硫化物沉淀往往有特征颜色，在分析化学上常根据这一性质鉴别不同的金属离子。

难溶的硫化物的溶解性有很大的差别，按溶解性从小到大可以分成四类。

第一类是能溶于稀盐酸，如硫化锌：

$$ZnS + 2H^+ \Longrightarrow Zn^{2+} + H_2S \uparrow \tag{11-144}$$

第二类是能溶于浓盐酸，如硫化铅。主要是因为浓盐酸提供了高浓度的 Cl^-，Cl^- 与 Pb^{2+} 形成了稳定的配合物，而促使平衡反应向溶解方向移动：

$$PbS + 4HCl \Longrightarrow H_2[PbCl_4] + H_2S \uparrow \tag{11-145}$$

第三类是溶于浓硝酸，如硫化铜。因为浓硝酸的氧化作用，使得硫化物分解：

$$3CuS + 8HNO_3 \Longrightarrow 3Cu(NO_3)_2 + 3S \downarrow + 2NO \uparrow + 4H_2O \tag{11-146}$$

第四类是只溶于王水，对于溶解度最小的硫化汞来说，只有在浓硝酸的氧化作用和氯离子的配合作用同时存在的情况下，才能使得反应向溶解方向进行：

$$3HgS + 2HNO_3 + 12HCl \Longrightarrow 3H_2[HgCl_4] + 3S \downarrow + 2NO \uparrow + 4H_2O \tag{11-147}$$

常见难溶硫化物按以上标准分类，并将其颜色注明列在表 11-16 中。

表 11-16 难溶硫化物的分类

溶于稀盐酸	溶于浓盐酸	溶于浓硝酸	溶于王水
MnS(肉色)、CoS(黑色)、ZnS(白色)、NiS(黑色)、FeS(黑色)	SnS(褐色)、Sb$_2$S$_3$(橙色)、SnS$_2$(黄色)、Sb$_2$S$_5$(橙色)、PbS(黑色)、CdS(黄色)、Bi$_2$S$_3$(暗棕)	CuS(黑色)、As$_2$S$_3$(浅黄)、Cu$_2$S(黑色)、As$_2$S$_5$(浅黄)、Ag$_2$S(黑色)	HgS(黑色)、Hg$_2$S(黑色)

上述硫化物不同的溶解性，是分离各种金属离子的依据之一。

(3) 硫的氧化物

硫的氧化物有二氧化硫和三氧化硫。

二氧化硫是无色有刺激性臭味的气体，它的分子与臭氧类似，呈折线形，中心原子硫以 sp^2 杂化成键，形成两个 O—S 单键，同时整个分子中还有一个 Π_3^4 键。分子结构如图 11-28 所示。

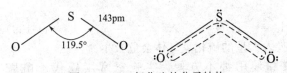

图 11-28 二氧化硫的分子结构

二氧化硫对人体极为有害，大气中的二氧化硫遇水蒸气形成的亚硫酸，是酸雨的主要成分。我国煤炭和石油中含硫量较高，大量燃烧排放的二氧化硫进入大气，是许多地方大气污染的主要来源之一。

气体三氧化硫的分子呈平面三角形，中心硫原子以 sp^2 杂化成键，形成三个 S—O 单键，同时整个分子中还有一个 Π_4^6 键。

二氧化硫主要表现为还原性，而三氧化硫具有强氧化性，可以氧化单质磷和碘化物等：

$$5SO_3 + 2P \Longrightarrow 5SO_2 + P_2O_5 \tag{11-148}$$

$$SO_3 + 2KI \Longrightarrow K_2SO_3 + I_2 \tag{11-149}$$

(4) 硫的含氧酸及盐

① 亚硫酸及盐

二氧化硫的水溶液称为亚硫酸，它是一种水合物的结构 $SO_2 \cdot xH_2O$，还没有制得纯的亚硫酸 H_2SO_3。亚硫酸为二元中强酸，分两步电离，$K_{a1} = 1.3 \times 10^{-2}$，$K_{a2} = 6.2 \times 10^{-8}$。

亚硫酸可形成正盐和酸式盐，正盐除了钾、钠、铵盐以外都不溶于水，酸式盐的溶解性很好。无论是二氧化硫还是亚硫酸、亚硫酸盐，其中硫的氧化数均是 +4，氧化性和还原性同时具备，但以还原性为主，被氧化成三氧化硫、硫酸和硫酸盐。

② 硫酸及盐

三氧化硫溶于水生成硫酸，硫酸是最重要的化工原料之一。在农药、染料、医药、化纤等行业有大量应用。

纯硫酸是无色油状液体，无挥发性。硫酸作为二元酸，其第一步解离是完全的，而第二步解离并不完全，HSO_4^- 相当于中强酸：

$$H_2SO_4 \Longrightarrow H^+ + HSO_4^- \tag{11-150}$$

$$HSO_4^- \Longrightarrow H^+ + SO_4^{2-} \qquad K_a = 1.0 \times 10^{-2} \tag{11-151}$$

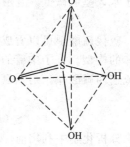

图 11-29 硫酸的分子结构

硫酸具有四面体的结构，中心原子硫采取 sp^3 杂化，分别连接两个羟基氧和两个非羟基氧。一般认为，硫和四个氧原子形成四个 σ 单键，另外硫和两个非羟基氧原子之间还能形成两个 d-p 轨道重叠的 π 键。硫酸的分子结构如图 11-29 所示。而硫酸电离出两个氢离子后，形成的硫酸根则是正四面体，四根硫氧键完全等同。

浓硫酸还是一种氧化性酸，几乎能氧化所有的金属。一些非金属如碳和硫也能被氧化，浓硫酸则被还原成二氧化硫，如：

$$Cu + 2H_2SO_4(浓) \Longrightarrow CuSO_4 + SO_2\uparrow + 2H_2O \tag{11-152}$$

$$C + 2H_2SO_4(浓) \Longrightarrow 2CO_2\uparrow + SO_2\uparrow + 2H_2O \tag{11-153}$$

由于硫酸是二元酸，所以形成的盐有正盐和酸式盐，酸式硫酸盐大多易溶解于水。硫酸盐中除了硫酸钡、硫酸铅和硫酸钙等难溶于水外，其余也都易溶。

带有结晶水的过渡金属硫酸盐俗称矾，如胆矾或蓝矾 $CuSO_4 \cdot 5H_2O$、绿矾 $FeSO_4 \cdot 7H_2O$、皓矾 $ZnSO_4 \cdot 7H_2O$。

硫酸的复盐 $(NH_4)_2SO_4 \cdot FeSO_4 \cdot 6H_2O$ 被称为摩尔盐，$K_2SO_4 \cdot Al_2(SO_4)_3 \cdot 24H_2O$ 被称为明矾或白矾。硫酸盐的用途很大，如明矾是常见的净水剂，胆矾可以杀菌消毒，绿矾是农药和制造墨水的原料，芒硝 $Na_2SO_4 \cdot 10H_2O$ 在陶瓷、玻璃工业中都是不可或缺的原料。

③ 多硫酸及其盐

硫酸及硫酸根还能以双聚的形式形成焦硫酸（盐），焦硫酸（盐）可被看作是硫酸或者硫酸根之间发生脱水缩合形成的双聚硫酸盐，如图 11-30 所示。

焦硫酸比硫酸具有更强的氧化性、吸水性及腐蚀性，也是良好的磺化剂，常用于制造染料、炸药等有机磺酸类化合物。

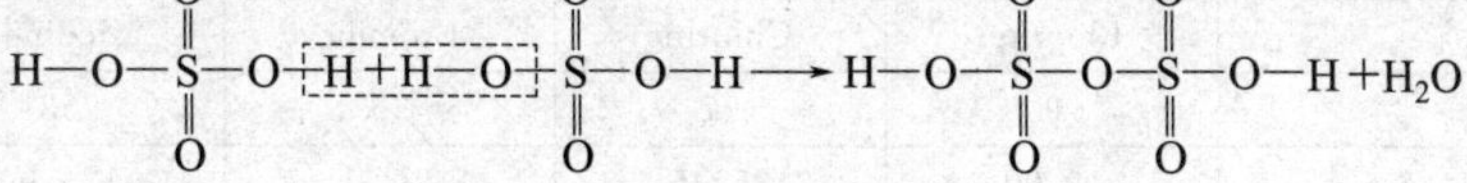

图 11-30 焦硫酸的形成

连硫酸及连硫酸盐中，硫与硫原子直接相连，根据硫的数量，可分为连二硫酸、连四硫酸和连多硫酸等，如连四硫酸的结构式如图 11-31 所示。

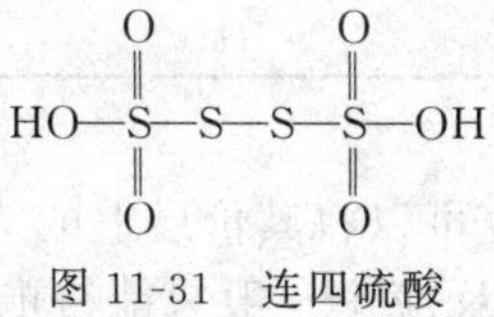

重要的连硫酸盐是连二硫酸钠，又称为保险粉，在无氧条件下，$NaHSO_3$ 用锌粉还原制得：

图 11-31 连四硫酸的结构式

$$2NaHSO_3 + Zn \Longrightarrow Na_2S_2O_4 + Zn(OH)_2 \tag{11-154}$$

连二硫酸钠是很强的还原剂，常用它来吸收氧气：

$$Na_2S_2O_4 + O_2 + H_2O \Longrightarrow NaHSO_3 + NaHSO_4 \tag{11-155}$$

连二硫酸钠主要用于印染工业，可保持印染纺织品的色泽鲜艳，不被空气中氧气氧化，故名保险粉。

将硫粉溶于沸腾的亚硫酸钠溶液，可以得到硫代硫酸钠：

$$Na_2SO_3 + S \xrightarrow{\triangle} Na_2S_2O_3 \tag{11-156}$$

含结晶水的硫代硫酸钠 $Na_2S_2O_3 \cdot 5H_2O$ 又称为海波或大苏打，是无色透明的晶体，易溶于水，呈弱碱性。在酸性溶液中，硫代硫酸钠迅速分解：

$$S_2O_3^{2-} + 2H^+ \Longrightarrow S\downarrow + SO_2\uparrow + H_2O \tag{11-157}$$

硫代硫酸根可以看成是硫酸根中一个氧原子被硫取代的结果，因此与硫酸根类似都是四面体的构型。分子中硫的平均氧化数为 +2，是中等强度的还原剂，与较弱的氧化剂碘反应生成连四硫酸盐，与强氧化剂作用则生成硫酸盐：

$$2S_2O_3^{2-} + I_2 \Longrightarrow S_4O_6^{2-} + 2I^- \tag{11-158}$$

$$S_2O_3^{2-} + 4Cl_2 + 5H_2O \Longrightarrow 2SO_4^{2-} + 8Cl^- + 10H^+ \tag{11-159}$$

分析化学中利用前一反应来测定碘的含量，后一反应则用在纺织和造纸工业中除氯。

硫代硫酸根具有较强的配位能力，可以与银离子形成配合物，而使卤化银沉淀溶解，如：

$$AgBr + 2S_2O_3^{2-} \Longrightarrow [Ag(S_2O_3)_2]^{3-} + Br^- \tag{11-160}$$

定影剂的成分就是硫代硫酸钠，利用这一反应，可将未曝光的溴化银溶解、除去。

11.6 卤 素

11.6.1 卤素概述

卤素位于元素周期表中ⅦA族，包括氟（F）、氯（Cl）、溴（Br）、碘（I）和砹（At）共五种元素，其中砹是放射性元素，自然界没有稳定存在的砹。

卤素原子的价层电子构型的通式为 ns^2np^5，与惰性气体稳定的 8 电子构型相比，只少一个价电子，故卤素单质具有较强的氧化性。

实际上，按照元素周期表中的对角线规则，位于最右上角（不考虑惰性气体元素）的氟，其电负性是所有元素中最大的。由于卤素元素随着原子序数的增加，核外电子层数增多，原子的半径也逐渐变大，使得原子核对核外电子的吸引力越来越小，故氟、氯、溴、碘四元素的电负性是依次降低的。卤素元素的一些性质见表 11-17。

表 11-17 卤素元素的一些性质

元素	氟	氯	溴	碘	砹
英文名	Fluorine	Chlorine	Bromine	Iodine	Astatine
原子序数	9	17	35	53	85
原子量	19.00	35.45	79.91	126.90	210
价层电子构型	$2s^22p^5$	$3s^23p^5$	$4s^24p^5$	$5s^25p^5$	$6s^26p^5$
地壳中的丰度[①]/%	0.0625(12)	0.0130(19)	2.5×10^{-4}(48)	0.5×10^{-4}(58)	—
天然同位素及其原子百分数/%	^{19}F 100	^{35}Cl 77.77 ^{37}Cl 24.23	^{79}Br 50.69 ^{81}Br 49.31	^{127}I 100	—

① 指地壳岩石圈及毗邻的水圈及大气圈中的质量分数，括号内为存在量的排名。

卤素元素的原子不但可以获得一个电子达到 8 电子的稳定结构，也可以将其价层上的 7 个价电子逐个失去，所以卤素元素的氧化值较多。除了氟元素在化学反应中一般只能得电子，氧化数只有 −1 外，其他卤素的氧化数都可以是从最低的 −1 到最高的 +7。

卤素的意思就是成盐元素。自然界中，氯、溴、碘主要以各种无机盐的形式存在于海水中，其中以 NaCl 的含量最高。海水中除 H_2O 以外各元素的含量如表 11-18 所示。氟则以萤

石 CaF_2 和冰晶石 Na_3AlF_6 等矿物形式存在。由于碘能被某些海洋植物选择性地吸收，故海藻、海带中碘的含量较高。氟和碘是人体必需的微量元素。

表 11-18　海水中元素含量（未计入溶解气体）

元素	Cl	Na	Mg	S	Ca	K	Br	无机 C	Sr
质量分数/%	1.9	1.0	0.13	0.089	0.042	0.040	0.0065	0.0028	0.0013

元素	B	Si	有机 C	Al	F	N	Rb	Li	I
质量分数/$(\times 10^{-4}\%)$	4.6	4	3	1.9	1.4	0.9	0.2	0.1	0.05

11.6.2　卤素单质

卤素元素在各族元素中，是最典型地体现同族元素性质相似的特点，比如卤素都是非金属元素，其单质都是双原子分子，具有氧化性。卤素都能形成卤化氢，含氧酸及其盐。

（1）卤素单质的性质

卤素元素的单质以双原子分子 X_2 的形式存在。两个原子通过一对共用电子，形成一根共价单键，使得两个原子的价层都达到了 8 电子的构型。从价键理论的角度来分析，这根 X—X 之间的共价键属于 np-np 的 σ 键。随着从氟到碘原子半径的逐渐增大，这根共价键的键长也变大，造成键能下降。

在温度较低时，卤素单质都以分子晶体的形式存在。由于卤素单质的分子都是非极性分子，所以它们之间的范德华力只有色散力，因此卤素单质的熔沸点是比较低的。另外同系物之间，色散力随着相对分子质量的增加而增强，导致物质熔沸点的上升，所以从 F_2 到 I_2，它们的熔沸点依次上升。在常温下，氟、氯以气体状态存在，溴是易汽化的液态，而碘是固体，这正如它们名称中偏旁所表示的那样。

常温下，氟是浅黄色的气体，有特殊刺激性臭味，剧毒。液固态呈黄色。固体具有两种晶系，α 晶系在温度升至 45.6K 时候转变成 β 晶型。氟的电负性在所有元素中最大，其化学性质最活泼，常温下就可以和几乎所有元素化合，腐蚀性极强。

氯在常温下是淡黄绿色的气体，具有强烈的窒息臭味，剧毒。液固态呈浅黄色，固态属于四方晶型的分子晶体。化学性质活泼，铜、铁、铝等均可在氯气中燃烧，除氧、碳和惰性气体以外，氯和多数元素在高温下均可化合。

溴在常温下是液态，在所有元素中只有汞具有同样的性质。液态溴呈发暗的红褐色，固态则是暗红色的，属于斜方晶系的分子晶体。溴易挥发，有窒息性气味，剧毒。能蚀伤皮肤和黏膜组织，应密封瓶口运输储存。溴的化学活性比氯稍差。

碘在常温下是紫黑色的固体，属于斜方晶系的分子晶体，质软且脆，加热可升华，有毒，过量可中毒致死。

砹是放射性元素，具有某些金属性。其最稳定的同位素 ^{210}At 半衰期为 8.3h。

卤素单质的一些基本性质如表 11-19 所示。

表 11-19　卤素单质的一些性质

卤素单质（X_2）	氟	氯	溴	碘
常温下状态	气	气	液	固
颜色	浅黄	黄绿	红棕	紫黑
熔点/K	53.38	172	265.8	386.5
沸点/K	84.46	238.4	331.8	457.4
键能/($kJ \cdot mol^{-1}$)	158	242	193	151
标准电极电势（X_2/X^-）/V	2.87	1.36	1.065	0.535
在水中溶解度/($g \cdot 100g^{-1}$)	反应	0.732	3.58	0.029

卤素的单质均有毒，毒性从碘到氟依次增加，使用时候应特别注意。在实验室中涉及卤素单质的反应（除了碘以外），都应当在通风橱中进行。

（2）卤素单质的制备与用途

由于卤素单质的活泼性，在自然界中不存在。卤素单质的制备均可以采取卤素阴离子的氧化：

$$2X^- - 2e^- \Longrightarrow X_2 \tag{11-161}$$

根据 X^- 还原性大小的差异，决定了不同卤素制备方法的差异。

F^- 的还原性是很弱的，用一般的方法不能将其氧化。因此，制备 F_2 主要用电解法。将 3 份 KHF_2 和 2 份无水 HF 熔融混合物电解：

$$2KHF_2 \Longrightarrow 2KF + H_2\uparrow + F_2\uparrow \tag{11-162}$$

工业上制备氯气，则采用电解饱和 NaCl 水溶液的方法，以石墨为阳极，以铁丝网为阴极，阳极上得到氯气，阴极上得到氢气，电解反应如下：

$$2NaCl + 2H_2O \Longrightarrow 2NaOH + H_2\uparrow + Cl_2\uparrow \tag{11-163}$$

溴离子和碘离子的还原性相对较强，用氯气就可以将它们氧化，这一过程叫做卤素之间的置换反应：

$$2Br^- + Cl_2 \Longrightarrow Br_2 + 2Cl^- \tag{11-164}$$

$$2I^- + Cl_2 \Longrightarrow I_2 + 2Cl^- \tag{11-165}$$

氟可用来制造各种有机氟化物，如灭火剂 CBr_2F_2、杀虫剂 CCl_3F、耐温耐腐蚀塑料聚四氟乙烯等。在核工业中，氟还用于制备 UF_6。氟还是人体中形成强壮骨骼和预防龋齿的微量元素，以 $Ca_5F(PO_4)_3$ 形式存在，但过多氟的摄入对人体是有害的。

氯是重要的工业原料，用于合成盐酸、聚氯乙烯、漂白粉、农药和许多化学试剂。

溴可用于制备 $C_2H_4Br_2$，作为汽油抗震剂的成分。此外在染料、感光材料和无机试剂等方面也有应用。

碘是人体不可缺少的元素，每个甲状腺素分子中就存在四个碘原子，日常饮食中常用加碘的盐来进行补充。AgI 可用于人工降雨。I_2 在水中的溶解度不大，可以将 I_2 溶解在 KI 溶液中以增加溶解度：

$$I_2 + I^- \Longrightarrow I_3^- \tag{11-166}$$

I_2 的酒精溶液称为碘酒，是一种医药消毒剂。

（3）卤素单质的化学性质

从表 11-19 中 X_2/X^- 电对的标准电极电位就可以看出，卤素单质主要表现为氧化性，且按碘、溴、氯、氟的顺序依次增强，卤素单质被还原的半反应通式如下：

$$X_2 + 2e^- \Longrightarrow 2X^- \tag{11-167}$$

生成相应的卤离子 X^- 具有还原性，其还原能力有以下规律：$I^- > Br^- > Cl^- > F^-$。

卤素单质可与氢气直接化合，其中氟与氢反应最剧烈，而氯和氢在常温下缓慢化合，但遇光照则反应加快，甚至发生爆炸。溴和碘与氢的反应要困难一些。

氟能氧化所有的金属和绝大部分非金属单质，甚至连惰性气体也不例外，且反应一般都很激烈。但氟与铜、镍和镁作用时，会立刻在这些金属表面生成氟化膜，具有阻止进一步反应的保护作用，故可以用这些金属及它们的合金的容器来储存氟。氯与金属的反应要和缓得多，在干燥条件下，与铁是不作用的，所以可以用铁器储存。溴和碘在常温下只和活泼的金属作用。

卤素与水的反应有两种情况，一种是氟，由于其氧化性很强，能够将水中氧化数为 -2 的氧氧化成单质氧：

$$2F_2 + 2H_2O \Longrightarrow 4HF + O_2\uparrow \tag{11-168}$$

另外一种情况是氯、溴和碘发生歧化反应：

$$X_2 + H_2O \Longrightarrow HX + HXO \tag{11-169}$$

这是一种典型的歧化反应，产物是氧化数为-1的氢卤酸和氧化数为+1的次卤酸。按 X=Cl、Br 和 I 的次序，该反应的平衡常数分别为 4.2×10^{-4}、7.2×10^{-9} 和 2.0×10^{-13}，依次减小。从卤素和水的反应，也能够看出它们的活泼性随着原子序数的增加而降低。

从式(11-168)还可以看出，加酸能抑制卤素的水解，而碱溶液中该反应会进行得更加完全。比如制取漂白粉的反应，就是将氯气通入干燥的消石灰 $Ca(OH)_2$ 中进行反应：

$$2Ca(OH)_2 + 2Cl_2 \Longrightarrow CaCl_2 + Ca(ClO)_2 + 2H_2O \tag{11-170}$$

11.6.3 卤素的重要化合物

(1) 卤化氢和氢卤酸

卤化氢均为有强烈刺激性气味的气体，液态的卤化氢不导电，证明它们是共价型化合物。卤化氢的分子具有极性，易溶于水，在空气中和水汽结合生成白色酸雾，卤化氢的水溶液叫做卤酸。卤化氢的一些常见性质见表 11-20。其中氟化氢具有反常的高熔、沸点，是因为其分子之间能够形成氢键。

表 11-20 卤化氢的性质

卤化氢(HX)	HF	HCl	HBr	HI
熔点/K	190.1	158.4	189.7	222.4
沸点/K	292.7	188.3	206.2	237.8
H—X 键能/(kJ·mol^{-1})	567	431	366	298
分子偶极矩 $\mu/(\times 10^{-30} C \cdot m)$	6.40	3.61	2.63	1.27
在水中溶解度/(g·100g^{-1})	35.3	42	49	57

从 HF、HCl、HBr 到 HI，在水溶液中的酸性依次增强。氢氟酸是弱酸，常温下，浓度为 $0.1mol \cdot L^{-1}$ 的 HF 电离度大约只有 10%，而其他几种酸的同浓度溶液电离度都大于 90%。因为 F 原子半径最小，H—X 结合的最紧密，不容易断裂，使得其电离较困难。

但是氢氟酸有个特殊的性质，其浓溶液的电离度要大于稀溶液的电离度，使浓氢氟酸成为强酸。这是因为 HF 能形成氢键，在较浓的 HF 溶液中，已经电离的 F^- 与 HF 发生缔合，形成 HF_2^- 等一系列缔合离子，使得溶液中 F^- 浓度下降，促使 HF 进一步电离：

$$HF \Longrightarrow H^+ + F^- \qquad K_a = 7.2 \times 10^{-4} \tag{11-171}$$

$$F^- + HF \Longrightarrow HF_2^- \qquad K = 5.1 \tag{11-172}$$

氢氟酸能与 SiO_2 或者硅酸盐进行反应，如：

$$SiO_2 + 4HF \Longrightarrow SiF_4 \uparrow + 2H_2O \tag{11-173}$$

$$CaSiO_3 + 6HF \Longrightarrow CaF_2 + SiF_4 \uparrow + 3H_2O \tag{11-174}$$

利用这一特性，可以用氢氟酸来测定样品中的 Si 的含量。由于玻璃中主要的成分是硅酸盐，可以用这一反应，对玻璃器皿进行刻蚀标记或花纹，同样毛玻璃或者玻璃灯泡的磨砂也是通过氟化氢气体的腐蚀完成的。

(2) 卤化物与卤素互化物

① 卤化物

一般将卤素和电负性较小的元素形成的二元化合物称为卤化物。

卤素和活泼金属之间电负性差值较大，形成的是离子型的卤化物，如 NaF、BiF$_3$、SnCl$_2$ 等。离子型的卤化物，具有较高的熔沸点、低挥发性，熔融态能够导电。

卤素和非金属元素和部分不活泼金属之间，由于电负性相差不够大，形成的是共价型的分子，如 SiF$_4$、AlCl$_3$、PbCl$_4$ 等。共价型的卤化物，熔沸点低，具有挥发性，熔融态不能导电。但是这几种卤化物之间也没有绝对的界限，比如，$FeCl_3$是熔点很低的共价型卤化物，但其熔融态也能导电，是介于两者之间的过渡类型。

表 11-21 是卤素和 Al 形成的四种卤化物的基本性质。

表 11-21　AlX₃ 的基本性质

AlX_3	AlF_3	$AlCl_3$	$AlBr_3$	AlI_3
熔点/K	1313	463(加压)	371	464
沸点/K	1533	451(升华)	536	633
熔融态导电性	能	难	难	难
类型	离子型	共价型	共价型	共价型

卤化物多易发生水解反应，特别是非金属元素形成的共价型卤化物，与水作用完全。以氯化物为例：

$$BCl_3 + 3H_2O \Longrightarrow H_3BO_3 + 3HCl \tag{11-175}$$

$$SiCl_4 + 3H_2O \Longrightarrow H_2SiO_3 + 4HCl \tag{11-176}$$

$$PCl_5 + 4H_2O \Longrightarrow H_3PO_4 + 5HCl \tag{11-177}$$

反应生成相应的含氧酸和氢卤酸，上述反应在潮湿的空气中即可发生，所以也可以用该类试剂来作为烟雾剂。

② 卤素互化物

不同卤素原子之间以共价键结合形成的多原子分子称为卤素互化物。卤素互化物可用通式XX_n'表示，其中 $n=1$、3、5、7。X 称为中心原子，电负性要小于 X'。卤素互化物除了 $BrCl$、ICl、IBr 和 IBr_3 以外，都为含氟的卤化物，即 $X'=F$。

常见卤素互化物的性质见表 11-22。

表 11-22　卤素互化物的性质

分子类型	分子构型	分子式	性状	熔点/K	沸点/K	平均键能/$(kJ\cdot mol^{-1})$
XX'	直线形	ClF	无色稳定气体	117.5	173	248
		BrF	红棕色气体	240	293	249
		IF	易歧化成 IF_5 和 I_2	—	—	277.8
		$BrCl$	红色气体	207	278	216
		ICl	暗红色固体	300.5	370	208
		IBr	暗灰紫色固体	309	389	175
XX_3'	T 字形	ClF_3	无色稳定气体	197	285	172
		BrF_3	浅黄绿色液态	282	401	201
		IF_3	黄色固体	245(分解)	—	约 272
		ICl_3	橙色固体	384(分解)	—	—
		IBr_3	棕色液体	—	—	—
XX_5'	四方锥形	ClF_5	稳定固体(78K 以下)	170	260	142
		BrF_5	无色稳定液体	212.6	314.4	187
		IF_5	无色稳定液体	282.5	377.6	268
XX_7'	五角双锥形	IF_7	无色稳定液体	278.9(升华)	277.5	231

大多数卤素互化物是不稳定的，性质类似于卤素单质，具有强的氧化性，与大多数金属和非金属元素剧烈反应生成相应的卤化物。与水作用则水解，生成氢卤酸和卤素的含氧酸，其中电负性较小的元素生成含氧酸，如 IF_5 与水反应：

$$IF_5 + 3H_2O \Longrightarrow 5HF + HIO_3 \tag{11-178}$$

卤素互化物的空间构型可以用价层电子对互斥理论来进行判断，比如 IF_5 的中心原子为 I，有 7 个价层电子，与 5 个 F 原子形成五根共价键，BP=5，余下 2 个电子，即 LP=1，属

于 AB_5E 型分子，最后判断其构型为四方锥型。

（3）卤素的含氧酸

① 卤素含氧酸的通性

除了氟以外，其他卤素均能形成氧化数不同的多种含氧酸，即 HXO_4、HXO_3、HXO_2 和 HXO，其中卤素的氧化数分别为 +7、+5、+3 和 +1，用"高"、"正"（或省略"正"字）、"亚"、"次"的词头加以区分。如 $HClO_4$ 称为高氯酸，$HClO_3$ 称为（正）氯酸，$HBrO_2$ 称为亚溴酸，HIO 称为次碘酸。

卤素元素在酸性溶液中，各价态的电极电位图如图 11-32 所示。

从图中可以看到，几乎所有的电对电极电位都有较大的正值，表明卤素单质及其含氧酸有较强的氧化性，另外可以根据这些电对的电极电位值来判断各物质是否容易发生歧化反应，或者能否共存。

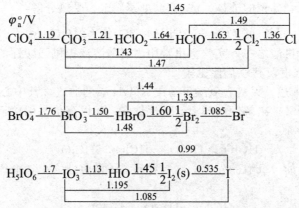

图 11-32　卤素元素在酸性介质中的电极电位图

卤素含氧酸的酸根离子的空间构型可以用价层电子对互斥理论来进行判断，中心原子是卤素，外围的价电子排布都呈四面体构型，依据连接的氧原子数目的不同，具体结构式如图 11-33 所示。

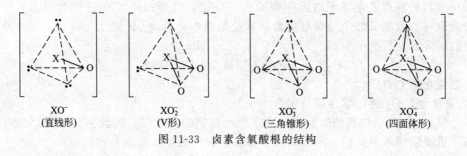

图 11-33　卤素含氧酸根的结构

② 次氯酸、氯酸和高氯酸及其盐

次氯酸是很弱的酸，其解离常数 $K_a = 2.9 \times 10^{-8}$，比碳酸还弱，且不稳定，易发生如下两种分解反应：

$$2HClO == 2HCl + O_2 \uparrow \qquad 光照 \qquad (11\text{-}179)$$

$$3HClO == 2HCl + HClO_3 \qquad 加热 \qquad (11\text{-}180)$$

漂白粉的有效成分是次氯酸钙，因为当次氯酸钙加酸生成次氯酸后，具有一定的氧化性，可以起到漂白、消毒作用。所以，漂白粉在酸性溶液中才能有较好的使用效果。

用氯酸钡和稀硫酸作用可制得氯酸：

$$Ba(ClO_3)_2 + H_2SO_4 \Longrightarrow BaSO_4 \downarrow + 2HClO_3 \tag{11-181}$$

氯酸也不稳定，浓度超过 40% 即分解：

$$3HClO_3 \Longrightarrow 2O_2 \uparrow + Cl_2 \uparrow + HClO_4 + H_2O \tag{11-182}$$

氯酸是强酸，酸度和盐酸、硝酸相近。由于氯酸中氯的氧化数较高，为 +5，其还具有较强的氧化性，能将还原剂，如碘单质氧化：

$$2HClO_3 + I_2 \Longrightarrow 2HIO_3 + Cl_2 \uparrow \tag{11-183}$$

氯酸钾是重要的氯酸盐，以 MnO_2 为催化剂，加热后氯酸钾即分解，释放出氧气，实验室常用该反应来制备少量氧气：

$$2KClO_3 \xrightarrow{\triangle} 2KCl + 3O_2 \uparrow \tag{11-184}$$

用浓硫酸和高氯酸钾作用，可制得高氯酸：

$$KClO_4 + H_2SO_4 \Longrightarrow KHSO_4 + HClO_4 \tag{11-185}$$

无水高氯酸是无色、黏稠的液体。浓 $HClO_4$ 不稳定，受热分解：

$$4HClO_4 \xrightarrow{\triangle} 2Cl_2 \uparrow + 7O_2 \uparrow + 2H_2O \tag{11-186}$$

高氯酸是最强的无机酸之一，实验室里常用高氯酸溶液提供强酸性的反应环境。

③ 卤素含氧酸的强度及其氧化性比较

根据 11.1 中有关阐述，无机含氧酸可写成 $R(OH)_n$ 的通式，其中心原子 R 吸引电子的能力越强，$R(OH)_n$ 的酸式离解倾向越大、酸性越强。所以高价态的卤素含氧酸强度要大于低价态的卤素含氧酸，如：

$$HClO_4 > HClO_3 > HClO_2 > HClO \tag{11-187}$$

不同元素同氧化数的含氧酸的强度，则要看元素的电负性大小，电负性越大，则酸性越强，如：

$$HClO_4 > HBrO_4 > H_5IO_6 \tag{11-188}$$

卤素含氧酸的氧化性强弱则显示出不同的规律，如氯元素各种氧化数的含氧酸的氧化性次序如下：

$$HClO > HClO_2 > HClO_3 > HClO_4 \tag{11-189}$$

低氧化数的含氧酸的氧化性比高氧化数的含氧酸强，这主要与含氧酸的结构有关。从结构上看，卤素含氧酸在氧化还原时需断裂的 Cl—O 键，高氯酸中 Cl—O 键数最多，断键所需的能量最大，所以高氯酸中的氯氧化数虽然是最高的 +7，但其氧化性最小。氯含氧酸中 Cl—O 键数从多到少的次序为：

$$HClO_4 > HClO_3 > HClO_2 > HClO \tag{11-190}$$

(4) 二氧化氯 ClO_2

① 二氧化氯 ClO_2 的化学性质与用途

由于二氧化氯 ClO_2 与其他物质反应不产生可致癌的氯化烃，因此它是 20 世纪 80 年代被许多国家批准使用的不致癌、不致畸、不致基因突变的优良的消毒剂。

二氧化氯 ClO_2 是黄红色、带有辛辣味的气体，它的水溶液则无色、无味、透明。

它是一种强氧化剂，和许多物质会产生氧化作用：

$$ClO_2 + 5e^- + 4H^+ \Longrightarrow Cl^- + 2H_2O \qquad \varphi_{ClO_2/Cl^-}^{\ominus} = 1.51V \tag{11-191}$$

$$ClO_2 + e^- \Longrightarrow ClO_2^- \qquad \varphi_{ClO_2/ClO_2^-}^{\ominus} = 0.95V \tag{11-192}$$

$$8ClO_2 + 5S^{2-} + 8OH^- \Longrightarrow 5SO_4^{2-} + 8Cl^- + 4H_2O \tag{11-193}$$

$$2ClO_2 + 2CN^- \Longrightarrow 2CO_2 \uparrow + N_2 \uparrow + 2Cl^- \tag{11-194}$$

$$6ClO_2 + 10NH_2^- + 4H^+ \Longrightarrow 5N_2 \uparrow + 6Cl^- + 12H_2O \tag{11-195}$$

因此，二氧化氯 ClO_2 具有广谱、高效、快速的消毒、杀菌、脱色、漂白、除臭作用。

已被广泛用于饮用水、食品、饮料、印染、造纸、生物、医药、环保等行业。

② 二氧化氯 ClO_2 的制备

生产二氧化氯 ClO_2 主要有三种方法。

a. 亚氯酸盐-氯气法：

$$2NaClO_2 + Cl_2 \longrightarrow 2NaCl + 2ClO_2 \tag{11-196}$$

b. 次氯酸盐-亚氯酸盐法：

$$NaClO + 2HCl + 2NaClO_2 \longrightarrow 3NaCl + H_2O + 2ClO_2 \tag{11-197}$$

c. 亚氯酸盐-盐酸法：

$$5NaClO_2 + 4HCl \longrightarrow 4ClO_2 + 5NaCl + 2H_2O \tag{11-198}$$

生产二氧化氯 ClO_2 的方法还有氯酸盐法、氯气法、氯碱膜电解法等。无论哪种工艺生产的二氧化氯 ClO_2 可直接使用，否则必须将其溶于 $NaHCO_3$ 水溶液，在此水溶液中，二氧化氯 ClO_2 才可稳定存在，使用时再用酸将其活化。

11.7 稀有气体

11.7.1 稀有气体简介

稀有气体元素位于元素周期表第Ⅷ族（零族），包括氦（He）、氖（Ne）、氩（Ar）、氪（Kr）、氙（Xe）、氡（Rn）六种元素。由于稀有气体元素有价层电子全充满的稳定构型，一般情况下都以单原子分子的形式存在。由于稀有气体原子之间只存在微弱的色散力，它们的熔沸点都很低，常温下均以气态存在。随着相对原子质量的增加，其熔沸点依次提高。稀有气体的一些基本性质及其在自然界中的存在情况如表 11-23 所示。

表 11-23　稀有气体的一些性质

元素	氦	氖	氩	氪	氙	氡
英文名	Helium	Neon	Argon	Krypton	Xenon	Radon
原子序数	2	10	18	36	54	86
相对原子质量	4.00	20.18	39.95	83.80	131.30	222
价层电子构型	$1s^2$	$2s^2 2p^6$	$2s^2 2p^6$	$3s^2 3p^6$	$4s^2 4p^6$	$5s^2 5p^6$
在大气中丰度/$\times 10^{-6}$	5.2	18	9300	1.14	0.086	10^{-6}
在水中的溶解度(273K) /(mL·L^{-1})	13.8	14.7	37.9	73	110.9	—
天然同位素及其原子丰度/%	^{4}He　100	^{20}Ne　90.48 ^{21}Ne　0.27 ^{22}Ne　9.25	^{36}Ar　0.337 ^{38}Ar　0.063 ^{40}Ar　99.600	^{78}Kr　0.35 ^{80}Kr　2.25 ^{82}Kr　11.6 ^{83}Kr　11.5 ^{84}Kr　57.0 ^{86}Kr　17.3	^{124}Xe　0.10 ^{126}Xe　0.09 ^{128}Xe　1.91 ^{129}Xe　26.4 ^{130}Xe　4.1 ^{131}Xe　21.2	^{132}Rn　26.9 ^{134}Rn　10.4 ^{136}Rn　8.9

稀有气体在自然界主要存在于大气中，其丰度以 Ar 为最高，以体积计达 9300mL·m^{-3}。

He 由于其密度小，往往很难被地球重力场所留住，所以如果没有放射性元素 α 裂变不断产生 He，和来自太阳风中部分 He 的补充，地球上 He 的含量要少很多，He 还在天然气中少量存在。

Rn 是核动力工厂或者自然界中放射性元素 U 和 Th 的裂变产物，也具有放射性，其最稳定的同位素^{222}Rn 的半衰期为 3.82 天。在土壤、岩石或者建筑材料中如果 U 的浓度达到一定程度后，会导致这些地区建筑内部的 Rn 含量超标，对人体的健康构成危害。

稀有气体都是无色无味的。在固态时均为分子晶体，其中氦为六方密堆积，其他元素为面心立方密堆积。

He 由于其密度仅高于氢气，且性质稳定不会燃烧，所以可以用来填充气球和飞艇。另外 He 的熔沸点是所有物质中最低的，常被用作低温超导研究中的致冷剂。

稀有气体由于其化学反应活性低，广泛地被用来作为保护气体。

稀有气体另外一大类用途是作为霓虹灯的光源和激光光源。当气体放电时，部分原子的电子跃迁或电离处于激发态，再由激发态回到较低的能级或基态的时候会发射出各种颜色的光。比如电流通过含 Ne 的真空灯管时发出红光，充 Ar 则产生蓝光，填充 Kr 则发出黄绿色光辉，填充 Xe 的灯发光强度大，有小太阳的称呼。氡具有放射性，在医疗中用于肿瘤治疗。

11.7.2 稀有气体的化合物

1962 年以前，人们认为稀有气体的元素是不可能参与化学反应的。

1962 年英国科学家 N. Bartlett 合成了第一个稀有气体的化合物 $Xe[PtF_6]$。

N. Bartlett 合成 $Xe[PtF_6]$ 的思路值得我们思考。N. Bartlett 在研究中发现 PtF_6 是一个很强的氧化剂，它与氧可生成 $O_2^+[PtF_6]^-$。O_2 的第一电离能为 $1175.7kJ \cdot mol^{-1}$，Xe 的第一电离能为 $1170.4kJ \cdot mol^{-1}$，二者非常接近，因此，N. Bartlett 推测 Xe 也可能与 PtF_6 发生类似的反应。

他将 PtF_6 的蒸气与过量的 Xe 在室温下混合，很容易就得到了一种红色的晶体。经测试确定这种红色的晶体是 $Xe[PtF_6]$。从此稀有气体的化学性质问题得到了关注，"稀有气体不会发生化学反应"的结论被打破，外层电子全充满构型是最稳定的"结构-性质"关系说也受到质疑。用惰性气体来称呼该族元素似乎也不那么贴切，因此该族元素又称为"稀有气体"。

稀有气体原子只有与电负性很大的元素才可能反应，如 F、O、N、Cl 等，而且越是原子半径大的稀有气体原子越容易发生反应。Rn 应该是最容易实现反应的，然而其放射性增加了研究工作的困难，目前主要合成的是 Xe 的含 F 含 O 化合物 XeF_2、XeF_4、XeF_6、XeO_3 等。有关 Kr 的化合物也有报道，而其他稀有气体元素只在理论上有形成化合物的可能性，而没有获得实际进展。

最典型的一个反应是 Xe 与 F 的反应。在密闭的镍容器中，将 Xe 和 F_2 加热加压反应，F 的比例和总压力越高，越有利于形成含 F 较多的化合物。

673K，0.1MPa 下，Xe 过量：

$$Xe + F_2 = XeF_2 \tag{11-199}$$

873K，0.6MPa 下，$Xe : F_2 = 1 : 5$：

$$Xe + 2F_2 = XeF_4 \tag{11-200}$$

573K，6MPa 下，$Xe : F_2 = 1 : 20$：

$$Xe + 3F_2 = XeF_6 \tag{11-201}$$

这三种产物的空间构形分别是直线形、正方形和畸变的八面体形，如图 11-34 所示。它们的构形可以用价层电子对互斥理论来进行判断，比如 XeF_6 分子，中心原子 Xe，价层电子 8 个，形成 6 根共价键，成键电子对数目 BP＝6，剩下两个电子，即孤电子对数目 LP＝1。六对成键电子构成了八面体的构形，剩下一对孤电子对伸展向八面体的一个面的中心，同时由于孤电子对的排斥作用，影响到邻近的共价键位置，最后形成的是一种畸变的八面体。

这三种物质都具有较大的反应活性，如遇水强烈分解，还能与石英作用：

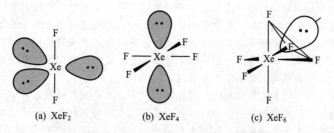

(a) XeF₂ (b) XeF₄ (c) XeF₆

图 11-34　氙的几种氟化物空间构形

$$2XeF_2 + 2H_2O \Longrightarrow 2Xe + 4HF + O_2 \uparrow \tag{11-202}$$

$$2XeF_6 + SiO_2 \Longrightarrow 2XeOF_4 + SiF_4 \uparrow \tag{11-203}$$

并表现强氧化性：

$$XeF_2 + H_2 \Longrightarrow Xe + 2HF \tag{11-204}$$

$$XeF_2 + H_2O_2 \Longrightarrow Xe + 2HF + O_2 \uparrow \tag{11-205}$$

Xe 的其他化合物如 H_4XeO_6 和 XeO_3 都具有强氧化性，而且还原产物都是 Xe，不会给体系留下杂质。Xe 可以回收重复使用，所以说 Xe 的化合物作为一种氧化剂是有很多优良性能的。

【扩展知识】

半导体材料

元素周期表中的半导体元素位于 p 区金属元素和非金属元素的交界处，具体包含了硼、镓、铟、硅、锗、砷、锑、硒、碲、钋等元素。它们的某些单质或化合物导电能力介于导体和绝缘体之间，所以叫做半导体。半导体于室温时电导率约在 $10^{-10} \sim 10^4/\Omega \cdot cm$，纯净的半导体温度升高时电导率按指数上升。

半导体材料有很多种，按化学成分可分为元素半导体和化合物半导体两大类。锗和硅是最常用的元素半导体；化合物半导体包括ⅢA～ⅤA族化合物砷化镓、磷化镓等、ⅡB～ⅥA族化合物（硫化镉、硫化锌等、氧化物锰、铬、铁、铜的氧化物，以及由ⅢA～ⅤA族化合物和ⅡA～ⅥA族化合物组成的固溶体镓铝砷、镓砷磷等。除上述晶态半导体外，还有非晶态的有机物半导体等，因此具有半导体性质的材料不局限于半导体元素。

按照形成机理，半导体可以分为本征半导体和杂质半导体。没有掺杂且无晶格缺陷的纯净半导体称为本征半导体，由于禁带能量较窄（小于 2～3eV），受到光电注入或热激发后，价带中部分电子会越过禁带进入能量较高的空带，空带中存在电子后成为导带，而价带中缺少部分电子后形成带正电的空位称为空穴，导带中的电子和价带中的空穴合称为电子-空穴对。上述产生的电子和空穴均能自由移动，成为自由载流子，它们在外电场作用下产生定向运动而形成宏观电流，分别称为电子导电和空穴导电，常温下本征半导体的电导率较小，载流子浓度对温度变化敏感，所以很难对半导体特性进行控制，因此实际应用不多。本征半导体经过掺杂就形成杂质半导体，一般可分为 n 型半导体和 p 型半导体。半导体中掺入微量杂质时，杂质原子附近的周期势场受到干扰并形成附加的束缚状态，在禁带中产生附加的杂质能级。能提供电子载流子的杂质称为施主杂质，相应能级称为施主能级，位于禁带上方靠近导带底附近。例如四价元素锗或硅晶体中掺入五价元素磷、砷、锑等杂质原子时，杂质原子作为晶格的一分子，其五个价电子中有四个与周围的锗（或硅）原子形成共价键，多余的一个电子被束缚于杂质原子附近，产生类氢浅能级-施主能级。施主能级上的电子跃迁到导带所需能量比从价带激发到导带所需能量小得多，很易激发到导带成为电子载流子，因此对于掺入施主杂质的半导体，导电载流子主要是被激发到导带中的电子，属电子导电型，称为 n 型半导体。由于半导体中总是存在本征激发的电子空穴对，所以在 n 型半导体中电子是多数载流子，空穴是少数载流子。相应地，能提供空穴载流子的杂质称为受主杂质，相应能级称为受主能级，位于禁带下方靠近价带顶附近。例如在锗或硅晶体中掺入微量三价元素硼、铝、镓等杂质原子时，杂质原子与周围四个锗（或硅）原子形成共价结合时尚缺少一个电子，因而存在一个空位，与此空位相应的能量状态就是受主能级。由于受主能级靠近价带顶,价带中的电子很容易激发到受主能级上填补这个空位,使受主杂质原子成为负电中心。同时价带中由于电离出一个电子而留下一个空位,形成自由的空穴载流子,这一过程所需电离能比本征半导体情形下产生电子空穴对要小得多。因此这时空穴是多数载流子,杂质半导体主要靠空穴导电,即空穴导电型,称为 p 型半导体。在 p 型半导体中空穴是多数载流子,电子是少数载流子。在半导体器件的各种效应中,少数载流子常扮演重要角色。

半导体材料的应用十分广泛,主要是制成有特殊功能的元器件,如晶体管、集成电路、整流器、激光器以及各种光电探测器件、微波器件等。20 世纪中叶,半导体单晶硅材料和半导体晶体管的发明及其硅集成电路的研制成功,导致了电子工业革命,深刻地影响着现代的生活方式。20 世纪 70 年代初,石英光导纤维材料和砷化镓等化合物半导体材料及砷化镓激光器的发明,促进了光纤通信技术迅速发展并逐步形成了高新技术产业,使人类进入了信息时代。超晶格概念的提出及其半导体超晶格、量子阱材料的研制成功,彻底改变了光电器件的设计思想,使半导体器件的设计与制造从过去的"杂质工程"发展到"能带工程",出现了以"电学特性和光学特性可剪裁"为特征的新范畴,使人类跨入到量子效应和低维结构特性的新一代半导体器件和电路时代。半导体微电子和光电子材料已成为 21 世纪信息社会高技术产业的基础材料。

半导体材料研究最新进展和未来展望。

(1) 硅材料

从提高硅集成电路成品率降低成本看,增大直拉硅单晶的直径仍是发展的总趋势。目前直径为 8in 的硅单晶已实现大规模工业生产,基于直径为 12in 硅片的集成电路技术正处在由实验室向工业生产转变中。从进一步提高硅 IC 电路的速度和集成度看,研制适合于硅深亚微米乃至纳米工艺所需的大直径硅外延片会成为硅材料发展的主流。

(2) 砷化镓和磷化铟单晶材料

砷化镓和磷化铟是微电子和光电子的基础材料,具有电子饱和漂移速度高、耐高温、抗辐照等特点,在超高速、超高频、低功耗、低噪声器件和电路,特别在光电子器件和光电集成方面占有独特的优势。砷化镓和磷化铟单晶的发展趋势是:①增大晶体直径,目前 3～4in 的砷化镓已用于大生产,预计 21 世纪初的头几年直径为 6in 的砷化镓也将投入工业应用;②提高材料的电学和光学微区均匀性;③降低单晶的缺陷密度,特别是位错。

(3) 半导体超晶格、量子阱材料

半导体超薄层微结构材料是基于先进生长技术的新一代人工构造材料。它以全新的概念改变着光电子和微电子器件的设计思想,即从过去的所谓"杂质工程"发展到"能带工程",出现了"电学和光学特性可剪裁"为特征的新范畴,是新一代固态量子器件的基础材料。

(4) 一维量子线、零维量子点半导体微结构材料

基于量子尺寸效应、量子干涉效应,量子隧穿效应和库仑阻效应以及非线性光学效应等的低维半导体材料是一种人工构造(通过能带工程实施)的新型半导体材料,是新一代量子器件的基础。它的应用,极有可能触发新的技术革命。这类固态量子器件以其固有的超高速 (10^{-12}～10^{-13} s)、超高频 (1000GHz)、高集成度 (10^{10} 电子器件·cm^{-2})、高效低功耗和极低阈值电流 (亚微安)、极高量子效率、极高增益、极高调制带宽、极窄线宽和高的特征温度以及微微焦耳功耗等特点在未来的纳米电子学、光子学等方面有着极其重要的应用背景,得到世界各国科学家和有远见高技术企业家的高度重视。

(5) 宽带隙半导体材料

宽带隙半导体材主要指的是金刚石、ⅢA 族氮化物、碳化硅、立方氮化硼以及ⅡA～ⅥA 族硫、锡碲化物、氧化物及固溶体等,特别是碳化硅、氮化镓和金刚石薄膜等材料,因具有高热导率、高电子饱和漂移速度和大临界击穿电压等特点,成为研制高频大功率、耐高温、抗辐照半导体微电子器件和电路的理想材料,在通信、汽车、航空、航天、石油开采以及国防等方面有着广泛的应用前景。

习　题

11-1 为什么说 p 区元素最大的特点是其多样性?试从 p 区元素及单质所属类型等方面来进行阐述。

11-2 写出氧气、氮气和氟气分子的分子轨道式,并判断其键级和有无磁性。

11-3 B、C、N、O、F、Ne、S、P、Al 的单质中,哪些是双原子分子?哪些是多原子分子?哪些形

成了原子晶体？哪些形成了金属晶体？

11-4 用价层电子对互斥理论判断下列分子的空间构型：PCl_3、PCl_5、XeF_2、XeF_4。

11-5 判断下列分子中心原子的杂化类型：BF_3、CO_2、CCl_4、SO_4^{2-}、NO_3^-。

11-6 将下列各组物质按其性质排序。

(1) 熔沸点：(a) CH_4、CF_4、CCl_4、CI_4、CBr_4；(b) F_2、Cl_2、Br_2、I_2；(c) AlF_3、$AlCl_3$、$AlBr_3$、AlI_3。

(2) 在水中溶解度：He、Ne、Ar、Kr、Xe。

(3) 酸性：(a) $HBrO_4$、$HBrO_3$、$HBrO_2$、$HBrO$；(b) $HClO_3$、$HBrO_3$、HIO_3；(c) HI、HF、HBr、HCl。

(4) 氧化性：$HBrO$、$HBrO_3$、$HBrO_4$。

(5) 还原性：I^-、Cl^-、Br^-、F^-。

(6) 第一电离能：C、N、O、F。

(7) 电负性：C、N、O、F。

(8) 原子半径：F、Cl、I、Br。

(9) 极性：NH_3、PH_3、AsH_3、SbH_3。

(10) 热稳定性：(a) H_2CO_3、$NaHCO_3$、Na_2CO_3、$BaCO_3$；(b) HF、PH_3、BiH_3。

(11) 水解程度：CCl_4、$SnCl_2$、PCl_5。

11-7 填空：

(1) 地壳中丰度最大的元素是_____，其次是_____；丰度最大的金属元素是_____，同时总的排名为_____。

(2) 元素周期表中电负性最大的元素是_____，熔沸点最低的物质是_____，熔点最高的单质是_____，除氢外密度最小的物质是_____。

11-8 写出下列物质的分子式或化学式：硼砂、纯碱、洗涤碱、砒霜、富勒烯、大苏打、水晶、刚玉、水玻璃。

11-9 分别写出臭氧、XeF_2、双氧水作为氧化剂的一个反应，并解释其优点。

11-10 用反应式表示下列过程：

(1) 氯水滴入 KBr 溶液；(2) 氯气通入石灰溶液；(3) 用 $HClO_3$ 处理 I_2；(4) 碘单质溶于 KI 溶液。

11-11 完成且配平下列方程式。

(1) $H_2O_2+2KI+H_2SO_4=\!=\!=$

(2) $H_2S+2FeCl_3=\!=\!=$

(3) $2S_2O_3^{2-}+I_2=\!=\!=$

(4) $2H_2S+H_2SO_3=\!=\!=$

(5) $S+6HNO_3$（浓）$=\!=\!=$

(6) $CuS+8HNO_3$（浓）$=\!=\!=$

(7) $5NaBiO_3+2Mn^{2+}+14H^+=\!=\!=$

(8) $PCl_5+4H_2O=\!=\!=$

(9) $SiO_2+4HF=\!=\!=$

(10) $B_2H_6+6H_2O=\!=\!=$

(11) $BF_3+NH_3=\!=\!=$

(12) $SiCl_4+3H_2O=\!=\!=$

(13) $2NH_3+3CuO$（加热）$=\!=\!=$

(14) $2XeF_2+2H_2O=\!=\!=$

11-12 如何配制 $SnCl_2$、$SbCl_3$ 和 $Bi(NO_3)_3$ 溶液？

11-13 一氧化碳和亚硝酸盐为何对人体有毒？为何中毒症状相似？

11-14 大气污染物的种类有哪几种？各造成什么样的污染？温室气体指的是什么？其对气候影响是怎么样的？臭氧层对生物起什么样的保护作用？

11-15 下列物质能否在溶液中共存，如果发生反应请写出有关反应方程式。

(1) SiO_3^{2-}、H^+

(2) Fe^{3+}、CO_3^{2-}

(3) Sn^{2+}、Fe^{3+}

(4) Pb^{2+}、Fe^{3+}

(5) KI、KIO_3

(6) $FeCl_3$、KI

11-16 用简便的方法鉴别下列物质。

(1) NH_4Cl 和 $(NH_4)_2SO_4$

(2) KNO_2 和 KNO_3

(3) $SnCl_2$ 和 $AlCl_3$

(4) $Pb(NO_3)_2$ 和 $Bi(NO_3)_3$

11-17 选择合适的稀有气体以满足下列目的。

(1) 温度最低的液体冷冻剂；

（2）电离能最低的、安全发光光源；

（3）廉价的惰性气氛。

11-18 试根据图 11-32，判断 HIO、I_2 和 IO_3^- 在酸性介质中是否容易歧化，如能发生歧化，写出有关反应方程式。

11-19 将 0.3814g 硼砂溶解于 50mL 水中，以甲基红为指示剂，用 HCl 滴定耗去 19.55mL，求 HCl 溶液的浓度。

11-20 溶液中 Ca^{2+}、Pb^{2+} 和 Al^{3+} 浓度均为 $0.2mol \cdot L^{-1}$，此时加入等浓度等体积的碳酸钠溶液，得到的沉淀产物是什么？已知：$CaCO_3$、$Ca(OH)_2$、$PbCO_3$、$Pb(OH)_2$、$Al(OH)_3$ 的 K_{sp} 分别为 8.7×10^{-9}、5.5×10^{-6}、3.3×10^{-14}、2.8×10^{-16}、1.3×10^{-33}。

第12章 d区元素

从第四周期的ⅢB钪到ⅡB的锌，第五周期的ⅢB钇到ⅡB的镉以及第六周期的ⅢB镧到ⅡB的汞共30多种元素，被称为过渡元素，分别称为第一、二、三过渡系列元素。镧系元素、锕系元素又称为内过渡元素。

其中第四周期的Cu、Zn，第五周期的Ag、Cd，第六周期的Au、Hg称为ds区元素，其余的过渡元素均称为d区元素。

12.1 d区元素的通性

12.1.1 d区元素的原子结构

d区元素的最后一个外层电子一定填入d轨道，价层电子不仅包括最外层的s电子，还包括了次外层的d电子。价电子可能仅是s电子，也可能包括s电子与部分或全部的d电子。d区元素（钯除外）的d层轨道上的电子均是未充满的。

过渡元素的原子半径随周期和原子序数变化的情况列于表12-1中。

表 12-1　过渡元素某些性质的有关数据

第一过渡系	钪(Sc)	钛(Ti)	钒(V)	铬(Cr)	锰(Mn)	铁(Fe)	钴(Co)	镍(Ni)	铜(Cu)	锌(Zn)
价电子构型	$3d^14s^2$	$3d^24s^2$	$3d^34s^2$	$3d^54s^1$	$3d^54s^2$	$3d^64s^2$	$3d^74s^2$	$3d^84s^2$	$3d^{10}4s^1$	$3d^{10}4s^2$
金属半径/pm	161	145(α)	132	125	137(β)	124(α)	125	127	128	133
第一电离能/(kJ·mol^{-1})	633	658	650	653	718	759	759	737	745	906
第二过渡系	钇(Y)	锆(Zr)	铌(Nb)	钼(Mo)	锝(Tc)	钌(Ru)	铑(Rh)	钯(Pd)	银(Ag)	镉(Cd)
价电子构型	$4d^15s^2$	$4d^25s^2$	$4d^45s^1$	$4d^55s^1$	$4d^55s^2$	$4d^75s^1$	$4d^85s^1$	$4d^{10}5s^0$	$4d^{10}5s^1$	$4d^{10}5s^2$
金属半径/pm	181	160	143	136	136	133	135	138	145	149
第一电离能/(kJ·mol^{-1})	616	660	664	685	703	711	720	805	731	868
第三过渡系	镧(La)	铪(Hf)	钽(Ta)	钨(W)	铼(Re)	锇(Os)	铱(Ir)	铂(Pt)	金(Au)	汞(Hg)
价电子构型	$5d^16s^2$	$5d^26s^2$	$5d^36s^2$	$5d^46s^2$	$5d^56s^2$	$5d^66s^2$	$5d^76s^2$	$5d^96s^1$	$5d^{10}6s^1$	$5d^{10}6s^2$
金属半径/pm	188	156	143	137	137	134	136	138	144	160
第一电离能/(kJ·mol^{-1})	538	676	761	770	760	840	878	869	890	1007

由上表可见，d区元素的原子半径在同周期元素中随原子序数的增加而减小，但变化程度较主族元素小。这是由于电子填入内层d轨道，其对外层电子有较强的屏蔽作用，使有效核电荷的增加作用有所减弱。

由于镧系收缩的原因，除Sc外，在同族元素中，第二、三过渡系的两种元素的原子半径很接近。甚至铪Hf的原子半径还小于原子序数较小的同族元素锆Zr，因此使得Zr和Hf、Nb和Ta、Mo和W的性质很相似，以致于在自然界上常常形成伴生矿，并给生产中的分离带来很大的困难。

由表12-1可以看出，过渡元素的价电子层中的s电子有1～2个，因此，可以首先失去s电子而形成+1和+2氧化数的化合物，例如铜有Cu^+和Cu^{2+}，汞有Hg_2^{2+}和Hg^{2+}等。

其次，过渡元素价层电子中的d电子也有可能失去，可以形成多种可变的氧化数。例如锰可以有Mn(Ⅱ)如Mn^{2+}；Mn(Ⅲ)如$Mn(OH)_3$；Mn(Ⅳ)如MnO_2；Mn(Ⅵ)如K_2MnO_4和Mn(Ⅶ)如$KMnO_4$。因此，大多数d区元素会呈现多种氧化数，因此，形成的化合物的种类远比 s 区元素、p 区元素多得多，也复杂得多。

d 区元素 Sc、Y、La 仅有一种氧化数 +3，这是因为它们的电子结构式中次外层 d 轨道上只有一个电子，很容易失去的缘故。

第二、三过渡系的 d 区元素的最高氧化数更稳定，因此，有趋于生成高氧化数化合物的倾向。例如锇（Os）的氧化数为 +8 的化合物是很稳定的，氧化数为 +5 钽（Ta）的化合物、氧化数为 +6 的钨（W）的化合物也都是非常稳定的。

而第一过渡系的 d 区元素则趋于生成低氧化数物质，这正好和 p 区元素相反，如氧化数为 +6 的铁（Fe）化合物较难制备，氧化数为 +3 钴（Co）的化合物制备也比较困难。要制得氧化数为 +4 的钴（Co）的化合物就更困难了。

一些羰基化合物中，d 区元素氧化数会呈现 -1、0 等。如 $Cr(CO)_6$ 中 $Cr(0)$、$[Mn(CO)_5]^-$ 中 $Mn(-1)$ 等。其他情况可见表 12-2。

表 12-2　过渡元素的氧化态

第一过渡系	Sc	Ti	V	Cr	Mn	Fe	Co	Ni	Cu	Zn
氧化态	+3①	+2～+4 +4①	+1～+5 +5①	+1～+6 +3①，+6①	+1～+7 +2①，+4① +7①	+1～+6 +2① +3①	+1～+4 +2①	+1～+4 +2①	+1～+3 +1① +2①	+2①

第二过渡系	Y	Zr	Nb	Mo	Tc	Ru	Rh	Pd	Ag	Cd
氧化态	+3①	+3 +4①	+1～+5 +5①	+1～+6 +6①	+3～+7 +7①	+2～+4 +6，+8 +4①	+1～+4 +6 +3①	+1～+4 +2①，+4①	+1～+3 +1①	+2①

第三过渡系	La	Hf	Ta	W	Re	Os	Ir	Pt	Au	Hg
氧化态	+3①	+2～+4 +4①	+2～+5 +5①	+2～+6 +6①	+2～+7	+2～+8 +4① +8①	+3～+6 +3① +4①	+1～+6 +2① +4①	+1～+3 +3①	+1① +2①

① 氧化态为常见的稳定的氧化态。

12.1.2　d 区元素的物理性质

过渡元素的原子半径都较小，例如主族元素钠 Na 的原子半径为 186pm，钾 K 的原子半径为 227pm，而 d 区元素除 Y、La 的原子半径在 180pm 左右外，其余均在 160pm 以下。这是由于随着核内电荷增加但核外电子填入内层 d 轨道，电子轨道层没有增加，原子半径增加不大。内层 d 轨道对外层 s 轨道的屏蔽作用，有效核电荷数增加量减缓，原子核对核外电子吸引力增加不大。因而 s 层和 d 亚层电子都可以参与形成金属键并且都较强或很强。

d 区元素除了 Zn、Cd、Hg 外大都具有高沸点、高熔点的性质，其中钨和铼的熔点最高，钨的熔点可达 3410℃，沸点达 5900℃。

d 区元素密度大。其中锇的密度最大，可达 $22.7g \cdot cm^{-3}$。

d 区元素硬度大。硬度最大的是铬，若以金刚石的硬度为 10，则铬的硬度可达 9，比玻璃、陶瓷还要硬。过渡元素的主要物理性质见表 12-3。

12.1.3　d 区元素的化学通性

一般说来，d 区元素的金属性比同周期的 p 区元素要强，例如，在空气中 Sc、Y、La 能迅速被氧化，与水作用放出氢气，比同周期的 Ga、Ge 强，但比同周期的碱金属和碱土金属要弱。

表 12-3　过渡元素的物理性质

第一过渡系	Sc	Ti	V	Cr	Mn	Fe	Co	Ni	Cu	Zn
熔点/K	1812	1933	2163	2130	1517	1808	1768	1726	1356	692
沸点/K	3105	3560	3653	2945	2235	3023	3143	3005	2582	1180
密度/($g \cdot cm^{-3}$)	2.99	4.54	6.11	7.20	7.44	7.78	8.90	8.90	8.92	7.14
晶格	六方	六方	体心	体心	多种	体心	面心	面心	面心	六方
第二过渡系	Y	Zr	Nb	Mo	Tc	Ru	Rh	Pd	Ag	Cd
熔点/K	1796	2125	2741	2890	2445	2583	2239	4000	1233	593
沸点/K	3610	4650	5015	4885	5150	4173	4000	3413	2223	1040
密度/($g \cdot cm^{-3}$)	4.47	6.51	8.57	10.22	11.50	12.41	12.41	12.02	10.5	7.14
晶格	面心	六方	体心	体心	六方	六方	面心	面心	面心	六方
第三过渡系	La	Hf	Ta	W	Re	Os	Ir	Pt	Au	Hg
熔点/K	1193	2500	3269	3683	3453	3318	2683	2045	1336	234
沸点/K	3727	4875	5698	5933	5900	5300	4430	4100	2873	629
密度/($g \cdot cm^{-3}$)	6.15	13.31	16.65	19.3	21.0	22.6	22.42	21.45	19.3	13.55(L)
晶格	六方	六方	体心	体心	六方	六方	面心	面心	面心	六方

在同族元素中，随原子序数的增加，金属性变化并不显著，仅略有减弱。这比 s、p 区元素的变化要缓和得多。第二或第三系列过渡元素已不能被稀酸中 H_3O^+ 所氧化，W、Zr、Hf 甚至不与硝酸反应，Au、Zr、Hf 等可溶于王水，而 Ru、Rb、Os、Ir 与王水也不反应。

大多数 d 区元素的水合离子都有颜色，按照晶体场理论，这是由于离子中 d 轨道上电子没有充满，d 电子发生跃迁时吸收不同波长的可见光的缘故。当离子中 d 轨道上电子全充满或全空时，离子为无色，如 Cu^+、Ag^+、Zn^{2+}、Sc^{3+} 等的水合离子均为无色。

d 区元素的原子或离子大都具有空的价层电子轨道，很容易与具有孤电子对的配位体形成配位化合物。例如，Fe^{2+} 和邻菲啰啉就可形成杏红色的配合物。

12.1.4　d 区元素化合物的通性

d 区元素在形成低氧化数化合物时，一般以离子键相结合，例如 $ZnCl_2$、NiO 等。在水溶液中容易形成水合离子，如 $[Cr(H_2O)_6]^{3+}$、$[Co(H_2O)_6]^{2+}$ 等。当形成等于或高于 +4 的氧化数化合物时，则以极性共价键相结合，多表现为含氧的离子即"酰离子"，如 TiO^{2+}、VO^{2+}。

（1）氧化物及其水合物的酸碱性

d 区元素高氧化数的氧化物是酸性氧化物。三氧化铬（Ⅵ）溶于水生成 H_2CrO_4；高氧化锰（Ⅶ）对应的是 $HMnO_4$，它只能存在于水溶液中，而其盐如 $KMnO_4$ 则是稳定的；铁酸盐 Na_2FeO_4 也能稳定存在。

d 区元素的低氧化数的氧化物是碱性氧化物，溶于酸后形成盐。同一过渡系从左到右，碱性递减。

除了钪可以由氧化物溶于水生成碱性的氢氧化物外，其余各元素的氢氧化物则只能通过氧化物溶于强酸成盐再与强碱反应而制得，其在强热下又会脱水生成对应的氧化物。

（2）d 区元素的顺磁性

d 区元素及其化合物大多数含有未成对的 d 电子，因而具有顺磁性。Fe、Co、Ni 均是磁性材料的原料。

（3）d 区元素的催化性

化工生产中使用的催化剂，多数都是用 d 区、ds 区、f 区元素及其化合物制得的。例如 V_2O_5 可作为氧化 SO_2 生成 SO_3 的催化剂；烯烃的加氢反应，可用 Pd 作催化剂；乙烯制备乙醛可以用 $PdCl_2$ 作催化剂；由天然气经过一次转化生产合成气（$CO+H_2$）时，可用 Ni 及其化合物作催化剂；合成氨工业中可用 Fe 作催化剂等。

酶是生物反应的重要催化剂，而起关键作用的是酶中的 d 区、ds 区元素，例如维生素

B_{12}辅酶的中心有 Co，固氮酶中含有 Mo 和 Fe。d 区元素可起催化作用是因为过渡元素易形成配合物以及有多种氧化数。

(4) 超导材料与过渡元素

超导材料是含有 d 区、ds 区元素氧化物的复杂无机物，如 NbTi、NbZr、$Ba_2Eu_{0.75}$ $Y_{0.75}Cu_3O_{8\sim9}$，其零电阻的温度已提高到零下一百多摄氏度。

12.1.5 d 区元素在生产中的重要作用

d 区元素在地壳中的丰度并不高，但在我们日常的生产、生活中具有举足轻重的地位。工业生产中各种设备设施大多数都是由钢铁制造的。钢是铁与碳的化合物，是最重要的一种材料。如果没有钢铁，现代社会的正常运行将是不可想象的。

d 区元素中的 Cr、Ni、Mo、W、V、Mn 等还可以和 Fe 形成各种具有不同功能的合金钢，例如耐高压、耐高温、高硬度耐磨、耐酸碱腐蚀等合金钢。

若将镧系元素和锆、镁形成合金，不但强度高，质地轻，而且能耐高温；钛合金也是性能优良的新型材料，常作为强腐蚀条件下的材料。

电子、电力产业中都离不开铜、银、金、铱、铂等金属。

12.2 钛 副 族

钛副族包括钛（Ti）、锆（Zr）、铪（Hf）三种元素，它们的价层电子构型均为 $(n-1)d^2ns^2$，均易脱去四个价层电子，形成氧化数为 +4 的化合物。钛也有氧化数为 +3 的化合物，氧化数为 +2 的化合物却很少见。

12.2.1 钛元素概述

英国人格莱谷尔在 1790 年在钛铁矿中发现了钛，1795 年克拉普罗特在研究后将其命名为"titanium"。1910 年亨脱尔首先制得金属钛。

钛在自然界主要存在于钛铁矿 $FeTiO_3$ 和金红石矿 TiO_2 中。其次存在于钒钛铁矿、钙钛矿中。

金属钛具有银白色光泽。它具有钢的机械强度和加工性，但它的密度比钢小得多，只有 $4.5g \cdot cm^{-3}$，几乎是钢铁的一半。

金属钛表面会形成一层钝性的致密的氧化物膜，它保护钛基体不与氧化介质、冷的稀酸、稀碱、海水发生化学反应，呈现优越的抗腐蚀性能。

钛的耐热性能也很好，在空气中加热到 $500\sim600℃$ 时，它仍是稳定的。由于金属钛有上述优良的性能，它被广泛用于飞机制造、化学工业、航海、舰艇制造、导弹及航天事业中。在医学上金属钛也被用于接骨。

钛的合金用途也非常广泛。TiNb 合金是超导材料。钛锆合金制成的真空泵可抽真空至 $10^{-4}Pa$。

12.2.2 钛的化学性质及重要化合物

(1) 钛单质

① 钛单质的化学性质

金属钛可溶于热的浓盐酸或硫酸：

$$2Ti+3H_2SO_4 == Ti_2(SO_4)_3+3H_2\uparrow \qquad (12-1)$$

$$2Ti+6HCl == 2TiCl_3+3H_2\uparrow \qquad (12-2)$$

硝酸可氧化金属钛表面而形成钝性的偏钛酸膜：

$$Ti+4HNO_3 == H_2TiO_3+4NO_2\uparrow+H_2O \qquad (12-3)$$

金属钛也易和氢氟酸反应，形成氟钛酸：

$$Ti + 6HF = H_2[TiF_6] + 2H_2 \uparrow \qquad (12-4)$$

在高温下，金属钛还能与非金属元素 O_2、N_2、H_2、X_2、S、B 等作用，生成相应的氧化物（TiO_2）、氮化物（TiN）、氢化物（TiH_2）、卤化物（$TiCl_3$，$TiCl_4$）、硫化物（TiS_2）、硼化物（TiB）等。也可与一些金属元素 Al、Fe 等形成合金。

② 钛单质的制备

将金红石粉在氯气气氛中与炭粉混合加热，生成 $TiCl_4$：

$$TiO_2 + 2C + 2Cl_2(g) = TiCl_4(l) + 2CO \uparrow \qquad (12-5)$$

再将 $TiCl_4$ 与金属钠或熔融的金属镁反应，可得到海绵状钛：

$$TiCl_4(l) + 2Mg = Ti(s) + 2MgCl_2 \qquad (12-6)$$

海绵状钛再经真空电弧熔融，可得钛金属单质。

（2）二氧化钛

钛的氧化数为 4 的氧化物 TiO_2 是钛最稳定、最重要、用途最广泛的化合物。

① 二氧化钛的性质

在自然界的 TiO_2 矿是红色或黄色晶体，因此称为金红石。工业产品是较纯的 TiO_2 白色粉末，俗称钛白粉。

钛白粉既具有铅白的掩盖性能，又具有锌白的持久性能，是更高级的白色颜料。TiO_2 是世界上最白的物质之一，是生产高级涂料的原料，也可作造纸工业中的填充剂和化纤的消光剂，高级的钛白粉也是高档化妆品的重要原料。

钛白粉热稳定性好，熔点高达 2073K。二氧化钛是两性氧化物，不溶于水和稀酸，可微溶于碱：

$$TiO_2 + 2NaOH = Na_2TiO_3 + H_2O \qquad (12-7)$$

② 二氧化钛的制备

钛白粉在工业上有两种方法生产：即硫酸法和氯化法。

a. 硫酸法。将钛铁矿粉 $FeTiO_3$ 与 93% 的硫酸加热至约 350K：

$$FeTiO_3 + 2H_2SO_4 = TiOSO_4 + FeSO_4 + 2H_2O \qquad (12-8)$$

或

$$FeTiO_3 + 3H_2SO_4 = Ti(SO_4)_2 + FeSO_4 + 3H_2O \qquad (12-9)$$

在高温、低浓度、中性溶液中水解 $TiOSO_4$ 或 $Ti(SO_4)_2$：

$$TiOSO_4 + 2H_2O = H_2TiO_3 \downarrow + H_2SO_4 \qquad (12-10)$$

在 800～850℃ 下煅烧钛酸：

$$H_2TiO_3 = TiO_2 + H_2O \qquad (12-11)$$

硫酸法生产的钛白粉大多数属于锐钛型 $A\text{-}TiO_2$，也有金红石型 $R\text{-}TiO_2$。

b. 氯化法。将金红石矿粉 TiO_2 在 1173K 下与氯气、炭粉反应：

$$TiO_2 + 2Cl_2 + 2C = TiCl_4 + 2CO \qquad (12-12)$$

精馏纯化 $TiCl_4$ 后，可得纯度较高的 $TiCl_4$。再用纯氧氧化 $TiCl_4$：

$$TiCl_4 + O_2 = TiO_2 + 2Cl_2 \qquad (12-13)$$

氯化法生产的钛白粉属于高档次的金红石型 $R\text{-}TiO_2$。

（3）氯化钛

纯的 $TiCl_4$ 是无色透明的液体，沸点 136℃，凝固点 -23℃，具有刺激性臭味。易水解，在潮湿的空气中可产生剧烈的烟雾，这是因为 $TiCl_4$ 遇水易发生水解的缘故。

$$TiCl_4 + 2H_2O = TiO_2 + 4HCl \qquad (12-14)$$

$TiCl_3$ 是钛的低氧化数氯化物，可用活泼金属还原 $TiCl_4$ 制得：

$$3TiCl_4 + Al = 3TiCl_3 + AlCl_3 \qquad (12-15)$$

在分析中，在测定硫酸钛含量时，可先将 Ti(Ⅳ) 还原为 Ti^{3+}，然后，以 KSCN 为指示剂，用 Fe^{3+} 标准溶液滴至溶液呈红色为终点。

(4) 钛酸及其盐

钛酸 H_2TiO_3 的结构有两种形式，室温下碱与钛酸盐作用，生成的钛酸是 α-正钛酸（H_4TiO_4）。若煮沸氧化数为 +4 钛盐，使其水解，得到的是 β-偏钛酸（H_2TiO_3）。α-正钛酸的反应活性比 β-偏钛酸大得多。两种形式的钛酸的不同之处是粒子大小与聚结程度不一样。

在钛盐的中性或酸性溶液中，Ti^{4+} 以水合氢氧配离子 $[Ti(OH)_2(H_2O)_4]^{2+}$ 存在。在钛盐溶液中加入过氧化氢 H_2O_2，溶液即呈深橙红色，可用此现象鉴别钛离子，用分光光度法测定痕量的钛，如用此法可测定水泥样品中痕量的 TiO_2。

当溶液中钛浓度足够大时，可用氨溶液将棕黄色的过氧钛酸沉淀下来。

过氧钛酸是一个真过氧酸，在中性溶液中，它可以使 KI 生成 I_2：

$$H_4TiO_5 + 2KI = K_2TiO_3 + 2H_2O + I_2 \tag{12-16}$$

H_2O_2 的加合物 $K_4TiO_4 \cdot 4H_2O_2 \cdot 2H_2O$ 则不能氧化 KI 成 I_2，因此 $K_4TiO_4 \cdot 4H_2O_2 \cdot 2H_2O$ 不是一个真过氧酸。

12.2.3 锆和铪元素概述

锆是克拉普罗特于 1789 年首先发现的，柏采利乌斯在 1824 年首次获得金属锆。在 1923 年考斯脱从 X 射线光谱中发现铪。

金属锆和铪外观似钢，有良好的金属光泽。

纯的金属锆和铪都具有可塑性，若混有杂质可使它们变得硬而脆。

锆和铪在自然界常常是共生的，主要的矿石有锆英石 $ZrSiO_4$，其中含锆 2%～7%，而铪的含量则为锆的 2% 左右。

锆具有很小的中子吸收截面和抗腐蚀性，常可作为原子能反应堆中铀棒的外套材料。含有少量锆的合金钢锆钢具有很高强度和韧性，并有良好的焊接性能，因此常被用于炮筒制造，坦克和舰艇的装甲。

锆和铪的其他多种合金也可用于电子技术、外科刀具等方面。

12.2.4 锆、铪的化学性质及重要化合物

(1) 锆、铪单质的化学性质

紧密状态的锆和铪在空气中极稳定，灼热时仅在表面上发暗。但粉末状的锆和铪在空气中易氧化。例如，锆和铪的细丝可用火柴点燃；锆和铪粉末也可在 200℃ 时燃烧，是良好的脱氧剂。

锆和铪不和水、稀酸或强碱溶液作用，但可溶于王水和氢氟酸中，也会被熔融的碱所侵蚀。

在灼热至表面暗红时，锆可与氯气作用；在 1000℃ 以上，可与氮气化合。

(2) 锆、铪重要化合物

① 高氧化数化合物

二氧化锆 ZrO_2、二氧化铪 HfO_2 分别是最重要的锆、铪氧化数为 +4 的化合物。二氧化锆为硬的白色粉末，不溶于水。常温时是单斜晶型，1000℃ 以上为正方型晶体。强热过的 ZrO_2 溶于氢氟酸和浓硫酸，而稍加热制得的 ZrO_2 则易溶于无机酸。

锆盐水解可得到二氧化锆水合物 $ZrO_2 \cdot xH_2O$，不加热而得到的 $ZrO_2 \cdot xH_2O$ 称为 α 型锆酸，而经加热水解沉淀下来的叫 β 型锆酸。它们均不溶于酸，而易与强碱作用。但生成物的不是组成固定的锆酸盐，而是二氧化锆水合物吸附了碱金属氢氧化物的沉淀。所以称它们为锆酸，是因其与钛酸有相似之处。

ZrO_2 与强碱熔融时，可生成偏锆酸盐或正锆酸盐：

$$ZrO_2 + 2NaOH \xrightarrow{\quad} Na_2ZrO_3 + H_2O \uparrow \qquad (12\text{-}17)$$

$$ZrO_2 + 4NaOH \xrightarrow{\quad} Na_4ZrO_4 + 2H_2O \uparrow \qquad (12\text{-}18)$$

锆和钛一样也有过氧锆酸盐，也是一种真过氧酸。

② 低氧化数化合物

低氧化数化合物有 $ZrCl_3$。无水氯化铝、铝粉和 $ZrCl_4$ 在密封的真空管中加热至 350℃，即可得暗红棕色的 $ZrCl_3$。在无空气条件下，将 $ZrCl_3$ 加热至 330℃，$ZrCl_3$ 会发生歧化反应：

$$2ZrCl_3 \rightleftharpoons ZrCl_4 + ZrCl_2 \qquad (12\text{-}19)$$

同样方法还可以制得 $ZrBr_3$、ZrI_3、$ZrBr_2$、ZrI_2 等。铪有与锆相似的化合物。

12.3 钒 副 族

钒副族包括钒（V）、铌（Nb）、钽（Ta）三种元素，它们的最外层电子结构是不完全一致的。钒和钽的价层电子构型是 $(n-1)d^3ns^2$，而铌则为 $4d^4 5s^1$。氧化数可从 $+1 \rightarrow +5$，其中钒的化合物的氧化数以 $+3$、$+5$ 为主。

12.3.1 钒元素概述

墨西哥人得里乌在 1801 年在铅矿中首先发现了钒。1830 年瑞典人塞夫斯特勒姆给它命名为 "vanadium"。1867 年英国人罗斯谷首次获得了纯的钒粉末。

由于 V^{3+} 的离子半径与 Fe^{3+} 的离子半径相近，在自然界中钒常存于铁矿中，例如我国攀枝花的钒钛铁矿。

氧化数为 $+5$ 的钒常可以独立成矿，以钒酸盐的形式存在，常与铀和磷共生。它也存在于煤、沥青、石油中；重要的矿石有绿硫钒矿 VS_2、铅钒矿 $Pb_5(VO_4)_3Cl$、绿云母 $KV_2[AlSi_3O_{10}](OH)_2$、钒酸钾铀矿 $K_2(UO_2)_2(VO_4)_2 \cdot 3H_2O$ 等。

钒单质呈钢灰色，纯钒有延展性，熔点很高。

钒是制造合金钢的重要原料之一，钢中加入钒，可使钢质紧密，韧性、弹性和强度都会提高，并有很好的耐磨损性和抵抗撞击的作用，因此常可以用来制造齿轮、弹簧、工具、钢轨，它对汽车和飞机制造也有着特殊的意义。

12.3.2 钒的化学性质及重要化合物

(1) 钒单质

① 钒单质的化学性质

常温下，块状钒不与空气、水、苛性碱作用。但可溶解在熔融状态的强碱中，形成钒的化合物。

钒单质是强还原剂，但易钝化。常温下，钒不与非氧化性酸作用，但可溶于氧化性很强的王水、硝酸中。在加热时，钒可与 HF 和 H_2SO_4 反应。

在高温下，钒有较强的活泼性。可与大多数非金属元素如 C、N、Si 生成硬度高、熔点也高的 VC、VN、VSi。也可以与氧、卤素生成 V_2O_5、VF_5、VCl_4、VBr_3 等。

钒有 $+2$、$+3$、$+4$、$+5$ 氧化数的化合物，其中氧化数为 $+5$ 的化合物最稳定，其次是氧化数为 $+4$ 的化合物，氧化数为 $+2$ 和 $+3$ 的化合物都不稳定。

氧化数为 $+3$ 的钒的化合物有形成多酸的趋势，氧化数为 $+4$ 的化合物多数为多酸，氧化数为 $+5$ 的化合物以多酸为主。

② 钒单质的制备

工业上生产钒单质用钒矿石与 NaCl、空气焙烧成钒酸钠：

$$2V_2O_5 + 4NaCl + O_2 \xrightarrow{\quad\quad} 4NaVO_3 + 2Cl_2\uparrow \tag{12-20}$$

用水浸出 $NaVO_3$，用酸中和：

$$2NaVO_3 + 2H^+ \xrightarrow{\quad\quad} V_2O_5 \cdot H_2O + 2Na^+ \tag{12-21}$$

$V_2O_5 \cdot H_2O$ 脱水后，与活泼金属共热：

$$V_2O_5 + 5Ca \xrightarrow{\quad\quad} 2V + 5CaO \tag{12-22}$$

也可用 Mg 与 VCl 反应制得单质 V：

$$2VCl_3 + 3Mg \xrightarrow{\quad\quad} 3MgCl_2 + 2V \tag{12-23}$$

(2) 五氧化二钒

① 五氧化二钒的化学性质

五氧化二钒 V_2O_5 是最重要的钒的化合物。V_2O_5 是橙黄至砖红色的晶体，无臭、无味、有毒、微溶于水。V_2O_5 是两性物质，既可溶于酸，也可溶于碱：

$$V_2O_5 + 2H^+ \xrightarrow{\quad\quad} 2VO_2^+ + H_2O \tag{12-24}$$

$$V_2O_5 + 2NaOH \xrightarrow{\quad\quad} 2NaVO_3 + H_2O \tag{12-25}$$

V_2O_5 是较强的氧化剂，溶于 HCl 并使 HCl 氧化为氯气：

$$V_2O_5 + 6HCl \xrightarrow{\quad\quad} 2VOCl_2 + 3H_2O + Cl_2\uparrow \tag{12-26}$$

在硫酸工业中，它是 SO_2 转化成 SO_3 反应的重要催化剂。

② 五氧化二钒的制备

V_2O_5 可通过煅烧偏钒酸铵 NH_4VO_3 获得：

$$2NH_4VO_3 \xrightarrow{\quad\quad} V_2O_5 + 2NH_3\uparrow + H_2O\uparrow \tag{12-27}$$

(3) 钒酸和偏钒酸

五氧化二钒溶于水，可生成钒酸或偏钒酸：

$$V_2O_5 + 3H_2O \xrightarrow{\quad\quad} 2H_3VO_4 \tag{12-28}$$

$$V_2O_5 + H_2O \xrightarrow{\quad\quad} 2HVO_3 \tag{12-29}$$

在很多含氧酸中，成酸主元素的原子只有 1 个，例如 H_2SO_4、HNO_3、H_3PO_4 等中的 S、N、P 等。但也有些酸中的成酸元素只有一种，但原子却不止 1 个，这类由多个同种成酸元素形成的含氧酸称为同多酸。一般讲同多酸是由多个含氧酸分子彼此缩水而成，如第 11 章讲的焦硫酸、焦磷酸等。

若含氧酸中成酸元素多于 1 种，这类由两种或两种以上成酸元素形成的含氧酸称为杂多酸，如第 11 章讲的磷钼酸铵等。

过渡元素形成的酸大多数成酸元素的原子多于 1 个，易形成同多酸。同时也很容易与其他元素一起形成杂多酸。由钒形成的酸就有同多酸和杂多酸。

钒酸盐在不同的 pH 下，会以多种多样的酸根形式存在：

pH = 10.6～12
$$2VO_4^{3-} + 2H^+ \xrightarrow{\quad\quad} V_2O_7^{4-} + H_2O \tag{12-30}$$

pH = 8.4～10.6
$$3V_2O_7^{4-} + 6H^+ \xrightarrow{\quad\quad} 2V_3O_9^{3-} + 3H_2O \tag{12-31}$$

pH = 3～8.4
$$10V_3O_9^{3-} + 12H^+ \xrightarrow{\quad\quad} 3V_{10}O_{28}^{6-} + 6H_2O \tag{12-32}$$

$$V_{10}O_{28}^{6-} + H^+ \xrightarrow{\quad\quad} HV_{10}O_{28}^{5-} \tag{12-33}$$

$$HV_{10}O_{28}^{5-} + H^+ \xrightarrow{\quad\quad} H_2V_{10}O_{28}^{4-} \tag{12-34}$$

pH < 3
$$H_2V_{10}O_{28}^{4-} + 14H^+ \xrightarrow{\quad\quad} 10VO_2^+ + 8H_2O \tag{12-35}$$

上述多钒酸随着钒原子的增多，酸根的颜色变深。例如，四钒酸以下颜色较浅或为无色，如 VO_2^+ 为浅黄色，在紫外区有吸收。五钒酸根呈橙黄色，八钒酸根则为棕色。

偏钒酸也可形成四钒酸：

$$4HVO_3 \xrightarrow{\quad\quad} H_2V_4O_{11} + H_2O \tag{12-36}$$

钒酸不仅自身容易缩水形成同多酸，并且能和别的含氧酸缩水生成杂多酸，例如十二钒磷杂多酸钠 $Na_7PV_{12}O_{36}$ 等。

钒酸盐和钒盐除了缩合性外，在强酸中还有氧化性，并且随钒的氧化数的降低颜色逐渐变深。

$$VO_2^+（黄色）\longrightarrow VO^{2+}（蓝色）\longrightarrow V^{3+}（绿色）\longrightarrow V^{2+}（紫色） \tag{12-37}$$

其中 VO_2^+ 可以被 Fe^{2+} 或 $C_2O_4^{2-}$ 还原：

$$VO_2^+（黄色）+Fe^{2+}+2H^+ \Longrightarrow VO^{2+}（蓝色）+Fe^{3+}+2H_2O \tag{12-38}$$

$$2VO_2^+（黄色）+C_2O_4^{2-}+4H^+ \Longrightarrow 2VO^{2+}（蓝色）+2CO_2\uparrow+2H_2O \tag{12-39}$$

根据上述反应，可用氧化-还原滴定法来测定钒的含量。

12.3.3 铌和钽元素概述

铌（Nb）是哈切特于 1801 年发现的，1929 年首次制得铌。而钽（Ta）则是爱森堡于 1802 年首先发现，1903 年由鲍尔登首次制得。

铌和钽外形似铂，有很高的熔点，属于硬金属但又具有可塑性，因此有很好的延展性，尤其是钽，可以进行冷加工。

铌和钽在自然界是共生的，主要矿石有铌铁矿 $Fe[NbO_3]_2$ 和钽铁矿 $Fe[TaO_3]_2$。

铌和钽化学稳定性特别高，除了氢氟酸可以和钽进行缓慢的作用外，铌和钽与其他无机酸包括王水均不作用。但在加热的情况下，仍可溶于浓硫酸和浓的强碱液或与碱共熔。

铌在超导方面有广泛用途。含铌的合金钢可提高钢在高温时的抗氧化性、改善焊接性能和增加抗蠕变性能。铌-钌作催化剂可提高烯的产率。

钽最重要的用途是化学工业中作为耐酸设备的材料。半毫米厚的钽片内衬，可用于耐酸热交换装置和冷凝器。钽也可制造成盐酸吸收装置和硫酸蒸发设备。钽还可以用于制造外科刀具、人造纤维拉线模等。

12.3.4 铌、钽的化学性质及重要化合物

（1）铌、钽单质的化学性质

在室温下，氟可以和铌、钽化合。但与氯气的反应在 200℃ 时才起作用。在加热时，可以和空气中的氧生成五氧化物。而硫在低于 200℃ 时就和钽作用，生成二硫化钽。铌和硫则要在 200℃ 以上才发生反应。

在高温下，铌、钽还可以和氮、碳化合，生成对应的氮化物和碳化物。

（2）铌、钽的重要化合物

① 氧化物

铌和钽主要生成氧化数为 +5 的化合物，其中五氧化二铌和五氧化二钽是最重要的化合物。

五氧化二铌 Nb_2O_5 是白色粉末，它可由铌酸脱水，或将铌的硫化物、氮化物或碳化物在空气中燃烧而制得：

$$2H_3NbO_4 \Longrightarrow Nb_2O_5+3H_2O\uparrow \tag{12-40}$$

$$4NbS_2+13O_2 \Longrightarrow 2Nb_2O_5+8SO_2\uparrow \tag{12-41}$$

五氧化二钽可以通过燃烧纯的金属钽获得：

$$4Ta+5O_2 \Longrightarrow 2Ta_2O_5 \tag{12-42}$$

② 含氧酸及盐

将五氧化二铌和碳酸钠共熔，可得到正铌酸钠：

$$Nb_2O_5+3Na_2CO_3 \Longrightarrow 2Na_3NbO_4+3CO_2\uparrow \tag{12-43}$$

但将共熔体用水浸取时，不溶物却是偏铌酸钠。

用 H_2SO_4 将铌酸盐溶液酸化，得到的是五氧化二铌的水合物，水的含量是不定量的，

称之为铌酸：

$$2Na_3NbO_4 + 3H_2SO_4 + (n-3)H_2O =\!=\!= Nb_2O_5 \cdot nH_2O + 3Na_2SO_4 \qquad (12\text{-}44)$$

无定形的铌酸凝胶内所含的水很不易脱去，即使在 500℃ 时还有水留在里面。可推测，它一定不是一般概念的水，而是形成了键。

铌酸和钽酸既可溶于碱形成盐，也可溶于酸。

钽酸一般可用七氟钽酸钾 K_2TaF_7 制得，因为 K_2TaF_7 最容易得到纯品，而且产物吸附杂质也较少。

12.4 铬 副 族

铬副族包括铬（Cr）、钼（Mo）、钨（W）三种元素。铬和钼的价层电子结构为 $(n-1)d^5ns^1$，而钨为 $(n-1)d^4ns^2$。价层电子共有 6 个，可以形成氧化数为 $+2\sim+6$ 的化合物。

铬副族元素生成低价化合物的倾向性自上而下逐渐减弱。例如，铬的低氧化数 $+2$ 和 $+3$ 化合物可稳定存在。而钼和钨的化合物的氧化数主要显 $+6$，氧化数为 $+2$ 和 $+5$ 的化合物均不稳定。

虽然钼和铬价层电子结构相同，但由于镧系收缩的原因，钼的原子半径几乎和钨相等，因此钼与钨的性质非常相近。

12.4.1 铬元素概述

1797 年浮克伦在铬铅矿中发现了铬。

铬的主要矿石有铬铁矿 $FeO \cdot Cr_2O_3$、铬铅矿 $PbCrO_4$。其次铬尖晶石和铬云母中也含有铬。

铬是银白色带光泽的金属。含有杂质的铬硬而脆，高纯的铬软一些，且有延展性，但它仍是金属中最硬的元素。

金属铬的表面会形成致密的氧化物薄膜而使其钝化，有很好的耐腐蚀性能。常可作为其他金属的保护镀层，且铬有银白色的光泽，非常漂亮，因此也常镀在其他金属的表面起装饰作用。

铬可以形成合金，当钢中含有铬 14％ 左右时就形成不锈钢。铬镍合金可耐高温，常用来做成电炉丝和热电偶。

12.4.2 铬的化学性质和重要化合物

（1）铬单质

① 铬单质的化学性质

铬在潮湿酌空气中是稳定的，加热时与氧化合成 Cr_2O_3。铬可慢慢地溶于稀盐酸和稀硫酸中，形成氧化数为 $+2$ 的蓝色亚铬盐，亚铬盐很不稳定，与空气接触后，很快被氧化成氧化数为 $+3$ 的绿色铬盐：

$$Cr + 2HCl =\!=\!= CrCl_2（蓝色）+ H_2 \uparrow \qquad (12\text{-}45)$$

$$4CrCl_2 + O_2 + 4HCl =\!=\!= 4CrCl_3（绿色）+ 2H_2O \qquad (12\text{-}46)$$

金属铬与浓硫酸作用，直接生成氧化数为 $+3$ 的绿色铬盐：

$$2Cr + 6H_2SO_4（浓）=\!=\!= Cr_2(SO_4)_3 + 3SO_2 \uparrow + 6H_2O \qquad (12\text{-}47)$$

铬不溶于浓硝酸，这是因为浓硝酸的强氧化作用，在铬金属表面形成了一层非常致密的 Cr_2O_3 氧化保护膜，阻止铬与硝酸进一步作用。

在高温条件下，金属铬也可与活泼的非金属单质 C、B、N_2、卤素反应。

② 铬单质的制备

工业上以铬铁矿为原料，先制得重铬酸钠 $Na_2Cr_2O_7$。然后将 $Na_2Cr_2O_7$ 与 C 共热还原：

$$Na_2Cr_2O_7 + 2C =\!=\!= Cr_2O_3 + Na_2CO_3 + CO \uparrow \qquad (12\text{-}48)$$

Cr_2O_3 再用活泼金属还原，制得 Cr 单质：

$$Cr_2O_3 + 2Al \longrightarrow Al_2O_3 + 2Cr \tag{12-49}$$

也可与 Na_2CrO_4 和 Na_2S 反应，生成 $Cr(OH)_3$：

$$8Na_2CrO_4 + 3Na_2S + 20H_2O \longrightarrow 3Na_2SO_4 + 8Cr(OH)_3 + 16NaOH \tag{12-50}$$

$Cr(OH)_3$ 灼烧成 Cr_2O_3，Cr_2O_3 再与 Al 反应生成 Cr 单质。

(2) 亚铬化合物

氧化数为 +2 的化合物称为亚铬化合物，因电对 Cr^{3+}/Cr^{2+} 标准电极电位很低：

$$Cr^{3+} + e^- \rightleftharpoons Cr^{2+} \qquad \varphi^{\ominus}_{Cr^{3+}/Cr^{2+}} = -0.14V$$

所以，亚铬化合物具有很强的还原性。

亚铬化合物遇潮湿空气就可氧化，显碱性。所以，亚铬化合物必须保存在真空中。

亚铬化合物不易形成配合物。

亚铬的强酸盐大多数是蓝色的，无结晶水的亚铬盐和弱酸亚铬盐具有各种不同的颜色。

重要的亚铬化合物有氧化亚铬 CrO 和卤化亚铬。将铬汞齐在空气中氧化，便可得到红色的氧化亚铬：

$$2Cr(汞齐) + O_2 \longrightarrow 2CrO(红色) \tag{12-51}$$

将氢氧化钠溶液加入亚铬溶液中，会得到黄色粉状的 $Cr(OH)_2$ 沉淀：

$$Cr^{2+} + 2OH^- \longrightarrow Cr(OH)_2 \downarrow (黄色) \tag{12-52}$$

加热 $Cr(OH)_2$ 便有三氧化二铬产生：

$$2Cr(OH)_2 \longrightarrow Cr_2O_3 + H_2O + H_2 \uparrow \tag{12-53}$$

氢卤酸与红热的铬作用，便可得到卤化亚铬：

$$Cr + 2HX \longrightarrow CrX_2 + H_2 \uparrow \tag{12-54}$$

氟化亚铬是绿色的，氯化亚铬、溴化亚铬是白色的，而碘化亚铬则是红棕色的。CrF_2 微溶于水，其他卤化亚铬均溶于水。

由于亚铬盐显弱碱性，所以，在氨水溶液中亚铬盐可形成 $Cr(OH)_2$ 沉淀。

气态的氯化亚铬以双分子态 Cr_2Cl_4 存在，它在干燥的空气中稳定。但只要有水汽存在，便会吸收氧而形成 Cr_2Cl_4O：

$$2Cr_2Cl_4 + O_2 \longrightarrow 2Cr_2Cl_4O \tag{12-55}$$

利用此性质，可除去含水汽的气体中微量的氧。

(3) 三氧化二铬

① 三氧化二铬的化学性质

氧化数为 +3 的铬氧化物有三氧化二铬或称氧化铬。

Cr_2O_3 微溶于水，熔点为 1990℃，呈两性。既溶于酸形成铬盐，也可溶于强碱形成绿色的亚铬酸盐：

$$Cr_2O_3 + 3H_2SO_4 \longrightarrow Cr_2(SO_4)_3 + 3H_2O \tag{12-56}$$

$$Cr_2O_3 + 2NaOH \longrightarrow 2NaCrO_2 + H_2O \tag{12-57}$$

灼烧过的 Cr_2O_3 不溶于酸。但可与酸性熔剂如焦硫酸钾共熔而转变为可溶性的盐：

$$Cr_2O_3 + 3K_2S_2O_7 \xrightarrow{熔融} Cr_2(SO_4)_3 + 3K_2SO_4 \tag{12-58}$$

Cr_2O_3 具有漂亮的绿色，可用作颜料，如陶瓷的绿色釉中就含有它。

② 三氧化二铬的制备

将重铬酸铵加热分解得到绿色的氧化铬：

$$(NH_4)_2Cr_2O_7 \xrightarrow{\triangle} Cr_2O_3 + 2NH_3 \uparrow + H_2O \uparrow \tag{12-59}$$

用硫还原重铬酸铵，也可得到绿色的氧化铬：

$$(NH_4)_2Cr_2O_7 + S \xrightarrow{\triangle} Cr_2O_3 + (NH_4)_2SO_4 \tag{12-60}$$

工业上也常将含铬废液经氨或碱中和，生成 $Cr(OH)_3$ 沉淀，灼烧沉淀物后得到 Cr_2O_3。

(4) 低氧化数铬（Ⅲ）盐

铬盐中的铬的氧化数一般为 +3。

① 硫酸铬与铬矾

硫酸铬因其所含的结晶水数的不同而呈现不同的颜色。无水 $Cr_2(SO_4)_3$ 是桃红色的，$Cr_2(SO_4)_3 \cdot 6H_2O$ 是绿色的，而 $Cr_2(SO_4)_3 \cdot 18H_2O$ 则是深紫色的。

硫酸铬还可以和碱金属等硫酸盐形成铬矾 $MCr(SO_4)_2 \cdot 12H_2O$，其中 M 可以是 Na^+、K^+、Rb^+、Cs^+、NH_4^+ 或 Tl^+。

$$8K_2Cr_2O_7 + 32H_2SO_4 + C_{12}H_{22}O_{11}(蔗糖) = 16KCr(SO_4)_2 \cdot 12H_2O + 12CO_2 + 31H_2O \tag{12-61}$$

$$K_2Cr_2O_7 + 3SO_2 + H_2SO_4 + 11H_2O = 2KCr(SO_4)_2 \cdot 12H_2O \tag{12-62}$$

由于硫酸铬和铬矾在水中能水解成胶状的 $Cr(OH)_3$ 沉淀，因此铬矾常可用作染整业的媒染剂或皮革工业中鞣革剂。

② 三氯化铬

铬（Ⅲ）盐的另一种重要化合物是 $CrCl_3$。

无水的 $CrCl_3$ 呈红紫色，不易溶于冷水，但有微量的强还原剂例如 $CrCl_2$ 存在时，则易溶于水，$Cr_2(SO_4)_3$ 也具有相同的性质。

从溶液中结晶出来的 $CrCl_3$ 组成为 $CrCl_3 \cdot 6H_2O$，呈暗绿色。

$CrCl_3 \cdot 6H_2O$ 在干燥器中用浓硫酸将晶体脱水，只有两个水分子脱去，这表明另外四个水分子不是结晶水，而是与铬形成配合物的配位体。用 $AgNO_3$ 沉淀 $CrCl_3 \cdot 6H_2O$ 水溶液，实验结果显示只有 1 个 Cl^- 和 Ag^+ 形成沉淀，这说明其他两个 Cl^- 与铬形成了配合物，而不是作为外界阴离子。所以绿色的氯化铬的结构应为 $[Cr(H_2O)_4Cl_2]Cl \cdot 2H_2O$。

三价铬离子 Cr^{3+} 的价电子构型为 $3d^3$，加上 $4s$ 和 $4p$ 有六个价层空轨道，对原子核的屏蔽作用较小。因此 Cr^{3+} 有较高的有效核电荷，同时其离子半径也较小，有较强的正电场。Cr^{3+} 容易形成 d^2sp^3 型配合物。上述 $[CrCl_2(H_2O)_4]Cl \cdot 2H_2O$ 就是一个例证。

条件不同，配合物 $[CrCl_2(H_2O)_4]Cl \cdot 2H_2O$ 的内外界会发生改变，也会显出不同的颜色。

$$[CrCl_2(H_2O)_4]Cl \cdot 2H_2O \xrightarrow[\text{冷却结晶}]{HCl} [Cr(H_2O)_6]Cl_3 \xrightarrow[\text{HCl,结晶}]{乙醚} [CrCl(H_2O)_5]Cl_2 \cdot 2H_2O$$

$$\quad\quad 暗绿色晶体 \quad\quad\quad\quad\quad 紫色晶体 \quad\quad\quad\quad\quad 淡绿色晶体$$

Cr^{3+} 的配合物的配位数是 6，内界中水分子可被 NH_3 置换而显示出不同的颜色。

$$[Cr(H_2O)_6]^{3+} \quad\quad [Cr(NH_3)_2(H_2O)_4]^{3+} \quad\quad [Cr(NH_3)_3(H_2O)_3]^{3+}$$
$$（紫色）\quad\quad\quad\quad （紫红色）\quad\quad\quad\quad\quad\quad （浅红色）$$
$$[Cr(NH_3)_4(H_2O)_2]^{3+} \quad\quad [Cr(NH_3)_5(H_2O)]^{3+} \quad\quad [Cr(NH_3)_6]^{3+}$$
$$（橙红色）\quad\quad\quad\quad\quad （橙黄色）\quad\quad\quad\quad\quad\quad （黄色）$$

③ 三氯化铬的制备　三氯化铬可以通过三条途径获得：

$$2Cr(红热) + 3Cl_2 = 2CrCl_3 \tag{12-63}$$

$$Cr_2O_3(红热) + 3C + 3Cl_2 = 2CrCl_3 + 3CO \tag{12-64}$$

$$Cr_2O_3(加红) + 3CCl_4 = 2CrCl_3 + 3COCl_2 \tag{12-65}$$

(5) 高氧化数铬的化合物

铬的高氧化数化合物主要是氧化数为 +6 的三氧化铬、铬酸盐和重铬酸盐。

① 三氧化铬的化学性质及制备

三氧化铬又称铬酐。CrO_3 有很强的氧化性，易潮解。遇到易燃有机物如乙醇等易燃烧，

并被还原为 Cr_2O_3。

CrO_3 溶于水可形成黄色的铬酸 H_2CrO_4 溶液。CrO_3 遇到臭氧，则生成过氧化物。与过氧化氢反应生成过氧化铬酸 H_2CrO_5。

CrO_3 对热不稳定，在 196℃（熔点）以上，会逐步分解：

$$CrO_3 \longrightarrow Cr_3O_8 \longrightarrow Cr_2O_5 \longrightarrow CrO_2 \longrightarrow Cr_2O_3 \tag{12-66}$$

在 $K_2Cr_2O_7$ 中加入过量的浓硫酸，则可析出橙红色 CrO_3 晶体：

$$K_2Cr_2O_7 + H_2SO_4（浓）=\!=\!= K_2SO_4 + 2CrO_3 + H_2O \tag{12-67}$$

CrO_3 也可通过氟硅酸分解重铬酸钠制得：

$$Na_2Cr_2O_7 + H_2SiF_6 =\!=\!= 2CrO_3 + Na_2SiF_6 + H_2O \tag{12-68}$$

② 铬酸、重铬酸及其盐的化学性质

铬酸 H_2CrO_4 是一种较强的酸，$K_{a1}=1.8\times10^{-1}$；而二级酸则较弱，$K_{a2}=3.2\times10^{-7}$。在中性附近（pH=7），铬酸可以 $HCrO_4^-$ 形式存在，而在强酸性条件下，铬酸根将以重铬酸根形式存在。

$$2CrO_4^{2-}（黄色）+2H^+ \Longrightarrow Cr_2O_7^{2-}（橙色）+H_2O \tag{12-69}$$

在碱性介质中，许多重金属都与 CrO_4^{2-} 形成沉淀：

$$CrO_4^{2-}+Pb^{2+}=\!=\!= PbCrO_4\downarrow（黄色）\tag{12-70}$$

$$CrO_4^{2-}+Ba^{2+}=\!=\!= BaCrO_4\downarrow（柠檬黄色）\tag{12-71}$$

$$CrO_4^{2-}+2Ag^+=\!=\!= Ag_2CrO_4\downarrow（砖红色）\tag{12-72}$$

上述反应也可用于鉴定 CrO_4^{2-} 的存在。铬黄、柠檬黄常作为颜料用于制造油漆、水彩等。式(12-72)表达了莫尔法中指示剂 K_2CrO_4 指示滴定终点的原理。

另外，当向可溶性重铬酸盐溶液中分别加入 Pb^{2+}、Ba^{2+}、Ag^+ 时，得到的产物仍然是相应的铬酸盐沉淀。这是因为铬酸盐的溶解度一般比重铬酸盐小。

在酸性条件下，CrO_4^{2-} 或 $Cr_2O_7^{2-}$ 都可被 H_2O_2 氧化为过氧化铬 CrO_5 ［或写成$CrO(O_2)_2$］：

$$Cr_2O_7^{2-}+4H_2O_2+2H^+=\!=\!= 2CrO_5+5H_2O \tag{12-73}$$

$$CrO_4^{2-}+2H_2O_2+2H^+=\!=\!= CrO_5+3H_2O \tag{12-74}$$

CrO_5 的结构式为：

$$\tag{12-75}$$

过氧化铬 CrO_5 是蓝色的。若在溶液中加入乙醚或戊醇，则 CrO_5 可被萃入有机相，蓝色的 CrO_5 可以较稳定地存在一段时间。可用此现象鉴定 CrO_4^{2-} 或 $Cr_2O_7^{2-}$ 的存在。在水溶液中 CrO_5 不稳定，易分解为 Cr^{3+} 和 O_2：

$$4CrO_5+12H^+=\!=\!= 4Cr^{3+}+7O_2\uparrow+6H_2O \tag{12-76}$$

Cr^{3+} 也可以通过 H_2O_2 氧化为 CrO_4^{2-} 或 $Cr_2O_7^{2-}$，并在酸性溶液中被进一步氧化为 CrO_5，这也是 Cr^{3+} 的特征鉴定反应。

铬酸盐和重铬酸盐是很强的氧化剂，尤其在酸性镕液中：

$$Cr_2O_7^{2-}+14H^++6e^- \Longrightarrow 2Cr^{3+}+7H_2O \qquad \varphi_{Cr_2O_7^{2-}/Cr^{3+}}^{\ominus}=1.33V \tag{12-77}$$

重铬酸钾是实验室中常用的氧化剂，可以氧化许多物质，这些反应往往是定量的，可通过氧化还原滴定对某些还原性物质进行测定。例如用 $Cr_2O_7^{2-}$ 标准溶液可滴定 Fe^{2+}：

$$Cr_2O_7^{2-}+14H^++6Fe^{2+}=\!=\!= 2Cr^{3+}+6Fe^{3+}+7H_2O \tag{12-78}$$

重铬酸钾又称红矾钾，在低温下的溶解度极小，极易提纯，且不含结晶水，固态时非常稳定，故常可作为分析中的基准试剂，可用它来标定硫代硫酸钠标准溶液的浓度：

$$Cr_2O_7^{2-}+14H^++6I^-=\!=\!= 2Cr^{3+}+3I_2+7H_2O \tag{12-79}$$

$$I_2 + 2S_2O_3^{2-} \Longrightarrow 2I^- + S_4O_6^{2-} \tag{12-80}$$

重铬酸盐还可把一些有机物氧化成有色物质，例如它可把二苯卡巴肼氧化成红色的腙类化合物，然后可用分光光度法确定其含量，这是测定微量的 $Cr(Ⅵ)$ 的方法之一，也是 $Cr(Ⅵ)$ 与 $Cr(Ⅲ)$ 的区分方法之一。

由于重铬酸盐的强氧化性及在强酸介质中可完全氧化有机物和生物体，因此，常用它来测定污水中的化学耗氧量，记作 COD_{Cr}。

利用重铬酸钾的氧化性，还可将其饱和溶液与浓硫酸混合，这种混合液称为洗液。它是棕红色溶液，常用来洗涤实验室里的玻璃仪器，如滴定管、移液管等。当溶液变为绿色时，说明重铬酸钾已被还原为 Cr^{3+}，洗液已失效。

③ 铬酸、重铬酸及其盐的制备

铬酸盐、重铬酸盐可用下列方法制得。

在碱性中用 Na_2O_2、$NaOCl$ 或 Br_2 氧化亚铬酸盐溶液：

$$2NaCrO_2 + 3Na_2O_2 + 2H_2O \Longrightarrow 2Na_2CrO_4 + 4NaOH \tag{12-81}$$

$$2NaCrO_2 + 3NaOCl + 2NaOH \Longrightarrow 2Na_2CrO_4 + 3NaCl + H_2O \tag{12-82}$$

$$2NaCrO_2 + 3Br_2 + 8NaOH \Longrightarrow 2Na_2CrO_4 + 6NaBr + 4H_2O \tag{12-83}$$

也可将 Cr_2O_3 与 $KClO_3$ 或 KNO_3 在碱性介质中共熔：

$$Cr_2O_3 + 4KOH + KClO_3 \xrightarrow{\triangle} 2K_2CrO_4 + KCl + 2H_2O\uparrow \tag{12-84}$$

$$Cr_2O_3 + 2Na_2CO_3 + 3KNO_3 \xrightarrow{\triangle} 2Na_2CrO_4 + 3KNO_2 + 2CO_2\uparrow \tag{12-85}$$

过硫酸盐也可以将 Cr^{3+} 氧化为 $Cr_2O_7^{2-}$：

$$2Cr^{3+} + 3S_2O_8^{2-} + 7H_2O \xrightarrow{\triangle} Cr_2O_7^{2-} + 6SO_4^{2-} + 14H^+ \tag{12-86}$$

工业上生产重铬酸钠（钾）是将铬铁矿和石灰混合物焙烧，并通入空气：

$$4FeCr_2O_4 + 8CaO + 7O_2 \xrightarrow{焙烧} 8CaCrO_4 + 2Fe_2O_3 \tag{12-87}$$

然后用 Na_2CO_3 溶液处理烧结物并长时间煮沸：

$$CaCrO_4 + Na_2CO_3 \xrightarrow{\triangle} Na_2CrO_4 + CaCO_3\downarrow \tag{12-88}$$

过滤后，用 H_2SO_4 酸化，加热蒸发使 $Na_2Cr_2O_7 \cdot 2H_2O$ 析出：

$$2Na_2CrO_4 + H_2SO_4 \Longrightarrow Na_2Cr_2O_7 + Na_2SO_4 + H_2O \tag{12-89}$$

重铬酸钾则由重铬酸钠复分解制得：

$$Na_2Cr_2O_7 + 2KCl \Longrightarrow K_2Cr_2O_7 + 2NaCl \tag{12-90}$$

由于 $Na_2Cr_2O_7$、$NaCl$ 的溶解度与温度的关系不大，而 $K_2Cr_2O_7$ 低温下溶解度极小，高温时溶解度又很大，所以 $Na_2Cr_2O_7$ 和 KCl 加热后的饱和溶液，一旦冷却下来，析出的是 $K_2Cr_2O_7$。

(6) 含铬废水的处理

化学工业、冶金、电镀、印染、皮革等生产部门排放的污水中，含有许多可溶性重金属。$Cr(Ⅲ)$ 的毒性与其他重金属离子一样，会造成血液中的蛋白质沉淀。而 $Cr(Ⅵ)$ 的毒性比 $Cr(Ⅲ)$ 大 100 倍。由于 $Cr(Ⅵ)$ 的强氧化性，常可使人呼吸道发炎、甚至溃疡，会引起皮肤发痒。饮用含铬的水，也会引起贫血、肾炎、神经炎，并且它还是致癌物质。

含铬污水的处理必须根据污水的水质和含铬的多少来确定方法。同时也要考虑污水排放点，以免产生二次污染。一般先将 $Cr(Ⅵ)$ 转化为 $Cr(Ⅲ)$，使之成为 $Cr(OH)_3$ 沉淀，再灼烧为 Cr_2O_3 回收。

在还原法中，可用各种还原剂或电解法将 $Cr(Ⅵ)$ 还原。还原剂用硫酸亚铁或亚硫酸氢钠：

$$Cr_2O_7^{2-} + 14H^+ + 6Fe^{2+} \Longrightarrow 2Cr^{3+} + 6Fe^{3+} + 7H_2O \tag{12-91}$$

$$Cr_2O_7^{2-} + 3HSO_3^- + 5H^+ \rule{1cm}{0.4pt} 3SO_4^{2-} + 2Cr^{3+} + 4H_2O \tag{12-92}$$

再加石灰使 Cr^{3+} 形成 $Cr(OH)_3$ 沉淀：

$$Cr^{3+} + 3OH^- \rule{1cm}{0.4pt} Cr(OH)_3 \downarrow \tag{12-93}$$

然后再加入碱，Cr^{3+}、Fe^{3+} 和未反应完的 Fe^{2+} 均形成氢氧化物沉淀。在加热条件下，通入空气，使部分 Fe^{2+} 氧化为 Fe^{3+}，当 Fe^{3+} 与 Fe^{2+} 含量达一定比例时，可生成 $Fe_3O_4 \cdot xH_2O$ 沉淀。$Fe_3O_4 \cdot xH_2O$ 具有磁性，称之为铁氧体。由于 Cr^{3+} 和 Fe^{3+} 具有相同的电荷和相近的离子半径，可产生共沉淀，即 Cr^{3+} 可取代 $Fe_3O_4 \cdot xH_2O$ 中的 Fe^{3+}，可用磁铁将沉淀吸出水体以达到净化水的目的，因此沉淀无需过滤。

如果污水处理量较小，$Cr(Ⅵ)$ 含量不太高，可将污水经过阳离子交换树脂，使 $Cr(Ⅵ)$ 留在树脂上，然后再用 $NaOH$ 再生树脂并使 $Cr(Ⅵ)$ 得到回收。

此外，还可用腐殖酸类物质处理 $Cr(Ⅵ)$ 污水，或用活性污泥进行生化处理。

处理后污水中铬的含量必须小于 $0.5mg \cdot L^{-1}$，才能达到国家规定的排放标准。

12.4.3 钼元素概述

钼主要以辉锡矿 MoS_2 存在于自然界中，常与钨酸钙矿、钨锰铁矿、锡石共存。

块状的钼呈银白色并带金属光泽，粉末状的钼是深灰色的。沸点 $5179℃$，熔点 $2620℃$。

钼的主要用途是制造特种钢。钼钢又硬又韧、耐高温、含钼较高的钼钢也很耐腐蚀，尤其是耐 Cl^- 和酸的腐蚀。它还是制造切削工具、大炮炮身、坦克装甲板的材料。

12.4.4 钼的化学性质及重要化合物

(1) 钼单质的化学性质

在常温下，钼对于水和空气是稳定的，在 $500℃$ 时，钼与氧形成 MoO_3。钼与稀酸、浓盐酸均不发生反应。与钼产生作用的有浓 HNO_3、王水、氟、溴、氯（$250℃$ 时）。在 $1100℃$ 时可与碳生成 MoC_2。钼粉在氨气中加热，可生成 Mo_2N 或 MoN。与 CO 可形成碳基化合物 $Mo(CO)_6$。

(2) 低氧化数的钼化合物

低氧化数的钼化合物具有还原性，氧化数为 $+3$ 的钼离子仅存于水溶液中。MoS_2 是较稳定的低氧化数钼化合物，机械工业上，它常可作固体润滑剂。

(3) 高氧化数的钼化合物

重要的高氧化数钼化合物有 MoO_3 和钼酸及其盐。

在空气中灼烧钼或 MoS_2 可得到 MoO_3。它是白色晶体，加热时变为黄色，冷却后又恢复白色，熔点 $795℃$。固体 MoO_3 不导电。MoO_3 也可通过加热钼酸 H_2MoO_4，使其脱水而获得：

$$H_2MoO_4 \rule{1cm}{0.4pt} MoO_3 + H_2O \uparrow \tag{12-94}$$

MoO_3 有明显的酸性，可溶于强碱溶液或热的氨水中，得到相应的碱金属的钼酸盐或钼酸铵：

$$MoO_3 + 2NaOH \rule{1cm}{0.4pt} Na_2MoO_4 + H_2O \tag{12-95}$$

$$MoO_3 + 2NH_4OH \overset{\triangle}{\rule{1cm}{0.4pt}} (NH_4)_2MoO_4 + H_2O \tag{12-96}$$

由上式可看出，钼酸 H_2MoO_4 是一个较强的酸。

MoO_3 有氧化性，用乙醇、盐酸与 MoO_3 作用，MoO_3 被还原成 $MoOCl_3$，乙醇被氧化成乙醛：

$$2MoO_3 + C_2H_5OH + 6HCl \rule{1cm}{0.4pt} 2MoOCl_3 + CH_3CHO + 4H_2O \tag{12-97}$$

在酸性溶液中，钼酸及其盐聚合的倾向很强，能产生各种多钼酸。溶液的酸性越强，形成的多钼酸的分子越大。在很强的酸性溶液中，可析出 MoO_3。

常见的多钼酸有：七钼酸 $H_6Mo_7O_{24}$（$7MoO_3 \cdot 3H_2O$）、八钼酸 $H_4Mo_8O_{26}$（$8MoO_3 \cdot 2H_2O$）和十二钼酸 $H_{10}Mo_{12}O_{41}$（$12MoO_3 \cdot 5H_2O$）。

MoO_3 溶于冷氨水，得到的盐是七钼酸铵，又称异钼酸铵：

$$7MoO_3 + 6NH_4OH \Longrightarrow (NH_4)_6Mo_7O_{24} + 3H_2O \tag{12-98}$$

异钼酸铵在硝酸溶液中遇到 PO_4^{3-}，生成黄色的异钼磷酸铵沉淀，以此可检验 PO_4^{3-} 的存在。

多钼酸还与 PO_4^{3-}、SiO_3^{2-} 等形成磷钼杂多酸 $H_3[PMo_{12}O_{40}]$（$H_3PO_4 \cdot 12MoO_3$）和硅钼杂多酸 $H_4[SiMo_{12}O_{40}]$（$H_4SiO_4 \cdot 12MoO_3$）。它们在水溶液中呈黄色。俗称磷钼黄或硅钼黄。可用比色法测定浓度大于 $5mg \cdot L^{-1}$ 的 PO_4^{3-} 或 SiO_3^{2-}。

磷钼杂多酸中的 12 个 Mo 的氧化数全部是 +6，在适当的还原条件下，可使偶数（2、4、6、8、10、12）个氧化数为 +6 的 Mo 还原为氧化数为 +5 的 Mo：

$$[P(Mo_3O_{10})_4]^{3-} + 2e^- \Longrightarrow \left[P{\Large\langle}{}^{Mo_{10}(VI)}_{Mo_2(V)}O_{40}\right]^{5-} \tag{12-99}$$

当然，只要还原条件合适，这种还原反应还可继续下去，直到磷钼杂多酸中所有的钼全部被还原为氧化数为 +5：

$$\left[P{\Large\langle}{}^{Mo_{10}(VI)}_{Mo_2(V)}O_{40}\right]^{5-} + 2e^- + 2H^+ \Longrightarrow \left[P{\Large\langle}{}^{Mo_8(VI)}_{Mo_4(V)}O_{38}(OH)_2\right]^{5-} \tag{12-100}$$

当磷钼杂多酸中的部分钼的氧化数为 +5 时，其颜色已变为蓝色，其中式（12-100）中的产物，即四个 Mo 的氧化数为 +5 时，产物的蓝色最深，通常称为磷钼蓝。选择合适的还原剂，使之生成式（12-100）的产物。常用的还原剂有氯化亚锡、硫酸肼、抗坏血酸（又称维生素 C）等。生成磷钼蓝后，可用分光光度法测定，这是测定含量在 $3mg \cdot L^{-1}$ 以下 PO_4^{3-} 的常用方法。痕量 SiO_3^{2-}、抗坏血酸也可用此法测定。

12.4.5 钨元素概述

重要的钨矿有黑色的钨锰铁（$FeWO_4 \cdot MnWO_4$），又称黑钨矿。还有黄灰色的钨酸钙矿 $CaWO_4$，又称白钨矿。

块状钨呈白色，具有金属光泽，钨粉则是深灰色的。钨的熔点为 3410℃。纯钨可以压制成丝，是制作电光源的重要材料之一。钨可以与其他金属形成合金，可用作切削工具。如高速工具钢中含：8%～20% W，2%～7% Cr，0～2.5% V 和 1%～5% Co。司太立合金中：3%～15% W，25%～35% Cr，45%～65% Co，0.5%～2.75% C，硬度很大，具有耐磨性、抗腐性和耐热性。可用作钻探机和凿岩机的钻头。钨和铜或银可形成电接触点合金。是电器行业不可缺少的原材料，它具有熔点高、导电性良好等优点。

12.4.6 钨的化学性质及重要化合物

(1) 钨单质的化学性质

在室温下，钨与空气、水均不发生作用。在高温下钨和氧气或水可发生作用，在 400℃ 时可被氧化成 WO_3：

$$2W + 3O_2 \xrightarrow{\triangle} 2WO_3 \tag{12-101}$$

当温度超过 700℃ 时，钨可与水蒸气作用：

$$W + 3H_2O \xrightarrow{\triangle} WO_3 + 3H_2 \uparrow \tag{12-102}$$

在盐酸、硝酸和硫酸中，不管冷热或稀浓，钨均不反应。它只溶解在王水或者 HF 与 HNO_3 的混合酸中。在常温下可与氟作用，在高温下可与氯、溴、碘作用。与钼不同的是钨不与硫化合。

（2）钨的主要化合物

如前所述，钨更趋向于形成氧化数为 +6 的化合物。

WO_3 是酸性氧化物，不溶于水却可溶于 NaOH 溶液：

$$WO_3 + 2NaOH \Longrightarrow Na_2WO_4 + H_2O \tag{12-103}$$

在 Na_2WO_4 的热溶液中加入强酸，即析出黄色的钨酸 H_2WO_4；在 Na_2WO_4 的冷溶液中加入强酸，则析出白色的钨酸胶体 $H_2WO_4 \cdot xH_2O$。

在 Na_2WO_4 的溶液中通入 H_2S，氧可被硫所置换而生成一系列的硫代钨酸钠：

$$Na_2WO_4 \longrightarrow Na_2WO_3S \longrightarrow Na_2WO_2S_2 \longrightarrow Na_2WOS_3 \longrightarrow Na_2WS_4 \tag{12-104}$$

在碱性溶液中钨（Ⅵ）的化合物很稳定，但在酸性中会被氯化亚锡还原为蓝色的化合物，更强的还原剂可将其还原为绿色的 WO^{3+}，这也可用来测定微量的 W：

$$WO_4^{2-} + 6H^+ + e^- \Longrightarrow WO^{3+} + 3H_2O \tag{12-105}$$

钨与钼一样，也可以形成一系列的杂多酸或其盐类，如 $H_3PO_4 \cdot 12WO_3$、$H_4SiO_4 \cdot 12WO_3$、$H_3BO_3 \cdot 12WO_3$，其结构与钼的杂多酸相似。

12.5 锰副族

锰副族包括锰（Mn）、锝（Tc）、铼（Re）三种元素，其中锝元素在自然界是不存在的。1937 年由人工蜕变得到锝。铼的丰度非常小且高度分散。

12.5.1 锰元素概述

在自然界锰主要以矿石存在。有软锰矿 $MnO_2 \cdot xH_2O$、黑锰矿 Mn_3O_4、水锰矿 $MnO(OH)$ 和褐锰矿 Mn_2O_3。

锰的外形与铁相似，粉末状的锰是灰色的，块状锰是银白色的金属。锰有 α、β、γ 三种晶型：

$$\alpha\text{-Mn} \underset{}{\overset{727℃}{\Longleftrightarrow}} \beta\text{-Mn} \underset{}{\overset{1100℃}{\Longleftrightarrow}} \gamma\text{-Mn} \tag{12-106}$$

在室温下，α 型是稳定的，高温下 β 型比较稳定。α 型和 β 型锰质硬而脆；γ 型的锰质软且有展延性。用铝热法冶炼出来的锰常是 α 与 β 的混合型，而电解法得到的锰则是 γ 型。

纯锰的用途不大，它的合金却有广泛的用途。锰矿和铁矿的混合物在高炉里用焦炭还原可制造出锰铁（含 60%～90% Mn）和镜铁（含 15%～22% Mn），它们都是冶炼工业中的脱氧剂和脱硫剂。因此钢铁中普通含有锰的成分（0.3%～0.8%）。钢中含有 1% 以上的锰称之为锰钢，锰钢具有强度大、硬度高和耐磨、耐大气腐蚀的特点，因此，锰在钢铁工业中有重要的地位。

锰还可以代替镍制造不锈钢，锰铜镍合金有很大的膨胀系数；铜锰合金有很大的力学强度；而 84% Cu、12% Mn 和 4% Ni 组成的铜锰合金的电阻受温度的影响很小。

12.5.2 锰单质的化学性质与制备

（1）锰单质的化学性质

锰原子的价层电子构型为 $3d^5 4s^2$。因此它可形成氧化数为 +2～+7 的化合物，最高的氧化数为 +7，其中最稳定与最常见的化合物是氧化数为 +2、+4、+6、+7 的化合物。

块状的锰在空气中生成一层致密的氧化物保护膜；但粉末状的锰却较易被氧化。

加热时可与卤素猛烈反应，在 1200℃ 以上锰和氮化合生成 Mn_3N_2，熔融的锰与碳生成 Mn_3C，与硫共热生成 MnS，和氧反应生成 Mn_3O_4。

锰还可以和热水反应，证明其金属性较强：

$$Mn + 2H_2O \overset{\triangle}{\Longrightarrow} Mn(OH)_2 \downarrow + H_2 \uparrow \tag{12-107}$$

锰也可溶于稀盐酸、稀硫酸和极稀的硝酸，生成锰盐。

在氧化剂存在下，金属锰还可与熔碱反应，生成锰酸盐：

$$2Mn + 4KOH + 3O_2 \Longrightarrow 2K_2MnO_4 + 2H_2O \tag{12-108}$$

（2）锰单质的制备

工业上冶炼锰有三种方法。

① 硅还原法

用硅铁与软锰矿共热：$\qquad MnO_2 + Si \xrightarrow{\triangle} SiO_2 + Mn \tag{12-109}$

② 铝热法

用铝粉与软锰矿作用。由于其作用过于激烈，所以先将软锰矿粉强热：

$$3MnO_2 \Longrightarrow Mn_3O_4 + O_2 \uparrow \tag{12-110}$$

再与铝粉燃烧：$\qquad 3Mn_3O_4 + 8Al \Longrightarrow 9Mn + 4Al_2O_3 \tag{12-111}$

用此法制得的锰纯度在 95%～98%，可经过减压蒸馏，得到纯锰。

③ 电解法

用电解法制备纯锰。

12.5.3　锰的重要化合物及其性质

大多数锰的化合物都是有颜色的。在水溶液中，高浓度 Mn^{2+} 呈肉红色，当浓度很小时近乎无色，MnO_2 是棕色的固体，锰酸根 MnO_4^{2-} 是绿色的溶液，高锰酸根 MnO_4^- 呈紫红色。

（1）锰（Ⅱ）的化合物

重要的锰（Ⅱ）化合物有氧化锰 MnO 及其锰（Ⅱ）盐。

氧化锰是绿色粉末，难溶于水，易溶于酸而形成锰（Ⅱ）盐。

多数锰（Ⅱ）盐如卤化锰、硝酸盐以及硫酸锰等均易溶于水，硫化锰、磷酸锰 $Mn_3(PO_4)_2$ 和碳酸锰微溶于水。易溶的锰（Ⅱ）盐在酸性溶液中是稳定的，只有很强的氧化剂如铋酸钠、过硫酸盐才可将其氧化成氧化数更高的化合物。在 d 区元素中，Mn^{2+} 形成配合物的倾向也很小。

锰（Ⅱ）盐在碱性溶液中很不稳定：

$$Mn^{2+} + 2OH^- \Longrightarrow Mn(OH)_2 \downarrow \tag{12-112}$$

$Mn(OH)_2$ 是白色难溶于水的碱性氢氧化物，它很容易立即被溶解在水中的氧气氧化：

$$4Mn(OH)_2 + O_2 + 2H_2O \Longrightarrow 4Mn(OH)_3 \downarrow \tag{12-113}$$

$$4Mn(OH)_3 + O_2 \Longrightarrow 4MnO_2 \downarrow + 6H_2O \tag{12-114}$$

可以利用上述原理，将溶解在水中的氧气固定下来，再用酸和 KI 使 MnO_2 溶解，并且定量地生成 I_2：

$$MnO_2 + 2I^- + 4H^+ \Longrightarrow Mn^{2+} + I_2 + 2H_2O \tag{12-115}$$

生成的 I_2 用 $Na_2S_2O_3$ 标准溶液滴定：

$$I_2 + 2S_2O_3^{2-} \Longrightarrow 2I^- + S_4O_6^{2-} \tag{12-116}$$

式（12-113）～式（12-116）就是碘量法测定水中溶解氧的原理。

锰（Ⅱ）之所以在碱性中易被氧化，是因为它们的电极电位较低：

$$MnO_2 + 2H_2O + 2e^- \Longrightarrow Mn(OH)_2 \downarrow + 2OH^- \qquad \varphi^{\ominus}_{MnO_2/Mn(OH)_2} = -0.05V$$

重要的锰（Ⅱ）盐有 $MnSO_4$ 和 $MnCO_3$。

无水硫酸锰是白色的。当其从水溶液析出时呈玫瑰红色，这是因为它含有结晶水，结晶水可以是七个、五个、四个，也可以是一个。

$$MnSO_4 \cdot 7H_2O \xrightarrow{9℃} MnSO_4 \cdot 5H_2O \xrightarrow{26℃} MnSO_4 \cdot 4H_2O \xrightarrow{27℃} MnSO_4 \cdot H_2O \tag{12-117}$$

硫酸锰是最稳定的锰（Ⅱ）盐，即使在红热时也不分解，可利用这个特性纯化 $MnSO_4$。

而铁（Ⅱ）、镍（Ⅱ）等硫酸盐经强热分解的生成物不溶于水。将红热后的盐再溶于水，则可滤出铁和镍。

$MnCO_3$ 可用来生产锰铁和镜铁。在惰性气体中，$MnCO_3$ 加热不超过 100℃ 即可分解：

$$MnCO_3 \xrightarrow{\triangle} MnO + CO_2 \uparrow \tag{12-118}$$

$MnCO_3$ 呈白色，也可作为油漆的填充料。

（2）锰（Ⅳ）的化合物

① 锰（Ⅳ）的化合物的性质

Mn^{3+} 在水溶液中极易歧化：

$$2Mn^{3+} + 2H_2O = MnO_2 + Mn^{2+} + 4H^+ \tag{12-119}$$

二氧化锰是最重要的锰（Ⅳ）化合物，其他的锰（Ⅳ）盐都不太稳定，只有它们的配合物才是稳定的，例如 $K_2[MnF_6]$、$Ba[MnF_6]$、$K_2[MnCl_6]$ 等。

经过低氧化数锰化合物的氧化或高氧化数锰化合物的还原都很容易得到 MnO_2。

MnO_2 在酸性溶液中呈现较强的氧化性：

$$MnO_2 + 4HCl = MnCl_2 + 2H_2O + Cl_2 \uparrow \tag{12-120}$$

MnO_2 在氨气中加热，可将 NH_3 氧化为 N_2：

$$6MnO_2 + 4NH_3 = 3Mn_2O_2 + 2N_2 \uparrow + 6H_2O \tag{12-121}$$

MnO_2 在碱性中呈现较强的还原性，将 MnO_2 与 KOH 共熔：

$$2MnO_2 + 4KOH + O_2 = 2K_2MnO_4 + 2H_2O \uparrow \tag{12-122}$$

将 MnO_2、KOH 和 $KClO_3$ 共熔：

$$3MnO_2 + 6KOH + KClO_3 = 3K_2MnO_4 + KCl + 3H_2O \uparrow \tag{12-123}$$

② 锰（Ⅳ）的化合物的制备

在中性或碱性溶液中可以通过 Na_2O_2 或 $KMnO_4$ 将锰（Ⅱ）盐氧化得到二氧化锰：

$$Mn^{2+} + Na_2O_2 = MnO_2 \downarrow + 2Na^+ \tag{12-124}$$

$$3Mn^{2+} + 2MnO_4^- + 2H_2O = 5MnO_2 \downarrow + 4H^+ \tag{12-125}$$

工业上有两种制备 MnO_2 的方法。

a. 电解法。将锰矿粉溶于酸，生成 $MnSO_4$ 溶液。以石墨或钛为阳极、石墨或铅为阴极，电解 $MnSO_4$ 溶液。

阳极反应：$\quad MnSO_4 + 2H_2O - 2e^- = MnO_2 + H_2SO_4 + 2H^+ \tag{12-126}$

阴极反应：$\qquad\qquad 2H^+ + 2e^- = H_2 \uparrow \tag{12-127}$

b. 化学法。将软锰矿粉于 973～1020K 下煅烧成 Mn_2O_3，然后用硫酸或硝酸浸取：

$$Mn_2O_3 + H_2SO_4 = MnO_2 + MnSO_4 + H_2O \tag{12-128}$$

二氧化锰可以作催化剂，可增加氯酸钾或过氧化氢的分解速率；加速油漆在空气中的氧化。也可用在干电池中消除极化作用。加在含铁的玻璃中可以除去绿色。

（3）锰（Ⅵ）的化合物

锰（Ⅵ）的化合物以锰酸盐的形式存在，锰酸盐在酸性或中性溶液中均不稳定，只能存在于强碱性溶液中：

$$3MnO_4^{2-} + 2H_2O \rightleftharpoons 2MnO_4^- + MnO_2 \downarrow + 4OH^- \tag{12-129}$$

$$3MnO_4^{2-} + 4H^+ = 2MnO_4^- + MnO_2 + 4H_2O \tag{12-130}$$

式（12-129）是一个可逆反应，溶液的碱性加强时，溶液由紫红色的 MnO_4^- 变为绿色的 MnO_4^{2-}；溶液变为酸性时，式（12-129）的平衡向右移动。

锰酸盐可由二氧化锰与碱混合，在空气中加热至 250℃ 共熔，或由 $KClO_3$ 代替氧而制得，如式(12-122)、式(12-123) 所示。

工业上以软锰矿为原料制备锰酸钾，流程如下：

(4) 锰（Ⅶ）的化合物

① 锰（Ⅶ）的化合物的化学性质

锰（Ⅶ）的化合物以高锰酸盐形式存在，高锰酸及盐类均是紫红色化合物，这是 MnO_4^- 的颜色。

锰（Ⅶ）的价层电子结构中，没有 d 电子，它应该是无色的。但在 MnO_4^- 中 Mn 和 O 之间存在较强的极化效应，从而使氧化数为 -2 的 O 的电子易吸收部分可见光而向锰（Ⅶ）迁移，由于这种迁移吸收了能量较低的绿色、黄光，所以 MnO_4^- 呈现其补色紫色。

与此相似的还有 VO_4^{3-} 和 CrO_4^{2-}，只是它们的迁移所需能量较大，吸收了波长较短的蓝光而使它们呈现其补色黄色。

高锰酸是强酸但极不稳定，它只能以极稀的浓度存在于水溶液中。

锰（Ⅶ）最重要的化合物是高锰酸钾。它是紫色针状晶体，易溶于水，遇热分解：

$$2KMnO_4 \xrightarrow{200℃} K_2MnO_4 + MnO_2 + O_2 \uparrow \qquad (12\text{-}131)$$

这是实验室制备少量 O_2 的方法之一。

高锰酸钾溶液也不稳定，在酸性溶液中会慢慢分解：

$$4MnO_4^- + 4H^+ == 4MnO_2 \downarrow + 2H_2O + 3O_2 \uparrow \qquad (12\text{-}132)$$

光线对 $KMnO_4$ 的分解有促进作用，因此 $KMnO_4$ 溶液应保存在棕色瓶中。

高锰酸钾也是非常强的氧化剂，尤其是在酸性溶液中氧化能力更强：

$$MnO_4^- + 8H^+ + 5e^- == Mn^{2+} + 4H_2O \qquad \varphi_{MnO_4^-/Mn^{2+}}^{\ominus} = 1.49V \qquad (12\text{-}133)$$

它可以定量地氧化 Fe^{2+}、$C_2O_4^{2-}$ 等：

$$MnO_4^- + 8H^+ + 5Fe^{2+} == Mn^{2+} + 5Fe^{3+} + 4H_2O \qquad (12\text{-}134)$$

$$2MnO_4^- + 5C_2O_4^{2-} + 16H^+ == 2Mn^{2+} + 10CO_2 \uparrow + 8H_2O \qquad (12\text{-}135)$$

上述两个方程式分别是定量测定铁和 $H_2C_2O_4$ 标定 $KMnO_4$ 浓度的理论依据。

也可以利用 $KMnO_4$ 的氧化性来氧化较清洁水（饮水、工业循环水等）中的还原物质，测定其耗氧量，记作 COD_{Mn}。由于其对有机物尤其是生物体的氧化不完全，因此不能用它测定污水的化学耗氧量。

由式(12-133) 可以看出，在酸性溶液中，要将 Mn^{2+} 氧化为 MnO_4^- 非常不容易，需要用更强的氧化剂，这些氧化剂有 PbO_2、$KBiO_3$、$K_2S_2O_8$：

$$2Mn^{2+} + 5PbO_2 + 4H^+ == 2MnO_4^- + 5Pb^{2+} + 2H_2O \qquad (12\text{-}136)$$

$$2Mn^{2+} + 5BiO_3^- + 14H^+ == 2MnO_4^- + 5Bi^{3+} + 7H_2O \qquad (12\text{-}137)$$

$$2Mn^{2+} + 5S_2O_8^{2-} + 8H_2O \xrightarrow{Ag^+} 2MnO_4^- + 10SO_4^{2-} + 16H^+ \qquad (12\text{-}138)$$

当式(12-136)、式(12-137) 的化学反应发生时，溶液就会由近乎无色变为明显的紫红色，这可以用来鉴定 Mn^{2+} 的存在。

② 高锰酸钾的制备

工业上制备高锰酸钾有两种方法。

a. 碳化法。如式(12-122) 所示，将软锰矿粉与 KOH 共熔：

$$2MnO_2 + 4KOH + O_2 \xrightarrow{共熔} 2K_2MnO_4 + 2H_2O \uparrow \qquad (12\text{-}139)$$

锰酸钾在中性或弱酸性溶液易歧化：

$$3K_2MnO_4 + 2CO_2 = 2KMnO_4 + 2K_2CO_3 + MnO_2 \downarrow \qquad (12-140)$$

此法设备简单，能耗低，使用广泛。

b. 电解法。制得锰酸钾后，制成溶液。以镀镍的铁为阳极，圆铁条为阴极，进行电解。

阳极反应：

$$MnO_4^{2-} - e^- = MnO_4^- \qquad (12-141)$$

阴极反应：

$$2H^+ + 2e^- = H_2 \uparrow \qquad (12-142)$$

当溶液呈紫红色时停止电解。电解法产品得率高、成本低。

③ 高锰酸钾的用途

高锰酸钾常用于无机盐产品提纯和有机产品生产中，如在生产安息香酸、维生素 C、烟酸时作氧化剂。

高锰酸钾还用作防毒面具中的消毒剂、水的净化剂、纤维产物的漂白剂、着色剂。在医药工业上，高锰酸钾也常用作防腐剂、除臭剂、消毒剂等。

12.6 铁系元素

周期表中ⅧB族的元素共有九种，铁（Fe）、钴（Co）、镍（Ni）、钌（Ru）、铑（Rh）、钯（Pd）、锇（Os）、铱（Ir）、铂（Pt）。

ⅧB族元素虽然有些地方与同族元素存在着相似性，即纵向相似性。但这九种元素相似性更多地表现在横向上。即同周期的元素各方面的性质则更相似。ⅧB族九种元素按横向分为两组；Fe、Co、Ni 为一组，称为铁系元素；其余六个元素为一组，称为铂系元素。

12.6.1 铁系元素概述

铁、钴、镍不像过渡元素钒、铬、锰那样易形成阴离子（VO_3^-、CrO_4^{2-}、MnO_4^-），除了有极不稳定的高铁酸盐 M_2FeO_4 存在外，Co 和 Ni 均未发现含氧的阴离子存在。

铁、钴、镍的价层电子构型分别为 $3d^6 4s^2$、$3d^7 4s^2$ 和 $3d^8 4s^2$，它们都极易形成氧化数为 +2 的化合物。3d 层电子的失去随着原子序数的增加而更加困难。铁(Ⅲ)离子或化合物是常见的，但其具有氧化性；钴(Ⅲ)离子或化合物则较难获得，且是很强的氧化剂；镍(Ⅲ)离子或化合物则很难获得。

铁、钴、镍都是白色而有光泽的金属。铁和镍的延展性好，钴则硬而脆。

铁的主要矿石为赤铁矿（Fe_2O_3）、磁铁矿（$FeO \cdot Fe_2O_3$）、褐铁矿〔$Fe_2O_3 \cdot 2Fe(OH)_3$〕、菱铁矿（FeC_3）、硫铁矿（FeS_2）等。

钴和镍在自然界是共生的，重要的矿石有辉钴矿（CoAsS）、镍黄铁矿（NiS·FeS）。

铁与碳形成的合金通称为钢，钢的各种性能都非常适合于当代的各种产业的需要，并且还可以通过调节碳和其他金属的含量，改变其性能，以适应产业界对其更高的要求。工业上将铁及铁的合金称为黑色金属，其他的非黑色金属统称为有色金属。

12.6.2 铁系元素单质的化学性质

纯铁块在大气中较稳定，但含有杂质的铁却不稳定，例如钢铁在潮湿的空气中易生锈。由于生成了疏松多孔的铁锈 $Fe_2O_3 \cdot xH_2O$，因此这样的腐蚀可继续深入下去。

钴、镍虽能被空气所氧化，但氧化膜致密，因此类似的腐蚀难以继续深入内层。

(1) 和水蒸气的反应

在高温下，铁、钴、镍可与水蒸气反应：

$$3M + 4H_2O \xrightarrow{\triangle} M_3O_4 + 4H_2 \uparrow \qquad (M=Fe、Co、Ni) \qquad (12-143)$$

（2）和无机酸的反应

铁、钴、镍是中等活泼的金属，都可溶于稀的非氧化性酸，其还原性和在酸中的溶解程度按 $Fe \rightarrow Co \rightarrow Ni$ 顺序降低。

$$Fe + 2HCl =\!\!=\!\!= FeCl_2 + H_2 \uparrow \tag{12-144}$$

常温或低温下，浓硝酸可使它们的表面氧化成致密的氧化膜而钝化，反而不能使其溶解。浓硫酸对钢铁也有类似的作用。所以装浓硝酸、浓硫酸的槽罐均为钢铁制成。

强碱对它们基本不起作用。

（3）与非金属元素的反应

在加热时，铁、钴、镍与氧、硫、氯、溴均发生强烈作用：

$$3M + 2O_2 \xrightarrow{\triangle} M_3O_4 \qquad (M = Fe、Co) \tag{12-145}$$

$$M + S \xrightarrow{\triangle} MS \qquad (M = Fe、Co、Ni) \tag{12-146}$$

$$4M + 2NH_3 \xrightarrow{\triangle} 2M_2N + 3H_2 \uparrow \qquad (M = Fe、Co) \tag{12-147}$$

$$6Ni + 2NH_3 \xrightarrow{\triangle} 2Ni_3N + 3H_2 \uparrow \tag{12-148}$$

$$3M + C \xrightarrow{\triangle} M_3C \qquad (M = Fe、Co、Ni) \tag{12-149}$$

$$2Fe + 3X_2 \xrightarrow{\triangle} 2FeX_3 \tag{12-150}$$

$$3M + X_2 \xrightarrow{\triangle} MX_2 \qquad (M = Co、Ni) \tag{12-151}$$

12.6.3 铁的重要化合物

（1）氧化物

铁有三种氧化物：氧化亚铁（FeO）、四氧化三铁（Fe_3O_4）和氧化铁（Fe_2O_3）。分析结果表明，它们的化学组成与括号中的表达式并不一致，其中 Fe 的含量总是略微偏低。例如氧化亚铁中 Fe 与 O 的比为 $Fe:O = 0.95:1$，这是因为在其晶体的晶格中铁原子没有充满其应占有的位置的缘故。

① 氧化亚铁 FeO

FeO 在干燥常温的环境中是稳定的。它不溶于水，但可溶于酸：

$$FeO + 2H^+ =\!\!=\!\!= Fe^{2+} + H_2O \tag{12-152}$$

FeO 可由草酸亚铁在隔绝空气的情况下加热获得：

$$FeC_2O_4 \xrightarrow{\triangle} FeO + CO \uparrow + CO_2 \uparrow \tag{12-153}$$

② 三氧化二铁 Fe_2O_3

Fe_2O_3 有 α 和 γ 两种构型。α 型是顺磁性的，γ 型是铁磁性的。

将硝酸与草酸铁加热，可制得 α 型 Fe_2O_3，俗称铁红：

$$Fe_2(C_2O_4)_3 + 6HNO_3 \xrightarrow{\triangle} Fe_2O_3 + 6CO_2 \uparrow + 6NO_2 \uparrow + 3H_2O \uparrow \tag{12-154}$$

氧化 Fe_3O_4 的生成物是 γ 型的 Fe_2O_3。

Fe_2O_3 的水合物也有 α 型和 γ 型，α 型是红色的，γ 型是黄色的。用氨水处理 Fe^{3+} 盐溶液，可得到红棕色无定形沉淀，具有很高的表面活性，能吸附 As_2O_3，故可作砷的解毒剂。

三氧化二铁可用作颜料，著名的有铁红、铁黄，也可作磨光粉和某些催化剂。

③ 四氧化三铁 Fe_3O_4

天然的 Fe_3O_4 具有磁性，是电的良导体。天然的 Fe_3O_4 既不溶于酸也不溶于碱。X 射线分析结果表明，Fe_3O_4 并不是等物质量的 FeO 与 Fe_2O_3 的混合物，它是一种氧化数为 +3 的铁（Ⅲ）酸亚铁盐，分子式为 $Fe[Fe(FeO_4)]$。左边铁的氧化数是 +2，另两个铁的氧化数是 +3。

（2）亚铁（Ⅱ）的重要化合物

① 亚铁盐的化学性质

Fe(Ⅱ)盐称为亚铁盐。亚铁的强酸盐如硫酸盐、硝酸盐、盐酸盐、卤化物等均溶于水。溶液呈浅绿色，稀溶液几近无色。

它的弱酸盐均不溶于水，而可溶于强酸。在碱性溶液中，亚铁盐生成白色胶状的氢氧化物沉淀：

$$Fe^{2+} + 2OH^- \Longrightarrow Fe(OH)_2 \downarrow \tag{12-155}$$

Fe^{2+} 和氢氧化亚铁均不稳定，在空气中很容易被氧气氧化为 Fe(Ⅲ)，使溶液或沉淀颜色变深：

$$4Fe^{2+} + O_2 + 4H^+ \Longrightarrow 4Fe^{3+}（黄色）+ 2H_2O \tag{12-156}$$

$$4Fe(OH)_2 + O_2 + 2H_2O \Longrightarrow 4Fe(OH)_3 \downarrow（棕色）\tag{12-157}$$

若需要二价铁离子的溶液稳定，必须在溶液中保留过剩的金属铁：

$$2Fe^{3+} + Fe \Longrightarrow 3Fe^{2+} \tag{12-158}$$

$Fe(OH)_2$ 具有很弱的酸性，与浓强碱的热溶液反应可生成亚铁酸盐：

$$Fe(OH)_2 + 2NaOH \overset{\triangle}{\Longrightarrow} Na_2[FeO_2] + 2H_2O \tag{12-159}$$

最重要的亚铁盐有 $FeSO_4$、$FeCl_2$、$(NH_4)_2Fe(SO_4)_2 \cdot 6H_2O$。带有结晶水的 $FeSO_4 \cdot 7H_2O$ 俗称绿矾，它并不稳定，在空气中会逐步失水并被氧化为黄褐色的碱式铁盐：

$$4FeSO_4 \cdot 7H_2O + O_2 \Longrightarrow 4Fe(OH)SO_4（黄褐色）+ 26H_2O \tag{12-160}$$

在加热时，$FeSO_4 \cdot 7H_2O$ 易失去六个结晶水：

$$FeSO_4 \cdot 7H_2O \overset{\triangle}{\Longrightarrow} FeSO_4 \cdot H_2O + 6H_2O \tag{12-161}$$

继续加热至250℃，$FeSO_4 \cdot H_2O$ 发生分解：

$$2FeSO_4 \cdot H_2O \overset{250℃}{\Longrightarrow} Fe_2O_3 + SO_2 \uparrow + SO_3 \uparrow + 2H_2O \uparrow \tag{12-162}$$

因此，可以将生产钛白粉中的副产品 $FeSO_4 \cdot 7H_2O$ 或钢铁厂清洗钢板的废酸液中的 $FeSO_4$ 可用来生产红色颜料铁红 $\alpha\text{-}Fe_2O_3$。

$FeSO_4$ 还可以和碱金属或铵的硫酸盐形成复盐，其中最重要的是 $(NH_4)_2Fe(SO_4)_2 \cdot 6H_2O$，称之为莫尔盐。它比 $FeSO_4$ 稳定得多，在分析化学中常作基准试剂，标定高锰酸钾等氧化性标准溶液。

② 芬顿 Fenton 试剂

将 $FeSO_4$ 溶液与 H_2O_2 按一定比例混合而成的溶液称作 Fenton 试剂。

由于 H_2O_2 分解反应的活化能只有 $3.4kJ \cdot mol^{-1}$，因此，H_2O_2 在 Fe^{2+} 的催化下很容易产生化学性质非常活泼的羟基自由基 OH·：

$$Fe^{2+} + H_2O_2 \Longrightarrow Fe^{3+} + OH· + OH^- \tag{12-163}$$

当溶液的 pH＝3.5 时，上述反应的反应速率最大。

羟基自由基 OH· 的氧化电极电位 $\varphi_{OH·/OH^-}^{\ominus} = 2.73V$。在自然界中，氧化能力在溶液中仅次于氟气。

Fe^{3+} 又可与 H_2O_2 反应，生成过氧自由基 $O_2·$：

$$2Fe^{3+} + H_2O_2 \Longrightarrow 2Fe^{2+} + 2H^+ + O_2· \tag{11-164}$$

从式(12-163)、式(12-164)可以看出，芬顿试剂中除了产生 1mol 的 OH· 自由基外，还伴随着生成 1mol 的过氧自由基 $O_2·$，过氧自由基 $O_2·$ 的氧化电极电位势 $\varphi_{O_2·/OH^-}^{\ominus}$ 约为1.3V，芬顿试剂体系的氧化能力大大提高。

因这两种自由基的电极电位都非常高，可以将许多有机化合物如羧酸、醇、酯等氧化为二氧化碳和水，氧化效果十分显著。

在废水处理中，芬顿试剂还可将许多很难降解的有机污染物，如印染废水、含油废水、含酚废水、焦化废水、含硝基苯废水、二苯胺废水中的芳香类化合物及一些杂环类化合物氧化、降解。

式(12-163)产生的 Fe^{3+} 又是很好的絮凝剂，芬顿试剂强氧化与絮凝的双重作用使废水中的化学耗（需）氧量大大降低。可广泛用于污水处理。

(3) 铁(Ⅲ) 的重要化合物

① 铁(Ⅲ) 盐的水解性

铁(Ⅲ) 盐在溶液中会逐渐由黄棕色变为深棕色，这是因为 Fe^{3+} 水解作用而引起的：

$$Fe^{3+} + H_2O \Longrightarrow [Fe(OH)]^{2+} + H^+ \tag{12-165}$$

$$[Fe(OH)]^{2+} + H_2O \Longrightarrow [Fe(OH)_2]^+ + H^+ \tag{12-166}$$

$$2Fe^{3+} + 2H_2O \Longrightarrow [Fe_2(OH)_2]^{4+} + 2H^+ \tag{12-167}$$

$[Fe_2(OH)_2]^{4+}$ 还会带有水分子，形成多核配合物：

$$\begin{array}{ccc} H_2O & H & OH_2 \\ H_2O \diagdown & \diagup \diagdown & \diagup OH_2 \\ Fe & & Fe \\ H_2O \diagup & \diagdown \diagup \diagdown & OH_2 \\ H_2O & H & OH_2 \end{array} \tag{12-168}$$

因此，在 pH 增高的情况下，借氢氧桥进一步的桥联作用，将会有比双核配合物更高级的缩合物产生，形成胶体溶液，将溶液中带电荷的微粒沉淀下来。因此许多铁(Ⅲ) 盐均是很好的絮凝剂，常用于江河水的净化沉淀或污水的沉淀中。如 $FeCl_3$、$Fe_2(SO_4)_3$，还有聚合态的聚合硫酸铁。

② 铁(Ⅲ) 盐的氧化性

Fe^{3+} 是一种弱氧化剂，在酸性溶液中，它可以氧化 Sn^{2+}、I^-、Cu、H_2S：

$$2Fe^{3+} + Sn^{2+} =\!=\!= 2Fe^{2+} + Sn^{4+} \tag{12-169}$$

$$2Fe^{3+} + 2I^- =\!=\!= 2Fe^{2+} + I_2 \tag{12-170}$$

$$2Fe^{3+} + Cu =\!=\!= 2Fe^{2+} + Cu^{2+} \tag{12-171}$$

$$2Fe^{3+} + H_2S =\!=\!= 2Fe^{2+} + 2H^+ + S\downarrow \tag{12-172}$$

重要的铁(Ⅲ) 盐是 $FeCl_3 \cdot 6H_2O$，它是深黄色晶体，用加热法无法使其脱水而成无水盐。它可用在印刷电路、印花滚筒上作蚀刻剂。

另一个重要的铁(Ⅲ) 盐是铁铵矾 $NH_4Fe(SO_4)_2 \cdot 12H_2O$。铁铵矾是紫蓝色的晶体，也是较稳定的铁盐，在分析化学中常可用作三价铁的标准物。

(4) 高铁酸盐

Fe^{3+} 在强碱性中，有微弱的还原性和酸性。可被氧化成氧化数为 +6 的高铁酸盐。

将 Fe_2O_3、KNO_3 和 KOH 加热共熔，可生成高铁酸盐：

$$Fe_2O_3 + 3KNO_3 + 4KOH \xlongequal{\triangle} 2K_2FeO_4 + 3KNO_2 + 2H_2O\uparrow \tag{12-173}$$

另外，在强碱性溶液中，用 $NaOCl$ 氧化 $Fe(OH)_3$ 也可得到红紫色的高铁酸盐溶液：

$$2Fe(OH)_3 + 3ClO^- + 4OH^- =\!=\!= 2FeO_4^{2-} + 3Cl^- + 5H_2O \tag{12-174}$$

在酸性溶液中，FeO_4^{2-} 是很强的氧化剂，比 MnO_4^- 的氧化性还要强，因此 FeO_4^{2-} 是很不稳定的。这从它们的标准电极电位便可看出：

$$FeO_4^{2-} + 8H^+ + 3e^- \Longrightarrow Fe^{3+} + 4H_2O \qquad \varphi^{\ominus}_{FeO_4^{2-}/Fe^{3+}} = 1.9V \tag{12-175}$$

$$FeO_4^{2-} + 2H_2O + 3e^- \Longrightarrow FeO_2^- + 4OH^- \qquad \varphi^{\ominus}_{FeO_4^{2-}/FeO_2^-} = 0.72V \tag{12-176}$$

(5) 铁的配合物

铁的另一个重要特征是很容易形成配合物。Fe^{2+}、Fe^{3+} 的价层电子分别是 6、5 个，具有 9～18 电子构型。一般讲，具有这种电子构型的离子都易形成配合离子，因为这类离子的静电场皆高于具有 8 电子构型的离子。

铁离子的半径相对较小，且有未充满的 d 轨道，则更易形成配离子。

比较重要的铁的配合物有亚铁氰化钾、铁氰化钾、硫氰酸铁配离子、亚硝基铁配离子、血红素、五羰基铁等。

① 水合离子

Fe^{2+}、Fe^{3+} 在水溶液中均会形成外轨型、高自旋的水配合物，如淡绿色的 $[Fe(H_2O)_6]^{2+}$、棕黄色的 $[Fe(H_2O)_6]^{3+}$。$[Fe(H_2O)_6]^{2+}$ 极易被空气中的氧氧化成 $[Fe(H_2O)_6]^{3+}$。

② 硫氰配离子

如第 9 章所述，在酸性条件下，Fe^{3+} 可与 SCN^- 形成血红色的配离子：

$$Fe^{3+} + nSCN^- \Longrightarrow [Fe(SCN)_n]^{3-n} \qquad (n=1\sim6) \qquad (12\text{-}177)$$

此反应是鉴定和比色法测定 Fe^{3+} 含量的特征反应。如第 9 章所述，这也是沉淀滴定法中佛尔哈德法的理论依据。

Fe^{2+} 也可与 SCN^- 形成配离子 $[Fe(SCN)_6]^{4-}$，但其极不稳定，很容易被空气中的氧氧化或在氨水中形成 $Fe(OH)_2$ 沉淀：

$$4[Fe(SCN)_6]^{4-} + O_2 + 4H^+ \Longrightarrow 4[Fe(SCN)_6]^{3-} + 2H_2O \qquad (12\text{-}178)$$

$$[Fe(SCN)_6]^{4-} + 2NH_3 + 2H_2O \Longrightarrow Fe(OH)_2\downarrow + 2NH_4SCN + 4SCN^-$$

$$(12\text{-}179)$$

③ 卤素配离子

Fe^{3+} 可与卤素离子形成配离子 $[FeX_6]^{3-}$，其中 $[FeF_6]^{3-}$ 最稳定，其累积平衡常数 $\beta_6 = 10^{18}$。

Fe^{2+}、Fe^{3+} 都不可能形成氨配离子，因为在含有氨的溶液中，Fe^{2+}、Fe^{3+} 均会发生水解，形成 $Fe(OH)_2$、$Fe(OH)_3$ 沉淀。

④ 氰化物和氰配离子

Fe^{2+} 和 CN^- 先形成沉淀：

$$Fe^{2+} + 2CN^- \Longrightarrow Fe(CN)_2\downarrow（白色） \qquad (12\text{-}180)$$

当 CN^- 过量时，沉淀溶解：

$$Fe(CN)_2 + 4CN^- \Longrightarrow [Fe(CN)_6]^{4-} \qquad (12\text{-}181)$$

亚铁氰化离子是典型的内轨型、低自旋配离子。因此，$[Fe(CN)_6]^{4-}$ 是极稳定的配离子，在水溶液中不会离解。

带有三个结晶水的钾盐 $K_4[Fe(CN)_6]\cdot3H_2O$ 是黄色晶体，又称为黄血盐。当其遇到 Fe^{3+}，便会形成蓝色沉淀，称为普鲁士蓝：

$$4Fe^{3+} + 3[Fe(CN)_6]^{4-} \Longrightarrow Fe_4[Fe(CN)_6]_3\downarrow（普鲁士蓝） \qquad (12\text{-}182)$$

普鲁士蓝可用作颜料，可用于涂料和印染业。

黄血盐在强热的情况下就可分解：

$$K_4[Fe(CN)_6]\cdot3H_2O \overset{\triangle}{=\!=\!=} 4KCN + FeC_2 + N_2\uparrow + 3H_2O \qquad (12\text{-}183)$$

亚铁氰化钾在氯气的作用下，会被氧化为深红色的铁氰化钾，又称为赤血盐：

$$2K_4[Fe(CN)_6] + Cl_2 \Longrightarrow 2KCl + 2K_3[Fe(CN)_6] \qquad (12\text{-}184)$$

当 Fe^{2+} 和赤盐反应时，可生成滕氏蓝沉淀：

$$3Fe^{2+} + 2[Fe(CN)_6]^{3-} \Longrightarrow Fe_3[Fe(CN)_6]_2\downarrow（滕氏蓝） \qquad (12\text{-}185)$$

赤血盐溶液的稳定性比黄血盐溶液差。在碱性溶液中，赤血盐是一种氧化剂：

$$4K_3[Fe(CN)_6] + 4KOH \Longrightarrow 4K_4[Fe(CN)_6] + O_2\uparrow + 2H_2O \qquad (12\text{-}186)$$

在中性溶液中，又有微弱的水解作用：

$$K_3[Fe(CN)_6] + 3H_2O \Longrightarrow Fe(OH)_3\downarrow + 3KCN + 3HCN \qquad (12\text{-}187)$$

所以使用赤血盐时，最好现用现配。防止 HCN 挥发中毒伤人。

⑤ 亚硝基配离子

Fe^{2+} 和 HNO_3 或 HNO_2 可以形成棕色的亚硝基铁配离子 $[FeNO]^{2+}$：

$$6FeSO_4 + 3H_2SO_4 + 2HNO_3 \rightleftharpoons 3Fe_2(SO_4)_3 + 2NO\uparrow + 4H_2O \tag{12-188}$$

$$[Fe(H_2O)_6]^{2+} + NO \rightleftharpoons [Fe(NO)(H_2O)_5]^{2+}（棕色）+ H_2O \tag{12-189}$$

$$2[Fe(H_2O)_6]^{2+} + HNO_2 + H^+ \rightleftharpoons [Fe(NO)(H_2O)_5]^{2+}（棕色）+ Fe^{3+} + 8H_2O \tag{12-190}$$

上述反应也是实验室检验硝酸根或亚硝酸根的方法。

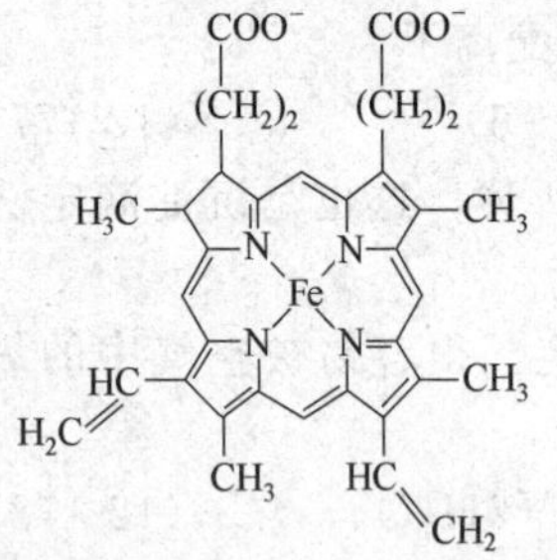

图 12-1　血红素的结构

铁还是生物体的必需元素，血液中的血红素就是由 Fe^{2+} 与一种卟啉分子形成的配合物（如图 12-1 所示）。Fe^{2+} 大都可以形成六配位的八面体配合物，其中卟啉中的四个氮原子形成平面四方形，还有上下两个配位原子（图 12-1 未标出），其中一个被血红蛋白中一种球状蛋白质中的组氨酸分子的 N 原子占据，第六个配位原子则由 O_2 或 H_2O 提供，这第六个配位点上的 H_2O 与 O_2 很容易发生互易作用，用 Hb 表示五个配位点已被占据的血红素：

$$Hb(H_2O) + O_2 \rightleftharpoons Hb(O_2) + H_2O \tag{12-191}$$

当血液流经肺部时，由于氧气充足，血红蛋白从肺部摄取 O_2，形成配合物流向身体各部分。在那里，血红蛋白结合的 O_2 被 H_2O 取代，即完成输氧过程。

当肺部吸入 CO，则 Hb 与 CO 的结合力远远大于与 O_2 的结合力，使得血红蛋白在肺部不能与 O_2 结合，而造成输氧的中断，使人 CO 中毒，严重的可致死亡。

如果血液中进入了与 Fe^{2+} 更强的配位剂如 CN^-、砷化物等，它们和铁形成更稳定的配合物，也使输氧中断。

⑥ 铁的羰基配合物

在 100～200℃ 与 20MPa 大气压下，铁粉和一氧化碳作用可生成五羰基铁 $Fe(CO)_5$。它是黄色液体，不溶于水而溶于苯和乙醚。在隔绝空气中加热至 140℃ 即又可分解为铁和一氧化碳，可利用其制备纯铁。

12.6.4　钴和镍的重要化合物

(1) 钴和镍的氧化物和氢氧化物

CoO 比较稳定，当有强氧化剂时，Co_2O_3 只能以水合物 $Co_2O_3 \cdot H_2O$ 形式存在。

到目前为止，尚未证实无水 Ni_2O_3 可以稳定存在。

氧化钴 CoO 为灰绿色粉末，氧化镍 NiO 为绿色。它们均不溶于水，可溶于酸，形成二价盐。CoO 可用来制作颜料，SiO_2、K_2CO_3 和 CoO 熔融，可得蓝色颜料；$Zn(OH)_2$ 和 CoO 共热，可得绿色颜料。

将强碱加入到钴(Ⅱ) 和镍(Ⅱ) 的盐溶液中，可得到 $Co(OH)_2$ 或 $Ni(OH)_2$ 沉淀。但是它们与 $Fe(OH)_2$ 不同，它们可形成 $[Co(NH_3)_6]^{2+}$、$[Ni(NH_3)_6]^{2+}$ 配离子而溶解在氨溶液中。

$Fe(OH)_2$ 可较快的被空气中的氧气氧化为 $Fe(OH)_3$，而 $Co(OH)_2$ 或 $Ni(OH)_2$ 则较难被氧化。$Co(OH)_2$ 在空气中只能缓慢地被氧化为棕色的水合氧化高钴(Ⅲ)；而 $Ni(OH)_2$ 则必须在强氧化剂如 NaOCl 等的作用下才能被氧化为黑色的水合氧化高镍(Ⅲ)。$Co(OH)_3$、$Ni(OH)_3$ 氧化性非常强，遇到还原剂，即被还原。例如，用 HCl 溶解，它们立即被还原为 M^{2+}，同时 HCl 被氧化为 Cl_2。

(2) 钴(Ⅱ) 和镍(Ⅱ) 的盐

重要的钴(Ⅱ) 盐和镍(Ⅱ) 盐有卤化物、硫酸盐和硝酸盐。这些盐大多数都带有结晶水，结晶水的个数和颜色也因温度而异：

$$\text{CoCl}_2\cdot 6\text{H}_2\text{O} \xrightleftharpoons{52.25℃} \text{CoCl}_2\cdot 2\text{H}_2\text{O} \xrightleftharpoons{90℃} \text{CoCl}_2\cdot \text{H}_2\text{O} \tag{12-192}$$

$$\text{粉红色}\text{紫红色}\text{蓝色}$$

$$\text{NiCl}_2\cdot 7\text{H}_2\text{O} \xrightleftharpoons{33.3℃} \text{NiCl}_2\cdot 6\text{H}_2\text{O} \xrightleftharpoons{28.8℃} \text{NiCl}_2\cdot 4\text{H}_2\text{O} \xrightleftharpoons{64℃} \text{NiCl}_2\cdot 2\text{H}_2\text{O} \tag{12-193}$$

在干燥器中放入干燥的硅胶和 $\text{CoCl}_2\cdot \text{H}_2\text{O}$，若颜色由蓝色变为粉红则表示干燥剂已无干燥作用，必须进行处理。

$\text{NiCl}_2\cdot x\text{H}_2\text{O}$ 无论 x 为多少，均是绿色的。$\text{CoSO}_4\cdot 7\text{H}_2\text{O}$ 是红色的，$\text{NiSO}_4\cdot 7\text{H}_2\text{O}$ 是黄绿色的。它们均可与碱金属的硫酸盐形成矾，如 $(\text{NH}_4)_2\text{Ni}(\text{SO}_4)_2\cdot 6\text{H}_2\text{O}$，它在镀镍时可作为电解质溶液。

高钴（Ⅲ）盐不稳定，例如 $\text{Co}_2(\text{SO}_4)_3\cdot 18\text{H}_2\text{O}$ 极不稳定，但它与碱金属硫酸盐形成矾后就较稳定。镍（Ⅲ）盐则更不稳定。

$\text{Co}(\text{NO}_3)_2\cdot 6\text{H}_2\text{O}$ 是红色晶体，$\text{Ni}(\text{NO}_3)_2\cdot 6\text{H}_2\text{O}$ 是绿色晶体，加热脱水后，可作为陶瓷工业上的彩釉。

(3) 钴和镍的配合物

① 水合离子

钴（Ⅱ）盐和镍（Ⅱ）盐中的结晶水实际上是由配位键键合的配位水。$\text{CoCl}_2\cdot 6\text{H}_2\text{O}$ 的结构式应是 $[\text{Co}(\text{H}_2\text{O})_6]\text{Cl}_2$、$\text{NiCl}_2\cdot 6\text{H}_2\text{O}$ 的结构式应分别是 $[\text{Ni}(\text{H}_2\text{O})_6]\text{Cl}_2$。$[\text{Co}(\text{H}_2\text{O})_6]^{3+}$ 极不稳定、有很强的氧化性：

$$[\text{Co}(\text{H}_2\text{O})_6]^{3+} + e^- \rightleftharpoons [\text{Co}(\text{H}_2\text{O})_6]^{2+} \quad \varphi^{\ominus}_{[\text{Co}(\text{H}_2\text{O})_6]^{3+}/[\text{Co}(\text{H}_2\text{O})_6]^{2+}} = 1.92\text{V} \tag{12-194}$$

Co^{2+}、Ni^{2+} 的六水合离子在水溶液中会释放出 H^+，形成一羟基五水合钴（Ⅱ）或镍（Ⅱ）离子：

$$[\text{Co}(\text{H}_2\text{O})_6]^{2+} = [\text{Co}(\text{OH})(\text{H}_2\text{O})_5]^+ + \text{H}^+ \tag{12-195}$$

$$[\text{Ni}(\text{H}_2\text{O})_6]^{2+} = [\text{Ni}(\text{OH})(\text{H}_2\text{O})_5]^+ + \text{H}^+ \tag{12-196}$$

② 卤素配合物

Co^{2+} 可与 F^- 形成外轨型、高自旋的配合物 $[\text{CoF}_6]^{2+}$。

③ 氨配合物

Co^{2+}、Ni^{2+} 与氨分子可分别形成黄色的 $[\text{Co}(\text{NH}_3)_6]^{2+}$ 和蓝色的 $[\text{Ni}(\text{NH}_3)_4]^{2+}$。$[\text{Co}(\text{NH}_3)_6]^{2+}$ 在空气中可被氧化成红褐色的 $[\text{Co}(\text{NH}_3)_6]^{3+}$。$[\text{Ni}(\text{NH}_3)_4]^{2+}$ 却十分稳定。

④ 氰配和硫氰配离子

Co^{2+} 与 KCN 反应，先形成 $\text{Co}(\text{CN})_2$ 红棕色沉淀：

$$\text{Co}^{2+} + 2\text{KCN} = \text{Co}(\text{CN})_2 \downarrow (\text{红棕色}) + 2\text{K}^+ \tag{12-197}$$

当 KCN 过量时，沉淀溶解，形成六氰合钴（Ⅱ）酸盐：

$$\text{Co}(\text{CN})_2 \downarrow (\text{红棕色}) + 4\text{KCN} = \text{K}_4[\text{Co}(\text{CN})_6] (\text{紫红色}) \tag{12-198}$$

如第 7 章所述，$\text{K}_4[\text{Co}(\text{CN})_6]$ 中的 CN^- 是强场配体，必形成内轨型和低自旋配合物，Co^{2+} 应采取 $3\text{d}^2 4\text{s}^1 4\text{p}^3$ 轨道杂化，但 Co^{2+} 的 3d 轨道上有 7 个电子，因此必有一个未成对的 3d 电子跃迁至高能级的 4d 轨道上，能量很高，如图 12-2 所示，因此，$\text{K}_4[\text{Co}(\text{CN})_6]$ 很不稳定。这个 4d 电子很容易失去而使配离子 $[\text{Co}(\text{CN})_6]^{4-}$ 被氧化成 $[\text{Co}(\text{CN})_6]^{3-}$：

$$\text{K}_4[\text{Co}(\text{CN})_6] - e^- \rightleftharpoons \text{K}_3[\text{Co}(\text{CN})_6] + \text{K}^+ \tag{12-199}$$

$$2\text{K}_4[\text{Co}(\text{CN})_6] + 2\text{H}_2\text{O} = 2\text{K}_3[\text{Co}(\text{CN})_6] + 2\text{KOH} + \text{H}_2 \uparrow \tag{12-200}$$

平面正方形的 $[\text{Cu}(\text{NH}_3)_4]^{2+}$ 有一个未成对电子处于较高能级 4p 的轨道上，此 4d 轨道的能量低得多，$[\text{Cu}(\text{NH}_3)_4]^{2+}$ 配离子能稳定存在。如图 12-2 所示。

镍氰配合物 $\text{Na}_2[\text{Ni}(\text{CN})_4]\cdot 3\text{H}_2\text{O}$、$\text{K}_2[\text{Ni}(\text{CN})_4]\cdot \text{H}_2\text{O}$ 是橙黄色的。

Co^{2+} 还可与 SCN^- 形成蓝色的 $[\text{Co}(\text{SCN})_4]^{2-}$ 配离子，在水溶液中极不稳定，在有机溶液（如丙酮）中较稳定。常用这个反应鉴定 Co^{2+} 的存在。Ni^{2+} 与 SCN^- 不能形成任何形式的配合物。

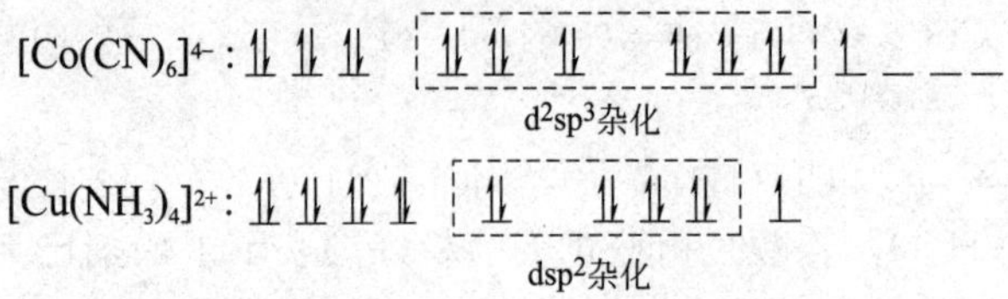

$[Co(CN)_6]^{4-}$: ⇅ ⇅ ⇅ | ⇅ ⇅ ⇅ ⇅ ⇅ ↑ _ _ _

　　　　　　d²sp³杂化

$[Cu(NH_3)_4]^{2+}$: ⇅ ⇅ ⇅ ⇅ | ⇅ ⇅ ⇅ ⇅ ↑

　　　　　　dsp²杂化

图 12-2　$[Co(CN)_6]^{4-}$ 和 $[Cu(NH_3)_4]^{2+}$ 的电子排列

将 $Ni(OH)_2$ 溶于 HBr 并加入过量氨水，有紫色的溴化六氨合镍 $[Ni(NH_3)_6]Br_2$ 析出，而钴没有此性质。据此可分离 Ni 和 Co，并制备高纯度的镍化合物。

Co^{2+} 与亚硝酸盐反应，还可生成硝基配离子：

$$Co^{2+} + 13NO_2^- + 14H^+ === [Co(NO_2)_6]^{3+} + 7NO\uparrow + 7H_2O \qquad (12\text{-}201)$$

镍还可以和丁二酮肟形成鲜红色的配合物沉淀，反应极为灵敏，可用于鉴定 Ni^{2+}。

12.7　铂系元素

12.7.1　铂系元素概述

铂系元素包括钌（Ru）、铑（Rh）、钯（Pd）、锇（Os）、铱（Ir）、铂（Pt）六个元素，钌（Ru）、铑（Rh）、钯（Pd）称为轻铂元素，锇（Os）、铱（Ir）、铂（Pt）称为重铂元素，铂系元素均是金属，具有高熔点、高沸点、低蒸气压和高温抗氧化性、抗腐蚀等优良性能，故可制作高温容器、发热体，如坩埚、高温热电偶等，也可作惰性电极材料。

大多数铂系金属能吸收气体，尤其是氢气。特别是 Pd 吸收氢气更容易，因此它是化学工业、石油化学工业中常用的氢化反应的催化剂。其他如铂、铑、钌都有作催化剂的实例，一种钌与吡啶的配合物，在阳光照射下，可使水分解为 H_2 和 O_2，这开辟了一条利用太阳能制氢的新途径。

12.7.2　铂系元素的化学性质及重要化合物

(1) 铂系元素单质的化学性质

① 溶解性　铂不溶于一般的强酸和氢氟酸，而溶于王水生成淡黄绿色的氯铂酸：

$$Pt + 6HCl + 4HNO_3 === H_2[PtCl_6] + 4NO_2\uparrow + 4H_2O \qquad (12\text{-}202)$$

钯溶于王水生成氯钯酸：

$$Pd + 6HCl + 4HNO_3 === H_2[PdCl_6] + 4NO_2\uparrow + 4H_2O \qquad (12\text{-}203)$$

也可将钯溶于通有 Cl_2 的盐酸中，得到氯钯酸：

$$Pd + 2HCl + 2Cl_2 === H_2[PdCl_6] \qquad (12\text{-}204)$$

$H_2PtCl_6 \cdot 6H_2O$ 是红色的柱状晶体，而 H_2PtCl_4 只能存在于溶液中。

其他的铂系元素单质既不溶于一般酸，也不溶于王水。只能与强氧化剂、碱共熔形成盐后才能溶解。

② 与非金属元素反应　只有在高温下，铂系元素单质才能与 N、O、S、F 等非金属元素反应，如可生成 OsO_4 等。

③ 配合性　铂系元素的化合物以配合物为主。

(2) 氯铂（钯）酸及其盐

① 氯铂（钯）酸及其盐的化学性质

铂的化合物几乎全是配合物。铂的氧化数主要显 +4、+2，在少数化合物中，氧化数显 +5、+6，如 PtF_6、PtF_5 等。

氯铂酸钠可溶于水，其他盐均难溶于水：

$$Na_2[PtCl_6] + 2NH_4^+ === (NH_4)_2[PtCl_6]\downarrow + 2Na^+ \qquad (12\text{-}205)$$

$$H_2[PtCl_6]+2K^+ \Longrightarrow K_2[PtCl_6]\downarrow +2H^+ \tag{12-206}$$

$(NH_4)_2[PtCl_6]$ 在加热的条件下，可溶于王水：

$$(NH_4)_2[PtCl_6]+4HNO_3+6HCl \xrightarrow{\triangle} H_2[PtCl_6]+2NCl_3+4NO\uparrow +8H_2O \tag{12-207}$$

$(NH_4)_2[PtCl_6]$ 加热至 $360℃$ 时开始分解，至 $700\sim800℃$ 可制得海绵状的铂，工业上的催化剂铂、钯大多数是海绵状的：

$$3(NH_4)_2[PtCl_6] \xrightarrow{\triangle} 3Pt+16HCl+2NH_4Cl+2N_2\uparrow \tag{12-208}$$

氯铂酸及其盐遇到还原剂如草酸、SO_2 等，可被还原为氧化数为 $+2$ 的配合物：

$$H_2[PtCl_6]+SO_2+2H_2O \Longrightarrow H_2[PtCl_4]+H_2SO_4+2HCl \tag{12-209}$$

$$K_2[PtCl_6]+H_2C_2O_4 \Longrightarrow K_2[PtCl_4]+2HCl+2CO_2\uparrow \tag{12-210}$$

对于 $H_2[PtCl_6]$ 或 $H_2[PdCl_6]$ 而言，当被加热或被蒸干时，它都会分解：

$$H_2[PtCl_6] \xrightarrow{\triangle} H_2[PtCl_4]+Cl_2\uparrow \Longrightarrow PtCl_2+2HCl+Cl_2\uparrow \tag{12-211}$$

$$H_2[PdCl_6] \Longrightarrow H_2[PdCl_4]+Cl_2\uparrow \Longrightarrow PdCl_2+2HCl+Cl_2\uparrow \tag{12-212}$$

氯钯（Ⅳ）酸盐的稳定性比氯铂（Ⅳ）酸盐差，当加热氯钯（Ⅳ）酸盐悬浮液至沸腾时，便产生分解而使悬浮液澄清：

$$(NH_4)_2[PdCl_6] \Longrightarrow (NH_4)_2[PdCl_4]+Cl_2\uparrow \tag{12-213}$$

② 氯铂（钯）酸及其盐的制备

$H_2[PtCl_6]$、$H_2[PdCl_6]$ 除了可通过 Pt、Pd 单质与王水作用获得外，还可通过向 $PtCl_2$、$PdCl_2$ 水溶液中加入相应的卤化物后，通入 Cl_2 获得：

$$PtCl_2+2HCl+Cl_2 \Longrightarrow H_2[PtCl_6] \tag{12-214}$$

$$PdCl_2+2HCl+Cl_2 \Longrightarrow H_2[PdCl_6] \tag{12-215}$$

(3) 氯亚铂（钯）酸及其盐

$H_2[PtCl_4]$、$H_2[PdCl_4]$ 分别是亚铂（Ⅱ）和亚钯（Ⅱ）与 Cl^- 形成的配合物。在 $[PtCl_4]^{2-}$、$[PdCl_4]^{2-}$ 的酸性溶液中，逐滴加入氨水，则 NH_3 分子可逐步取代 Cl^-，形成含有 $1\sim4$ 个 NH_3 分子的配合物，其中含有 2 个 NH_3 分子的配合物是不溶于水的黄色沉淀：

$$[PtCl_4]^{2-}+2NH_3 \Longrightarrow [PtCl_2(NH_3)_2]\downarrow（黄色）+2Cl^- \tag{12-216}$$

$$[PdCl_4]^{2-}+2NH_3 \Longrightarrow [PdCl_2(NH_3)_2]\downarrow（黄色）+2Cl^- \tag{12-217}$$

继续加入氨水：

$$[PtCl_2(NH_3)_2]+2NH_3 \Longrightarrow [Pt(NH_3)_4]^{2+}+2Cl^- \tag{12-218}$$

$$[PdCl_2(NH_3)_2]+2NH_3 \Longrightarrow [Pd(NH_3)_4]^{2+}+2Cl^- \tag{12-219}$$

当 pH$=5$ 时：

$$[PdCl_2(NH_3)_2]+2NH_3+[PdCl_4]^{2-} \Longrightarrow [Pd(NH_3)_4][PdCl_4]\downarrow（玫瑰红色）+2Cl^-$$

$$\tag{12-220}$$

当 pH$=8$ 时：

$$[Pd(NH_3)_4][PdCl_4]+4NH_3 \Longrightarrow 2[Pd(NH_3)_4]^{2+}（淡黄色至无色）+4Cl^- \tag{12-221}$$

当溶液被盐酸溶液酸化时，反应又向左进行，因此上述反应是可逆的。

另外，CN^- 也可以和 Pt（Ⅱ）形成配合物 $H_2[Pt(CN)_4]$，它非常稳定，是一个二元强酸，$H_2[Pt(CN)_4]\cdot5H_2O$ 也是红色晶体。将 $[PtCl_4]^{2-}$ 与乙烯（C_2H_4）在水溶液中反应还可以形成二聚态的金属有机配合物 $[Pt(C_2H_4)_2Cl_2]_2$。

【扩展知识】

1. 形状记忆合金

20 世纪 60 年代，美国的研究人员在研究钛镍合金时发现，原来弯曲的合金丝被拉直后，当温度升高到一定值时，它又恢复到原来弯曲的形状，人们把这种现象称为形状记忆效应（shape memory effect，简称 SME）。具有形状记忆效应的金属一般是由两种以上金属元素组成的合金，称为形状记忆合金（SMA），如铜锌铝合金、铜镍铝合金和铁铂合金等。

形状记忆效应可以分为三种，分别为单程记忆效应、双程记忆效应和全程记忆效应。形状记忆合金在较低的温度下变形，加热后可恢复变形前的形状，这种只在加热过程中存在的形状记忆现象称为单程记忆效应；双程记忆效应是指某些合金加热时恢复高温相形状，冷却时又恢复低温相形状；而加热时恢复高温相形状，冷却时变为形状相同而取向相反的低温相形状的现象，称为全程记忆效应。

已发现的形状记忆合金种类很多，可以分为镍-钛系、铜系、铁系合金三大类。镍-钛系合金是最有实用前景的形状记忆材料，其性能优良，可靠性好，并且与人体有生物相容性，但成本高，加工困难；铜系合金制造加工容易，价格便宜，有良好的记忆性能，但由于其热稳定性差、多晶合金疲劳特性差、脆性强，限制了其应用；铁系合金发展较晚，主要有铁钯、铁铂、铁锰硅、铁镍钴钛等合金，另外，高锰钢和不锈钢也具有不完全性的形状记忆效应。此外，近年发现一些聚合物和陶瓷材料也具有形状记忆功能，其形状记忆原理与合金不同，还有待于进一步研究。

将具有特殊力学性能和物理性能的形状记忆合金复合在材料结构中，使其具有传感元件、制动元件的特殊功能，如果再配上微处理器，便能成为智能性材料结构，具有许多特殊应用价值。形状记忆合金主要应用于化工工程、医疗、航天以及智能领域等方面。

形状记忆合金在工程上应用很多，用它做铆钉，只要加热到转变温度以上，把铆钉的两脚分开并弯曲，再冷却到转变温度以下把它拉直，插入被连接零件的孔中，最后再将其加热到转变温度以上，它就会自动把两个零件紧紧地铆住，这样的连接件密封可靠，十分安全。

医学上使用的形状记忆合金主要是钛镍合金，这种材料对生物体有较好的相容性，可以埋入人体作为移植材料。如用记忆合金制成肌纤维与弹性体薄膜心室相配合，可以模仿心室收缩运动，制造人工心脏；另外，假肢的连接、矫正脊柱弯曲的矫正板和牙齿的矫正线都利用了形状记忆合金。

形状记忆合金是一种集感知和驱动双重功能为一体的新型材料，适用于各种自调节和控制装置，如在人类的登月飞行中，可以利用形状记忆合金制成的半球形月面天线在月球上收集各种信息发回地球。

另外，形状记忆合金已广泛应用于民用产品，如移动电话天线、眼镜架等。记忆合金眼镜架具有超弹性、耐腐蚀性及重量轻的特点，这种镜架不但可延长佩戴时间，而且可减少对鼻梁、太阳穴的挤压作用，如果眼镜架不小心被碰弯曲了，只要将其放在热水中，就可以恢复原状。在不久的将来，汽车的外壳也可以用形状记忆合金制作。

2. d 区元素与生命

自然界中天然存在的元素约 90 种，目前认为生物体中维持生命活动的必需元素有 27 种。其中的 d 区元素如 Fe、Cu、Zn、Mn、Ni、Cr、V 等仅占 0.05%，称为人体微量（或痕量）元素。通常若在生物体内缺失某元素，生物体便不能生长或不能完成生命循环，则该元素称为必需元素。微量元素大多数也是必需元素。微量元素在生物体中将参与各种酶的氧化还原作用。没有酶的作用，生物体很难正常生长。人体内的微量元素皆有一适宜的浓度范围，在此浓度范围内生命才能正常运行。若浓度低于其低限，则不能维持正常生命；若浓度高于其高限，则将中毒甚至死亡。每种微量元素在人体中的含量均应小于 0.01%。

超量的重金属对人体则是有害的，但值得注意的是，某些元素对人体有益还是有害仍无定论，例如锗，有机锗能治疗多种疾病且有抗癌作用，但无机锗却是剧毒的。

（1）生物体中铁元素的作用

在人体必需的微量元素中，铁的含量约占人体总重量的 0.006%，一个体重 50kg 的人含铁 2～3g，人体缺铁会患贫血症。人体内约 3/4 的铁分布于血红蛋白（Hb）中，Hb 是 Fe-卟啉类的复杂配合物，是血液中红血球的主要组分，其主要生物功能是输送氧气，而 Hb 本身是蓝色的，所以动脉血呈鲜红色而静脉血呈紫红色。

$$Hb \cdot H_2O（蓝色）+O_2 \Longleftrightarrow HbO_2（鲜红色）+H_2O$$

人体的肺部有大量的 O_2，平衡右移，O_2 以氧合血红蛋白（HbO_2）的形式为红血球所吸收并被送给各种细胞组织以供应新陈代谢所需的氧。但是 CO、CN^- 可以取代氧与血红蛋白形成比 HbO_2 更稳定的配合物，阻止氧的输送，造成组织缺氧而中毒。

铁也是某些酶如过氧化氢酶、过氧化物酶、苯丙氨酸羟化酶和许多氧化还原体系所不可缺少的元素，它在生物催化、电子传递等方面也都起着重要作用。人体中其余的铁储存于肝脾脏器中，正常人铁的吸收与身体的需要是保持平衡的，一般是通过肠黏膜进行调整。缺铁会患贫血病，反之铁在血液及组织中积累过多，也有害于健康而患血色病。

（2）生物体中锌元素的作用

锌在人体微量元素中的含量仅次于铁，在生物体内 Zn^{2+} 参与多种代谢过程。对有机体有重要作用的酶的 30% 为金属酶，包括约 18 种锌酶和 14 种需锌活化的酶，其中羧基肽酶 A（水解酶）、碳酸酐酶（裂合酶类）是最引人注目的锌酶。它们主要由动物的胰脏分泌出来，如羧基肽酶 A 能催化蛋白质 C 末端氨基酸的水解：

$$\underset{\text{N 端}}{H_2N-CH-C-N}\cdots\underset{\text{水解部位}}{CH-C-N}-\underset{\text{C 端}}{CH-COOH}$$

在哺乳动物的红血球（红细胞）中，碳酸酐酶的主要功能是催化下列反应，使其反应速率增大 100 万倍：

$$CO_2 + H_2O \Longrightarrow HCO_3^- + H^+$$

它既可使 CO_2 水合，又可使碳酸或碳酸氢根脱水，因此它是一个裂合酶，前者发生在组织中的血液里以吸收 CO_2，后者则在肺里呼出 CO_2。

一个成年人平均含锌约 2g，约一半存于血液中，另一半在皮肤、骨骼中。人体缺锌会使皮肤受损伤口不易愈合，骨骼变形患侏儒症，引起贫锌、早衰、发育迟缓、智力迟钝、食欲不振、味觉差等。

（3）生物体中铜元素的作用

铜是人体中含量较高的微量元素，其含量仅次于铁、锌。铜普遍存在于动植物体内。铁是人体血液中输送氧的血红素必需的成分，而软体动物、节肢动物则用铜代替铁。含铜的血蓝蛋白本身是无色的，此时铜以 Cu^+ 状态存在，氧合血蓝蛋白呈蓝色，说明这时 Cu^+ 变成 Cu^{2+} 了。

Cu^{2+} 存在于三百多种蛋白质和酶中，如细胞色素氧化酶、血浆铜蓝蛋白酶和葡萄糖氧化酶。这些铜酶催化体内某些氧化还原反应的进行，从皮肤的色素沉着到保护动脉管壁的弹性都需要某些铜酶的参与。血清中的铜能对一些毒素起结合作用，而使其失去毒性。微量的铜可提高白细胞的噬菌能力，对病毒传染，尤其是流行性感冒有防护作用。铜是中枢神经的传导物质，而胰岛素的分泌是受到中枢神经调节的，所以缺铜对胰岛素分泌不利。缺铜还会引起贫血、心血管障碍、血友病，对降血糖不利。另外风湿性关节炎与局部缺铜有关，用阿司匹林（水杨酸乙酰酯）或水杨酸的铜配合物可治疗。

威尔逊（Wilson）病是一种典型的金属离子病，它是由于遗传缺陷而引起的铜中毒症。铜离子由食物经肠道进入血液后，即结合在血浆白蛋白上，然后转移到血浆铜蓝蛋白上，因为铜蓝蛋白的键合比白蛋白强得多，Wilson 病人不能合成血浆铜蓝蛋白，因此血中的铜离子以游离状态存在或仍结合在血浆白蛋白上，并被血液带到肝、肾和脑中而积累，造成肝硬化、肾坏死，神经症状和红细胞破裂，严重时会造成死亡。目前可用药物 D-青霉胺将积累的铜形成可溶配合物而排除。一些食物如豆类、动物肝脏、贝类、茶叶、干果、蔬菜等富含铜。但铜摄入量过多也不利于健康，肝癌高发区往往是由于该地区土壤、水源中铜、锌含量偏高造成的。

（4）生物体中钴元素的作用

钴是维生素 B_{12} 的中心金属，维生素 B_{12} 是一种含 Co^{3+} 的复杂配合物，在人体中（集中在肝里）仅为 $2\sim5mg$，正常人血液中钴的浓度平均为 $0.0085mg\cdot kg^{-1}$ 左右。维生素 B_{12} 具有多种生理功能，它参与机体红细胞中血红蛋白的合成，能促使血红细胞成熟，缺少维生素 B_{12} 红细胞就不能正常生长，在血液中就会产生一种特殊的没有细胞核的巨红细胞，即出现"恶性贫血"。同时，它还是人体某些酶如谷氨酸盐变位酶和核糖苷酸酶的组分之一。前者的主要功能是氨基酸代谢，后者则为生物合成脱氧核糖核酸（DNA）所必需。但是人体中若无机钴盐过量，则会引起红血球增多、气喘脱毛、甲状腺肿大等，严重时导致心力衰竭。

（5）生物体中铬元素的作用

铬是维持胆固醇代谢，特别是胰岛素参与作用的糖代谢和脂肪代谢过程所必需的元素，铬能活化胰岛素，协调胰岛素有利于葡萄糖的转化。铬抑制生物体内胆固醇和脂肪的合成，也影响氨基酸及核酸的合成。人体缺铬时，血内脂肪及胆固醇含量增加，出现动脉粥样硬化。随着年龄的增加，人体内铬含量逐渐减少，这可能是年纪大的人易患糖尿病的一个原因。因为铬能作用于葡萄糖代谢中的磷酸变位酶，如果缺铬，这种酶的活性就会降低，葡萄糖就不能被充分利用，不能正常运转，分解转化为脂肪储存起来，导致糖代谢的紊乱，血糖升高，最终可能导致糖尿病。另外近视眼也与缺铬有关。含铬较多的食品有海藻类、鱼肝脏、粗粮酵母、豆类等。

习　题

12-1 $TiCl_4$ 为什么在空气中冒烟？写出反应方程式。

12-2 什么是同多酸？什么是杂多酸？各举三例。

12-3 选择适当的试剂，完成下列各物质的转化，并写出反应方程式：

$$K_2CrO_4 \longrightarrow K_2Cr_2O_7 \longrightarrow CrCl_3 \longrightarrow Cr(OH)_3 \longrightarrow KCrO_2$$

12-4 完成下列化学反应方程式。

(1) $K_2Cr_2O_7 + HCl(浓) \longrightarrow$

(2) $K_2Cr_2O_7(饱和) + H_2SO_4(浓) \longrightarrow$

(3) $Cr_2O_7^{2-} + H_2S \longrightarrow$

(4) $Cr_2O_7^{2-} + H^+ + C_2O_4^{2-} \longrightarrow$

(5) $Cr_2O_7^{2-} + Ag + H_2O \longrightarrow$

(6) $Cr(OH)_3 + OH^- + ClO^- \longrightarrow$

(7) $KMnO_4 + HCl \longrightarrow$

(8) $KMnO_4 + KNO_2 + H_2SO_4 \longrightarrow$

(9) $MnO_4^- + Fe^{2+} + H^+ \longrightarrow$

(10) $PbO_2 + MnSO_4 + H_2SO_4 \longrightarrow$

(11) $FeCl_3 + KI \longrightarrow$

(12) $CrO_2^- + Br_2 + OH^- \longrightarrow$

(13) $Mn^{2+} + OH^- + O_2 \longrightarrow$

(14) $K_2Cr_2O_7 + H_2O_2 + H^+ \longrightarrow$

(15) $CrO_3 + Al \longrightarrow$

(16) $CrO_2^- + Cl_2 + OH^- \longrightarrow$

12-5 由重铬酸钾制备：(1) 铬酸钾；(2) 三氧化铬；(3) 三氯化铬；(4) 三氧化二铬；(5) 二氯化铬。写出反应方程式。

12-6 $0.4051g$ 的 $FeCl_2$ 溶于水，酸化后，用 $K_2Cr_2O_7$ 标准溶液滴定至反应完全，共消耗 $K_2Cr_2O_7$ 溶液 $22.50mL$，计算 $K_2Cr_2O_7$ 的物质的量浓度 $c\left(\dfrac{1}{6}K_2Cr_2O_7\right)$。

12-7 完成并配平下列化学反应方程式。

(1) $Na_2WO_4 + Zn + HCl \longrightarrow W_2O_5$

(2) $Zn + (NH_4)_2MoO_4 + HCl \longrightarrow MoCl_3$

(3) $C_2H_5OH + CrO_3 \longrightarrow CH_3CHO$

(4) $K_2Cr_2O_7 + (NH_4)_2S \longrightarrow S$

(5) $Na_3CrO_3 + Ca(ClO)_2 + H_2O \longrightarrow Na_2CrO_4$

(6) $NaNO_2 + K_2Cr_2O_7 + H_2SO_4 \longrightarrow NaNO_3 + Cr_2(SO_4)_3$

12-8 无水三氯化铬与氨加合，能生成两种配合物 $CrCl_3 \cdot 5NH_3$ 和 $CrCl_3 \cdot 6NH_3$。已知用 $AgNO_3$ 能从一配合物的溶液中沉淀出所有的氯，而另一配合物的溶液中仅能沉淀出 $2/3$ 的氯，写出两种配合物的结构式。

12-9 试求下列物质的实验式：

(1) 50% 的 Mo 和 50% 的 S (2) 20% 的 Ca、48% 的 Mo 和 32% 的氧

12-10 制作 $1.0t$ 的 $KMnO_4$ 需要软锰矿 $0.80t$（以 MnO_2 计）。试计算 $KMnO_4$ 的产率。

12-11 在 Mn^{2+} 和 Cr^{3+} 的混合液中，采取什么方法可将其分离？

12-12 某绿色固体 A 可溶于水，其水溶液中通入 CO_2 即得棕黑色沉淀 B 和紫红色溶液 C。B 和浓 HCl 溶液共热时放出黄绿色气体 D，溶液近于无色。将此溶液与溶液 C 混合，即得沉淀 B。将气体 D 通入 A 的溶液可得溶液 C。判断 A、B、C、D 为何物，并写出相关的化学反应方程式。

12-13 将 $Fe_2O_3 \cdot 3H_2O$、$Co_2O_3 \cdot 3H_2O$ 和 $Ni_2O_3 \cdot 3H_2O$ 分别溶于盐酸，它们分别有何反应？

12-14 哪种铁的化合物较稳定？如何将三价铁盐转化为二价铁盐？二价铁又如何转化为三价铁？

12-15 完成并配平下列化学反应方程式：

(1) $Fe_2O_3 + KNO_3 + KOH \overset{\triangle}{=\!=\!=}$

(2) $K_4[Co(CN)_6] + H_2O + O_2 \longrightarrow$

(3) $Co_2O_3 + HCl \longrightarrow$

(4) $FeSO_4 \cdot 7H_2O + Br_2 + H_2SO_4 \longrightarrow$

(5) $H_2S + FeCl_3 \longrightarrow$

(6) $Ni(OH)_2 + Br_2 \longrightarrow$

(7) $Co^{2+} + SCN^-(过量) \longrightarrow$

(8) $Ni^{2+} + HCO_3^- \longrightarrow$

12-16 含有 Fe^{2+} 的溶液中加入 NaOH 溶液，生成白色沉淀，渐渐变为棕色。过滤后，沉淀用 HCl 溶解，溶液呈黄色。加几滴 KSCN 溶液，立即变红。再通入 H_2S 后，红色消失。再滴加 $KMnO_4$ 溶液，$KMnO_4$ 的紫红色褪去，再加入黄血盐，生成蓝色沉淀。写出各步反应方程式。

12-17 已知有两种钴的配合物 A 和 B，其组成都是 $Co(NH_3)_5BrSO_4$。在 A 中加 $BaCl_2$ 产生沉淀，加 $AgNO_3$ 不产生沉淀；在 B 中加 $BaCl_2$ 不产生沉淀，加 $AgNO_3$ 有沉淀产生。写出两种配合物的结构式。

12-18 解释下列现象：$[Co(NH_3)_6]^{3+}$ 和 Cl^- 可共存于同一溶液，而 Co^{3+} 与 Cl^- 不能共存于同一溶液。

12-19 钴的一种配合物具有下列组成：Co，22.58%；H，5.79%；N，32.20%；Cl，27.17%；O，12.26%。将此配合物加热失去氨，失去氨的质量为原质量的 32.63%。求：

(1) 原配合物中有多少个氨分子若干；(2) 写出配合物的实验式。

12-20 在 $0.1mol \cdot L^{-1}$ 的 Fe^{3+} 溶液中，若仅有水解产物 $[Fe(OH)(H_2O)_5]^{2+}$ 存在，求此溶液的 pH。已知 $[Fe(H_2O)_6]^{3+} \Longleftrightarrow [Fe(OH)(H_2O)_5]^{2+} + H^+$ 的平衡常数 $K_1 = 10^{-3.05}$。

第 13 章 ds 区元素

ds 区元素包括铜族元素和锌族元素，这两族元素的共同特点是价电子层中的 d 层电子是全充满的。

铜族和锌族元素的次外层都是 18 电子结构，所以它们失去最外层的 s 电子后形成的阳离子属于 18 电子构型，极化能力很强，如 $CuCl$、Cu_2O、AgI、Ag_2O、HgI_2、Hg_2I_2 等。二元化合物中的阴离子产生很大的变形。所以，这类二元化合物带有明显的共价性，其阳离子容易形成配合物。当它们相应离子的 d 电子是全充满时，其化合物、配合物均是无色的。

13.1 铜 副 族

铜副族包括铜（Cu）、银（Ag）、金（Au）三种元素，它们的最外层电子结构为 $(n-1)d^{10}ns^1$。当失去 1 个 s 电子形成氧化数为 +1 的阳离子时，d 层电子全充满，因此水溶液是无色的，如 Cu^+ 和 Ag^+ 水溶液。

当失去了部分 d 电子，形成氧化数大于 +1 的阳离子时，因价层中存在未成对的 d 电子，因此水溶液带有颜色，如 Cu^{2+} 为蓝色，Au^{3+} 为红色。

铜副族和主族碱金属在性质上有很大区别，铜副族均是不活泼的贵金属，且呈现多种氧化数。

另一方面，铜副族位于铁铂系元素与锌副族之间，因此也常表现出与铁系元素、锌族元素类似的性质。

13.1.1 铜元素概述

铜是人类最早使用的金属之一，几千年前，人们就使用了青铜器。铜带红色光泽，纯铜质软，延展性很好，并有良好的导热性、导电性。

铜可以和其他金属 Sn、Zn、Al、Ni 制成合金，因此有青铜、黄铜、铝青铜、白铜之分。铜合金却比纯铜硬，机械加工性能有所提高，但导热、导电性能有所降低。

铜多以化合物的形式存在于地壳中，辉铜矿 Cu_2S 是一种重要的铜矿。最丰富的是黄铜矿 $CuFeS_2$，它具有很大的经济价值。其他的铜矿还有赤铜矿（Cu_2O）、蓝铜矿 [$2CuCO_3 \cdot Cu(OH)_2$] 和孔雀石 [$CuCO_3 \cdot Cu(OH)_2$]。

13.1.2 铜的化学性质及重要化合物

(1) 铜单质

① 铜单质的化学性质

铜的化学活泼性较差，室温下它不与氧和水直接起作用。但可以和含有 CO_2 的潮湿空气作用，生成绿色的碱式碳酸铜，这是紫铜物件腐蚀的主要原因与产物：

$$2Cu+O_2+H_2O+CO_2 \Longrightarrow Cu_2(OH)_2CO_3(绿色) \tag{13-1}$$

铜单质在空气中加热，可生成黑色的 CuO：

$$2Cu+O_2 \Longrightarrow 2CuO(黑色) \tag{13-2}$$

将 CuO 加热至 1100℃ 时，黑色的 CuO 又分解为暗红色的 Cu_2O：

$$4CuO \Longrightarrow 2Cu_2O+O_2\uparrow \tag{13-3}$$

卤素在常温下与铜作用缓慢，加热时反应剧烈：

$$Cu+Cl_2 \Longrightarrow CuCl_2 \tag{13-4}$$

加热时，铜和硫、硒都可以直接化合：

$$Cu+S \stackrel{}{=\!=\!=} CuS \tag{13-5}$$

将氨气通过红热的铜时：

$$6Cu+2NH_3 \stackrel{}{=\!=\!=} 2Cu_3N+3H_2\uparrow \tag{13-6}$$

铜不能从稀酸中置换出氢，但在通入氧气的情况下，铜可以缓慢地溶解在稀酸中：

$$2Cu+4HCl+O_2 \stackrel{}{=\!=\!=} 2CuCl_2+2H_2O \tag{13-7}$$

若在稀酸中通入过氧化氢或加入氧化剂，铜就会非常迅速地溶入其中：

$$Cu+2HCl+H_2O_2 \stackrel{}{=\!=\!=} CuCl_2+2H_2O \tag{13-8}$$

$$3Cu+6HCl+KClO_3 \stackrel{}{=\!=\!=} 3CuCl_2+KCl+3H_2O \tag{13-9}$$

分析化学中常以铜为基准物，就是用这种方法溶解铜，再加热可去除多余的 H_2O_2。

在加热时，铜也可以与浓 HCl 或浓的碱金属氰化物反应，置换出氢气：

$$2Cu+8HCl(浓) \stackrel{}{=\!=\!=} 2H_3[CuCl_4]+H_2\uparrow \tag{13-10}$$

$$2Cu+8CN^-+2H_2O \stackrel{}{=\!=\!=} 2[Cu(CN)_4]^{3-}+2OH^-+H_2\uparrow \tag{13-11}$$

因为 Cu^+ 形成了配离子，使得电对 Cu^+/Cu 中的氧化型 Cu^+ 的浓度大大降低，使其电极电位也大大地下降至 $\varphi^\ominus<0$。所以可置换出氢气。例如：

$$[Cu(CN)_4]^{3-}+e^- \rightleftharpoons Cu+4CN^- \qquad \varphi^\ominus_{[Cu(CN)_4]^-/Cu}=-0.758V<0 \tag{13-12}$$

在氧气存在下，铜可溶于氨水，但不能置换出氢气：

$$2Cu+8NH_3+O_2+2H_2O \stackrel{}{=\!=\!=} 2[Cu(NH_3)_4]^{2+}+4OH^- \tag{13-13}$$

因为 $[Cu(NH_3)_4]^{2+}$ 的稳定常数比 $[CuCl_4]^{3-}$、$[Cu(CN)_4]^{3-}$ 小，使其电极电位：

$$\varphi^\ominus_{[Cu(NH_3)_4]^{2+}/Cu}=0.0224V>0 \tag{13-14}$$

Cu 还可以溶在含有硫脲 $CS(NH_2)_2$ 的盐酸中，生成配合物并置换出氢气。

$$2Cu+2HCl+4CS(NH_2)_2 \stackrel{}{=\!=\!=} 2\{Cu[CS(NH_2)_2]_2\}Cl+H_2\uparrow \tag{13-15}$$

铜还可以溶解在稀、浓硝酸和浓 H_2SO_4 等氧化性的酸中：

$$3Cu+8HNO_3(稀) \stackrel{}{=\!=\!=} 3Cu(NO_3)_2+2NO\uparrow+4H_2O \tag{13-16}$$

$$Cu+4HNO_3(浓) \stackrel{}{=\!=\!=} Cu(NO_3)_2+2NO_2\uparrow+2H_2O \tag{13-17}$$

$$Cu+2H_2SO_4(浓) \stackrel{}{=\!=\!=} CuSO_4+SO_2\uparrow+2H_2O \tag{13-18}$$

铜还可以被 $FeCl_3$ 氧化而腐蚀、溶解：

$$Cu+2FeCl_3 \stackrel{}{=\!=\!=} CuCl_2+2FeCl_2 \tag{13-19}$$

制造印刷电路板便是利用了这个方程。

② 铜单质的生产与制备

一般地讲，制铜主要采取火法冶炼。以黄铜矿冶炼为例，将精矿砂在焙烧炉焙烧氧化：

$$2CuFeS_2+O_2 \stackrel{}{=\!=\!=} Cu_2S+2FeS+SO_2\uparrow \tag{13-20}$$

其固体产物（Cu_2S+FeS）称为焙砂。气体产物 SO_2 可送到硫酸厂氧化生成 SO_3，制备 H_2SO_4。因此，大多数这样的冶炼厂都会有一个附设的硫酸厂，否则对资源是一个浪费，并且污染环境。

焙烧后的焙砂与石英砂 SiO_2 混合，在反射炉里加热至 $1500\sim1550℃$，Cu_2S 和 FeS 熔融形成冰铜（$mCu_2S\cdot nFeS$），而 FeO 等和 SiO_2 形成炉渣浮于熔液上层，很容易除去。

冰铜被转入转炉，吹入空气氧化：

$$2Cu_2S+3O_2 \stackrel{}{=\!=\!=} 2Cu_2O+2SO_2\uparrow \tag{13-21}$$

$$2Cu_2O+Cu_2S \stackrel{}{=\!=\!=} 6Cu+SO_2\uparrow \tag{13-22}$$

如此得到的铜是含量低于 98％的粗铜，杂质一般包括 Ag、Fe、Zn、Pb、Au、Ni 等。

这样的粗铜各方面的性能远不能达到人们使用时的需要，必须精炼后才能获得纯度达

99.9%以上的精铜，同时可以回收价值很高的杂质 Ag、Au 和其他贵重金属。

精炼铜使用电解法。将粗铜板作阳极、精铜板作阴板，硫酸铜溶液作电解液。控制两极间的电位差和电流密度。在阳极上粗铜 Cu 溶解：

$$Cu - 2e^- \rightleftharpoons Cu^{2+} \tag{13-23}$$

Cu^{2+} 在阴极上沉积：

$$Cu^{2+} + 2e^- \rightleftharpoons Cu \tag{13-24}$$

电极电位比 Cu 小的 Ni、Zn、Fe 等不会在阴极上沉积，以离子形式留在电解液中。

电极电位比 Cu 高的 Ag、Au、Pt 等贵重金属不会在阳极上溶解，以固体形式沉淀在电解液中，叫做阳极泥。如此，可降低粗铜中 Ag、Fe、Zn、Pb、Au、Ni 等杂质含量。只要阴、阳极的电位控制得好，可得到 99.9%甚至更高的精铜。

再从阳极泥中提取贵重金属 Ag、Au、Pt 等。

(2) 铜（Ⅱ）化合物

① 氧化铜 CuO

铜（Ⅱ）的化合物主要有 CuO、$Cu(OH)_2$、$CuSO_4$、$CuCl_2$ 等。

Cu^{2+} 的电子构型为 $3d^9$，有未成对的 d 电子，因此水溶液中水合铜离子是蓝色的。

CuO 是黑色粉末，不溶于水，但溶于酸成铜（Ⅱ）盐。

CuO 是碱性氧化物，热稳定性较好，但不如 Cu_2O 高。CuO 加热至 1000℃ 以上：

$$4CuO \xrightarrow{\triangle} 2Cu_2O + O_2 \uparrow \tag{13-25}$$

CuO 有一定的氧化性，在加热时，可以氧化 H_2、NH_3、C、CO 等。

在 150℃时：

$$2CuO + H_2 \longrightarrow Cu_2O + H_2O \uparrow \tag{13-26}$$

高温下：

$$CuO + H_2 \xrightarrow{\triangle} Cu + H_2O \uparrow \tag{13-27}$$

$$3CuO + 2NH_3 \xrightarrow{\triangle} 3Cu + 3H_2O \uparrow + N_2 \uparrow \tag{13-28}$$

$$2CuO + C \xrightarrow{\triangle} 2Cu + CO_2 \uparrow \tag{13-29}$$

$$CuO + CO \xrightarrow{\triangle} Cu + CO_2 \uparrow \tag{13-30}$$

② 氢氧化铜 $Cu(OH)_2$

$Cu(OH)_2$ 是一个偏碱性的两性化合物，它能溶于酸，形成铜（Ⅱ）盐：

$$Cu(OH)_2 + H_2SO_4 \longrightarrow CuSO_4 + 2H_2O \tag{13-31}$$

$Cu(OH)_2$ 也可以溶于很浓的强碱溶液中，形成铜酸盐：

$$Cu(OH)_2 + 2NaOH \longrightarrow Na_2[Cu(OH)_4]（蓝色） \tag{13-32}$$

铜酸盐有氧化性，可被弱的还原剂甲醛、葡萄糖还原成红色的氧化亚铜 Cu_2O：

$$2[Cu(OH)_4]^{2-} + HCHO \longrightarrow Cu_2O \downarrow（红色）+ HCOOH + 2H_2O + 4OH^- \tag{13-33}$$

$$2[Cu(OH)_4]^{2-} + C_6H_{12}O_6 \longrightarrow Cu_2O \downarrow（红色）+ C_6H_{12}O_7 + 2H_2O + 4OH^- \tag{13-34}$$

在有机化学中，式(13-33) 可用于检验醛，称为斐林试剂。在医学上，式(13-34) 可用于检验尿糖等。

$Cu(OH)_2$ 也可以溶解在氨水中，生成深蓝色的铜氨配离子溶液：

$$Cu(OH)_2 + 4NH_3 \longrightarrow [Cu(NH_3)_4]^{2+}（深蓝色）+ 2OH^- \tag{13-35}$$

③ 铜（Ⅱ）盐

$CuSO_4$ 是最重要的铜（Ⅱ）盐。

$CuSO_4 \cdot 5H_2O$ 俗称胆矾，是蓝色的晶体。胆矾的五个结晶水在 102℃时可脱去两个，

113℃时再脱去两个，最后一个水分子要到 258℃时才可完全脱去。完全脱去结晶水的 $CuSO_4$ 则是白色的。$CuSO_4$ 吸水性很强，吸水后即显蓝色。可利用这一性质，检验乙醇、乙醚中痕量的水。

$CuSO_4$ 也是弱的氧化剂，它可氧化 KI：

$$2CuSO_4 + 4KI = 2CuI\downarrow + 2K_2SO_4 + I_2 \tag{13-36}$$

上述反应是定量进行的。可以用 $Na_2S_2O_3$ 溶液滴定生成的 I_2。分析化学中常用此法定量测定铜或用铜标准溶液来标定 $Na_2S_2O_3$ 溶液的浓度。

$CuSO_4$ 和石灰水的混合物称为波尔多液，可用来消灭果树上的害虫，尤其是葡萄植株上的害虫。

$CuSO_4$ 还是一种灭藻剂，加入到储水池中可防止藻类生长等。

$CuCl_2$ 是另一种重要的铜（Ⅱ）盐。在卤素离子过量时，铜的卤化物易生成 $[CuCl_3]^-$ 或 $[CuCl_4]^{2-}$ 配离子。

$[CuCl_4]^{2-}$ 是黄色的溶液，在不同的浓度下，$[CuCl_4]^{2-}$ 溶液的颜色可发生由黄→黄绿→绿色的变化，这是因为 $[CuCl_4]^{2-}$ 和 $[Cu(H_2O)_4]^{2+}$（蓝色）以不同比例混合的结果。

硫化铜 CuS 是一种不溶于水的铜（Ⅱ）盐，它也不溶于稀酸。它的溶度积 $K_{sp} = 8.5 \times 10^{-43}$，非常小。但可溶于热的硝酸：

$$3CuS + 8HNO_3 \xrightarrow{\triangle} 3Cu(NO_3)_2 + 3S\downarrow + 2NO\uparrow + 4H_2O \tag{13-37}$$

硫化铜可溶于氰化钾溶液：

$$2CuS + 8CN^- = 2[Cu(CN)_4]^{2-} + 2S^{2-} \tag{13-38}$$

(3) 亚铜（Ⅰ）化合物

① 氧化亚铜 Cu_2O

氧化亚铜 Cu_2O 是红色的有毒固体，在玻璃、陶瓷、搪瓷工业和船底用漆中作红色颜料。它有很高的热稳定性，在 1235℃熔融而不分解。

氧化亚铜 Cu_2O 是弱碱性物质，不溶于水，可溶于稀硫酸生成硫酸亚铜 Cu_2SO_4：

$$Cu_2O + H_2SO_4 = Cu_2SO_4 + H_2O \tag{13-39}$$

亚铜盐在水溶液中极不稳定，立即发生歧化反应：

$$Cu_2SO_4 = CuSO_4 + Cu\downarrow \tag{13-40}$$

Cu_2O 溶于稀盐酸生成氯化亚铜 CuCl 沉淀而不歧化：

$$2Cu_2O + 4HCl = 4CuCl\downarrow（白色）+ 2H_2O \tag{13-41}$$

② 亚铜（Ⅰ）配合物

Cu^+ 可以和许多配位体形成配合物，其稳定性按下列顺序增强：

$$Cl^- < Br^- < I^- < SCN^- < NH_3 < S_2O_3^{2-} < CS(NH_2)_2 < CN^- \tag{13-42}$$

当氢卤酸 HCl 过量时，CuCl 沉淀溶解，生成二卤配铜（Ⅰ）离子：

$$CuCl（白色）+ Cl^- = [CuCl_2]^-（棕黄色）\tag{13-43}$$

Cu_2O 溶于氨水可形成氨配离子：

$$Cu_2O + 4NH_3 + H_2O = 2[Cu(NH_3)_2]OH（无色）\tag{13-44}$$

二卤配铜（Ⅰ）离子、二氨配铜（Ⅰ）离子都易被空气氧化，生成铜（Ⅱ）配离子：

$$4[Cu(NH_3)_2]^+ + 8NH_3 + 2H_2O + O_2 = 4[Cu(NH_3)_4]^{2+}（蓝色）+ 4OH^- \tag{13-45}$$

$[Cu(NH_3)_2]^+$ 溶液吸收 CO 的能力非常强：

$$[Cu(NH_3)_2]^+ + CO = [Cu(NH_3)_2CO]^+ \tag{13-46}$$

合成氨厂常用 $[Cu(NH_3)_2]^+$ 溶液清除合成气中的痕量 CO，可使 CO 浓度降至约 20 $mg \cdot L^{-1}$。这个过程称为铜洗。

在环境监测中，将烟道气通过 $[Cu(NH_3)_2]^+$ 溶液后，气体体积的减少量便是烟道气中 CO 的体积量。钢铁行业中利用此性质检测钢铁中 C 的含量。

Cu(I) 的配合物中，常见的配位数是 2，当配位体浓度增大时，也可形成配位数为 3 或 4 的配合物，如 $[Cu(CN)_3]^{2-}$、$[Cu(CN)_4]^{3-}$。

③ 硫化亚铜 Cu_2S

硫化亚铜 Cu_2S 是难溶的黑色固体，$K_{sp} = 2.26 \times 10^{-48}$，它不溶于非氧化性稀酸，和 CuS 一样，可溶于热硝酸或氰化物溶液：

$$3Cu_2S + 16HNO_3(浓) \xrightarrow{\triangle} 6Cu(NO_3)_2 + 3S\downarrow + 4NO\uparrow + 8H_2O \qquad (13\text{-}47)$$

$$Cu_2S + 4NaCN =\!=\!= 2Na[Cu(CN)_2] + Na_2S \qquad (13\text{-}48)$$

13.1.3 银及其重要化合物

银的矿石在自然界有闪银矿 Ag_2S、深红银矿 Ag_2SbS_2、淡红银矿 Ag_3AsS_3、含银的铅锌矿以及与铅、铜、锑、砷共生的矿等。

银有白色的金属光泽，硬度介于铜和金之间，有很好的延展性，一流的导热、导电性。

(1) 银单质

银的活泼性也介于铜和金之间，在空气中加热并不变暗。银可以和硫直接反应生成 Ag_2S。在氧气和 H_2S 的共同作用下，银表面发暗：

$$4Ag + O_2 + 2H_2S =\!=\!= 2Ag_2S + 2H_2O \qquad (13\text{-}49)$$

银和铜相似，不溶于盐酸，但可溶于有 H_2O_2 的盐酸中：

$$2Ag + H_2O_2 + 2HCl =\!=\!= 2AgCl\downarrow + 2H_2O \qquad (13\text{-}50)$$

银也可溶于稀硝酸和热的浓硫酸中：

$$3Ag + 4HNO_3 =\!=\!= 3AgNO_3 + NO\uparrow + 2H_2O \qquad (13\text{-}51)$$

银和金还可溶解在通空气的 NaCN 溶液中：

$$4Ag + O_2 + 2H_2O + 8NaCN =\!=\!= 4Na[Ag(CN)_2] + 4NaOH \qquad (13\text{-}52)$$

与 Ag、Au 共生的 Pb、Sb 等均无此反应。因此，湿法冶金法根据这个性质来提取金、银矿石中的 Au、Ag。

(2) 银（I）重要化合物

银的化合物中银的氧化数显 +1。重要的化合物有 Ag_2O、AgX、$AgNO_3$、$[Ag(NH_3)_2]^+$、$[Ag(CN)_2]^+$ 等。

大多数银盐不溶于水，只有 $AgNO_3$、AgF 可溶于水，Ag_2SO_4 微溶于水。

将 NaOH 加入到银盐溶液中，生成 AgOH，但它不稳定立即脱水变为暗棕色的 Ag_2O。Ag_2O 可溶于氨水或 NaCN 溶液：

$$Ag_2O + 4NH_3 + H_2O =\!=\!= 2[Ag(NH_3)_2]^+ + 2OH^- \qquad (13\text{-}53)$$

$$Ag_2O + 4NaCN + H_2O =\!=\!= 2Na[Ag(CN)_2] + 2NaOH \qquad (13\text{-}54)$$

Ag_2O 热稳定性较差，加热至 300℃ 以上即分解：

$$2Ag_2O \xrightarrow{\triangle} 4Ag + O_2\uparrow \qquad (13\text{-}55)$$

Ag_2O 还是强氧化剂，在加热时，可氧化 CO 和 H_2O_2：

$$Ag_2O + CO \xrightarrow{\triangle} 2Ag + CO_2\uparrow \qquad (13\text{-}56)$$

$$Ag_2O + H_2O_2 =\!=\!= 2Ag + O_2\uparrow + H_2O \qquad (13\text{-}57)$$

Ag_2O、MnO_2、Co_2O_3、CuO 的混合物在常温下即可将 CO 氧化为 CO_2，因此防毒面具里常使用它们。

卤化银都具有感光性，即遇光分解，照相底片上的感光材料便是 AgBr：

$$2AgBr \xrightarrow{h\nu} 2Ag + Br_2 \tag{13-58}$$

Ag_2S 的溶度积非常小，必须借助于氧化-还原反应才能使它溶解：

$$3Ag_2S(s) + 8HNO_3 \Longrightarrow 6AgNO_3 + 2NO\uparrow + 4H_2O + 3S\downarrow \tag{13-59}$$

（3）银（Ⅰ）的配合物

银离子可以和许多配位体形成配合物，在高浓度的 Cl^- 溶液中，$AgCl$ 可溶解：

$$AgCl + Cl^- \Longrightarrow [AgCl_2]^- \tag{13-60}$$

因此在用银量法进行滴定分析时，大多数情况是用 Ag^+ 作滴定剂，并且刚滴入 Ag^+ 时，并没有沉淀生成。

Ag^+ 可用作催化剂，实验室中常用它来催化一些氧化还原反应，如用 $K_2S_2O_8$ 氧化 Mn^{2+} 为 MnO_4^-；$K_2S_2O_8$ 分解有机磷化合物；$K_2Cr_2O_7$ 法测定废水 COD_{Cr} 值等。

Ag^+ 可以和 NH_3、CN^-、Br^-、F^-、$S_2O_3^{2-}$、SCN^- 等形成配合物，如 $[Ag(NH_3)_2]^+$、$[Ag(CN)_2]^-$、$[AgBr_2]^-$、$[AgF_2]^-$、$[Ag(S_2O_3)_2]^{3-}$、$[Ag(SCN)_2]^-$、$[Ag(SCN)_3]^{2-}$ 等。

照相底片上未曝光的溴化银在定影液中因与 $Na_2S_2O_3$ 形成配合物 $[Ag(S_2O_3)_2]^{3-}$ 而溶解，起到定影的作用。

$[Ag(NH_3)_2]^+$ 溶液具有氧化性，可使醛和葡萄糖氧化而析出光亮的银，此反应称为银镜反应：

$$2[Ag(NH_3)_2]^+ + HCHO + 2OH^- \Longrightarrow 2Ag\downarrow + HCOO^- + NH_4^+ + 3NH_3 + H_2O \tag{13-61}$$

有机化学中常用此反应鉴定醛基的存在，称 $[Ag(NH_3)_2]^+$ 为吐伦试剂。

13.2 锌 副 族

锌副族包括锌（Zn）、镉（Cd）、汞（Hg）三种元素，它们的价层电子构型为 $(n-1)d^{10}ns^2$，容易失去 1～2 个电子形成氧化数是为 +1 和 +2 的化合物。

锌副族离子的 d 层电子是全充满的，所以，它们的水溶液均是无色的。

锌副族元素不像铜副族元素有多种氧化数，而是以氧化数为 +2 的化合物为主。即使有氧化数为 +1 的化合物，也不会以单分子存在，而以二聚体存在，如 Hg_2Cl_2。

锌副族元素都具有较低的熔点和较高的挥发性，以汞为最。它们的化学活泼性也按照 Zn→Cd→Hg 的顺序降低，和碱土金属的顺序完全相反。而形成配合物的趋势却按 Zn→Cd→Hg 的顺序增强。

13.2.1 锌元素概述

锌在自然界的主要矿石有闪锌矿 ZnS、菱锌矿 $ZnCO_3$、红锌矿 ZnO、硅锌矿 Zn_2SiO_4、锰硅锌矿（Zn，Mn）SiO_4 以及异极矿 $Zn_2(OH)_2SiO_3$。

锌是银白色金属，它可以和许多金属，例如 Cu、Ag、Au、Cd、Hg、Mg、Ca、Mn、Fe、Co、Ni、Su、Pb 形成合金。

锌的电极电位比铁低，当二者碰到电解液时，锌先溶解，而使铁不被腐蚀。这种防腐措施在电化学和防腐学科中称为牺牲阳极法。

13.2.2 锌的化学性质及重要化合物

（1）锌单质

① 锌单质的化学性质

锌在空气中加热到 1000℃ 时，锌会燃烧，并发出蓝绿色火焰：

$$2Zn + O_2 \xlongequal{\quad} 2ZnO \tag{13-62}$$

锌是很活泼的金属，在红热状态下，可以被水蒸气和二氧化碳所氧化：

$$Zn + H_2O(g) \overset{\triangle}{\xlongequal{\quad}} ZnO + H_2 \uparrow \tag{13-63}$$

$$Zn + CO_2 \overset{\triangle}{\xlongequal{\quad}} ZnO + CO \tag{13-64}$$

在含有 CO_2 的潮湿空气中，锌也可生成碱式碳酸盐：

$$4Zn + 2O_2 + 3H_2O + CO_2 \xlongequal{\quad} ZnCO_3 \cdot 3Zn(OH)_2 \tag{13-65}$$

锌在常温下便可以与卤素反应，生成卤化锌 ZnX_2。

锌和 S、P 共热可生成硫化锌、磷化锌：

$$Zn + S \overset{\triangle}{\xlongequal{\quad}} ZnS \tag{13-66}$$

$$3Zn + 2P \overset{\triangle}{\xlongequal{\quad}} Zn_3P_2 \tag{13-67}$$

在加热到 600℃ 时，锌还可以和 NH_3 作用：

$$3Zn + 2NH_3 \xrightarrow{600℃} Zn_3N_2 + 3H_2 \uparrow \tag{13-68}$$

锌是两性的金属，它可以溶解在非氧化性稀酸中，放出 H_2。也可以溶解在强碱溶液中：

$$Zn + 2NaOH \xlongequal{\quad} Na_2ZnO_2 + H_2 \uparrow \tag{13-69}$$

由于锌形成配合物的倾向很强，它还能溶于氨水：

$$Zn + 4NH_3 + 2H_2O \xlongequal{\quad} [Zn(NH_3)_4](OH)_2 + H_2 \uparrow \tag{13-70}$$

不管是纯锌还是不纯的锌都可以溶解在硝酸中，硝酸浓度不同，还原产物也不一样：

$$Zn + 4HNO_3(浓) \xlongequal{\quad} Zn(NO_3)_2 + 2NO_2 \uparrow + 2H_2O \tag{13-71}$$

$$4Zn + 10HNO_3(稀) \xlongequal{\quad} 4Zn(NO_3)_2 + N_2 \uparrow + 5H_2O \tag{13-72}$$

$$4Zn + 10HNO_3(很稀) \xlongequal{\quad} 4Zn(NO_3)_2 + NH_4NO_3 + 3H_2O \tag{13-73}$$

② 锌单质的制备

将硫化矿粉碎、富集到含 ZnS 40%～60% 的精矿，在高温下焙烧成 ZnO：

$$2ZnS + 3O_2 \overset{\triangle}{\xlongequal{\quad}} 2ZnO + 2SO_2 \uparrow \tag{13-74}$$

所得 ZnO 和 C 加热至 1200℃ 以上：

$$ZnO + C \xrightarrow{1200℃} Zn + CO_2 \uparrow \tag{13-75}$$

或者将所得 ZnO 溶于 H_2SO_4 制成 $ZnSO_4$ 溶液，再加入 Zn 粉，置换出不活泼的 Cd^{2+}、Co^{2+}、Ni^{2+}、Cu^{2+}、Ag^+ 等杂质离子，制成纯度很高的 $ZnSO_4$ 溶液。以 Pb 作阳极，Al 作阴极进行电解，阴极上可沉析出 99.95%～99.99% 的高纯锌。

(2) 氧化锌 ZnO 和氢氧化锌 $Zn(OH)_2$

氧化锌 ZnO 是锌的唯一氧化物，为白色，可作白色颜料，俗称锌白，档次略低于钛白（TiO_2）。

氧化锌微溶于水，和 MgO 一样，在工业上可用于调节溶液的 pH。溶有痕量锌的氧化锌能发出绿色的荧光，可作荧光剂。

在锌盐溶液中加入适量的强碱，可析出氢氧化锌：

$$Zn^{2+} + 2OH^- \xlongequal{\quad} Zn(OH)_2 \downarrow \tag{13-76}$$

$Zn(OH)_2$ 是两性氢氧化物，溶于酸成为锌盐，也可以溶解在强碱中，生成锌酸盐：

$$Zn(OH)_2 + 2OH^- \xlongequal{\quad} [Zn(OH)_4]^{2-} \tag{13-77}$$

$[Zn(OH)_4]^{2-}$ 实际上是锌酸盐的水合物 $[ZnO_2]^{2-} \cdot 2H_2O$。当然 $Zn(OH)_2$ 也可以溶解在氨水中形成四氨合锌（Ⅱ）离子。

(3) 硫化锌 ZnS

在锌盐的碱性溶液中，通入 H_2S 可以得到 ZnS 沉淀。

如果晶体硫化锌中含有微量的铜和银的化合物作为活化剂，即能发射出不同颜色的荧光。将硫化锌和硫化镉混合使用，则能发生更多的不同颜色的荧光。如表 13-1 所示。

表 13-1　硫化锌涂料组成及荧光颜色

涂料组成/%	活化剂/%	荧光颜色
ZnS	0.05Cu	绿
ZnS	0.01Ag	淡蓝
ZnS(80)+CdS(20)	0.05Cu	黄
ZnS(65)+CdS(35)	0.05Cu	橙黄
ZnS(50)+CdS(50)	0.05Cu	红
ZnS(50)+CdS(50)	0.01Ag	绿黄

(4) 锌(Ⅱ) **盐**

氯化锌 $ZnCl_2$ 带有一个结晶水 $ZnCl_2 \cdot H_2O$，加热时并不失去结晶水，而易于分解：

$$ZnCl_2 \cdot H_2O \xrightarrow{\triangle} Zn(OH)Cl + HCl \tag{13-78}$$

在溶解时也呈现很强的酸性：

$$ZnCl_2 \cdot H_2O =\!=\!= [ZnCl_2(OH)]^- + H^+ \tag{13-79}$$

因此，$ZnCl_2 \cdot H_2O$ 能溶解金属表面的氧化物：

$$FeO + 2H[ZnCl_2(OH)] =\!=\!= H_2O + Fe[ZnCl_2(OH)]_2 \tag{13-80}$$

因此，在进行焊接时，常用它为焊药，可除去金属表面的氧化层，使焊接不致形成假焊。

$ZnCl_2$ 和 ZnO 的混合水溶液能迅速硬化生成 $Zn(OH)Cl$，是牙科常用的黏合剂。氯化锌还可用于印染和染料的制备上，也可以作吸水剂。

带有结晶水的硫酸锌 $ZnSO_4 \cdot 7H_2O$ 称为锌矾或皓矾。

$ZnSO_4$ 的溶液中加入 BaS 时生成 ZnS 和 $BaSO_4$ 混合沉淀物，俗称立德粉：

$$ZnSO_4 + BaS =\!=\!= ZnS \cdot BaSO_4 \downarrow \tag{13-81}$$

立德粉也是一种较好的白色颜料。

$ZnSO_4$ 和水处理剂羟基亚乙基二膦酸、氨基三亚甲基膦酸等有机膦酸联合使用，可缓和循环冷却水对钢铁设备的腐蚀。

13.2.3　镉元素及其重要化合物

(1) 镉单质的化学性质

镉是白色金属。它和其他金属可形成合金，铜中加入少量镉，可使铜坚硬，且导电性不降低。镉汞齐在加热时软化，在人体温度时却很硬，可用它来补牙。镉和铜、镁的合金可制造轴承。

镉的化学活泼性不如锌。镉在潮湿的空气中缓慢地氧化，在盐酸和硫酸中溶解也较缓慢，但不能溶在强碱溶液中。镉还可以在加热的情况下与卤素、硫直接化合。

(2) 镉的主要化合物

镉的化合物主要表现为二价，也有一价的镉化物如 Cd_2O、Cd_2Cl_2。

在空气中燃烧镉，得到棕色的氧化镉：

$$2Cd + O_2 =\!=\!= 2CdO(棕色) \tag{13-82}$$

在 250℃时加热氢氧化镉使其脱水，则得到绿黄色的氧化镉：

$$Cd(OH)_2 \xrightarrow{\triangle} CdO(绿黄色) + H_2O\uparrow \tag{13-83}$$

加热到 800℃，得到的氧化镉是蓝黑色的：

$$Cd(OH)_2 \xrightarrow{\triangle} CdO(蓝黑色) + H_2O\uparrow \tag{13-84}$$

因此不同的方法制得的氧化镉具有不同的颜色。

氢氧化镉不溶于水，氢氧化镉是两性氢氧化物。但其碱性比氢氧化锌强。可溶于酸形成镉盐。

氢氧化镉不能溶于稀、冷的碱溶液中，但在浓的强碱溶液中长时间煮沸，也可溶解。

与锌一样，氢氧化镉也可溶在氨水中，形成四氨配离子。

卤化镉与碱金属卤化物在溶液中可形成配合物，主要的形式有 $[CdX_3]^-$、$[CdX_4]^{2-}$ 和 $[CdX_6]^{4-}$。

硫酸镉和硫酸锌一样，也可以和碱金属硫酸盐形成复盐。

将 H_2S 通入镉盐溶液中，有黄色的硫化镉 CdS 析出：

$$Cd^{2+} + H_2S \Longrightarrow CdS\downarrow + 2H^+ \tag{13-85}$$

CdS 微溶于水，溶度积为 3.6×10^{-29}，比硫化锌要小，并且它不溶于稀盐酸，而溶于浓盐酸、硫酸和稀硝酸的热溶液中。

$$3CdS + 8HNO_3 \xrightarrow{\triangle} 3Cd(NO_3)_2 + 2NO\uparrow + 3S\downarrow + 4H_2O \tag{13-86}$$

黄色的硫化镉可用作颜料，俗称镉黄。在制造荧光体时，也用硫化镉。

在镉盐溶液中加入 NaCN，可得到 $Cd(CN)_2$ 白色沉淀，过量的 NaCN 又可使 $Cd(CN)_2$ 溶解：

$$Cd(CN)_2 + 2CN^- \Longrightarrow [Cd(CN)_4]^{2-} \tag{13-87}$$

上述反应产物可与 H_2S 反应，生成 CdS 沉淀：

$$[Cd(CN)_4]^{2-} + H_2S \Longrightarrow CdS\downarrow + 2CN^- + 2HCN \tag{13-88}$$

而 $[Cd(CN)_3]^{2-}$ 不与 H_2S 作用，因此可将 Cd^+ 和 Cd^{2+} 分离开来。

所有的可溶性镉盐都是有毒的，在环境监测中被列为优先污染物和优先监测对象，因此国家对排放废水中的镉含量要求很严，对各种水处理剂、食品等与大众日常生活有关的物质中的镉含量也要求很严，是必检项目之一。

13.2.4 汞元素及其重要化合物

(1) 汞单质的化学性质

汞在常温下是银白色的液体，具有挥发性。吸入汞蒸气对人体健康危害很大，会造成慢性中毒。也是环境监测中优先污染物和优先监测对象。

汞的一个特性是可溶解许多金属，如 Na、K、Ag、Au、Al、Zn、Cd、Sn、Pb 等，形成汞齐。钠汞齐与浓的氨盐溶液作用，形成铵汞齐，而铵汞齐可缓慢地分解为 NH_3 和 H_2。

金属汞齐具有强烈的还原性。

(2) 亚汞(Ⅰ) 化合物

汞的化合物中汞的氧化数通常为 +1 和 +2 价。由于汞原子的最外层上的 2 个 6s 电子很稳定，所以 Hg^+ 强烈地趋向形成二聚体，其结构式 $^+Hg:Hg^+$，简写成 Hg_2^{2+}。因此亚汞化合物一律写成 Hg_2X_2，例如硝酸亚汞写成 $Hg_2(NO_3)_2$；氯化亚汞写成 Hg_2Cl_2，而不写成 $HgNO_3$ 或 $HgCl$。

除了硝酸亚汞可溶于水外，其他大多数亚汞盐不溶于水或微溶于水。

卤化亚汞的稳定性按 $Cl \rightarrow Br \rightarrow I$ 的顺序递减。Hg_2Cl_2 在光照下会分解，而 Hg_2I_2 在常温条件下也会分解。

Hg_2Cl_2 俗称甘汞，少量甘汞无毒。化学上常用甘汞电极作为参比电极。

在 $HgCl_2$ 溶液中通入二氧化硫，或将汞与 $HgCl_2$ 一起研磨，均可得到 Hg_2Cl_2。

$$2HgCl_2 + SO_2 + 2H_2O \Longrightarrow Hg_2Cl_2 + H_2SO_4 + 2HCl \tag{13-89}$$

$$HgCl_2 + Hg \Longrightarrow Hg_2Cl_2 \tag{13-90}$$

亚汞化合物会发生歧化反应，在氨水的作用下，亚汞化合物会歧化为二价的汞化合物和汞：

$$Hg_2Cl_2 + 2NH_3 = NH_2HgCl + Hg + NH_4Cl \tag{13-91}$$

过量汞与冷的硝酸作用，得到的是硝酸亚汞而不是硝酸汞：

$$6Hg + 8HNO_3 = 3Hg_2(NO_3)_2 + 2NO\uparrow + 4H_2O \tag{13-92}$$

$Hg_2(NO_3)_2$ 易溶于水并水解形成碱式盐：

$$Hg_2(NO_3)_2 + H_2O = Hg_2(OH)NO_3 + HNO_3 \tag{13-93}$$

加热时 $Hg_2(NO_3)_2$ 会分解：

$$Hg_2(NO_3)_2 \xrightarrow{\triangle} 2HgO + 2NO_2\uparrow \tag{13-94}$$

(3) 汞(Ⅱ) 化合物

汞(Ⅱ) 的强酸盐大多是无色的或浅色的，而弱酸盐常有较深的颜色。$Hg(NO_3)_2$ 为黄色、$Hg_3(AsO_4)_2$ 为柠檬黄色。

硫酸汞、硝酸汞等易溶于水，并且易水解，因此其溶液显出强酸性。

$Hg(NO_3)_2$ 溶液中加入强碱可得到黄色的氧化汞：

$$Hg(NO_3)_2 + 2NaOH = HgO\downarrow(黄色) + 2NaNO_3 + H_2O \tag{13-95}$$

将 $Hg(NO_3)_2$ 加热，可得到红色的氧化汞：

$$2Hg(NO_3)_2 \xrightarrow{\triangle} 2HgO(红色) + 4NO_2\uparrow + O_2\uparrow \tag{13-96}$$

由于 Hg^{2+} 是 18 电子结构，其极化作用非常强，使阴离子产生很大的变形。所以，卤化汞中除了 HgF_2 是离子型化合物以外，其他卤化物均是共价化合物，因此它们在水中的电离度很低，并略有水解。当卤素离子过量时，就可形成 $[HgX_3]^-$、$[HgX_4]^{2-}$ 型的配合物。汞量法测定 Cl^- 的浓度便是根据其配合平衡而设计的：

$$Hg^{2+} + Cl^- = [HgCl]^+ \tag{13-97}$$

$$[HgCl]^+ + Cl^- = [HgCl_2] \tag{13-98}$$

$$[HgCl_2] + Cl^- = [HgCl_3]^- \tag{13-99}$$

$$[HgCl_3]^- + Cl^- = [HgCl_4]^{2-} \tag{13-100}$$

虽然存在着上述一系列平衡，产物不是固定不变的。但是，如果以 NaCl 作基准物标定 $Hg(NO_3)_2$ 标准溶液，而标定实验的条件与测定 Cl^- 浓度时实验条件尽可能地保持一致，包括基准溶液中 Cl^- 浓度与被测样品的浓度、标定 $Hg(NO_3)_2$ 时的溶液总体积与测试样品时的溶液总体积、pH、指示剂用量等，测试的结果仍然是令人满意的。这个方法的优点是不像银量法有沉淀产生影响对终点的判断，此法的产物 $HgCl_2$ 是可溶的，终点判断较准确。

汞离子与碘离子先生成沉淀：

$$Hg^{2+} + 2I^- = HgI_2\downarrow \tag{13-101}$$

当 I^- 过量时，沉淀溶解：

$$HgI_2 + 2I^- = [HgI_4]^{2-} \tag{13-102}$$

$[HgI_4]^{2-}$ 与 KOH 的混合液称为 Nessler 试剂，简称奈氏试剂。氨态氮 NH_3 或 NH_4^+ 与奈氏试剂可生成黄色到棕色的碘化氨基氧化汞沉淀。当 NH_3 或 NH_4^+ 的浓度极小时，是黄色到棕色的溶液：

$$NH_3 + 2K_2[HgI_4] + 3KOH = \left[O{\overset{Hg}{\underset{Hg}{\diagup\diagdown}}}NH_2\right]I + 7KI + 2H_2O \tag{13-103}$$

$$NH_4^+ + 2K_2[HgI_4] + 4KOH = \left[O{\overset{Hg}{\underset{Hg}{\diagup\diagdown}}}NH_2\right]I + 7KI + 3H_2O \tag{13-104}$$

可用比色法或分光光度法测定痕量的 NH_3。

硫化汞的溶度积常数非常小，为 2×10^{-49}，即使在热的浓硝酸中也不能令其溶解，它只能溶于王水：

$$3HgS+12HCl+2HNO_3 === 3[HgCl_4]^{2-}+6H^++3S\downarrow+2NO\uparrow+4H_2O \quad (13-105)$$

汞（Ⅱ）离子 Hg^{2+} 还会与过量的 NaCN 形成配离子 $[Hg(CN)_4]^{2-}$ 和 $[Hg(CN)_3]^-$。

（4）Hg_2^{2+} 与 Hg（Ⅱ）化合物的相互转化

在酸性溶液中，汞的电位图如下：

$$\varphi^\ominus(V) \quad Hg^{2+} \underline{\quad 0.920 \quad} Hg_2^{2+} \underline{\quad 0.797 \quad} Hg \quad (13-106)$$
$$\underline{\quad\quad\quad 1.229 \quad\quad\quad}$$

$\varphi^\ominus_{Hg_2^{2+}/Hg} > \varphi^\ominus_{Hg^{2+}/Hg_2^{2+}}$，在酸性溶液中，$Hg_2^{2+}$ 不会歧化为 Hg^{2+} 和 Hg，只能产生汇中反应：

$$Hg^{2+}+Hg === Hg_2^{2+} \quad (13-107)$$

由于 $\varphi^\ominus_{Hg_2^{2+}/Hg}$ 与 $\varphi^\ominus_{Hg^{2+}/Hg_2^{2+}}$ 相差不大，若在溶液中降低 Hg^{2+} 的浓度，平衡向左移动，发生歧化反应。例如加入强碱、硫化碱、碳酸钠、氰化物、碘化物等：

$$Hg_2^{2+}+2OH^- === HgO\downarrow+Hg\downarrow+H_2O \quad (13-108)$$
$$Hg_2^{2+}+S^{2-} === HgS\downarrow+Hg\downarrow \quad (13-109)$$
$$Hg_2^{2+}+CO_3^{2-} === HgO\downarrow+Hg\downarrow+CO_2 \quad (13-110)$$
$$Hg_2^{2+}+4CN^- === [Hg(CN)_4]^{2-}+Hg\downarrow \quad (13-111)$$
$$Hg_2^{2+}+4I^- === [HgI_4]^{2-}+Hg\downarrow \quad (13-112)$$

因此，Hg_2^{2+} 能否产生歧化反应，取决于实验条件的控制。当 Hg^{2+} 生成难溶性的固体或非常稳定的配合物时，Hg_2^{2+} 就能产生歧化反应。

13.2.5 镉、汞的毒性和防治

（1）镉的毒性和防治

镉的化合物主要是通过消化系统和呼吸系统进入人体，被吸收的镉 $1/3\sim1/2$ 积聚在人的动脉、肾和肝脏内。

镉能强烈地置换许多菌中的锌，从而使含锌酶失去生理活性，引起新陈代谢障碍，对肾脏危害最大，对肺部也会损伤。

其次，镉进入骨骼后可取代部分钙，引起骨质软化和使骨骼萎缩、变形，严重者会产生自然骨折，造成所谓的骨痛病。

含镉废水对人危害很大，镉污染的防治主要是处理含镉废水。处理含镉废水的方法有以下几种。

① 沉淀法

在含镉废水中，加入 NaOH 或 Na_2S 使其生成沉淀而除去：

$$Cd^{2+}+2OH^- === Cd(OH)_2\downarrow \quad (13-113)$$
$$Cd^{2+}+S^{2-} === CdS\downarrow \quad (13-114)$$

当溶液中的 Cl^- 和 CN^- 的含量也较高时，它们与 Cd^{2+} 形成配离子 $[CdCl]^+$、$[CdCN]^+$，使得 $Cd(OH)_2$ 沉淀不完全，可采用调整 pH 或加入聚丙烯酰胺等高分子絮凝剂的办法，使其沉淀凝聚而除去。

② 氧化法

冶炼厂和电镀厂排放的废水中常含有 $[Cd(CN)_4]^{2-}$ 配离子，此情况下，游离的 Cd^{2+} 浓度很低，沉淀法不能去除镉。但可加入漂白粉，使 CN^- 氧化，转化为 CO_3^{2-} 和 N_2，然后再用沉淀法除去 Cd^{2+}。

$$Ca(OCl)_2+2H_2O === 2HOCl+Ca(OH)_2 \quad (13-115)$$
$$2CN^-+5OCl^-+2OH^- === 2CO_3^{2-}+N_2\uparrow+5Cl^-+H_2O \quad (13-116)$$

用此法可使镉的含量小于 $0.1mg \cdot L^{-1}$，达到国家规定的排放标准。

(2) 汞的毒性和防治

汞蒸气危害人体健康，汞的化合物也可以对人类造成损害。汞蒸气具有高扩散性和脂溶性，进入血液后，可被氧化为汞离子，蓄积在脑组织中对脑组织造成损害。空气中汞的最大允许量为 $0.1mg \cdot L^{-1}$。

可溶性无机汞化合物主要是汞（Ⅱ）的化合物，对肠胃、肾脏、肝脏损伤最大。由于汞离子和巯基（—SH）亲和力较大，因此，Hg^{2+} 可与菌的蛋白质巯基结合，干扰菌的活性，使新陈代谢发生障碍。

有机汞以烷基汞如甲基汞毒性最大，甲基汞 $[Hg(CH_3)_2]^+$ 亲脂性极强，穿透细胞壁的能力远远大于其他汞的化合物，因此它的毒性也远远地大于其他汞化合物。

厌氧菌能使无机汞甲基化，水中的甲基汞可在浮游生物体内富集，甲基汞被鱼类摄入而使鱼体内甲基汞的含量远远大于水中的甲基汞含量，甚至可达数千倍乃至数万倍。人吃了这种鱼就会引起汞中毒，症状有语言困难、听觉障碍、手足麻木、动作失调、皮肤溃烂、发抖和精神失常。由于这一现象是 1952 年日本水俣地区首次发生的重大水污染引起的中毒事件，所以这些病症统称为水俣病。

汞污染的防治可分为废气中汞的处理和水体中汞的处理。

① 废气中汞的处理

除去废气中的汞有两种方法。

用 $H_2SO_4 + KMnO_4$ 溶液吸收含汞废气，使之成为 HgO 沉淀：

$$2H_2SO_4 + 4KMnO_4 = 4MnO_2 + 2K_2SO_4 + 3O_2\uparrow + 2H_2O \qquad (13\text{-}117)$$

$$2Hg + O_2 = 2HgO \qquad (13\text{-}118)$$

$$HgO + H_2SO_4 = HgSO_4 + H_2O \qquad (13\text{-}119)$$

$$HgSO_4 + 2NaOH = HgO\downarrow + Na_2SO_4 + H_2O \qquad (13\text{-}120)$$

其次也可以用 $KI + I_2$ 溶液通过喷淋使废气中的汞生成配合物：

$$Hg + I_2 = HgI_2\downarrow \qquad (13\text{-}121)$$

$$HgI_2 + 2KI = K_2[HgI_4] \qquad (13\text{-}122)$$

② 废水中汞的处理

处理废水中的汞的方法有下列三种。

对于含汞量小于 $70mg \cdot L^{-1}$ 的废水，可用 $SnCl_2$ 溶液还原 Hg^{2+} 为 Hg，使 Hg 沉淀。

$$Hg^{2+} + Sn^{2+} = Hg\downarrow + Sn^{4+} \qquad (13\text{-}123)$$

对于汞含量小于 0.1% 的强酸性废水，可用铁屑进行处理。

$$Fe + 2H^+ = Fe^{2+} + H_2\uparrow \qquad (13\text{-}124)$$

$$Hg^{2+} + Fe = Hg\downarrow + Fe^{2+} \qquad (13\text{-}125)$$

$$Hg^{2+} + H_2 = Hg\downarrow + 2H^+ \qquad (13\text{-}126)$$

对于 $HgSO_4$ 含量为 $1\sim400mg \cdot L^{-1}$（以汞计）的废水，也可用工业废料进行处理；

$$Hg^{2+} + Cu = Hg\downarrow + Cu^{2+} \qquad (13\text{-}127)$$

经过三组铜屑、一组铝屑过滤置换，可使流出液中汞含量降至 $0.05mg \cdot L^{-1}$ 以下，并且汞的回收率可达 99%。

【扩展知识】

生物体中的金属离子

在生物体中含有多种元素（包括金属离子），从不同的角度可以对这些元素进行不同的分类。如按其在生物体中含量的多少，可以分为宏量、微量和超微量（痕量）金属元素；若按其对生物体的作用来分，则可以分为生物必需元素和有毒元素。不同金属离子在生物体中的存在方式不一样，其中有些金属离子必须与某些特定的生物分子固定或相对固定地结合在一起才能发挥特定的功能，如金属酶、金属蛋白中的金属离子；而有些金属离子在生物体中以无机盐的形式存在，主要是起到平衡电荷、平衡渗透压等作用，如 Na^+、K^+ 等。

生物必需元素又称生命元素，是维持生物体生存所必需的元素，缺少会导致严重病态甚至死亡。生物必需元素按其在生物体内的含量来分可以分为：①宏量结构元素，包括 H、O、C、N、P、S；②宏量矿物元素，主要有 Na、K、Mg、Ca、Al 等元素；③微量金属元素，包括 Zn、Cu、Fe 等；④超微量金属元素，包括 F、I、Se、Si 等。有毒元素是指那些存在于生物体内影响正常的代谢和生理功能的元素。明显有害的元素有 Cd、Hg、Pb、Tl、As、Se、Te、Cr 等，其中 Cd、Hg、Pb 为剧毒元素。值得注意的是，同一元素往往既是必需元素，又是有毒元素，关键是看其含量是否合适，太少可能引起某些疾病或不正常，太多则可能引起中毒，如适量的 Cd、Pb、Cr 对生命体来说是必需的，但若摄入过量就会发生中毒。

金属酶是指必须有金属离子参与才有活性的酶，它们在各种重要的生化过程中完成专一的生化功能。生物体中约有三分之一的酶需要有金属离子参与才能显示活性。金属酶实际上是一种生物催化剂，它们使生物体内一系列复杂的化学反应可以在常温常压中性介质条件下顺利地完成。金属酶根据其所催化的反应不同，可以分为氧化还原酶、水解酶、异构化酶、裂解酶、转移酶和连接酶（也称合成酶）六种。金属离子与蛋白质形成的配合物，其主要作用是催化某个生化过程，完成生物体内诸如电子传递之类特定的生理功能，这类生物活性物质称为金属蛋白。下面分别介绍几种在生物体中含量较高的金属酶和金属蛋白。

（1）含铁氧载体、含铁蛋白和含铁酶

氧载体是生物体内一类含金属离子的生物大分子配合物，可以与分子氧进行可逆的配位结合，其功能是储存或运送氧分子到生物组织内需要氧的地方。目前，已经知道的天然氧载体有血红蛋白、肌红蛋白、蚯蚓血红蛋白、血蓝蛋白和血钒蛋白。其中，前 3 种为含铁氧载体，血蓝蛋白是含铜蛋白，血钒蛋白是主要存在于海鞘血球中的一类氧载体，目前知道得还很少。

在生物体内，血红蛋白起着运输氧的作用，肌红蛋白起着储存氧的作用。血红素是指铁与卟啉衍生物形成的配合物的总称。以血红素为辅基的蛋白被称为血红素蛋白。血红蛋白、肌红蛋白没有结合氧分子的状态称为脱氧血红蛋白、脱氧肌红蛋白；结合了氧分子的状态称为氧合血红蛋白、氧合肌红蛋白。脱氧状态下血红素铁为五配位的二价铁，留一个空位用于结合氧分子。实验结果表明，血红素铁只有在还原态的二价状态下才有结合氧分子的能力。含有铁的金属蛋白还有细胞色素 c 等。细胞色素是指存在于细胞、微生物中含有血红素辅基的一类电子传递蛋白。细胞色素类蛋白有多种类型，其中研究最多的是细胞色素 c、细胞色素 b5 等。

此外，生物体中还有含铁的金属酶，能催化多种反应，在物质的代谢等过程中起着非常重要的作用，如细胞色素 P-450 等。

（2）锌酶

在生物体内锌离子的含量仅次于铁。锌离子具有良好的溶解性，是良好的路易斯酸，本身没有氧化还原活性，而且毒性低。因此，锌在生物体内的分布和作用范围很广，它也存在于上述六种金属酶中。在这些金属酶中，锌一般都位于其活性中心，但是有的直接参与酶的催化反应，有的却只是起到稳定结构等其他作用。研究最多的含锌酶主要有碳酸酐酶、羧肽酶、碱性磷酸酯酶等。

（3）铜蛋白和铜酶

含铜的金属蛋白和金属酶也广泛存在于生物体中。铜与铁一样也具有可变化合价，在生物体内可以参与电子传递、氧化还原等一系列过程。一般根据铜蛋白和铜酶中所含铜的谱学性质的不同，可以将其分为三种类型：Ⅰ型铜、Ⅱ型铜和Ⅲ型铜。所谓Ⅰ型铜，是指在 600nm 附近有非常强的吸收，而且其超精细偶合常数很小的铜蛋白中所含的铜，如质体蓝素、阿祖林等，只含有Ⅰ型铜的蛋白在生物体中都起着电子传递的作用；具有与一般铜配合物相似的吸收系数和超精细偶合常数的铜蛋白中所含的铜为Ⅱ型铜，如铜锌超氧化物歧化酶、半乳糖氧化酶等；将同时含有 2 个铜离子之间有反铁磁性相互作用，并在 350nm 附近有强吸收峰的铜称为Ⅲ型铜，如血蓝蛋白等。

Fe、Cu、Zn 作为微量必需元素在生物体内不但含量较多，而且分布也较广，它们以不同的方式在生物体中都起着不同的作用。除此以外，还有一些其他的金属元素在生物体内尽管含量不高，但是同样也起着重要的作用，如钼、钴等。

习　　题

13-1　从 1t 含 0.5％ Ag_2S 的铅锌矿中可提炼得到多少克银？假设银的回收率为 90％。

13-2　在电解法精炼铜的过程中，为什么银、金会生成阳极泥？而锌、铁会留在溶液中不沉积？欲达到上述目标，阴阳极的电位差应保持在什么范围内？

13-3　完成并配平下列化学反应方程式。

(1) $Ag_2S + HNO_3$（浓）$\longrightarrow$

(2) $Zn + HNO_3$（很稀）$\longrightarrow$

(3) $Hg(NO_3)_2 + NaOH \longrightarrow$

(4) $Hg_2^{2+} + H_2S \xrightarrow{\text{光}}$

(5) $Hg^{2+} + I^-$（过量）$\longrightarrow$

(6) $HgS + HCl + HNO_3 \longrightarrow$

(7) $Cu^{2+} + I^- \longrightarrow$

(8) $Zn + CO_2 \longrightarrow$

(9) $Cu + NaCN + H_2O + O_2 \longrightarrow$

(10) $AgCl + Na_2S_2O_3 \longrightarrow$

13-4　某一化合物 A 溶于水得一浅蓝色溶液。在 A 中加入 NaOH 得蓝色沉淀 B。B 溶于 HCl，也溶于氨水。A 中通入 H_2S 得黑色沉淀 C。C 难溶于 HCl 而溶于热的浓 HNO_3。在 A 中加入 $BaCl_2$ 无沉淀产生，加入 $AgNO_3$ 有白色沉淀 D 产生，D 溶于氨水。试判断 A、B、C、D 各为何物，并写出相关反应的方程式。

13-5　在混合溶液中有 Ag^+、Cu^{2+}、Zn^{2+} 和 Hg^{2+} 四种正离子，如何鉴定它们的存在并将其分离？

13-6　在 Ag^+ 溶液中，先加入少量 $Cr_2O_7^{2-}$，再加适量 Cl^-，最后加足量 $S_2O_3^{2-}$，估计每加一次试剂会出现什么现象？写出各步反应方程式。

13-7　有一无色溶液 A 有下列反应：(1) 加氨水生成白色沉淀；(2) 加 NaOH 则有黄色沉淀产生；(3) 若滴加 KI 溶液，先析出橘红色沉淀，当 KI 过量时，橘红色沉淀消失；(4) 加入数滴 Hg，振荡后 Hg 逐渐消失。在此溶液中再加入氨水，得到灰黑色沉淀。问 A 为何种盐类？写出各有关化学反应的方程式。

13-8　完成并配平下列反应的化学方程式。

(1) $HgCl_2 + SnCl_2 \longrightarrow$

(2) $Hg_2(NO_3)_2 + HNO_3$（浓）$\longrightarrow$

(3) $Hg + HNO_3$（浓）$\longrightarrow$

(4) $HgS + HNO_3$（浓）$+ HCl \longrightarrow$

13-9　在盐酸溶液中，$K_2Cr_2O_7$ 能把汞氧化为一价化合物或二价化合物。1.00g 的汞化合物刚好和浓度为 $0.100mol \cdot L^{-1}$ 的 $K_2Cr_2O_7$ 溶液 50.0mL 完全作用，所用的汞化合物是一价化合物还是二价化合物或是其混合物？用什么方法来检验你的结论？

13-10　草酸汞不溶于水，但加入 Cl^- 的溶液即溶解，为什么？

第14章 f区元素

通常将最后一个电子填充入 $(n-2)$f 亚层的元素称为 f 区元素,包括了元素周期表中第六周期的镧系元素和第七周期的锕系元素。按照定义,镧系元素应包含从第 58 号元素铈至第 71 号元素镥共十四种元素。而锕系元素应包含从第 90 号元素钍至第 103 号元素铹共十四种元素。考虑到元素的化学、物理性质的连续性和相似性,习惯上仍然将第 57 号镧归入镧系元素,将第 89 号元素锕算入锕系元素。所以,镧系元素一共有十五种,用通式 Ln 代表;锕系元素一共也是十五种,用通式 An 表示。

14.1 镧 系 元 素

14.1.1 镧系元素概论

(1) 镧系元素简介

镧系元素中钷是具有放射性的人工合成元素,其余元素过去曾认为含量稀少,而且性质相似,在矿物中共生难以分离,和钪与钇一起通称为稀土(rare earths)元素。但现在发现它们在地壳中的丰度并不低(见表 14-1),和一些常见金属元素如锌 Zn (4.0×10^{-5})、铅 Pb (1.6×10^{-5})、铍 Be (6.0×10^{-6})、银 Ag (1.0×10^{-7})的含量差不多。我国具有丰富的稀土矿业资源,其用途十分广泛(详见扩展知识)。

表 14-1 镧系元素的一些性质

元素名称	价电子构型	Ln^{3+} 价电子构型	氧化数[①]	地壳中的丰度/($\times 10^{-6}$)
镧 La	$5d^1 6s^2$	$4f^0$	+3	18.3
铈 Ce	$4f^1 5d^1 6s^2$	$4f^1$	+3、+4	46.1
镨 Pr	$4f^3 6s^2$	$4f^2$	+3、(+4)	5.53
钕 Nd	$4f^4 6s^2$	$4f^3$	+3、(+2)	23.9
钷 Pm	$4f^5 6s^2$	$4f^4$	+3、(+2)	—
钐 Sm	$4f^6 6s^2$	$4f^5$	+3、(+2)	6.47
铕 Eu	$4f^7 6s^2$	$4f^6$	+2、+3	1.06
钆 Gd	$4f^7 5d^1 6s^2$	$4f^7$	+3	6.36
铽 Tb	$4f^9 6s^2$	$4f^8$	+3、(+4)	0.91
镝 Dy	$4f^{10} 6s^2$	$4f^9$	+3、(+4)	4.47
钬 Ho	$4f^{11} 6s^2$	$4f^{10}$	+3	1.15
铒 Er	$4f^{12} 6s^2$	$4f^{11}$	+3	2.47
铥 Tm	$4f^{13} 6s^2$	$4f^{12}$	+3、(+2)	0.20
镱 Yb	$4f^{14} 6s^2$	$4f^{13}$	+2、+3	2.66
镥 Lu	$4f^{14} 5d^1 6s^2$	$4f^{14}$	+3	0.75

① 第一个为主要的、最稳定的氧化数,括号内为不常见的氧化数。

镧系元素的最后一个价电子都应该填充在 $(n-2)$f 层上,但由于 4f 和 5d 能级能量很接近,再加上半满态、全满态(全空态)等规律的共同作用,产生了不少例外。比如镧的最后一个价电子是填充在 5d 轨道上的,形成了 $5d^1 6s^2$ 的价电子构型;铈的最后一个电子又填充入 4f 轨道,形成了 $4f^1 5d^1 6s^2$ 的价电子构型;钆的价电子构型按照规律应该排为 $4f^8 6s^2$,但实际上由于 4f 的半满态比较稳定,最后排布为 $4f^7 5d^1 6s^2$。

镧系元素的金属性比较强，容易失去电子，是强还原剂。还原性仅次于碱金属和碱土金属，一般要保存在煤油中，以免和空气、水蒸气接触。

镧系元素的主要氧化数是+3，因此从镧到镥，Ln^{3+}价层电子构型分别为$4f^0 \sim 4f^{14}$，很有规律性。

除此以外，某些镧系元素也具有可变的氧化数，比如铈由于一共只有四个价层电子，容易全部失去形成4f轨道全空的Ce(Ⅳ)。而Eu^{2+}和Yb^{2+}的形成，分别符合4f轨道半满和全满较稳定的规律。镧系元素化合物的氧化数见表14-1。

(2) 镧系收缩

镧系元素很多特性都与填充在倒数$(n-2)$层的f电子有关，造成的一个结果就是镧系收缩。

对于同周期的主族元素，随着原子序数的增加，原（离）子半径是明显减小的。

对于d区元素，由于价电子填充在$(n-1)$层d轨道上，内层轨道上的电子有较大的屏蔽效应，使有效核电荷数Z^*增加有所减缓，原（离）子半径的变化趋势就不是那么显著。

对于镧系元素来说，随着原子序数的增加，增加的电子分布在$(n-2)$层的4f轨道上，对外层电子的屏蔽作用更大，原子和离子半径的减小则更加缓慢，如表14-2所示。这就造成了镧系相邻元素的原子和离子半径非常接近，性质也非常相似。

表14-2 镧系元素的原子和离子半径   单位：pm

符号	La	Ce	Pr	Nd	Pm	Sm	Eu	Gd	Tb	Dy	Ho	Er	Tm	Yb	Lu
原子半径	187	183	182	181	181	180	199	179	176	175	174	173	173	194	172
Ln^{3+}半径	117	115	113	112	111	110	109	108	106	105	104	103	102	101	100

虽然镧系元素的半径收缩缓慢，但是十五个元素的原子半径的相差积累在一起还是不小的。从镧到镥达15pm，因此造成的另外一个后果就是紧接镧以后的其他第六周期元素半径与同族的第五周期元素半径相比差别不大，比如同为ⅣB族的第六周期元素铪Hf原子半径为156pm，而第五周期的锆Zr为159nm，半径接近并有所减小，理化性质则非常相似。类似的情况还发生在钽(Ta)-铌(Nb)和钨(W)-钼(Mo)。因此，在自然界它们常共生于同一矿床中，分离也比较困难。

(3) 离子的颜色

多数镧系元素的4f层电子未全满，多数镧系元素的离子具有颜色。4f轨道接近或达到全空、半满和全满时，电子比较稳定，不容易被光激发，因此La^{3+}、Gd^{3+}、Lu^{3+}等离子是无色的。如表14-3所示。

表14-3 Ln^{3+}在晶体或者水中的颜色

离子	La^{3+}	Ce^{3+}	Pr^{3+}	Nd^{3+}	Pm^{3+}	Sm^{3+}	Eu^{3+}	Gd^{3+}	Tb^{3+}	Dy^{3+}	Ho^{3+}	Er^{3+}	Tm^{3+}	Yb^{3+}	Lu^{3+}
4f电子数	0	1	2	3	4	5	6	7	8	9	10	11	12	13	14
颜色	无	无	黄绿	红紫	粉红	淡黄	浅粉红	无	浅粉红	淡黄绿	淡黄	淡红	淡绿	无	无

14.1.2 镧系元素的重要化合物

(1) 镧系元素的氧化物和氢氧化物

① Ln(Ⅲ)氧化物和氢氧化物

镧系元素均可形成通式为Ln_2O_3的氧化物，其颜色符合Ln^{3+}离子颜色的一般规律，熔点很高，在2000℃以上。如表14-4所示。

表 14-4　Ln₂O₃ 的一些性质

表 14-4　Ln_2O_3 的一些性质

Ln₂O₃	颜 色	熔点/℃	晶 型	Ln₂O₃	颜 色	熔点/℃	晶 型
La₂O₃	白	2300	六方晶格	Tb₂O₃	白	2390	单斜、立方晶格
Ce₂O₃	白	—	六方晶格	Dy₂O₃	白	2391	单斜、立方晶格
Pr₂O₃	黄绿	2296	六方晶格	Ho₂O₃	淡绿	2396	单斜、立方晶格
Nd₂O₃	淡蓝	2310	六方晶格	Er₂O₃	玫瑰红	2400	单斜、立方晶格
Pm₂O₃	紫	—	—	Tm₂O₃	淡绿	—	单斜、立方晶格
Sm₂O₃	淡黄	2320	单斜晶格	Yb₂O₃	白	2411	单斜、立方晶格
Eu₂O₃	淡玫瑰	2330	单斜、立方晶格	Lu₂O₃	白	—	单斜、立方晶格
Gd₂O₃	白	2395	单斜、立方晶格				

Ln_2O_3 具有碱性，难溶于水而溶于酸。其碱性强度按原子序数增加而递减。从 La^{3+} 到 Lu^{3+}，形成氢氧化物沉淀的初始 pH 值从 7.8 降至 6.3。Ln_2O_3 与空气中的 CO_2 生成碱式碳酸盐：

$$Ln_2O_3 + 2CO_2 + H_2O \Longrightarrow 2Ln(OH)CO_3 \tag{14-1}$$

Ln_2O_3 溶解于不同的酸，可制备镧系元素不同的盐。

Ln^{3+} 水溶液加入氢氧化钠或氨水得到氢氧化物沉淀，通式为 $Ln(OH)_3$。其溶解度、碱性比 $Ca(OH)_2$ 弱，比 $Al(OH)_3$ 强。其溶度积 K_{sp} 随着原子序数的增加而递减，如表 14-5 所示。

表 14-5　$Ln(OH)_3$ 的一些性质

Ln(OH)₃	颜 色	开始沉淀 pH	Ksp	Ln(OH)₃	颜 色	开始沉淀 pH	Ksp
La(OH)₃	白	7.82	1.0×10⁻¹⁹	Tb(OH)₃	白	—	2.0×10⁻²²
Ce(OH)₃	白	7.62	1.5×10⁻²⁰	Dy(OH)₃	黄	—	1.4×10⁻²²
Pr(OH)₃	浅绿	7.35	1.9×10⁻²¹	Ho(OH)₃	黄	—	5.0×10⁻²³
Nd(OH)₃	紫红	7.31	2.7×10⁻²²	Er(OH)₃	浅红	6.76	1.3×10⁻²³
Sm(OH)₃	黄	6.92	6.8×10⁻²²	Tm(OH)₃	绿	6.40	3.3×10⁻²⁴
Eu(OH)₃	白	6.91	3.4×10⁻²²	Yb(OH)₃	白	6.30	2.9×10⁻²⁴
Gd(OH)₃	白	6.84	2.1×10⁻²²	Lu(OH)₃	白	6.30	2.5×10⁻²⁴

氢氧化物加热脱水，可得到相应的氧化物。当温度高于 200℃ 时，$Ln(OH)_3$ 水解和失去 1mol 水，生成 $LnO(OH)$：

$$Ln(OH)_3 \Longrightarrow LnO(OH) + H_2O \uparrow \tag{14-2}$$

大多数 $Ln(OH)_3$ 都较稳定，但氢氧化铈 $Ce(OH)_3$ 却很不稳定，在常温下就可被空气氧化，沉淀的颜色由白→蓝→紫变化，最后变为黄色的 $Ce(OH)_4$：

$$4Ce(OH)_3 + O_2 + 2H_2O \Longrightarrow 4Ce(OH)_4（黄色） \tag{14-3}$$

$Ce(OH)_4$ 碱性远小于 $Ce(OH)_3$，因此，在 5% 的稀硝酸溶液中，所有的 $Ln(OH)_3$ 全部溶解，生成 Ln^{3+}，只有 $Ce(OH)_4$ 不溶解，可用此法分离铈与其他稀土元素。

将混合的镧系元素制成 $Ln(OH)_3$ 沉淀，在空气中放置一段时间，$Ce(OH)_3 \longrightarrow Ce(OH)_4$。加浓硝酸，使所有的氢氧化物溶解。再滴加氨水，当 pH=0.8～2 时，$Ce(OH)_4$ 沉淀完全，而其他镧系元素 Ln^{3+} 仍留在溶液中。多次重复上述重结晶过程，$Ce(OH)_4$ 纯度可达 99.8%。

② Ln(Ⅳ) 氧化物和氢氧化物

镧系元素中，铈（Ce）、镨（Pr）、钕（Nd）、铽（Tb）、镝（Dy）都能形成 LnO_2 和 $Ln(OH)_4$，$Ln(Ⅳ)$ 氧化物和氢氧化物都具有较强的氧化性，如 CeO_2、PrO_2、Tb_4O_7 等：

$$2CeO_2 + H_2O_2 + 6HNO_3 = 2Ce(NO_3)_3 + O_2\uparrow + 4H_2O \qquad (14\text{-}4)$$

$$2CeO_2 + 2KI + 8HCl = 2CeCl_3 + I_2 + 2KCl + 4H_2O \qquad (14\text{-}5)$$

$$2PrO_2 + 8HCl = 2PrCl_3 + Cl_2\uparrow + 4H_2O \qquad (14\text{-}6)$$

$$2Tb_4O_7 + 24HCl = 8TbCl_3 + O_2\uparrow + 12H_2O \qquad (14\text{-}7)$$

Ce^{4+} 能稳定存在于水溶液中，其余的 $Ln(\text{IV})$ 氧化物和氢氧化物在溶解时便会还原：

$$4PrO_2 + 6H_2O = 4Pr(OH)_3 + O_2\uparrow \qquad (14\text{-}8)$$

$$4TbO_2 + 6H_2O = 4Tb(OH)_3 + O_2\uparrow \qquad (14\text{-}9)$$

新生成的含水的铈氧化物 $CeO_2\cdot 2H_2O$ 易溶于酸，灼烧后的 CeO_2 则惰性很强，不溶于强酸和强碱。

(2) Ln(Ⅱ) 氢氧化物及盐

$Ln(\text{II})$ 氢氧化物主要有 $Eu(OH)_2$（黄色）、$Sm(OH)_2$（绿色）、$Yb(OH)_2$（淡黄色），$Ln(\text{II})$ 的氢氧化物均不稳定，极易被空气氧化成 $Ln(OH)_3$。

$Ln(\text{II})$ 的其他化合物主要是氯化物 $SmCl_2$（红褐色）、$EuCl_2$（白色）、$YbCl_2$（草黄色）。$Ln(\text{II})$ 的氯化物也极不稳定，氧化性极弱的水和 HCl 都可以氧化它们：

$$2Sm^{2+} + 2H_2O = 2Sm^{3+} + 2OH^- + H_2\uparrow \qquad (14\text{-}10)$$

$$2Yb^{2+} + 2H^+ = 2Yb^{3+} + H_2\uparrow \qquad (14\text{-}11)$$

而 Eu^{3+} 则在氧气存在下，才会被氧化：

$$4Eu^{2+} + 4H^+ + O_2 = 4Eu^{3+} + 2H_2O \qquad (14\text{-}12)$$

(3) Ln(Ⅲ) 盐

$Ln(\text{III})$ 的盐主要有可溶性的氯化物、硫酸盐、硝酸盐以及不溶性的氟化物、草酸盐、碳酸盐和正磷酸盐等。

氯化物、硫酸盐、硝酸盐的制备方法是将相应的氧化物分别与盐酸、稀硫酸或硝酸作用。

① 氯化物

镧系元素氯化物以 $LnCl_3$ 为主，$LnCl_3$ 溶于水、易潮解。所以 $LnCl_3$ 一般带有六个结晶水 $LnCl_3\cdot 6H_2O$，而且一般性地加热也不会得到无水 $LnCl_3$：

$$LnCl_3\cdot 6H_2O \xrightarrow{\triangle} LnOCl + 2HCl\uparrow + 5H_2O\uparrow \qquad (14\text{-}13)$$

如果在干燥的 HCl 气流中加热，可得到无水 $LnCl_3$：

$$LnCl_3\cdot 6H_2O \xrightarrow{\triangle} LnCl_3 + 6H_2O\uparrow \qquad (14\text{-}14)$$

Ln_2O_3 与 NH_4Cl 固体共热至300℃以上，也可得到无水 $LnCl_3$：

$$Ln_2O_3 + 6NH_4Cl \xrightarrow{300℃} 2LnCl_3 + 6NH_3\uparrow + 3H_2O\uparrow \qquad (14\text{-}15)$$

② 硫酸盐

镧系元素硫酸盐有 $Ln(\text{III})$ 硫酸盐和 $Ln(\text{IV})$ 硫酸盐两类。

$Ln(\text{III})$ 硫酸盐中除了硫酸铈是九水合物 $Ce_2(SO_4)_3\cdot 9H_2O$ 以外，其余镧系元素硫酸盐都是八水合物 $Ln_2(SO_4)_3\cdot 8H_2O$。

$Ln(\text{III})$ 硫酸盐都易溶于水。往 $Ln(\text{III})$ 硫酸盐溶液中加入硫酸铵、硫酸钠或硫酸钾时，生成复盐 $Ln_2(SO_4)_3\cdot M_2SO_4\cdot 2H_2O$（$M = NH_4^+$、$Na^+$ 或 K^+）。复盐的溶解度随着镧系元素原子序数的增大而减少。

根据复盐溶解度的大小，可将镧系元素分为三组。

难溶组（又称铈组）：包括 La、Ce、Pr、Nd 和 Sm 的硫酸盐。

微溶组（又称铽组）：包括 Eu、Gd 和 Tb 的硫酸盐。

易溶组（又称钇组）：包括 Dy、Ho、Er、Tm、Yb 和 Lu 的硫酸盐。

利用这种复盐溶解性的差别，可以粗略地预分离稀土元素。

③ 硝酸盐

$Ln(Ⅲ)$ 的硝酸盐 $Ln(NO_3)_3$ 均易溶于水，由溶液中沉析出的硝酸盐是六水合物。加热时分解为碱式盐：

$$2Ln(NO_3)_3 \xrightarrow{\triangle} 2LnO(NO_3)+4NO_2+O_2\uparrow \qquad (14-16)$$

加热至高温：

$$4LnO(NO_3) \xrightarrow{\triangle} 2Ln_2O_3+4NO_2+O_2\uparrow \qquad (14-17)$$

$Ln(NO_3)_3$ 也能溶解于乙醚、乙醇和丙酮等有机溶剂中，利用这些性质并借助溶剂萃取法可把镧系元素和其他元素分开。

水中磷含量过高会造成水的富营养化，使水体污染。在含磷污水中加入 $La(NO_3)_3$，在 $pH\approx6.0$ 时，可清除 98.0% 的磷酸盐；$pH\approx8.0$ 时，可清除 99.9% 的磷酸盐。

④ 草酸盐

将 $H_2C_2O_4\cdot2H_2O$ 晶体加入 Ln^{3+} 溶液，可得到镧系元素的草酸盐：

$$2Ln^{3+}+3H_2C_2O_4+nH_2O === Ln_2(C_2O_4)_3\cdot nH_2O\downarrow+6H^+ \qquad (14-18)$$

其中 $n=10$ 或 6、7、9、11 等。

$Ln(Ⅲ)$ 的草酸盐均难溶于水，也难溶于稀的无机酸中。利用这些性质也可把镧系元素和其他元素分开。

$Ln_2(C_2O_4)_3\cdot nH_2O$ 加热至 $40\sim800℃$ 时，逐步分解过程和碱土金属草酸盐相近：

$$Ln_2(C_2O_4)_3\cdot nH_2O === Ln_2(C_2O_4)_3+nH_2O\uparrow \qquad (14-19)$$

$$Ln_2(C_2O_4)_3 === Ln_2(CO_3)_3+3CO\uparrow \qquad (14-20)$$

$$Ln_2(CO_3)_3 === Ln_2O(CO_3)_2+CO_2\uparrow \qquad (14-21)$$

$$Ln_2O(CO_3)_2 === Ln_2O_3+2CO_2\uparrow \qquad (14-22)$$

(4) Ln(Ⅳ) 盐

在 $Ln(Ⅳ)$ 的化合物中，以 $Ce(Ⅳ)$ 较为稳定，$Ce(SO_4)_2$ 在水酸性溶液中是强的氧化剂，可用于氧化还原滴定，称为铈量法，例如用铈量法测定二价铁含量的反应方程式为：

$$Ce^{4+}+Fe^{2+} === Ce^{3+}+Fe^{3+} \qquad (14-23)$$

(5) 镧系元素的配合物

由于镧系元素离子的半径较大，配位数一般较高。d 区元素最高配位数一般为 6，镧系元素形成的配合物中，配位数以 8 为最多见，最高可达 12。

镧系元素的配合物，晶体场稳定化能都比较小，大约为 $-4kJ\cdot mol^{-1}$，绝对值远远小于 d 区元素的晶体场稳定化能。因此镧系元素的配合物以静电作用力为主，键的方向性不强，配位数不固定，变化范围广，配位数从 $3\sim12$ 均有可能。

镧系元素的单齿配体配合物远远不如 d 区元素稳定，但能形成一些稳定的螯合物，对于分析或者分离都很有用途，比如与 EDTA 形成的螯合物常用作镧系元素的滴定分析。

14.1.3 镧系元素的分离

分离镧系元素是一件复杂而又艰难的工作。分离的方法主要有液-液萃取法和离子交换等法（原理和详细内容将在第 15 章中详述）。

14.2 锕系元素

14.2.1 锕系元素概论

锕系元素都具有放射性，多通过人工合成得到，其中自 92 号铀元素以后都称为超铀元素，其一些基本性质见表 14-6。锕系元素的最后一个电子应该填充在 5f 轨道上，但由于电子轨道能级交错的复杂性，实际的排列多有例外。

表 14-6　锕系元素的一些性质

元素	主要氧化数[①]	离子类型及水溶液颜色	原子半径/pm	An^{3+} 半径/pm
锕(Ac)	+3	M^{3+}(无色)	188	126
钍(Th)	+4、+3	M^{4+}(无色)	180	108[②]
镤(Pa)	+5、+4、+3	M^{4+}(无色) MO_2^+(无色)	161	118
铀(U)	+6、+5、+4、+3	M^{3+}(浅红) M^{4+}(绿色) MO_2^{2+}(黄色)	138	117
镎(Np)	+5、+6、+4、+3、(+7)	M^{3+}(紫色) M^{4+}(黄绿) MO_2^+(绿色) MO_2^{2+}(粉红)	130	115
钚(Pu)	+4、+6、+5、+3、(+7)	M^{3+}(蓝紫) M^{4+}(黄褐) MO_2^+(红紫) MO_2^{2+}(黄橙)	173	114
镅(Am)	+3、+4、+5、+6	M^{3+}(粉红) M^{4+}(粉红) MO_2^+(黄色) MO_2^{2+}(浅棕)	173	112
锔(Cm)	+3、+4	—	174	111
锫(Bk)	+3、+4	—	170	110
锎(Cf)	+3、+2、+4	—	169	109
锿(Es)	+3、+2	—	169	—
镄(Fm)	+3、+2	—	194	—
钔(Md)	+3、+2	—	194	—
锘(No)	+3、+2	—	174	—
铹(Lr)	+3	—	171	—

① 第一个为主要的、最稳定的氧化数，括号内的氧化数只存在固体中。
② Th^{4+} 半径。

由于锕系元素最后一个电子填充在倒数第三层的 5f 轨道上，因此锕系元素的性质和镧系一样，有很多特点，比如也存在锕系收缩的现象，锕系元素原子和离子半径相差不大，性质也有相似的地方。

锕系元素金属性强，性质活泼，具有强还原性，易与氧、卤素和酸反应形成相应的化合物，多用电解熔融盐的方法来制备单质。锕系元素的离子也大多具有颜色。

多数锕系元素的特征氧化数为+3，其中钍的特征氧化数为+4，U 的特征氧化数为+6。

锕系元素都具有放射性，是其与镧系最主要的差别之一，除了在核工业上的应用以外，因为对其探测追踪十分方便，在免疫医学、考古纪年和地质探测方面也有重要的应用。

14.2.2　锕系元素的重要化合物

(1) 钍 Th 的化合物

① 氧化物

ThO_2 是钍唯一较稳定的氧化物，呈白色粉末状。

高温煅烧 $Th(OH)_4$、$Th(NO_3)_4$、$Th(C_2O_4)_2$ 均可获得 ThO_2：

$$Th(C_2O_4)_2 \longrightarrow ThO_2 + 2CO_2\uparrow + 2CO\uparrow \tag{14-24}$$

ThO_2 是碱性氧化物，不溶于水也不溶于碱溶液。由式(14-24)制备 ThO_2 时，若煅烧

温度 $T<600℃$，所得 ThO_2 可溶于盐酸；$T>600℃$，所得 ThO_2 只可溶于（HNO_3+HF）的混酸。这种 ThO_2 也可以与 $KHSO_4$ 或 $K_2S_2O_7$ 共熔：

$$ThO_2+4KHSO_4 \rightleftharpoons Th(SO_4)_2+2K_2SO_4+2H_2O\uparrow \qquad (14\text{-}25)$$

$$ThO_2+2K_2S_2O_7 \rightleftharpoons Th(SO_4)_2+2K_2SO_4 \qquad (14\text{-}26)$$

生成物 K_2SO_4 可溶于水。ThO_2 的熔点高达 $3300℃$，可作耐火材料。

② 氢氧化物

钍（Ⅳ）盐的水溶液中加入碱液或氨水均可得到白色凝胶状的 $Th(OH)_4$ 沉淀。

$Th(OH)_4$ 是碱性物质，只溶于酸并强烈吸收 CO_2 成碳酸盐。

③ 盐

难溶性的钍盐有草酸钍、磷酸钍、碘酸钍和氟化钍。这四种钍盐在 $6mol \cdot L^{-1}$ 的 HNO_3 中也不溶解。利用这一特性，可将 Th^{4+} 与其他稀土元素离子分离。

可溶性的钍盐主要有硫酸钍、硝酸钍、高氯酸钍和氯化钍。

ThO_2 在 CCl_4 中加热：

$$ThO_2+CCl_4 \rightleftharpoons ThCl_4+CO_2\uparrow \qquad (14\text{-}27)$$

ThO_2 在氢氟酸中反应：

$$ThO_2+4HF \rightleftharpoons ThF_4+2H_2O \qquad (14\text{-}28)$$

$Th(OH)_4$ 溶于硝酸可得到硝酸钍：

$$Th(OH)_4+4HNO_3 \rightleftharpoons Th(NO_3)_4+4H_2O \qquad (14\text{-}29)$$

硝酸钍易溶于水、低级醇、酮和酯中。由硝酸钍可制备许多其他钍盐和化合物：

$$Th(NO_3)_4+4OH^- \rightleftharpoons Th(OH)_4\downarrow+4NO_3^- \qquad (14\text{-}30)$$

$$Th(NO_3)_4+4IO_3^- \rightleftharpoons Th(IO_3)_4+4NO_3^- \qquad (14\text{-}31)$$

$$Th(NO_3)_4+2C_2O_4^{2-} \rightleftharpoons Th(C_2O_4)_2+4NO_3^- \qquad (14\text{-}32)$$

当 $pH>3$ 时，Th^{4+} 会水解生成羟基配离子，羟基配位数随 pH 上升而增加，并且聚合度也增大。配位数和聚合度还与 Th^{4+} 的浓度、阴离子性质有关。羟基配离子主要存在形式有：$[Th(OH)]^{3+}$、$[Th_2(OH)_2]^{6+}$、$[Th_4(OH)_8]^{8+}$、$[Th_6(OH)_{15}]^{9+}$。$pH>3.5$ 时，形成 $Th(OH)_4$ 沉淀。

Th^{4+} 配合能力也很强，许多钍盐在高浓度、过量的酸根溶液中都会形成配离子：

$$Th(NO_3)_4+2NaNO_3 \rightleftharpoons Na_2[Th(NO_3)_6] \qquad (14\text{-}33)$$

$$Th(C_2O_4)_2+2C_2O_4^{2-} \rightleftharpoons [Th(C_2O_4)_4]^{4-} \qquad (14\text{-}34)$$

$$Th(NO_3)_4+5CO_3^{2-} \rightleftharpoons [Th(CO_3)_5]^{6-}+4NO_3^- \qquad (14\text{-}35)$$

$$ThF_4+4F^- \rightleftharpoons [ThF_8]^{4-} \qquad (14\text{-}36)$$

铀的价层电子构型是 $5f^36d^17s^2$，具有 +3、+4、+5 和 +6 四种氧化数，其中氧化数为 +6 的化合物最稳定。围绕铀展开的化学工业，几乎都是为核工业所需的铀化合物服务的。

(2) 铀 U 的化合物

① 氧化物

铀的氧化数是多变的，因此，氧化物也有好几种。主要的氧化物有橙黄色的 UO_3、墨绿色的 U_3O_8 和深棕色的 UO_2。其中 UO_3 最为重要。

UO_3 常以水合物的形式存在于铀矿中，由铀矿物煅烧而成的 UO_3 呈橙红色的球状颗粒，在 $450\sim650℃$ 空气中很稳定。

将 $UO_2(NO_3)_2 \cdot 2H_2O$ 加热至 $550℃$：

$$2UO_2(NO_3)_2 \cdot 2H_2O \rightleftharpoons 2UO_3+4NO_2\uparrow+4H_2O \qquad (14\text{-}37)$$

将 $(NH_4)_2U_2O_7$ 煅烧至 $350℃$，也可得到 UO_3：

$$(NH_4)_2U_2O_7 = 2UO_3 + 2NH_3\uparrow + H_2O\uparrow \qquad (14-38)$$

$(NH_4)_2U_2O_7$ 或 UO_3 加热至 700℃：

$$6UO_3 = 2U_3O_8 + O_2\uparrow \qquad (14-39)$$

UO_3 具有氧化性，在 CO 气氛中加热至 350℃：

$$UO_3 + CO = UO_2 + CO_2\uparrow \qquad (14-40)$$

U_3O_8 也具有氧化性，在 H_2 气氛中加热至 650℃：

$$U_3O_8 + 2H_2 = 3UO_2 + 2H_2O\uparrow \qquad (14-41)$$

单质 U、UO_2 在 O_2 气氛中加热：

$$3U + 4O_2 \xrightarrow{\triangle} U_3O_8 \qquad (14-42)$$

$$3UO_2 + O_2 \xrightarrow{\triangle} U_3O_8 \qquad (14-43)$$

UO_3 和 U_3O_8 均是两性氧化物，既可溶于酸，又可溶于碱。

UO_3 溶于酸，可生成铀酰离子：

$$UO_3 + 2H^+ = UO_2^{2+} + H_2O \qquad (14-44)$$

U_3O_8 溶于硫酸，可生成硫酸铀酰和硫酸铀：

$$2U_3O_8 + 6H_2SO_4 = 5UO_2SO_4 + USO_4 + 6H_2O \qquad (14-45)$$

UO_3 溶于碱，可生成重铀酸盐：

$$2UO_3 + 2NaOH = Na_2U_2O_7\downarrow(黄色) + H_2O \qquad (14-46)$$

U_3O_8 溶于碱，可生成重铀酸盐和氢氧化铀（Ⅳ）：

$$U_3O_8 + 2NaOH + H_2O = Na_2U_2O_7\downarrow(黄色) + U(OH)_4\downarrow \qquad (14-47)$$

UO_2 难溶于水，是碱性氧化物，只可溶于酸：

$$UO_2 + 2HNO_3 = H_2UO_2(NO_3)_2(亮黄色) \qquad (14-48)$$

② 铀酰盐和重铀酸盐

最重要的铀酰盐是硝酸铀酰 $UO_2(NO_3)_2$、醋酸铀酰锌钠 $NaZn(UO_2)_3(Ac)_9·xH_2O$，最重要的重铀酸盐是重铀酸钠 $Na_2U_2O_7$、重铀酸铵 $(NH_4)_2U_2O_7$。

铀的各种氧化物溶于硝酸，均可生成硝酸铀酰 $UO_2(NO_3)_2$，如式(14-44)、式(14-45)所示。醋酸铀酰锌钠的溶解度很小，可富集铀元素。

硝酸铀酰在碱性中水解，可得到重铀酸 $Na_2U_2O_7$、重铀酸铵 $(NH_4)_2U_2O_7$ 沉淀：

$$2UO_2(NO_3)_2 + 6NaOH = Na_2U_2O_7\downarrow(黄色) + 4NaNO_3 + 3H_2O \qquad (14-49)$$

$$2UO_2(NO_3)_2 + 6NH_3 + 3H_2O = (NH_4)_2U_2O_7\downarrow(黄色) + 4NH_4NO_3 \qquad (14-50)$$

硝酸铀酰和磷酸三丁酯（TBP）可形成易溶于有机溶剂的配合物，可用萃取法提取铀。

③ 氟化铀

铀有多种氟化物，如绿色的 UF_3、UF_4，浅蓝色的 UF_5 和白色的 UF_6。最重要的是 UF_6。

UF_6 由如下反应制备：

$$UO_3 + 3SF_4 = UF_6 + 3SOF_2 \qquad (14-51)$$

UF_6 在常温下是白色固体，带杂质时呈黄色，在空气中水解发烟。

UF_6 在 56.4℃时升华，利用此挥发性可分离 U 和其他元素。而且 $^{235}UF_6$ 和 $^{238}UF_6$ 蒸气扩散速率差较大，可利用这种差别分离 ^{235}U 和 ^{238}U，可得到核燃料 ^{235}U。

【扩展知识】

稀土元素的应用

我国是世界上稀土资源储量最丰富的国家，以内蒙古自治区的白云鄂博矿区储量最为可观，稀土元素在我国不但储量大、分布广，而且类型多、矿种全。研究稀土元素的应用意义重大。稀土元素具有独特的4f电子层结构、大的原子磁矩、很强的自旋轨道偶合等特性，它们决定了稀土元素化合物独特的化学和光、电、磁学等性质，使它们在工农业生产和医药及国防现代化建设等领域的应用日益广泛，在高科技应用领域的高磁性材料、激光材料、超导体、发光材料和原子堆的控制材料以及稀土合金储氢材料等方面的应用尤其得到重视。

1. 稀土元素在传统产业领域中的研究与应用

（1）农业领域

我国稀土元素用于农业方面的实验研究始于1972年，虽起步较晚，但发展很快，稀土农用也是我国首创的稀土应用新领域。稀土农用的生物机理肯定了稀土在作物的生长发育、生理功能和产量等方面具有有益的影响。大量实验证明，在一定条件下，适时适量地施用稀土元素，可激发种子萌发，促进植物的发芽、生根及生长发育，促进对矿物质的吸收和叶绿素的合成，增强作物的光合作用和某些酶的活性，提高作物的抗逆性，增强产量，改善品质。

有关资料把稀土元素对植物的生物机理总结如下。

① 稀土元素对植物体内生长激素的合成或激活起催化作用；稀土元素可能是作为酶的辅基或激活剂而起促进生化反应的作用的。

② 稀土元素在某些生化反应过程中可取代某些金属元素而起作用。研究表明，稀土元素的三价离子，特别是镧离子（La^{3+}）与钙离子的半径相近，在一定程度上占有钙离子的吸收位置或代替蛋白质中钙离子的结合位置，而影响与钙离子有关的生化反应以及酶的活性、钾钠离子的渗透性、细胞膜的稳定性。

随着稀土农用研究的深入，目前稀土农用领域已逐步扩大，已由单纯的农业扩展到林业、草业、畜禽水产业等诸多领域中。

（2）冶金工业领域

冶金工业是使用稀土的大户，稀土用量约占总量的1/3。稀土元素容易与氧、硫生成高熔点且在高温下塑性很小的氧化物、硫化物以及氧硫化物等。在炼钢时加入稀土元素，可起脱硫、脱氧、改变夹杂物形态的作用，改变钢的常、低温韧性和断裂性；减小钢的热脆性，改善加热工性、焊接件的牢固性；提高抗腐蚀性和材料强度，延长使用寿命。

（3）化学催化领域

稀土元素有着多方面的催化和助催化能力，目前已有占世界总产量1/4的稀土元素用于制备催化剂。稀土催化剂一般具有稳定性好、选择性高、加工周期短等优点，而对于稀土金属及其化合物在催化反应中的机理有如下几种观点：稀土-金属之间的相互作用，Ce^{4+}/Ce^{3+}氧化还原离子对变换，稀土元素对负载金属的分散度的影响，载体热稳定性对贵金属氧化还原性的影响，对氢、氧、硫的存储及释放能力，以及形成表面或内部的空缺等。

具有高效加氢功能的稀土催化剂，已应用于不饱和烃的加氢、$CO-H_2$反应、合成氨、异构化及加氢分解等。除此之外，稀土催化剂还可以用来净化汽车尾气。汽车尾气净化催化剂是控制汽车排放、减少汽车污染的最有效的手段，具有活性高、寿命长、净化效果好等优点而很具实用性。目前，稀土汽车尾气净化催化剂所用的稀土主要是以氧化铈、氧化镨和氧化镧的混合物为主，其中氧化铈是关键成分。由于氧化铈的氧化还原特性，有效地控制排放尾气的组分，能在还原气氛中供氧，或在氧化气氛中耗氧。二氧化铈还在贵金属气氛中起稳定作用，以保持催化剂较高的催化活性。

2. 稀土元素在高新技术产业上的研究与应用

（1）稀土发光材料

稀土发光和激光性能都是由于稀土的4f电子在不同能级之间的跃迁产生的。通常稀土材料的合成与研制采用以下几种方法：①高温固相反应法；②微波热合成法；③溶胶-凝胶法；④缓冲溶液沉淀法；⑤燃烧合成法；⑥喷雾干燥法。

根据以上方法和机理，合成了大量的发光材料。将这些材料应用于人们的实际生活，如电视显像管、计算机的荧光屏及荧光灯上，能使其具有高质量的图像，延长使用寿命，提高效率，改善显色性能。

（2）稀土激光材料

稀土激光材料是一种新型材料。它可分为固体、液体、气体，但从性能、种类、用途上讲，固体最好，而在固体中应用最广泛的是晶体激光材料，所以稀土激光材料通常指固体晶体激光材料。稀土晶体激光材料主要是含氧和含氟的化合物。到目前为止，稀土中已发现激光输出的有 Ce、Pr、Nd、Sm、Eu、Tb、

Dy、Ho、Er、Tm、Yb 等。激光材料中，稀土石榴石体系的应用最广泛，最具有代表性的是钇铝石榴石（YAG），它可以与许多稀土掺杂。其中掺钕钇铝石榴石用途最广，具有良好的机械强度和导热性，其吸收和发射谱线都是均匀增宽，荧光谱线很窄，适用于做重复频率高的脉冲激光器，在工业上用于半导体产业，在医疗上用于止血凝固。

（3）稀土永磁材料

稀土的磁学性能具有"四高一低"的特点，即原子磁矩高、磁晶各向异性高、磁致伸缩系数高、磁光效应高和磁有序转变效率低。根据这个特点，稀土永磁材料被广泛应用。稀土永磁材料是一种经过磁化后，能长期保持其剩余磁性的材料。根据组成可分为三代：第一代是 1967 年研制的稀土钴 $ReCo_5$；第二代是 1970 年研制的稀土钴 Re_2Co_{17}；第三代是钕铁硼合金，目前其主要应用于以下几个方面。

① 从电能转换为机械能方面的应用。这是最广泛的，其中有各种类型的永磁发动机。

② 从机械能转换成电能方面的应用。此种功能的元件应用于传感器、拾音器、发动机的转速计和医疗核磁共振扫描仪。

③ 用于直接利用磁铁的吸力和斥力制造的设备，如磁选机、起重磁铁、磁制动器等。

④ 用于行波管、速调管、磁控管等离子束和电子束偏转效应元件；转速表、速度表、电流表、电压表等计测装置。

（4）稀土超导材料

所谓超导现象即当某种材料在低于某一温度时，出现电阻为零的现象。该温度即为临界温度。在超导材料中添加稀土可以使临界温度大大提高。稀土超导材料可应用于采矿、电子工业、医疗设备、悬浮列车及能源方面等领域。随着科技的发展，稀土的研究与应用前景将越来越广阔。

习　题

14-1 写出镧系元素和锕系元素的名称与符号，并说明镧系元素和锕系元素的氧化还原性质。

14-2 说明镧系元素和锕系元素价层电子结构的特点。

14-3 何谓镧系收缩？镧系收缩的结果是什么？

14-4 为什么镧系元素之间和锕系元素之间性质是相似的？

14-5 说明 Ln^{3+} 在晶体或溶液中颜色的变化规律。

14-6 说明溶剂萃取法和离子交换法分离镧系元素的方法和原理。

第 15 章　无机与分析化学中的分离方法

分离是化学、化工中的一个重要技术。在分析一个实际样品时，样品中难免有与被测试成分性质相近的杂质，它们的存在会干扰测试的结果。在化工生产中，由于反应进行的程度不同及副反应的存在等，产物不可能是唯一的纯净物。这些都需要将杂质除去，用到分离技术。

化学中的分离和化工中的分离从性质上讲是一致的，但从实际操作上看，又有重要的区别。

化学中的分离因为体积小，样品量少，因此分离可以不考虑成本。但化工生产中，成本将是一个重要因素。

其次，化工生产中分离时可采用一些高难度的操作条件如高温、高压等，化学中常无法采用。

因此，化学、化工中分离的原理是一致的，但采用何种方法，则要因实例而异。这里主要讨论无机与分析化学中的分离方法。

15.1　沉淀分离法

沉淀分离是一种最经典的固-液分离方法，它的原理是利用沉淀剂使得不需要的杂质组分或需要的主成分形成沉淀，过滤、洗涤，达到分离的目的。

沉淀分离的理论依据是溶度积原理。

15.1.1　氢氧化物沉淀分离法

许多金属或非金属离子在一定的 pH 下可以氢氧化物或含水氧化物的形式沉淀，如 $Fe(OH)_3$、$Mg(OH)_2$、$Al(OH)_3$ 和 $SiO_2 \cdot nH_2O$、$WO_3 \cdot nH_2O$、$MoO_3 \cdot nH_2O$ 等。

这些氢氧化物或含水氧化物在实验室和工业中也可作为 pH 调节剂，其他的 pH 调节剂有盐酸、硝酸、NaOH、氨水、ZnO、MgO 等。

表 15-1 列出了各种氢氧化物开始沉淀和沉淀完全的 pH。

表 15-1　各种金属离子氢氧化物开始沉淀和沉淀完全的 pH

氢氧化物	开始沉淀的 pH[$c(M^{n+})=$ 0.010mol·L^{-1}]	沉淀完全的 pH[$c(M^{n+})=$ 1.0×10^{-5}mol·L^{-1}]	K_{sp}
$Mg(OH)_2$	9.62	11.12	1.8×10^{-11}
$Mn(OH)_2$	8.83	10.33	4.5×10^{-13}
$Ni(OH)_2$	6.41	7.91	6.5×10^{-18}
$Fe(OH)_2$	7.50	9.00	1.0×10^{-15}
$Cu(OH)_2$	5.17	6.67	2.2×10^{-20}
$Sn(OH)_2$	1.73	3.24	3.0×10^{-27}
$Cr(OH)_3$	4.58	5.58	5.4×10^{-31}
$Al(OH)_3$	4.10	5.10	2.0×10^{-32}
$Fe(OH)_3$	2.18	3.18	3.5×10^{-38}

上表仅供参考，对于一个具体的实际操作过程，还要注意待沉淀离子初始浓度的大小、溶液的离子强度大小及盐效应的影响等。

一般来讲，对于金属的氢氧化物，pH 越高越易沉淀。但要注意两性物质的问题，当 pH 高到一定程度后，某些氢氧化物又会溶解，例如 $Al(OH)_3$ 在 pH$>$12 时溶解，而 $Fe(OH)_3$ 仍以沉淀形式存在，$Zn(OH)_2$ 在高浓度的 NaOH 存在下也会溶解。这可用来分离 Al、Zn 这些两性物质与其他非两性的离子如 Fe^{3+}、Mg^{2+}。

对于非金属的氢氧化物如 Si 和副族元素如 Mo、W 等的含水氧化物，大多数在低 pH 下以弱酸或氧化物的水合物形式沉淀，在高 pH 下形成盐而溶解。

当用氨水来调节 pH 时，要考虑氨配离子的问题。在氨-氯化铵缓冲溶液中，pH 约为 9，许多金属的氢氧化物由于形成氨配离子而溶解，如 $[Cu(NH_3)_4]^{2+}$、$[Zn(NH_3)_4]^{2+}$、$[Co(NH_3)_6]^{2+}$、$[Cd(NH_3)_6]^{2+}$ 等。这也可以用来分离这些离子和其他不形成氨配离子的金属离子，例如 Fe^{3+} 和 Mg^{2+}。

用难溶化合物，尤其是氧化物也可作为 pH 的缓冲剂。若以 MO 为例，MO 是一金属氧化物：

$$MO + H_2O \rightleftharpoons M(OH)_2 \downarrow \tag{15-1}$$

$$M(OH)_2 \rightleftharpoons M^{2+} + 2OH^- \tag{15-2}$$

当溶液中的 pH 过高时，如式(15-1) 所示，形成 $M(OH)_2$ 沉淀，抵消 $[OH^-]$ 的增加。

pH 过低时，氧化物溶解，消耗 H^+，抵消 $[H^+]$ 的增加。

$$MO + 2H^+ \rightleftharpoons M^{2+} + H_2O \tag{15-3}$$

当 $[M^{2+}]$ 达到饱和时，溶液 pH 为溶液可控的最小 pH。根据式(15-2)：

$$[M^{2+}][OH^-]^2 = K_{sp} \tag{15-4}$$

$$[OH^-] = \sqrt{\frac{K_{sp}}{[M^{2+}]}} \tag{15-5}$$

MgO 是一种常用的氧化物，已知 $Mg(OH)_2$ 的 $K_{sp} = 1.8 \times 10^{-11}$，所以可用 MgO 控制 pH。已知 Mg^{2+} 在水中的浓度最大不会超过 $10 mol \cdot L^{-1}$：

$$[OH^-] = \sqrt{\frac{1.8 \times 10^{-11}}{10}} = 1.3 \times 10^{-6}$$

$$pH = 8.12$$

氢氧化物沉淀分离法的优点是操作简便，适用面较宽。

氢氧化物沉淀分离法也有缺点，大多数氢氧化物沉淀均是非晶型的，因此比表面积特别大，共沉淀现象严重，虽然应该沉淀的都沉淀了，但一些不该沉淀的主成分也沉淀下来，使分析结果偏低。

15.1.2 无机盐沉淀分离法

许多金属离子的碳酸盐、草酸盐、磷酸盐、特别是硫化物均是难溶的沉淀。它们的溶度积差异比较大，例如 MnS 的 $K_{sp} = 1.4 \times 10^{-15}$，而 CuS 的 $K_{sp} = 8.5 \times 10^{-45}$。

其次，H_2CO_3、$H_2C_2O_4$、H_3PO_4、H_2S 等都是弱酸或较弱的酸，其与金属离子发生沉淀的 CO_3^{2-}、$C_2O_4^{2-}$、PO_4^{3-}、S^{2-} 等存在形式的分布系数均受溶液 pH 的控制。可以利用这两点，调节溶液的 pH，使某些金属离子沉淀，而另一些金属离子不沉淀。

H_2S 的臭味很难闻，可用硫代乙酰胺来代替：

$$CH_3CSNH_2 + 2H_2O + H^+ \rightleftharpoons CH_3COOH + H_2S\uparrow + NH_4^+ \tag{15-6}$$

$$CH_3CSNH_2 + 3OH^- \rightleftharpoons CH_3COO^- + S^{2-} + NH_3\uparrow + H_2O \tag{15-7}$$

其他盐的沉淀也可通过调节 pH 达到分离目的。

【例 15-1】 Mn^{2+}、Cu^{2+} 在 $0.1 mol \cdot L^{-1}$ 的 HCl 中，通入 H_2S，溶液中有无沉淀产生？哪

种离子被沉淀（假设 H_2S 的饱和浓度为 $0.1 mol \cdot L^{-1}$，Mn^{2+}、Cu^{2+} 也均为 $0.1 mol \cdot L^{-1}$）？

解
$$H_2S \Longrightarrow S^{2-} + 2H^+$$

所以
$$[S^{2-}] = \frac{[H_2S]K_{a1}K_{a2}}{[H^+]^2} = \frac{0.1 \times 1.3 \times 10^{-7} \times 7.1 \times 10^{-15}}{0.1^2}$$

$$[S^{2-}] = 9.23 \times 10^{-21} mol \cdot L^{-1}$$

Mn^{2+} 的浓度积为 $9.23 \times 10^{-21} \times 0.1 = 9.23 \times 10^{-22} < 1.4 \times 10^{-15}$ $[K_{sp}(MnS)]$，所以 Mn^{2+} 不会被沉淀。

Cu^{2+} 的浓度积为 $9.23 \times 10^{-21} \times 0.1 = 9.23 \times 10^{-22} > 8.5 \times 10^{-45}$ $[K_{sp}(CuS)]$，所以 Cu^{2+} 会以 CuS 形式沉淀。

15.1.3 有机沉淀剂分离法

有机沉淀剂中可有不同的官能团，因此它的选择性和灵敏度均较高。由于配位的关系，易形成晶体沉淀，颗粒大、比表面积小、溶解度也小，共沉淀现象少。有的沉淀还可溶解在有机溶剂中，因此优越性很多，在沉淀分离中用得越来越多。

(1) 螯合物沉淀

一般来讲，形成螯合物沉淀的有机沉淀剂均会有—COOH、—OH、—NOH、—SH、—SO₃H 等官能团。

在一定的 pH 下，这些官能团上的活泼 H^+ 可被金属离子置换，以共价键相连。在氧（或硫）原子的 γ 或 δ 位上若有 N、S 元素并以氨基（—NH₂）、亚氨基（ $>$ NH ）、羰基（ $>$ C=O ）、硫代羰基（ $>$ C=S ）、硝基（—NO₂）等形式存在，金属离子与这些官能团中的 N、S、O 原子间会形成配位键，可形成所谓的五元环或六元环螯合物。例如，8-羟基喹啉可与 Mg^{2+}、Al^{3+}、Cu^{2+} 等离子形成五元环螯合物沉淀：

$$2 \quad + Mg^{2+} \Longrightarrow \quad \downarrow + 2H^+ \tag{15-8}$$

8-羟基喹啉上的—OH 具有一定的酸性，离解出 H^+ 后，—O^- 与 Mg^{2+} 形成共价键，在氧原子的 γ 位有元素 N，有一对未配对的孤电子对，可与 Mg^{2+} 的空轨道形成配位键。

配体的多少与金属离子的氧化数以及金属盐的晶体结构有关。对于 Mg^{2+}、Ag^+，配体数是 2，对于 Al^{3+} 则是 3。

如果在 N 的邻位上引入甲基—CH₃ 或其他基因，由于它们占据了一定空间而使得一些金属离子与 N 的配位作用受到阻碍，不能形成配位键，使整个沉淀反应不能进行。但对于另一些金属离子则仍可形成沉淀，从而提高了选择性。

例如，2-甲基-8-羟基喹啉不和 Al^{3+} 沉淀，而与 Mg^{2+}、Zn^{2+} 在一定条件下仍可形成沉淀。

(2) 离子对化合物沉淀

离子对化合物又称离子缔合物，它是由带正电荷的阳离子与带负电荷的阴离子形成的不带电荷、相对分子质量较大的难溶于水的化合物。它们中的某些沉淀却可溶于有机溶剂。由于可溶于有机溶剂，因此它们不是离子化合物，也不是盐。

四苯硼钠与 K^+、NH_4^+ 可形成离子对化合物而沉淀，是 K^+、NH_4^+ 和有机铵盐的良好沉淀剂：

$$K^+ + Na[B(C_6H_5)_4] \Longrightarrow K[B(C_6H_5)_4] \downarrow + Na^+ \tag{15-9}$$

$$NH_4^+ + Na[B(C_6H_5)_4] \Longrightarrow NH_4[B(C_6H_5)_4] \downarrow + Na^+ \tag{15-10}$$

$$RNH_3^+ + Na[B(C_6H_5)_4] \Longrightarrow RNH_3[B(C_6H_5)_4] \downarrow + Na^+ \tag{15-11}$$

对于有机的季铵盐，也可用四苯硼钠沉淀：

$$R_4-\overset{\overset{\displaystyle R_1}{|}}{\underset{\underset{\displaystyle R_3}{|}}{N^+}}-R_2 + [B(C_6H_5)_4]^- \Longrightarrow R_4-\overset{\overset{\displaystyle R_1}{|}}{\underset{\underset{\displaystyle R_3}{|}}{N^+}}-R_2[B(C_6H_5)_4]\downarrow \tag{15-12}$$

如第 9 章所述，四苯硼盐沉淀可溶于丙酮。

NH_4^+、季铵盐或有机胺也可和溴酚蓝、溴麝香草酚蓝等酸性染料形成离子对化合物沉淀，这些沉淀也溶于有机溶剂丙酮、氯仿等。

其他类似的离子对化合物还有：

$$MnO_4^- + (C_6H_5)_4As^+ \Longrightarrow [(C_6H_5)_4As]MnO_4\downarrow \tag{15-13}$$

$$HgCl_4^{2-} + 2(C_6H_5)_4As^+ \Longrightarrow [(C_6H_5)_4As]_2HgCl_4\downarrow \tag{15-14}$$

(3) 杂多酸盐沉淀法

磷酸盐、钼酸钠形成的磷钼杂多酸在强酸性条件下可以和喹啉形成沉淀：

$$3\left[\text{喹啉}\right] + [PO_4\cdot12MoO_3]^{3-} + 3H^+ \Longrightarrow \left[\text{喹啉}\atop H\right]_3 PO_4\cdot12MoO_3 \tag{15-15}$$

(4) 三元配合物沉淀

被沉淀组分还可以和两种不同的配位体形成三元混配物或三元离子对（缔合）化合物。例如 $[(C_6H_5)_4As]_2HgCl_4$ 可以看作是三元配合物。再如硼和 F^- 可以和安替比林或其衍生物生成三元缔合物。

三元配合物选择性好，有些是专属的反应，灵敏度高，沉淀组成稳定，相对分子质量大，近来发展较快。

15. 1. 4　共沉淀分离与富集法

共沉淀现象是由于沉淀的表面吸附作用、混晶或包藏（吸留）等原因引起的。在体系中，A 组分的构晶离子浓度的幂积小于其溶度积，不应形成沉淀。若体系中另一组分 B 可以生成沉淀，B 在形成沉淀的过程中，使本不能自身沉淀的 A 也同时被沉淀。这一现象称为共沉淀。B 沉淀物称为捕集剂或载体。

共沉淀现象在常量分离和分析中是力图避免的，但它为痕量组分的分离和富集提供了一种有用的手段。

(1) 吸附共沉淀

利用吸附作用进行共沉淀分离与富集的捕集剂或载体一般应满足两个条件。

① 有较大的比表面积

捕集剂或载体的比表面积越大，吸附痕量组分 A 的能力越大，吸附量越多，A 越易被富集。因此，大多数载体都不是晶状沉淀，而是比表面积较大的胶体状沉淀。

比表面积较大的捕集剂或载体有如下几种。

a. 氢氧化物类。如 $Fe(OH)_3$、$Al(OH)_3$、$Zr(OH)_4$、$Mg(OH)_2$、$Bi(OH)_3$ 等。其中以 $Fe(OH)_3$、$Al(OH)_3$ 应用最广，常用于水中痕量组分的吸附。

例如：Cu^{2+} 溶液中含有痕量的 Al^{3+}，可向此溶液中加入适量的 Fe^{3+} 和氨水，使 Fe^{3+} 形成 $Fe(OH)_3$ 沉淀作为载体，则微量 Al^{3+} 被 $Fe(OH)_3$ 吸附而共沉淀，而 Cu^{2+} 不被共沉淀。因为，在 $Fe(OH)_3$ 沉淀的溶液中，OH^- 一定是过量的，因此，$Fe(OH)_3$ 沉淀的表面一定吸附着 OH^- 而有负电荷。此表面很容易吸附与构晶离子 Fe^{3+} 带相同电荷量的 Al^{3+}。Cu^{2+} 所带电荷量与 Fe^{3+} 不一样，不易被吸附，甚至不被吸附。

$Cr(Ⅲ)$ 和 $Cr(Ⅵ)$ 共存，可在 $pH = 5.7$ 的氨溶液中，加入 Al^{3+} 或 Fe^{3+}，形成

$Al(OH)_3$ 或 $Fe(OH)_3$ 沉淀，使得 $Cr(III)$ 很容易被 $Al(OH)_3$ 或 $Fe(OH)_3$ 吸附产生共沉淀，$Cr(VI)$ 以 CrO_4^{2-} 或 $Cr_2O_7^{2-}$ 存在，带有负电荷，不可能被带有负电荷的 $Al(OH)_3$ 或 $Fe(OH)_3$ 沉淀表面吸附而存在溶液中。如此，$Cr(III)$ 和 $Cr(VI)$ 被分离。

b. 硫化物类。如 PbS、SnS_2、CdS 等，还可以用混合硫化物。如 Ag_2S 本身对 Zn^{2+} 吸附能力并不好，但加入 $GaCl_3$ 为活性物质，使高度分散的 Ag_2S 在适当条件下沉淀，可使其对 Zn^{2+} 的吸附能力大大改善。这种混合载体称作多相载体。

c. 水合 MnO_2。用作微量 Bi^{3+} 的载体，也可用于 Sn、Sb、Tl、Au、Mo 等的富集。

d. 磷酸盐。如 $Ti(PO_3)_4$ 可富集、吸附 Be；$Ca(PO_3)_2$ 可富集、吸附 In；$LaPO_4$ 可富集 Ca、Mg 等。利用吸附作用的共沉淀进行分离，选择性一般较差，且会引入载体离子，会给下一步的分析带来困难。

② 较浅的颜色

利用共沉淀进行富集的组分大多数是痕量的，一般需用仪器分析的办法进行测定。如果采用分光光度法测定，载体若有较深的颜色会干扰测定。所以，载体的颜色越浅越好。

(2) 混晶共沉淀

晶体中的晶格节点上除了存在构晶离子外，还有极少量的其他离子存在，这种晶体称作混合晶体，简称混晶。

如果两种离子半径相近、所带电荷相同并且生成沉淀的晶格相同，就可能生成混晶，达到共沉淀的目的。

水中痕量的 Cd^{2+}，可利用 $SrCO_3$ 作载体而生成 $SrCO_3$ 和 $CdCO_3$ 混晶沉淀。由于镧系收缩的影响，不少第五、六周期的同族元素离子半径相近、所带电荷相同并且生成的沉淀晶格相同，常可形成混晶。例如 $BaSO_4$-$RaSO_4$ 体系。其他常见的混晶体系还有 $BaSO_4$-$PbSO_4$、$Mg(NH_4)PO_4$-$Mg(NH_4)AsO_4$、$ZnHg(SCN)_4$-$CuHg(SCN)_4$ 等。

(3) 有机沉淀载体

共沉淀虽可以使痕量组分富集，但如分离痕量组分与无机物载体却是一种较困难的事。

使用有机沉淀作共沉淀的载体，可以克服载体不好分离的缺点，因为有机载体可通过灼烧除去，达到痕量组分与载体的分离。

有机沉淀载体的选择性高，几乎不吸附不相关的离子。有机沉淀载体的吸附能力强，效果好，可从很稀溶液中将痕量组分析出，浓度可低至 1×10^{-10} g·mL^{-1}，甚至更低。

有机共沉淀载体的作用机理和无机共沉淀载体不同，主要作用类型如下。

① 胶体絮凝共沉淀

利用胶体絮凝作用进行共沉淀。

有些元素如 W、Mo、Sn、Nb、Ta、Zr 等，它们在酸性溶液中以带负电荷的胶体存在。因此，可用单宁、动物胶等本身带正电荷的有机试剂吸附阴离子胶体，形成共沉淀。例如，在 20%～25%盐酸介质中，用单宁水解法可使 Nb、Ta 共沉淀，与 Ba、Mn、Sr 分离，使用动物胶可使硅酸根沉淀。

② 离子对化合物共沉淀

使痕量组分形成离子对化合物进行共沉淀。

常用的有机共沉淀剂有大的染料阳离子，如甲基橙、亚甲蓝、罗丹明 B，在溶液中以大的阳离子形式存在，遇到以阴性配离子形式存在的金属离子时，形成金属离子对化合物析出，如 In^{3+} 以 $[InCl_4]^-$ 形式与亚甲基蓝作用，产生共沉淀。

③ 螯合物共沉淀

使痕量组分形成螯合物进行共沉淀。

这种共沉淀的机理是金属离子首先与螯合剂螯合，再以螯合物形式进入载体而共沉淀下来。这种螯合物可以不溶于水，也可以溶于水，若是水溶性的螯合物，在共沉淀时需要加入憎水性有机阳离子，使之生成离子对化合物，然后随着过量的有机试剂或惰性共沉淀剂而析出。如水溶性的 Sc^{3+}-偶氮肟Ⅰ与 2 份二苯胍形成缔合物，偶氮肟Ⅰ-二苯胍为载体。

④ 惰性载体共沉淀

使用惰性载体也可使痕量组分形成共沉淀。

惰性载体，亦称无关载体。沉淀历程尚不清楚，但不发生吸附、混晶等现象。如 Bi^{3+} 在稀硝酸液中能与 4,5-二羟基荧光黄生成微溶配合物，当 Bi^{3+} 极微时，不能析出沉淀，若于溶液中加入萘或蒽的乙醇溶液，因不溶于水而析出，同时将 Bi^{3+} 配合物共沉淀。若萘或蒽足够，可回收 99% 以上的 Bi^{3+}。上述过程若不加惰性载体，共沉淀不会发生。

15.2　萃取分离法

将物质从一相转移至另一相的过程称作萃取。用萃取分离各种物质的方法称作萃取分离法。

萃取的形式从广义上讲包括液-液萃取、固-液萃取、气-液萃取等。

将固相中的物质转移至液相中的过程称作固-液萃取，又称浸出、溶出。

将气相中的物质转移至液相中的过程称作气-液萃取，又称吸收。

因此，萃取一般均指液-液萃取。将物质从无机相（又称水相）转移至有机液相中的过程称作液-液萃取，简称萃取。

将物质从有机相转移至无机相（又称水相）过程称作反萃取。

液-液萃取是实验室里和工业生产中常用的一种有效的分离方法。萃取法可除去大量的干扰元素，对于低含量物质分离富集也很有效。在比色、荧光、火焰光度、光谱以及一般的定量和定性分析中，用萃取分离方法能简化化学处理过程，提高方法的灵敏度和选择性。

15.2.1　分配系数和分配比

若有机相与水互不相溶，某种物质既可溶解于水，又可溶于有机相。则该物质在水相中与在有机相中存在下列溶解平衡：

$$A_水 \rightleftharpoons A_有 \tag{15-16}$$

平衡常数 K_D

$$K_D = \frac{[A]_有}{[A]_水} \tag{15-17}$$

K_D 又被称为分配系数。K_D 仅与溶质、溶剂的特性、温度等有关。

式(15-17) 的关系只有在低浓度下正确，且接近于理想状态：即溶剂、溶质不发生化学作用，溶质在两相中存在形式相同。但更多的情况是，A 可以不同的形式溶于水相和有机相。对于分析、测定而言，更关心总浓度或总量，某物质在两相中总浓度之比称之为分配比：

$$D = \frac{c_有}{c_水} \tag{15-18}$$

若 A 只有一种存在形式，则 $D = K_D$。

平衡常数 K_D 是常数，实验条件不同，物质 A 的各种存在形式的分布系数不一样，因此 D 不是常数，D 是实验条件的函数，改变实验条件，可以得到不同的分配比 D。

15.2.2　萃取体系

大多数无机金属物质在水溶液中会离解成离子，因此，它很难溶于非极性或弱极性的有机试剂中，而不能被萃取。若使无机离子进入有机相，必须在水中加入某种试剂，将其生成不带电荷的、难溶于水而易溶于有机溶剂的物质，这种试剂叫萃取剂。

萃取体系一般由互不相溶的水相和有机相组成。被萃取的物质溶解在水相中，有机相由有机溶剂与萃取剂组成；有的萃取剂本身就是液体，也可以不用有机溶剂而直接萃取，即其既是萃取剂，也是有机相溶剂。

为了提高萃取效率，选择有机相溶剂时，应注意下列问题。

① 有机相溶剂在水相中的溶解应尽量的小，因而溶剂应有较多的疏水基团，如 CCl_4、$CHCl_3$、C_6H_6、$C_6H_5CH_3$ 等常作为有机相溶剂。

② 被萃取的组分与萃取剂形成的产物在有机相溶剂中溶解度要远大于在水相中的溶解度。

③ 有机相溶剂的黏度不易过大。

④ 要尽可能避免萃取过程中产生乳化现象，否则两相很难分离。因此，有机相溶剂的密度与水相密度相差越大越不易乳化。

⑤ 被萃取的物质进入有机相后，应比较容易与有机相溶剂分离。

⑥ 有机相溶剂应尽可能低毒或无毒，易得，便于回收，可精制提纯，可循环使用。

15.2.3 萃取效率和分离因数

当 $D > 1$ 时，说明溶质在有机相的浓度大于水相的浓度。当 D 较大时，可使极大部分的溶质或称作被萃物质进入有机相。萃入有机相中溶质即被萃物质的总量与其在两相中的总量之比，称为萃取效率：

$$E = \frac{溶质在有机相中的总量}{溶质在两相中的总量} \times 100\% = \frac{c_有 V_有}{c_有 V_有 + c_水 V_水} \tag{15-19}$$

分子、分母除以 $c_水 V_有$：

$$E = \frac{\dfrac{c_有}{c_水}}{\dfrac{c_有}{c_水} + \dfrac{V_水}{V_有}} = \frac{D}{D + \dfrac{V_水}{V_有}} \times 100\% \tag{15-20}$$

$V_水 / V_有$ 称为相比。

萃取效率 E 是分配比 D 和相比 $V_水 / V_有$ 的函数。

一般讲，可实际利用的萃取过程，D 均较大，即 $D \gg V_水 / V_有$。所以，减小相比，对提高萃取效率的作用并不大。

其次过分地降低相比，虽然萃取效率增加了，但被萃物质在有机相中的浓度却比其原来在水相中的浓度还要低，将不利于后继的分离和测定工作。

从式(15-20) 可以得到残留在水相中的被萃物质残留率：

$$\Delta E_1 = 1 - E = \frac{\dfrac{V_水}{V_有}}{D + \dfrac{V_水}{V_有}} \times 100\% \tag{15-21}$$

若以相同的相比，对水相进行第二次萃取，此次的萃取效率：

$$E_2 = (1 - E)E \tag{15-22}$$

两次总萃取率：

$$E_总 = E_1 + E_2 = E + (1 - E)E \tag{15-23}$$

萃取两次后的总残留率

$$\Delta E_2 = 1 - E_总 = 1 - (E_1 + E_2) = 1 - E - (1 - E)E = (1 - E)^2 \tag{15-24}$$

以此类推，若以相同的相比，对水相进行 n 次萃取，则被萃物质的总残留率：

$$\Delta E_n = (1-E)^n = \left[\frac{\dfrac{V_水}{V_有}}{D + \dfrac{V_水}{V_有}} \right]^n \times 100\% \tag{15-25}$$

总萃取效率 $\qquad\qquad\qquad\qquad E_总 = 1 - \Delta E_n \tag{15-26}$

若规定了萃取剂的总体积，均分萃取剂，萃取的次数越多，残留率将越小。

萃取的次数越多，相比越大，每次的萃取效率变小，但它只是一个算术级数。而 ΔE_n 与一个小于 1 的数的 n 次方成正比，是一个几何级数，残留率越小即萃取得越完全。即将萃取剂进行少量多次地萃取，萃取效率更大。

【例 15-2】 在 pH＝7.0 时，用 8-羟基喹啉-氯仿溶液从水溶液中萃取 La^{3+}，已知 $D=43$，La^{3+} 的水溶液浓度为 $1.00 mg \cdot mL^{-1}$，体积为 20.0mL，萃取剂限定为 10.0mL，要求萃取效率大于 99%，问需萃取几次？

解 用逐次萃取进行计算。

若只进行 1 次萃取，已知 $D=43$，$V_水=20.0mL$，$V_有=10.0mL$，则相比

$$\frac{V_水}{V_有} = \frac{20.0}{10.0} = 2.0$$

代入式(15-20) 得

$$E = \frac{D}{D + V_水/V_有} = \frac{43}{43+2.0} = 95.6\% < 99\%$$

不符合要求。

若进行 2 次萃取，已知 $D=43$，$V_水=20.0mL$，$V_有=10.0/2=5.0mL$：

相比 $\qquad\qquad\qquad\qquad \dfrac{V_水}{V_有} = \dfrac{20.0}{5.0} = 4.0$

代入式(15-20) 得

$$E = \frac{D}{D + V_水/V_有} = \frac{43}{43+4.0} = 91.5\%$$

代入式(15-25)，萃取 2 次后的总残留率

$$\Delta E_2 = (1-E)^2 = (1-0.915)^2 = 7.2 \times 10^{-3}$$

将 ΔE_2 代入式(15-26)，总萃取效率

$$E_总 = 1 - \Delta E_2 = 1 - 7.2 \times 10^{-3} = 99.3\% > 99\%$$

因此，将 10mL 萃取剂分 2 次萃取，萃取效率可达 99.3%。

为了达到萃取分离的目的，不仅要看萃取效率，还要看共存组分间的分离效果。D_A、D_B 分别为 A、B 两种共存组分的分配比，则其比值称为分离因数：

$$\beta = \frac{D_A}{D_B} \qquad (规定\ D_A > D_B) \tag{15-27}$$

β 值越接近 1，表明萃取分离 A、B 越困难，β 值离 1 越远，表明萃取分离越容易。

一般连续萃取次数不超过 3~4 次。对于生物化学、医药工业中的萃取，有时可超过4~5次。

15.2.4 萃取分离的种类和条件选择

根据有机萃取剂和被萃取无机离子的作用机理不同，可分为三大类。

(1) 螯合物萃取

萃取剂中含有 O、N、S 等配位原子，可与金属离子形成螯合物。若螯合物不溶于水，却可溶于某些有机溶剂，螯合物便被萃取到有机相中。例如，前面讲到的 8-羟基喹啉，它和金属离子的螯合物可溶于 $CHCl_3$。

其他的萃取剂还有双硫腙：

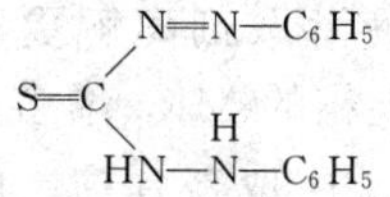

$$\underset{\underset{HN-NH-C_6H_5}{}}{\overset{N=N-C_6H_5}{S=C}}$$

它可与金属离子 Ag^+、Au^{3+}、Bi^{3+}、Cd^{2+}、Cu^{2+}、Co^{2+} 等反应：

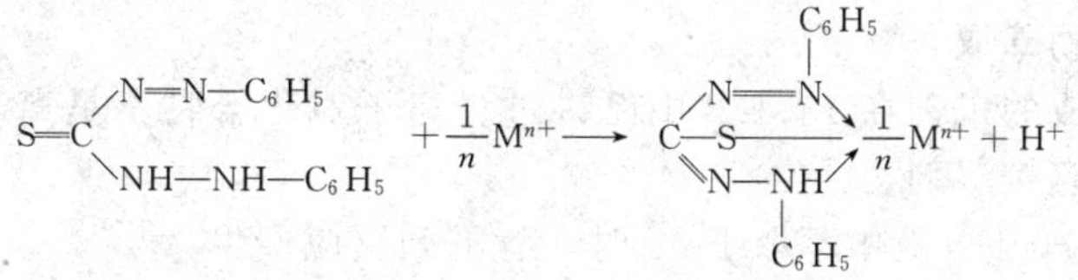

$$\underset{\underset{NH-NH-C_6H_5}{}}{\overset{N=N-C_6H_5}{S=C}} + \frac{1}{n}M^{n+} \longrightarrow \underset{\underset{N-NH}{\underset{C_6H_5}{}}}{\overset{\overset{C_6H_5}{N=N}}{C=S}} \searrow \frac{1}{n}M^{n+} + H^+ \tag{15-28}$$

螯合物沉淀可用 CCl_4 萃取。

乙酰基丙酮也是一种常用的萃取剂，它可与 Al^{3+}、Be^{2+}、Cr^{3+}、Co^{2+}、$Th(Ⅳ)$、Se^{3+} 等离子形成螯合物：

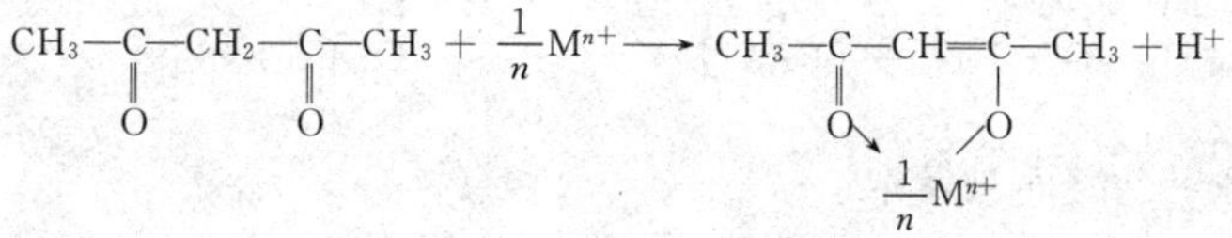

$$\underset{\underset{O}{}\quad\underset{O}{}}{CH_3-C-CH_2-C-CH_3} + \frac{1}{n}M^{n+} \longrightarrow \underset{\underset{O}{}\quad\underset{O}{}\searrow\nearrow}{CH_3-C=CH-C-CH_3} + H^+ \tag{15-29}$$
$$\frac{1}{n}M^{n+}$$

螯合物沉淀可用 $CHCl_3$、CCl_4、苯、二甲苯等萃取，也可以用乙酰基丙酮直接萃取。即乙酰基丙酮既是萃取剂，又是溶剂。

其他类似的萃取剂还有 N-亚硝基苯胲铵（铜铁灵）、二乙基胺二硫代甲酸钠（铜试剂）、丁二酮肟等。

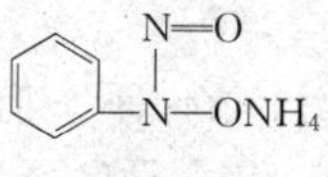

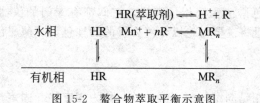

铜铁灵 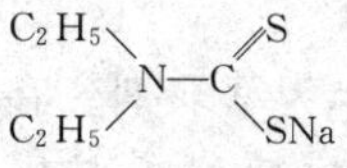　　　　　　铜试剂 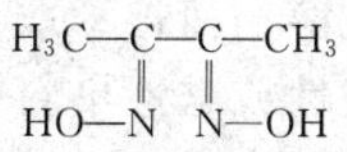　　　　　　丁二酮肟

还有许多含磷的萃取剂如（2-乙基己基）膦酸（2-乙基己基酯）（P_{507}）、双（乙基己基）磷酸（P_{204}）等。

分离镧系元素的萃取剂多为含磷的螯合剂，如双（乙基己基）磷酸（P_{204}）［图 15-1(a)］。该试剂与 Ln^{3+} 形成螯合物［图 15-1(b)］，螯合物易溶解于有机相。

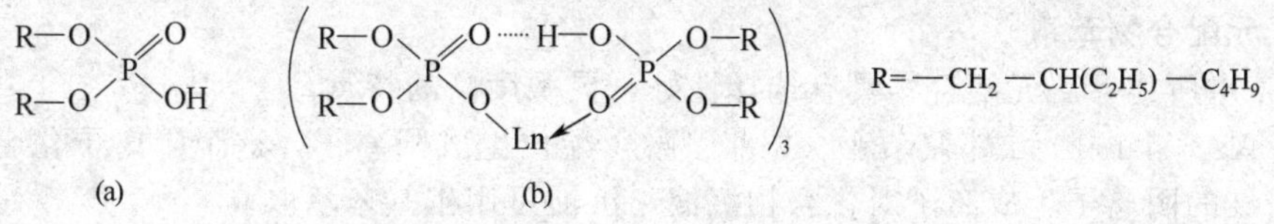

$$\underset{\underset{R-O}{}}{\overset{R-O}{}}\overset{O}{\underset{OH}{P}} \qquad \left(\underset{\underset{R-O}{}}{\overset{R-O}{}}\overset{O\cdots H-O}{\underset{O}{P}}\overset{}{\underset{O}{P}}\underset{\underset{O-R}{}}{\overset{O-R}{}}\right)_3 \qquad R= -CH_2-CH(C_2H_5)-C_4H_9$$
$$\text{(a)} \qquad\qquad\qquad Ln \qquad\qquad \text{(b)}$$

图 15-1　螯合剂 P_{204} 和形成的螯合物

螯合物萃取剂在萃取过程中存在四个平衡，即萃取剂在水相与有机相间的溶解平衡；萃取剂在水相中的离解平衡；金属离子与萃取剂在水相中的配位平衡；螯合物在水相和有机相间的溶解平衡，如图 15-2 所示。

$$HR(萃取剂) \Longrightarrow H^+ + R^-$$
水相　　　　HR　　$Mn^+ + nR^- \Longrightarrow MR_n$

有机相　　　HR　　　　　　　　MR_n

图 15-2　螯合物萃取平衡示意图

从图 15-2 可以看出，萃取的总效率不仅与所涉及的金属离子、萃取剂、溶剂性质有关，还和实验条件有关。例如升高 pH，可使萃取剂离解更完全，有利于在水相的溶解和离解，因此更有利于 MR_n 生成，则萃取到有机相的 MR_n 增多。

控制一定的实验条件，可使某种离子生成螯合物，而另一种离子不生成螯合物，从而达到分离的目的。

(2) 离子对化合物萃取

离子对化合物形成的机理在 15.1.3 中已讲过。离子对化合物不是离子化合物，在水相中不溶解，而易溶于有机溶剂。

例如，用乙醚从 HCl 溶液中萃取 Fe^{3+} 时，有下列反应产生：

$$Fe^{3+} + 4Cl^- \Longrightarrow [FeCl_4]^- \tag{15-30}$$

$$C_2H_5-O-C_2H_5 + H^+ \Longrightarrow \overset{H^+}{C_2H_5-O-C_2H_5} \tag{15-31}$$

$$\overset{H^+}{C_2H_5-O-C_2H_5} + [FeCl_4]^- \Longrightarrow \begin{matrix} C_2H_5 \\ \diagdown \\ O\cdot FeCl_4 \downarrow \\ \diagup \\ C_2H_5 \end{matrix} \overset{H^+}{} \tag{15-32}$$

离子对化合物沉淀溶于乙醚而被萃取。

用磷酸三丁酯（TBP）可萃取 UO_2^{2+}：

$$UO_2^{2+} + 6H_2O \Longrightarrow [UO_2(H_2O)_6]^{2+} \tag{15-33}$$

$$[UO_2(H_2O)_6]^{2+} + 6TBP \Longrightarrow [UO_2(TBP)_6]^{2+} + 6H_2O \tag{15-34}$$

$$[UO_2(TBP)_6]^{2+} + 2NO_3^- \Longrightarrow [UO_2(TBP)_6](NO_3)_2 \downarrow \tag{15-35}$$

沉淀可溶于有机溶剂而被萃取。

某些有机碱、酸性或碱性染料也可作为萃取剂。在一定 pH 条件下，有机碱或碱性染料以阳离子形式存在，可与金属配阴离子生成离子对化合物沉淀，沉淀可溶于 $CHCl_3$ 而被萃取。

季铵盐是一种强电解质，季铵盐与阴离子可形成离子对化合物而被萃取。如甲基三烷基铵的硝酸盐 $[R_3NCH_3]^+NO_3^-$ 溶于水后，其阳离子 $[R_3NCH_3]^+$ 可与稀土金属配阴离子 $[Ln(NO_3)_4]^-$、$[Re(NO_3)_6]^{3-}$ 形成离子对化合物 $[R_3NCH_3]^+[Ln(NO_3)_4]^-$ 等沉淀，使稀土金属进入有机相。

有机染料的有机溶液有颜色，因而还可以用来进行分光光度定量分析。

(3) 三元配合物萃取

如 15.1 中所述，三元配合物具有选择性好，灵敏度高的特点。

例如，Ag^+ 与 1,10-二邻氮杂菲（邻菲啰啉）配位生成阳离子，这个阳离子化合物再与溴邻苯三酚红的阴离子生成离子对化合物沉淀，沉淀可用硝基苯萃取。

15.3 色谱分离法

利用混合物中各组分在两相（流动相和固定相）中分配程度的差异而达到分离目的的方法叫做色谱分离法，又称作色层分离法或层析分离法。

色谱分离也包括气相色谱法和液相色谱法，它们都有专门的仪器，属于仪器分析的范畴，本节将不予讨论。这里将主要讨论以分离为目的的柱色谱、薄层色谱、纸色谱方法。

15.3.1 固定相和流动相

(1) 固定相

在色谱分离法中有一相是固定的、不流动的，称为固定相。固定相可分为两类。

① 固体固定相

固体固定相一般为多孔性、比表面积较大、吸附性较强、化学惰性的固体，所谓化学惰性是指固定相不与流动相及样品中的组分产生化学反应，也不溶于流动相，有一定粒度且均匀。常用的固体固定相有 Al_2O_3、硅胶、硅藻土、分子筛、素陶瓷和高分子微球等。

② 液体固定相

将有机溶液涂在固体表面，此固体称为载体或担体。被涂的有机溶液称为固定液。对载体或担体的要求与对固体固定相的要求一致。对固定液也要求化学惰性。固定液大多数是酯类、高级醇等。

（2）流动相

在色谱分离法中还有一相是流动的，它将推动被分离的组分向一定的方向流动，此相称为流动相。流动相可以是气体，也可以是液体。

15.3.2　色谱分离的基本原理

试样进入固定相时，由于固定相有较强的吸附力，试样中的 A、B 两组分被吸附在固定相的表面，或者溶于固定液。

然后，加入流动相。流动相到达 A、B 所在位置时，A、B 便会在固定相或固定液与流动相之间重新进行分配平衡。若 A 与流动相的亲和力比 B 大，则 A 在流动相中的含量比 B 大。在流动相向前流动时，A、B 又遇到第二层固定相或固定液，A、B 再次在固定相或固定液与流动相之间进行分配平衡。此时，在上一层的基础上，A、B 在流动相中的含量的差距被进一步扩大。只要这种固定相的层数（即固定相的长度）足够大，A、B 便可分离完全。

15.3.3　柱色谱分离法

将固定相装在一根柱子里，这根柱子便称为色谱柱。其结构如图 15-3 所示。将需分离的样品溶液由柱顶加入，则溶液中的各组分将会被固定在柱上端的固定相上。

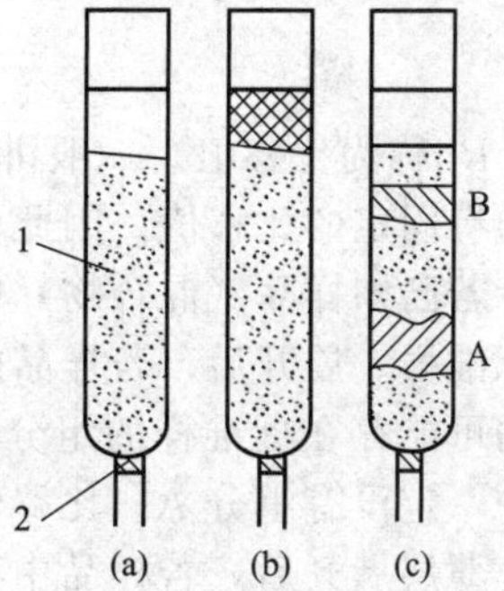

然后将流动相（在柱色谱法中称为洗脱剂或淋洗液）从柱顶端加入，此过程在柱层析中称为洗脱或淋洗。随着洗脱剂由上而下的流动，被分离的组分将会在固定相表面不断产生吸附-解吸，再吸附-再解吸或者溶于固定液-溶于流动相，再溶于固定液-溶于流动相的过程。由于两个组分溶解、吸附性质的差异，因此，样品溶液各组分在流动相含量差距越来越大，相当于各组分在色谱柱中移动的速度不同。在固定相中溶解度小的组分或被固定相吸附小的组分将先流出色谱柱。各组分被完全分离。

柱色谱是否能分离两组分主要是固定相和洗脱剂的选择。

洗脱剂的选择与固定相的吸附能力的强弱、被分离的物质的极性有关。

图 15-3　色谱柱示意图
1—固定相；2—玻璃纤维

① 被分离的物质极性较强时，可选择吸附能力（溶解能力）较弱的物质作固定相（液）。若选择吸附能力（溶解能力）较强的物质作固定相，吸附（溶解）过强，则难以被洗脱（溶于流动相）。

要使被分离的物质从固定相（液）上脱附（溶解于流动相），则应选用极性较大的洗脱剂，增大其进入洗脱剂的能力。例如可选醇类、酯类等作洗脱剂。

② 被分离的物质极性较弱时，可选择吸附能力（溶解能力）较强的物质作固定相（液）。若选择吸附能力（溶解能力）较弱的物质作固定相（液），吸附（溶解能力）过弱，

则可轻易脱附（溶于流动相），使各组分的脱附能力（溶于流动相）差别降低，使各组分难以分离。

应选用极性较小物质作洗脱剂，可使被分离的物质更易进入洗脱剂。极性较小的洗脱剂有石油醚、环己烷等。

常用洗脱剂的极性从小到大的顺序为：石油醚＜环己烷＜四氯化碳＜甲苯＜二氯甲烷＜三氯甲烷（氯仿）＜乙醚＜乙酸乙酯＜正丙醇＜乙醇＜甲醇＜水。

15.3.4　薄层色谱分离法

薄层色谱分离法是一种应用广泛、简单、迅速、效果好、灵敏度高的分离方法，尤其是在有机物、医药、生物制品的分离中，更是常用的方法。

将固定相均匀地铺在玻璃板或其他材质的薄板上。将待测液体样品用毛细管或微量进样器点在薄层板的一端，应使其距薄板边缘 $0.5\sim1.0cm$。

另备一层析缸，在缸中的小容器中装上适量的流动相（在薄层色谱中称为展开剂），将薄板上点了样品的固定相一端浸入展开剂，但样品点不得浸入展开剂。将薄层板与水平方向成 $10°\sim20°$（卧式）或 $60°\sim70°$（立式）夹角放入层析缸，如图 15-4 所示。

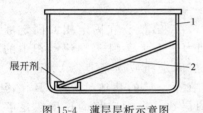

图 15-4　薄层层析示意图
1—层析缸；2—层析板

由于薄层板上固定相的毛细作用，展开剂将由下向上移动，并推动样品由下向上移动。由于各组分被固定相吸附能力或溶解能力的差异，与 15.3.2 中讲的柱色谱原理一样，经过一段时间的展开，拉开了不同组分间的距离。

当展开剂移至某一高度时，则停止展开，取出薄板。从样品原点到展开剂最终的位置的距离为 y，从样品原点到展开后的样品斑点中心的距离为 x，则

$$R_f = \frac{x}{y}$$

R_f 称为比移值。一般讲，当固定相和展开剂确定后，每一种物质在这种薄层层析系统中均有固定的比移值。因此，比移值 R_f 是薄层色谱法对物质进行定性的依据。

若已知样品（混合物）中可能存在某组分 A，则可以在薄板上同时点上样品和已知 A 的标准样。展开后，若样品的某一个点的 R_f 与标准样 A 的 R_f 一致，则可推断样品中有很大的可能存在标准样的组分 A。若样品各点的 R_f 与标准样 A 的 R_f 均不一致，则可肯定样品中一定没有组分 A。比移值是必要条件，而不是充分必要条件。

薄层展开后，若样品中各组分是有色的，则薄层板上会有各种颜色的斑点，可以从斑点中心测量 x、y 并计算 R_f。但大多数组分是无色的，则必须采用其他方法使其显色。显色方法有非破坏性和破坏性两类，最常用的显色方法如下。

（1）喷洒、熏蒸显色剂

对展开后的各斑点喷洒或熏蒸某种显色剂。如金属离子在硅胶 G 板上，可用正丁醇：$1.5mol\cdot L^{-1}$ HCl：乙酰丙酮为 $100：20：0.5$（体积比）混合液为展开剂，展开后喷以 KI 溶液，待薄层干后，以 NH_3 熏，再以 H_2S 熏，则会出现棕黑色到黄色的斑点：CuS 棕黑色；PbS 棕色；CdS 黄色；Bi_2S_3 棕黑色；HgS 棕黑色。R_f 依次增加。

（2）紫外灯照射

如果样品组分有荧光，则可用紫外灯照射，薄板上则出现荧光斑点。如抗生素中的强力霉素在硅胶 G 薄板上，可用 pH＝7 的 $0.1mol\cdot L^{-1}$ 的 EDTA 二钠盐饱和的醋酸乙酯为展开剂。展开后在空气中干燥薄板，然后用氨气熏蒸。在 366nm 紫外灯下可观察到荧光斑点。

对有机物样品展开后可置于碘蒸气中一定时间后取出，由于有机物溶解碘而使样品斑点显棕黄色。

薄层分离后，还可对各组分进行定量分析。用小刀将展开后的各组分的斑点分别挖出来，当然范围应比斑点稍大。用反萃取的方法使被测组分从固定相上脱附下来，再运用适当的分析方法进行定量分析。

15.3.5　纸色谱分离法

纸色谱的原理和薄层色谱的原理相同，它利用的是被测物的溶解特性差异而不是吸附特性差异。色谱分离过程在特殊的滤纸上进行，但要注意的是固定相不是滤纸，而是滤纸表面吸附的水。简单装置如图15-5、图15-6所示。其他操作过程，显色办法均与薄层色谱相近，只不过滤纸是垂直悬挂的。纸色谱也是一种简单的分离办法，但它的分离效率不如薄层色谱高。

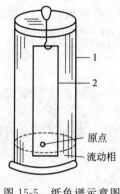

图 15-5　纸色谱示意图
1—层析缸；2—滤纸

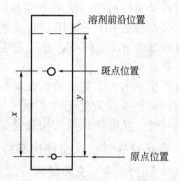

图 15-6　比移值 R_f 的测量

15.4　离子交换分离法

利用固体离子交换树脂上的活性组分与溶液中离子进行交换反应进行分离的方法称作离子交换分离法。被分离的对象一定是带电荷的物质。

离子交换分离法也可以对离子物质进行富集和纯化。

15.4.1　离子交换树脂

离子交换树脂分为有机交换剂和无机交换剂。由于高分子学科的发展，有机交换剂的优越性远远超过无机交换剂。目前无机交换剂已很少使用，因此本书只介绍有机交换剂。

有机交换剂是一类高分子聚合物，其中以苯乙烯和二乙烯苯的共聚物树脂应用得最为广泛，又称之为离子交换树脂。

树脂的骨架部分苯乙烯和二乙烯苯的交联聚合物是惰性的，很稳定，不溶于有机溶剂，一般也不会和弱氧化剂反应。但在网状结构的骨架上可修饰一些活性基团，这些活性基团可以和外界进行交换反应。

（1）阳离子交换树脂

阳离子交换树脂的活性基团一般为—SO_3H、—$COOH$ 或 ⬡—OH，它们都具有不同的酸性。这些基团上的 H^+ 可以和外界进行交换反应。

活性基团是—SO_3H 的树脂称为强酸性 H 型阳离子交换树脂。它在酸性、中性和碱性中都可使用。交换速度快、应用范围广。

活性基团是—COOH（羧基）和 [苯环]—OH（酚基）的树脂称为弱酸性 H 型阳离子交换树脂。弱酸性 H 型阳离子交换树脂对 H^+ 的亲和力大，即活性基团的离解平衡常数小。所以，在酸性溶液中不会发生交换反应。

羧基 H 型阳离子交换树脂的使用条件是 pH>4，而酸性更弱的酚基 H 型阳离子交换树脂的使用条件则为 pH>9.5。而强酸性 H 型阳离子交换树脂在任何 pH 下均可使用。

就因为如此，弱酸性阳离子交换树脂的选择性比强酸型的好，也容易洗脱，常可用来分离不同强度的碱性氨基酸、有机碱等。

（2）阴离子交换树脂

阴离子交换树脂的活性基因一般为—$N^+(CH_3)_3OH^-$（季铵碱）、—$N^+H(CH_3)_2OH^-$（叔胺碱）、—$N^+H_2CH_3OH^-$（仲胺碱）、—$N^+H_3OH^-$（伯胺碱）。碱性按上列顺序依次减弱。

和阳离子交换树脂的使用条件相对应，—$N^+(CH_3)_3OH^-$ 是强碱性 OH 型阴离子交换树脂，它可在各种 pH 下使用。而其他的树脂称之为弱碱性 OH^- 型阴离子交换树脂，它们都必须在较低的 pH 条件下，才可发生交换反应。

（3）螯合树脂

螯合树脂中引入了有高选择性的特殊活性基团，其可和某些金属离子形成螯合物。

例如，活性基团为氨基二乙酸—$N(CH_2COOH)_2$ 的树脂，它对 Cu^{2+}、Co^{2+}、Ni^{2+} 有很好的选择性。从有机试剂结构理论出发，可按需要设计和合成一些新的螯合树脂。

15.4.2 离子交换过程及交换树脂特性

强酸性 H 型阳离子交换树脂可以和溶液中的阳离子进行交换：

$$nR-SO_3H+M^{n+} \rightleftharpoons M(R-SO_3)_n+nH^+ \tag{15-36}$$

强碱性 OH 型阴离子交换树脂可以和溶液中的阴离子进行交换：

$$R-N(CH_3)_3OH+A^- \rightleftharpoons R-N(CH_3)_3A+OH^- \tag{15-37}$$

利用上述两个离子交换过程可在实验室和工业上制备去离子水。

将水首先通过 H 型阳离子交换树脂、水中所有阳离子全部被交换为 H^+。再使通过阳离子交换树脂的水通过 OH 型阴离子交换树脂，水中所有阴离子全部被交换为 OH^-，OH^- 与 H^+ 结合成水，原水中的非 H^+、OH^- 的阴阳离子全部除去，因此将这种水称作去离子水。

（1）离子交换亲和力

式(15-36)、式(15-37) 实际上是一种非均相化学平衡。M^{n+} 之所以可和 $R-SO_3^-$ 结合，而使 H^+ 游离，是因为 M^{n+} 与 $R-SO_3^-$ 的亲和力大于 H^+ 与 $R-SO_3^-$ 的亲和力。如果另外一种金属离子 N^{n+} 与 $R-SO_3^-$ 的亲和力大于 M^{n+} 的亲和力，那么水溶液中的 N^{n+} 也可以和 $R-SO_3^-$ 结合，而使 M^{n+} 游离出来：

$$(R-SO_3)_nM+N^{n+} \rightleftharpoons N(R-SO_3)_n+M^{n+} \tag{15-38}$$

一般讲离子所带电荷数越多，其与离子交换树脂的亲和力越大。

离子所带电荷数相同时，离子半径越大，其与离子交换树脂的亲和力也越大。

一价阳离子的亲和力顺序为：$Li^+<H^+<Na^+<NH_4^+<K^+<Rb^+<Cs^+<Tl^+<Ag^+$。

二价阳离子的亲和力顺序为：$Mg^{2+}<Ca^{2+}<Sr^{2+}<Ba^{2+}<Fe^{2+}<Co^{2+}<Ni^{2+}<Cu^{2+}<Zn^{2+}$。

阴离子的亲和力顺序为：$F^-<OH^-<Ac^-<HCOO^-<H_2PO_4^-<Cl^-<NO_2^-<CN^-<Br^-<C_2O_4^{2-}<NO_3^-<HSO_4^-<I^-<CrO_4^-<SO_4^{2-}<$柠檬酸根。

由于离子和树脂的亲和力不同，亲和力大的离子可以将亲和力小的离子交换出来，因此交换树脂不仅可以是 H 型或 OH 型的，也可以是其他离子型的，常见的有 Na、Cl 型等。例如，锅炉用水应为软水，因为硬水中的 Ca^{2+}、Mg^{2+} 可以形成 $CaCO_3$、$MgCO_3$ 沉淀结垢，对锅炉的使用造成危害，可以用 Na 型阳离子交换树脂将 Ca^{2+}、Mg^{2+} 除去：

$$2R-SO_3Na+Mg^{2+} \Longleftrightarrow Mg(R-SO_3)_2+2Na^+ \qquad (15-39)$$

$$2R-SO_3Na+Ca^{2+} \Longleftrightarrow Ca(R-SO_3)_2+2Na^+ \qquad (15-40)$$

如果选择 H 型阳离子交换树脂除去 Ca^{2+}、Mg^{2+}：

$$2R-SO_3H+Mg^{2+} \Longleftrightarrow Mg(R-SO_3)_2+2H^+ \qquad (15-41)$$

$$2R-SO_3H+Ca^{2+} \Longleftrightarrow Ca(R-SO_3)_2+2H^+ \qquad (15-42)$$

交换出来的 H^+ 会使水的 pH 下降，增加了它对锅炉本体的腐蚀。选用 Na 型阳离子交换树脂，交换出来的 Na^+ 会使水保持碱性，可降低水对锅炉本体的腐蚀。

式(15-38) 也为我们在化工生产中除去产品中痕量离子杂质、纯化产品或者生产特定的盐类产物提供了一条工艺路线。

(2) 交换容量

单位质量的干离子交换树脂所能交换离子的量称为离子交换树脂的交换容量，常用单位为 $mmol \cdot g^{-1}$ 或 $mol \cdot kg^{-1}$。

一般讲，当树脂实际交换量已达树脂交换容量的 80% 时，树脂就不应再继续使用，应进行再生。交换容量由实验确定。

(3) 交联度

离子交换树脂中含有的交联剂的质量分数叫交联度，是树脂的重要性质之一，一般交联度为 8%～12%。

交联度越高表明网状结构越紧密，网眼小，树脂孔隙度小，需交换的离子很难进入树脂，因此交换速度慢，水的溶胀性能差。优点则是选择性高、强度大，不易破碎。若要分离的离子较小，则可要求孔隙小一些，即交联度大一些。例如分离氨基酸时，交联度可选约 8% 左右离子交换树脂。对于大分子的肽类的分离，树脂的交联度就应小一点，为 2%～4%。只要不影响分离，交联度的增加可提高选择性。

15.4.3 离子交换分离法的操作

在用离子交换法进行分离、提纯时，必须按操作步骤执行，否则，将不能达到预期目的。

(1) 树脂的预处理

根据工作的要求，选择好离子交换树脂的类型。

市售的离子交换树脂买来后，需晾干而不得烘干、晒干，否则离子交换树脂可能变质或分解。

按粒径的要求，对干的离子交换树脂进行研磨、过筛，筛取所需的粒度。

对选好粒度的离子交换树脂用水浸泡，使树脂充分溶胀。这是因为离子交换反应是液-固两相反应，物质传递速率是影响整个交换反应速率的重要因素，干的离子交换树脂与反应的液体相界面阻力很大，不利于离子交换反应的迅速进行。树脂溶胀越充分，液-固界面阻力越小，将来进行的离子交换反应越迅速。

将离子交换树脂浸泡在 $4\sim6mol \cdot L^{-1}$ 的盐酸中 $1\sim2d$，除去树脂中的杂质，若树脂是阳离子交换树脂，则其变成 H 型阳离子交换树脂。再用水漂洗树脂至中性，并将漂洗干净的树脂浸在去离子水中备用。

若树脂是阴离子交换树脂，按上述方法处理后是 Cl 型阴离子交换树脂。若需 OH 型阴离子树脂，则可用 NaOH 代替 HCl，按上述方法处理阴离子交换树脂。

（2）装柱

根据用量选择离子交换柱的直径和高度。柱子下端应有活塞，在装树脂之前，柱的底部应先塞以玻璃纤维，以防树脂流出交换柱，如图 15-7 所示。关闭活塞，并在柱中装入一些去离子水，然后将浸泡在水中的树脂连水一起装入柱子，并始终保持液面浸过树脂，防止有气泡进入树脂。树脂装入的高度一般为柱的 80%～90%。图 15-7(a) 的装置可防止水液面低于树脂，但使用过程中流速较慢。图 15-7(b) 的装置就需防止液面低于树脂的现象出现。装好树脂后，再在树脂上端塞上玻璃纤维以防止使用时树脂被掀动。

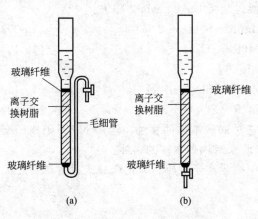

图 15-7　离子交换树脂装置示意图

（3）分离

将待分离的试液缓慢地倒入交换柱内，打开柱下端的活塞，控制适当的流速，让试液进入树脂层，同时在柱的上端加入洗涤剂，洗去被交换下来的离子和试液中的其他组分。洗涤剂一般是水或不含被分离组分的其他溶剂。在洗涤过程中始终保持液面高于树脂，不使气泡混入。混入气泡会形成液-气和气-固两个界面增加界面的传质阻力，使离子交换反应的速度大幅下降。

在此过程中还要检测交换柱下端的流出液，直到流出液不含有试液中原有的某组分为止。

例如，NaCl 和 $CaCl_2$ 混合溶液经过阳离子交换树脂，Na^+、Ca^{2+} 被树脂亲和交换出 H^+，而 Cl^- 和树脂不发生反应而流出交换柱。在柱底端用表面皿接下几滴流出液，加入 $AgNO_3$，如果不出现浑浊，表明柱子已被洗涤干净，若出现 AgCl 沉淀即出现浑浊，则须继续用洗涤剂洗涤树脂。

若试液中各组分的检查均较困难，还可以有意识地加入一点杂质，例如 Cl^-，以便通过 Ag^+ 检查，确定洗涤是否干净。

经过上述过程，待分离组分已固定在树脂上。要想达到分离的目的，还需将它们从柱子上按顺序洗下来，这个过程叫洗脱。

选择好洗脱液，从柱顶端加入。洗脱有关组分，其原理和柱层析分离、薄层层析分离相似，不再重复。可以分批收集洗脱液，以分离不同的离子；还可以用其他的定量分析方法测定洗脱液中被交换的离子的含量。

（4）树脂再生

将树脂恢复到进行离子交换前的形式的过程叫树脂的再生。若进行了上述洗脱过程，实际上树脂已恢复到了交换前的形式了，它已是一个再生过程。但也有许多交换过程没有洗脱这一步，例如前面讲到的制去离子水的过程。离子交换后，阳离子交换树脂已从 H 型变成其他正离子（如 Ca、Mg 型）型，阴离子交换树脂已从 OH 型变成其他阴离子型（如 Cl型）。处理锅炉水的阳离子交换树脂已从 Na 型变成 Ca 型和 Mg 型，它将不能再继续进行水的处理，已达饱和，所以必须再生。

若要求其他阳离子型交换树脂再生为 H 型交换树脂，可将其他阳离子型交换树脂在高浓度（如 6～12mol·L^{-1}）的 HCl 浸泡或过柱处理：

$$M(R—SO_3)_n + nH^+ \rightleftharpoons nR—SO_3H + M^{n+} \tag{15-43}$$

式(15-43) 的离子交换反应正是式(15-36) 的离子交换反应的逆反应。因为 M^{n+} 与交换树脂的亲和力大，因此，必须加大［H^+］，才可使式(15-36) 的反应向左移动。

同理，对阴离子交换树脂，若要再生成 OH 型阴离子交换树脂，应用高浓度的 NaOH 浸泡或过柱。若要再生成 Na 型阳离交换树脂则用浓 NaCl 溶液浸泡或过柱。

交换过程中所涉及的各种参数。均需查阅文献或由实验确定。

15.4.4　应用示例

(1) 石膏中硫酸钙的测定

石膏中硫酸钙可以通过测定 SO_4^{2-} 来确定。SO_4^{2-} 可以用 $BaCl_2$ 沉淀，用重量法测定。由于本样品中有大量钙存在，一些 SO_4^{2-} 形成硫酸钙，即硫酸钡沉淀中会混有硫酸钙沉淀。由于硫酸钙的摩尔质量比硫酸钡小，使测定结果偏低。为了消除 Ca^{2+} 的影响，可采用离子交换法测定硫酸钙的量。

将石膏试样、热水和过量的强酸性 H 型阳离交换树脂加热、搅拌。硫酸钙溶于水的 Ca^{2+} 和阳离子交换树脂交换生成 H^+。随着交换的进行，溶液的酸度增加，促进了硫酸钙的溶解，反复如此，最后所有的硫酸钙全部交换成了硫酸。滤去树脂，并用水将树脂洗至中性。最后用 NaOH 标准溶液滴定滤液，可确定硫酸浓度，进而确定硫酸钙的含量。

(2) Fe^{3+} 和 Ni^{2+} 的分离和测定

将含有 Fe^{3+} 和 Ni^{2+} 的试样溶于 $9mol \cdot L^{-1}$ 的 HCl 中，则

$$Fe^{3+} + 4Cl^- \Longrightarrow [FeCl_4]^- \tag{15-44}$$

将试样溶液通过强碱性 OH 型阴离子交换树脂柱，此时 $[FeCl_4]^-$ 和 $R-N(CH_3)_3OH$ 中 OH 发生交换而停留在树脂上。Ni^{2+} 与 Cl^- 不能形成配离子，所以其仍以阳离子形式存在，不和阴离子交换树脂发生交换。再用 $9mol \cdot L^{-1}$ 的 HCl 洗涤树脂，Ni^{2+} 随着 $9mol \cdot L^{-1}$ 的 HCl 直接通过交换柱。

在柱子的下端接一滴流出液，用丁二肟检验，若没有红色沉淀产生，表明 Ni^{2+} 已全部被洗干净。从收集到的洗涤液中测定 Ni^{2+} 的含量。

然后改变洗涤液，用 $0.1mol \cdot L^{-1}$ 的 HCl 来淋洗交换柱。由于 HCl 的浓度很小，因此

$$[FeCl_4]^- \Longrightarrow Fe^{3+} + 4Cl^- \tag{15-45}$$

铁又以 Fe^{3+} 形式存在，也会从阴离子交换树脂上游离出来，通过交换柱，Fe^{3+} 和淋洗液一起流出交换柱。

在柱底收集淋洗液直到淋洗液中无 Fe^{3+} 为止。检验方法为一滴柱液加一滴亚铁氰化钾 $K_4[Fe(CN)_6]$（黄血盐），若无蓝色沉淀产生，则表明 Fe^{3+} 已被淋洗完全。然后收集本次的淋洗液在一起，再检测其中的 Fe^{3+} 的含量。如此 Fe^{3+}、Ni^{2+} 达到了分离和测定的目的。

(3) 痕量组分的富集

离子交换树脂是一种富集带电荷的痕量组分的十分有效的方法。

矿石中的铂、钯的含量极低，必须富集后才能准确测定。将矿石溶于浓 HCl，使 Pt^{4+}、Pd^{2+} 转变为 $[PtCl_6]^{2-}$、$[PdCl_4]^{2-}$ 阴离子，流经强碱性阴离子交换柱，使得 $[PtCl_6]^{2-}$、$[PdCl_4]^{2-}$ 停留在交换树脂上。洗涤干净后，取出树脂，高温灰化，树脂变为 H_2O、CO_2 和少量残渣，用王水溶之，则富集了 Pt 和 Pd。可用适当的方法进行分析。

近年来，有机化合物的离子交换层析分离也获得了迅速的发展和广泛的应用，尤其是在药物分析和生物分析方面应用更多。在一根交换柱上已能分离出 46 种氨基酸和其他组分。

如果把离子交换树脂和黏合剂均匀混合，涂铺薄层，则可进行离子交换薄层层析。把纤

维素加以处理，引入可交换的活性基因，用来涂铺薄层，也可进行离子交换薄层层析。

【扩展知识】

金属螯合物萃取

金属离子都有空轨道，可以接受孤电子对，是典型的路易斯酸，是配合物的中心；有机萃取剂中都有 O、N、S 原子，它们都有孤电子对，是典型的路易斯碱，是良好的配位体。金属离子和有机萃取剂通过配位键形成配合物。若在这些配位原子的 γ 位或 δ 位还有合适的配原子，就会形成多齿配合物并形成五元或六元环，这种环状配合物称为螯合物。螯合物都有较大的疏水基团，在水中溶解度很小，而易溶于有机溶剂而被萃取。由于形成螯合物而被萃取，因此称作螯合物萃取。

1. 金属螯合物萃取体系

常用的金属螯合物萃取体系见表 15-2。

表 15-2 常用的金属螯合物萃取体系

萃取剂类别	萃 取 剂	被萃取的金属离子
β-二酮类	乙酰丙酮	Al、Be、Bi、Ce、Ga、Fe
喹啉类	8-羟基喹啉	Ag、Al、Ba、Cd、Cu、稀土金属
肟类	α-二苯乙醇酮肟、水杨醛肟	Cu、Mo、Nb、Pd、V、W、Ni
腙类	双硫腙	Ag、Au、Cd、In、Mn、Po、Ti、Zn
酚类	1-(2-吡啶偶氮)-2-萘酚(PAN)	Fe、Ga、Co、Hg、Pb、稀土金属

2. 螯合物萃取平衡

螯合物萃取过程总的平衡为

$$M^{n+} + nHA_{有} \rightleftharpoons MA_{n有} + nH^+$$

总平衡常数为

$$K_{ex} = \frac{[MA_n]_{有}[H^+]^n}{[M^{n+}][HA]_{有}^n}$$

总的萃取平衡是由以下 4 个平衡组成的。

(1) 螯合剂 HA 在两相中的分配平衡

$$HA \rightleftharpoons HA_{有}$$

HA 的分配平衡常数为

$$K_d = \frac{[HA]_{有}}{[HA]}$$

(2) 螯合剂 HA 在水相中的离解平衡

$$HA \rightleftharpoons H^+ + A^-$$

HA 的离解平衡常数为

$$K_a = \frac{[H^+][A^-]}{[HA]}$$

(3) 金属离子与螯合剂阴离子 A^- 的配合平衡

$$M^{n+} + nA^- \rightleftharpoons MA_n$$

累积配合平衡常数为

$$\beta_n = \frac{[MA_n]}{[M^{n+}][A^-]^n}$$

(4) 螯合物 MA_n 在两相中的分配平衡

$$MA_n \rightleftharpoons MA_{n有}$$

MA_n 的分配平衡常数为

$$K_D = \frac{[MA_n]_{有}}{[MA_n]}$$

将平衡常数 K_d、K_a、K_D 和 β_n 全部代入总平衡常数计算式，得

$$K_{ex} = \frac{K_D \beta_n K_a^n}{K_d^n}$$

因为分配比为

$$D = \frac{[MA_n]_{有}}{[M^{n+}] + [MA_n]}$$

若 MA_n 在水相中的溶解度很小，$[MA_n] \approx 0$，则

$$D = \frac{[\mathrm{MA}_n]_{有}}{[\mathrm{M}^{n+}]}$$

则

$$K_{ex} = \frac{[\mathrm{MA}_n]_{有}[\mathrm{H}^+]^n}{[\mathrm{M}^{n+}][\mathrm{HA}]_{有}^n} = D\frac{[\mathrm{H}^+]^n}{[\mathrm{HA}]_{有}^n}$$

$$D = \frac{K_{ex}[\mathrm{HA}]_{有}^n}{[\mathrm{H}^+]^n} = \frac{K_D\beta_n K_a^n[\mathrm{HA}]_{有}^n}{[\mathrm{H}^+]^n K_d^n}$$

由上式可得到下列结论：

① 水相中的 $[\mathrm{H}^+]$ 越小即 pH 越大，D 越大，萃取效率越大，而且与 $[\mathrm{H}^+]^n$ 成反比；

② 螯合剂在两相中的分配平衡常数 K_d 越小，即在水相中的溶解度越大，D 越大，萃取效率越大，而且与 K_d^n 成反比；

③ 螯合剂在水相中的离解平衡常数 K_a 越大，即酸性越强，D 越大，萃取效率越大，而且与 K_a^n 成正比；

④ 螯合剂在有机相中的浓度 $[\mathrm{HA}]_{有}^n$ 越大，即螯合剂越多，D 越大，萃取效率越大，而且与 $[\mathrm{HA}]_{有}^n$ 成正比；

⑤ D 还与 K_D 和 β_n 的乘积成正比。

所以，前四个因素的影响更强。在选择萃取体系时应着重考虑 K_a 与 K_d；在操作过程中则主要考虑 pH 和螯合剂的用量。

3. 分离因子 β

如果有两个以上的组分可被萃取，而只需萃取一个，从上述分析看，操作条件中只能将干扰组分的配合物条件稳定常数 $\beta'_干$ 变小。即可在水相中加入干扰组分的配位剂，将其掩蔽。

$$D_干 = \frac{K_{ex}[\mathrm{HA}]_{有}^n}{\alpha_{干(L)}[\mathrm{H}^+]^n} = \frac{K_D\beta_n K_a^n[\mathrm{HA}]_{有}^n}{[\mathrm{H}^+]^n K_d^n}$$

其中

$$\alpha_{干(L)} = 1 + \beta_1[\mathrm{L}^-] + \beta_2[\mathrm{L}^-]^2 + \cdots + \beta_n[\mathrm{L}^-]^n$$

可通过选择合适的实验条件，达到有选择性地萃取的目的。

4. 协萃效应

协同效应是个普遍概念。当两个操作或两种试剂等加在一起所产生的效果大于两个因素独立产生的效果之和时，这种现象称为协同效应。对于萃取操作而言，一种萃取剂和另一种试剂或萃取剂混合物的萃取效率（或分配比）大于每个萃取剂单独的萃取效率（或分配比）之和，即 $D_{协同} > \sum D_i$ 或 $E_{协同} > \sum E_i$。这种协同效应在此称为协萃效应，协萃系数 $S = D_{协同}/\sum D_i$，第二种试剂或萃取剂称作协萃剂。

协萃效应产生的原理有时并不太明确，但在萃取中协萃剂具备下列条件，较易产生协萃效应。

① 协萃剂能取代已配位的水分子，同时形成中性或亲水性较小的螯合物。

② 协萃剂本身疏水，并且对金属离子的配位能力较有机螯合物弱。

③ 协萃剂的加入有利于满足金属离子的最大配位数和配合物的几何因素。

有机磷化合物是最常用的协萃剂。协萃能力依次为

磷酸酯 $(\mathrm{RO})_3\mathrm{PO} <$ 膦酸酯 $\mathrm{R(RO)_2PO} <$ 次膦酸酯 $\mathrm{R_2(RO)PO} <$ 氧化膦 $\mathrm{R_3PO}$

此外，杂环碱、亚砜、羧酸和胺类、醇和酮类也有一定的协萃作用。

5. 共萃取

与共沉淀相似，一些组分本来不被萃取，由于另一组分被萃取而使前一种组分也被萃取，这种现象叫共萃取。

常见的共萃取实例见表 15-3。

表 15-3 常见的共萃取实例

被萃物	共萃物	水 相	有机相
稀土	Ca		8-羟基喹啉-$CHCl_3$
Fe(Ⅲ)	Ge	HCl	$C_7 \sim C_9$ 的羧酸-煤油(苯或甲苯)
Sb(Ⅲ)	Zn	罗丹明 C-HCl	二氯乙烷或硝基苯
Cu(Ⅱ)	Zn、Cd、Pb	pH$>$4	硫代苯甲酰丙酮
Cu(Ⅱ)	Se、Fe		$DDTC$-CCl_4

6. 萃取动力学

萃取的定量关系描述的是平衡时的状态。要达到平衡是需要时间的，不同的萃取体系所需时间有长有短。决定萃取速率的因素有两条：被萃取的螯合物的生成速率；萃取剂和螯合物的相转移的传质速率。前者较慢，是速率的决定因素。

因为
$$K_d = \frac{[HA]_{有}}{[HA]} \qquad K_a = \frac{[H^+][A^-]}{[HA]}$$

所以螯合物的生成速率为
$$v = k[M][A^-]^n = k[M]\frac{K_a^n[HA]_{有}^n}{K_d^n[H^+]^n}$$

显然，K_a 越大即 $[A^-]$ 越高、K_d 越小即在水相中的溶解度越大、pH 越高，生成速率 v 即萃取速率越大。这与萃取平衡的结论是相近的。

利用动力学因素可扩大或缩小平衡速率差别，达到选择性富集的目的。例如，用双硫腙萃取 Cd(Ⅱ)、Zn(Ⅱ)、Co(Ⅱ)、Ni(Ⅱ)，萃取速率依次减小，Ni 的萃取平衡需 10 天才可达到，所以，可以选择性地分离。

习　题

15-1　如果试液中含有 Fe^{3+}、Al^{3+}、Ca^{2+}、Mg^{2+}、Cu^{2+}、Mn^{2+}、Cr^{3+} 和 Zn^{2+} 等离子，加入 NH_4Cl-氨水缓冲溶液，控制 pH=9，哪些离子以什么形式存在于沉淀中？沉淀是否完全（假设各离子浓度均为 $0.010\,mol \cdot L^{-1}$）？哪些离子以什么形式存在于溶液中？

15-2　已知 $K_{sp}[Mg(OH)_2] = 1.8 \times 10^{-11}$，$K_{sp}[Zn(OH)_2] = 1.2 \times 10^{-17}$，试计算 MgO 和 ZnO 悬浊液所能控制的溶液 pH。

15-3　形成螯合物的有机沉淀剂和形成离子对化合物的有机沉淀剂分别具有什么特点？螯合物和离子对化合物有什么不同之处？

15-4　"分配系数"和"分配比"的物理意义何在？

15-5　含有 Fe^{3+}、Mg^{2+} 的溶液中，若使 $[NH_3] = 0.10\,mol \cdot L^{-1}$，$[NH_4^+] = 1.0\,mol \cdot L^{-1}$。此时，$Fe^{3+}$、$Mg^{2+}$ 能否完全分离？

15-6　某一弱酸 HA 的 $K_a = 2.0 \times 10^{-5}$，它在某有机溶剂和水中的分配系数为 30.0，当水溶液的 pH 分别为 1.0 和 5.0 时，分配比各为多少？用等体积的有机溶剂萃取，萃取效率各为多少？若使 99.5% 的弱酸被萃入有机相，这样的萃取要进行多少次？若使萃取剂的总体积与水相体积相等，又要萃取多少次？

15-7　某溶液含有 Fe^{3+} 10mg，将它萃入有机溶剂中，分配比 D=0.90，则用等体积有机溶剂萃取 1 次、2 次、3 次，水相中 Fe^{3+} 的量分别为多少？若在萃取 3 次后，将有机相合并，并用等体积的水洗涤一次有机相，会损失 Fe^{3+} 多少毫克？

15-8　石膏试样中 SO_3 的测定用下列方法：称取石膏试样 0.1747g，加沸水 50mL，再加 10g 强酸性氢型阳离子交换树脂，加热 10min 后，用滤纸过滤并洗涤，然后用 $0.1053\,mol \cdot L^{-1}$ 的 NaOH 标准溶液滴定滤液，消耗 NaOH 标准溶液 20.34mL，计算石膏中 SO_3 的百分含量。

15-9　称取氢型阳离子交换树脂 0.5128g，充分溶胀后，加入浓度为 $1.013\,mol \cdot L^{-1}$ 的 NaCl 溶液 10.00mL，充分交换后，用 $0.1127\,mol \cdot L^{-1}$ 的 NaOH 标准溶液滴定，终点时，消耗 NaOH 标准溶液 24.31mL，求该树脂的交换容量（$mmol \cdot g^{-1}$）。

15-10　用 OH 型阴离子交换树脂分离 $9\,mol \cdot L^{-1}$ 的 HCl 溶液中的 Fe^{3+} 和 Al^{3+}，原理如何？哪种离子留在树脂上，哪些离子进入流出液中？如何检验进入流出液中的离子已全部进入了流出液？此过程完成后，如何将留在树脂上的另一种离子洗下来？

附　　录

附录1　常见弱酸和弱碱的离解常数（25℃）

化　合　物	离　解　常　数
弱酸	
H_3AlO_3	$K_1 = 6.3 \times 10^{-12}$
H_3AsO_4	$K_1 = 5.6 \times 10^{-3}; K_2 = 1.7 \times 10^{-7}; K_3 = 3.0 \times 10^{-12}$
H_3AsO_3	$K_1 = 6.0 \times 10^{-10}$
H_3BO_3	$K_1 = 5.7 \times 10^{-10}$
$HCOOH$	1.8×10^{-4}
CH_3COOH	1.8×10^{-5}
$ClCH_2COOH$	1.4×10^{-3}
$H_2C_2O_4$	$K_1 = 5.9 \times 10^{-2}; K_2 = 6.4 \times 10^{-5}$
$H_2C_4H_4O_6$（酒石酸）	$K_1 = 9.1 \times 10^{-4}; K_2 = 4.3 \times 10^{-5}$
$H_3C_6H_5O_7$（柠檬酸）	$K_1 = 7.4 \times 10^{-4}; K_2 = 1.73 \times 10^{-5}; K_3 = 4.0 \times 10^{-7}$
H_2CO_3	$K_1 = 4.2 \times 10^{-7}; K_2 = 5.6 \times 10^{-11}$
$HClO$	3.2×10^{-8}
HCN	6.2×10^{-10}
$HSCN$	1.4×10^{-1}
H_2CrO_4	$K_1 = 1.8 \times 10^{-1}; K_2 = 3.2 \times 10^{-7}$
HF	3.5×10^{-4}
HIO_3	1.7×10^{-1}
HNO_2	5.1×10^{-4}
H_2O	1.0×10^{-14}
H_3PO_4	$K_1 = 7.6 \times 10^{-3}; K_2 = 6.30 \times 10^{-8}; K_3 = 4.35 \times 10^{-13}$
H_2S	$K_1 = 1.32 \times 10^{-7}; K_2 = 7.10 \times 10^{-15}$
H_2SO_3	$K_1 = 1.5 \times 10^{-2}; K_2 = 1.0 \times 10^{-7}$
$H_2S_2O_3$	$K_1 = 2.5 \times 10^{-1}; K_2 = 1.0 \times 10^{-(1.4 \sim 1.7)}$
H_4Y（乙二胺四乙酸）	$K_1 = 1.0 \times 10^{-2}; K_2 = 2.10 \times 10^{-3}; K_3 = 6.9 \times 10^{-7}; K_4 = 5.9 \times 10^{-11}$
弱碱	
$NH_3 \cdot H_2O$	1.8×10^{-5}
NH_2NH_2（联氨）	9.8×10^{-7}
NH_2OH（羟胺）	9.3×10^{-9}
$C_6H_5NH_2$（苯胺）	4×10^{-10}
C_6H_5N（吡啶）	1.5×10^{-9}
$(CH_2)_6N_4$（六亚甲基四胺）	1.4×10^{-9}

附录 2 难溶电解质的溶度积常数（25℃）

化 合 物	溶度积 K_{sp}	化 合 物	溶度积 K_{sp}
AgAc	4.4×10^{-3}	$Cu_3(PO_4)_2$	1.3×10^{-37}
AgBr	4.1×10^{-13}	$Cu_2P_2O_7$	8.3×10^{-16}
AgCl	1.8×10^{-10}	CuS	6.3×10^{-36}
Ag_2CO_3	6.1×10^{-12}	$FeCO_3$	3.2×10^{-11}
$Ag_2C_2O_4$	3.4×10^{-11}	$FeC_2O_4 \cdot 2H_2O$	3.2×10^{-7}
Ag_2CrO_4	1.1×10^{-12}	$Fe_4[Fe(CN)_6]_3$	3.3×10^{-41}
$Ag_2Cr_2O_7$	2.0×10^{-7}	$Fe(OH)_2$	8.0×10^{-16}
AgI	8.3×10^{-17}	$Fe(OH)_3$	3.5×10^{-38}
$AgIO_3$	3.0×10^{-8}	FeS	6.3×10^{-18}
$AgNO_2$	6.0×10^{-4}	Fe_2S_3	$\approx 10^{-88}$
AgOH	2.0×10^{-8}	Hg_2Cl_2	1.3×10^{-18}
AgSCN	1.3×10^{-12}	Hg_2CrO_4	2.0×10^{-9}
Ag_2S	6.3×10^{-50}	Hg_2S	1.0×10^{-47}
Ag_2SO_4	1.4×10^{-5}	HgS(红)	4×10^{-53}
$Al(OH)_3$	1.3×10^{-33}	HgS(黑)	1.6×10^{-52}
$BaCO_3$	5.1×10^{-9}	$HgSO_4$	7.4×10^{-7}
BaC_2O_4	1.6×10^{-7}	$KHC_4H_4O_6$	3.0×10^{-4}
$BaCrO_4$	1.2×10^{-10}	$K_2NaCo(NO_2)_6 \cdot H_2O$	2.2×10^{-11}
BaF_2	1.0×10^{-6}	K_2PtCl_6	1.1×10^{-5}
$BaSO_4$	1.1×10^{-10}	MgF_2	6.4×10^{-9}
$BaSO_3$	8×10^{-7}	$Mg(OH)_2$	1.8×10^{-11}
BiOCl	1.8×10^{-31}	$MnCO_3$	1.8×10^{-11}
$Bi(OH)_3$	4×10^{-31}	$Mn(OH)_2$	2.6×10^{-13}
$BiONO_3$	2.82×10^{-3}	MnS(无定形)	2.5×10^{-10}
Bi_2S_3	1×10^{-97}	（结晶）	2.5×10^{-13}
$CaCO_3$	2.8×10^{-9}	$NiCO_3$	6.6×10^{-9}
$CaC_2O_4 \cdot 2H_2O$	4×10^{-9}	$Ni(OH)_2$	2.0×10^{-15}
$CaCrO_4$	7.1×10^{-4}	NiS,α-	3.2×10^{-19}
CaF_2	3.4×10^{-11}	β-	1×10^{-24}
$Ca(OH)_2$	5.5×10^{-8}	γ-	2.0×10^{-20}
$CaSO_4$	9.1×10^{-6}	$PbCl_2$	1.6×10^{-5}
$Ca_3(PO_4)_2$	2.0×10^{-29}	$PbCO_3$	7.4×10^{-14}
$CdCO_3$	5.2×10^{-12}	$PbCrO_4$	2.8×10^{-13}
$CdC_2O_4 \cdot 3H_2O$	9.1×10^{-8}	PbI_2	1.1×10^{-8}
$Cd(OH)_2$	2.1×10^{-14}	PbS	8.0×10^{-28}
CdS	8.0×10^{-27}	$PbSO_4$	1.6×10^{-8}
$CoCO_3$	1.4×10^{-13}	$Sn(OH)_2$	1.4×10^{-28}
$Co(OH)_2$	1.6×10^{-15}	$Sn(OH)_4$	1×10^{-55}
$Co(OH)_3$	1.6×10^{-44}	SnS	1.0×10^{-28}
CoS,α-	4×10^{-21}	$SrCO_3$	1.1×10^{-10}
β-	2×10^{-25}	$SrCrO_4$	2.2×10^{-5}
$Cr(OH)_3$	6.3×10^{-31}	$SrC_2O_4 \cdot H_2O$	1.6×10^{-7}
CuBr	5.3×10^{-9}	$SrSO_4$	3.2×10^{-7}
CuCl	1.2×10^{-6}	$ZnCO_3$	1.4×10^{-11}
Cu_2S	2.5×10^{-48}	$Zn(OH)_2$	1.2×10^{-17}
$CuCO_3$	1.4×10^{-10}	ZnS,α-	1.6×10^{-24}
$CuCrO_4$	3.6×10^{-6}	β-	2.5×10^{-22}
$Cu(OH)_2$	2.2×10^{-20}		

附录3 标准电极电位(298.15K)

一、在酸性溶液中

电　对	电　极　反　应	$\varphi_a^{\ominus}/V$
Li^+/Li	$Li^+ + e^- \Longleftrightarrow Li$	-3.045
Rb^+/Rb	$Rb^+ + e^- \Longleftrightarrow Rb$	-2.93
K^+/K	$K^+ + e^- \Longleftrightarrow K$	-2.925
Cs^+/Cs	$Cs^+ + e^- \Longleftrightarrow Cs$	-2.92
Ba^{2+}/Ba	$Ba^{2+} + 2e^- \Longleftrightarrow Ba$	-2.91
Sr^{2+}/Sr	$Sr^{2+} + 2e^- \Longleftrightarrow Sr$	-2.89
Ca^{2+}/Ca	$Ca^{2+} + 2e^- \Longleftrightarrow Ca$	-2.87
Na^+/Na	$Na^+ + e^- \Longleftrightarrow Na$	-2.714
La^{3+}/La	$La^{3+} + 3e^- \Longleftrightarrow La$	-2.52
Y^{3+}/Y	$Y^{3+} + 3e^- \Longleftrightarrow Y$	-2.37
Mg^{2+}/Mg	$Mg^{2+} + 2e^- \Longleftrightarrow Mg$	-2.37
Ce^{3+}/Ce	$Ce^{3+} + 3e^- \Longleftrightarrow Ce$	-2.33
H_2/H^-	$\frac{1}{2}H_2 + e^- \Longleftrightarrow H^-$	-2.25
Sc^{3+}/Sc	$Sc^{3+} + 3e^- \Longleftrightarrow Sc$	-2.1
Th^{4+}/Th	$Th^{4+} + 4e^- \Longleftrightarrow Th$	-1.9
Be^{2+}/Be	$Be^{2+} + 2e^- \Longleftrightarrow Be$	-1.85
U^{3+}/U	$U^{3+} + 3e^- \Longleftrightarrow U$	-1.80
Al^{3+}/Al	$Al^{3+} + 3e^- \Longleftrightarrow Al$	-1.66
Ti^{2+}/Ti	$Ti^{2+} + 2e^- \Longleftrightarrow Ti$	-1.63
ZrO_2/Zr	$ZrO_2 + 4H^+ + 4e^- \Longleftrightarrow Zr + 2H_2O$	-1.43
V^{2+}/V	$V^{2+} + 2e^- \Longleftrightarrow V$	-1.2
Mn^{2+}/Mn	$Mn^{2+} + 2e^- \Longleftrightarrow Mn$	-1.17
TiO_2/Ti	$TiO_2 + 4H^+ + 4e^- \Longleftrightarrow Ti + 2H_2O$	-0.86
SiO_2/Si	$SiO_2 + 4H^+ + 4e^- \Longleftrightarrow Si + 2H_2O$	-0.86
Cr^{2+}/Cr	$Cr^{2+} + 2e^- \Longleftrightarrow Cr$	-0.86
Zn^{2+}/Zn	$Zn^{2+} + 2e^- \Longleftrightarrow Zn$	-0.763
Cr^{3+}/Cr	$Cr^{3+} + 3e^- \Longleftrightarrow Cr$	-0.74
Ag_2S/Ag	$Ag_2S + 2e^- \Longleftrightarrow Ag + S^{2-}$	-0.71
$CO_2/H_2C_2O_4$	$2CO_2 + 2H^+ + 2e^- \Longleftrightarrow H_2C_2O_4$	-0.49
Fe^{2+}/Fe	$Fe^{2+} + 2e^- \Longleftrightarrow Fe$	-0.440
Cr^{3+}/Cr^{2+}	$Cr^{3+} + e^- \Longleftrightarrow Cr^{2+}$	-0.41
Cd^{2+}/Cd	$Cd^{2+} + 2e^- \Longleftrightarrow Cd$	-0.403
Ti^{3+}/Ti^{2+}	$Ti^{3+} + e^- \Longleftrightarrow Ti^{2+}$	-0.37
$PbSO_4/Pb$	$PbSO_4 + 2e^- \Longleftrightarrow Pb + SO_4^{2-}$	-0.356
Co^{2+}/Co	$Co^{2+} + 2e^- \Longleftrightarrow Co$	-0.29
$PbCl_2/Pb$	$PbCl_2 + 2e^- \Longleftrightarrow Pb + 2Cl^-$	-0.266
V^{3+}/V^{2+}	$V^{3+} + e^- \Longleftrightarrow V^{2+}$	-0.25
Ni^{2+}/Ni	$Ni^{2+} + 2e^- \Longleftrightarrow Ni$	-0.25
AgI/Ag	$AgI + e^- \Longleftrightarrow Ag + I^-$	-0.152
Sn^{2+}/Sn	$Sn^{2+} + 2e^- \Longleftrightarrow Sn$	-0.136
Pb^{2+}/Pb	$Pb^{2+} + 2e^- \Longleftrightarrow Pb$	-0.126
$AgCN/Ag$	$AgCN + e^- \Longleftrightarrow Ag + CN^-$	-0.017

电　对	电　极　反　应	$\varphi_a^\ominus / V$
H^+/H_2	$2H^+ + 2e^- \rightleftharpoons H_2$	0.000
$AgBr/Ag$	$AgBr + e^- \rightleftharpoons Ag + Br^-$	0.071
TiO_2^{2+}/Ti^{3+}	$TiO_2^{2+} + 4H^+ + 3e^- \rightleftharpoons Ti^{3+} + 2H_2O$	0.10
S/H_2S	$S + 2H^+ + 2e^- \rightleftharpoons H_2S(aq)$	0.14
Sb_2O_3/Sb	$Sb_2O_3 + 6H^+ + 6e^- \rightleftharpoons 2Sb + 3H_2O$	0.15
Sn^{4+}/Sn^{2+}	$Sn^{4+} + 2e^- \rightleftharpoons Sn^{2+}$	0.154
Cu^{2+}/Cu^+	$Cu^{2+} + e^- \rightleftharpoons Cu^+$	0.17
$AgCl/Ag$	$AgCl + e^- \rightleftharpoons Ag + Cl^-$	0.2223
$HAsO_2/As$	$HAsO_2 + 3H^+ + 3e^- \rightleftharpoons As + 2H_2O$	0.248
Hg_2Cl_2/Hg	$Hg_2Cl_2 + 2e^- \rightleftharpoons 2Hg + 2Cl^-$	0.268
BiO^+/Bi	$BiO^+ + 2H^+ + 3e^- \rightleftharpoons Bi + H_2O$	0.32
UO_2^{2+}/U^{4+}	$UO_2^{2+} + 4H^+ + 2e^- \rightleftharpoons U^{4+} + 2H_2O$	0.33
VO^{2+}/V^{3+}	$VO^{2+} + 2H^+ + e^- \rightleftharpoons V^{3+} + H_2O$	0.34
Cu^{2+}/Cu	$Cu^{2+} + 2e^- \rightleftharpoons Cu$	0.34
$S_2O_3^{2-}/S$	$S_2O_3^{2-} + 6H^+ + 4e^- \rightleftharpoons 2S + 3H_2O$	0.5
Cu^+/Cu	$Cu^+ + e^- \rightleftharpoons Cu$	0.52
I_3^-/I^-	$I_3^- + 2e^- \rightleftharpoons 3I^-$	0.548
I_2/I^-	$I_2 + 2e^- \rightleftharpoons 2I^-$	0.535
MnO_4^-/MnO_4^{2-}	$MnO_4^- + e^- \rightleftharpoons MnO_4^{2-}$	0.57
$H_3AsO_4/HAsO_2$	$H_3AsO_4 + 2H^+ + 2e^- \rightleftharpoons HAsO_2 + 2H_2O$	0.581
$HgCl_2/Hg_2Cl_2$	$2HgCl_2 + 2e^- \rightleftharpoons Hg_2Cl_2(s) + 2Cl^-$	0.63
Ag_2SO_4/Ag	$Ag_2SO_4 + 2e^- \rightleftharpoons 2Ag + SO_4^{2-}$	0.653
O_2/H_2O_2	$O_2 + 2H^+ + 2e^- \rightleftharpoons H_2O_2$	0.69
$[PtCl_4]^{2-}/Pt$	$[PtCl_4]^{2-} + 2e^- \rightleftharpoons Pt + 4Cl^-$	0.73
Fe^{3+}/Fe^{2+}	$Fe^{3+} + e^- \rightleftharpoons Fe^{2+}$	0.771
Hg_2^{2+}/Hg	$Hg_2^{2+} + 2e^- \rightleftharpoons 2Hg$	0.792
Ag^+/Ag	$Ag^+ + e^- \rightleftharpoons Ag$	0.7990
NO_3^-/NO_2	$NO_3^- + 2H^+ + e^- \rightleftharpoons NO_2 + H_2O$	0.80
Hg^{2+}/Hg	$Hg^{2+} + 2e^- \rightleftharpoons Hg$	0.854
Cu^{2+}/CuI	$Cu^{2+} + I^- + e^- \rightleftharpoons CuI$	0.86
Hg^{2+}/Hg_2^{2+}	$2Hg^{2+} + 2e^- \rightleftharpoons Hg_2^{2+}$	0.907
Pd^{2+}/Pd	$Pd^{2+} + 2e^- \rightleftharpoons Pd$	0.92
NO_3^-/HNO_2	$NO_3^- + 3H^+ + 2e^- \rightleftharpoons HNO_2 + H_2O$	0.94
NO_3^-/NO	$NO_3^- + 4H^+ + 3e^- \rightleftharpoons NO + 2H_2O$	0.96
HNO_2/NO	$HNO_2 + H^+ + e^- \rightleftharpoons NO + H_2O$	0.98
HIO/I^-	$HIO + H^+ + 2e^- \rightleftharpoons I^- + H_2O$	0.99
VO_2^+/VO^{2+}	$VO_2^+ + 2H^+ + e^- \rightleftharpoons VO^{2+} + H_2O$	0.999
$[AuCl_4]^-/Au$	$[AuCl_4]^- + 3e^- \rightleftharpoons Au + 4Cl^-$	1.00
NO_2/NO	$NO_2 + 2H^+ + 2e^- \rightleftharpoons NO + H_2O$	1.03
Br_2/Br^-	$Br_2(l) + 2e^- \rightleftharpoons 2Br^-$	1.065
NO_2/HNO_2	$NO_2 + H^+ + e^- \rightleftharpoons HNO_2$	1.07
Br_2/Br^-	$Br_2(aq) + 2e^- \rightleftharpoons 2Br^-$	1.08

电　对	电　极　反　应	$\varphi_a^{\ominus}/V$
$Cu^{2+}/[Cu(CN)_2]^-$	$Cu^{2+}+2CN^-+e^- \rightleftharpoons [Cu(CN)_2]^-$	1.12
IO_3^-/HIO	$IO_3^-+5H^++4e^- \rightleftharpoons HIO+2H_2O$	1.14
ClO_3^-/ClO_2	$ClO_3^-+2H^++e^- \rightleftharpoons ClO_2+H_2O$	1.15
Ag_2O/Ag	$Ag_2O+2H^++2e^- \rightleftharpoons 2Ag+H_2O$	1.17
ClO_4^-/ClO_3^-	$ClO_4^-+2H^++2e^- \rightleftharpoons ClO_3^-+H_2O$	1.19
IO_3^-/I_2	$2IO_3^-+12H^++10e^- \rightleftharpoons I_2+6H_2O$	1.19
$ClO_3^-/HClO_2$	$ClO_3^-+3H^++2e^- \rightleftharpoons HClO_2+H_2O$	1.21
O_2/H_2O	$O_2+4H^++4e^- \rightleftharpoons 2H_2O$	1.229
MnO_2/Mn^{2+}	$MnO_2+4H^++2e^- \rightleftharpoons Mn^{2+}+2H_2O$	1.23
$ClO_2/HClO_2$	$ClO_2(g)+H^++e^- \rightleftharpoons HClO_2$	1.27
$Cr_2O_7^{2-}/Cr^{3+}$	$Cr_2O_7^{2-}+14H^++6e^- \rightleftharpoons 2Cr^{3+}+7H_2O$	1.33
ClO_4^-/Cl_2	$2ClO_4^-+16H^++14e^- \rightleftharpoons Cl_2+8H_2O$	1.34
Cl_2/Cl^-	$Cl_2+2e^- \rightleftharpoons 2Cl^-$	1.36
Au^{3+}/Au^+	$Au^{3+}+2e^- \rightleftharpoons Au^+$	1.41
BrO_3^-/Br^-	$BrO_3^-+6H^++6e^- \rightleftharpoons Br^-+3H_2O$	1.44
HIO/I_2	$2HIO+2H^++2e^- \rightleftharpoons I_2+2H_2O$	1.45
ClO_3^-/Cl^-	$ClO_3^-+6H^++6e^- \rightleftharpoons Cl^-+3H_2O$	1.45
PbO_2/Pb^{2+}	$PbO_2+4H^++2e^- \rightleftharpoons Pb^{2+}+2H_2O$	1.455
ClO_3^-/Cl_2	$2ClO_3^-+12H^++10e^- \rightleftharpoons Cl_2+6H_2O$	1.47
Mn^{3+}/Mn^{2+}	$Mn^{3+}+e^- \rightleftharpoons Mn^{2+}$	1.488
$HClO/Cl^-$	$HClO+H^++2e^- \rightleftharpoons Cl^-+H_2O$	1.49
Au^{3+}/Au	$Au^{3+}+3e^- \rightleftharpoons Au$	1.50
BrO_3^-/Br_2	$2BrO_3^-+12H^++10e^- \rightleftharpoons Br_2+6H_2O$	1.5
MnO_4^-/Mn^{2+}	$MnO_4^-+8H^++5e^- \rightleftharpoons Mn^{2+}+4H_2O$	1.51
$HBrO/Br_2$	$2HBrO+2H^++2e^- \rightleftharpoons Br_2+2H_2O$	1.6
H_5IO_6/IO_3^-	$H_5IO_6+H^++2e^- \rightleftharpoons IO_3^-+3H_2O$	1.6
$HClO/Cl_2$	$2HClO+2H^++2e^- \rightleftharpoons Cl_2+2H_2O$	1.63
$HClO_2/HClO$	$HClO_2+2H^++2e^- \rightleftharpoons HClO+H_2O$	1.64
MnO_4^-/MnO_2	$MnO_4^-+4H^++3e^- \rightleftharpoons MnO_2+2H_2O$	1.68
NiO_2/Ni^{2+}	$NiO_2+4H^++2e^- \rightleftharpoons Ni^{2+}+2H_2O$	1.68
$PbO_2/PbSO_4$	$PbO_2+SO_4^{2-}+4H^++2e^- \rightleftharpoons PbSO_4+2H_2O$	1.69
H_2O_2/H_2O	$H_2O_2+2H^++2e^- \rightleftharpoons 2H_2O$	1.77
Co^{3+}/Co^{2+}	$Co^{3+}+e^- \rightleftharpoons Co^{2+}$	1.80
XeO_3/Xe	$XeO_3+6H^++6e^- \rightleftharpoons Xe+3H_2O$	1.8
$S_2O_8^{2-}/SO_4^{2-}$	$S_2O_8^{2-}+2e^- \rightleftharpoons 2SO_4^{2-}$	2.0
O_3/O_2	$O_3+2H^++2e^- \rightleftharpoons O_2+H_2O$	2.07
XeF_2/Xe	$XeF_2+2e^- \rightleftharpoons Xe+2F^-$	2.2
F_2/F^-	$F_2+2e^- \rightleftharpoons 2F^-$	2.87
H_4XeO_6/XeO_3	$H_4XeO_6+2H^++2e^- \rightleftharpoons XeO_3+3H_2O$	3.0
F_2/HF	$F_2(g)+2H^++2e^- \rightleftharpoons 2HF$	3.06

二、在碱性溶液中

电　　对	电　极　反　应	$\varphi_b^\ominus/V$
$Mg(OH)_2/Mg$	$Mg(OH)_2 + 2e^- \rightleftharpoons Mg + 2OH^-$	-2.69
$H_2AlO_3^-/Al$	$H_2AlO_3^- + H_2O + 3e^- \rightleftharpoons Al + 4OH^-$	-2.35
$H_2BO_3^-/B$	$H_2BO_3^- + H_2O + 3e^- \rightleftharpoons B + 4OH^-$	-1.79
$Mn(OH)_2/Mn$	$Mn(OH)_2 + 2e^- \rightleftharpoons Mn + 2OH^-$	-1.55
$[Zn(CN)_4]^{2-}/Zn$	$[Zn(CN)_4]^{2-} + 2e^- \rightleftharpoons Zn + 4CN^-$	-1.26
ZnO_2^{2-}/Zn	$ZnO_2^{2-} + 2H_2O + 2e^- \rightleftharpoons Zn + 4OH^-$	-1.216
$SO_3^{2-}/S_2O_4^{2-}$	$2SO_3^{2-} + 2H_2O + 2e^- \rightleftharpoons S_2O_4^{2-} + 4OH^-$	-1.12
$[Zn(NH_3)_4]^{2+}/Zn$	$[Zn(NH_3)_4]^{2+} + 2e^- \rightleftharpoons Zn + 4NH_3$	-1.04
$[Sn(OH)_5]^-/HSnO_2^-$	$[Sn(OH)_5]^- + 2e^- \rightleftharpoons HSnO_2^- + 2OH^- + H_2O$	-0.93
SO_4^{2-}/SO_3^{2-}	$SO_4^{2-} + H_2O + 2e^- \rightleftharpoons SO_3^{2-} + 2OH^-$	-0.93
$HSnO_2^-/Sn$	$HSnO_2^- + H_2O + 2e^- \rightleftharpoons Sn + 3OH^-$	-0.91
H_2O/H_2	$2H_2O + 2e^- \rightleftharpoons H_2 + 2OH^-$	-0.828
$Ni(OH)_2/Ni$	$Ni(OH)_2 + 2e^- \rightleftharpoons Ni + 2OH^-$	-0.72
AsO_4^{3-}/AsO_2^-	$AsO_4^{3-} + 2H_2O + 2e^- \rightleftharpoons AsO_2^- + 4OH^-$	-0.67
SO_3^{2-}/S	$SO_3^{2-} + 3H_2O + 4e^- \rightleftharpoons S + 6OH^-$	-0.66
AsO_2^-/As	$AsO_2^- + 2H_2O + 3e^- \rightleftharpoons As + 4OH^-$	-0.66
$SO_3^{2-}/S_2O_3^{2-}$	$2SO_3^{2-} + 3H_2O + 4e^- \rightleftharpoons S_2O_3^{2-} + 6OH^-$	-0.58
S/S^{2-}	$S + 2e^- \rightleftharpoons S^{2-}$	-0.48
$[Ag(CN)_2]^-/Ag$	$[Ag(CN)_2]^- + e^- \rightleftharpoons Ag + 2CN^-$	-0.31
CrO_4^{2-}/CrO_2^-	$CrO_4^{2-} + 2H_2O + 3e^- \rightleftharpoons CrO_2^- + 4OH^-$	-0.12
O_2/HO_2^-	$O_2 + H_2O + 2e^- \rightleftharpoons HO_2^- + OH^-$	-0.076
NO_3^-/NO_2^-	$NO_3^- + H_2O + 2e^- \rightleftharpoons NO_2^- + 2OH^-$	0.01
$S_4O_6^{2-}/S_2O_3^{2-}$	$S_4O_6^{2-} + 2e^- \rightleftharpoons 2S_2O_3^{2-}$	0.09
HgO/Hg	$HgO + H_2O + 2e^- \rightleftharpoons Hg + 2OH^-$	0.098
$Mn(OH)_3/Mn(OH)_2$	$Mn(OH)_3 + e^- \rightleftharpoons Mn(OH)_2 + OH^-$	0.1
$[Co(NH_3)_6]^{3+}/[Co(NH_3)_6]^{2+}$	$[Co(NH_3)_6]^{3+} + e^- \rightleftharpoons [Co(NH_3)_6]^{2+}$	0.1
$Co(OH)_3/Co(OH)_2$	$Co(OH)_3 + e^- \rightleftharpoons Co(OH)_2 + OH^-$	0.17
Ag_2O/Ag	$Ag_2O + H_2O + 2e^- \rightleftharpoons 2Ag + 2OH^-$	0.34
O_2/OH^-	$O_2 + 2H_2O + 4e^- \rightleftharpoons 4OH^-$	0.41
MnO_4^-/MnO_2	$MnO_4^- + 2H_2O + 3e^- \rightleftharpoons MnO_2 + 4OH^-$	0.588
BrO_3^-/Br^-	$BrO_3^- + 3H_2O + 6e^- \rightleftharpoons Br^- + 6OH^-$	0.61
BrO^-/Br^-	$BrO^- + H_2O + 2e^- \rightleftharpoons Br^- + 2OH^-$	0.76
H_2O_2/OH^-	$H_2O_2 + 2e^- \rightleftharpoons 2OH^-$	0.88
ClO^-/Cl^-	$ClO^- + H_2O + 2e^- \rightleftharpoons Cl^- + 2OH^-$	0.89
$HXeO_6^{3-}/HXeO_4^-$	$HXeO_6^{3-} + 2H_2O + 2e^- \rightleftharpoons HXeO_4^- + 4OH^-$	0.9
$HXeO_4^-/Xe$	$HXeO_4^- + 3H_2O + 6e^- \rightleftharpoons Xe + 7OH^-$	0.9
O_3/OH^-	$O_3 + H_2O + 2e^- \rightleftharpoons O_2 + 2OH^-$	1.24

附录4 金属配合物的稳定常数

金属离子	离子强度	n	$\lg\beta_n$
氨配合物			
Ag^+	0.1	1,2	3.40,7.40
Cd^{2+}	0.1	1,…,6	2.60,4.65,6.04,6.92,6.6,4.9
Co^{2+}	0.1	1,…,6	2.05,3.62,4.61,5.31,5.43,4.75
Cu^{2+}	2	1,…,4	4.13,7.61,10.48,12.59
Ni^{2+}	0.1	1,…,6	2.75,4.95,6.64,7.79,8.50,8.49
Zn^{2+}	0.1	1,…,4	2.27,4.61,7.01,9.06
氟配合物			
Al^{3+}	0.53	1,…,6	6.1,11.15,15.0,17.7,19.4,19.7
Fe^{3+}	0.5	1,2,3	5.2,9.2,11.9
Th^{4+}	0.5	1,2,3	7.7,13.5,18.0
TiO^{2+}	3	1,…,4	5.4,9.8,13.7,17.4
Sn^{4+}	*	6	25
Zr^{4+}	2	1,2,3	8.8,16.1,21.9
氯配合物			
Ag^+	0.2	1,…,4	2.9,4.7,5.0,5.9
Hg^{2+}	0.5	1,…,4	6.7,13.2,14.1,15.1
碘配合物			
Cd^{2+}	*	1,…,4	2.4,3.4,5.0,6.15
Hg^{2+}	0.5	1,…,4	12.9,23.8,27.6,29.8
氰配合物			
Ag^+	0~0.3	1,…,4	—,21.1,21.8,20.7
Cd^{2+}	3	1,…,4	5.5,10.6,15.3,18.9
Cu^+	0	1,…,4	—,24.0,28.6,30.3
Fe^{2+}	0	6	35.4
Fe^{3+}	0	6	43.6
Hg^{2+}	0.1	1,…,4	18.0,34.7,38.5,41.5
Ni^{2+}	0.1	4	31.3
Zn^{2+}	0.1	4	16.7
硫氰酸配合物			
Fe^{3+}	*	1,…,5	2.3,4.2,5.6,6.4,6.4
Hg^{2+}	1	1,…,4	—,16.1,19.0,20.9
硫代硫酸配合物			
Ag^+	0	1,2	8.82,13.5
Hg^{2+}	0	1,2	29.86,32.26
柠檬酸配合物			
Al^{3+}	0.5	1	20.0
Cu^{2+}	0.5	1	18
Fe^{3+}	0.5	1	25
Ni^{2+}	0.5	1	14.3
Pb^{2+}	0.5	1	12.3
Zn^{2+}	0.5	1	11.4
磺基水杨酸配合物			
Al^{3+}	0.1	1,2,3	12.9,22.9,29.0
Fe^{3+}	3	1,2,3	14.4,25.2,32.2

金 属 离 子	离 子 强 度	n	$\lg\beta_n$
乙酰丙酮配合物			
Al^{3+}	0.1	1,2,3	8.1,15.7,21.2
Cu^{2+}	0.1	1,2	7.8,14.3
Fe^{3+}	0.1	1,2,3	9.3,17.9,25.1
邻二氮菲配合物			
Ag^+	0.1	1,2	5.02,12.07
Cd^{2+}	0.1	1,2,3	6.4,11.6,15.8
Co^{2+}	0.1	1,2,3	7.0,13.7,20.1
Cu^{2+}	0.1	1,2,3	9.1,15.8,21.0
Fe^{2+}	0.1	1,2,3	5.9,11.1,21.3
Hg^{2+}	0.1	1,2,3	—,19.56,23.35
Ni^{2+}	0.1	1,2,3	8.8,17.1,24.8
Zn^{2+}	0.1	1,2,3	6.4,12.15,17.0
乙二胺配合物			
Ag^+	0.1	1,2	4.7,7.7
Cd^{2+}	0.1	1,2	5.47,10.02
Cu^{2+}	0.1	1,2	10.55,19.60
Co^{2+}	0.1	1,2,3	5.89,10.72,13.82
Hg^{2+}	0.1	2	23.42
Ni^{2+}	0.1	1,2,3	7.66,14.06,18.59
Zn^{2+}	0.1	1,2,3	5.71,10.37,12.08
EDTA 配合物			
Ag^+	0.1	1	7.32
Al^{3+}	0.1	1	16.3
Ba^{2+}	0.1	1	7.86
Be^{2+}	0.1	1	9.30
Bi^{3+}	0.1	1	27.94
Ca^{2+}	0.1	1	10.69
Ce^{3+}	0.1	1	15.98
Cd^{2+}	0.1	1	16.46
Co^{2+}	0.1	1	16.31
Co^{3+}	0.1	1	36.0
Cr^{3+}	0.1	1	23.4
Cu^{2+}	0.1	1	18.80
Fe^{2+}	0.1	1	14.33
Fe^{3+}	0.1	1	25.1
Hg^{2+}	0.1	1	21.8
La^{3+}	0.1	1	15.50
Mg^{2+}	0.1	1	8.69
Mn^{2+}	0.1	1	13.87
Na^+	0.1	1	1.66
Ni^{2+}	0.1	1	18.60
Pb^{2+}	0.1	1	18.04
Pt^{3+}	0.1	1	16.4

金属离子	离子强度	n	$\lg\beta_n$
Sn^{2+}	0.1	1	22.1
Sr^{2+}	0.1	1	8.73
Th^{4+}	0.1	1	23.2
Ti^{3+}	0.1	1	21.3
TiO^{2+}	0.1	1	17.3
UO_2^{3+}	0.1	1	约10
U^{4+}	0.1	1	25.8
VO_2^+	0.1	1	18.1
VO^{2+}	0.1	1	18.8
Y^{3+}	0.1	1	18.09
Zn^{2+}	0.1	1	16.50
EGTA 配合物			
Ba^{2+}	0.1	1	8.4
Ca^{2+}	0.1	1	11.0
Cd^{2+}	0.1	1	15.6
Co^{2+}	0.1	1	12.3
Cu^{2+}	0.1	1	17
Hg^{2+}	0.1	1	23.2
La^{3+}	0.1	1	15.6
Mg^{2+}	0.1	1	5.2
Mn^{2+}	0.1	1	10.7
Ni^{2+}	0.1	1	17.0
Pb^{2+}	0.1	1	15.5
Sr^{2+}	0.1	1	6.8
Zn^{2+}	0.1	1	14.5
DCTA 配合物			
Al^{3+}	0.1	1	17.6
Ba^{2+}	0.1	1	8.0
Bi^{3+}	0.1	1	24.1
Ca^{2+}	0.1	1	12.5
Cd^{2+}	0.1	1	19.2
Co^{2+}	0.1	1	18.9
Cu^{2+}	0.1	1	21.3
Fe^{2+}	0.1	1	18.2
Fe^{3+}	0.1	1	29.3
Hg^{2+}	0.1	1	24.3
Mg^{2+}	0.1	1	10.3
Mn^{2+}	0.1	1	16.8
Ni^{2+}	0.1	1	19.4
Pb^{2+}	0.1	1	19.7
Sr^{2+}	0.1	1	10.0
Th^{4+}	0.1	1	23.2
Zn^{2+}	0.1	1	18.7

附录 5 化合物式量表

分 子 式	相对分子质量	分 子 式	相对分子质量
Ag_3AsO_4	462.52	CdS	144.47
AgBr	187.77	$Ce(SO_4)_2$	332.24
AgCl	143.32	$Ce(SO_4)_2 \cdot 4H_2O$	404.30
AgCN	133.89	CH_2O(甲醛)	30.03
AgSCN	165.95	$C_{14}H_{14}N_3O_3SNa$(甲基橙)	327.33
Ag_2CrO_4	331.73	$C_4H_8N_2O_2$(丁二酮肟)	116.12
AgI	234.77	$(CH_2)_6N_4$(六亚甲基四胺)	140.19
$AgNO_3$	169.87	$C_7H_6O_6S \cdot 2H_2O$(磺基水杨酸)	254.22
$AlCl_3$	133.34	$C_{12}H_8N_2 \cdot H_2O$(邻二氮菲)	198.22
$Al(C_9H_6NO)_3$(8-羟基喹啉铝)	459.44	$C_2H_5NO_2$(氨基乙酸)	75.07
$AlCl_3 \cdot 6H_2O$	241.43	$C_6H_{12}N_2O_4S_2$(L-胱氨酸)	240.30
$Al(NO_3)_3$	213.00	$C_4H_6O_4(OH)C{=\!=}COH$(抗坏血酸)	176.12
$Al(NO_3)_3 \cdot 9H_2O$	375.13	$CoCl_2$	129.84
Al_2O_3	101.96	$CoCl_2 \cdot 6H_2O$	237.93
$Al(OH)_3$	78.00	$Co(NO_3)_2$	182.94
$Al_2(SO_4)_3$	342.14	$Co(NO_3)_2 \cdot 6H_2O$	291.03
$Al_2(SO_4)_3 \cdot 18H_2O$	666.41	CoS	90.99
As_2O_3	197.84	$CoSO_4$	154.99
As_2O_5	229.84	$CoSO_4 \cdot 7H_2O$	281.10
As_2S_3	246.02	$CO(NH_2)_2$	60.06
$BaCO_3$	197.34	$CrCl_3$	158.36
BaC_2O_4	225.35	$CrCl_3 \cdot 6H_2O$	266.45
$BaCl_2$	208.24	$Cr(NO_3)_3$	238.01
$BaCl_2 \cdot 2H_2O$	244.27	Cr_2O_3	151.99
$BaCrO_4$	253.32	CuCl	99.00
BaO	153.33	$CuCl_2$	134.45
$Ba(OH)_2$	171.34	$CuCl_2 \cdot 2H_2O$	170.48
$BaSO_4$	233.39	CuSCN	121.62
$BiCl_3$	315.34	CuI	190.45
BiOCl	260.43	$Cu(NO_3)_2 \cdot 3H_2O$	241.60
CO_2	44.01	CuO	79.55
CaO	56.08	Cu_2O	143.09
$CaCO_3$	100.09	CuS	95.61
CaC_2O_4	128.10	$CuSO_4$	159.06
$CaCl_2$	110.99	$CuSO_4 \cdot 5H_2O$	249.63
$CaCl_2 \cdot 6H_2O$	219.08	$FeCl_2$	126.75
$Ca(NO_3)_2 \cdot 4H_2O$	236.15	$FeCl_2 \cdot 4H_2O$	198.81
$Ca(OH)_2$	74.10	$FeCl_3$	162.21
$Ca_3(PO_4)_2$	310.18	$FeCl_3 \cdot 6H_2O$	270.30
$CaSO_4$	136.14	$FeNH_4(SO_4)_2 \cdot 12H_2O$	482.18
$CdCO_3$	172.42	$Fe(NO_3)_3$	241.86
$CdCl_2$	183.32	$Fe(NO_3)_3 \cdot 9H_2O$	404.00
CdO	128.41	FeO	71.85

分 子 式	相对分子质量	分 子 式	相对分子质量
Fe_2O_3	159.69	$KClO_4$	138.55
Fe_3O_4	231.54	KCN	65.12
$Fe(OH)_3$	106.87	$KSCN$	97.18
FeS	87.91	K_2CO_3	138.21
Fe_2S_3	207.87	K_2CrO_4	194.19
$FeSO_4$	151.91	$K_2Cr_2O_7$	294.18
$FeSO_4 \cdot 7H_2O$	278.01	$K_3[Fe(CN)_6]$	329.25
$Fe(NH_4)_2(SO_4)_2 \cdot 6H_2O$	392.13	$K_4[Fe(CN)_6]$	368.35
H_3AsO_3	125.94	$KFe(SO_4)_2 \cdot 12H_2O$	503.24
H_3AsO_4	141.94	$KHC_8H_4O_4$(邻苯二甲酸氢钾)	204.22
H_3BO_3	61.83	$KHC_2O_4 \cdot H_2O$	146.14
HBr	80.09	$KHC_2O_4 \cdot H_2C_2O_4 \cdot 2H_2O$	254.19
HCN	27.03	$KHC_4H_4O_6$(酒石酸氢钾)	188.18
$HCOOH$	46.03	$KHSO_4$	136.16
CH_3COOH	60.05	KI	166.00
H_2CO_3	62.02	KIO_3	214.00
$H_2C_4H_4O_6$	150.09	$KIO_3 \cdot HIO_3$	389.91
$H_2C_2O_4$	90.04	$KMnO_4$	158.03
$H_2C_2O_4 \cdot 2H_2O$	126.07	$KNaC_4H_4O_6 \cdot 4H_2O$	282.22
$H_3C_6H_5O_7 \cdot H_2O$(柠檬酸)	210.14	KNO_3	101.10
$H_2C_4H_4O_5$(dl-苹果酸)	134.09	KNO_2	85.10
HCl	36.46	K_2O	94.20
HF	20.01	KOH	56.11
HI	127.91	K_2PtCl_6	485.99
HIO_3	175.91	K_2SO_4	174.25
HNO_3	63.01	$K_2S_2O_7$	254.31
HNO_2	47.01	$MgCO_3$	84.31
H_2O	18.015	$MgCl_2$	95.21
H_2O_2	34.02	$MgCl_2 \cdot 6H_2O$	203.30
H_3PO_4	98.00	MgO	40.30
H_2S	34.08	$Mg(OH)_2$	58.32
H_2SO_3	82.07	$Mg_2P_2O_7$	222.55
H_2SO_4	98.07	$MgSO_4 \cdot 7H_2O$	246.47
$Hg(CN)_2$	252.63	$MnCO_3$	114.95
$HgCl_2$	271.50	$MnCl_2 \cdot 4H_2O$	197.91
Hg_2Cl_2	472.09	$Mn(NO_3)_2 \cdot 6H_2O$	287.04
HgI_2	454.40	MnO	70.94
$Hg_2(NO_3)_2$	525.09	MnO_2	86.94
$Hg_2(NO_3)_2 \cdot 2H_2O$	561.22	MnS	87.00
$Hg(NO_3)_2$	324.60	$MnSO_4$	151.00
HgO	216.59	$MnSO_4 \cdot 4H_2O$	223.06
HgS	232.65	NO	30.01
$HgSO_4$	296.65	NO_2	46.01
Hg_2SO_4	497.24	NH_3	17.03
$KAl(SO_4)_2 \cdot 12H_2O$	474.38	CH_3COONH_4	77.08
KBr	119.00	NH_4Cl	53.49
$KBrO_3$	167.00	$(NH_4)_2CO_3$	96.09
KCl	74.55	$(NH_4)_2C_2O_4$	124.10
$KClO_3$	122.55	$(NH_4)_2CO_3 \cdot H_2O$	142.11

分 子 式	相对分子质量	分 子 式	相对分子质量
NH_4SCN	76.12	$PbCO_3$	267.21
NH_4HCO_3	79.06	PbC_2O_4	295.22
$(NH_4)_2MoO_4$	196.01	$PbCl_2$	278.11
NH_4NO_3	80.04	$PbCrO_4$	323.19
$(NH_4)_2HPO_4$	132.06	$Pb(CH_3COO)_2$	325.29
$(NH_4)_3PO_4 \cdot 12Mo_2O_3$	1876.34	$Pb(CH_3COO)_2 \cdot 3H_2O$	379.34
$(NH_4)_2S$	68.14	PbI_2	461.01
$(NH_4)_2SO_4$	132.13	$Pb(NO_3)_2$	331.21
$(NH_4)_2Fe(SO_4)_2 \cdot 6H_2O$	392.13	PbO	223.20
NH_4VO_3	116.98	PbO_2	239.20
Na_3AsO_3	191.89	$Pb_3(PO_4)_2$	811.54
$Na_2B_4O_7$	201.22	PbS	239.26
$Na_2B_4O_7 \cdot 10H_2O$	381.37	$PbSO_4$	303.26
$NaBiO_3$	279.97	SO_3	80.06
$NaCN$	49.01	SO_2	64.06
$NaSCN$	81.07	$SbCl_3$	228.11
Na_2CO_3	105.99	$SbCl_5$	299.02
$Na_2CO_3 \cdot 10H_2O$	286.14	Sb_2O_3	291.50
$Na_2C_2O_4$	134.00	Sb_2S_3	339.68
CH_3COONa	82.03	SiO_2	60.08
$CH_3COONa \cdot 3H_2O$	136.08	$SnCl_2$	189.60
$Na_3C_6H_5O_7$（柠檬酸钠）	258.07	$SnCl_2 \cdot 2H_2O$	225.63
$NaCl$	58.44	$SnCl_4$	260.50
$NaClO$	74.44	$SnCl_4 \cdot 5H_2O$	350.58
$NaHCO_3$	84.01	SnO_2	150.69
$Na_2HPO_4 \cdot 12H_2O$	358.14	SnS_2	150.75
$Na_2H_2Y_2H_2O$（EDTA 二钠盐）	372.24	$SrCO_3$	147.63
$NaNO_2$	69.00	SrC_2O_4	175.64
$NaNO_3$	85.00	$Sr(NO_3)_2$	211.63
Na_2O	61.98	$Sr(NO_3)_2 \cdot 4H_2O$	283.69
Na_2O_2	77.98	$SrSO_4$	183.69
$NaOH$	40.00	$UO_2(CH_3COO)_2 \cdot 2H_2O$	424.15
Na_3PO_4	163.94	$TiCl_3$	154.24
Na_2S	78.04	TiO_2	79.88
$Na_2S \cdot 9H_2O$	240.18	$ZnCO_3$	125.39
Na_2SO_3	126.04	ZnC_2O_4	153.40
Na_2SO_4	142.04	$ZnCl_2$	136.29
$Na_2S_2O_3$	158.19	$Zn(CH_3COO)_2$	183.47
$Na_2S_2O_3 \cdot 5H_2O$	248.17	$Zn(CH_3COO)_2 \cdot 2H_2O$	219.50
$NiCl_2 \cdot 6H_2O$	237.70	$Zn(NO_3)_2$	189.39
NiO	74.70	$Zn(NO_3)_2 \cdot 6H_2O$	297.48
$Ni(NO_3)_2 \cdot 6H_2O$	290.80	ZnO	81.38
NiS	90.76	ZnS	97.44
$NiSO_4 \cdot 7H_2O$	280.86	$ZnSO_4$	161.44
$Ni(C_4H_7N_2O_2)_2$（丁二酮肟镍）	288.91	$ZnSO_4 \cdot 7H_2O$	287.55
P_2O_5	141.95		

附录 6　国际相对原子质量表（1993 年国际原子量）

元素	符号	相对原子质量	元素	符号	相对原子质量
银	Ag	107.8682	氮	N	14.006747
铝	Al	26.98154	钠	Na	22.98997
氩	Ar	39.948	铌	Nb	92.90638
砷	As	74.92159	钕	Nd	144.24
金	Au	196.96654	氖	Ne	20.1797
硼	B	10.811	镍	Ni	58.69
钡	Ba	137.327	镎	Np	237.0482
铍	Be	9.01218	氧	O	15.9994
铋	Bi	208.98037	锇	Os	190.23
溴	Br	79.904	磷	P	30.97376
碳	C	12.011	铅	Pb	207.2
钙	Ca	40.078	钯	Pd	106.42
镉	Cd	112.411	镨	Pr	140.90765
铈	Ce	140.115	铂	Pt	195.08
氯	Cl	35.4527	镭	Ra	226.0254
钴	Co	58.93320	铷	Rb	85.4678
铬	Cr	51.9961	铼	Re	186.207
铯	Cs	132.90543	铑	Rh	102.90550
铜	Cu	63.546	钌	Ru	101.07
镝	Dy	162.50	硫	S	32.066
铒	Er	167.26	锑	Sb	121.7601
铕	Eu	151.965	钪	Sc	44.955910
氟	F	18.998403	硒	Se	78.96
铁	Fe	55.845(2)	硅	Si	28.0855
镓	Ga	69.723	钐	Sm	150.36
钆	Gd	157.25	锡	Sn	118.710
锗	Ge	72.61	锶	Sr	87.62
氢	H	1.00794	钽	Ta	180.9479
氦	He	4.002602	铽	Tb	158.92534
铪	Hf	178.94	碲	Te	127.60
汞	Hg	200.59	钍	Th	232.0381
钬	Ho	164.93032	钛	Ti	47.867(1)
碘	I	126.90447	铊	Tl	204.3833
铟	In	114.8	铥	Tm	168.93421
铱	Ir	192.217(3)	铀	U	238.0289
钾	K	39.0983	钒	V	50.9415
氪	Kr	83.80	钨	W	183.84
镧	La	138.9055	氙	Xe	131.29
锂	Li	6.941	钇	Y	88.90585
镥	Lu	174.967	镱	Yb	173.04
镁	Mg	24.3050	锌	Zn	65.39
锰	Mn	54.9380	锆	Zr	91.224
钼	Mo	95.94			

附录 7 常用缓冲溶液及其配制方法

缓冲溶液组成	pK_a	缓冲液 pH	配 制 方 法
氨基乙酸-HCl	2.35(pK_{a1})	2.3	取氨基乙酸 150g 溶于 500mL 水中后,加浓 HCl 80mL,用水稀释至 1L
H_3PO_4-柠檬酸盐		2.5	取 $Na_2HPO_4 \cdot 12H_2O$ 113g 溶于 200mL 水后,加柠檬酸 387g,溶解,过滤后,稀释至 1L
一氯乙酸-NaOH	2.86	2.8	取 200g 一氯乙酸溶于 200mL 水中,加 NaOH 40g,溶解后,稀释至 1L
邻苯二甲酸氢钾-HCl	2.95(pK_{a1})	2.9	取 500g 邻苯二甲酸氢钾溶于 500mL 水中,加浓 HCl 180mL,稀释至 1L
甲酸-NaOH	3.76	3.7	取 95g 甲酸和 40g NaOH 于 500mL 水中,溶解后,稀释至 1L
NH_4Ac-HAc	4.74	4.5	取 NH_4Ac 77g 溶于 200mL 水中,加冰 HAc 59mL,稀释至 1L
NH_4Ac-HAc	4.74	5.0	取 NH_4Ac 250g 溶于水中,加冰 HAc 25mL,稀释至 1L
NH_4Ac-HAc	4.74	6.0	取 NH_4Ac 600g 溶于水中,加冰 HAc 20mL,稀释至 1L
NaAc-HAc	4.74	4.7	取无水 NaAc 83g 溶于水中,加冰 HAc 60mL,稀释至 1L
NaAc-HAc	4.74	5.0	取无水 NaAc 160g 溶于水中,加冰 HAc 60mL,稀释至 1L
六亚甲基四胺-HCl	5.15	5.4	取六亚甲基四胺 40g 溶于 200mL 水中,加浓 HCl 10mL,稀释至 1L
NaAc-Na_2HPO_4		8.0	取无水 NaAc 50g 和 $Na_2HPO_4 \cdot 12H_2O$ 50g,溶于水中,稀释至 1L
Tris-HCl(三羟甲基氨甲烷)	8.21	8.2	取 25g Tris 试剂溶于水中,加浓 HCl 18mL,稀释至 1L
NH_3-NH_4Cl	9.26	9.2	取 NH_4Cl 54g 溶于水中,加浓氨水 63mL,稀释至 1L
NH_3-NH_4Cl	9.26	9.5	取 NH_4Cl 54g 溶于水中,加浓氨水 126mL,稀释至 1L
NH_3-NH_4Cl	9.26	10.0	取 NH_4Cl 54g 溶于水中,加浓氨水 350mL,稀释至 1L

附录8 氧化还原指示剂

名 称	变色电位 φ/V	颜 色		配 制 方 法
		氧化态	还原态	
二苯胺(1%)	0.76	紫色	无色	1g 二苯胺在搅拌下溶于 100mL 浓硫酸和 100mL 浓磷酸,储于棕色瓶中
二苯胺磺酸钠(0.5%)	0.85	紫色	无色	0.5g 二苯胺磺酸钠溶于 100mL 水中,必要时过滤
N-苯基邻氨基苯甲酸 (0.2%)	1.08	红色	无色	0.2g N-苯基邻氨基苯甲酸加热溶解在 100mL 0.2% Na_2CO_3 溶液中,必要时过滤
淀粉(0.2%)				2g 可溶性淀粉,加少许水调成浆状,在搅拌下注入 1000mL 沸水中,微沸 2min,放置,取上层溶液使用(若要保持稳定,可在研磨淀粉时加入 10mg HgI_2)
中性红	0.24	红色	无色	0.05% 的 60% 乙醇溶液
亚甲基蓝	0.36	蓝色	无色	0.05% 水溶液

附录9 沉淀及金属指示剂

名 称	颜 色		配 制 方 法
	游离	化合物	
铬酸钾	黄	砖红	5% 水溶液
硫酸铁铵(40%)	无色	血红	$NH_4Fe(SO_4)_2 \cdot 12H_2O$ 饱和水溶液,加数滴浓硫酸
荧光黄(0.5%)	绿色荧光	玫瑰红	0.50g 荧光黄溶于乙醇,并用乙醇稀释至 100mL
铬黑T	蓝	酒红	(1)0.2g 铬黑T溶于 15mL 三乙醇胺及 5mL 甲醇中 (2)1g 铬黑T与 100g NaCl 研细、混匀(1:100)
钙指示剂	蓝	红	0.5g 钙指示剂与 100g NaCl 研细、混匀
二甲酚橙(0.5%)	黄	红	0.5g 二甲酚橙溶于 100mL 去离子水中
K-B指示剂	蓝	红	0.5g 酸性铬蓝K加 1.25g 萘酚绿B,再加 25g K_2SO_4 研细、混匀
PAN指示剂(0.2%)	黄	红	0.2g PAN 溶于 100mL 乙醇中
邻苯二酚紫(0.1%)	紫	蓝	0.1g 邻苯二酚紫溶于 100mL 去离子水中

附录 10　金属离子的 $\lg\alpha_{M(OH)}$

金属离子	离子强度	pH 1	2	3	4	5	6	7	8	9	10	11	12	13	14
Al^{3+}	2					0.4	1.3	5.3	9.3	13.3	17.3	21.3	25.3	29.3	33.3
Bi^{3+}	3	0.1	0.5	1.4	2.4	3.4	4.4	5.4							
Ca^{2+}	0.1													0.3	1.0
Cd^{2+}	3									0.1	0.5	2.0	4.5	8.1	12.0
Co^{2+}	0.1							0.1	0.4	1.1	2.2	4.2	7.2	10.2
Cu^{2+}	0.1							0.2	0.8	1.7	2.7	3.7	4.7	5.7
Fe^{2+}	1								0.1	0.6	1.5	2.5	3.5	4.5
Fe^{3+}	3			0.4	1.8	3.7	5.7	7.7	9.7	11.7	13.7	15.7	17.7	19.7	21.7
Hg^{2+}	0.1		0.5	1.9	3.9	5.9	7.9	9.9	11.9	13.9	15.9	17.9	19.9	21.9
La^{3+}	3									0.3	1.0	1.9	2.9	3.9
Mg^{2+}	0.1									0.1	0.5	1.3	2.3
Mn^{2+}	0.1									0.1	0.5	1.4	2.4	3.4
Ni^{2+}	0.1								0.1	0.7	1.6			
Pb^{2+}	0.1							0.1	0.5	1.4	2.7	4.7	7.4	10.4	13.4
Th^{4+}	1				0.2	0.8	1.7	2.7	3.7	4.7	5.7	6.7	7.7	8.7	9.7
Zn^{2+}	0.1									0.2	2.4	5.4	8.5	11.8	15.5

附录 11　一些基本物理常数

真空中的光速	$c = 2.99792458 \times 10^8 \text{m} \cdot \text{s}^{-1}$
电子的电荷	$e = 1.60217733 \times 10^{-19} \text{ C}$
原子质量单位	$u = 1.6605402 \times 10^{-27} \text{ kg}$
质子静质量	$m_p = 1.6726231 \times 10^{-27} \text{ kg}$
中子静质量	$m_n = 1.6749543 \times 10^{-27} \text{ kg}$
电子静质量	$m_e = 9.1093897 \times 10^{-31} \text{ kg}$
理想气体摩尔体积	$V_m = 2.241410 \times 10^{-2} \text{ m}^3 \cdot \text{mol}^{-1}$
摩尔气体常数	$R = 8.314510 \text{J} \cdot \text{mol}^{-1} \cdot \text{K}^{-1}$
阿伏加德罗常数	$N_A = 6.0221367 \times 10^{23} \text{ mol}^{-1}$
里德堡常数	$R_\infty = 1.0973731534 \times 10^7 \text{ m}^{-1}$
法拉第常数	$F = 9.6485309 \times 10^4 \text{ C} \cdot \text{mol}^{-1}$
普朗克常数	$h = 6.6260755 \times 10^{-34} \text{J} \cdot \text{s}$
玻耳兹曼常数	$k = 1.380658 \times 10^{-23} \text{J} \cdot \text{K}^{-1}$

附录 12　国际单位制（SI）单位

量 的 名 称	单 位 名 称	单 位 符 号
长度	米	m
质量	千克（公斤）	kg
时间	秒	s
电流	安[培]	A
温度	开[尔文]	K
光强度	坎[德拉]	cd
物质的量	摩[尔]	mol

参 考 文 献

［1］ D. R. Lide. CRC Handbook of Chemistry and Physics. 71st ed. CRC Press, Inc., 1990～1991.

［2］ 傅献彩主编. 大学化学（上、下）. 北京：高等教育出版社，1999.

［3］ 周公度. 碳的结构化学的新进展——球烯结构化学述评. 大学化学，1992，29（4）：7.

［4］ 北京师范大学、华中师范大学等编. 无机化学. 第4版. 北京：高等教育出版社，2003.

［5］ 戴安邦等. 无机化学教程. 北京：人民教育出版社，1964.

［6］ 甘兰若主编. 无机化学. 南京：江苏科学技术出版社，1984.

［7］ 南京化工学院无机化学教研室编. 无机化学例题与习题. 北京：高等教育出版社，1984.

［8］ 张永安主编. 无机化学. 北京：北京师范大学出版社，1998.

［9］ 王庆一主编. 中国能源. 北京：冶金工业出版社，1988.

［10］ 武汉大学、吉林大学等. 无机化学（上、下）. 第3版. 北京：高等教育出版社，1999.

［11］ 华东化工学院分析化学教研组等. 分析化学. 第3版. 北京：高等教育出版社，1989.

［12］ 倪静安等. 无机与分析化学. 北京：化学工业出版社，1998.

［13］ 华南理工大学无机化学教研室编. 无机化学. 第3版. 北京：高等教育出版社，1994.

［14］ 樊行雪等. 大学化学原理及应用. 第2版. 北京：化学工业出版社，2004.

［15］ 林少宫. 基础概率与数理统计. 第2版. 北京：人民教育出版社，1978.

［16］ 周本省等. 工业水处理技术. 北京：化学工业出版社，1997.

［17］ 刘文英. 药物分析. 第6版. 北京：人民卫生出版社，2007.

［18］ 薛华等. 分析化学. 第2版. 北京：清华大学出版社，1994.

［19］ 赵钰琳等. 现代化学基础. 北京：化学工业出版社，1988.

［20］ 马如璋等. 功能材料学概论. 北京：冶金工业出版社，1999.

［21］ 邵学俊等. 无机化学（上、下）. 武汉：武汉大学出版社，1996.

［22］ 叶式中等. 半导体材料及应用. 北京：机械工业出版社，1986.

［23］ 张煦. 光纤通信原理. 上海：上海交通大学出版社，1988.

［24］ 沈光球等. 现代化学基础. 北京：清华大学出版社，1997.

［25］ 乔松楼等. 新材料技术. 北京：中国科学技术出版社，1994.

［26］ 杨启基. 半导体材料. 北京：机械工业出版社，1982.

［27］ 施善定等. 液晶与显示应用. 上海：华东化工学院出版社，1993.

［28］ 郭强等. 液晶显示器件应用技术. 北京：北京邮电学院出版社，1993.

［29］ 大连工学院无机化学教研室. 无机化学. 北京：人民教育出版社，1978.

［30］ 天津大学普通化学教研室. 无机化学（上、下）. 北京：高等教育出版社，1983.

［31］ 华东师范大学无机化学教研室. 无机化学. 上海：华东师范大学出版社，1992.

［32］ 无机化学编写组. 无机化学（上、下）. 北京：人民教育出版社，1978.

［33］ 陈荣三等. 无机及分析化学. 第3版. 北京：高等教育出版社，1998.

［34］ 武汉大学. 分析化学. 第5版. 北京：高等教育出版社，2006.

［35］ 方韵和等. 分析化学. 上海：同济大学出版社，1993.

［36］ 尹权等. 分析化学例题与习题. 长春：吉林科学技术出版社，1985.

［37］ JaY A. 扬. 化学与人类. 北京：科学技术文献出版社，1982.

［38］ 温元凯等. 化学与能. 杭州：浙江科学技术出版社，1988.

［39］ 刘铸晋. 液晶的性质和应用. 上海：上海科学技术文献出版社，1981.

［40］ 顾国维. 水污染治理技术研究. 上海：同济大学出版社，1997.

［41］ 何允平等. 工业硅生产. 北京：冶金工业出版社，1989.

［42］ 池凤东. 实用氢化学. 北京：国防工业出版社，1996.

［43］ 北京电子管厂《硅锗单晶的制备》编写小组. 硅锗单晶的制备. 北京：燃料化学工业出版社，1970.

[44] 冶金部北京有色冶金设计院. 半导体材料硅的生产. 北京：中国工业出版社，1970.

[45] 李士等. 核能与核技术. 上海：上海科学技术出版社，1986.

[46] 张志琨等. 纳米技术与纳米材料. 北京：国防工业出版社，2001.

[47] 郑利民等. 简明元素化学. 北京：化学工业出版社，1999.

[48] 史启祯等. 无机化学与化学分析. 第2版. 北京：高等教育出版社，2005.

[49] 竺际舜. 无机化学习题精解. 北京：科学出版社，2001.

[50] 黄仕华等. 无机化学实验. 南京：河海大学出版社，1997.

[51] 张丽君等. 定量化学分析实验. 南京：东南大学出版社，1994.

[52] 周其镇等. 大学基础化学实验. 北京：化学工业出版社，2000.

元素周期表

IUPAC 2013

图例说明（左上角）：

| 电子层 K L M N O P Q |

氧化态(单质的氧化态为0.
未列入;常见的为红色)

以 $^{12}C=12$ 为基准的原子质量
(注★的是半衰期最长同位
素的原子质量)

- s区元素
- p区元素
- d区元素
- ds区元素
- f区元素
- 稀有气体

示例：
95 — 原子序数
Am — 元素符号(红色的为放射性元素)
镅 — 元素名称(注★的为人造元素)
$5f^7 7s^2$ — 价层电子构型
243.06138(2)★

族 周期	IA	IIA	IIIB	IVB	VB	VIB	VIIB		VIIIB(VIII)		IB	IIB	IIIA	IVA	VA	VIA	VIIA	VIIIA(0)

第1周期

1 H 氢 $1s^1$ 1.008

2 He 氦 $1s^2$ 4.002602(2)

第2周期

3 Li 锂 $2s^1$ 6.94
4 Be 铍 $2s^2$ 9.0121831(5)
5 B 硼 $2s^2 2p^1$ 10.81
6 C 碳 $2s^2 2p^2$ 12.011
7 N 氮 $2s^2 2p^3$ 14.007
8 O 氧 $2s^2 2p^4$ 15.999
9 F 氟 $2s^2 2p^5$ 18.998403163(6)
10 Ne 氖 $2s^2 2p^6$ 20.1797(6)

第3周期

11 Na 钠 $3s^1$ 22.98976928(2)
12 Mg 镁 $3s^2$ 24.305
13 Al 铝 $3s^2 3p^1$ 26.9815385(7)
14 Si 硅 $3s^2 3p^2$ 28.085
15 P 磷 $3s^2 3p^3$ 30.973761998(5)
16 S 硫 $3s^2 3p^4$ 32.06
17 Cl 氯 $3s^2 3p^5$ 35.45
18 Ar 氩 $3s^2 3p^6$ 39.948(1)

第4周期

19 K 钾 $4s^1$ 39.0983(1)
20 Ca 钙 $4s^2$ 40.078(4)
21 Sc 钪 $3d^1 4s^2$ 44.955908(5)
22 Ti 钛 $3d^2 4s^2$ 47.867(1)
23 V 钒 $3d^3 4s^2$ 50.9415(1)
24 Cr 铬 $3d^5 4s^1$ 51.9961(6)
25 Mn 锰 $3d^5 4s^2$ 54.938044(3)
26 Fe 铁 $3d^6 4s^2$ 55.845(2)
27 Co 钴 $3d^7 4s^2$ 58.933194(4)
28 Ni 镍 $3d^8 4s^2$ 58.6934(4)
29 Cu 铜 $3d^{10} 4s^1$ 63.546(3)
30 Zn 锌 $3d^{10} 4s^2$ 65.38(2)
31 Ga 镓 $4s^2 4p^1$ 69.723(1)
32 Ge 锗 $4s^2 4p^2$ 72.630(8)
33 As 砷 $4s^2 4p^3$ 74.921595(6)
34 Se 硒 $4s^2 4p^4$ 78.971(8)
35 Br 溴 $4s^2 4p^5$ 79.904
36 Kr 氪 $4s^2 4p^6$ 83.798(2)

第5周期

37 Rb 铷 $5s^1$ 85.4678(3)
38 Sr 锶 $5s^2$ 87.62(1)
39 Y 钇 $4d^1 5s^2$ 88.90584(2)
40 Zr 锆 $4d^2 5s^2$ 91.224(2)
41 Nb 铌 $4d^4 5s^1$ 92.90637(2)
42 Mo 钼 $4d^5 5s^1$ 95.95(1)
43 Tc 锝 $4d^5 5s^2$ 97.90721(2)★
44 Ru 钌 $4d^7 5s^1$ 101.07(2)
45 Rh 铑 $4d^8 5s^1$ 102.90550(2)
46 Pd 钯 $4d^{10}$ 106.42(1)
47 Ag 银 $4d^{10} 5s^1$ 107.8682(2)
48 Cd 镉 $4d^{10} 5s^2$ 112.414(4)
49 In 铟 $5s^2 5p^1$ 114.818(1)
50 Sn 锡 $5s^2 5p^2$ 118.710(7)
51 Sb 锑 $5s^2 5p^3$ 121.760(1)
52 Te 碲 $5s^2 5p^4$ 127.60(3)
53 I 碘 $5s^2 5p^5$ 126.90447(3)
54 Xe 氙 $5s^2 5p^6$ 131.293(6)

第6周期

55 Cs 铯 $6s^1$ 132.90545196(6)
56 Ba 钡 $6s^2$ 137.327(7)
57~71 La~Lu 镧系
72 Hf 铪 $5d^2 6s^2$ 178.49(2)
73 Ta 钽 $5d^3 6s^2$ 180.94788(2)
74 W 钨 $5d^4 6s^2$ 183.84(1)
75 Re 铼 $5d^5 6s^2$ 186.207(1)
76 Os 锇 $5d^6 6s^2$ 190.23(3)
77 Ir 铱 $5d^7 6s^2$ 192.217(3)
78 Pt 铂 $5d^9 6s^1$ 195.084(9)
79 Au 金 $5d^{10} 6s^1$ 196.966569(5)
80 Hg 汞 $5d^{10} 6s^2$ 200.592(3)
81 Tl 铊 $6s^2 6p^1$ 204.38
82 Pb 铅 $6s^2 6p^2$ 207.2(1)
83 Bi 铋 $6s^2 6p^3$ 208.98040(1)
84 Po 钋 $6s^2 6p^4$ 208.98243(2)★
85 At 砹 $6s^2 6p^5$ 209.98715(5)★
86 Rn 氡 $6s^2 6p^6$ 222.01758(2)★

第7周期

87 Fr 钫 $7s^1$ 223.01974(2)★
88 Ra 镭 $7s^2$ 226.02541(2)★
89~103 Ac~Lr 锕系
104 Rf 𬬻 $6d^2 7s^2$ 267.122(4)★
105 Db 𬭊 $6d^3 7s^2$ 270.131(4)★
106 Sg 𬭳 $6d^4 7s^2$ 269.129(3)★
107 Bh 𬭛 $6d^5 7s^2$ 270.133(2)★
108 Hs 𬭶 $6d^6 7s^2$ 270.134(2)★
109 Mt 鿏 $6d^7 7s^2$ 278.156(5)★
110 Ds 𫟼 $6d^8 7s^2$ 281.165(4)★
111 Rg 𬬭 281.166(6)★
112 Cn 鿔 $5d^{10} 7s^2$ 285.177(4)★
113 Nh 鿭 286.182(5)★
114 Fl 𫓧 289.190(4)★
115 Mc 镆 289.194(6)★
116 Lv 𫟷 293.204(4)★
117 Ts 鿬 293.208(6)★
118 Og 鿫 294.214(5)★

镧系

57 La 镧 $5d^1 6s^2$ 138.90547(7)
58 Ce 铈 $4f^1 5d^1 6s^2$ 140.116(1)
59 Pr 镨 $4f^3 6s^2$ 140.90766(2)
60 Nd 钕 $4f^4 6s^2$ 144.242(3)
61 Pm 钷 $4f^5 6s^2$ 144.91276(2)★
62 Sm 钐 $4f^6 6s^2$ 150.36(2)
63 Eu 铕 $4f^7 6s^2$ 151.964(1)
64 Gd 钆 $4f^7 5d^1 6s^2$ 157.25(3)
65 Tb 铽 $4f^9 6s^2$ 158.92535(2)
66 Dy 镝 $4f^{10} 6s^2$ 162.500(1)
67 Ho 钬 $4f^{11} 6s^2$ 164.93033(2)
68 Er 铒 $4f^{12} 6s^2$ 167.259(3)
69 Tm 铥 $4f^{13} 6s^2$ 168.93422(2)
70 Yb 镱 $4f^{14} 6s^2$ 173.045(10)
71 Lu 镥 $4f^{14} 5d^1 6s^2$ 174.9668(1)

锕系

89 Ac 锕 $6d^1 7s^2$ 227.02775(2)★
90 Th 钍 $6d^2 7s^2$ 232.0377(4)
91 Pa 镤 $5f^2 6d^1 7s^2$ 231.03588(2)
92 U 铀 $5f^3 6d^1 7s^2$ 238.02891(3)
93 Np 镎 $5f^4 6d^1 7s^2$ 237.04817(2)★
94 Pu 钚 $5f^6 7s^2$ 244.06421(4)★
95 Am 镅 $5f^7 7s^2$ 243.06138(2)★
96 Cm 锔 $5f^7 6d^1 7s^2$ 247.07035(3)★
97 Bk 锫 $5f^9 7s^2$ 247.07031(4)★
98 Cf 锎 $5f^{10} 7s^2$ 251.07959(3)★
99 Es 锿 $5f^{11} 7s^2$ 252.0830(3)★
100 Fm 镄 $5f^{12} 7s^2$ 257.09511(5)★
101 Md 钔 $5f^{13} 7s^2$ 258.09843(3)★
102 No 锘 $5f^{14} 7s^2$ 259.10100(7)★
103 Lr 铹 $5f^{14} 6d^1 7s^2$ 262.110(2)★